U0592071

中国科学院科学出版基金资助出版

滑坡研究中的力学方法

Mechanical Methods in Landslide Research

李世海　冯　春　周　东　等　著

科　学　出　版　社

北　京

内 容 简 介

本书作者从事多年滑坡研究，针对滑坡灾害评价、预警中的问题，开展力学方法研究，形成了滑坡灾害评价、预警新的理论体系，并在若干重大工程案例中应用和验证。本书的主要内容包括：滑坡灾害需要解决的工程问题及科学难题，钱学森工程科学思想的核心内容以及基于数值模拟方法的滑坡灾害研究的理论框架；几类地质踏勘的主要目的与力学分析需求之间的关系，量纲分析在滑坡研究中的作用；滑坡研究的基本方程及相应数值方法可描述的问题及适用范围，特别是，将拉格朗日方程应用于连续—非连续介质理论模型；集本构关系与强度准则于一体的新的本构模型——应变强度分布本构模型；适合连续—非连续计算且有更高精度的弹簧元方法及应用；论述并实践了新的裂隙与孔隙渗流耦合计算模型、单元破裂模型、散体碰撞检测算法以及应力场、渗流场、破裂场耦合算法；给出了基于数值模拟与破裂度理论的滑坡灾害评价与预警理论体系，并应用相关理论进行了典型工程案例分析。

本书可以作为力学专业研究生及大学高年级学生以及从事地质灾害研究的研究生的教材，也可以作为土木工程、岩土工程、水电工程、地质灾害工程的软件开发人员、高级工程师、专业技术管理人员的参考书。对于从事地质工程科学与工程技术研究的地质专家、工程专家和力学研究专家也有参考价值。

图书在版编目(CIP)数据

滑坡研究中的力学方法/李世海等著. —北京：科学出版社，2018.3
ISBN 978-7-03-052674-8

Ⅰ. ①滑…　Ⅱ. ①李…②冯…③周…　Ⅲ.①力学-应用-滑坡-灾害防治
Ⅳ. ①P642.22

中国版本图书馆 CIP 数据核字 (2017) 第 096856 号

责任编辑：刘信力 / 责任校对：张凤琴
责任印制：肖　兴 / 封面设计：无极书装

科学出版社 出版

北京东黄城根北街 16 号
邮政编码：100717
http://www.sciencep.com

北京汇瑞嘉合文化发展有限公司印刷
科学出版社发行　各地新华书店经销

*

2018 年 3 月第　一　版　　开本：720 × 1000 1/16
2018 年 3 月第一次印刷　　印张：36 3/4
字数：710 000

定价：298.00 元
(如有印装质量问题，我社负责调换)

序　一

　　滑坡是一种力学现象。长期以来力学研究工作者对其望而生畏，主要的原因在于山体复杂的结构和其力学特性。

　　差不多快二十年了，当年李世海博士想开展滑坡研究，征求我的意见。我说这个问题很难，等你退休能做出点眉目就很不错了。通过这本书，让我们看到，他带领的团队坚持下来了，地学界也开始接受了他们，很不容易。这对力学的发展也很有益处，通过滑坡研究将连续介质力学和一般力学联系起来了，提出用连续 — 非连续介质力学的计算方法模拟滑坡灾害的全过程。

　　作为方法论，数值模拟与现场监测相结合比较合理，但是过去这种结合难以奏效。现在有了数字通信技术和大规模计算的能力，就有了实现结合的条件。他们早期开发了现场实时监测系统，应用于汶川地震唐家山堰塞湖和三峡库区，也一直坚持开展数值计算方法研究和软件开发，提出了直接将监测结果作为边界条件研究地质体内部的破裂演化，这就将现场观测与数值模拟的结合落到了实处。

　　连续介质力学中所定义的破坏是指一点的破坏，这对地质体并不合适。书中提出借助数值模拟将地质体的破坏用破裂程度表述的方法，即岩体破裂度表述方法，丰富了岩体力学中关于破坏的认识，也给出了工程师习惯的评价指标。

　　滑坡灾害预测任重而道远，将工程地质专家的经验定量化是力学研究者的使命，希望这本书搭建起地学与力学的桥梁，一方面让地学工作者掌握力学工具，另一方面吸引力学工作者致力于滑坡灾害的研究。随着现代信息技术的发展，力学方法在滑坡乃至地质工程安全领域的应用将会发挥越来越重要的作用，希望广大读者能够从这本书中获得启发。

国家最高科学技术奖获得者

中国科学院院士

中国科学院力学研究所研究员

郑哲敏

2017, 11, 20

序　二

李世海教授从事滑坡方面的研究工作已有十多年历史。2010年，我参加了中国科学院力学研究所和著名计算力学家、英国斯旺西大学欧文教授联合举办的学术论坛，让我高兴的是在三维离散介质破裂的计算方法研究方面，李世海教授及其团队取得了令人瞩目的成果。自那时起，我个人对他们的研究工作一直保持关注和兴趣。

滑坡研究是现代岩土力学中一个极具挑战性的领域。我国多年的滑坡灾害防治工作和科学研究虽然积累了大量实践经验和理论成果，但"预测滑坡"仍然是亟待解决的难题。究其原因，主要是滑坡地质体材料及其工程结构的复杂性，以及环境的多样性；因为岩土滑坡存在不连续的断层、节理和天然裂隙、非均匀的材料组分以及多孔多相的耦合特性。从基于刚体极限平衡的传统方法，到基于弹性力学线性和非线性的应力应变模型，发展到基于非连续介质力学的模型和数值计算方法，滑坡的基础理论和方法研究取得了长足的进展。然而上述理论和方法应用于解决工程实践仍有很长的路要走。因此，滑坡问题仍需我们持久、深入的研究和探索。

就滑坡分析方法而言，迄今工程界普遍采用的仍是刚体极限平衡法。由于其概念明确、简便易解，在我国仍是被列入规范并广泛应用于边坡工程的分析评价。另一方面，得益于现代计算技术的迅速发展，数值计算在滑坡研究中应用越来越广泛，主要是以有限元为代表的连续介质力学方法和以离散元为代表的离散介质力学方法，以及由此衍生的连续-离散耦合方法。将连续介质与非连续介质统一为一类数值模型，用以分析滑坡地质体从细观损伤到宏观破坏失稳全过程，是一个未来的发展趋势。关键问题是工程岩体参数的确定，如结构面的几何与力学特性的三维空间分布就是一个很大的难题。在数值模拟方面，主要挑战是高速大容量计算机与高效并行计算技术、快速接触关系检索技术、地质体材料宏细观模型、多相耦合连续非连续介质模型的研发等。

作者多年来从事滑坡问题研究，从理论方法到工程实践研究方面都取得了系列成果。本书阐述的内容突出"地学与力学相结合、现场监测与数值模拟相结合"的基本思想，从滑坡分析的基本理论方法、岩土本构模型、数值方法、现场实验与监测手段等方面系统介绍了研究团队的创新成果，并介绍了研究团队将模型和方法应用于滑坡灾害研究的工程实例，展望了滑坡力学研究的几个重要发展方向。

　　我热诚向读者推荐本书，并期望它在岩土工程滑坡的理论研究与工程应用方面起到良好推动作用。

中国科学院院士

清华大学教授

张楚汉

2017.8.25于清华园

前　　言

　　历时五年，终于完成了国家"973 项目 —— 重大工程灾害预警理论及数值模拟方法研究"，这一年刚好是我跟随恩师郑哲敏先生的第三十年，也是研究滑坡问题的第十五年，本书是这些年从事滑坡研究工作的部分总结。郑哲敏先生以身作则，践行钱学森先生工程科学的思想，面对复杂的工程和科学问题，他总是能够以其睿智准确判断、指明方向；他严格要求学生们苦练基本功，做"出汗"的工作；我多年来接受他的教诲，受益匪浅。滑坡灾害研究中面临着很多力学难题，郑先生开始支持滑坡研究时就曾说过"等你退休做出点眉目就不错了"。由于本人的力学基础功底不扎实、工程经验不足，距离先生的要求相差甚远。

　　回顾科研经历，凡是遵循工程科学的思想，以解决工程问题为导向，从基本理论出发，开展工程基本规律研究并力求回答工程问题的研究，工作进展就顺利、成效就明显；过分追求"严格"理论和急于工程应用，就会走弯路。非常规的"冒险行为"与接受工程界"残酷的考验"一直伴随着我们，可以从总结中略见一斑。在我国轰轰烈烈的工程建设和"急迫"交出研究成果的大潮之中，我们深感力不从心。团队历经近 20 年努力工作，真正能够留下来并能持续更长时间发挥作用的只有那些既合理又能回答工程问题的东西。敬请滑坡灾害研究及工程力学研究的众多师长、专家和同仁们对我们的认识、成果予以斧正，也愿相关研究人员、学生借鉴我们的经验与教训。

　　本书第 1~3 章主要从力学研究的视角认识滑坡灾害的工程问题和有待力学解决的力学难题，表述了本人对钱学森先生工程科学思想的理解与认知。钱学森先生 1948 年首次发表《工程与工程科学》一文，至今对我国工程科学的研究仍然有指导意义，对于推进中国工程技术的创新与发展有现实意义。工程科学是以解决工程问题为目的，基于自然科学的理论，研究和探索工程基本规律的科学。作为应用体会，本书论述了在滑坡灾害研究中应用工程科学的方法，提出了滑坡研究理论框架及滑坡灾害评估预警的理念、研究思路以及技术路线。

　　以工程为目的、地学为基础、力学为手段开展滑坡灾害研究，确定了地质勘探是滑坡灾害研究非常重要和根本的一环，也是地学与力学相结合的切入点。地质勘探的研究成果怎样用于力学分析？第 4 章简述地质勘探的内容和重要性，抽象了地质工作为力学分析提供的要素以及力学对勘探的需求，特别强调了踏勘的灾变现象对力学分析的检验和对改进力学模型所发挥的重要作用。本章的地质部分是由中国科学院地质与地球物理研究所的李守定研究员撰写的，得到了我的挚友李晓研究员的指导。在多年的合作中，我向他们学到了很多关于工程地质学的知识。地质学家与力学家如何分工合作？我们探索了一条途径，立足各自学科，彼此欣赏、相互学习、取长补短。

量纲分析是认识工程问题、开展科学研究的重要工具之一。利用量纲分析可以帮助我们思考研究方向、确立研究问题、指导试验、优化数值模拟算法及方案。第 5 章简要介绍量纲分析中的基本定理和方法，总结近年来在滑坡研究中的思想历程和认识过程。借助量纲分析给出的一些结论，可以改变我们对传统滑坡研究方法的认识。读者可以从中清晰地认识到滑体的滑动、转动是力学分析中共存的问题；渐进破坏是地质体成灾的基本力学过程。

工程科学是架设自然科学与工程技术的桥梁。牛顿第二定律和拉格朗日方程是工程科学在自然科学一端的桥头堡，由此建立的固体力学、流体力学、散体运动微分方程可以作为基本理论。拉格朗日方程或变分原理诠释了数值方法在某种能量表达方式和位移模态下求解方程的方法，本团队提出的连续-非连续介质的计算算法也是拉格朗日方程的一种特殊形式的表达。第 6 章还简要介绍基于拉格朗日方程的拉格朗日-欧拉代表性单元的计算方法。为了给后面各个章节准备预备知识，本章讨论了有限元、有限差分、离散元的传统做法，并给出与拉格朗日方程变量和积分区域的相关性及适用条件。特别是，也将极限平衡方法纳入拉格朗日方程的表述，从中可以清楚地看到该方法中的理论基础和适用条件。

固体、流体中的本构关系和材料破坏的强度准则是建立复杂介质基本力学方程的重要环节。只有通过实验给出本构关系，才可以建立用于力学分析的拉格朗日基本方程。第 7 章中介绍我们提出的一种新的本构关系 —— 应变强度分布本构模型 (也简称应变强度分布准则)。该模型将拉应变、剪应变的强度准则和应力-应变关系用强度分布函数统一表达。将线性、非线性、软化及断裂的破坏全过程仅由线弹性与断裂两种状态和材料强度分布的基本假设推演获得。目前的研究成果可以适应现有的材料试验给出的各种实验曲线。材料试验观察到的破坏全过程，可借助不同的分布函数表征其不同的破裂模式，揭示了试样由可均匀化的体破坏转化为局部面破坏的物理本质；并提出了代表性单元破裂度的概念，对计算过程中单元断裂前的物理演化过程给出了科学的表述方法。应变强度分布准则的思路起源于认识到莫尔-库仑强度准则中黏聚力项和摩擦项直接相加的不合理性。莫尔-库仑强度准则是应变强度分布准则的一种特殊状态。在可能断裂的破坏面上，莫尔-库仑强度准则是指已断裂面的面积和未断裂面积相等，所以两项前面的系数都是 1。应变强度分布准则可以给出代表性体积单元的破裂面积，可以将破裂能以导出量的形式计算出来，增加了对材料破坏的认识。

弹簧元借助于引入泊松弹簧和纯剪弹簧概念，构建了一个特殊的弹簧系统。与球形和类球形颗粒相比，它能够反映复杂的形状，并且在内部具有连续介质的特性；与有限元方法相比，它是在局部坐标系下讨论问题，不需要复杂的理论推导过程，仅需要具备理论力学和弹性力学的基本知识就可以构建单元；与链网模型相比，它可以表述任意泊松比。弹簧元可以组装成任意复杂形状的复合弹簧单元，也可以方便地构建薄层单元，具有良好的单元内部断裂与单元重构适应性。第 8 章论述建立该单元的理论推导、不同形式单元的构建方法以及在数值模拟中的应用实例；特别地，借助量纲分析解释了弹簧元在单元畸变条件下仍然有较高的计算精度。

单元在计算过程中的破裂是连续–非连续计算模型的重要组成部分。本研究团队经过十多年的探索，尝试了很多模型，形成了基于三角形、四面体的成熟的计算方法。第 9 章主要包括两个部分，其一是单元的破裂算法，其中包括单元的一次破裂、二次破裂及逐级破裂，该方法可以得到与一些实验结果或采用复杂本构关系、扩展有限元算法、断裂力学模型等相一致的物理图像；其二是块体的碰撞和运动计算方法，该方法将复杂的块体碰撞过程转变为接触边与目标面的关系判断，根据 3 种几何关系即可判别三维空间下的 6 种接触类型，因此借助该方法预测滑坡灾害的风险有很强的实用性。

第 10 章在介绍孔隙渗流、裂隙渗流基本概念的基础上，全面介绍研究团队近几年在滑坡规律、力学模型、物理模型实验、计算方法等方面的研究成果。三维裂隙渗流和孔隙渗流的计算模型，将压力孔隙渗流的压力节点放在单元内部，补充多个裂隙节点，有效地解决了两种渗流复杂流动的计算问题，也为渗流诱发单元破裂创造了很好的计算模式。应力场、渗流场和破裂场的耦合是地质灾害和各种地下工程规律研究不可回避的问题。有了连续–非连续模型，就可以准确获得破裂场的分布；有了裂隙渗流和孔隙渗流的模型，就可以给出渗流在山体中的压力；利用有效应力和破裂准则，就可以得到渗流场、应力场耦合下的破裂规律。本章介绍渗流场、应力场和破裂场耦合计算模型，给出了水软化强度、裂隙和孔隙水压力的作用以及滑坡体内部渐进破坏多因素影响下的滑坡灾害分析方法。

第 11 章论述现场监测和室内实验的研究方法。在本书建立的滑坡灾害防治框架中，现场监测十分重要，直接用于灾害的评估和预警。室内实验主要是验证数值模拟的可靠性，这是由地质体的特性决定的。本章主要介绍数字通信技术和光纤技术为滑坡监测带来的变革、地表裂缝和深部滑移与数值模拟的结合，以及柔性加载实验系统与传统材料试验机的差别；并介绍本团队研发的几种实验仪器、装置以及现场监测设备的基本原理及实用情况。

地震诱发滑坡灾害的研究主要是针对我国西南高地震裂度区高陡边坡的安全问题而开展的。研究期间发生了汶川地震，发生了大量的滑坡次生灾害，造成的损失远大于单纯建筑结构失稳的影响；古滑坡没有在强震作用下复活、大量的斜坡上的"岩溜"以及大型顺层滑坡等现象，直指地震诱发滑坡灾害的力学本质——地震波的传播、动荷载作用下地质体的灾变。第 12 章基于数值模拟研究地震诱发滑坡灾害的问题。首先说明对于大型滑坡，地震波在滑坡体中的传播不能简单概化为一个动荷载作用于滑坡体产生一致性运动。滑坡尺度和波长相比不可忽略时，现在规范规定的施加地震惯性力用拟静力法模拟很难得到合理的结果；介绍我们发明的一种用爆炸模型试验模拟地震诱发滑坡灾害的方法；作为一种新的尝试，提出了破裂度与永久位移综合判断滑坡稳定性的方法。

第 13 章中全面论述滑坡灾害预测预警的技术框架。首先从理论上提出度量滑坡灾害危险程度的无量纲量 —— 破裂度，介绍破裂度的计算方法、校核过程；并提出基于地表裂缝、位移反分析滑坡内部的破裂状态的数值分析方法。综合前面各章的研究成果，提出以数值模拟为基础的滑坡灾害预测预警的技术框架，其中包含新的评价指标、现场监测和数值模拟结合的计算方法、地质过程预测转化破坏状态判断具体实现、评价体系引入可靠度评价方法等。

第 14 章是本书提出的理论方法在不同层面上的应用，介绍的几个实际案例，基本上都是我国近年来发生的重大灾害或传统方法遇到挑战的技术难题，涉及三峡库区滑坡、武隆鸡尾山滑坡、煤矿露井联采的边坡稳定性分析、以地表入渗诱发的低坡角 “流动” 性滑坡等。这些例子一方面说明新的理论方法可以解决比较复杂的问题，有较为广泛的适用性；另一方面说明新理论方法的局限性，滑坡灾害的研究任重道远。

本书主要由李世海统一构思、确定研究内容、修改及最后的定稿。其中各章的主要撰写人分别是：李世海 (第 1~3 章)；李守定、李世海 (第 4 章)；张青波、李世海 (第 5 章)；段文杰 (第 6 章)；周东 (第 7 章)；张青波 (第 8 章)；王杰 (第 9 章)；王理想、王杰 (第 10 章)；范永波、刘晓宇 (第 11 章)；冯春 (第 12 章)；周东、冯春 (第 13 章)；冯春、王杰等 (第 14 章)，周东负责全书的整理工作。他们不仅是书稿的撰写人，也是相关研究内容的研究骨干或主要完成人；在本书不断修改的过程中，意识到有诸多问题还需要深入研究、探讨、发展。众人捧柴火焰高，一项能够成形的并且有用的研究成果总是凝结着众多参与研究人员的辛勤劳动，在此一并表示感谢。

在本书完成之际，要特别感谢与我合作多年的同事、学生，这些新的理论模型、思想方法的产生、确认、改进、发展均得益于课题组每周学术会上热烈的讨论甚至激烈的争辩。马照松博士是连续-非连续方法软件实现的总架构师和集成者，他也具备丰富的力学专业知识；冯春博士既是我的学生又是同事，具有很强的快速论证问题和解决问题的能力；刘晓宇博士具有很专业的固体力学知识等，他们对课题组多年研究成果的形成发挥了重要的作用。

特别感谢中国科学院两期方向性项目、两期国家 “973 项目” 在一起合作、艰苦努力工作的同仁们；在此还要向叶选基先生、方光伟先生致敬，相识近 20 年来，目睹了他们为我国地质灾害防治事业的奔波、呼吁，忧国忧民、无私奉献的精神，特别是为我国第一个地质灾害"973 项目"立项发挥了积极的推动作用；特别感谢我的妻子王彦改多年来对我工作与生活上的理解、包容与忍耐。

李世海

2014 年 5 月 9 日凌晨于北京

2015 年 8 月 23 日修改

目　　录

第1章 绪 论

滑坡灾害威胁着人类的生命财产安全。随着人类活动对山体改造作用的不断加剧以及频发的地震、强降雨等极端现象，滑坡灾害造成的危害越来越大。然而，人们对滑坡灾害的认识依然处在自然王国之中。地质专家对滑坡隐患的早期识别、对灾害可能发生条件的类比预判，是滑坡灾害预防中的重要环节；工程专家通过定量化分析对滑坡灾害实施科学治理，是保障工程设施安全的重要举措；现代社会的地域资源日渐匮乏，"寸土寸金"，对灾害预测以及治理的可靠性提出了更高的要求。作为绪论，本章将从分析地质灾害的现象入手，抽象地质体的力学特性，剖析滑坡灾害防治所面临的工程和关键科学问题，进而确定滑坡灾害研究中各学科的定位，最终提出滑坡灾害研究的方法论。

1.1 滑坡的定义、现象与学科定位

1.1.1 滑坡的定义

滑坡是山体表层受各种因素扰动后在重力作用下沿着斜坡的运动过程。

所谓运动包括了物体的滑动、滚动、流动、跳跃等各种运动现象。在这种意义上，工程专家根据地质灾害运动分类定义的崩塌、滑坡、泥石流、滚石等均属于滑坡的范畴。

诱发滑坡的因素很多，有自然因素，如地震、降雨、洪水、波浪等；也有人为因素，如山体开挖、地下采矿、水库蓄水等。由此，滑坡不仅是自然现象，也是人类活动的结果。

所指山体表层及斜坡上的运动，限定了滑坡灾害与其他地下工程灾害的区别。海底及江河湖泊的水下也有高山、峡谷、斜坡，因此也就有水下的滑坡。

1.1.2 滑坡灾害的基本现象

滑坡是山体受到地震、降雨、开挖等自然和人类活动扰动，在重力作用下发生变形、破坏及运动的过程。滑坡是一种地质现象，表现为山体地质结构的时空演化过程；同时也是一种力学现象，表现为山体介质的变形、破坏、失稳及运动。

1.1.3 研究滑坡灾害的学科定位

地质学家研究地球结构的演化，滑坡是地球表层的演化，滑坡灾害属于地质学

的研究范围；力学家研究物质的变形、破坏与运动规律，滑坡是山体运动的过程，滑坡灾害也应该属于力学家的研究对象；滑坡灾害防治是通过工程技术实现的，防治工程包括勘察、设计、施工、安全评价及预警，滑坡灾害也属于工程技术专家的研究范畴。不管是地质学还是力学，都应该是为工程服务的。滑坡灾害得不到有效的控制和预防，说明工程防治技术、方法还存在着一些基本问题没有解决，需要力学、地质学理论方法的支持。滑坡灾害研究需要力学、地质学与工程技术相结合。

　　滑坡灾害研究中地质学的重要性在于对地质体物质状态的表述，主要任务是给出山体中地质材料的空间分布规律和工程地质特性，控制这些性质的材料成分、结构以及变化趋势，是更具体地为力学定量化分析提供地质环境、地质结构和地质体的材料参数。这些参数的获得不仅需要前期的地质勘探，有些还需要利用力学方法经过反分析得到。

　　力学的作用在于地质体运动的定量化表述，主要的任务是充分利用工程地质专家提供的山体的初始状态信息和工程监测信息，实现滑坡规律的定量化分析和计算，为工程设计、灾害预测提供滑坡的基本规律。同时，也根据其分析的需要向地质专家提出参数要求，或者为获得地质参数提供力学方法。

　　工程技术针对不同滑坡体的特殊性，充分利用力学提供的滑坡规律，借助于工程措施有效地预防和控制灾害的发生。

　　地质学、力学和工程技术是滑坡灾害防治的不同阶段，应该有着明确的分工。随着现代计算技术、测量技术以及工程技术的发展，各个学科之间不断融合，主要表现在同一个研究团队中包含了各个学科的研究人员。但是，这并不影响学科之间应该有合理的分工，进一步说，更需要明确各学科的研究目标。学科的明确分工，不是割裂学科之间的联系，而是促进学科的融合，形成滑坡灾害防治的理论体系和工程技术与方法，使滑坡灾害防治由自然王国转入自由王国。

1.2 地质体及其力学特性

　　滑坡灾害研究的对象是山体，更普遍地定义是地质体。关于地质体的概念，地学家和力学家的认识或许有所差异，但是从地学家对地质体的定义，可以清楚地看到地质体与力学研究中传统的固体、流体介质之间的区别。

　　著名科学家李四光[1,2]从地学的角度给地质体做了如下的定义：许多不同的形态、不同的性质、不同等级和不同序次，但是具有生成联系的各项结构要素组成的构造带以及它们之间所夹的岩块或地块组成的总体。该定义强调了地质体结构要素的复杂性和各个要素之间的联系，是地质体宏观的以及在大尺度下的描述。

　　孙广忠[3]教授在《岩体结构力学》中给岩体的定义为，岩体是地质体，它经历过多次而反复的地质作用，经受过变形、遭受过破坏，形成一定的岩石成分、一定的结构, 赋存于一定的地质环境中, 在作为力学作用的研究对象时被定义为岩体。由此我们看到地质体与单纯作为材料的岩石有很大的区别, 地质体具有结构性, 同时又赋存于特定的环境。

在三峡库区的灾害治理中, 从云阳到巫山的区域内有一种地质体, 这种地质体由岩块和土体构成, 与传统岩体不同, 此类地质体并没有非常清晰的节理和裂隙; 此外, 一些古滑坡体、崩塌体也不存在地质构造; 为了有别于岩体, 将此类地质体统称为土石混合体[4]。当然, 更为广泛地定义地质体, 还应包含第四纪以来的海相沉积土层。

总结前人的认识, 我们从力学的角度给地质体新的定义: 地质体是由赋存于一定地质环境中并按照某种结构排列的岩石、土、水和气组成的。这样, 地质体包含了如下要素: ①介质更为复杂, 是由岩石、土、水和气构成的; ②地质体具有结构性, 这种结构在客观上是确定的, 在主观上还不完全认知; ③研究对象赋存在地质环境中。

抛开关于地质体的抽象定义分析地质体的一些特性, 可以有助于人们对地质体有更为明确和全面的认识。地质体具有非连续、非均匀、流体与固体耦合以及"未知"初始状态的特性。地质体的这些特性充分体现了地质体与传统力学研究对象的区别。

非连续性: 地质体中含有大量的断层、裂隙、节理、软弱夹层等 (统称为结构面), 它们共同的特性是复杂而有序地分布在地质体中, 对地质体整体的强度起着控制作用。

非均匀性: 通常体现于古滑坡体、崩塌体中, 宏观表现为土石混合体, 其中块石和土的混合比例、分布、块石的大小、形状、空间姿态是随机的。土、石两种材料强度有两个量级以上的差别, 土体的破裂、土石界面错动与张开可以导致更为复杂的力学行为。

流、固耦合特性: 主要体现在地质体结构面上的强度与裂隙中水或气的压力具有相同的量级。该特性不仅影响岩石或土等表征元的力学行为, 更为重要的是体现了山体的整体力学特性。

地质体的上述特性一般可以通过室内试验、现场调查获取, 而后通过模型简化可获得形式多样的本构关系和一些特殊的规律。然而, 地质体是一个复杂的系统, 从这个系统中取出任何的一个局部 (岩体的试样) 都不能代表其整体特性, 即试样不具有代表性。从另一个方面说, 岩体的试样离开了地质体就失去了它作为母体中一部分的作用, 甚至在有些情况下, 获取试样的过程中, 试样的特性就发生了改变。为了研究地质体的整体特征, 充分了解其局部特性固然重要, 但更重要的是如何在此基础上描述和探测出地质体的整体特性。

地质体未知"初始"状态的特性: 该特性可以作为地质体区别于一般岩土材料

的要素之一, 也是地质体与其他力学研究对象的最大区别。它包括未知的 "初始" 地应力和未知的 "初始" 破坏程度 (结构面的发育程度) 两个方面。在这里, "初始" 状态是相对的, 有时也可以称为 "当前" 状态, 特指某一事件 (崩塌、开挖、降雨) 发生前的地质体的状态。关于 "未知" 的概念, 需要解释它是处在 "已知" 和 "不知" 之间; 在空间上, 已知了局部; 在时间上, 已知了当前状态。地质体的这一特性与地质环境及地质构造运动的历史有关, 并且决定着地质体的力学行为。按照力学的分析方法, 不能定量化地给出初始状态就无法获得定量化的结果。因此, 探明地质体的初始状态, 不仅是工程地质体力学的重要任务, 也是该学科真正能够解决实际问题的关键。

当然, 地质体还有许多其他的特性, 如材料的各向异性特征、尺度效应、非弹性、非线性等, 笔者认为这些特性主要与岩体结构面的空间分布有关。并且, 由于地质体的时间效应、温度效应、化学腐蚀特性是通常固体材料所共有的, 而且这些特性对大多数的工程实际问题的影响通常被地质体的其他特性所掩盖, 因此在这里不作为地质体的特性进行单独表述。此外, 冻土是与温度有着密切关系的地质体, 特别是表层冻土随着天气的变化而有相变发生, 其力学过程更为复杂; 对此, 作者和所在的团队没有针对性的研究, 本书不作相关的讨论。

1.3 滑坡体的力学分类

受滑坡的特殊性和荷载的复杂性的影响, 从滑坡现象及运动形式对滑坡进行分类, 种类繁多, 以至于很难有清晰的思路对滑坡的基本特征及类别进行概化。为此, 本书提出了按照力学的定量化描述方法对滑坡进行分类。其基本原则如下:

(1) 按照力学描述的定解问题分类, 其中包括基本方程、本构关系、边界条件和初始条件。

(2) 基本方程类: 首先可以分为动态方程和静态方程两大类; 按照介质分类, 有固体类、流体类和流固耦合类。对于固体类, 可以分为静态方程和动态方程; 流体类可以分为定常流动和非定常流动。上述各类可进一步按照本构关系进行亚类的划分。

(3) 边界条件类: 分为位移边界条件类、力边界条件类、速度边界条件类以及混合边界条件类。

(4) 在上述分类的基础上, 可以演化出错综复杂的滑坡现象。滑坡处在不同的阶段, 表述的方法也不同。只需要对这些结果进行分析, 提出合理的表述方式进行灾害的预测、评价就可以了。

图 1.1 给出了部分特征分类与力学分类的关系, 其中, 刘光润等[5] 从工程地质学家的角度给出了滑坡的分类。可以看出力学分类包含了更多的研究对象, 也具

有更高的抽象,更容易掌握。或许这样的分类可以为地质专家提供一种地质调查的思路。

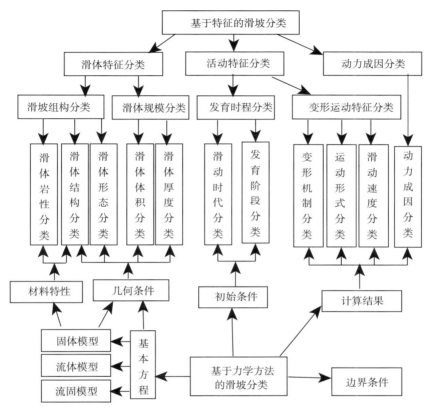

图 1.1 关于某种观点的滑坡特征分类与力学分类的比较

1.3.1 滑坡介质的材料特性分类

材料的特性是通过材料试验获得的,也是建立基本方程所必需的。由于地质年代、物质成分以及含水量的差异,材料的特性也会有很大差别。在建立方程的过程中,那些差异均通过材料的本构关系实现。在定量化分析时只需要分成如下几类。

1. 岩体

岩体由岩块和结构面组成。材料试验只是获得岩块的特性,岩块通常具有脆性,在高地应力下岩体也会表现出软岩的特性。岩石的脆性和塑性均可以通过本构关系表达出来。岩体的结构面是控制岩体特性的关键因素,一般情况下不可以均匀化处理, 连续介质模型不太适于描述这种含复杂结构面岩体的力学行为。而当结构面的间距与研究关注的尺度相比很小时, 也可以采用均匀化模型。这就需要建立含有岩块材料特性和结构面几何特性综合作用的表征元模型。

2. 土石混合体

土石混合体就材料特性而言具有很强的不均匀性。土和块石的弹性模量、强度相差两个量级以上。建立土石混合体的模型, 一个重要的物理量是块石的尺寸与关注尺度的比值。所谓关注尺度就是研究问题中介质破坏尺度的精度。例如, 在滑坡的坡脚剪出面附近应力变化比较大, 对破坏尺度的精度要求比较高, 可定在 0.1m 量级, 而在滑体内部, 破坏尺度的精度较低, 可以在米量级。我们就说关注尺度分别为 0.1m 和 1m, 数值模拟中关注尺度基本上可以认为就是单元尺度。

当块石的尺寸与关注尺度相比大很多, 可以将块石作为研究模型的一个子区域; 当块石尺寸远小于关注区域, 可以构建块石和土构成的混合体的均匀化模型, 该模型的特性与含石量有关; 当块石尺寸与关注尺度具有相同的量级时, 块石就可以看成散体。

3. 土体

土体在工程尺度上可以认为是均匀介质, 也不研究其内部的结构性。值得注意的是, 室内试验得到的土体本构千差万别, 而工程上解决土体问题却相对简单。鉴于此, 本书对土体滑坡不作专门研究, 仅对土的理论研究的复杂性与工程处理相对可控的问题提出如下简要的认识:

(1) 土体的颗粒或内部结构相对于试样不可忽略, 相对关注尺度可以忽略, 因此在工程上土体通常 (黄土具有结构性除外) 可以作为均匀介质。

(2) 含水砂土或砂质黏土在动荷载作用下可能液化。土的饱和与非饱和状态以及液化过程是流、固耦合问题。采用均匀化模型, 就会偏离土体破坏的本质。

(3) 土体的破裂过程是由连续到非连续演化的过程, 含水土体一旦形成了裂隙, 就会加速土体的破坏演化。

4. 水与岩土体的耦合作用

水与岩土体的耦合本质上是应力场、渗流场与破裂场的相互影响。岩土体的破裂对水的作用主要是渗透系数改变以及裂隙的萌生、开合; 而水对岩土体的作用包括以下几个方面: ①裂隙水的压力对岩土体的推动作用; ②水引起岩土强度降低, 特别是一些水敏性强的土体 (如含蒙脱石、伊利石、高岭石的土体), 受到水交替浸泡, 极易诱发滑坡; ③孔隙水压力将导致有效应力的降低, 岩土体更容易破裂; ④孔隙水直接引起岩土体的破碎。深刻认识水对滑坡体在这四个方面的作用, 对于科学提出滑坡灾害防治措施和监测预警方案的意义重大。

1.3.2 边界条件的分类

边界条件是定解问题的基本要素之一。研究滑坡灾害,可以将边界与滑坡灾害的诱发因素建立对应关系。

(1) 滑坡表面应力为零,滑坡体边界位移为零。

在这样的边界条件下,正常的力学计算只有一个结果。定解问题中的重力荷载是确定的,边界条件也是完全确定的。但滑坡问题不同,因此要计算安全系数或给出安全评价。为此,计算时采用滑体内部岩土体强度折减的方法,研究不同强度参数下边坡的稳定性问题。可以看出,该边界条件反映的诱发因素是岩土体的风化、水渗流引起的材料劣化等。力学上是研究材料特性演化问题。

(2) 地表给定流量边界条件。

对于滑坡体而言,这是滑坡体内部孔隙渗流或者裂隙渗流的边界条件。有了这样的条件,就可以得到渗流场的分布,进而给出滑坡体内部破裂场的分布。地表给定流量边界条件给出的诱发因素是降雨。

(3) 库岸滑坡浸水部分给定渗透水压力边界条件。

库水涨落是诱发滑坡灾害的重要因素之一。这个问题的边界条件是由库水涨落引起的随着时间变化的水压力。

(4) 底边和侧面为动荷载、非自由表面为无反射、自由表面应力为零的边界条件。

地震诱发滑坡灾害的安全分析,按照我国的规范规定,在滑坡体内施加一个动态的体力,这个假设太强了。在滑坡体内每一点都加上一个惯性力,其加速度与地震裂度对应的加速度成正比。上述方法忽略了波的传播过程、将短时间的加载转化为永久加载,不符合客观的物理问题描述,因为地震是波的传播过程,地表振动是波到达自由表面并产生波反射的结果,按照上述方法进行工程设计必然是过分保守的。

将研究区域划分为自由表面和非自由表面两类。自由表面的应力为零,因此可以产生地震波到达自由表面的反射过程;非自由表面加无反射边界条件就可以解决人工边界处虚假应力波的反射问题,实现有限大小区域模拟无限区域。在底边和迎着震源方向上的侧面施加动荷载就可以模拟地震荷载。

(5) 改变区域边界,令其应力为零的边界条件。

对于给定的自由表面,其边界应力为零是传统力学的方法。而人工开挖滑体或坡脚冲刷的过程,则产生了新的自由表面,也就是通常所说的卸荷过程。它表征的是研究对象的边界变化了,由内部的场点改为边界点,边界应力变为零。显然,开挖诱因也可以视为力学的一类边界条件。

(6) 给定位移的边界条件。

在传统的固体力学问题中,给定位移边界就是一个荷载问题,位移给定了就可以求出边界上的力。在滑坡的研究中，位移通常是在自由表面上测出来的，自由表面上的力为零。也就是说，这本来是应力为零的边界条件，因为位移可以测出来，成为了已知条件，这就为解决滑坡问题创造了一个契机。以此，可以反分析滑坡的内部状态，并可反分析滑坡未知的诱因。这将在第 13 章进行专门的表述。

以上的分析将地质灾害的诱因与力学的边界条件建立了非常明确的联系。这里有很容易理解的诱因，如荷载变化等；也有将强度折减这样一个分析技术转化为完全给定边界条件下内部材料特性的劣化，并将其作为一种诱因；还给出了同一边界上位移和应力都给定 (已知) 的条件下，可以反演材料特性或其他灾害诱因的理论基础。由此表明，边界条件不只是定解问题的理论表达，还是分析滑坡灾害诱因的理论模型。确定边界条件并形成合理的理论表述，可以成为地质和力学相结合的切入点。

1.3.3　力学状态分类

人们很难定量地给出一个真实滑坡体绝对的 "初始状态"。因为人们所关注的滑坡体都是经历了长期演化的结果。滑坡体在时间上可以分为理想的初始状态、当前状态和灾变状态。

(1) 初始状态：是将地质体假设为连续体，在重力作用下只有地应力场的分布，但是没有破坏的状态。

(2) 当前状态：是人们目前所观测到的滑坡现状，它是由初始状态演化到已知状态的力学分析结果。就力学分析而言，表征的只是一个中间结果；对灾害防治和预测而言，它是灾害演化的基点。

(3) 灾变状态：是滑坡体未来可能的状态。

1.3.4　基本方程的分类

动力学问题中基本方程是动量方程，可以统一于拉格朗日方程表述。按照变量和积分区域概括为四类：

(1) 拉格朗日变量、拉格朗日区域：固体运动方程。

(2) 欧拉变量、欧拉区域：基于欧拉坐标系的流体运动方程。

(3) 拉格朗日变量、欧拉区域：小变形的固体运动方程。

(4) 欧拉变量、拉格朗日区域：此类方程应用较少。

详细的方程分类见第 6 章。

从力学分析方法的角度对滑坡进行分类，是从滑坡运动规律分析方法的构成分出类别，可以避开错综复杂的现象表述。由此得到的滑坡分类包括了基本方程类、边界条件类、材料特性类、力学状态类。

1.4 滑坡灾害防治中的工程问题

滑坡之所以越来越引起人们的关注，是因为一系列重大的地质工程可能诱发滑坡灾害；滑坡灾害的隐患影响了重大工程的建设；而滑坡灾害的防治本身就是工程。滑坡防治中的工程问题不只是工程专家关注的问题，也是工程科学家所面临的难题。解决工程问题是滑坡灾害研究的工程目标，也是滑坡研究中力学方法的研究方向。只有认识到滑坡灾害防治中的工程问题，才能够确定滑坡研究的方向。

1.4.1 现有地质体稳定性判断方法的适用范围

大型工程建设，"避让"是一条基本的并且非常重要的原则，要避开危险的区域首先要知道哪些区域是危险的。在获得了一定的地质资料之后，就要对山体的稳定性做出判断。稳定性判断的可靠性关系工程建设的成败，道理很简单，建筑在不稳定的基础上的工程一定是失败的；另外，如果本来稳定的地质条件被误判为不稳定的，无论是避让还是采取工程措施，都会造成不必要甚至是非常巨大的浪费。

在我国的工程实践中，解决该问题主要是依赖于地质工程师丰富的实践经验进行定性的判断；以刚体极限平衡条分法为基础的边坡稳定性判断方法对滑面上的参数很敏感，而这些参数的确定往往需要依赖工程经验。当然，也有一些重大工程采用有限元、离散元、有限差分等数值软件进行分析计算，但总体而言仍属于探索性或科研性的工作。

刚体极限平衡条分方法[6]在我国已经广泛并长期应用，几十年来为工程设计和施工技术人员习惯使用，就世界范围内仍然有众多的学者一直基于极限平衡方法的思想拓宽此类分析方法的应用范围。从大学工程专业的教材到工程设计手册以及设计规范，大都接受这类方法，形成了思维定式。由于地质灾害的复杂性，此类方法为工程技术人员提供了一种可以操作的、定量化的分析技术，解决了一类问题。然而，仍然有大量的问题，依靠这类方法不能解决。该方法的应用受限于：

(1) 整体力的平衡条件：复杂的山体结构破坏是渐进破坏；

(2) 一般情况下适用于滑动和纯转动问题：大量的滑坡不是单纯的滑动；

(3) 滑体内部是完整的假设：山体内部充满了结构；

(4) 不能分析变形与破裂信息：研究自然边坡的问题，山体内部结构信息量不足以给出定量化的规律，需要充分利用山体演化过程中的信息量。

(5) 地震稳定性分析基于拟静力法，按照地震产生的惯性力取等效系数设计：静态分析方法分析地震作用下的山体运动规律仅适用于特殊的条件，在空间上要求山体的尺寸远小于地震波的波长；在时间上，静态荷载要与波动荷载等效。

1.4.2 探测地质体力学特性的方法

选址是地质专家的工作,他们根据地形地貌、地质条件,借助于多年积累的丰富经验,判断工程建设的可行性,初步确定工程建设的地点、线路以及区域。在此基础上进行地质勘察,其主要目的是了解地质条件,进一步确认工程建设的可行性,通过各种手段获得地质资料,为工程设计提供设计依据。毫无疑问,勘察获得的资料越丰富,工程设计的可靠性就越大。

然而,在实际工程中,尽管地质勘察的手段很多,受勘察方法、周期、经费的限制,获得详细的地质资料依然十分困难,工程设计往往是在较大范围内以一孔之见的结果为基础的。如何用最小的代价获得最丰富的地质信息,是地质工程中亟须解决的关键问题。

作为力学研究,不仅研究给定条件的结果,还要提出如何获得地质条件的方法。用波动、渗流以及表面位移监测的方法探测地质体的力学特性,从理论上要比直接钻孔、开挖更合理。事实上这些方法不破坏地质体的原有结构,反映了某个区域而不是某个点的特性,探测成本较低。这些方法已经在地质勘察中发挥了一些作用,但还很不够,需要更基础的理论工作和计算技术,否则很难获得突破。地质雷达是探测地质体特性的重要手段之一,受发射能量的限制,探测的深度在土体中一般不超过 30m,包括电法,都存在着如何将探测的结果转化为力学参数的问题。

探测地质体力学参数的方法面临着的问题:

(1) 将现有的探测方法和技术应用于分析、计算;

(2) 基于力学分析方法提出新的探测技术;

(3) 基于现代技术的要求研发新的仪器设备和提高设备的精度。

1.4.3 滑坡灾害防治的设计依据

滑坡体自身的变形规律难以给出滑坡防治工程设计的一般原则。例如,库区蓄水引起的库岸变形并不引起岸坡失稳,但却可能导致山坡上建筑结构的破坏;有些情况下工程建设地点没有选择余地或不可避让,必须要研究山体的变形;一些自然边坡,尽管变形很大,也不会造成灾害。在露天矿开采中,有的边坡日平均位移可以达到米的量级,为了尽快开采出矿石,开挖工程依然进行。由此可以看出,针对不同的工程对象,灾害的定义不同,作为工程设计依据就不能像建筑结构设计那样给出统一的阈值判据。

滑坡体防护涉及的工程结构与山体内部岩土体的结构具有不同量级的精度,增加了工程结构设计的难度。滑坡工程结构设计无论是材料的参数还是结构尺寸 (如混凝土桩、锚杆、锚索等) 都可以达到 2 位有效数字,而山体内的岩体结构 (如结构面的间距、连通率、土石比) 的精度一般只有 1 位有效数字,甚至达不到 1 位有效数字。因此,研究地质体与工程结构的相互作用远比判断山体稳定性以及分析单纯结构的变形复杂得多。基于低精度的山体结构信息，设计高精度的工程结构，往往面临多方面的困难。在不很清楚地质体的初始状态、地质体的地质结构和地应力场的分布情况下，只能给出可以控制的工程设计，而不是精确的设计。

岩体分类直接用于工程设计的普适性有待于深化。隧道工程常用的工程设计基础是岩体分类技术，可直接给出支护结构的设计。一般说来，工程岩体分类可用于初步设计、工程概预算和招投标阶段。对一些复杂、大型、重要的工程，岩体分类的精度还不够。当地质条件复杂和有更多的工程方案供选择时，工程设计应该具体问题具体分析，需要有科学的分析方法和可靠的设计依据。边坡工程设计还没有采用这样的技术路线，如果借鉴这种根据地质体条件直接回答工程问题的思路，需要有力学分析和工程规律给予理论支持。

滑坡灾害防治的设计依据面临如下三个问题：

(1) 工程设计目标是滑坡体的稳定性还是滑坡受灾对象的安全？

(2) 防护结构设计的精度与已知的山体岩体结构精度不是一个量级，如何建立可控的工程设计体系？

(3) 隧道工程设计中的岩体分类技术是一种可控设计的技术路线，用于滑坡防护设计是否可行？

1.4.4　水对滑坡的作用及防治措施

水是诱发滑坡灾害的主要原因，防水是滑坡灾害防治的重点。然而，工程防治措施中，防水只是工程结构治理的补充和安全储备，没有定量化的标准或规范。水诱发滑坡灾害主要包含以下四个方面的原因。

(1) 水引起的岩土体软化，使得岩土体的强度降低。这一点已经在工程界成为共识，而定量地确定降低了多少却很难给出依据。一方面，从地层中取出的土样受到扰动，强度和含水量都发生了很大的变化，再进行饱和水的试验，所得到的强度会有更大的偏差；另一方面，滑面上或大部分滑体中的土体长期受水浸泡，发生灾害前后含水层的强度并没有减弱。降雨经孔隙渗流影响的土层只可能是表层，通过裂隙渗流作用于未曾浸泡的滑体，这是滑坡遇水软化的真正诱因。工程中如果不能通过勘探确定这一诱因，就很难提出合理的预防及治理措施。

(2) 垂直滑面的裂隙水压力对滑坡的推动作用。试验和数值模拟都表明，当裂隙自上而下的深度与裂隙位置到坡脚的距离之比小于 3 时，推力的单一因素作用可能不是很明显；反之，裂隙水推力不可忽略。这是"牵引式"滑坡非常重要的因素，这一基本规律应该用于指导排水工程设计。

(3) 孔隙水压力降低有效应力的作用。这是一个众所周知的原因，承压水不仅是诱发灾害不可忽略的重要因素，也是一直困扰工程防护的问题。在滑体内孔隙水压力往往是测不到的，也并不是处处都有承压水，而承压水的范围会随着滑坡体的灾变演化变大,也会因为排水通道畅通而变小。承压水的承压范围及压力幅值的不确定是滑坡灾害防治的难点。

(4) 高压低渗土层中水可能引起地层碎化。渗流场、应力场耦合引起岩土体破裂,破裂区域进一步影响渗流场和应力场。水与破裂后的介质融合形成的流变体,使得滑坡演化更为复杂。目前还没有很好的工程措施防治此类滑坡。

水诱发的滑坡灾害防治首先要区别致灾的类别,还需找到其内在的规律,进而利用这些规律提出工程方案。

1.4.5 滑坡灾害风险评估

滑坡灾害的风险评估与滑坡灾变波及的范围以及危害程度有关。其难度在于滑坡形成后的破碎状态与滑坡后灾害体可能经过的地形都具有特殊性,很难类比。近年来,发生的几次滑坡灾难都是因为远程运动超出了专家经验的判断。利用致灾因子、专家打分的做法,因缺少足够的样本也很难有效。

滑坡灾害风险评估的工程问题:

(1) 需要具有描述成灾范围的定量化方法。

(2) 定量化方法能够描述各种复杂的地形和可能的滑坡初始状态。

滑坡灾害防治的工程问题包括滑坡灾害的预警、滑坡稳定判据分析的方法、工程设计的依据以及灾害风险评估等,涉及灾害工程的防治就需要定量化,定量化依赖于定量化方法的科学性,不解决深层次的科学问题很难在工程技术上有所突破。

1.5 滑坡灾害防治中的关键力学问题

回答工程问题是工程科学的目标,为了回答工程问题,就需要知道滑坡防治工程的内在规律。力学的基本理论包括一般力学、固体力学、流体力学,均具有普适性。将这些基本理论用于滑坡问题研究时遇到了很多挑战性的问题,以至于我们所得到的工程规律与工程实际相差甚远,偏离工程师的基本判断与常识,难以被接受并用于指导工程。对其进行归纳,主要有如下几个方面。

1.5.1 强度理论的局限性

1. 材料的强度理论与破坏准则

材料的强度理论从 18 世纪到 20 世纪分别由不同的科学家提出来,形成了材料力学的四大强度理论,包括最大拉应力、最大拉应变、最大剪应力、最大形状改变比能理论。后来由众多的科学家在此基础上提出了各种不同的破坏准则。这些理论的基本出发点是将破坏定义为点的特征,即应力、应变。而在实际应用过程中,针对不同的工程, 强度理论的应用采用了不同的方法。强度理论的应用也随着力学理论和计算方法的发展而发展。

随着弹性力学和数值模拟技术的发展, 可以得到材料内部的弹性应力场, 给出任意截面上的弹性应力。从理论上讲, 当介质中某一点的应力或应变满足强度准则时就称为破坏, 工程上将容许应力与点的应力的比值定义为安全系数。该方法的局限性在于弹性力学给出的理论解很有限, 难以解决工程实际问题, 而数值方法所给出的应力值对单元有很强的依赖性。

基于塑性力学和相应的数值方法分析材料的破坏更接近工程实际, 理论上也更合理。当某一点的应力达到应力强度时, 材料进入塑性状态, 其应力值不再增加或者开始减小。该点周围区域的应力值就会提高, 当局部区域进入塑性状态后, 周围的区域应力提高, 实现应力的转移, 承担局部区域破坏后失去的抵抗能力, 提高承载力。

断裂力学认识到连续模型应力场体系的缺陷, 在裂纹的尖端应力可以达到无限大, 利用强度准则, 裂纹就会无限扩展, 而事实并非如此。断裂力学解决这一问题的方法就是找一个将集中应力转化为局部应力的尺度, 提出了应力强度因子的概念, 建立了特定条件下断裂能与应力强度因子的联系。非线性断裂力学认为裂纹尖端有一个特征尺度, 建立断裂能与这一特征尺度的联系, 大量的理论和试验研究均通过特定的试验和数值方法, 致力于解决单裂纹扩展的问题。

地质体内部充满了裂隙, 按照点强度准则的概念, 在每个裂隙面上所有的点都满足强度准则, 在裂隙的边缘或尖端也可以沿用断裂力学的表述方法; 然而, 当存在着裂缝 "分布" 时, 研究单一裂纹的方法应用起来很困难。

2. 地质体的破坏面分析方法

对地质体而言, 很多区域满足上述条件。当裂隙长度和研究区域的尺度相比不满足均匀化假设的连续介质模型时, 采用力平衡的分析方法更为简洁和为人接受。刚体极限平衡法[5] 的意义正在于此, 假设可能滑动、破坏的区域为刚体, 通过分析潜在破坏面上力的平衡, 进而确认滑体的稳定性。事实上, 这是一种与材料力学几乎相同的处理方法, 只是材料力学选取了构件的截面, 圆弧滑动法选取了地质体内的截面。

刚体极限平衡方法自出现以来一直作为工程师经验判断的参考方法, 为地质专家的经验提供了量化的尺度。在我国, 这种方法不仅写入大学教材, 又列入国家规范, 并且一直沿用至今。即使后来有了有限元、离散元等先进的计算技术, 发展了一系列更符合实际的力学模型, 也无法取代极限平衡方法在工程界广泛应用的地位。值得注意的是, 工程实践中经常出现外延该方法适用范围的情况, 对计算结果要求的精度远超出了模型自身的误差。刚体极限平衡法把研究对象当成一个 "试件"有其合理性，并且注意到每一个灾害体都具有其独特性，将地质专家的工程类比法向定量化推进了一步。但是，超出基本假设的应用就应当进行有效的检验。

3. 滑坡演化需要表述滑体的破裂程度

孙广忠[3] 提出了岩体结构控制论，认为岩体的结构是至关重要的，给出了几种岩体结构形式，并研究了不同结构形式的力学行为。与刚体极限平衡方法比较，结构岩体的理论是把研究对象当成一个复杂的结构系统，并且这个结构系统的结构并不是已知的。事实上灾害体内部的结构还是不断演化的。总结抽象地质工程专家的经验，李世海等[7] 提出了用地质体的破裂程度表征地质体的破坏，认为地质体的破坏可以根据其破坏程度分为几个阶段。

地质体是千百万年来自然形成的，当我们关注到某一山体可能会形成灾害时，它已经处在某种破坏状态了，也就是说，当我们看到灾害体的时候，灾害体内部已经充满了各种破裂面及孔洞等，有很多点、面满足破坏准则，已经被破坏了，这种状态称为既有破坏。它表征地质体当前状态或者过去某一时刻的状态，其破坏是指地质体内部既有的结构面。山体受到地震、降雨、开挖等扰动后，内部结构面局部扩展、相邻结构面连通以及萌生出新的破坏面，这个过程称为局部再破坏阶段。当研究区域内形成了贯穿的结构面、破裂面时，称为贯穿性破坏。在贯穿性破坏之后，灾害体内由于应力场的调整进一步破裂、解体直至碎化，称为碎裂性破坏。滑体长距离的滑动、滚动、流动的阶段称为运动性破坏。

应当说明，地质体的破坏演化是始终存在的，而这个演化本身就是一个动态过程。上述五种破坏阶段正是一种表征演化过程中破坏程度的描述方法，各个破坏状态需要有明确的定义，也应该有定量化的参数表达。这正是我们面临的关键科学问题：

(1) 如何定量地描述地质体的破坏程度？

(2) 如何定量地区分开各个破坏的阶段？

1.5.2　固体的渐进破坏过程

岩体内部含有大量的结构面，这些结构面的连通率不等，当岩体受到荷载扰动后，不管应力场分布是否均匀，岩体内部各个结构面的再破坏一般都不会同时发生；土石混合体是非均匀材料，土石的弹性模量、强度不同；对于不同的含石率，代表性单元的强度也不相同。

岩体和土石混合体内部强度不均匀，当所受的荷载发生变化时，其破坏特征就是渐进破坏。所谓渐进破坏就是外荷载固定在某一个状态下，介质内部的破坏不断地演化，这种演化是介质内部的破裂场不断扩大、变化，对应的应力场相应地演化。

针对确定的初始状态和荷载条件，有时这种演化会终止，力学系统达到平衡；有时这种演化会持续进行，直至破坏的模式发生本质的变化。如果荷载的条件是变化或者说随着破裂场的变化而变化，系统的演化过程将会更为复杂，系统的破坏状态会从一种平衡状态转化为另一种平衡状态，这种状态应该是跳跃的，一系列量变到质变的过程。地质体渐进破坏的复杂过程需要解决的关键科学问题是：

(1) 如何定量地表述地质体动态破裂的过程？

(2) 怎样建立局部破裂与宏观破裂之间的联系？

1.5.3 连续与非连续模型的耦合

在力学的研究范围内，一般说来，连续系统的基本方程用偏微分方程表述，这是因为此类研究对象的物理模型可以假设位移梯度和速度梯度是连续或分段连续的。离散系统则用常微分方程表述，是因为离散系统是一系列基本单元的集合，其中各个单元之间的位移梯度和速度梯度通常不具有连续性。

在地质体的破坏演化过程，初始状态可以看成连续的，地质体逐渐破裂是由连续模型向非连续演化的过程。当固体充分破裂后就形成了散体，在某种意义上是完全非连续的。当散体颗粒的尺度与灾害体的尺度相比非常小时，散体的运动又可以简化为流体的流动，可以看成连续介质。地质灾害的发展演化过程正是地质体由固体到散体、再由散体到流体的过程。需要解决的科学问题是：

(1) 怎样建立连续与非连续共存的固体破裂及散体流动阶段的力学模型？

(2) 如何定量化地表述连续的固体、连续与非连续的固体破裂与散体流动、连续的流体三者之间的转化过程？

1.5.4 流体与固体的耦合

早期的力学学科分为一般力学、固体力学、流体力学，是根据研究对象的特性确定的，所建立的基本方程也不同。郑哲敏和 Weikins 独立地提出了强动荷载下的固体材料流体化模型，将固体和流体的方程统一表述了。这种统一的表述为解决流–固耦合问题奠定了基础。流–固耦合问题的复杂性在于流体和固体依然保留原来的特性，可以用传统的方程表述，但是流体–固体构成了一个力学系统。这个系统流体–固体可以有清晰的边界，也可以相互侵入，如裂隙流、孔隙渗流、水库库岸滑坡等。

水诱发滑坡灾害，包含了水的渗流、水渗流引起的岩土体破裂；裂隙流动改变了渗流场的分布；运动的散体侵入到水中，并导致出现大量复杂的流固界面。但是，当流体、固体系统的运动规律不能用混合介质等效时，就构成了当今难以破解的科学问题：

(1) 如何建立裂隙流动、孔隙渗流及引起的固体破裂模型？

(2) 如何定量化地表述水、泥和块石系统的运动规律？

1.5.5　欧拉与拉格朗日坐标系的耦合

就理论表述而论，传统的流体运动方程是基于欧拉坐标系；固体、质点和刚体的运动方程基于拉格朗日坐标系。可以看出，欧拉与拉格朗日坐标系的耦合问题正是物理上流、固及散体运动的耦合。

就基本方程而言，任何物理系统都可以归为拉格朗日系统。拉格朗日系统适合在拉格朗日坐标系下表述，也可以在欧拉坐标系下表述。将拉格朗日系统的运动边界在固定的欧拉坐标系下表示出来，需要开展相关理论研究。

就计算网格而论，固体问题的计算网格是建立在随着物质的质点运动的坐标系上的；流体的网格如果随质点运动就会发生畸变。石根华提出的积分流形方法、Onate 团队提出的 PFEM 技术都是在利用几何学解决这类问题；任意拉格朗日和欧拉计算方法都是从理论上建立两类坐标系的联系，并实现算法。

然而，我们注意到，欧拉与拉格朗日坐标系的耦合更重要的意义在于可以表述复杂的物理问题，在于将不同的物理系统借助于不同的变量、不同的物质区域由更一般的方程统一描述，在于形成解决复杂问题的数值模拟方法。相关的科学问题包括：

(1) 找到一条表达这类物理问题的途径，建立基本的运动方程；

(2) 基于合理的理论模型实现数值模拟的计算方法。

1.6　本 章 小 结

滑坡中的科学问题主要是在自然科学的基本问题已经解决的基础上研究工程规律所面临的力学问题。它具有以地质体为研究对象的地质灾害中普遍存在的共性问题，如强度理论、渐进破坏过程、连续–非连续力学模型、渗流与固体破裂耦合等；也具有滑坡特有的力学问题，如碎裂性破坏转化为散体流动以及泥、石、水的耦合运移等。

参 考 文 献

[1] 李四光. 中国地质学. 伦敦: 杜马·莫尔第出版公司, 1939.

[2] 李四光. 地质力学概论. 北京: 科学出版社, 1999.

[3] 孙广忠. 岩体结构力学. 北京: 科学出版社, 1988.

[4] 油新华, 汤劲松. 土石混合体野外水平推剪试验研究. 岩石力学与工程学报, 2002, 21(10): 1537-1540.

[5] 刘广润, 晏鄂川, 练操. 论滑坡分类. 工程地质学报, 2002, 10(4): 339-342.

[6] 陈祖煜, 弥宏亮, 汪小刚. 边坡稳定三维分析的极限平衡方法. 岩土工程学报, 2001, 23(5): 525-529.

[7] 李世海, 周东, 王杰, 等. 水电能源开发中的关键工程地质体力学问题. 中国科学: 物理学力学天文学, 2013, 43(12): 1602-1616.

第2章　滑坡灾害防治的方法论

滑坡灾害防治以经验为主,说明人们还没有抓住其中的一些基本规律。正如第1章所述,还有待于解决深层次的科学问题,减少和尽可能摆脱对经验的依赖。但是,人们不能等到科学问题全部解决了再去解决工程问题。如何研究滑坡?有必要重温钱学森先生的工程科学思想,讨论一下滑坡研究的方法。

2.1　钱学森的工程科学思想

钱学森先生早在 1948 年[1] 和 1957 年[2] 就提出了工程科学 (engineering sciences) 的思想,钱学森先生的中文文章也称之为技术科学 (为统一表述,以下均称工程科学)。他指出,工程科学作为一门独立的科学,不是工程与科学的混合物,而是工程与自然科学相结合的化合物。郑哲敏先生[3,4] 积极倡导工程科学,对工程科学的产生和发展做了很好的诠释。笔者重温钱先生和郑先生的文章,回顾多年来科研中曲折及痛苦中挣扎的历程,受益匪浅。在这里,一方面介绍自己对工程科学的认识和理解,另一方面讨论基于工程科学的思想开展滑坡灾害研究的体会。

2.1.1　工程科学的定义

钱学森先生提出了工程科学的概念,将工程科学与自然科学、工程技术区别开来。他指出,"它 (工程科学) 是自然科学与工程技术互相结合产生出来的,是为工程技术服务的一门学问。" 郑哲敏先生强调了工程科学的科学属性。他认为,自然科学和工程科学都是科学,它们都属于科学的范畴,但是,在目标方面有共同点也有区别,工程科学是基础科学与工程和其他应用领域间的桥梁。

什么是工程科学?**工程科学是以解决工程问题为目的,基于自然科学的理论认知和形成工程基本规律的科学**。诠释工程科学的定义,工程科学具有科学的属性,不是工程经验。工程科学与自然科学有共性,在于探索和认知事物发展的规律;工程科学与自然科学的区别在于自然科学研究自然规律,工程科学研究工程规律;工程科学与工程技术有共同的目标,都是以解决工程问题为目的。但是,工程科学不是工程技术,前者是间接解决工程问题,后者是直接解决工程问题。解决工程问题离不开人的思想、行为以及人的能动性。工程科学并不以追求理论的完备性为目的,而是更注重基本理论的实用性。工程科学会提出新的方案,而不去实施方案;工程科学会提供设计依据,而不是进行工程设计;工程科学会发现工程失效的原因，而不是处理事故和直接排除事故。

更进一步，工程科学不是简单的对自然科学的应用，它是对自然科学的发展，将自然科学的理论扩展到解决更复杂问题的范围。工程科学具有"创造"的成分，这是与自然科学更大的区别。自然规律是客观存在的、"始有终有"的，自然科学的工作就是发现这种规律；工程科学却需要通过对复杂问题进行人为地简化、凝练，在自然规律的基础上给出新的规律，形成新的理论。因此，如果把自然科学作为最基础的基础理论，那么工程科学就是比自然科学更上一个层次的基础理论。在这个意义上，工程科学既是自然科学基础理论与工程技术之间的桥梁，又要开展在不同层面的基础理论研究，发展新的基础理论。

自然科学给出的自然规律，基本上都是在非常理想条件下的结论，也有些是难以实现甚至是不可能实现的结论。比如，牛顿的惯性定律是力学研究中不可或缺的，但是，物体只有在不受任何外力作用下才能保持直线运动和静止状态。现实世界中不存在这样的条件。牛顿第二定律说，物体运动的加速度与其合外力成正比。现实世界中，在严格意义上人们并不能求出物体所受的所有外力的合力。工程科学可能根本不关心与工程实际相差甚远的惯性定律，也不在意是否把所有的力都求出来，只要计算出对工程有影响的力就够了。

可以看出，为了解决实际问题，一方面将复杂问题化简到可以使用理想条件下的理论；另一方面要发展理论，将理想状态下的理论发展成为可以描述真实世界的理论，由此得到的基本规律用于实际问题。

2.1.2　工程科学的工程性与科学性

工程科学既然是研究工程规律，就必然有两重特性。一方面要应用基础理论发展解决工程问题的方法，另一方面又要为了解决工程问题发展基础理论。认识工程科学的两重性，对发展工程科学有重要的意义。

1. 工程性

以解决工程问题为目的。解决什么样的工程问题呢？重温和理解钱学森先生当年的论述，可以归结为如下几个方面：

1) 提出工程方案，并论证其可行性

钱先生的原话是"建议的工程方案的可行性是怎么样的？"[1]。我们理解，工程方案不应该是传统的工艺、技术、方法，它应该是全新的方案。事实上，如果不是新的方案，就没有必要去论证其可行性了。

问题是这样的工程方案由谁来提呢？提出方案是工程专家的任务还是工程科学家的任务呢？图 2.1 给出了我国工程建设的技术路线，从中可以看出创新方案难以产生。

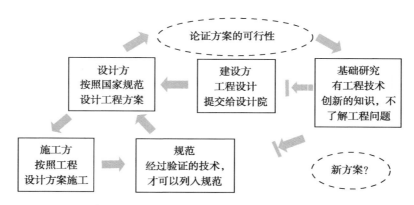

图 2.1   我国难以产生和应用新方法的原因

在我国，工程方案一般是由工程专家提出来的。在工程项目立项前，从事理论研究或基础研究的科学家，他们虽然掌握了最新的科学前沿，却得不到工程需求的信息，即使得到工程信息，也因为不了解工程，难以发挥作用，可以说基础研究的科学家具有提出创新方案的思想和知识，没有提出新方案的能力和机会。工程项目建设初期是设计阶段，建设方将任务提交给工程设计院，设计院根据设计规范进行设计，如果他们不依据规范设计，将承担法律责任，所以不存在提出创新的方案；工程项目建设由施工单位按照设计图纸施工，如果不照图施工，也将要承担法律责任，所以也不存在提出创新方案。可以看出，规范制约了新方案的提出，是否能在规范中写入新方案呢？回答是，几乎不可能。如图 2.1 所示，因为规范必须要经过工程检验，充分证明是可靠的才可以写入规范。在我国，设计方有时也会与基础理论研究的科学家共同开展科学研究，主要的目标是论证方案的可行性和改良方案，一般不提出完全创新的方案。这就形成了一个不可解脱的循环。

按照这样的技术路线，工程技术就很难有创新。工程技术会一直停留在早期的发展水平或者只能跟随别人的技术。或许这是我国已经成为工程大国，还不能成为工程技术强国的主要原因之一。

从事基础研究的工程科学家应该承担提出方案的重任，而不是限于论证已有方案的可行性。工程科学家更了解科学的前沿，掌握了更多的定量化分析工具，对工程方案的原理有更深的了解。需要指出，由基础研究的科学家提出的方案一开始往往是不完善的，会有很多瑕疵，在工程专家看起来不可行，他们会提出一系列的质疑和问题。工程科学家不是凭感觉确定方案的可行性，而是通过已有知识的基本判断和进行定量分析论证后做出的判断。大量实践证明，往往是那些凭着经验看起来不可行的方案能够实现技术的突破。

2) 如果可行，给出实现的最好途径

一个好的工程方案应该保证技术上的可行性、工程上的可靠性和经济上的合理性。达到某一工程目的的技术方案及实现途径有很多，单纯靠经验很难做出判断，这就需要定量化，研究这些可能路径的规律性，进而做出科学的选择。工程科学会对各种途径进行定量的分析和估算；针对工程的可靠性，研究各种参数的影响，选择工艺窗口宽的、可控的技术途径作为备选方案；在方案可靠性研究的基础上，结合工程造价选择最经济的方案作为优选方案。

任何一个工程设计都需要进行技术可行、工程可靠、经济合理的论证。工程设计专家和工程科学家有什么区别呢？工程设计专家的方案论证，主要是针对已有的几类方案和计算的图式，在各个指标上进行比对。工程科学家会在更基础的参数变化、参数敏感性分析方面进行论证，不局限于在已有模式上的论证，而是在获取工程规律基础上的论证。

更进一步，工程科学不限于两种方案技术途径的比较、论证，更关注比较方法的合理性。比如，在边坡稳定性抗震设计中，工程设计专家的工作是利用拟静力法计算，比较抗滑桩方案和挡土墙方案哪个更好。工程科学家会认为拟静力法对高陡边坡不适用，在某些条件下两种结构应该用不同的分析方法计算。

3) 找出工程失效的原因，并给出补救方案

一个工程的失效通常是多方面的。除了责任事故以外，找不到工程失败的原因，必是其超出工程专家已有知识范围的。借助于工程科学，可以获得工程的基本规律，对各种参数的敏感性进行定量地分析判断。依据工程调查，获得工程运行时参数可能的取值，进而找到失效的原因。钱学森先生列举了 Tacoma 大桥的例子。在桥梁结构工程看来，该大桥的设计很合理。当引入流体的涡激振动荷载时，大桥处于共振状态，由此导致失效。

提出工程失效的补救方案，工程科学往往更容易发挥作用。在这种情况下可以获得更多的信息，找到传统方法不合理的原因。这对工程科学家有更高的要求，需要在很短的时间内认清机制，给出令人信服的结论和补救方案。本书第 15 章关于某露天矿边坡稳定性分析及治理方案设计的论述，可以充分说明这一点。

2. 科学性

所谓科学性就是工程科学不是凭着经验和感觉认识问题，而是通过给出工程基本规律，为解决工程问题提供理论依据。归纳起来，工程科学研究工程规律可以分为如下几类：

(1) 将前沿的理论成果用于分析工程问题。工程科学家时刻关注科学的发展，当新的理论方法出现之后，尚没有应用于工程，可以研究新理论的适用条件，经过工程试验证明可以提高工程效率、节约成本、保证质量，然后应用于工程。举例说明，20 世纪 80 年代初，我国南方城市广州，建高楼需要挖孔桩，遇到较坚硬的岩石，人工开挖费时、费力。郑炳旭教授从文献上查到中国矿业大学郭振海的博士论

文, 研究岩石在爆炸荷载作用下裂纹的扩展规律, 说明爆炸产生的裂纹扩展长度很有限, 产生的裂纹中注入水泥浆还会提高挖孔桩的承载力。经过工程试验验证了该方法是可行的, 后来应用于工程, 成为一项新的技术, 不仅为工程缩短了工期, 还为企业创造了效率。

(2) 放宽理论中的假设, 外延应用范围。工程实际问题很复杂, 影响工程规律的因素很多, 将所有的可能因素考虑在内是不现实的。这就需要抓住主要因素忽略次要因素, 在基本工程规律可用的范围内应用于工程。

滑坡分析中最典型的例子就是刚体极限平衡方法。该方法是从均匀介质、滑移线理论而来的, 适用条件很苛刻, 早期用于土质边坡分析, 后来用于带有滑面的基覆边坡分析, 并成为国家规范, 在工程中广泛应用并发挥了很大的作用。当然, 此类方法必须要充分论证外延的可行性, 否则就会出现失误。比如, 在极限平衡方法中用静荷载代替地震荷载, 进行边坡抗震设计, 在很多条件下连基本的现象都无法得到, 有时工程设计过分保守, 造成很大的浪费。

(3) 解决具体问题中认识的新规律, 推广应用给出普遍规律, 形成新的理论。郑哲敏先生在研究核爆炸效应时, 发现爆炸后爆源附近的岩体呈流体状, 远区依然保留固体的特性。为此, 他提出了流体弹塑性的模型, 给出了计算方案, 很好地回答了工程问题。这一理论模型后来应用于爆炸加工, 可以很好地解释爆炸荷载下金属的流体弹塑性, 形成了流体弹塑性的理论, 为爆炸力学的发展奠定了理论基础。

(4) 受工程现象的启发, 提出新的理论方法。工程科学以工程实践为背景, 以解决工程问题为目的。笔者在一次滑坡调查的过程中了解到, 山坡上有裂缝, 管理部门发出预警, 要求百姓撤离, 村民非常不满意、坚决不撤离, 并且不屑于专家意见。经过深入调查发现, 该滑坡体已经变形多年, 每年都有点变形, 今年并没有异常。三峡库区的凉水井滑坡, 测量到的地表位移达到几十厘米, 后缘和两侧都有张开裂缝, 曾一度夜间封航。国土资源部的专家认为, 该滑坡尚未解体, 不具备近期形成灾害的条件。笔者基于现场调查的认识, 将地质体的破裂作为目标函数, 逐步形成了基于破裂度的滑坡灾害评价理论。

2.1.3　工程科学的方法论

工程科学涉及的范围很广, 针对不同的工程, 研究方法也会不同。这里笔者只是从滑坡及相关工程问题研究的经验中谈谈对工程科学方法论的认识。将工程科学研究的技术路线归纳为如下几个阶段。

1. 观察工程现象, 凝练科学问题

工程科学的研究对象是具体的工程问题, 或者说是从具体工程入手的, 不是广泛的、普遍的问题。首要的工作是深入到具体的工程问题中去, 观察工程问题的基

本现象,了解工程的目的,提出研究的问题。不完成这样的工作,工程科学家就没有发言权。

从事基础或理论研究的科技工作者,开始完成这样的工作或许会遇到一些困难,不妨从三个方面入手:

(1) 与业内人员交流,向工程专家学习。工程专家有非常丰富的工程经验,而且有一定的科学研究素养,通过和他们交流,可以比较快地进入角色,将他们的经验定量化或许就是取得科研成果的第一步;生活在灾害现场的百姓和基层技术人员,掌握了第一手资料,与他们交流将有助于启发科研思路。

(2) 深入工程现场,开展工程实践。只是听取专家的经验还不够,还要深入现场了解工程问题的全貌和工程的难度。受自身知识结构所限,接受经过"加工"的专家意见所获得的知识往往是片面的、肤浅的,不能真正领会工程专家经验的内涵,深入现场可以弥补其不足。

(3) 归纳整理,建立解决工程问题与认识工程规律之间的联系。工程问题往往是具体的、复杂的、形象的,工程中解决问题的方法简单、有时间性,采用的技术途径具有个案特征。这就要求理论研究人员长期深入地思考,"穿梭"于分析方法的输入/输出与回答工程问题之间,从特殊性中寻求普遍性。

凝练科学问题非常重要,它是要将工程问题归类。复杂的工程问题往往会给人一种假象,以至于人们不知道应该归于哪一个学科去研究。自然科学已经有了比较明确的学科分类,如物理学、地质学、化学、生物学等;每一学科中还有分支学科,如物理学中有电磁学、热力学、也有力学等;力学从物理学中独立出来又分为固体力学、流体力学。确定工程问题所属的自然科学的学科及分支,可能要花费很长时间,甚至很难有明确的界限。比如,滑坡属于地质学还是物理学、力学?泥石流属于流体力学还是固体力学?如果没有找到关键科学问题,误入歧途就很难解决问题了。

2. 应用基本理论,研究工程规律

研究工程规律的目的是将工程问题定量化,必然要用一些基本理论和数学方法获得。可分为如下几个环节:

(1) 分析现象,找到刻画物理现象的物理量。自然科学给出的方程都是针对一般的研究对象,是通过高度抽象而建立的。而实际问题都是十分复杂的,要去伪存真,抽象模型,直至达到已有的自然科学理论可以描述的程度。为此,首先要找到描述物理现象的物理量。比如,滑坡灾变必须要知道滑坡体的位移、速度以及它们随时间和空间的变化规律,它应该属于力学的研究范畴;而利用微波观测山体表面的变形就属于电磁学研究的范畴。

(2) 借助量纲分析,比较影响因素的大小。在涉入陌生工程领域的初期阶段,对复杂的工程认知还没有达到能写出方程的水平。工程科学家可以用量纲分析的方法，借助简单的数学估算，比较这些物理量对研究问题影响的大小，辅助试验或已有数据分析，为建议工程方案及工程决策提供依据。

(3) 确定适用的理论，找到描述工程问题的基本方法。在量纲分析的基础上，复杂的工程问题就可以简化，工程科学家期望工程问题可以直接用数学方程表达。将复杂问题简化是工程科学非常重要、非常艰苦的工作，也是工程科学家创造性的劳动。只有对工程问题有深入的了解，并且掌握自然科学的基本理论，才能够准确地完成简化的工作。"幸运的"工程科学家"总是"能够给出工程问题的数学表达，并给出这类方程的解，进而得到工程基本规律。所谓"总是"能够给出数学表达，是因为任何工程的经验都是在实践已有工程的基础上积累起来的，都有其规律性，而这些规律都是比较简单的，太复杂的问题形成不了经验。将工程经验定量化和借助于工程经验定量地解决问题是工程科学家非常重要的工作内容。在这里，希望与刚刚进入工程科学研究的研究生、青年教师分享我们的体会，只要深入实践、不断抽象，凡是经验能做到的，工程科学家一定能够做到。

(4) 建立的新方程，形成的新理论、新方法必须要通过实践检验。仅仅是将经验定量化并不是工程科学的全部内容，真实的工程问题与自然科学能够表述的问题还有一定的距离，工程科学不能停留在用已有的理论解决问题的阶段。一方面拓展已有的方程使用范围，适用更复杂的问题；另一方面，当已有方程不能准确描述影响工程问题的关键因素时，就要发展新理论。工程科学的理论都是基于很多的假设得到的，不像数学理论那么严谨，也不同于物理学通过建立理论模型去解释一种自然现象就完成任务。工程科学的目的是要保证工程的可靠性。工程科学理论的特殊性和难度在于："在不严格的理论基础上，给出可靠的结论"。为此，工程科学的理论必须要经过工程检验，这是工程科学的特点。

(5) 基于工程规律解决工程问题。这是工程科学与工程经验解决工程问题的本质区别。借助工程经验可以提出工程方案，也可以采取可靠的工程措施及找到工程失效的原因，但是所解决的问题大都基于曾经完成的工程。工程专家提出的方案是改良型的，不是革命性的；地质工程措施往往是过分保守的，经济上不合理；对工程失效的原因缺少定量化的评估，就事论事。工程科学解决工程问题是经过定量化分析得出的结论，它能够在分析已知可能因素的情况下给出回答工程问题的参数范围。工程科学提出的方案，其可靠性和合理性在于它是从很宽的工艺窗口内选择出来的最优结果。

3. 总结一般规律，将解决工程问题的方法知识化

工程科学的方法解决问题是针对具体工程的，但是，它是通过基本的理论方程给出的规律，这就为推广应用奠定了基础。凡是可以用相同的方程表达的工程问

题，都可以采用相同的方法处理。比较工程专家的经验类比法，这种工程科学产生的技术推广是在"本质相同"意义上的类比。更重要的是，定量地分析计算可以将工程信息、研究过程、分析结果如实地记录下来，供后人查阅、分析、借鉴，避免做重复性的工作。

可以看出，工程科学的方法论是基于工程的基本信息，通过对问题的简化使之能够定量化描述，获得工程规律，进而回答工程问题。工程科学的方法论有待于不断的发展，这里只是笔者的一点体会，旨在抛砖引玉，引起从事基础理论研究的科学家关注。只要不同领域的科学家将自己的研究体会不断与大家分享，工程科学的研究就会不断壮大，从而加速我国科学技术的发展。

2.2　数值模拟是工程科学的重要组成部分

如果说工程科学是架设自然科学与工程技术之间的桥梁，那么数值模拟就是架设基础理论或基本方程与工程设计依据之间的桥梁。

数值模拟具有工程科学最基本的特征。数值模拟根据自然科学的基本定律编制出计算程序，借助计算机模拟工程问题，改变工程参数，给出工程规律；数值模拟的工作完全符合工程科学的定义。一方面，数值模拟的基础是自然科学的基本理论，这就需要坚实的理论基础，要谙熟力学的基本理论和前沿成果，并能够从具体问题中抽象或选出地质体合理的本构关系。另一方面，要熟知工程问题，知道工程勘察、设计、施工需要应用哪些基本规律。在这中间，要借助计算方法和计算理论完成由理论方程向计算方程的转化，进而编制出计算程序，计算出可靠的结果。最后，还要给出容易为工程师使用、判读的显示结果。随着现代力学的发展，数值模拟可以渗入勘探、设计和施工的各个环节，直接为工程服务。又可以根据工程中发现的问题，修改理论模型，成为工程理论研究的重要工具。

数值模拟是实现基础理论成果表达的重要工具。当我们对工程问题分析并凝练出方程后，会面临求解方程的困难，需要借助数值模拟实现。因此，数值模拟的作用主要有三个方面：

(1) 由于研究对象边界条件、初始条件的复杂性，基本方程尽管很简单，借助数学理论仍然无法求解，只能通过数值模拟求解。

(2) 为了模拟更真实的情况，所建立的方程本身就很复杂，还没有数学方法能够求解，数值模拟是解决问题很好的途径。

(3) 解决工程问题需要研究众多参数对工程的影响，计算的工作量很大，借助数值模拟才能够在工程要求的时间内完成。

数值模拟是回答工程问题的重要工具。现代工程越来越复杂，几乎不可能用简单的计算和经验给出工程设计所需要的结果，需要数值模拟实现。数值模拟在工程

设计方面的作用主要有如下几个方面:

(1) 数值模拟可以实现全尺度的工程模拟,形成虚拟现实,预演工程运转过程以及工程灾变状态。

(2) 数值模拟可以系统分析各个参数的敏感性,检验工程的可靠性。

(3) 数值模拟可以将工程专家的创新思维进行预演,在工程设计之前进行多方案比较,优选出最佳方案后进行工程试验的检验。

针对工程科学回答的三个问题,数值模拟可以发挥哪些作用呢?

(1) 提出新的工程方案,论证其可行性。创新的方案是专家提出来的,计算机模拟可以辅助专家提出新方案。借助数值模拟,专家思想的各种不成熟的方案可以通过计算机尝试,用较少的代价初步选择可行的方案。对于基本确定的方案,数值模拟可以定量地证明其可行性。

(2) 论证方案的可靠性和经济的合理性。对于可行的方案,数值模拟可以选择各种可能的参数进行全尺度或局部模拟,研究参数的敏感性,确保工程有合理的安全余度,既可靠又经济。

(3) 分析工程失效原因。对于已经发生的事故,数值模拟可以再现工程,结合现场观察到的现象反分析事故的原因。

2.3　滑坡研究的方法

滑坡灾害研究的方法主要包括地质勘探、量纲分析、现场监测、室内试验、数值模拟等方面。基于地学为基础、力学为手段、工程为目的学科分工基本原则,本节主要介绍各个方法的主要工作内容、方式、目的以及各个方法之间的内在联系。

1. 地质勘探

地质勘探主要是地质专家、地质工程师的现场工作。

内容:

(1) 探明地层及地质结构、水文环境;

(2) 观察滑坡现象,判断滑坡类型。

方式:

(1) 踏勘和地质钻探;

(2) 根据灾害程度和灾害防治经费决定踏勘和钻探工作量;

(3) 根据灾害分析结果重新勘探。

目的:

(1) 为力学分析提供计算参数;

(2) 为检验计算结果提供现场证据。

相关性：

(1) 在量纲分析的指导下开展勘探；

(2) 为室内试验取样；

(3) 提供数值模拟正演与反演的基本数据；

(4) 提供现场证据，检验数值模拟的正确性。

2. 量纲分析

量纲分析是力学专家的主要工作之一，其主要工作包括简化复杂问题，寻求各物理量间的内在联系，给出影响滑坡发生发展的关键无量纲量。

内容：

(1) 基于现场观察选取相关物理量，确定研究的科学和工程问题；

(2) 初步确定关键因素；

(3) 指导模型试验；

(4) 根据现场现象、已有数据和模型试验，在可能的情况下初步给出工程规律性；

(5) 指导数值模拟，减少自变量，总结数值模拟的结果。

方式：

(1) 理论分析用于滑坡灾害评估的整个过程；

(2) 在不同的阶段做不同深度的工作。

目的：

(1) 认识滑坡机理；

(2) 简化问题，抓住主要矛盾。

相关性：

(1) 指导地质勘探；

(2) 简化数值模拟，分析计算结果。

3. 现场监测与测试

现场监测是由当地百姓与专业队伍获得的滑坡体的定量化变形与破坏的信息。

内容：

(1) 提供与滑坡现象相关的可量化数据；

(2) 监测与滑坡灾变相关的可测物理量；

(3) 岩土材料参数原位测试；

(4) 地质体特性的探测。

方式：

(1) 由百姓目测的地表变形、裂缝及宽度、泉水位置等；

(2) 各种监测手段观测到的地表及地下与滑坡灾变过程相关的可测物理量。

目的：

(1) 分析滑坡灾变的规律，为预测滑坡灾害提供基础数据；

(2) 为验证全尺度数值模拟提供依据；

(3) 为滑坡体力学参数反演提供输入条件。

相关性：

(1) 根据地质勘察设计监测方案；

(2) 由量纲分析确定监测物理量；

(3) 提供数值模拟正演与反演基本数据；

(4) 提供现场证据，检验数值模拟的正确性。

4. 室内试验

室内试验是由试验专家在室内进行的测试和试验研究工作。

内容：

(1) 现场测试获取试样的材料参数；

(2) 室内模型试验。

方式：

(1) 常规土工试验；

(2) 满足相似率的物理模拟试验和以观察基本现象为目的的物理模型试验。

目的：

(1) 分析滑坡灾变的规律，为预测滑坡灾害提供基础数据；

(2) 为数值模拟提供材料参数。

相关性：

(1) 校核数值模拟的结果；

(2) 为数值模拟提供计算参数。

5. 数值模拟

数值模拟分为软件开发和软件应用两部分，软件开发是在地质专家工作的基础上，力学家和软件工程师开发出计算软件；软件应用是由地灾防治工程师应用这些软件进行地灾防治工程设计的。由于我国地质灾害软件开发队伍尚不成熟，还没有可靠、有效的地灾分析软件。本书将详细、深入地介绍数值模拟方面的研究工作，这里仅作简单表述。

内容：

(1) 研究开发模拟地质体由既有破坏到运动性破坏全过程的计算软件；

(2) 建立地质体不同尺度、不同破坏模式的灾变机制。

方式：

(1) 发展基本理论，建立基本力学模型；

(2) 研究计算方法，开发计算软件；

(3) 应用开发软件，解决工程问题。

目的：

(1) 定量地分析滑坡灾变的规律；

(2) 为工程设计提供理论依据。

相关性：

(1) 利用地质勘探、室内试验、量纲分析及理论研究的结果，编制计算软件；

(2) 数值模拟结果需经过现场监测、地质现象验证；

(3) 为工程设计提供理论依据。

6. 理论研究

地质体的变形、破坏及运动规律，作为自然科学的基本理论已经完全解决了。在宏观上以牛顿力学为基础，在微观上以分子动力学为基础。

内容：

(1) 建立不同尺度下的滑体能量表述理论模型；

(2) 给出滑坡灾变全尺度、全过程高效计算方法。

方式：

(1) 分析不同问题的近似条件，并给出不同条件下的能量表达模型；

(2) 解析分析、公式推导。

目的：

(1) 为定量地分析滑坡灾变的规律、实现计算软件提供基础理论；

(2) 针对新的力学模型提出相应算法，提高计算效率。

相关性：

(1) 为软件开发提供基本理论和算法；

(2) 深入现场调查，分析试验结果，抽象基本问题；

(3) 理论的可靠性需要数值模拟计算和试验验证，反复修正。

2.4 滑坡灾害研究的系统性

我们已经表述了研究滑坡可能用到的方法，由于滑坡问题的复杂性，很难用一种方法回答工程问题。研究问题的过程中需要恰当地使用这些方法，并将这些方法有机地结合起来，相互补充。夸大或忽略某种方法的作用，就有可能偏离工程科学的技术路线；或将解决问题的方式经验化，不能形成规律性的结论和系统的成果，一系列的成功案例不能转化为知识方法论；或追求细节，本末倒置，理论上看起来很严格，却不能解决工程问题。总结近年来对滑坡研究方法的认识和体会，借助不同方法进行滑坡灾害的系统研究可归为如下几点：

(1) 地质学是滑坡研究的基础性工作，滑坡专家的经验判断可应用于前期地质勘察设计和灾害分类的定性分析，地质勘察的目的是为力学分析提供参数，不必直接回答工程问题。

(2) 地质勘探给出的各种参数是对山体力学特性的客观表述，只需给出由不同试验设备、在不同试验条件下的科学数据，不应引入人为因素。例如，综合材料强度参数等现有的参数是基于特定分析方法积累的经验参数；特定分析方法的适用范围决定了这些参数的适用范围，基于一种方法得到的综合参数，用于另外一种分析方法很有可能会产生难以接受的误差。

(3) 山体的结构性是影响滑坡灾变的重要因素之一。现场或室内试验获得的强度参数只是给出了滑坡体中局部点的材料特性，并没有表达出山体的结构性和非均性。室内试验给出的弹性模量、应力峰值、黏聚力及内摩擦角均具有离散性，用平均值作为安全评估有很大的人为性，会导致很大误差。

(4) 无论室内的模型试验还是模拟试验获得的结果，都不应直接用于回答工程问题，这里也包括离心机的试验结果。其根本原因在于各种室内试验均是在已知地质结构和山体非均匀性条件下获得的，而地质体内部结构的不完备性决定了试验结果只是预测了工程中一种可能的结果。当然，室内试验也是滑坡灾害研究不可或缺的，它是考证数值模拟结果正确性的重要手段。

(5) 量纲分析可以针对具体的、复杂的问题获得特定的规律，有时会得到意想不到的重要结论。然而，这些量纲分析给出的结论通常是"不太讲理"的，只是由量纲关系给出的拟合规律。因此，量纲分析给出的结论还需要数值模拟和相关试验论证方可慎重用于工程。

(6) 随着数值模拟具有越来越多的分析功能和越来越强大的解决复杂问题的能力，量纲分析获得工程规律的作用相对减弱。而量纲分析对简化物理量间的关系，减少计算量，精炼表达方式依然会发挥重要作用。

(7) 现场监测方案可以针对满足量纲分析和数值模拟的要求而设计。现代通信技术、计算机技术、光纤技术、遥感技术等提供了很多现场监测方法，实现了大数据获取及实时监测。滑坡研究需要从中选出那些有用的、廉价的测量方法，并高效率地解读这些数据。实现这样的目标，可遵循一个简单的原则，从获得工程规律的需求出发，也就是监测并获取满足量纲分析和数值模拟要求的物理量。

(8) 数值模拟是将基本理论和基本算法转化为计算程序，并模拟工程尺度问题，给出工程规律，进而回答工程问题，给出工程设计依据，通过地质专家和工程师转化为工程设计和灾害评估系统。

(9) 理论研究主要包括基本的理论和计算方法。以地质体为研究对象的理论方法很难给出严格的理论解。各种理论成果都必然有一些假设，只是在假设条件合理性方面有差别。假设的合理性一方面要在实践中检验，另一方面还要兼顾模型中参数获取的可操作性。建立理论模型除了掌握自然科学的基本原理外，更重要的是要深入现场、分析监测数据和必要的室内试验结果。当然，理论模型还需经过数值模拟的检验，给出的规律需要得到工程的验证。

可以看出，在现阶段甚至相当长的时间内，滑坡灾害的研究是一个系统工程，各种研究方法可作为子系统彼此独立，它们之间又有密切联系和相互制约，参数互馈。基于不同学科、不同方法、不同尺度的研究构成的滑坡研究体系，可以给出滑坡运动的基本规律，并有望推动滑坡研究达到新的阶段。

2.5 本 章 小 结

钱学森先生提出的工程科学是一门独立的学问，与自然科学和工程技术有密切的联系，同时又有区别。工程科学有自己的研究方法。滑坡因其复杂的运动规律，单纯靠传统的力学方法研究还不够，需要将地质勘探、量纲分析、室内试验、现场监测、理论分析、数值模拟相互结合，构成系统的研究方法。

参 考 文 献

[1] Tsien H S. Engineering and engineering sciences. Journal of the Chinese Institution of Engineers, 1948, 6: 1-14.

[2] 钱学森. 论技术科学. 科学通报, 1957, 2: 97-104.

[3] 郑哲敏. 关于技术科学与技术科学思想的几点思考. 中国科学院院刊, 2001, 2: 132-133.

[4] 郑哲敏. 学习钱学森先生技术科学思想的体会. 力学进展, 2001, 31(4): 490-494.

第3章 现阶段滑坡灾害防治的理念与技术框架

正如第 2 章所述，滑坡体是一个特殊的、复杂的系统，滑坡灾害研究需要系统的研究方法。认知滑坡体系统的复杂性，打破传统的思维模式，建立相应的技术框架，是滑坡灾害防治理论体系的重要组成部分。本章首先讨论滑坡灾变过程的重要特征，说明灾害预测方法研究的两个基本理念及灾变演化的五个阶段，最后提出滑坡灾害防治的技术框架。

3.1 滑坡的基本特性

经典力学作为研究物质机械运动基本规律的学科，其中三个主要学科及研究对象分别是：一般力学研究质点和刚体的运动学和动力学规律；固体力学研究固体介质的变形与破坏，包括介质的断裂过程；流体力学研究流体的运动规律。滑坡体作为力学的研究对象，其成灾演化过程涉及力学的各个学科，如岩体的变形、断裂过程涉及固体力学，岩体转化为散体运动涉及一般力学，降雨在岩体裂缝中的流动及山体垮塌后形成的泥石流涉及流体力学。从这一点来说，滑坡体具有传统力学主要的研究对象。不仅如此，滑坡体还具有比传统力学介质更为值得注意的特性，大体上可以概括为特殊性、结构性和演化性三个方面。

3.1.1 滑坡的特殊性

普遍性和特殊性是相对的。

滑坡灾害的普遍性。滑坡专家依据长期现场观察积累的经验可以用类比法的方法判断滑坡的稳定性。这种类比法的延伸是因子法，对影响滑坡的各种因素，依据专家的经验进行影响程度评分，形成一种评分的体系，再用神经网络等方法总结，形成一种评价的系统，该系统再回到工程实践中检验。这说明滑坡具有普遍性的一面，我们必须承认滑坡运动规律的这种普遍性，否则就没有滑坡的科学。然而，我们也必须注意到滑坡体作为力学研究对象的运动特点。

滑坡的特殊性。在绪论中我们曾经讨论过，滑坡专家对滑坡做了多种分类，不同的类别刻画了滑坡不同的特性，当分的类别太多时，就找不到分类的标准了。这里从力学定量化分析的角度，指出滑坡研究与传统研究对象的区别，进而说明其特殊性。

传统的力学研究对象总是可以划分为研究区域 (几何形状)、材料特性、边界条件、荷载特性等方面，一旦建立了力学方程，就可以按照给定的定解问题进行求解了。对于滑坡而言，有如下几个特点：

(1) 材料特性和几何结构没有清晰的分界线。比较建筑结构时，材料是混凝土或钢材，可以通过室内试验获得；建筑结构各个构件的形状也是确定的。对于滑坡而言，岩体是具有结构性的，内部的结构面错综复杂，将岩体切割成块状、板状，结构面又分为不同的级别，以表示其大小和分布。土石混合体的滑坡，块石的大小和分布也表示了一种结构性。力学分析划分的单元尺寸与其结构尺寸相比很大时，结构性可以不予考虑，将岩体土体作为均匀介质，可以给出均匀化的本构关系，结构特征转化为材料特征；反之，岩体的结构起更重要的作用，需要将结构面作为块体的界面单独表述，原来大尺度单元下均匀化的参数不能再用了。滑坡体内部的结构性是否可均匀化，依赖于计算模型的尺度，这就是滑坡分析中材料特性与结构相关的特殊性。

(2) 研究对象边界的不确定性。物理学所研究的系统通常是拉格朗日系统，也就是研究系统包围了研究对象所有的物质点。滑坡的研究区域往往是随着灾变的演化变化，对于"牵引式"的滑坡，后缘裂缝不断向后延伸、向两侧扩张；对于泥石流，原本作为流动边界的沟底和坡脚，会因为泥石流的冲刷、掏蚀由"固定边界"转化为运动区域。如何选取研究对象，不能仅依靠计算者"建立模型"，更需要地质学家的判断和对地层的认知。不同的研究对象对应的研究区域是不同的，应该具体问题具体分析。

(3) 水对荷载特性和材料特性的影响。水与岩土体相互作用，在裂隙流动过程中水是荷载。水对坡体的作用，对垂直裂缝是推力，对水平裂缝是裂隙水压力 (承压水)。而水浸泡土体，可以改变土的材料特性。对于一个滑坡体，是否受水作用的影响，怎样建立水作用的模型，均需根据现场观察到的现象确定。

(4) 成灾规模预测的人为性。滑坡作为自然规律，其运动的范围是一个客观的规律。而滑坡灾害研究不只是给出客观的规律，灾害是与滑坡区域的人为环境有关的。矿山、河流、村庄都是受灾对象，力学分析必须要把灾害环境中的生命、财产作为保护目标，并对其进行安全评价。不同保护对象所要求的保护等级有别，即使有了相同的地质构造，也会因为灾害预测的要求而改变。这是滑坡特殊性的又一个方面。

(5) 每个滑坡体都有自己的特点，或几何尺寸、或地质成因、或诱发因素、或当前状态，分析方法必须能够具体问题具体分析，类比和复制其他成功的案例不可取。

3.1.2 滑坡的结构性

无论是岩质的、土石混合体的还是土体的灾害体，都具有结构性，这种结构性表现为复杂而有序。滑坡研究需要从两个方面解决这个问题。

(1) 如何获得地质体的结构分布？很显然，这需要地质专家付出艰辛的劳动，要做现场勘察。例如，观察地表的出露，推测地表以下的岩层分布；通过钻探可以更详细地了解地下的情况。应当说，地下结构的信息总是不够完备的，总是从局部信息推测整体信息。地球物理的方法是很好的补充，如地质雷达借助电磁场，根据不同位置电场、磁场参数的变化反映出波的传播信息。利用弹性波探测可以直接获得地质体的力学信息，探测结果更为直接。

(2) 怎样表述地质体的结构性？这是数学和力学专家的工作，要把局部的、不确定的信息转化为全局的、确定的信息，以便进行定量化的力学分析，实现数值模拟。事实上，数值模拟要求研究区域内的每个点在运算过程中都要赋予确切的参数。结构的不确定性只有采用统计的方法实现，由此得到的计算结果也应该具有统计意义。

3.1.3　滑坡的动态演化性

滑坡灾变的过程是滑坡体的破坏演化过程，既是动态的、渐变的，又是从量变到质变的。即使对于同一个灾害体，我们可以表达出其特殊性，也可以通过调查并用确定的方法表述其 "原始" 的结构性。但是，如果它受到的扰动不同，或者分析过程中施加的扰动程度有别，计算的结果就会有很大的差别。分析滑坡的演化特性，寻求滑坡的破坏规律，是力学的难题，也是本书研究的重点。

3.2　滑坡演化的五个破坏阶段

如果说滑坡的特殊性和结构性是对滑坡体 "初始" 状态的表述，那么滑坡的演化性就是对滑坡成灾过程的表述。如 3.1 节所述，灾害体内部的结构在灾变过程中还在不断演化，破坏过程是动态的。

怎样才能表述这样的动态过程并将这种表述实用化呢？滑坡动态演化的过程很长，除非在临界、临滑的状态，即使用科学仪器观测，也看不到明显的变化。要依据这种 "准静态" 的现象预警灾害，判断滑坡体的安全程度。地质专家们长期的现场调查积累了经验，可以通过观察和经验做出判断。大量实地勘察、观察，形成了一系列的滑坡灾变过程，建立了一幅幅 "灾变" 的图像。将新遇到的滑坡图像与灾变过程的图像比较，做出判断；近些年的地质专家有了一个共识，当地表出现裂缝，又没有整体滑动迹象时，就初步确定该滑坡的安全系数为 1.05，这是典型的经验转化为数据的操作方法。力学研究定量化不能依据图像，需要有定量化的物理量表述。首先要抽象地质工程专家的 "图像"，将它用力学的语言定量化，然后再借助数学力学方法给出定量的分析结果。那些灾变图像是否有可能转化为力学的表征量呢？为此，提出了用地质体的破裂程度表征地质体的破坏，认为地质体的破坏可以根据其破坏程度分为几个阶段。

(1) 既有破坏阶段：表征地质体当前状态或者过去某一时刻的状态，其破坏是指地质体内部既有的结构面、滑面、地裂缝。既有破坏阶段是滑坡体破坏特有的阶段。这是因为滑坡孕育过程的时间相当长,早期也并不容易发现。当人们开始关注该山体时,其内部已经充满了结构面或裂缝。甚至说,我们基本上找不到一个山体,它的初始状态如金属、水泥、塑料等材料完好无缺地应用于工程建筑。研究滑坡并不关注初始的状态,也找不到初始状态,只能是选定某一个状态为初始状态,而这个状态下山体的破坏程度就是既有破坏。由此看来,既有破坏带有人为性,选定为初始状态时的状态就是既有破坏的状态。

(2) 局部再破坏阶段:表征山体受扰动后,其内部结构面局部扩展、相邻结构面贯通以及萌生出新的破坏面的阶段,"局部再破坏" 是处在 "完整" 山体与形成滑面之间的一种破坏状态。这一阶段滑坡体上没有明显的破坏迹象,对岩体滑坡存在由于内部断裂产生的声发射。对土石混合体滑坡,地表或有变形和较小的裂缝,滑坡底部的泉水可能因为滑体内部发生裂缝变浑浊。

(3) 贯穿性破坏阶段:表征研究区域尺度下形成了贯穿整个区域的结构面、破裂面的状态。后推式滑坡的滑体表面在该阶段可以看到明显的封闭裂缝,底部有剪出口,上部有张开或错动的裂缝,滑体两侧的裂缝也已经拉通。"牵引" 式滑坡和倾倒崩塌首先在山体的前缘形成贯穿的张拉破裂面,继而依次向后缘按照一定的距离增加新的破裂面。对不同类型的滑坡,贯穿性破裂面产生的形式也不同,有些是整体贯穿,有些是一系列局部贯穿面组成的整体贯穿面。

(4) 碎裂性破坏阶段:表征研究区域内形成贯穿性破坏之后,滑坡体有运动的趋势 (倾倒或滑移),应力状态重新调整,在贯穿面包含的区域内进一步破裂,破裂面的间距逐渐减少 (也就是块体的尺度减小),形成了在边界和贯穿性破坏面包围的区域内次级的贯穿性破坏面,且贯穿性破裂面逐渐增多的过程。碎裂性破坏阶段,滑坡体宏观上解体,滑坡体在解体的过程中有大的位移,位移过程中进一步解体,形成散体。

(5) 运动性破坏阶段:在碎裂性破坏形成之后,滑坡体的局部或整体运动的阶段。整个过程中,岩体的势能转化为动能,形成一定速度的散体流动,又在各种阻力作用下停止。在这一阶段,岩土体仍然会进一步解体,甚至形成碎屑流。当含水量较多时,还会形成泥石流。

应当说明,地质体的破坏演化是始终存在的,而这个演化本身就是一个动态过程。上述五种破坏阶段正是一种表征演化过程中破坏程度的描述方法,各个破坏状态需要有明确的定义,也应该有定量化的参数表达。

3.3 基于破裂演化原理的工程地质灾害防灾理念

地质灾害安全评估及灾害预警研究的历史很长,科学家们提出了各种分析方法和预警的理论，有些研究工作非常具体和深入。我们意识到，滑坡灾变的过程就是地质体内部破裂演化的过程。在这样一个基本原理的指导下就必须将力学和地学融合，将现场监测和力学的数值模拟方法结合，建立起滑坡灾害防治的新理念。现分别论述如下。

3.3.1　理念一：将地质灾害成灾过程的预测转化为地质体破坏状态的判断

1. 理念的必要性

地质体的内部结构复杂，其成灾过程也十分复杂，根据一些测量结果和现象，对地质灾害进行时间预报和预警面临很多难以克服的困难，主要原因如下：

(1) 地质灾害的发生总是与突发因素有关，通常不知道突发因素发生的时间，也就不可能预测突发因素之后灾害发生的时间。

(2) 对于滑坡问题，致灾的作用力和阻止灾变的作用力在相同的量级上，一些偶然的因素都有可能提前和缓解灾害的发生时间，地质体内部复杂的地质条件很容易形成这些偶然因素，由偶然因素触发形成的灾害就难以预测。

(3) 单一诱因的定量化预测也很困难。地质体的监测信息通常是局部的、表面的，地质灾害的发生是综合因素的结果。

(4) 滑坡现象诸多，其物理图像错综复杂，深入认识其物理本质，应用破坏状态的概念，就是从具体的表象抽象出可以定量化的物理量。

从宏观上定性地描述滑坡的成灾过程，可分为孕育、成形、渐变、发生、发展及成灾等阶段。地质专家长期积累的经验是观察滑坡成灾过程的现象，包括圈椅状地貌、马刀树、泉水浑浊、地裂缝、下缘剪出、上缘滑移、叠书状倾倒、响山 (地下发出响声)、垮山 (块石崩落)、滑坡解体及山体的崩滑过程等；专业化监测可以看到地表位移、地下滑移、承压水压力、水位、声发射数据以及它们随时间的变化关系。滑坡专家根据这些现象和数据，依据其经验可以对滑坡灾害做出定性的评价、预测，发出预警，甚至进行预报。问题是：专家们的经验可靠吗？这些经验可以复制吗？怎样才能够将专家的经验转化为知识呢？

2. 理念的基本含义

"将滑坡灾变预测转化为破坏状态的判断" 这一理念的基本含义是：

1) 将地质现象抽象为力学行为

滑坡灾变的诱因复杂、影响因素多、地质体内部信息不完备，灾变过程中也会因为环境的变化而出乎意料。地质专家记忆的灾变图像及对现象的判断变得 "只能意会不能言传"，不能定量化，就难以转化为可以传播、复制的知识。滑坡的破坏状态是一种力学行为，各种现象都可以由状态而生，均可以建立联系。可以透过现象判断状态；也可以假设状态，寻求证据。当看到滑坡上泉水由清变浑时，地表裂缝还没有贯穿甚至没有裂缝，说明滑体内部局部破裂，处在局部破裂阶段；反之，可以根据破坏状态指导现场勘探，在滑坡体上寻找与各种破裂状态相关的证据。

2) 不关注过程，只关注状态

正如滑坡专家对滑坡的现象分类一样，滑坡可以按照速度分类，也可以按照方量分类，还可以按照滑坡的成灾模式分类。比如，"牵引"式滑坡是指滑坡的前缘先变形、地表开裂，破坏区域逐渐向后缘扩展；而"后推"式滑坡是后缘先形成滑动，前缘变形小甚至不动。有些滑坡的地表裂缝会出现前面高后面低的底鼓裂缝，也有叠书状的倾倒错缝，还有纵向裂缝。总之，滑坡体破坏的位置分布、各部分破坏的先后次序、不同位置岩石的转动角度等，将滑坡灾变过程通过其现象定量地表达出来很困难。新的理念要求只关注状态，不关注过程。就好像从北京去上海一样，不管你是坐飞机还是火车，也不管是直线走还是绕道走，只关注你离开北京多远了，还有多远到达上海。

3) 不关注时间，只关注结果

为什么不关注时间？不关注时间怎么预报呢？可以从两个方面说明：其一，诱发滑坡的因素是不确定的，降雨、地震等作用于滑坡体上的荷载时间不可预测或预测不准，就不能预测灾害发生的时间，但是我们可以预测一旦发生了突发事件对滑坡造成的影响；其二，在现阶段的动力和灾变分析方法中，滑坡体破裂的动态传播特性并不清楚，或许花费很长时间也不能解决。防灾减灾不能等科学全部弄清楚了才进行，这也是工程科学的一个特点。如果知道了最终的结果，又可以根据现在的状态预测未来可能的状态，就可以解决防灾减灾很大部分的问题。

3. 理念的合理性

滑坡的破坏状态是从复杂的现象中抽象出灾变状态，是滑体在众多诱因作用下形成的基本运动特征。只有发展到运动性破坏才能够成灾，不同的破坏状态可以确定地质体的破坏程度。将复杂成灾过程的预测转化为具体的、确定的破坏状态判断，就可以忽略枝节因素，弱化不可知因素的影响，抓住主要矛盾，解决问题的途径更为可行。

人们通常将滑坡灾害的形成过程比作人的生命过程，比较合理，也适合我们提出的理念。现代医学已经能够全面地监测人体的内部结构以及和生命特征相关的各种物理、化学指标，并从人一出生就有一系列的见证和记录。然而，还没有一个医疗机构能够预测出人生命终结的具体时间，只有看到没有了呼吸、心跳和脑死亡时才能确定死亡的时间，正如只有看到滑坡垮下来才知道形成灾害的时间。而人们基本不知道滑坡开始孕育的时间，对内部状态的信息也知之甚少，获得的地表信息也是局部的，更有些触发因素无法预测，如降雨、地震的时间及其强度 (类比车祸)，这无疑是滑坡灾害时间预报不可逾越的障碍。

新理念的研究重点在于判断状态, 就如同观察人体各项指标、行为举止的正常情况, 虽然无法准确预测其寿命, 但是可以知道大概的年龄及一般情况下的寿命时间段。一个在球场上奔跑的年轻人, 一般要比长期卧床不起的老人寿命长些。当然, 如何确定和度量滑坡的状态, 就成为科学研究的重点。

4. 新理念的实用性

每当我们进入灾区实地考察时, 总会遇到管理者和百姓问一个问题: 这个滑坡什么时候能够滑下来? 也有领导退一步, 你能告诉我一个阈值吗? 当阈值达到什么指标时就会发生滑坡? 滑坡专家往往不做回答, 也有专家会贸然回答, 结果可想而知, 预报不准。且不说当前人们对滑坡监测的信息和可以利用的信息还很少, 即使有了足够的信息, 也只能给出不确定性的、概率的回答。可以看出, 状态的判断并不是放弃对滑坡灾害的预测, 而是提出一种更科学的思维方式和方法。

3.3.2　理念二: 现场监测和数值模拟相结合, 建立可测物理量与内部破坏状态之间的联系

1. 理念的必要性

如前所述, 防灾减灾的重要举措是对地质体的破坏状态做出判断, 而做出判断的前提是获得滑坡的当前状态。怎样获得当前状态呢? 一是要监测滑坡的可测信息; 二是对测量的信息进行分析, 推测出当前的状态。现代数字通信技术、监测技术和数值模拟方法为解决这个问题创造了必要的条件。

在监测方面, 数字通信技术可以将现场监测数据实时地传输到灾害预测分析人员的工作室, 为分析人员提供校核模拟结果的依据。监测的物理量也从个别点的信息扩展到地表的全场信息, 从地下测点的小位移扩展到大位移, 从单一几何和岩土参数扩展到其他 (如声、电磁、电阻等) 物理量。

在数值模拟方面, 已经有了适合地质体模拟的离散模型和连续-非连续模型, 基于该模型可以研究地质体不同的破坏阶段; 通过 GPU 和大型并行计算, 不仅计算速度有了量级上的提高, 计算单元数也有了大幅度的提高。相应的计算软件可以支持满足分析要求的山体全尺度模拟, 并且基本可以在个人计算机上实现。

然而, 人们也充分认识到, 单纯依靠监测信息或数值模拟都还不能判断出滑坡的状态。事实上, 虽然监测信息是真实客观的, 能够反映灾害体的真实信息, 却是局部的、表面的, 监测的物理量也很有限; 数值模拟可以通过计算获得全场丰富的信息, 基于破裂模型还可以模拟地质体的破裂过程, 而这些信息只是建立在理论模型及未必准确的物理参数基础上的。将现场监测与数值模拟相结合就可以充分利用两种方法的优势而弥补其不足。

2. 理念的含义

现场监测和数值模拟相结合，包括如下含义：

(1) 现场监测到的滑坡表象、地表位移和破裂、地下的水压力和滑移等作为客观资料，可以作为验证、校核数值模拟计算结果可靠性的依据，并且用于判断滑坡当前的破坏状态。

(2) 经过数值模拟与现场监测结果的比较，可以建立可测物理量和内部破坏状态之间的联系，进而通过数值模拟揭示和统计滑坡破坏演化的规律。

(3) 通过已有的监测资料与计算结果比较、校核，确定计算模型的准确性。由此可以预测突发事件发生后灾变的状态。

3. 理念的合理性

现场监测和数值模拟相互补充。现场监测获得的滑坡信息很有限，地表监测获得的是滑坡表面的信息；地下监测只能是从很少的钻孔中获得内部的局部信息，并且实现监测的造价很高。数值模拟可以得到滑坡体全场的信息，借助数值模拟可以弥补监测信息的不足。

现场监测和数值模拟相互依赖。数值模拟是在力学理论模型假设的基础上经过数值计算给出的结果。理论模型简化的合理性和数值模拟方法的可靠性都需要验证，通过与现场监测数据的比较，甚至反复比对，就可以借助数值模拟预测未来。

4. 新理念的实用性

(1) 将由现场监测获得的局部客观信息和由基于基本理论经过数值模拟获得的整体的丰富信息融合，可以给出滑坡灾变的运动规律；

(2) 在获得当前破坏状态的基础上，借助数值模拟预演滑坡灾害，进而能够预测当前状态与灾变状态的"距离"，达到预测灾害的目的；

(3) 实现高效率的滑坡灾害防治，前提是认知滑坡运动的基本规律，否则就是盲目治理。获得规律首要的是现场监测，而数值模拟是现场监测的补充与延伸。

3.4 基于数值模拟的滑坡灾害预警系统技术框架

滑坡灾害预警是一项系统工程，它包含了地质、力学、工程、监测技术等多学科的交叉融合。在信息技术的带动下，滑坡灾害预警系统已经进入了以监测数据处理为主体的时期。然而，受地质体破坏基本理论及定量化分析方法的限制，难以将各学科的理论成果与研究方法融为一体。本节提出了以数值模拟及新的破坏理论与现场监测为主体的滑坡灾害预警系统技术框架。该框架建立了不同学科之间的联系，力图实现滑坡灾害防治的定量化分析。

　　数值模拟主要包括参数输入、核心计算、结果输出三个主要的组成部分。以此为主体，用于防灾减灾，数值模拟必须将地质学、力学理论、室内试验、计算方法、现场监测及灾害预测有机地结合起来。为此，对数值模拟的三个部分做相应的扩展，基本构成如下：

　　(1) 参数输入部分：包括在地质专家工作基础上建立地质模型和为实现数值模拟而建立几何模型，即网格划分。

　　(2) 核心计算部分：包括建立滑坡体的力学模型，给出描述滑坡运动的基本方程。将这些方程进行数值求解。

　　(3) 结果输出部分：包括计算结果呈现、计算结果与现场监测结果的比较以及利用计算结果获得的规律进行灾害预测。

　　可以看出，数值模拟将地质学、力学理论、监测技术和工程防灾有机地结合起来，形成多学科交叉、可以融合多项技术的滑坡灾害防灾理论体系。该理论体系由具体研究方法构成，它们既相对独立又相互联系。本书将对滑坡中的力学研究方法进行全面论述，介绍近 20 年来的主要研究成果，各个部分的内容简述如下：

　　以力学分析为目的的地质勘探。通过地质踏勘、地质钻探，为建立地质模型提供基本参数、基本现象、成灾基本模式。本书将用一章的内容以简洁的方式对常用的地质勘探方法予以表述。

　　利用量纲分析认知滑坡灾害的要素，初步确定基本物理量之间的关系。判断各种因素影响的大小，为数值模拟提供无量纲参量；反馈地质勘察的信息，提出新的指导意见。本书除了在量纲分析的技巧方面有所改进外，主要是如何利用量纲分析认识滑坡的破坏模式以及在数值模拟强大计算功能时代量纲所发挥的作用。

　　室内试验测量现场获取的各类试样的力学参数。在简化地质结构的基础上开展物理模型试验，认知破坏模式，为校核数值模拟结果提供试验依据。室内试验不单独作为一个章节论述，而会结合一些理论模型、量纲分析，讨论室内试验的一些局限性。

　　地质结构模型的计算网格划分。描述地质体"既有破坏"的重要环节，一方面要能够客观地描述地质体的内部构造，另一方面给出能够保证数值模拟计算精度的网格剖分方法。在地质勘探的一章中，将介绍地质体网格划分的基本要求。

　　建立合理的滑坡体动力学基本方程。该方程能够描述滑坡的既有破坏、局部再破坏、贯穿性破坏、碎裂性破坏和运动性破坏五个破坏阶段，重点介绍基于拉格朗日方程的分析力学方法在散体、固体、流体中的应用。

　　选择合理的本构关系与强度理论。这是力学研究的核心部分，也是目前地质体研究中的难题，在不同的尺度下选择不同的本构关系，是当今力学的难题。传统的方法分别建立强度理论与本构关系，有其合理性。本书将重点介绍应变强度分布准则，是用强度分布函数将强度理论和本构关系结合在一起的新的理论。

　　计算方法包括了基于实现传统的理论模型的数值模拟和新理论模型下的计算

方法研究。渐进破坏、新的本构模型和强度理论以及五个破坏阶段的动力计算，要求新的数值方法与之相适应。

用滑坡体的宏观破裂度这样一个标量表征滑坡的破坏状态，是滑坡灾害研究新的尝试。新的概念需要经过大量的工程实践验证，本书从数值模拟的结果和部分工程算例说明该方法的可行性与合理性。

借助数值计算模拟地质灾害的成灾过程，该模拟并不是对一种工况、一种破坏模式的模拟，而是计算出各种破坏的状态，从中获得规律性。该方法充分利用了数值模拟方法的强大功能和先进计算技术的能力。

滑坡破坏状态的确定是数值模拟与现场监测相结合的重要环节。由于现场监测包含的内容很多，这里仅提出一些基本概念和新成果的简述。利用监测结果反分析是滑坡研究的重要特点，本书将提出一种新的反分析方法，其中包括弹性模量、应变强度、摩擦角、黏聚力的反分析等。

滑坡灾害的预测和边坡安全评价是对上述多种方法研究成果的总结。由于地质体参数的复杂性、诱发因素的不确定性等，滑坡灾害的预测和评价不应当是确定性的而应该是基于概率统计的。因此，本书提出了滑坡灾害的可靠度评价方法，具体步骤包括：确定滑坡灾害无量纲参数的变化范围，用蒙特卡罗法选取随机参数，获得各种滑坡灾害状态的概率。以数值模拟为主体的滑坡灾害预警系统，基于强度理论及先进的计算方法，并融入滑坡灾害传统的地质勘探、现场测量及室内试验结果，为定量化评价滑坡灾害提供了新的技术途径。

本书还包括工程应用案例分析，主要用于检验滑坡灾害预测及评价系统的可行性和可靠性。理论体系包含的内容很多，而在实际应用中可能只需要应用其中的一部分。主要有两个原因：工程案例很简单，不需要所有的理论方法，直接用一种方法就解决问题了；实际工程没有条件应用所有的工程方法。

基于数值模拟的灾害预警方法构成简图如图 3.1 所示。

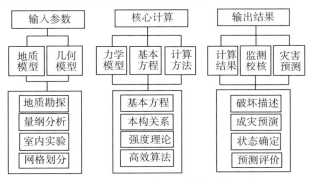

图 3.1 基于数值模拟的灾害预警方法

3.5 本 章 小 结

本章论述了滑坡运动的基本特征,即特殊性、结构性和演化性;从力学的破坏描述方面更详细地表述了滑坡破坏过程的五个阶段:既有破坏、局部再破坏、贯穿性破坏、碎裂性破坏和运动性破坏;明确表述了两个滑坡理念的必要性、内涵、合理性和实用性;简述了滑坡灾害研究作为系统问题的各种研究方法以及它们的相关性;提出了以数值模拟为主体的滑坡灾害研究系统的框架、基本构成和对应的研究任务。

第4章 滑坡地质勘探方法及与力学分析的相关性

长期以来，地质勘探在滑坡灾害防治中起着关键性的作用甚至是决定性的作用。随着力学理论及数值模拟方法的发展，地质勘探依然是滑坡研究的基础。地学和力学结合的切入点在哪里？怎样才能够发挥地学的基础性作用呢？本章将工程地质专家对地质勘探目的、方法和内容的表述及力学分析需求作简要的对比，以此阐明地学与力学相结合的发展方向。地质勘探分为地质勘查、地质钻探和地质探测三部分，每一部分包含具体的勘探项目，分析其对力学分析的作用。

地学和力学对滑坡问题的表述有别，地学更注重地质现象、滑坡演化成因的定性叙述；力学更关注定量化分析所需要的初始条件、边界条件、基本参数获取以及运动规律的表达。兼顾地学和力学读者，整章的叙述尽可能保留各自学科的特点，以便更容易体会学科的融合，推进学科交叉的发展。一方面从地质的角度说明地质勘察的目的，另一方面对地质勘探提出力学分析的需求。

4.1 踏 勘

滑坡地质踏勘的目的是对滑坡地貌、构造、岩性、水文地质条件、重力地质现象进行地质调查，弄清滑坡发育的范围、边界条件、环境影响因素和滑坡稳定性的发育阶段，对滑坡的性质和类型进行定性分析，为滑坡的力学建模提供定性的地质成因和稳定性演化依据。

对力学的需求而言，借助踏勘可以获得研究区域的范围、山体内的岩体结构的基本分布形式、岩石的基本力学属性、水的渗流及基本赋存状态以及灾变过程中的基本现象。可以看出，地质踏勘对力学分析的作用是定性的，却是宏观丰富的认识，特别是灾变演化过程中的现象，是验证力学分析规律中的一个重要的结果。

4.1.1 地形地貌

地貌按其成因分类，可分为构造、剥蚀形成的山地、丘陵等地貌，河流侵蚀形成的河谷、河床、河间地块等地貌以及诸如山麓斜坡堆积、大陆构造−侵蚀、海成、岩溶、冰川和风成等作用形成的其他地貌类型[1]。大多数滑坡地质灾害主要分布于构造、剥蚀形成的山地或河流侵蚀形成的河谷地貌单元内，地貌类型往往会对滑坡的规模、影响范围等产生重要影响，特别是对于顺层滑坡，多发育于陡峻的山谷或河谷地貌，多形成大规模、高速远程的滑坡灾害。

地貌勘探的目的是给出容易发生滑坡灾害的地貌。

力学分析从地貌勘察获得的信息是研究区域的几何形状 (山谷、河谷)、变化的自由边界 (河流侵蚀) 以及山体内部结构的大致趋势 (背斜、向斜山的内部结构差异)。

滑坡与地貌的相关性及力学抽象因素相关性的范例，这里共有四个实例，从中可以认识力学的敏感要素。

例 4.1　1980 年 6 月 3 日发生的宜昌盐池河滑坡，位于湖北宜昌远安县境内荷花镇盐池村，区内为构造剥蚀中低山区，陡峻峡谷地貌。滑坡体顶部高程为 850m，谷底河床高程为 520m，相对高差约为 330m。总体积约为 $130×10^4 m^3$ 滑坡山体从落差超过 200m 的陡崖坠落，形成约 $500m×478m$ 的堆积区，导致 284 人死亡[2-4]。

在上述的表述中，地质专家关注的地貌表述为区内为构造剥蚀中低山区，陡峻峡谷。抽象为力学量可以概述为：山体内部含有结构面、结构面的强度影响稳定性、山体的外形几何参数。岩体坠落形成堆积体，表征具有 "整体" 特性的山体转化为散体运动形成灾害。

例 4.2　2009 年 6 月 5 日发生的重庆武隆鸡尾山滑坡，位于渝东南部、乌江下游，处于云贵高原的延伸部分与川东平行岭谷褶皱带的过渡区域，地貌属岩溶中山地貌，以山地为主，山峰海拔高度为 700~1600m，主要地貌包括河谷侵蚀地貌、侵蚀堆积地貌、构造侵蚀地貌和侵蚀溶蚀地貌等，约 $500×10^4 m^3$ 的滑坡体高速跃入前部深约 50m 的沟谷，形成高速远程滑坡–碎屑流灾害，致使 74 人死亡[5]。

力学的表述为由于侵蚀引起的陡峭山体的破坏，具有很大势能的山体转化为散体的高速运动，构成灾害。

例 4.3　峰包岭滑坡群地处重庆云阳长江航道左侧，处于构造剥蚀–侵蚀低山陡斜坡地带，总体地形倾向为 $170° \sim 190°$，坡角为 $30° \sim 40°$，地势较陡峭，前缘局部较为平缓，坡角约为 20°。滑坡群横宽约 900m，纵长约为 300m，滑体厚度约为 3~15m，后缘高程约为 250~360m，前缘高程约为 150m，前后缘高差最大达 200m，滑坡范围约为 $15.5×10^4 m^2$，滑坡总体积约为 $114×10^4 m^3$。峰包岭滑坡群虽然未发生大规模失稳破坏，但作为老滑坡，其方量大、地形地貌高差大，受库水位影响，坡体一旦失稳，将会对长江航运产生不可估量的影响。

力学从地质勘察获得的信息包括研究区域的边界及几何形状，滑坡体的介质属性。

例 4.4　藕塘古滑坡体位于奉节县安坪乡长江右岸，区域地形为单面山斜坡，滑坡前缘高程 95~105m，后缘高程 500~520m，横宽 800~1000m，纵长 1000m，体积约 $4500×10^4 m^3$，藕塘滑坡体因作为移民迁建新址而备受关注[6,7]。

地貌勘察给出了力学分析的研究区域的几何尺寸及研究边界。

由以上的四个例子可以看出，地貌踏勘可以为力学分析提供几何形状和灾变状态。特别指出，由地貌勘查观察到的灾害演化过程的现象是对力学分析成果的验证，也是对力学分析方法的检验。

4.1.2　地质构造

地质构造因素对斜坡稳定性，特别是对岩质斜坡稳定性的影响十分明显。在区域构造比较复杂、褶皱比较强烈、新构造运动比较活动的地区，斜坡稳定性较差[8]。区域地质构造对顺层滑坡有重要影响，往往决定了滑坡的基本形态，顺层滑坡多发育于某背斜或向斜上。

地质构造勘查的目的在于给出容易滑坡的山体构造类型。

满足力学分析需求的工作在于可以为建立岩体力学模型提供地层和岩体结构的基本倾向、走向以及结构面间距。

例 4.5　盐池河滑坡位于黄陵背斜东北麓，如图 4.1 所示，地层整体上为单斜构造，总体走向 NS-SSE，倾向 E-ENE，倾角 14° 左右，区内地层构造变形不太强烈，坡体失稳破坏即沿着倾向滑动。

例 4.6　武隆鸡尾山位于重庆新华夏系第三沉降带四川盆地东南缘，境内地质区域地质构造由燕山运动第二期形成，除东南部少部分地区属川鄂湘黔隆起褶皱带外，大部分地区均属新华夏系构造体系与南北向构造体系-川黔南北构造带。武隆县境内以北东-北东东走向的褶皱为主，褶皱轴线走向多为 5°～40°，断层不甚发育，沿背斜轴部常伴生少量压性断裂。受七曜山断裂带地壳差异性掀斜作用，区内新构造运动表现为大面积不均衡间歇性抬升，并具有继承性[9]。鸡尾山位于赵家坝背斜的北西翼，山体呈 N25°E 方向展布，与区域构造线展布基本平行。地势总体上为南西高北东低，山体为渝东南-鄂西地区非常典型的单面山斜坡，如图 4.2 所示。

图 4.1　盐池河滑坡陡峻峡谷地貌　　　　图 4.2　鸡尾山滑坡单斜构造

例 4.7　峰包岭滑坡群的形成在区域地质构造上也与硐村背斜相关，藕塘古滑坡体也因位于故陵向斜南翼而呈单斜构造。

以上的三个例子均说明了地质构造勘查为力学分析提供了山体内部岩体的结构性参数。

4.1.3　地层岩性

地层岩性的差异是影响斜坡稳定的主要因素，不同岩层组成的斜坡有其常见的变形破坏形式。在碳酸盐岩类如石灰岩、白云岩等地区，由于岩体强度一般较高，多具层状结构，边坡形态受岩层产状和节理裂隙发育特征控制，常形成陡崖。影响坡体稳定的因素多是岩层产状、节理裂缝分布和岩溶作用等，主要破坏模式以顺层滑坡、崩塌等为主，含低强度薄层 (弱层) 或遇水泥化的夹层，且沿着斜坡方向容易产生顺层滑坡。

地层岩性勘查的目的是给出滑坡的模式，如由结构面控制的崩塌灾害和由软弱夹层控制的顺层滑坡等。

为力学分析提供的信息是几何结构面的空间分布和结构面的强度。

鸡尾山滑坡体为倾向北西的单面山地貌，出露地层由上到下分别为二叠系下统茅口组、二叠系下统栖霞组、二叠系下统梁山组和志留系中统韩家店组，以厚层灰岩及若干夹层为主。盐池河滑坡出露地层岩性为震旦纪灯影组中、厚层块状白云岩，岩性坚硬而脆，抗风化能力强，形成陡崖，出露于山腰至山顶部位。下伏地层为震旦纪陡山沱组薄层至中厚层白云岩，夹薄层状泥质白云岩和砂质页岩互层，含磷矿层。藕塘滑坡出露的岩层主要为侏罗系中统新田沟组、侏罗系下统珍珠冲组、自流井组和三叠系上统须家河组及第四系地层，主要以砂岩、泥岩及互层等为主。

由举例可以看出，地层结构的勘查不仅是某一个地层的空间和物理特性，还需要关注地层的组合。

4.1.4　水文地质条件

为不同目的服务的水文地质研究，其研究内容的重点与要求是不完全相同的。对于滑坡或边坡，地下水动力场变化与影响边坡稳定性、含水层结构、隔水层起伏情况、地表水、含水层相互之间补给关系以及含水层的各种水文地质参数等是必须研究的内容。

含水层即具有孔、洞、裂隙空间并蓄存了重力 (地下) 水的地层，可根据井 (钻孔)、泉等确定其存在；隔水层即不透水或渗透性极弱的地层，可根据其岩性和渗透性来确定。井、泉即地下水露头。调查井、泉即能证实地下水含水层的存在。

泉水调查主要确定是上升泉还是下降泉，出露高程、流量、水温、气温等参数，如果所有泉水都为下降泉，表明该区主要含水层为潜水；水井调查主要是井口高程、井深、水面埋深、水量、是否自溢、分析井深结构，补给源等；调查地下水或地表水时应弄清水的物理性质，如色、味、浑浊度、含泥沙情况，pH、电导等情况。对于湖塘沼泽湿地溪沟这些水文露头，应调查流域面积、补给来源、蓄积或漏失情况、植被及历史变化，根据这些情况来推测含水层情况，分析地下水的补给径流与排泄、水文地质结构参数及地下水化学成分，从而分析水文地质条件对滑坡稳定性的影响。

顺层滑坡灾害多发育于构造、剥蚀形成的山地或河流侵蚀形成的河谷地貌单元内，其下部多伴有常年性河流或溪流等。

鸡尾山滑坡流域属乌江水系，东侧的沟谷铁匠沟为常年性溪沟，流量受季节影响，水量变化较大，枯水季节流量为 9.6L/s，由西南向东北流入研究区北部石梁河，后注入乌江。鸡尾山斜坡地层中二叠系下统茅口组和栖霞组灰岩为主要的含水层，二叠系下统梁山组为相对隔水层，志留系中统韩家店组为隔水层。大气降水通过地表裂缝渗透补给地下含水层，受两侧隔水层的影响，顺着岩层倾向由南东向北西方向径流，在地形低洼处以泉的形式排泄于地表冲沟。斜坡地表地势上西南高东北低，东侧为陡崖临空面，斜坡体中部沿轴线方向发育一条冲沟而有利于地表排水，径流方向为由西南向东北方向，排泄区位于滑源区前缘岩溶带。滑源区北部前缘受地下和地表水径流影响，形成走向 N21°E、长约 270m 的强烈岩溶带。岩体中竖向发育的岩溶管道、裂缝非常发育，管道、裂缝宽度 0.5~3m 不等，长度 8~40m 不等，内部充填黄色残积黏土，整个壁面呈土黄色。岩溶管道水平累积长度达 165m，即水平溶蚀孔洞率达 60%，将岩体切割呈相对孤立的石柱，严重破坏了岩体的整体性。

盐池河滑坡下部的鱼林溪 (图 4.3) 为自西向东的常年性溪流，滑坡体内的山体裂缝及滑动面是地表降雨入渗的通道，在滑坡体东侧下部发现冲刷痕迹。滑坡前三天大规模降雨形成的地表水沿着裂缝入渗，是盐池河滑坡发生的重要诱发因素。

峰包岭滑坡和藕塘滑坡 (图 4.4) 位于长江两岸，其稳定性主要受库水位升降影响，坡体内的渗流也会对坡体稳定产生一定影响。藕塘滑坡西侧探洞 2012 年 3 月份洞口水流量最大达到 56mL/s，东侧探洞出水量较大，据现场工作人员介绍，2012 年 3 月份水流量达到 186mL/s。

图 4.3 盐池河滑坡下部鱼林溪

图 4.4 藕塘滑坡东侧平硐渗流

4.1.5 地表地质现象

滑坡地质灾害发生前或发生过程中往往会伴生一些其他现象，如滑坡前缘坡脚处岩土体出现上隆或凸起现象并形成放射状裂缝,滑坡后缘出现张性裂缝并迅速扩展,滑坡体周围岩土体出现松弛和小型坍滑现象,水平位移和垂直位移速度明显增大,建筑物变形加剧,在滑动面上产生擦痕,出现醉汉林、马刀树等,这对坡体稳定性判据及及时的监测预警提供了重要依据,在已有的滑坡研究案例中都较为典型。

地表现象勘查的目的是观察灾变过程中的现象,是地质专家进行灾害类比预测预警的重要依据。

地表现象勘察结果为力学分析提供了非常丰富的信息,抽象为力学的物理量可以包括:地表位移、地裂缝空间分布、地表表面转角、地表破裂程度、滑坡体的解体程度。应当说地表现象的勘查是验证力学分析规律可靠性的依据。尽管这些信息并不是准确定量的,但是,如果力学分析的结果能够得到这些现象,力学分析方法必须达到很高的水准。可以说,能够利用滑坡现象的信息越多,力学分析方法就越合理。

盐池河斜坡上方陡崖自 1978 年冬天开始多次发生小规模崩塌,1979 年 7 月采用大规模爆破房间矿柱的顶板管理方法后,上方陡崖先后出现 10 条地表裂缝,其中直接切割崩滑山体或在崩滑山体中发展的裂缝有 6 条,这些裂缝在形态上均为上宽下窄的张性裂缝。崩滑体自 1978 年发生明显变形开始至灾害发生前的两年时间内,山体变形大致分为缓慢变形阶段 (1978 年以前)、变形发展阶段 (1978 年 ~1980 年 5 月)、急剧变形阶段 (1980 年 5 月 17 日 ~6 月 1 日) 和崩塌破坏阶段 (1980 年 6 月 2 日 ~6 月 3 日)。滑坡发生前一天 I 号切割裂缝垂直位移速度达 1m/d(图 4.5),崩滑体东侧前缘小型崩滑及滚石不断,山体最终发生整体性滑动[2]。

盐池河滑坡给出的力学信息包括裂隙的位置、裂隙的数量、裂隙的类型以及裂隙的速度。可以看出,裂隙的发展是灾变过程中的重要物理量。

鸡尾山滑坡滑动面总体沿着岩层面发育,由于滑坡山体岩层倾向山内而又侧向滑出,现场测量得到的滑动擦痕方向 (图 4.6) 和岩层倾向有一定差异,具体表现在:在滑源区南侧后缘滑体是沿着层面滑动的,擦痕方向和碳质页岩软弱夹层的倾向完全一致;在滑源区中部东侧陡崖剪出口处,擦痕方向为 21°~24°,碳质页岩软弱夹层产状为 353°∠19°,滑动方向偏离了岩层倾向;在北侧前缘关键块体剪出口处擦痕方向为 22°~25°,软弱夹层产状为 335°∠24°。

鸡尾山滑坡给出的力学信息是剪切破裂的运动方向、滑动的位置。

峰包岭滑坡群最东侧后缘 (图 4.7) 与两侧边界清晰,可见张拉裂缝。后缘裂缝垂直错距 1.2m,宽度 12~45cm。裂缝后缘延伸长约 30m,裂缝形状为弧形。裂缝为表面残坡积层,粉质黏土夹砾石,红褐色,碎石粒径约为 2~20cm,可见树木歪斜,并在滑坡群内发现小规模滑坡 (图 4.8)。

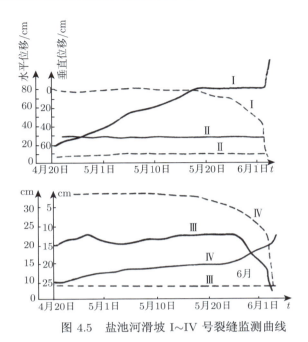

图 4.5　盐池河滑坡 I~IV 号裂缝监测曲线

图 4.6　鸡尾山滑源区南侧后缘滑带擦痕

图 4.7　峰包岭滑坡群最东侧后缘　　　　图 4.8　峰包岭滑坡群局部小规模滑坡

可以看出，地质勘探对滑坡灾害现象的描述非常重要的一点是地表裂缝的发生、发展。

4.2　勘　　探

滑坡勘探的目的是获得滑坡纵向和横向的边界条件、地层结构和岩土体特性。为滑坡力学建模提供边界条件、地层结构、节理裂隙分布和岩土体力学参数。各种参数均是定量化的，应该说整个勘探工作是以力学分析为目的的。需要说明，地质勘探给出的数据在有些力学分析方法中没有用到，而有些力学分析方法需要的参数，地质勘探受各种条件的限制有时实现不了，或者给出的参数误差太大满足不了要求。为此，在本节叙述的各个具体勘探工作中给予简要说明。

4.2.1　地层

地层钻探主要是为了确定滑坡体地层岩性、厚度、物质组成和滑动面的个数等，为滑坡体后续稳定性评价及数值分析提供依据。在勘探过程中需要进行地质编录，对取出的岩心进行描述，准确记录每一回次岩心的岩性、长度、产状、矿物成分、风化程度、充填程度等，特别是对揭露的软弱层带进行详细描述。钻探完成后，根据地质编录绘制钻孔柱状图。

鸡尾山滑坡体为倾向北西的单面山地貌，如图 4.9 所示，出露地层由上到下分别为二叠系下统茅口组、二叠系下统栖霞组、二叠系下统梁山组和志留系中统韩家店组，岩性由新到老分述如下[5]：

(1) 第四系 (Q_4^{el+dl})：坡积残积冲积层 ～ 黏土、粉质黏土，含 30%～40%的泥岩、砂岩及块石等，主要分布在缓坡表层，厚 0～3m，岩土界面倾角 10°～20°。

(2) 第四系 (Q_4^{del})：主要由巨石构成，堆积散乱，块石粒径 0.2～50m 不等，主要分布于铁匠沟沟底堆积区，根据所在分布不同，块石所占比例不同，在碎屑流堆积区中块石中夹约 10%的黏土、角砾等。

图 4.9 鸡尾山滑坡滑源区出露地层及分布

(3) 二叠系下统茅口组 (P_1m)：由后层状灰岩组成，钙质胶结，含大量方解石脉，质硬性脆，岩溶现象十分发育，厚 30～50m。

(4) 二叠系下统栖霞组 (P_1q)：主要为深灰色、灰色中厚层状含沥青质灰岩和碳质、钙质页岩夹层，厚 90～130m。在滑源区，可根据强度、颜色等特征划分为上、中、下三段。上段 (P_1q^3) 主要由砾状灰岩构成，岩体以泥质、钙质胶结为主，岩体整体强度较低。该层层厚 20m，与上覆茅口组灰岩共同构成滑坡体。中段 (P_1q^2) 为深灰色灰岩，层厚约 40m，顶部为含碳质和沥青质页岩夹层，崩滑体主要沿此软弱层面滑动。下段 (P_1q^1) 为含黑色、深灰色燧石灰岩，滑塌区山体的中、下段陡崖主要由该段组成，厚度约 90～95m。

(5) 二叠系下统梁山组 (P_1l)：该层厚度 10.1～14.3m，主要岩性为灰岩、灰黑色黏土质页岩、碳质泥岩、铝土岩、黏土岩夹铁矿层。共和铁矿开采的铁矿层位于该层的中部，厚 0.96～1.35m，平均厚 1.12m。

(6) 志留系中统韩家店组 (S_2h)：为灰绿色、紫灰色粉砂质泥（页）岩，局部含钙质，厚度＞ 100m。

盐池河滑坡（图 4.10）出露地层岩性为震旦纪灯影组中厚层块状白云岩，岩性坚硬而脆，抗风化能力强，形成陡崖，出露于山腰至山顶部位。下伏地层为震旦纪陡山沱组薄层至中厚层白云岩，夹薄层状泥质白云岩和砂质页岩互层，含磷矿层，出露于斜坡中下部。地层自下而上分述如下[2]：

(1) 灰色至灰黑色粉砂质页岩，为磷矿层的直接底板，厚度约 18m，岩性比较软，强度低，易风化。

(2) 磷矿层，厚度约 2m，为盐池河磷矿开采矿层。

(3) 致密块状白云岩，厚度约 6～8m，厚层状岩体结构，节理裂隙不太发育。

(4) 中厚层至薄层白云岩，中厚层结构，厚度约 130m。

(5) 白云质泥岩及砂质页岩，薄层节理很发育，薄层状结构，风化后呈鳞片状，遇水软化明显，失水后再遇水易崩解，厚度约 10m。

(6) 薄至中厚层板状白云岩，中厚层结构，厚度约 20m，摩擦强度低，发育 NE 及 NW 向两组垂直节理，追踪滑动面在该层中形成。

(7) 厚层块状白云岩组成的滑坡山体，厚层状结构，受区域构造及地下采矿作用影响，山体中也发育有 NE 及 NW 向两组垂直节理及近似平行岸坡的陡倾卸荷节理。

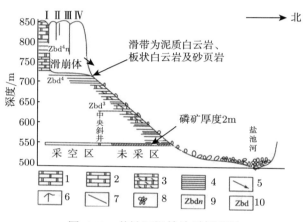

图 4.10   盐池河滑坡地质剖面图

1. 厚层白云岩；2. 厚层中厚层白云岩；3. 含硅白云岩；4. 砂页岩；5. 滑崩方向；6. 裂缝及编号；
7. 滑动面；8. 滑崩块石；9. 震旦系上统灯影组；10. 震旦系上统陡山沱组

　　鸡尾山和盐池河滑坡体的地质钻探给出的信息是地质专家非常熟悉的，也是约定成俗的规范。然而，有些信息尚不能为力学分析直接使用，也要求力学专家认真解读和认识地学的术语。其一，** 系 ** 组是地质专家概化了的一组地层结构。进行力学分析和数值模拟应该将这组结构定量化，具体这一组结构中每一层的厚度可以从柱状图中获得。其二，主要岩性表述的 ** 岩，* 色 * 岩，也是工程地质和数值模拟专业之间不能直接沟通的术语。地质专家对这些岩石的特性了如指掌，也可以通过室内试验给出某些力学指标。但是，有些指标还没有完全通过试验给出。比如，伊利石遇水后的力学特性变化，有些岩薄层受到扰动后风化很严重，有些泥岩遇到空气强度大幅度降低，而在地下常年在地下水面以下强度却不降低。如何将这些岩性转化为定量化的指标，也是目前地学与力学结合的重要组成部分。

4.2.2　岩体结构

　　岩体中结构体和结构面的排列组合形式称为岩体结构，坡体岩体结构的性质对坡体稳定性有重要影响。钻孔过程中的岩芯获得率是反映岩石质量的重要指标之一，岩芯获得率越高，说明岩石越完整。其表示方法是在本回次取出的岩芯中选取柱状的、能够合成柱状的、圆形片状的三者总长度与本回次进尺的百分比。也有采用岩芯的 RQD 值方法衡量岩体质量，RQD 值是长度大于 10cm 的岩芯累计长度与回次进尺的比值。RQD 值越大，表示岩体的完整性。在取芯编录过程中要准确记录每一段岩芯的长度和回次进尺，来计算岩芯获得率或 RQD 值。应当说，岩心的完整度也是岩体破裂程度的表征。

如图 4.11，鸡尾山滑坡岩层产状 332°～355°∠15°～35°，岩体内发育两组构造节理，节理组-1(Joint set-1) 产状 195°∠82°，裂面平整，间距 4～6m，多呈闭合状；节理组-2(Joint set-2) 产状为 112°∠74°，间距 12m，延伸长度 15～30m。两组陡倾构造结构面和岩层面一起，把山体岩体切割成"积木块"状[5]，对山体的稳定非常不利。

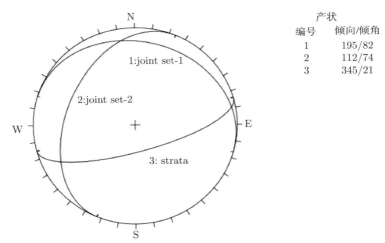

编号	产状 倾向/倾角
1	195/82
2	112/74
3	345/21

图 4.11 鸡尾山滑坡两组陡倾结构面和地层产状空间关系

盐池河滑坡体受构造、卸荷及地下采矿等作用的影响，滑坡山体发育四组主要节理：节理组-1(Joint set-1)，NE 向节理，产状 75～79°∠75～85°，裂面平直，张开，延伸长 8m，裂隙发育密度 4 条/m；节理组-2(Joint set-2)，NW 向节理，产状 310°∠86°，裂面平直，闭合，节理间距 0.5m，延伸长度约 5m；节理组-3(Joint set-3)，NW 向节理，产状 345°∠81°，裂面平直，节理间距 0.2～0.4m，延伸长度约 3m；节理组-4(Joint set-4)，NW 向节理，产状 300°∠90°。NE 和 NW 向几组陡倾构造结构面和岩体中夹含的若干软弱夹层、岩层面一起，把山体岩体也切割成"积木块"状。

滑坡体位于盐池河右岸斜坡，滑动前滑坡体为西、北和东三面临空的凸型陡壁(图 4.12)，东侧坡面产状 85°∠78°。由上述分析可知，滑坡体岩层总体平均产状为 82°∠14°，滑坡山体中发育的几组主要节理组的产状也已知，图 4.13 为滑动前东侧

坡面 (slope)、岩层面 (strata) 和几组主要节理组 (Joint set) 产状的空间关系。从极射赤平投影的角度分析此种情况下各种结构面组合关系，坡体较不稳定。

　　地质勘探获得的岩体结构更为准确和易于定量化，能够为数值模拟建立岩体结构提供重要的原始数据，但是，仅从露头和钻孔获得的结构面信息依然是表面的或钻孔所见，仍然不能够反映山体内部的结构分布。人们可以通过数学的方法，在某种假设下"重构"岩体内部结构，而要获得岩体内部结构信息，还需要力学反演。

图 4.12　盐池河滑源区山体中发育的主要结构面

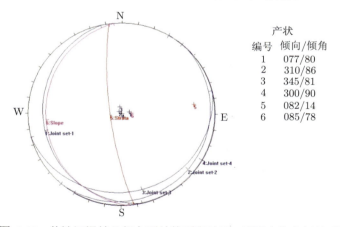

	产状
编号	倾向/倾角
1	077/80
2	310/86
3	345/81
4	300/90
5	082/14
6	085/78

图 4.13　盐池河滑坡几组主要结构面和地层、坡面产状空间关系

4.2.3　地下水

　　地下水是斜坡稳定性的重要因素，不少滑坡实例都与地下水有关，或者说水是滑坡的诱发因素。处于水下的透水斜坡将承受水的浮托力作用，而不透水斜坡，坡面将承受静水压力；冲水的张开裂缝将承受裂隙水静水压力的作用；地下水渗流会

对斜坡产生动水压力。水还对斜坡滑带岩土体产生软化作用，使岩土体的抗剪强度降低[8]。

滑坡现场勘探主要进行抽水试验和压水试验。

抽水试验是为查明斜坡地层的渗透性和富水性，测定有关的水文地质参数，如渗透系数、给水度和影响半径等。抽水试验主要分为单孔抽水、多孔抽水、群孔干扰抽水和试验性开采抽水。抽水试验中，一般进行三个降深，每次降深的差值不宜大于 1m；稳定时间，即某一降深条件下相应的流量和动水位趋于稳定的延续时间一般为 8~24h。稳定标准：在稳定时间段内，涌水量波动值不超过正常流量的 5%，主孔水位波动值不超过水位降低值的 1%，观测孔水位波动值不超过 2~3cm。若抽水孔、观测孔动水位与区域水位变化幅度趋于一致，则为稳定。抽水试验应在单一含水层中进行，并应采取措施，避免其他含水层的干扰，试验地点和层位应有代表性，地质条件应与计算分析方法一致。承压水完整井抽水试验时，主孔降深不宜超过含水层顶板，超过顶板时，计算渗透系数应采用相应的公式。潜水完整井抽水试验时，主孔降深不宜过大，不得超过含水层厚度的 1/3。试验完成后，应绘制水文地质综合图表，并计算岩土工程勘察所要求的水位地质参数，在选用计算公式时应充分考虑适用条件。

压水试验主要是为探查斜坡岩土层的裂隙性和渗透性，获得单位吸水量等参数。压水试验的主要参数包括稳定流量(压入耗水量)，压力阶段和压力值。对于压水试验，压力值是从地下水位起算的，故在试验前应观测地下水位，并保证地下水位达到一定的稳定条件。压水试验结束后，应对压水试验资料的可靠性进行判断，并计算透水率、透水系数和透水率与岩石裂隙性的关系等。

钻孔压水试验设备主要由压水系统、量测系统和止水系统三部分组成。压水系统包括水箱、水位计和水泵；量测系统包括压力表和流量计；止水系统包括止水栓塞或气泵等。钻孔压水试验过程如下。

(1) 洗孔。

①洗孔应采用压水法，洗孔时钻具应下到孔底，流量应达到水泵的最大出水量；

②洗孔应至空口回水清洁，肉眼观察到无岩粉时方可结束。当空口无回水时，洗孔间隔不得少于 15min。

(2) 试验隔离。

①下栓塞前应对压水试验工作管进行检查，不得有破裂、弯曲、阻塞等现象。接头处应采取严格的止水措施。

②采用气压式或水压式栓塞时，充气(水)压力应比最大试验压力段大 0.2~0.3MPa，在试验过程中充气(水)压力应保持不变。

③栓塞应安设在岩石较完整的部位，定位应准确。

④当栓塞隔离无效时，应分析原因，采取移动栓塞、更换栓塞或灌制混凝土塞位等措施。移动栓塞时只能向上移，其范围不应超过上一次试验的塞位。

(3) 水位观测。

①下栓塞前应首先观测 1 次孔内水位，试段隔离后，再观测工作管内水位。

②工作管内水位观测应每隔 5min 进行 1 次，当水位下降速度连续两次均小于 5cm/min 时，观测工作即可结束，用最后的观测结果确定压力，计算零线。

③在工作管内水位观测过程中，当发现承压水时，应观测承压水位；当承压水位高出管时，应进行压力和漏水量观测。

(4) 压力和流量观测。

①在向试段送水前，应打开排气阀，待排气阀连续出水后，再将其关闭。

②流量观测前应调整调节阀，使试段压力达到预定值并保持稳定。

③流量观测工作应每隔 1~2min 进行 1 次。当流量无增大趋势，且 5 次流量读数中最大值与最小值之差小于最终值 10%，或最大值与最小值之差小于 1L/min 时，本阶段试验即可结束，取最终值作为计算值。

④将试段压力调整到新的预定值，重复上述过程，直到完成该试段的试验。

⑤在降压阶段，如出现水由岩体向孔内回流现象，应记录回流情况，待回流停止，流量达到规定的标准后方可结束本阶段试验。

⑥在试验过程中，应对附近受影响的泉水、井水、钻孔水位进行观测。

⑦在压水试验结束前，应检查原始记录是否齐全、正确，发现问题必须及时纠正。

试验结束后应对试验资料可靠性进行判断：一个压力点的压水试验结果，要依靠钻孔压进和压水工艺质量来控制，只有上述质量可靠，才能有试验结果的可靠性。从以下工作程序中来保证成果的可靠性，即试段清水钻进 → 冲孔 → 下卡栓塞 → 观测稳定水位结 → 正式压水 → 正误判断 → 松塞提管。

试验资料整理包括校核原始记录、绘制 P-Q 曲线、确定 P-Q 曲线类型，计算试段透水率、渗透系数等。

抽水和压水试验是获得滑坡体等效渗透特性的重要手段。严格地说，该试验结果并不能反映岩体介质的渗透特性，而是反映钻孔附近区域滑坡体的平均渗透特性。当有结构面或裂缝穿越钻孔时，试验给出的结果是将裂隙渗流转化为孔隙渗流均匀化的结果。结合数值模拟和其他探测手段，抽、压水试验是认知地质体内部特性的重要方法。借助该试验还可以检验或标定数值分析方法的可靠性。

4.2.4 岩性试验

基本岩石力学试验有抗压强度试验、抗拉强度试验、抗剪强度试验和点荷载试验等力学试验，通过试验再现岩石材料的破坏现象和破坏过程，从而研究载荷作用下的围岩或基岩工程性状，为滑坡稳定性提供基础资料[10]。

无侧限试样在单向压缩条件下，岩块能承受的最大压应力称为单轴抗压强度。国内有关试验规程规定：抗压试验应采用直径或边长为 5cm，高径比为 2 的标准规则试件，每组试样必须制备 3 块。试验前应对试样进行描述，并测量记录试样尺寸等信息。

岩石常规三轴试验是将圆柱体规则试件置于三维压应力 ($\sigma_1 > \sigma_2 = \sigma_3 > 0$) 状态，在给定围压 $\sigma_2 = \sigma_3$ 时，测定破坏时的轴向压应力 σ_1，研究其强度特性。岩石三轴压缩条件下的强度与变形参数主要有：三轴压缩强度、内摩擦角、内聚力以及弹性模量和泊松比。室内三轴压缩试验通常是将试样放在密闭三轴缸内，施加三向应力至试件破坏，在加载过程中实时测得不同载荷下的应变值；绘制出 $\sigma_1 - \sigma_3$ 应变关系曲线以及强度包络线，求得岩石的三轴压缩强度，内摩擦角、内聚力以及弹性模量和泊松比等参数。

抗拉强度试验，主要使用间接方法测量，最常用的是巴西劈裂法，如图 4.14 所示。抗拉试验的标准试件采用圆柱体或圆盘形，直径 50mm、厚 25mm，高度为直径的 0.5~1.0 倍。

图 4.14　岩石抗拉强度测定示意图

岩石的剪切强度是岩石抵抗剪应力破坏的最大能力，根据试验时的应力状态和试验条件，可将岩石剪切强度细分为三种。

(1) 抗剪断强度：指岩石在一定法向应力下沿某一剪切面能抵抗的最大剪应力，试验证明，岩石的抗剪断强度与法向应力近似地服从于库仑定律。

(2) 抗切强度：指岩石在法向应力为零时能抵抗的最大应力，所以抗切强度等于黏聚力值。

(3) 抗剪强度：指岩石沿原有破坏面，在一定法向应力作用下能抵抗的最大剪应力。这时的岩石剪切强度主要取决于内摩擦力，而黏聚力则很小甚至趋于零。

点荷载试验是将岩石试样置于两个球形圆锥状压板之间，对试样施加集中载荷，直至破坏，然后根据破坏载荷求得岩石的点荷载强度。

岩石的流变性能包括岩石的蠕变、应力松弛、与时间有关的扩容以及强度的时间效应等特性。通过研究岩石的流变性能，可以建立岩石的应力-应变-时间关系，即本构关系，计算岩石的应力、应变随时间的变化；而岩石的扩容是岩石破坏的前兆，所以这一现象在工程上可用来预测岩石的破坏，具有重要意义。

岩石流变试验是研究岩石流变力学特性的主要手段，也是构建岩石流变本构模型的基础。岩石流变试验包括现场原位试验和室内试验两种方式，其中室内试验由于效果比较好，尤其受到广泛重视。室内流变试验方法主要有常应力下的蠕变试验和常应变下的松弛试验等，常应变下的松弛试验由于技术上难度较大，国内外研究较少；常应力条件下的蠕变试验有单轴压缩、扭转、弯曲、三轴压缩和剪切等形式，其中以单轴压缩和常规三轴压缩蠕变试验最为常见。在鸡尾山滑坡调查过程中，对山体 P_1q^3 底部碳质泥质砂岩层和破碎泥化夹层进行取样，并进行了物理力学性质的测试，结果如表 4.1 和表 4.2 所示。

表 4.1　鸡尾山崩滑碳质泥质砂岩单轴全应力-应变试验成果

样本编号	单轴抗压强度/MPa	弹性模量/GPa	泊松比	平均单轴抗压强度/MPa	加载速率mm/min
1	54.599	11.6695	0.118		0.02
2	62.652	16.2593	0.131	62.897	0.01
3	71.440	16.0899	0.192		0.01

表 4.2　鸡尾山崩滑碳质泥质砂岩三轴全应力-应变试验成果

样本编号	围压/MPa	三轴抗压强度/MPa	弹性模量/GPa	泊松比	抗剪参数	加载速率mm/min
4	2	70.134	12.7719	0.126		0.01
5	4	84.062	12.9578	0.134	$C=12.802$MPa	0.02
6	6	101.174	15.1701	0.143	$\varphi = 44.39°$	0.02
7	8	109.387	15.1032	0.108		0.03
8	10	109.878	13.6949	0.140		0.02

4.2.5　钻孔取样及土工试验

在斜坡室内土工试验分析中，直接剪切试验是获得土试样力学性质的重要手段之一。直接剪切试验是通过在预定的剪切面上分别直接施加法向压力和剪应力求得土的抗剪强度指标的试验[11]。

根据剪切时排水条件，直接剪切试验方法可分为快剪 (不排水剪)、慢剪 (排水剪) 及固结快剪 (固结不排水剪) 等。按施加剪力的方式不同，直接剪切仪分应变控制式和应力控制式两种。前者是通过弹性钢环变形控制剪切位移的速率；后者是通过杠杆用砝码控制施加剪应力的速率，测相应的剪切位移。目前多用应变控制式，应力控制式只适用于作慢剪及长期强度试验。

其中，慢剪适用于细粒土；固结快剪 (固结不排水剪) 适用于渗透系数小于 l0 cm/s 的细粒土；快剪 (不排水剪) 适用于渗透系数小于 10cm/s 的细粒土。

慢剪试验：适用于细粒土，并应按下列步骤进行。固结快剪和快剪试验步骤与此类似。

(1) 按照规定制备需要进行试验的试样。

(2) 对准剪切容器上下盒插入固定销，在下盒内放透水板和滤纸，将带有试样的环刀刃口向上，对准剪切盒口，在试样上放滤纸和透水板，将试样小心地推入剪切盒内。

注：透水板和滤纸的湿度接近试样的湿度。

(3) 移动传动装置，使上盒前端钢珠刚好与测力计接触，依次放上传压板、加压框架，安装垂直位移和水平位移量测装置，并调至零位或测记初读数。

(4) 根据工程实际和土的软硬程度施加各级垂直压力，对松软试样垂直压力应分级施加，以防土样挤出。施加压力后，向盒内注水，当试样为非饱和试样时，应在加压板周围包以湿棉纱。

(5) 施加垂直压力后，每 1h 测读垂直变形一次，直至试样固结变形稳定。变形稳定标准为每小时不大于 0.005mm。

(6) 拔去固定销，以小于 0.02mm/min 的剪切速度进行剪切，试样每产生剪切位移 0.2~0.4mm 测记测力计和位移读数，直至测力计读数出现峰值，应继续剪切至剪切位移为 4mm 时停机，记下破坏值。当剪切过程中测力计读数无峰值时，应剪切至剪切位移为 6mm 时停机。

(7) 剪切结束，吸去盒内积水，退去剪切力和垂直压力，移动加压框架，取出试样，测定试样含水率。

试验结束后，以剪应力为纵坐标，剪切位移为横坐标，绘制剪应力与剪切位移关系曲线，取曲线上剪应力的峰值为抗剪强度，无峰值时，取剪切位移 4mm 所对应的剪应力为抗剪强度。以抗剪强度为纵坐标，垂直压力为横坐标，绘制抗剪强度与垂直压力关系曲线，直线的倾角为摩擦角，直线在纵坐标上的截距为黏聚力。

在盐池河滑坡现场调查过程中，发现在陡崖面底部出露约 10cm 的中风化、浅灰红色泥质白云岩，局部强风化为白色，手可以扣动。因这层强风化的泥质白云岩 (图 4.15) 为疑似滑带，故在此处取样 (图 4.16)，并按照砂类土的直剪试验方法开展室内试验。

图 4.15 强风化的泥质白云岩图

图 4.16 强风化泥质白云岩试样

室内试验中，拟进行强风化泥质白云岩试样不同密实度、不同含水率 (天然、潮湿和饱和) 条件下的直接剪切试验，测定不同含水率条件下试样的内摩擦角 φ 值和凝聚力 C 值，具体试样参数和试验结果分析见表 4.3。直剪试验中剪应力按下式计算

$$\tau = \frac{C \cdot R}{A_0} \times 10 \tag{4.1}$$

式中，τ 为试样所受的剪应力 (kPa)；R 为测力计量表读数 (0.01mm)。

表 4.3　强风化泥质白云岩直剪试验参数与结果

试样状态	天然	潮湿	饱和
含水率/%	2.69	15.13	21.58
干密度/(g/cm³)	1.32	1.18	1.12
内摩擦角 φ/(°)	38.30	34.60	33.14
凝聚力 C/kPa	0.00	3.40	11.9

　　直剪试验中，垂向应力分为 50kPa、100kPa、150kPa 和 200kPa 共四级，加载速度为 12 圈/min，试验原始记录与结果分析如图 4.17~ 图 4.22 所示。

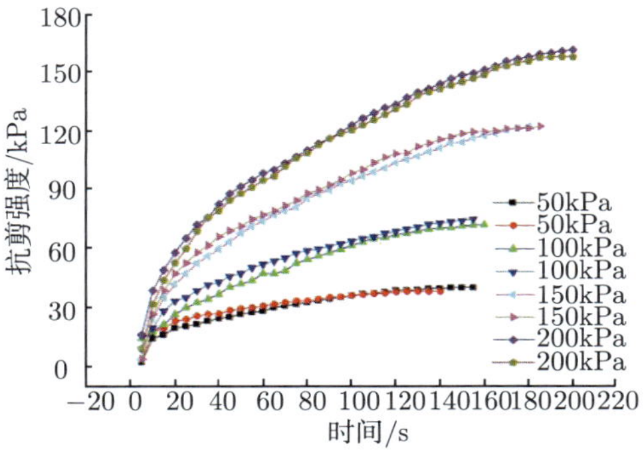

图 4.17　试样天然状态直剪试验数据 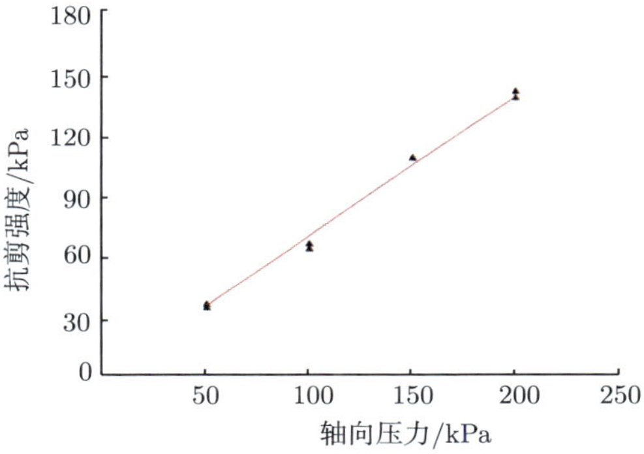　　　　图 4.18　试样天然状态直剪试验结果分析

图 4.19　试样潮湿状态直剪试验数据 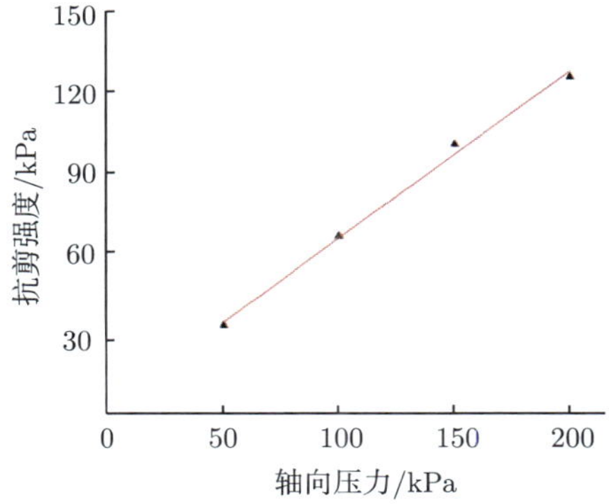　　　　图 4.20　试样潮湿状态直剪试验结果分析

4.2.6　探槽

　　在地质勘查或勘探工作中，为了揭露被覆盖的岩层或矿体，在地表挖掘的沟槽成为探槽。探槽一般采用与岩层或矿层走向近似垂直的方向，长度可根据用途和地质情况决定。断面形状一般呈梯形，槽底宽 0.6m，通常要求槽底应深入基岩约

0.3m，探槽最大深度一般不超过 3m。

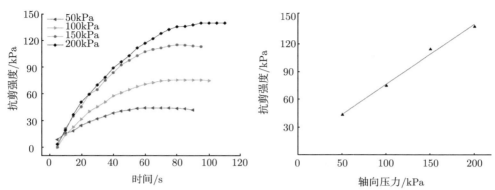

图 4.21　试样饱和状态直剪试验数据   图 4.22　试样饱和状态直剪试验结果分析

  槽探施工要求槽形完整、断面呈梯形、槽帮平滑、槽底平整，槽底宽不小于 0.6m，掘进深度应进入新鲜基岩 0.3~0.5m。

  地质编录在探槽施工终止后由地质人员及时进行，采用 1/100 的比例尺编录一壁一底。若两壁地质现象变化较大，则编录两壁一底。编录时先对探槽进行系统分层，并详细记录岩层分层位置、分层岩性、矿化等地质现象，现场同步绘制 1/100 的素描图。

  在探槽进行编录后，根据工作要求及编录结果需设计化学样、岩石样采样，一般样品采集于槽底，特殊情况下也可于槽壁采取。样品 (尤其是化学样) 采取时必须做好采样标记，以备检查。

  岩石样采样要求：一般为连续捡块采取，样长一般为 3~5m(由工作设计确定)。

4.2.7　大剪试验

  为了获取更为接近实际岩体的强度参数，常在现场开展大规模直剪试验。现场直剪试验可分为岩土体试体在法向应力作用下沿剪切面剪切破坏的抗剪断试验，岩土体剪断后沿剪切面继续剪切的抗剪试验 (摩擦试验) 和法向应力为零时岩体剪切的抗切试验。现场直剪试验可在试洞、试坑、探槽或大口径钻孔内进行。当剪切面水平或近于水平时，可采用平推法或斜推法；当剪切面较陡时，可采用楔形体法。同一组试验体的岩性应基本相同，受力状态应与岩土体在工程中的实际受力状态相近。

  现场直剪试验每组岩体不宜少于 5 个，剪切面积不得小于 0.25m^2，试体最小边长不宜小于 50cm，高度不宜小于最小边长的 0.5 倍，试体之间的距离应大于最小边长的 1.5 倍；每组土体试验不宜少于 3 个，剪切面积不宜小于 0.3m^2，高度不宜小于 20cm，或为最大粒径的 4~8 倍，剪切面开缝应为最小粒径的 1/3~1/4。

现场直剪试验的技术要求应符合下列规定:

(1) 开挖试坑时应避免对试体的扰动和含水量的显著变化;在地下水位以下试验时,应避免水压力和渗流对试验的影响。

(2) 施加的法向荷载、剪切荷载应位于剪切面、剪切缝的中心,或使法向荷载与剪切荷载的合力通过剪切面的中心,并保持法向荷载不变。

(3) 最大法向荷载应大于设计荷载,并按等量分级;荷载精度应为试验最大荷载的 ±2%。

(4) 每一试体的法向荷载可分 4~5 级施加;当法向变形达到相对稳定时,即可施加剪切荷载。

(5) 每级剪切荷载按预估最大荷载的 8%~10% 分级等量施加,或按法向荷载的 5%~10% 分级等量施加;岩体按每 5~10min 施加一级剪切荷载,土体按每 30s 施加一级剪切荷载。

(6) 当剪切变形急剧增长或剪切变形达到试体尺寸的 1/10 时,可终止试验。

(7) 根据剪切位移大于 10mm 时的试验成果确定残余抗剪强度,需要时可沿剪切面继续进行摩擦试验。

现场直剪试验成果分析应包括下列内容:

(1) 绘制剪切应力与剪切位移曲线、剪应力与垂直位移曲线,确定比例强度、屈服强度、峰值强度、剪胀点和剪胀强度。

(2) 绘制法向应力与比例强度、屈服强度、峰值强度、残余强度的曲线,确定相应的强度参数。

综合地质勘探中的岩性试验、钻孔及土工试验、探槽试验、大剪试验的试验方法,其主要目的就是为力学分析提供材料参数。理论上,借助于这些试验可以给出取样或现场测试位置的岩土体本构关系。事实上,一方面,滑坡体是非均匀的,非均匀的 "尺度" 大于试样的尺寸,试验结果的离散度很大;另一方面,现场取样和试验的试样均是受扰动的结果。如何使用这些参数是令地质专家和工程专家感到非棘手的问题。在实际的工程应用中,将这些参数直接用于规范方法的计算和分析,常给出的结果与实际观察结果相差甚远。怎么办呢?工程专家提出了综合系数法,就是由专家根据经验和计算的结果给出强度参数。随着工程经验的积累,这种综合系数法形成了规范。综合系数是由地质勘探工程师提出来的,他们在现场进行了踏勘、有钻探资料,而且他们也使用了规范计算方法做 "校准",这样滑坡防治工程师就可以直接使用规范的分析方法。

至此,可以清晰地看到地质专家实际上是实现了客观实际与主观意识相结合,也就是实践与理论相结合,落实到具体的问题就是现场勘探与力学分析相结合的系统科学的思想 (图 4.23)。进一步探讨整个分析过程,客观要素包括经踏勘观察到灾变状态,由勘探获得的岩土参数;主观要素包括用力学分析方法计算,综合判断给出强度参数。

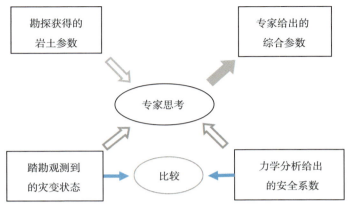

图 4.23　地质专家的思考路线

可以看出，如果综合强度参数与勘探获得的岩土参数有差异，问题出在观察到的灾变状态和力学分析方法的不协调。由此给我们提出的挑战性问题在于怎样将滑坡的灾变状态与力学分析方法相关联。

4.3　物　　探

滑坡体地球物理探测的目的是获得滑坡三维边界条件和地质结构信息，为滑坡力学建模提供更加准确的几何边界条件和地层结构参数。

4.3.1　地层地震波

地层地震波勘探是利用地下介质弹性和密度的差异，通过观测和分析人工激发地震波在岩土层中传播的规律，推断地下岩层的性质和形态的地球物理勘探方法，如图 4.24 所示。地震勘探是钻探前勘测地层的重要手段，其基本原理是在地表以人工方法激发地震波，在向地下传播时遇有介质性质不同的岩层分界面，地震波将发生反射与折射，在地表或井中用检波器接收这种地震波。收到的地震波信号与震源特性、检波点的位置、地震波经过的地下岩层的性质和结构有关。通过对地震波记录进行处理和解释，可以推断地下岩层的性质和形态[1,12]。该勘探方法可用于测定覆盖层厚度，确定基岩的埋深；探查断层破碎带和裂缝密集带；研究岩石的弹性性质，包括岩石动弹性模量和动泊松比；划分岩体风化带等[13]。

根据弹性波的传播方式，地震波勘探可分为直达波法、反射波法、折射波法和瑞利波法等，以下主要介绍直达波法。

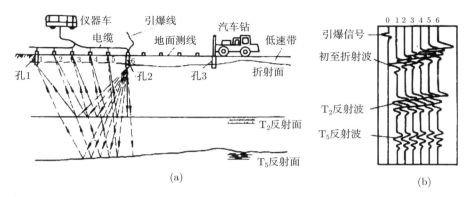

图 4.24　地震波勘探示意图[14]

(a) 工作示意图. 1~6: 检波器; 孔 1~ 孔 3; 爆炸孔。(b) 地震记录示意图。1~6: 地震道; 0 爆炸信号道

直达波是一种从震源发出不经过界面的反射、折射而直接传播到接收点的地震波。利用直达波的时距曲线，求得直达波波速，从而计算岩土层的动力参数。直达波直接从震源传向接收点，因而其时距曲线为直线，其表达式为

$$t = \frac{s}{v} \tag{4.2}$$

式中，t 为直达波从震源到达接收点之间的时间 (s)；s 为直达波从震源到达接收点之间的直线距离 (m)；v 为直达波的速度 (m/s)。

外业试验中，波的激发一般用冲击大块激发。块体与土体紧密结合，并按一定的方向定向。测定纵波传播速度时，轴向冲击块体；测定横波传播速度时，则横向冲击块体。也可用非人工震源产生地震波，测线一般布置在几米或几十米长度范围内。测量纵波速度时，检波器竖向设置；测量横向波速时，检波器安置于与冲击方向垂直的横断面上，并将其平行冲击方向设置。

试验完成后，根据从震源到接收点的直达波传播时间及距离，计算纵波速度 v_{p} 或横波速度 v_{s}，利用纵波速度或横波速度与土的动力性质的关系，可求得 E_{d}、G_{d} 和 ν_{d} 等。

$$E_{\mathrm{d}} = \frac{\rho v_{\mathrm{s}}^2 \left(3v_{\mathrm{p}}^2 - 4v_{\mathrm{s}}^2\right)}{v_{\mathrm{p}}^2 - v_{\mathrm{s}}^2} \tag{4.3}$$

$$G_{\mathrm{d}} = \rho v_{\mathrm{s}}^2 \tag{4.4}$$

$$\nu_{\mathrm{d}} = \frac{v_{\mathrm{p}}^2 - 2v_{\mathrm{s}}^2}{2\left(v_{\mathrm{p}}^2 - v_{\mathrm{s}}^2\right)} \tag{4.5}$$

式中，E_{d} 为岩体的动弹性模量 (kPa)；G_{d} 为岩体的动剪变模量 (kPa)；ρ 为介质的质量密度 (t/m³)；ν_{d} 为动泊松比。

可以看出，由地层地震波获得的弹性模量和泊松比是力学分析直接可以使用的物理量，而由此获得的地层厚度等三维地质信息也可以作为力学分析的输入参数。地震监测不仅可以获得波速，还可以给出监测点的振动波形、振幅、频率和相位，多个测点可以得到非常丰富的信息，受力学分析方法的局限性，这些信息还没有得到充分的利用，有待于深入研究。

4.3.2   地质雷达

地质雷达是利用高频电磁脉冲波的反射来探测地下介质分布的电磁装置，如图 4.25 所示。它的基本原理是：发射机通过发射天线发射宽频带 (主频率为数十MHz 以致几千 MHz)、短脉冲 (宽度为数 ns) 的电磁波信号至地下。信号经岩层中探测目标产生一个反射信号。直达信号和反射信号通过接收天线输入到接收机，放大后由示波器显示出来。根据示波器的信息，可以判断探测目标的存在；根据反射信号的滞后时间及探测物平均反射波速，可以大致计算探测目标距离[1,15]，计算公式见式 (4.6)，根据公式可求出反射界面的深度[1]。

$$t = \frac{\sqrt{4z^2 + x^2}}{v} \tag{4.6}$$

式中, t 为脉冲波旅行时间；z 和 x 分别为垂直和水平距离，见图 4.25；v 为地下介质的波速。

地质雷达可用来划分地层、查明断层破碎带、滑坡面、岩溶、土洞、地下硐室和地下管线，也可用于水文地质调查[16]。

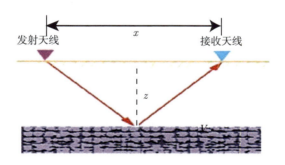

图 4.25   反射雷达探测原理

4.3.3   电法

岩土的种类、成分、结构、湿度和温度等因素不同而具有不同的电学性质。电法勘探是以这种电性差异为基础，利用仪器观测天然或人工的电场的空间分布规律或岩土体电性差异，来解决某些地质问题的物探方法。电法勘探方法有电阻率法、充电法、激发极化法、自然电场法、大地电磁测深法和电磁感应法等[1]。

　　工程地质勘察中最常用的是电阻率法, 它的基本原理如图 4.26 所示, A、B 为供电电极, M、N 为测量电极, ρ_1、ρ_2 为不同岩层的电阻率。当 A、B 供电时, 用仪器测出供电电流 I_{AB} 和 M、N 处的电位差 ΔU_{MN}, 则可根据式 (4.7) 计算出 M、N 区间地下岩层的视电阻率 ρ_s。在地面为无限大的水平面, 地层为各向同性的均质体的情况下, 所得视电阻率为地层的真电阻率, 实际工程中测得的视电阻率为地质体的综合反映[17]。

$$\rho_s = K \frac{\Delta U_{MN}}{I_{AB}} \tag{4.7}$$

式中, ρ_s 是视电阻率, 单位是 $\Omega \cdot m$; K 是电极排列系数, 又称装置系数; ΔU_{MN} 是测量电极之间的电位差, 单位是 mV; I_{AB} 是供电回路中的电流强度, 单位是 mA。

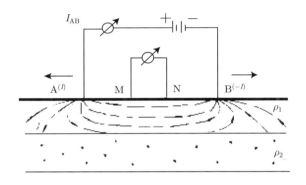

图 4.26　电阻率法原理图

　　电法勘探可以被用来探测松散覆盖层厚度; 基岩面的形状和地质构造; 确定岩性, 进行地层岩性划分; 查明地质构造形态, 寻找断层及破裂面; 查明地下水的分布情况、埋藏深度及厚度等[13]。

　　地质雷达和电法测量在隧道施工超前预报方面已经广泛采用, 在滑坡灾害问题中的应用还不够普遍。其主要原因是由这两种方法获得的地质信息难以用于灾害的预测和评价。

4.4　工程地质报告

　　工程地质报告是工程地质勘察的最终成果, 是滑坡力学建模、物理力学参数选取、岩土体本构关系和破裂准则选取的重要依据。

　　报告的编制程序: 一项勘察任务在完成现场放点、测量、钻探、取样、原位测试、现场地质编录和实验室测试等前期工作的基础上, 即转入资料整理工作, 并着手编写勘察报告。通常的编制程序是: ①外业和试验资料的汇集、检查和统计, 此项工作应于外业结束后即进行。首先应检查各项资料是否齐全,特别是试验资料是否齐全,同时可编制测量成果表、勘察工作量统计表和勘探点 (钻孔) 平面位置图。②对照原位测试和土工试验资料,校正现场地质编录。这是一项很重要的工作,但往往被忽视,从而出现野外定名与试验资料相矛盾,鉴定砂土的状态与原位测试和试验资料相矛盾。③编绘钻孔工程地质综合柱状图。④划分岩土地质层,编制分层统计表,进行数理统计。地基岩土的分层恰当与否直接关系到评价的正确性和准确性,因此此项工作必须按地质年代、成因类型、岩性、状态、风化程度、物理力学特征来综合考虑,正确地划分每一个单元的岩土层,然后编制分层统计表,包括各岩土层的分布状态和埋藏条件统计表以及原位测试和试验测试的物理力学统计表等。⑤编绘工程地质剖面图和其他专门图件。⑥编写文字报告。

报告主要内容:报告应叙述工程项目、地点、类型、规模、荷载、拟采用的基础形式;勘察任务和技术要求;勘察场地的位置、形状、大小;钻孔的布置者和布置原则,孔位和孔口标高的测量方法以及引测点;施工机具、仪器设备和钻探、取样及原位测试方法;完成的工作量和质量评述;勘察工作所依据的主要规范、规程;其他需要说明的问题。

结论是勘察报告的精华,它不是前文已论述的重复归纳,而是简明扼要的评价和建议。结论的内容是在专论的基础之上对各种具体问题作出简要明确的回答,态度要明朗,措辞要简练,评价要具体,问题解决得不彻底的可以如实说明。总之,要根据勘察项目的实际情况,尽量做到报告内容齐全、重点突出、结论明确。

4.5 本 章 小 结

地质勘探是滑坡灾害研究的基础,充分利用地质勘探获得的地质信息进行力学分析是力学研究的主要任务。本章主要介绍了现有的地质勘探方法获得的信息与力学分析的相关性,特别强调了踏勘观察到的地质灾变状态是校验力学分析方法的可靠性,也是反馈力学分析结果发展和修改力学模型的重要依据;通过钻探得到的岩土体参数只是滑坡体的局部信息,应借助力学分析方法进行反分析。现有的滑坡灾害安全评价方法事实上在践行将滑坡作为一个系统研究的科学思路。然而,在具体实践中如何将滑坡灾变的状态与力学分析方法建立密切、直接的联系仍是有待深入的问题;借助于地球物理勘探技术可以获得滑坡体内很多的信息,充分利用这些信息是摆在力学研究者面前的艰巨任务。

参 考 文 献

[1] 工程地质手册编委会. 工程地质手册. 北京：中国建筑工业出版社，2007.

[2] 姚宝魁, 孙玉科. 宜昌盐池河磷矿山崩及其崩塌破坏机制//. 中国岩石力学与工程学会地面岩石工程专业委员会, 中国地质学会工程地质专业委员会. 中国典型滑坡. 北京：科学出版社，1988.

[3] 荣建东. 盐池河大型崩塌. 地震，1981, (2): 33-35.

[4] 连志鹏, 谭建民, 李景富. 湖北远安盐池河磷矿开采区稳定性评价. 华南地质与矿产，2013, 29(1): 60-65.

[5] 许强, 黄润秋, 殷跃平, 等. 2009 年 6·5 重庆武隆鸡尾山崩滑灾害基本特征与成因机理初步研究. 工程地质学报，2009, 17(4): 433-444.

[6] 杨家岭, 朱维申, 罗晓东, 等. 藕塘古滑体在三峡水库形成后的稳定性分析. 岩土力学，1998, (2): 1-7.

[7] 张玉军, 朱维申, 杨家岭, 等. 藕塘古滑体在三峡水库形成后的平面弹塑性有限元稳定分析. 工程地质学报，2000, 8(2): 253-256.

[8] 陆兆溱. 工程地质学. 北京：中国水利水电出版社，2001.

[9] 冯振. 斜倾厚层岩质滑坡视向滑动机制研究. 北京：中国地质科学院，2012.

[10] 付志亮, 肖福坤, 刘元雪, 等. 岩石力学试验教程. 北京：化学工业出版社，2011.

[11] 国家质量技术监督局, 中华人民共和国建设部. 土工试验方法标准 GB/T50123-1999. 北京：中国计划出版社，1999.

[12] http://baike.baidu.com/link?url=aTttyQ3PlORndQIQbFQvT1taUh7aMtgIVNS0B3p-J1Md5CjxhNHTy9NGelR3pP-nu#refIndex_1_113888.

[13] 张咸恭, 李智毅. 专门工程地质学. 北京：地质出版社，1988.

[14] http://www.chinabaike.com/article/316/416/2007/20070507110342_2.html.

[15] http://baike.baidu.com/link?url=Zl-kMvRU4ajNAbGUh9_lIz9e6_ Dc8FGbGX_JAe1d0MbpqVFoTHujBpMiN3uDvX9x.

[16] http://www.chinabaike.com/z/yj/934556.html.

[17] 李金铭. 地电场与电法勘探. 北京：地质出版社，2005.

第5章 量纲分析方法及在滑坡防治中的应用

量纲分析是力学分析中一种特有的技术,它具有很强的实践性。学会使用量纲分析方法非常简单,可是掌握并用好这门技术可能是力学工作者一生都要学习和实践的。有了先进的计算技术和数值模拟方法,人们往往会忽略使用量纲分析,甚至怀疑它存在的必要性。然而,当我们面临一个陌生的问题,需要形成创新思想,需要理清思路、认知规律的时候,量纲分析的作用就会突显出来。量纲分析与建立基本方程、数值模拟是不同层次的问题。本章首先简要介绍量纲分析的一些基本概念和定理,借助简单的斜面上的滑块启动和运动了解量纲分析的步骤,介绍量纲分析的基本方法及量纲分析的功能与作用,进而讨论在滑坡研究中该方法与其他力学分析方法的关系。

5.1 量纲分析中的基本概念与定理

5.1.1 基本概念

量纲表示物理量的基本属性。在物理问题中,可以按不同的分类方式将相关的物理量进行分类。

(1) 按物理量的属性分为有量纲量和无量纲量。有量纲量是指度量大小时与所选用的与单位有关的物理量,如长度、时间、速度、加速度、质量、密度、力、应力等;无量纲量是指度量大小时与所选用的与单位无关的物理量,如角度、应变、两个时间之比、两个力之比等。

(2) 按物理量的相关性关系分为基本量和导出量。基本量指具有独立量纲的物理量,基本量的量纲是线性无关的,而导出量的量纲则是基本量的量纲的某种线性组合。基本量必须是有量纲的,导出量可以是有量纲量也可以是无量纲量。

(3) 按物理量之间的因果关系分为因变量和自变量。在通常的量纲分析中,因变量往往是研究者关注的响应量,自变量指那些对物理现象有显著影响的物理量。因变量可以是有量纲量也可以是无量纲量。

(4) 按物理量的作用可以分为变量、参量及常量。

在滑坡问题中研究的所有物理量基本只有 2~3 个基本属性,任何一个物理量 X 的量纲都可以表示为长度、质量和时间这三个基本量的量纲的幂次表达式,即在 L-M-T 系统中 X 的量纲可表示为

$$[X] = \mathrm{L}^\alpha \mathrm{M}^\beta \mathrm{T}^\gamma \tag{5.1}$$

其中, $[X]$ 表示 X 的量纲; L、M、T 分别表示长度、质量和时间的量纲, 称为基本量纲; α、β、γ 为实数。

量纲分析是分析与研究物理问题的基本手段和方法, 在分析物理问题及探究物理规律的过程中, 按物理量的基本属性进行分类、确定物理问题中起控制作用的参数、比较同类物理量的大小及建立不同物理量之间的关系的过程都属于量纲分析的工作。

量纲分析的方法已经运用了上百年, 基本规则非常简单, 然而在具体的应用中, 因人而异, 成效差别很大, 有很大的经验成分, 这种经验就是对物理问题的抽象、简化、判断。应当说, 量纲分析是利用经验的科学。量纲分析不是由已经建立的自然科学理论中获得规律, 而是直接从物理现象和表象结果借助参量关系获得规律。

5.1.2 Ⅱ 定理的表述与理解

Ⅱ 定理是量纲分析的基本理论, 由 E. Buckingham 在 1914 年提出。Ⅱ 定理表述为: 设一物理系统的 n 个不同的物理量 v_1, v_2, $\cdots$, v_n 之间存在一定的函数关系, 即

$$f(v_1, v_2, \cdots, v_n) = 0 \tag{5.2}$$

如果 $v_i(i=1, 2, \cdots, n)$ 中最多有 m 个物理量的量纲是相互独立的 (m 一般不大于 4), 那么式 (5.2) 可以演化为另一个函数关系:

$$f(\pi_1, \pi_2, \cdots, \pi_{n-m}) = 0 \tag{5.3}$$

其中 $\pi_j(j=1, 2, \cdots, n-m)$ 是由 $\prod\limits_{i=1}^{n} v_i^{a_{i,j}}$ 组成的 $n-m$ 个不同的无量纲数。

Ⅱ 定理中, 有如下的要素:

(1) 研究的物理系统中有 n 个物理量, 这些物理量是该系统可能存在的物理量, 根据人的认识选出来的;

(2) n 个物理量中有 m 个量纲相互独立的物理量;

(3) 有量纲的方程可以用无量纲的方程表示, 这个无量纲的方程中的参量不再是 n 个, 而是 $n-m$ 个;

(4) 有量纲方程转化为无量纲方程, 尽管描述的仍然是同一个物理问题, 其相应的自变量和函数关系有时会发生质的变化。

5.1.3 斜面上的滑块启动与运动

列举斜面上的滑块的例子来说明 Ⅱ 定理的函数演化关系。

例 5.1　　如图 5.1 所示，在斜面上有一个质量为 m 的滑块以速度 v 匀速下滑，斜面的坡脚为 θ，滑块所受重力 $W=mg$、阻力 R 和摩擦力 $f=mg\cos\theta\tan\varphi$，那么就可以写出滑块沿着斜面的平衡方程为

$$W\sin\theta - W\cos\theta\tan\varphi - R = 0 \tag{5.4}$$

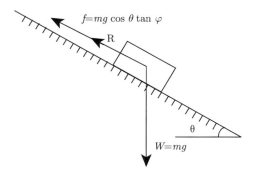

图 5.1　滑块受力分析简图

这个方程中有 4 个未知量，和 Π 定理中相同的形式为

$$f(W, R, \theta, \varphi) = 0 \tag{5.5}$$

整理这个方程，两边同除以 W 得到

$$\sin\theta - \cos\theta\tan\varphi - \frac{R}{W} = 0 \tag{5.6}$$

令

$$R' = \frac{R}{W} \tag{5.7}$$

方程 (5.6) 就可以转化为

$$\sin\theta - \cos\theta\tan\varphi - R' = 0 \tag{5.8}$$

$$f(R', \theta, \varphi) = 0 \tag{5.9}$$

可以看出，经过量纲转化，原来含有四个变量的方程 (5.5) 化为有三个变量的方程 (5.9)。方程的性质变了，该方程仍然表述同一个物理问题。

如果除了摩擦力没有其他阻力，方程 (5.9) 中自变量中只有 θ, φ。表达式中没有重力的影响，其原因是抗滑和下滑力中都是重力作用，而且重力作为因子可以消掉。我们可以想象一个在重力作用下的斜坡稳定性与重力无关吗？其实，现实生活中经常遇到。例如，在建筑工地上堆积的砂子，无论 2m 高的还是 10m 高的，其外

形基本上都是相同的, 因为砂子的内摩擦角是确定的, 所以宏观表现出来的休止角也是与之对应的。

下面举一个关于动力学的例子。

例 5.2 在斜面上有一个滑块 m 滑动, 滑块所受重力和摩擦力, 摩擦系数为 $\tan\varphi$, 斜面的坡脚为 θ, 初始时刻处在静止状态, 且从顶点开始滑动。那么就可以写出滑块沿着斜面的运动方程为

$$m\ddot{x} = mg\sin\theta - mg\cos\theta\tan\varphi \tag{5.10}$$

$$\ddot{x} = g(\sin\theta - \cos\theta\tan\varphi) \tag{5.11}$$

$$f(x, g, \theta, \varphi, t) = 0 \tag{5.12}$$

求解方程 (5.10) 得到

$$x = \frac{1}{2}\left(\sin\theta - \cos\theta\tan\varphi\right)gt^2 \tag{5.13}$$

现在写出无量纲的方程:

令

$$x = Lx', \quad t = Tt' \tag{5.14}$$

方程 (5.10) 就可以转化为

$$m\frac{L}{T^2}\ddot{x}' = mg\sin\theta - mg\cos\theta\tan\varphi$$
$$\ddot{x}' = \frac{T^2g}{L}\sin\theta - \frac{T^2g}{L}\cos\theta\tan\varphi \tag{5.15}$$

令

$$\frac{T^2g}{L} = 1, \quad T = \sqrt{\frac{L}{g}} \tag{5.16}$$

$$m\frac{L}{T^2}\ddot{x}' = mg\sin\theta - mg\cos\theta\tan\varphi \tag{5.17}$$

$$\ddot{x}' = \sin\theta - \cos\theta\tan\varphi \tag{5.18}$$

$$f(x', \theta, \varphi, t') = 0 \tag{5.19}$$

$$x' = \frac{1}{2}\left(\sin\theta - \cos\theta\tan\varphi\right)(t')^2 \tag{5.20}$$

可以看出, Ⅱ 定理说明有量纲的方程 (5.10) 和无量纲的方程 (5.19) 表述了同一个物理问题, 方程的形式变了。

方程的解 (5.20)，如果代入原来的变换，也可以得到和方程 (5.13) 相同的形式。

$$\frac{x}{L} = \frac{1}{2}\left(\sin\theta - \cos\theta\tan\varphi\right)\left(\sqrt{g/L}t\right)^2$$
$$x = \frac{1}{2}\left(\sin\theta - \cos\theta\tan\varphi\right)gt^2 \tag{5.21}$$

这里我们注意到，当引入两个特征量，特征长度为斜坡的长度 L，特征时间为 $T = \sqrt{\dfrac{L}{g}}$，原来的方程含有 4 个参量的方程，转化为含有 3 个无量纲参量的方程。

在上面的推导过程中，先建立方程，然后经过变量代换获得了无量纲关系，如果没有方程，怎样化成无量纲量呢？方程 (5.10) 转换为方程 (5.20) 有什么好处呢？为什么可以有这样的转换？有什么样的办法实现这样的转化呢？数学上怎么表达？基于这样的定理，有怎样的推论呢？正是本章以后的几节所要讨论的问题。

借助例 5.1，体会量纲分析的步骤：

(1) 确定研究目标，选定因变量。一个滑块在斜面上，可以抽象为一个简化的滑坡。我们关心什么问题呢？首先想到的是滑动的条件。大家都知道，滑动的条件是下滑力大于抗滑力。于是，我们可以把滑块沿着斜面所受到的合力作为研究问题的因变量，取符号为 R。

(2) 找出影响因素，选定自变量。影响合力的因素有哪些呢？按照所给出的条件：

① 滑块是在重力作用下向下滑的，首先要考虑滑块的重量。取符号为 W；

② 摩擦力是阻止滑动的，摩擦系数是影响因素。取符号为 $\tan\varphi$；

③ 斜坡越陡越容易滑，斜坡坡角是重要因素，取符号为 θ；

(3) 组建无量纲参数。

基于上面的讨论，可以给出物理量 $R, W, \tan\varphi, \theta$。于是，可以认为斜坡上滑块滑动的条件满足关系式

$$f(R, W, \tan\varphi, \theta) = 0 \tag{5.22}$$

或者

$$R = f(W, \tan\varphi, \theta) \tag{5.23}$$

现在要将上面的物理量化成无量纲量，在上面的四个物理量中，$\tan\varphi, \theta$ 已经是无量纲的了。R, W 都是力的量纲，而且只有这两个量，它们组成的无量纲的量为 R/W。

(4) 给出无量纲关系式。

$$f\left(R/W, \theta, \tan\varphi\right) = 0 \tag{5.24}$$

或者

$$R = Wf(\theta, \tan\varphi) \tag{5.25}$$

至此, 已经获得了一种无量纲的关系, 作为量纲分析的 "技术" 或者方法, 已经完成了, 给出了无量纲函数, 完成了 π 定理所表述的工作。将三个自变量的函数转化成了含有两个自变量的函数, 函数的形式简单了。仅此而已, 此时并没有得到函数 f 的形式, 应该说还没有进入量纲分析的核心。

(5) 量纲分析, 确定基本规律。

如何获得函数 f 的形式呢? 这是量纲分析中最难的工作。有必要说明, 我们对物理过程了解得越多, 掌握规律越多, 量纲分析的工作就越容易。现在假如我们还不知道怎么建立平衡方程, 不知道力的分解方法, 仅通过无量纲的分析、借助简单的 "思想" 试验和经验, 认知滑块运动的函数关系。

做一个简单的 "思想" 试验, 将滑块放在一个水平放置的平板上, 平板的一端不动, 抬高另外一端, 改变平板的角度, 观察试验现象。开始的时候, 平板与地面的夹角为零, 滑块一定不动。随着角度逐渐增大, 当角度达到某一个值 θ_0 时, 滑块开始滑动, 表明这时力不平衡了。于是, 我们可以得到一个表达式:

当 $\theta > \theta_0$ 时, $R > 0$;

当 $\theta < \theta_0$ 时, $R = 0$。

于是, 可以猜出一个关系

$$R = W[f(\theta, \tan\varphi) - f(\theta_0, \tan\varphi)] \tag{5.26}$$

其中, 函数 f 在 $\theta = \theta_0$ 与 θ_0^+ 附近是单增函数。当 $\theta \leqslant \theta_0$ 时, $R = 0$; 当 $\theta > \theta_0$ 时, $R > 0$。满足上边的条件。进一步, 如何得到 $f(\theta, \tan\varphi)$?

继续进行 "思想" 试验, 改变平板的摩擦系数, 发现摩擦系数越大, 临界角度越大。根据这种正比例关系, 可以将函数 $f(\theta, \tan\varphi)$ 拆出一个与摩擦系数相关的因子.

$$f(\theta, \tan\varphi) = f(\theta)(\tan\varphi)^a \tag{5.27}$$

这也是 "猜" 的。于是,

$$R = W[f(\theta)(\tan\varphi)^a - f(\theta_0)(\tan\varphi)^a] \tag{5.28}$$

$$R = W[f(\theta) - f(\theta_0)](\tan\varphi)^a \tag{5.29}$$

从前面的试验可知, $f(\theta_0)$ 也是和摩擦系数有关的物理量。而提出的形式上与摩擦系数相关的量 $(\tan\varphi)^a$, 只是一个比例因子。那么方程化为

$$R = W[f(\theta) - f(\theta_0)](\tan\varphi)^a \tag{5.30}$$

于是，我们得到滑块失稳的条件为

$$f(\theta) - f(\theta_0) > 0 \tag{5.31}$$

就量纲分析本身而言，只能得到这样的关系式。希望进一步得到 $f(\theta)$ 的解析式，可以寻求其他试验和理论的证据。

比如，我们要利用更多一点的力学知识：重力的分解，阻止滑动的力是第二项与摩擦有关，第一项与摩擦无关，因为与第二项符号相反，一定是重力的作用。重力的方向向下，它可以分解为沿着斜坡和垂直于斜坡两个分量 $\sin\theta, \cos\theta$。很显然，在斜面上分解的力越大，越容易滑动，在垂直斜面的方向分量越大，越不容易滑动。于是可以猜出

$$f(\theta) = \frac{\sin\theta}{\cos\theta} = \tan\theta \tag{5.32}$$

对应的

$$f(\theta_0) = \frac{\sin\theta_0}{\cos\theta_0} \tag{5.33}$$

得到关系式

$$\tan\theta - \tan\theta_0 > 0 \tag{5.34}$$

通过试验证明，临界的滑动角度 θ_0 的正切值与摩擦系数相等，或者说与摩擦角的正切值 $\tan\varphi$ 相等，即

$$\tan\theta_0 = \tan\varphi \tag{5.35}$$

滑块失稳的条件为

$$\tan\theta - \tan\varphi > 0 \tag{5.36}$$

即

$$\sin\theta > \cos\theta\tan\varphi \tag{5.37}$$

这与由平衡方程得到的结论是一致的。

5.2　量纲分析的基本方法

从上面的例子中可以看到量纲分析的主要步骤以及每个步骤要回答的问题。量纲分析可以研究的方法很多，读者想了解更多可深入学习 Thomas 的著作，可参考谢多夫、谈庆明的文献。以下只是以个人工作的体会，简要介绍量纲分析的方法，主要包括量纲分析的几个主要环节以及每个环节的工作要点和注意的问题。更重要的是，从中也可以体会量纲分析可以帮助我们认识滑坡研究中的一些基本的、非常关键的问题和研究方向。

5.2.1 确定因变量

了解和认知研究对象，提出解决问题的待求函数。这一步骤的重要性在于要求研究者弄清楚自己研究问题的目标，明白自己要解决的问题需要用哪个物理量定量地表达出来。通过研究有助于研究人员针对具体问题梳理研究思路、明确主攻方向。

(1) 针对研究问题，一次量纲分析中只能给出一个因变量。

在例 5.1 中，研究滑块在滑坡上的启动条件，可以给出沿斜面滑动的合力 (不平衡力) 作为因变量，取沿斜面滑动方向的合力大于零作为启动的条件。

在例 5.2 中，要研究滑块的滑动距离 (成灾规模)，就取滑块的位移作为因变量，通过量分析给出位移和时间的关系。

同一个事件也可以有多个研究目标。比如，既可以研究泥石流的成灾范围也可以研究运动速度。但是，量纲分析时，两个量要分别无量纲化，各自分析。

(2) 待求物理量可以是变量，也可以是函数。

在 5.3 节的量纲分析中，设定的物理量是由平衡条件给出的沿斜面下滑的力。5.2 节待求的物理量是由方程给出的沿斜面滑动的位移，该位移是时间 t 的函数。

(3) 不同类型、不同阶段的滑坡关注的因变量不同。

顺层滑坡主要是沿着斜面的运动，可以选择沿着斜面的位移、速度因变量；岩体崩塌可选择地表的转角作为因变量；泥石流运动阶段研究流动的速度，风险评估关注成灾规模，目标函数可选择整体的方量或到达的位置。

5.2.2 确定自变量

观察研究对象的现象，认识运动机理，找出影响因素。为研究基本运动规律，给出自变量。很显然，如果没有找到影响因素，就不可能写出自变量；如果没有自变量，也就不可能给出影响规律。自变量选取是否合理取决于对物理问题的认知程度。

(1) 选取自变量参数与因变量有关。如果只研究顺层滑坡的静力平衡条件，可以不考虑影响惯性的物体质量、密度，只要给出重力就可以了 (如例 5.1)。研究滑坡体的运动速度，质量不可或缺；研究"牵引式滑坡"和后缘有散体堆积的滑坡，要研究转动量，应选取和转动惯量相关的物理量，如块状散体的几何形状、密度等。

(2) 一个因素不同机制产生的影响都应考虑。比如，水对滑坡的作用，包括水压力、水对浸泡滑体对土强度的软化作用；滑体上的裂缝对渗流的影响、裂缝位置等，都可以作为自变量引入。

5.2.3　选出主参量, 构建无量纲量

由自变量和因变量构成一个变量集合, 它们中包括有量纲的、无量纲的, 有变量也有参量, 将这些物理量重新组合, 给出一组无量纲量。这项工作笔者曾经认为是经验, 凭着直觉构建无量纲量, 现在看来主要是量纲公式的推导过程。当然, 经验丰富的人仍然可以直接写出无量纲量, 首先从自变量中找出不相关的基本物理量, 再在此基础上组建新的无量纲量。Thomas Szirtes 的量纲公式推导方法比较理性化, 经验的成分相对较少。

5.2.4　给出无量纲函数的一般表达式

正如 Ⅱ 定理所述, 借助于无量纲化可以将原有的函数关系演化为由无量纲构成的另一种函数关系。应该说明, 无量纲变量只是改变了函数关系的形式, 也可能使得函数关系简单一些, 但是并没有真正给出函数关系。特别是两组无量纲变量的加减、乘除、乘方开方等多种变换形式, 都符合无量纲公式的运算规则。至于各种运算是否合理, 是否符合研究对象的物理规律, 无量纲函数并不能回答。在例 5.1、例 5.2 中引入的三角函数也是无量纲的, 仅从 Ⅱ 定理中并没有确定这类函数关系的功能。

5.2.5　利用量纲分析, 寻求基本规律

寻求基本物理量之间的关系是量纲分析的最终目的, 也是量纲分析的核心内容, 也是量纲分析仁者见仁、智者见智的"经验"活。我们可以借助于举例, 说明如何借助于量纲分析寻求规律, 并归纳如下几点。

1. 直接拟合规律

这是最常见的寻求规律的方法, 人们在不知道其内在规律的时候, 有时知道一些宏观的结果, 就用直接拟合的办法。最典型的例子就是应力–应变曲线。由于水平轴是无量纲的应变, 这条曲线就有了普适性, 以至于构成了固体力学的基础。可以说, 应力–应变关系是人们对材料特性还不能从理性的角度认识清楚的时候提出的一种解决方法。

或许要问应力–应变曲线中为什么只有应变是无量纲的而应力用有量纲的表达呢? 这是因为通常人们不需要进行两种材料的力学特性比较。

事实上, 我们完全可以将应力–应变关系

$$\sigma = f(\varepsilon) \tag{5.38}$$

写为

$$\sigma' = \frac{\sigma}{E} = f(\varepsilon) \tag{5.39}$$

不妨碍我们对问题的理解，也更清楚应力和应变的关系。可以将不同弹性模量的介质在一张图上进行比较，强度、韧 (脆) 性一目了然。线性比例极限之前的直线都是 45° 角，也很有普适性。

在剪应力与剪应变关系中，水平轴是剪应变，垂直轴写为 $(\sigma_1 - \sigma_3)/\sigma_1$，这样的无量纲表达也是可以将不同的材料在同一图像中表达的。

研究滑坡问题也有一个非常典型的直接拟合规律的例子，即滑坡位移监测获得的位移–时间曲线，直接根据这条曲线，研究滑坡的灾变、预测预警。这个问题本质上与应力–应变关系几乎相同，只是试样的尺度大了，试样的形状不规则了。

事实上，只看滑坡上某个点的位移时程曲线，并不涉及滑坡的灾变机制，不清楚内部复杂的破坏规律，不研究其动力特性，仅是运动学问题。通常情况下，我们都是直接由现场监测得到位移–时间曲线，分析这条曲线的规律，甚至渴望给出一个位移的阈值。由于滑坡体的特殊性，没有办法也没有足够的数据积累与类似滑坡体进行比较，如同应力–应变关系中，应力采用有量纲的一样，位移–时程曲线都是有量纲的。

这里不妨尝试一下用无量纲的表达，就会通过位移曲线上了解更多信息。例5.2 中已经给出了一种无量纲的表达式和特征量：

$$x' = \frac{1}{2}\left(\sin\theta - \cos\theta\tan\varphi\right)\left(t'\right)^2 \tag{5.40}$$

其中，特征长度为斜坡的长度 L，特征时间为 $T = \sqrt{\dfrac{L}{g}}$。

对于不同规模的滑坡，相同的位移表明的灾害状态不同。一个十几米长的滑坡与千米长的滑坡都位移了 1m，很可能前者已经处在临滑状态，而后者还在孕育阶段。取滑坡的长度作为特征量，前者约为 10%，后者为 0.01%，有量级上的差别。三峡凉水井滑坡表面位移 160mm 时，滑坡体上有了裂缝，令人不安。用无量纲量表达，滑体长度约 300m，无量纲位移为 0.16/300 = 0.05%，只要局部稍有压缩就可以达到这样的位移量级。

在时间方面，小滑坡的无量纲时间为 $T = \sqrt{\dfrac{L}{g}} = \sqrt{\dfrac{10}{10}} = 1$，约为 1 的量级，大滑坡的时间为 $T = \sqrt{\dfrac{L}{g}} = \sqrt{\dfrac{1000}{10}} = 10$。从这个意义上讲，如果一个 10m 量级的"土溜"从看到变形迹象到垮塌需要 1 年，那么千米量级的滑坡发生类似的灾害需要十年。若是小滑坡的"变形迹象"为 1cm 的裂缝，对应的大的滑坡裂缝应该是 10m 裂缝。这里也似乎可以解释，三峡库区大滑坡上的百姓为什么对街道上出现几条裂缝非常淡定，无视官方警报，拒绝雨中转移了。当然，这样的分析并不是很理性的，是不知其所以然的。在量纲分析的层面上，仅此而已。是否真的有价值，还需要其他力学分析方法做深入的研究。

以上的两个例子说明，利用无量纲量进行直接的参数拟合可以在不知道内在机制的情况下获得一些可以供参考的甚至很有用的规律，也可以借助于无量纲量将不同的研究对象在同一尺度下比较，从中认识更多的规律。

2. 由简到繁尝试构建函数

正如前面所说的，量纲分析只是表明哪些无量纲之间的有函数关系，至于是什么函数关系，需要研究者给出。一般说来，我们可以遵照由简到繁的思路构建函数。

首先可以假设是线性关系，其次假设是整指数关系，再就是非整数指数关系以及其他函数关系。大家都知道，解决工程问题越简单越好，如果能够给出简单规律，即使不是太精确也容易为工程接受。当然，也不能一味追求简化，忽略问题的本质。

举一个抗滑桩 (悬臂梁) 受端部横向单一荷载的例子。

桩的长度为 L，桩的宽度为 b，厚度 (受载方向) 为 h，弹性模量为 E，端部受到沿梁宽度方向上垂直的荷载 P, 是在宽度方向上均布载荷，计算桩端部的位移 δ 与荷载之间的关系。

无量纲量为

$$\frac{\delta}{L}, \quad \frac{P}{Ebh}, \quad \frac{b}{L}, \quad \frac{h}{L}$$

给出无量纲方程为

$$\frac{\delta}{L} = f\left(\frac{P}{Ebh}, \frac{b}{L}, \frac{h}{L}\right) \tag{5.41}$$

首先尝试无量纲量之间都是线性的且乘积关系。

$$\frac{\delta}{L} = \alpha\left(\frac{P}{Ebh}\right)\left(\frac{b}{L}\right)\left(\frac{h}{L}\right) \tag{5.42}$$

再有，悬臂梁的材料是线弹性的，位移和荷载必是线性关系，第一个因子是确定的。

利用已有的知识：桩越长，位移越大；截面的尺度越大，位移越小。因此，后两个因子的指数应该是负 1，可以把分子分母调换一下位置。

$$\frac{\delta}{L} = \alpha\left(\frac{P}{Ebh}\right)\left(\frac{L}{b}\right)\left(\frac{L}{h}\right) = \alpha\frac{PL^2}{Eb^2h^2} \tag{5.43}$$

我们看到，分母上梁的宽度和梁的高度均为平方项，它们对位移的贡献是均等的吗？仅从量纲上，完全没有理由确定哪一项贡献更大。但是，一个生活常识就可以帮助我们做出合理的选择：高度对位移的影响更大。一个长条的木板，如跳水用的跳板，它具有很好的柔韧性，弹跳前在端部可以产生很大的位移。如果我们把跳板旋转 90°，就是让板立起来，宽的方向在垂直方向一致，这时板子就没有什么柔性了，产生的位移就很小。即使没有力学知识，生活的常识就可以让我们选择在厚度方向上加荷载比在宽度方向上加荷载更容易产生位移，或许这就是量纲分析的魅力和不 "科学" 性。它充分利用了分析者的常识和直觉。

这样分母上的量，在无量纲因子为线性的前提下，可以有以下两种选择。

$$\frac{\delta}{L} = \alpha \frac{PL^2}{Ebh^3} \quad \text{或} \quad \frac{\delta}{L} = \alpha \frac{PL^2}{Ebh^2L} = \alpha \frac{PL}{Ebh^2} \tag{5.44}$$

如果我们有了转动惯量的概念，就可以直接选择前者；若没有这样的知识，则可以通过试验验证，只需要改变长度或者厚度，就可以确定选择二者之一了。这个问题的正确解是前者。

是否可以一开始就选择整数幂函数，非整数幂函数甚至其他函数呢？当然可以，如取

$$\frac{\delta}{L} = k \left(\frac{P}{Ebh} \right)^\alpha \left(\frac{b}{L} \right)^\beta \left(\frac{h}{L} \right)^\gamma \tag{5.45}$$

这就必然增加了筛选指数的难度。可以看出，由简到繁是比较正常、朴素的思维方式。

3. 利用已有知识构建函数形式

在笔者认知的范围内，有两类问题 Ⅱ 定理不能回答，而借助力学分析和已有知识有可能回答。

其一，函数之间的加减关系。在例 5.1 中，有两个无量纲量 $\frac{R}{W}, \frac{f}{W}$，这两个无量纲参量可以是相加、相乘以及指数后相乘等。而力学知识告诉我们，如果两个都是阻力，对物体的运动就是线性相加，不会是其他关系。非常简单的思考，就解决了 Ⅱ 定理本身难以解决的问题。

其二，其他函数关系。在例 5.1 中，抗滑力和下滑力都与无量纲量斜坡的角度有关，也与重力有关。假若按照无量纲量函数关系由简到繁的思路，很难找到正确的函数关系。如果借助力学分析，问题就容易解决了。事实上，重力是向下的，研究斜面上的运动，需要将重力投影到斜面上去。投影就需要三角函数，重力投影到相互垂直的两个方向，一个是 $\sin\theta$，另一个就是 $\cos\theta$。如果用长度表示，函数关系就是斜面的长度和斜面高的比值关系，可以直接给出函数。

4. 利用已有的规律构建函数形式

当研究的问题已经有规律时，就不需要量纲分析了。这里所说的利用已有规律，是已知与研究问题相关的规律。它包括已知简单条件下的规律研究复杂问题，已知局部问题的规律研究整体问题。我们通过两个例子分别进行说明。

1) 已知个体的规律，认知整体规律的思考方法

已知小球在水中下落的阻力和运动速度，估算滑坡体在水中的流动规律。滑坡体在河流中能滑多远？和无水有多大差别？是判断滑坡灾害影响范围的一个重要问题。这个问题可以简化为：不同大小和初速度的球体在水中下落能达到多大的速度。

问题有关的物理量：雷诺数 $Re = \dfrac{\rho_{\mathrm{w}} v r}{\mu}$，球体密度 $\rho(\mathrm{kg \cdot m^{-3}})$，球体半径 $r(\mathrm{m})$，水的密度 $\rho_{\mathrm{w}}(\mathrm{kg \cdot m^{-3}})$，重力加速度 $g(\mathrm{m \cdot s^{-2}})$，水的黏性系数 $\mu(\mathrm{kg \cdot s^{-1} \cdot m^{-1}})$，下落速度 $v(\mathrm{m \cdot s^{-1}})$。

要研究的因变量：下落速度 $v(\mathrm{m \cdot s^{-1}})$。

自变量：雷诺数 $Re = \dfrac{\rho_{\mathrm{w}} v r}{\mu}$，球体密度 $\rho(\mathrm{kg \cdot m^{-3}})$，球体半径 $r(\mathrm{m})$，水的密度 $\rho_{\mathrm{w}}(\mathrm{kg \cdot m^{-3}})$，重力加速度 $g(\mathrm{m \cdot s^{-2}})$，水的黏性系数 $\mu(\mathrm{kg \cdot s^{-1} \cdot m^{-1}})$，水对圆球的阻力 $F_{\mathrm{D}}(\mathrm{kg \cdot m \cdot s^{-2}})$。

对于雷诺数小于 1 的情况，有常用的阻力公式 $F_{\mathrm{D}} = 6\pi\mu r v$，所以运动方程为

$$(\rho - \rho_{\mathrm{w}})g\frac{4}{3}\pi r^3 = F_{\mathrm{D}} = 6\pi\mu r v, \quad \frac{2}{9}\frac{(\rho - \rho_{\mathrm{w}})g r^2}{\mu} = v \tag{5.46}$$

对于雷诺数大于 1 的情况，根据图 5.2 的理论数据：

$$F_{\mathrm{D}} = 2\pi C_{\mathrm{D}} \rho_{\mathrm{w}} v^2 r^2$$

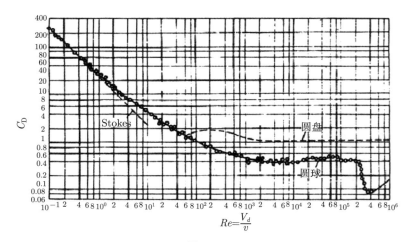

图 5.2

随着半径增大 (雷诺数增大)，C_D 不再按照 $v^{-1}r^{-1}$ 的规律减少，而是降低得更慢，指数大于 -1 小于 0(因为没有增加，最多到后面持平)，结果就是 F_D 中 vr 的指数大于 1 小于 2，速度中 r 的指数小于 2 大于 0.5。

如果用水对球体的阻力除以下降力构建无量纲量，则有无量纲量

$$f = \frac{2\pi C_D \rho_w v^2 r^2}{(\rho - \rho_w)g\frac{4}{3}\pi r^3} = \frac{3C_D \rho_w v^2}{(\rho - \rho_w)g2r} = \frac{3}{2}\frac{\rho_w}{\rho - \rho_w}\frac{v^2}{gr}C_D \tag{5.47}$$

这个无量纲量体现了水阻力的重要性，f 越大，阻力越重要。

对于滑坡问题中的岩石落水问题，水的黏性系数约为 10^{-3} 量级，滑坡体入水速度约为 1m/s，滑坡体尺寸约为 10m 量级，对应的雷诺数应为 10^7 量级，远远超过了 1，不再适用于 $F_D = 6\pi\mu rv$ 的阻力计算公式。根据图 5.2 中的数据，$\frac{\rho_w}{\rho - \rho_w} \approx \frac{2}{3}$，$\frac{v^2}{gr} \approx 0.01$，$C_D \approx 0.15$，$f \approx 0.0015 \ll 1$。所以在滑坡入水问题中，水对滑坡体的阻力不是主要因素。

而滑坡在水中运动，水可以大幅度降低摩擦系数。单就这两个因素而言，水中滑坡的滑动距离要大于陆上滑坡的距离；如果再思考水的水流作用比空气流动的作用大，而水浮力的作用减少下降速度等因素，水中滑坡的滑距会出现 10km 甚至更大的现象就不奇怪了。

2) 已知简单对象的规律认知复杂规律的方法

由例 5.1、例 5.2 的分析可知，得到单个滑块的启动条件和启动后的运动规律。当块体的形状有变化、有多个块体堆积起来、不同形状的块体有不同的排列方式时，其启动条件和运动规律就会变得非常复杂。笔者开始涉入滑坡问题时，就是从这个由简单规律认识复杂规律的模型，意识到滑坡和崩塌不能简单地作为两类灾害，他们通常是不可分割的。

首先分析简单的规律：

其一，静止条件。设块体的高为 h、宽度为 b、滑块与斜面的摩擦角为 φ、斜面的坡角为 α。当块体的高宽比 $\frac{h}{b}$ 小于 α 角时，斜面上的块体不会倾倒；在不倾倒的条件下，当摩擦角大于坡角时，滑块不会滑动。这个结论告诉我们，要满足两个条件，块体才静止；否则，块体就要运动。

其二，完全滑动条件。当块体的高宽比 $\frac{h}{b}$ 小于 α 角时，且摩擦角小于坡角时，斜面上的块体开始滑动。

其三，完全转动条件。当块体的高宽比 $\frac{h}{b}$ 小于 α 角，且摩擦角大于坡角时，斜面上的块体开始转动。

其四, 转动滑动共存的条件。当块体的高宽比 $\dfrac{h}{b}$ 小于 α 角, 摩擦角小于坡角时, 斜面上的块体即可能发生转动, 又有可能滑动。

以上是对斜面上一个矩形块体的简单力学分析, 这个结果是在块体与斜面之间没有拉伸和剪切强度条件下的严格的结论。这里只分析启动条件, 不研究运动规律。毋庸置疑, 可以作为我们对简单规律的已知条件。

进一步分析两个更复杂一点的情况:

其一, 将 n 个滑块沿着斜面紧密排列。由于构成的堆积体, 其支撑面是 nb, 高度没变, 该堆积体更不容易发生转动, 滑动条件依然成立。

其二, 将 n 个滑块沿着垂直斜面的紧密排列。由于构成的堆积体, 其支撑面宽度仍然是 b, 而高度是 nh, 该堆积体就更容易转动了, 发生转动的条件为 $\dfrac{nh}{b}$。

更进一步, 将堆积体沿着斜面分为两个区。一个区 (S 区) 由 b 远大于 h 的块体组成, 该区只能滑动; 另一个区 (T 区) 由 nh 远大于 b 的块体组成, 该区容易发生转动。两个区排列在一起, 当 T 区在斜面的下部时, 其局部发生转动的条件基本上不受 S 区的影响; 当 S 区在下部时, T 区满足转动条件时, 会对 S 区的块体有推动作用, S 区会打破原来简单条件下的滑动条件。也就是即使在摩擦角大于坡角的条件下, 滑动也可能发生。

很显然, 简单的规律告诉我们, 完全滑动的条件是摩擦角小于等于坡角; 完全转动的条件是 nh 大于 b。为了研究更复杂的 S 区和 T 区复合堆积问题, 就需要在以上条件的基础上研究两个区域的长度。通过试验可以给出两个长度比对失稳条件的影响。

更一般的规律是 S 区和 T 区混合的情况以及块体的界面之间有强度; 块体还可以断裂。

在这里我们不再给出各种复杂情况的规律, 但是, 借助量纲分析可以清楚地告诉我们:

(1) 复杂的堆积体中, 滑动和转动共存, 很少存在单纯滑动和转动的问题;

(2) S 区和 T 区混合排列的问题已经很复杂了, 不是简单的条分法可以等效的。条分法不能研究复杂的结构性。

(3) 块体如果有强度和可以内部断裂, 构成的复杂问题需要更复杂的分析技术, 不能满足基本工程需求。

5. 利用基本现象构建函数形式

滑坡专家按照滑坡的现象形象地定义了牵引式滑坡和后推式滑坡。牵引式滑坡在坡脚处先出现张性裂缝, 后推式滑坡是在后缘出现错动裂缝, 滑坡的中段有底鼓现象。岩体崩塌表现为沿着与坡面近垂直方向上错动的叠书状现象, 外边的岩层比里边的岩层高；而顺层的岩质滑坡，如同一个大滑块，在后缘和两侧有一个沿滑动方向距离相同的"圈椅"状裂缝。5.2.5.4 节我们已经讨论了完全滑动、完全转动、滑动和转动混合耦合三种运动机制。对应不同的机制，就可以给出不同的函数形式。

牵引式滑坡是因为坡脚强度降低，出现局部滑动，在滑坡体的下缘形成局部的拉伸破坏或拉剪破坏。因为滑体内的强度大于滑动区域的强度，裂缝面的倾角远大于滑动面的倾角。当裂缝面逐步贯通后，形成了以裂缝面为主体的较陡的临空面。随之，在新临空面的坡脚处再度局部滑动，在地表附近出现拉伸裂缝或错动裂缝，裂缝的条数逐渐增多，依次向滑坡中部扩展，在坡面上出现由前至后的裂缝。牵引式滑坡是逐级滑动、破裂的过程，张开的裂缝是局部滑动引起以转动为主的运动，错动的裂缝是以滑动为主的运动。牵引式破坏需要构建的函数要包含滑动和转动两部分。

后推式滑坡是因为后缘强度降低，在滑面上形成剪切滑动破坏，前缘受到阻挡。所以后推式滑坡的函数以滑动函数为主，但是滑动的区域并不是滑坡的全场。

传统意义上的崩塌是以转动为主的，可选择转动的函数。当结构面的分布较为复杂时，也会有局部的滑动。顺层岩质滑坡体内部有明显的软弱面，滑体沿着滑面运动，作为初步分析可以选择滑动函数。当滑动遇到阻力时，有可能改变破坏模式，引发转动。

5.3 量纲分析在滑坡研究中的作用

量纲分析最主要的作用是寻求规律，这与工程科学的方法论是非常一致的。因此，量纲分析是工程科学的研究方法之一。本节主要基于滑坡研究中的问题介绍量纲分析的功能、思维方法以及和基本力学方程、数值模拟、地质勘探、现场监测之间的联系，也介绍一些受量纲分析的启发，我们研究滑坡问题的体会。

5.3.1 量纲分析用于学科定位

科学就是要定量化，定量化就要有物理量。而客观世界以其自然状态存在，与是否有物理量没有关系。由此说，科学为了描述客观世界，就要用不同的物理量描述不同的客观问题，当找到了那些正确描述某一自然现象问题的物理量，也就确定了研究这个问题的学科。如果选错了物理量，学科定位也就错了，就会进入一种迷茫的状态。

量纲分析最开始的工作就是确定研究问题的物理量，显然，量纲分析的一个重要作用就是学科定位。

将滑坡灾害研究作为例子，以此体会量纲分析对学科的定位作用。我们观察三峡库区的一个滑坡，如凉水井滑坡，就会看到很多现象，可以将这些现象用其物理量表示出来。

滑坡体上有动植物特征。植被，如树木、花草，可以选择很多对应的物理量，如它们的几何形状、含有的水分、光合作用需要的能量、树根吸收的水分、树在风雨作用下的运动等；滑坡体上有动物，动物的体积、在滑体上掏洞的大小、范围等；动物的生理行为和各种生命体征指标等。

滑坡体上有房屋，选择对应的物理量重力、形状、材料、位置等；山体的特征，山脚下是长江、山后是陡峭的悬崖、山体上有石头、土、沟壑等；山体的材料特性，有和力学相关的弹性模量、泊松比、材料的强度等。也有和电磁学相关的电阻率、介电常数以及和化学相关的酸碱度等。

上述所说的物理量都或多或少地与滑坡灾害有关。比如，三峡库区一位老人根据一个暴雨的晚上，狗狂躁不安，而判断要发生灾害，让村民撤离，当天晚上滑坡就发生了；当滑坡发生时，会伴随着声音，也有电磁场变化的现象；滑坡体上的房子会有开裂以及倒塌等。在涉及多个学科众多的物理量中，要选取哪些物理量作为我们研究的主要参量呢？这就是量纲分析的工作。

滑坡灾害是以运动的形式表现出来的，因此要研究位移和速度，产生位移和速度的是重力，阻止重力发挥作用的是岩体的强度，诱发岩体强度降低的是水、地震。这些均属于力学的研究范畴。山上的马刀树是山体表面位移的结果；山上的植被影响到雨水的入渗；在风的作用下，树可以将风力传到山上，其力的大小与重力的作用可以忽略；生物对滑坡的反应强烈、有预报功能。这些曾在多个滑坡灾害中都有表现，还有其他动物也有反映，如同地震的前兆一样。但是，有一点可以说明，岩石破裂会产生声音，重庆百姓所谈到的"响山"就是一种表现。山体中岩石断裂的尺度越小，断裂产生的声波频率就越高，对于高频的声音，动物比人可能更敏感，如果人听不到，动物听到的声音很大，人就会感觉动物反常，而动物却是正常反应。电磁波可以反映岩层断裂的信息，也可以用于获得岩体内部的结构、是否有集聚的水等。

可以看出，尽管和滑坡相关的问题很多，仔细分析各个参数的来龙去脉，都会与其成灾本质：岩土体的变形与破坏规律相关，表明力学是滑坡灾害研究的核心问题。这并不是说其他学科不重要，事实上，滑坡灾害研究从根本上的变革源自数字通信技术和计算机工业的发展，而正是这些技术的发展，使得复杂力学问题的计算得到解决，在个人计算机上进行大尺度滑坡计算的时间已经可以接受了，基于现场监测的数值模拟方法有了实时数据支持。

对于一个新的问题和产生一项新的技术，学科定位至关重要，而量纲分析承担了这样重要的角色。

5.3.2 明确研究目标及研究内容

在量纲分析中的一项工作是确定因变量, 就是要给出回答问题的变量, 也就是我们解决问题的目的。一项工作看起来很简单, 很有可能困扰几十年, 不知道应该用什么变量去解决问题。在滑坡灾害中, 哪个物理量可以反映灾害的危险程度呢？回顾滑坡灾害研究的历史, 早期或许根本没有定量的表达, 主要是地质专家根据观察滑坡体上的现象 (如裂缝、泉水、马刀树等), 然后再与曾经发生灾害的模式进行类比, 做出判断; 后来有了刚体极限平衡方法, 用于估算灾害启动的条件, 所用的因变量是沿着滑面的合力, 虽然合力并不是可测物理量, 但是有了一个抗滑力与下滑力的比值, 再与地质经验比较, 定量化就推进了一步; 直到有了好的监测手段, 可以通过仪器测出滑坡点上的位移, 给出位移随着时间变化的规律, 由此提出匀速段、加速段和加加速段, 所用的因变量是速度、位移, 有速度和位移的历史记录, 再进行地质类比, 对问题的判断又进了一步; 由于数值模拟的发展, 利用塑性模型可以看到滑体内部形成的塑性带, 以此作为灾变的状态, 进而确定安全系数, 但是塑性带是一幅图像, 没有因变量的表达, 利用模拟塑性带度量灾害危险程序没有能够成为可操作方法; 有了非连续的计算方法, 提出了用滑体内部的破裂度作为度量灾害破坏程度的因变量, 该方法将现场监测与数值模拟相结合, 可以建立可测物理量与内部破坏状态之间的联系。从因变量选取的发展过程 (表 5.1), 可以看出每次因变量变化都反映了新技术的产生, 同时也说明人们对问题的认识更深刻了。反之, 地质专家早已认识到了地裂缝的重要性, 可是因为没有选定为因变量, 相应的科学方法就得不到发展。

表 5.1 给出了力学分析方法中选取因变量的发展。

表 5.1 力学分析方法中因变量的选取

方法名称	因变量	现象利用	监测方法	力学机制
地质经验	无	地质类比	目测	
刚体极限平衡	滑体受力比	地质类比	目测与局部观测	力平衡模型
位移预测	位移、速度、加速度	地质类比	仪器观测位移	运动学模型
塑性带	图像分析		变形与位移	塑性力学模型
非连续破坏	破裂度	地表破裂程度	地表破裂与内部滑移	连续–非连续模型

5.3.3 找出关键问题

在复杂的、多因素问题研究中, 需要抓住主要矛盾; 否则, 很有可能陷入一个很难解决的问题中, 花费了很大的代价, 工作完成了对解决问题却没有什么贡献。量纲分析怎样帮助我们抓住主要矛盾呢？做法很简单, 就是比较大小。进行不同物理量之间的大小比较, 要有同一把尺子, 这就需要无量纲化。将研究的物理量无量纲化之后, 大小比较就迎刃而解了。下面举几个简单的例子, 也是滑坡研究经常遇到其至争论的问题。

1) 滑坡体内的动水压对滑坡的影响有多大

大家都知道,动水压力的基本表达式为 $\frac{1}{2}\rho v^2$,其中 v 为滑坡体内渗流的速度,它表征水在滑坡体内产生的动压的大小。重力是引起滑坡的主要物理量,对于一个滑坡表征重力大小的特征量是 ρgh,其中 ρ 为密度、g 为重力加速度、h 为滑坡的高度或者滑坡层的厚度。因此,可以将动水压力与 ρgh 的比 $\dfrac{\frac{1}{2}\rho v^2}{\rho gh} = \dfrac{v^2}{2gh}$ 作为无量纲量,看一下动水压力是否重要。对于 20m 高的滑坡,如果滑坡体中土体以中砂为主,其孔隙渗流速度一般在 $10^{-4} \sim 10^{-6}$m/s 的量级。我们看到 $\dfrac{v^2}{2gh} = \dfrac{10^{-8}}{40} \in 10^{-9} \sim 10^{-10}$,由此可以看到,滑坡中孔隙渗流引起的动压完全可以忽略的。

2) 裂隙流动与孔隙渗流速度的比较

对于裂隙渗流,其渗流速度通常采用立方定律,也就是裂隙渗流中的渗流速度与裂隙的宽度的立方成正比关系,与黏度系数成反比。孔隙渗流还是以中砂为例,取无量纲量孔隙渗流的渗透系数和裂隙渗流的渗透系数比较 $\dfrac{k_{\mathrm{p}}}{k_{\mathrm{c}}} = \dfrac{k_{\mathrm{p}}}{\dfrac{gb^3}{12\mu}} = \dfrac{12\mu k_{\mathrm{p}}}{gb^3} = \dfrac{12 \times 0.1 \times 10^{-3} \times 1 \times 10^{-5}}{10 \times b^3}$。可以看出,当裂隙宽度小于 1mm 时,两种渗流的速度接近。

3) 静态荷载与动态荷载的比较

静态荷载与动态荷载怎样进行比较呢?事实上,不同性质的荷载给出的规律有本质的区别,无法比较。然而,在我国的规范中,地震荷载引起的滑坡稳定性分析采用了拟静力法。这就需要思考拟静力法和动力法的差异,详细的研究在第 13 章,这里仅是从量纲分析的角度思考。

首先是荷载大小的比较,作为静荷载其大小就是本身,不随着时间改变。动荷载的大小随着时间改变,确定其大小可以有多种方式,比如最大值、平均值等增加一个地震荷载,在山体内产生的荷载峰值具有 $\frac{1}{2}\rho cv$,其中密度为 ρ、波速为 c 和振动质点速度为 v。于是我们就可以将地震产生的动荷载峰值与重力峰值进行比较和估算,即给出无量纲量 $\dfrac{\frac{1}{2}\rho cv}{\rho gh} = \dfrac{cv}{2gh}$。对于岩石波速 3000m/s,振动速度在 10cm/s 量级,若滑坡高度在 100m 量级,无量纲量为 0.1。假若是土体,波速更小,在百米每秒量级,无量纲量为 0.01。很显然,对于高陡边坡,动荷载和重力的静荷载并不在一个量级。对于以土为主体的覆盖层滑坡，重力计算的误差就可能大于动力荷载的作用了。

其次，研究动应力与材料强度的比值 $\frac{1}{2}\rho cv/[\sigma_t] = \frac{\rho cv}{2[\sigma_t]}$。对于岩石，动应力在 $10^6\mathrm{Pa}$ 量级，与岩石的强度相当；对于土体，动应力在 $10^5\mathrm{Pa}$ 的量级，而土的抗拉强度也要比岩石的强度低一个量级。这就是说岩石或土在地震波产生的应作用下都有可能被拉坏。

5.4 量纲分析在其他分析方法中的作用

除了量纲分析，力学分析的主要方法还包括数值模拟、室内试验、现场试验、理论模型等。量纲分析与这些方法都有一些互补性，这里借助具体的问题，说明量纲分析的作用。

5.4.1 在室内试验中的重要作用

力学研究的室内试验主要包括模型试验、模拟试验和材料特性试验。

模型试验主要是要认识一些基本的现象，目的是认识一般性的规律，不用于解决实际工程问题。然而，设计试验、实施试验通常都需要较长的时间，也会花费较多的经费。这就需要对试验的目的有清晰的认识，明确试验的条件和试验结果。借助于量纲分析可以事先对试验结果有初步的认识，避免试验的盲目性以及出现问题后不知原因。

1. 筛选试验研究内容

例如，研究水对滑坡影响的试验。滑坡试验模型底边长 $1\sim1.5\mathrm{m}$、高 $0.5\sim0.7\mathrm{m}$，宽 $0.8\mathrm{m}$。模型放置在可以充、放水的试验箱内；模型由级配较好的中、细沙构成。试验中，首先向水箱充水，充水高度在厘米量级，浸泡一段时间后，快速放水；结果滑坡模型基本不动，于是将充水高度升到十几厘米，快速放水仍然没有动静；最后，充水高度超过模型高度，快速放水后模型依然没有滑动的迹象。

分析试验过程，可以看出该试验试图研究库水涨落对滑坡的影响，没有具体的定量的观测手段，想定性地观测滑坡体是否会滑动，结果滑坡模型也没有动；除了看到"大水"过后，滑坡模型不动之外，似乎从中没有得到很有意义的结果。但是，借助量纲分析，还是可以获得一些认识，并能够从中汲取教训。

首先库水对滑坡的影响主要包括三个方面的作用。其一，库水对滑坡体材料强度的影响，就是软化作用；其二，库水下落时，滞留在滑体内的水有增加滑动的水压作用；其三，库水提高孔隙水压力，降低有效应力，进而降低抗滑力。那么，该次试验是否能够针对性地回答上述三个问题呢？

关于水对材料的软化作用,重要的物理量是材料的强度,所选的试验材料强度应该对水有较强的敏感性,中细砂的强度几乎不因为浸水而降低,甚至由于水表面张力的作用,强度还会有点升高。由此说,该试验不能很好地反映材料软化的作用问题。

关于滞留土体中水压力的影响。在实际问题中,蓄水的时间较长,水可以远距离地深入到山体中。当库水下降较快时,由于土体渗透系数较低,水会滞留滑体内。这样当水下降时,就在山体中增加了山体中的水压力,与斜坡表面就有了压力梯度。获得该机制中水压作用规律的试验,应关注砂体的渗透性以及库水涨落的时间。由于砂土的渗透性很好,模型尺寸很小,试验中压力梯度难以维持,虽然水位很高,也看不到滑动的现象。

关于有效应力的问题。重要的物理量是孔隙水压力和上覆应力以及材料的剪切强度。试验中上覆应力和水压力均与重力加速度成正比,而砂土的剪切强度主要是内摩擦角,按照莫尔–库仑准则,剪应力中的正应力也与重力成正比。于是,引起滑坡的主动力是砂土的重量,阻止滑动的是土体中有效应力与摩擦系数的乘积。如果模型滑体中有水压力,导致抗滑力降低,在水位下降时模型较为容易下滑。但是,该试验中由于蓄水和降水过程中模型中的水位随之变化,孔压难以形成,结果导致即使水位上升很高、下降很低,依然没有看到滑动的现象。

在以上分析中,我们没有给出确定的物理量,也没有明确地将各个物理量的取值范围进行比较,而是通过文字的表述认识到了问题的所在。事实上,上述的分析过程就是量纲分析的过程,重力、摩擦力、浮力、渗透时间、库水涨落的时间、坡角、几何长度几个主要的物理参量都作为思考的重要参量和因素。作为用于初步分析和判断的量纲分析方法,并不力求给出准确的规律,只是用于确定不必研究的方向和确定不必去做的研究内容。这可以帮助缩小研究范围。本章中关于水压的作用开展的试验研究正是汲取了本次试验的教训。当量纲分析不能回答研究方向和研究内容是否该做时,可以借助数值模拟回答。

2. 离心机试验研究强度影响和渗流效应

随着科研经费的增多,我国离心机试验设备的数量逐年增多,人们对离心机的作用有很多期待。对于滑坡研究,可以借助量纲分析,认识离心机试验的作用。

离心机的重要功能是通过增加惯性力实现体力改变,这是常规试验不能实现的。在滑坡问题中重力是滑动的驱动力,是推动滑坡运动的主要力源。

无量纲量 $\dfrac{\rho g L}{\tau}$, $\dfrac{\rho g L^2}{\mu k}$ 表征了重力与材料特性及渗透性之间的关系,其中 g、τ、k、ρ、L 分别为重力加速度、剪切模量、水力传导系数、介质密度和特征长度。为了保证模型试验与工程问题相似,就需要使无量纲数量相等。

研究强度为主要影响因素的滑坡，要求

$$\frac{\rho g_1 L_1}{\tau} = \frac{\rho g L_2}{\tau} \tag{5.48}$$

即

$$g_1 = \frac{L_2}{L_1} g = N g \tag{5.49}$$

其中，g_1、L_1、L_2、N 分别为模型的加速度、模型的特征长度、滑坡体的特征长度和模型缩小小倍数。可以看出，当材料的强度特性不变时，模型试验的加速度就要比重力加速度大 N 倍。长度为 1m 的模型试验要模拟几百米长的滑坡，重力加速度就要增加几百倍。受试验设备的限制，产生几百克的离心试验机比较困难。应当说，离心机试验研究中小型滑坡还是有可能的。

研究以水渗流影响为主的滑坡机制，当流体的黏性系数、水力传导系数不变时，要求无量纲量

$$\frac{L^2}{K} = \frac{\rho g_1 L_1^2}{\mu k} = \frac{\rho g L_2^2}{\mu k}, \quad g_1 = \frac{L_2^2}{L_1^2} g = N^2 g \tag{5.50}$$

其中，K 为基质渗透率，它具有长度平方的量纲，与水力传导系数满足关系 $K = \frac{\rho g}{\mu k}$。这里给出如此关系，用于说明仅用基质渗透率的无量纲量不能给出重力的作用，而引入水力渗透系数就可以了。

从式 (5.50) 可以看出，用离心机研究水渗流的问题，满足相似条件需要将加速度提高 N^2 倍。试验研究模拟 100 倍尺度的滑坡，需要加速度提高 10000 倍，这对于离心机的要求太高了。由此说离心机很难回答渗流过程诱发的滑坡灾害。

3. 地震诱发滑坡灾害的模型试验

地震诱发滑坡灾害的关键物理量是地震波产生的动应力，可以表示为 $\sigma_d = \rho c v$。其中 ρ, c, v 分别表示密度、波速和振动速度。与材料强度构成无量纲量

$$\frac{\rho c v}{\sigma_s} = \frac{\rho c L}{\sigma_s T} \tag{5.51}$$

其中，T 作为地表振动的周期。

可以看出，当材料特性不变时，米量级的模型试验模拟百米以上的滑坡，需要减小激震力的周期，或者增加激震频率。如果地震主频为 1~10Hz，那么，模型试验的频率就要为 100~1000Hz。这就给模型试验带来很大难度，通常机械装置支撑 1000kg 的模型，频率都很难达到 100Hz。所以，在振动台上的模型试验研究汶川地震，大都看不到地震现场表面流坍的基本现象。借助量纲分析认识到这一点，就可以提出用小药量爆炸产生高频振动震源的试验方案，可以看到一些基本现象。

4. 设计试验变量和试验方案

量纲分析的这一功能在很多教材中都有表述，这里只是讨论滑坡中的特定问题。

从 Ⅱ 定理可知，一个物理系统的任何一个物理量的量纲都可以由基本物理量的量纲组合而成，通常有三个基本物理量。当问题中有四个物理参数时，就可以将这四个参数构成一个无量纲量，试验中只研究这个无量纲量的变化，而不需要研究四个参数的变化，也就是将四个参数问题化为单参数问题。

比如，一个滑坡模型关注的参数包括密度 ρ、重力加速度 g、高度 L 和强度 τ。就可以选其中三个作为基本物理量，如 ρ、g、L 作为基本物理量。它们和强度构成无量纲量 $\dfrac{\rho g L}{\tau}$，试验中只要研究该参数的变化，给出基本规律就可以了，而不必考虑每个参数变化的影响。可以看出，为了使该无量纲量变化，可以通过离心机改变重力加速度，也可以不用离心机改变材料的强度。研究者之所以要用离心机试验，是希望用原状的材料，事实上，对于滑坡问题，几乎不可能获得反映滑坡体特征的原状材料，复杂的结构性很难在小模型中实现。从这个意义上讲，改变加速度和改变强度都是在简化模型下完成的。

如果要研究五个参量的变化呢？那就要再增加一个参数变化。比如滑坡体的坡角 α，如果把材料强度参数分为凝聚力 C 和内摩擦角 φ，所构成的无量纲量就可以表述为 $\dfrac{\rho g L}{C}, \alpha, \varphi$。

在应变强度分布准则 (见第 7 章) 中没有关于 C 值的直接定义，只有线性比例极限 $\gamma_{\min}$ 和断裂应变 $\gamma_{\max}$，就可以选择如下无量纲量：$\dfrac{\rho g L}{E}, \alpha, \varphi, \gamma_{\min}, \gamma_{\max}$。

鉴于 C 值表征材料由弹性变形与开始断裂的临界值，可以引入 $C = E\varepsilon_{\text{liner}}$，于是可以选如下的无量纲量作为试验参数：$\dfrac{\rho g L}{E\gamma_{\min}}, \alpha, \varphi, \gamma_{\max}$。

从以上无量纲参数的选择可以看出，设计模型试验，选择无量纲参量，可以简化试验参数，试验研究的目标性更强。无量纲参量会随着研究的深度、研究内容增加而增加。

5. 一个用量纲分析研究的成功案例

我国某大型水电站建设，需要用风化砂构筑临时围堰，围堰高近 90m。工程要求构筑后风化砂的密度大于 1700kg/m^3。已有的研究成果表明，在重力作用下，该围堰的密度可以满足设计要求，不需要加密。

支持这一结论的依据是离心机试验。试验采用的离心机加速度可以达到 200g，试验模型按照 1:200 的比例尺构建了围堰的断面。实验材料是从现场获得的风化砂, 为了模拟最不利的状态, 风化砂用水饱和。试验离心机试验加速度可以达到 200g。

试验结果: 模型中的砂土得到加密, 围堰的坡角由 31° 减少到 27°。

分析: 砂土是散体, 本次试验采用的原状砂粒, 并以松散状态充填, 其凝聚力可以近似为零, 因此维持期坡体形状的是内摩擦角。而内摩擦角是无量纲量, 与重力无关, 为什么加速度增加后坡角会发生变化呢? 研究者或许认为, 因为砂土加密了, 所以坡角就会变化。事实上, 砂土加密是砂土颗粒的结构发生了变化, 而颗粒之间的结构也是由颗粒间的摩擦维持的。由摩擦维持的结构, 摩擦又不应该随着重力的增大而改变, 这就是由量纲分析发现的问题。

进一步, 在什么条件下砂土内部结构发生变化呢? 对于饱和砂, 最容易想到的原因就是振动。在振动荷载作用下, 饱和砂容易发生液化或者提高液化度, 导致砂粒之间的结构变化。到此为止, 量纲分析的工作就结束了, 只是告诉研究者这里有疑点, 需要论证。

论证工作就是对离心机进行振动监测, 用振动传感器测量模型底座的振动加速度。监测结果证实了推测, 当离心加速度达到 200g 时, 转斗内加速度在快速加载下的幅值为 6g, 频率范围在 300~500Hz, 在缓慢加载的情况下幅值为 0.5g, 频率在 450Hz 左右。

继续利用量纲分析。无量纲量

$$\frac{L_1}{cT_1} = \frac{L_2}{cT_2} \quad 或 \quad \frac{L_1 f_1}{c} = \frac{L_2 f_2}{c} \tag{5.52}$$

其中, T_i, f_i 分别为特征时间和特征频率。按照这样的几何放大倍数, 在 200g 的试验中, 30cm 高的模型, 对应原型高度 60m; 300~500Hz 的高频振动所对应的原型频率为 1.5~2.5Hz; 加速度为 0.03g, 所对应的速度为 11.8~19.6cm/s; 20min 的试验时间对应原型的持续时间为 2.5d。与地震烈度比较, 进行一次离心机模拟试验, 相当于工程原型经受了一次持续 2.5d 的 7 度以上地震。因此, 试验给出加密砂的结果不足为奇, 但是, 不能作为工程依据。后来工程实施监测, 自然堆积的风化砂密度平均没有达到 1700kg/m³, 采用了振冲技术加密。

该案例研究表明, 量纲分析不仅对试验研究有指导作用, 也可以分析试验结果的正确性, 给出一些工程结论。

5.4.2 量纲分析用于简化基本方程, 抽象合理模型

通过量纲分析确定了研究问题的学科之后, 就可以开展深入的定量化研究。有些问题可以建立基本方程, 它们具有普适的意义, 如固体力学中的 15 个方程、流体力学的纳维–斯托克 (N-S) 方程。而对于具体问题, 往往可以借助于量纲分析对方程进行简化。

1. **基于 N-S 方程的裂隙渗流量纲分析**

取沿裂隙方向和垂直裂隙方向上的流动速度分别为 u_x, u_y，二维 N-S 方程表示为

$$\frac{\partial u_x}{\partial t} + v_x \frac{\partial u_x}{\partial x} + v_y \frac{\partial u_x}{\partial y} = -\frac{\partial p}{\rho \partial x} + \frac{\mu}{\rho} \left(\frac{\partial^2 u_x}{\partial x^2} + \frac{\partial^2 u_x}{\partial y^2} \right)$$
$$\frac{\partial u_y}{\partial t} + v_x \frac{\partial u_y}{\partial x} + v_y \frac{\partial u_y}{\partial y} = -\frac{\partial p}{\rho \partial y} + \frac{\mu}{\rho} \left(\frac{\partial^2 u_y}{\partial x^2} + \frac{\partial^2 u_y}{\partial y^2} \right) \tag{5.53}$$

在不考虑从裂隙向孔隙内渗流，在裂隙厚度 w 很小的情况下可以忽略垂直裂隙的流动。$u_y = 0$，上述方程可简化为一个方程。

$$\frac{\partial u_x}{\partial t} + u_x \frac{\partial u_x}{\partial x} = -\frac{\partial p}{\rho \partial x} + \frac{\mu}{\rho} \left(\frac{\partial^2 u_x}{\partial x^2} + \frac{\partial^2 u_x}{\partial y^2} \right) \tag{5.54}$$

通常裂隙厚度 w 远低于裂隙的长度 l，$w \ll l$。作变换

$$u_x = U_0 \bar{u}_x, \quad x = \bar{x} L, \quad y = \bar{y} w, \quad t = \frac{L}{U_0}, \quad p = p_0 \bar{p} \tag{5.55}$$

$$\frac{U_0^2}{L} \frac{\partial \bar{u}_x}{\partial \bar{t}} + \frac{U_0^2}{L} \bar{u}_x \frac{\partial \bar{u}_x}{\partial \bar{x}} = -\frac{p_0 \partial \bar{p}}{L \rho \partial \bar{x}} + \frac{\mu}{\rho} \left(\frac{U_0}{L^2} \frac{\partial^2 \bar{u}_x}{\partial \bar{x}^2} + \frac{U_0}{w^2} \frac{\partial^2 u_x}{\partial y^2} \right)$$
$$\frac{\partial \bar{u}_x}{\partial \bar{t}} + \bar{u}_x \frac{\partial \bar{u}_x}{\partial \bar{x}} = -\frac{p_0 \partial \bar{p}}{\rho U_0^2 \partial \bar{x}} + \frac{\mu}{\rho U_0 L} \frac{\partial^2 \bar{u}_x}{\partial \bar{x}^2} + \frac{\mu L}{\rho U_0 w^2} \frac{\partial^2 u_x}{\partial y^2} \tag{5.56}$$

由于 $w \ll L$，则

$$\frac{\mu}{\rho U_0 L} \frac{\partial^2 \bar{u}_x}{\partial \bar{x}^2} \ll \frac{\mu L}{\rho U_0 w^2} \frac{\partial^2 \bar{u}_x}{\partial \bar{y}^2} \tag{5.57}$$

于是，方程简化为

$$\frac{\partial \bar{u}_x}{\partial \bar{t}} + \bar{u}_x \frac{\partial \bar{u}_x}{\partial \bar{x}} = -\frac{p_0 \partial \bar{p}}{\rho U_0^2 \partial \bar{x}} + \frac{\mu L}{\rho U_0 w^2} \frac{\partial^2 \bar{u}_x}{\partial \bar{y}^2} \tag{5.58}$$

现在可以比较大小，估算量级

$$L = 1\text{m}, \quad w = 10^{-3}, \quad \rho = 1000\text{kg/m}^3, \quad \mu = 10^{-3}\text{Pa} \cdot \text{s}, \quad U_0 < 0.01\text{m/s}$$

那么，$\frac{\mu L}{\rho U_0 w^2} > 100$，也就是说，裂隙渗流的黏性项远大于流体惯性项。惯性可以忽略，于是可以简化方程为

$$\frac{\mu L}{\rho U_0 w^2} \frac{\partial^2 \bar{u}_x}{\partial \bar{y}^2} = \frac{p_0 \partial \bar{p}}{\rho U_0^2 \partial \bar{x}}$$
$$\frac{\partial^2 \bar{u}_x}{\partial \bar{y}^2} = \frac{\rho U_0 w^2}{\mu L} \frac{p_0}{\rho U_0^2} \frac{\partial \bar{p}}{\partial \bar{x}} \tag{5.59}$$

裂隙中的黏性流体的流动,在裂隙厚度的方向分布可以看成抛物线分布,那么裂隙中的最大速度可以表示为

$$\bar{u}_{\max} = \frac{\rho U_0 w^2}{\mu L} \frac{p_0}{\rho U_0^2} \frac{\partial \bar{p}}{\partial \bar{x}} \tag{5.60}$$

当特征压力由重力表达时,则有

$$\bar{u}_{\max} = \frac{\rho U_0 w^2}{\mu L} \frac{\rho g L}{\rho U_0^2} \frac{\partial \bar{X}}{\partial \bar{x}} = \frac{\rho g w^2}{\mu} \frac{1}{U_0} \frac{\partial \bar{X}}{\partial \bar{x}} \tag{5.61}$$

这就是我们得到的无量纲裂隙渗流方程。其中,无量纲量是水力学中的压力渗透系数的无量纲表达。

从以上的量纲分析可以看到,即使已经建立的微分方程,量纲分析的工作依然很有意义。如果不忽略惯性的影响,按照 N-S 动力方程求解速度,流体流动的加速度到了可以忽略的程度,还以加速度作为基本变量求解,数值模拟几乎无法得到结果。通过量纲分析,还可以清晰地看到通常采用的达西渗流定律是流体动量方程的简化。

2. 滑块运动的量纲分析

一个滑块从山的高处沿着复杂的曲面滑动,滑块受重力和曲面的摩擦力的作用,求滑块在任意高度或曲面上任意位置的速度。

求解这个问题可以有两种方法。一种方法是建立一个直角坐标系,给出曲面(二维是曲线)的空间方程,将滑块的质心坐标作为未知量,根据牛顿定律,建立以滑块为质心坐标的运动方程,得到一个常微分方程,其中的摩擦力随着曲线斜率的不同变化,通过数值求解可以得到滑块在任意位置的速度。这种方法可以在教材中看到。

另一种方法就是建立一个曲线坐标系,沿着坡面的曲线,指向自初始位置沿滑块运动方向。将滑块滑动的距离作为未知量,给出任何一个位置所对应的高度。于是,也可以建立一个能量守恒的方程。

$$mgh = \frac{1}{2}mv_{\mathrm{s}}^2 + 2mg \sum_i \cos\theta_i \times f \times s \tag{5.62}$$

其中,m、h、v_{s}、g、f、θ_i、s_i 分别为滑块质量、初始高度、某一位置速度、摩擦系数、重力加速度、某一位置微元的坡角及微元长度。

$$v_{\mathrm{s}} = \sqrt{2g}\sqrt{h - f\sum_i \cos\theta_i \times s_i} \tag{5.63}$$

由此可以求出坡面上任何一个位置的滑动速度。也可以令速度为零，求出滑动的距离。

$$h - f \sum_i \cos \theta_i \times s_i = 0$$

$$\sum_i \cos \theta_i \times s_i = \frac{h}{f} \tag{5.64}$$

如图所示，

$$X = \sum_i x_i = \sum_i \cos \theta_i \times s_i \tag{5.65}$$

按照上述计算，只要水平距离运动了 $\dfrac{h}{f}$，滑块就应当停止。

如果块体在山坡上滚动，就没有了摩擦阻力。上述的能量方程可以写为

$$mgh = \frac{1}{2}mv_{\mathrm{s}}^2 + \frac{1}{2}I \left(\frac{v_{\mathrm{s}}}{R} \right)^2 \tag{5.66}$$

其中，I 为块体的转动惯量；R 为等效半径。

$$v_{\mathrm{s}}^2 = \frac{2mgh}{m + \dfrac{I}{R^2}} \tag{5.67}$$

可以看出，当考虑块体的转动时，摩擦力作用就很小，块体就会在斜坡上滚得很远。这就是为什么用滑动理论难以描述远程滑坡的原因。

从上面的分析可以看出，借助量纲分析中选择合适的自变量，可以简化对问题的分析过程，认识复杂运动的机制。

5.4.3　量纲分析在数值分析中的作用

有了数值模拟，就可以将物理问题模型化，并进行数值计算，获得丰富的、定量的结果。量纲分析这种定性的，甚至带有经验性的分析，对科学研究的作用的确弱化了很多。那么，量纲分析的工作在数值模拟中，有些方面依然还可以发挥作用，有些不再发挥作用。在笔者研究团队的讨论中，有些体会和结论表述如下。

1. 量纲分析可以将计算结果简约化

正如在试验研究的作用一样，量纲分析可以借助于无量纲化减少自变量的参数。尽管计算机整理数据和进行数字试验不像物理试验那样困难，但是，仍然需要用无量纲量表达。通过建立不同无量纲量之间的关系，有可能从具体的数值试验中获得更为普遍的规律。这里不再赘述。

2. 数值计算中的精度问题

现在计算机的性能越来越好，双精度计算有效位数可以达到 14 位。数值计算似乎已经不再研究如何使计算方法提高精度，看起来计算机的精度远超过了工程要求精度。其实不然，数值模拟有待解决的重要问题之一依然是精度。当网格形状畸变时，计算误差很大，一直困扰着数值模拟技术的发展。本书将从不同角度提出改进精度的方法，首先通过简单的例子说明选择合理物理量的意义。

1) 选取合理的自变量，提高计算精度的案例及分析

介绍一个多自由度的弹簧质点系统分析实例，从中认识量纲分析在数值模拟中的作用。

设有三个质点，质量分别为 m_1, m_2, m_3，由刚度分别为 K_{12}, K_{23} 的弹簧连接。两个端点的质点受到 f_1, f_2 的力作用。

建立运动方程

$$\begin{aligned}
&m_1\dot{v}_1 + K_{12}(u_1 - u_2) = f_1 \\
&m_2\dot{v}_2 + K_{12}(u_2 - u_1) + K_{23}(u_2 - u_3) = 0 \\
&m_3\dot{v}_3 + K_{23}(u_3 - u_2) = f_3
\end{aligned} \tag{5.68}$$

写成矩阵的形式

$$\begin{bmatrix} m_1 & 0 & 0 \\ 0 & m_2 & 0 \\ 0 & 0 & m_3 \end{bmatrix} \begin{bmatrix} \dot{v}_1 \\ \dot{v}_2 \\ \dot{v}_3 \end{bmatrix} + \begin{bmatrix} K_{12} & -K_{12} & 0 \\ -K_{12} & K_{12}+K_{23} & -K_{23} \\ 0 & -K_{23} & K_{23} \end{bmatrix} \begin{bmatrix} u_1 \\ u_2 \\ u_3 \end{bmatrix} = \begin{bmatrix} f_1 \\ 0 \\ f_3 \end{bmatrix}$$

$$\tag{5.69}$$

作为力学模型的工作应该是很完美了，建立了简介的力学方程，交给数值分析，可以有很多方法求解。

作为物理问题，只要选择了质点速度、位移为广义变量，建立拉格朗日方程，就会得到相同的动量守恒方程。

但是作为数值模拟，在不同的参数范围内求解以上方程的精度却不同。量纲分析有助于认识这个问题。量纲分析中的一项重要工作是选取物理量，这是物理分析的工作，却对数值模拟很有益。

取

$$u_{12} = u_1 - u_2, \quad u_{23} = u_2 - u_3 \tag{5.70}$$

$$\begin{aligned}
&m_1\dot{v}_1 + K_{12}u_{12} = f_1 \\
&m_2\dot{v}_2 - K_{12}u_{12} + K_{23}u_{23} = 0 \\
&m_3\dot{v}_3 - K_{23}u_{23} = f_3
\end{aligned} \tag{5.71}$$

写成矩阵形式，则有

$$\begin{bmatrix} m_1 & 0 & 0 \\ 0 & m_2 & 0 \\ 0 & 0 & m_3 \end{bmatrix} \begin{bmatrix} \dot{v}_1 \\ \dot{v}_2 \\ \dot{v}_3 \end{bmatrix} + \begin{bmatrix} K_{12} & 0 \\ -K_{12} & K_{23} \\ 0 & -K_{23} \end{bmatrix} \begin{bmatrix} u_{12} \\ u_{23} \end{bmatrix} = \begin{bmatrix} f_1 \\ 0 \\ f_2 \end{bmatrix} \tag{5.72}$$

比较式 (5.69) 和式 (5.72) 线性方程组的本质并没有改变, 只是增加了中间变量。就物理方法而言, 方程 (5.72) 中广义速度和广义位移取了不同的值, 得到了不同的表达形式。

然而, 就数值计算而言, 给出的计算结果相差可能会很大。我们可以只对第二个质点静态变形进行讨论。在计算矩阵 (5.69) 和 (5.72) 中, 变形力分别为

$$F_{(5.69)} = -K_{12}u_1 + (K_{12} + K_{23}) u_2 - K_{23}u_3 = 0 \tag{5.73}$$

$$F_{(5.74)} = K_{12} (u_2 - u_1) + K_{23} (u_2 - u_3) = 0 \tag{5.74}$$

如果两个弹簧的刚度相差很大, 若 $K_{12} \gg K_{23}$, 当计算机的精度满足不了这种差别时, 计算就会出现误差。

由于 $K_{12} \gg K_{23}$, 方程 $-K_{12}u_1 + (K_{12} + K_{23}) u_2 - K_{23}u_3 = 0$ 中, K_{23} 被忽略, 也就是作用力 $K_{23}u_2$ 被消掉了, 故此方程化为

$$-K_{12}u_1 + K_{12}u_2 - K_{23}u_3 = 0$$

从式 (5.74) 可以看出, 大刚度对应小位移, 而小刚度对应大位移

$$u_2 - u_3 \gg u_2 - u_1, \quad \text{而} |u_2| > |u_2 - u_3|$$

回到物理问题, 由于计算误差忽略的力远比两个质点间的弹簧力还大。在实际的数值计算中, 由于计算机有很高的精度, 小数并不会在一次计算汇总中忽略掉, 然而在多次迭代的过程中, 忽略的小数就会逐次放大, 影响结果。现举例如下, 假设有效位数是 6 位, 则

$$K_{12} = 1.00000 \times 10^{13}, \quad K_{23} = 1.00000 \times 10^9$$

$$u_1 = 1.00100, \quad u_2 = 1.00090, \quad u_3 = 2.000000$$

$$-K_{12}(u_1 - u_2) + K_{23}(u_2 - u_3)$$

$$= -1.00000 \times 10^{13} \times (1.00100 - 1.00090)$$

$$+ 1.00000 \times 10^9 \times (1.00090 - 2.00000)$$

$$= -0.000100 \times 10^{13} - 0.99910 \times 10^9$$

$$= -1.00000 \times 10^9 - 0.99910 \times 10^9$$

$$= -1.99910 \times 10^9$$

在不考虑只有 6 位精度的情况下

$$- K_{12}u_1 + (K_{12} + K_{23}) u_2 - K_{23}u_3$$
$$= - 1.00100 \times 10^{13} + 1.00090 \times (1.00000 \times 10^{13} + 1.00000 \times 10^9) - 2.00000 \times 10^9$$
$$= - 1.00100 \times 10^{13} + 1.00090 \times 1.00010 \times 10^{13} - 2.00000 \times 10^9$$
$$= - 1.00100 \times 10^{13} + 1.00100009 \times 10^{13} - 2.00000 \times 10^9$$
$$= 0.0009 \times 10^9 - 2.00000 \times 10^9$$
$$= - 1.9991 \times 10^9$$

考虑只有 6 位计算精度, 式中

$$1.00100009 \times 10^{13} \approx 1.00100 \times 10^{13}$$
$$- 1.00100 \times 10^{13} + 1.00100009 \times 10^{13} - 2.00000 \times 10^9$$
$$\approx - 1.00100 \times 10^{13} + 1.00100 \times 10^{13} - 2.00000 \times 10^9$$
$$= - 2.00000 \times 10^9$$

由此可以看出, 两种计算方法的误差为 0.0009×10^9。这个误差对一次计算很小, 当采用双精度计算时, 不会存在。但是, 在实际计算时, 需要多次迭代。对于 n 次迭代, 计算误差将会以 $(1 + \Delta x)^n$ 增长。

从以上分析可知, 借助量纲分析, 根据物理问题找到合适的物理参量, 就可以改变计算方程, 提高计算精度。

2) 二维弹簧系统的变形力计算问题

在二维问题中, 不同方向上有不同的特征变量, 正如 5.4.2 小节 N-S 方程的简化, 可以在不同方向上选取不同的特征长度。下面取一个两维问题的计算案例:

设系统由三个弹簧组成, 其形状构成直角三角形。三角形的边长分别为 a、b、c, 弹簧刚度分别为 K_a、K_b、K_c, 三个节点的坐标为 $x_1(0,0), x_2(0,a), x_3(b,0)$; 节点位移分别为 u_1, v_1; u_2, v_2; u_3, v_3; 节点力为 $F_{1x}, F_{1y}; F_{2x}, F_{2y}; F_{3x}, F_{3y}$。

$$F_{1x} = -\frac{K_b}{b}(u_1 - u_3)$$
$$F_{1y} = -\frac{K_a}{a}(v_1 - v_2)$$
$$F_{2x} = -\frac{K_c}{c}[(u_2 - u_3)\cos\alpha + (v_2 - v_3)\sin\alpha]\cos\alpha$$

$$F_{2y} = -\frac{K_a}{a}(v_2 - v_1) - \frac{K_c}{c}\left[(u_2 - u_3)\cos\alpha + (v_2 - v_3)\sin\alpha\right]\sin\alpha$$

$$F_{3x} = -\frac{K_b}{b}(u_3 - u_1) - \frac{K_c}{c}\left[(u_3 - u_2)\cos\alpha + (v_3 - v_2)\sin\alpha\right]\cos\alpha \tag{5.75}$$

$$F_{3y} = -\frac{K_c}{c}\left[(u_2 - u_3)\cos\alpha + (v_2 - v_3)\sin\alpha\right]\sin\alpha$$

$$
\begin{bmatrix} F_{1x} \\ F_{1y} \\ F_{2x} \\ F_{2y} \\ F_{3x} \\ F_{3y} \end{bmatrix}
=
\begin{bmatrix}
-\dfrac{K_b}{b} & 0 & 0 & 0 & \dfrac{K_b}{b} & 0 \\[2mm]
0 & -\dfrac{K_a}{a} & 0 & \dfrac{K_a}{a} & 0 & 0 \\[2mm]
0 & 0 & -\dfrac{K_c}{c}\cos\alpha & 0 & \dfrac{K_c}{c}\cos\alpha & 0 \\[2mm]
0 & \dfrac{K_a}{a} & 0 & -\dfrac{K_a}{a} - \dfrac{K_c}{c}\sin\alpha & 0 & \dfrac{K_c}{c}\sin\alpha \\[2mm]
-\dfrac{K_b}{b} & 0 & \dfrac{K_c}{c}\cos\alpha & 0 & -\dfrac{K_b}{b} - \dfrac{K_c}{c}\cos\alpha & 0 \\[2mm]
0 & 0 & 0 & \dfrac{K_c}{c}\sin\alpha & 0 & -\dfrac{K_c}{c}\sin\alpha
\end{bmatrix}
$$

$$
\times
\begin{bmatrix} u_1 \\ v_1 \\ u_2 \\ v_2 \\ u_3 \\ v_3 \end{bmatrix}
\tag{5.76}
$$

从以上的刚度矩阵可以看出，如果三个刚度相同，当 a、c 或者 b、c 相差很大时，就形成了大数与小数加减，小数就会被忽略；如第四行中，如果 $a \gg c$，$\dfrac{K_a}{a}v_2$ 的项就会被忽略掉，而 $\dfrac{K_a}{a}v_1$ 的项仍然保留，物理问题中，$\dfrac{K_a}{a}v_1$，$\dfrac{K_a}{a}v_2$ 在同一量级均不可忽略。这样，数值模拟带来的误差就会积累起来，在有限元中经常遇到畸形单元误差大，计算不准确的问题，这是其中的一个原因。

怎样解决这个问题呢？可以借助于量纲分析，选择合适的物理量，提高计算精度。

作变换

$$
\begin{aligned}
u_{13} = u_{31} &= \frac{u_1 - u_3}{b}, \quad v_{12} = v_{21} = \frac{v_1 - v_2}{a} \\
u_{23} = u_{32} &= \frac{(u_3 - u_2)\cos\alpha + (v_3 - v_2)\sin\alpha}{c}
\end{aligned}
\tag{5.77}
$$

$$
\begin{bmatrix} F_{1x} \\ F_{1y} \\ F_{2x} \\ F_{2y} \\ F_{3x} \\ F_{3y} \end{bmatrix} = \begin{bmatrix} -K_b & 0 & 0 \\ 0 & -K_a & 0 \\ 0 & 0 & -K_c \cos\alpha \\ 0 & 0 & -K_c \sin\alpha \\ -K_b & 0 & -K_c \cos\alpha \\ 0 & -K_a & -K_c \sin\alpha \end{bmatrix} \begin{bmatrix} u_{12} \\ v_{12} \\ u_{23} \end{bmatrix} \tag{5.78}
$$

式中，当 K_a 远大于 K_b 时，通常对应的 v_{12} 就会远大于 u_{23}。即使其中有一项乘积也很小，可以忽略，因为所反映的是客观问题，计算结果就是合理的。

若三个弹簧的刚度都相等，且 $a \ll c, b$，则

$$
\begin{bmatrix} F_{1x} \\ F_{1y} \\ F_{2x} \\ F_{2y} \\ F_{3x} \\ F_{3y} \end{bmatrix} = -K \begin{bmatrix} 1 & 0 & 0 \\ 0 & 1 & 0 \\ 0 & 0 & \cos\alpha \\ 0 & 0 & \sin\alpha \\ 1 & 0 & \cos\alpha \\ 0 & 1 & \sin\alpha \end{bmatrix} \begin{bmatrix} u_{12} \\ v_{12} \\ u_{23} \end{bmatrix} \tag{5.79}
$$

经过坐标变化和无量纲化，上述计算力的刚度矩阵中没有了长度量纲，原来由刚度矩阵中大数与小数差带来的计算误差就不存在了。

3. 量纲分析用于工程判断

地质灾害诱发因素很多，在工程现场，没有时间进行定量的理论分析、数值模拟，借助量纲分析可以找出关键因素。

将工程中的关键物理量组合成无量纲量，通过实践积累和数值模拟试验就可以确定这些无量纲量的变化范围，也可以通过这些无量纲量比较各种因素的大小，进而确定影响灾害的主要因素。这里列举一些常见的无量纲量，可以与地质专家一起逐步积累，利用无量纲量判断滑坡灾害的状态、风险等。

(1) 凝聚力与滑坡厚度相关的自重应力的比：$\dfrac{C}{\rho g h}$。它是判断滑坡稳定的重要物理量，当该值较大时，如大于 1，滑坡一定处在稳定状态。如果滑坡体上没有裂缝，一定是 C 值很大，以致于滑坡没有破坏迹象。但是，该值不宜作为滑坡不稳定的判断参数，即使该值小于 1，甚至等于零，当摩擦角很大而坡角又小时，滑坡依然是稳定的。

(2) 摩擦角与平均坡角之比：$\dfrac{\varphi}{\alpha}$。两个角度都是无量纲的。当摩擦角远大于坡

角时，灾害发生了。一般是以崩塌为主的灾害。

(3) 孔隙水压力与覆盖层自重应力之比：$\dfrac{p}{\rho gh}$。水是诱发滑坡灾害的主要原因。孔隙水压力大于上覆土压力，必将发生滑坡灾害。实际问题中，观测到孔隙水压力比较困难，而可以通过滑坡现象判断是水压力的作用。当地层很平缓时，坡度在 10° 左右，地表出现方向较为一致的滑动裂缝，一般是地下水压的作用。

(4) 形成灾害后的滑距与滑坡高度之比：$\dfrac{D_1}{h_1}$。正如前面量纲分析的结果，此值较大时不是滑动灾害，而是因滚动造成的灾害。对于可能形成大块度的岩质边坡，发生崩塌时运动距离都会很远，这是灾害风险评估时应该十分关注的。

(5) 崩塌体中岩层平均间距与陡崖高度之比：$\dfrac{d}{H}$。节理间距很小却能够保持陡崖状态，说明连通率较低。但是，灾害的隐患也比较大，此类斜坡具有较高的隐蔽性。

(6) 滑坡体上水平向主裂纹到坡脚或后缘距离与滑坡长度、滑坡厚度之比：$\dfrac{L_{\mathrm{P}}}{L_1}$，$\dfrac{L_{\mathrm{P}}}{h_1}$。前缘出现裂缝，当裂缝到坡角的距离小于 3 倍滑坡厚度时，应特别关注地表水诱发灾害。有丰富的地表水可能促成牵引式滑坡连锁反应，不断形成临空面，形成大范围滑坡灾害。后缘有裂缝是底部滑面上局部强度降低或孔隙水压力升高所致，形成灾害一般还需要较长时间。

现场地质工程师关注特征量或无量纲量的变化，不断积累定量化的经验，有利于滑坡灾害防治科学化。上述表述通过不断丰富就可以量化工程经验。数值模拟也可以丰富这些无量纲量的实用性，建立特征量与工程经验之间的联系。

5.5 量纲分析在滑坡及防治中的应用案例

5.5.1 承压水诱发堆积体滑坡试验

含不透水层坡体可简化，如图 5.3 所示，基岩之上有承压水层、隔水层、块石层或岩层，最上为砂土层，则影响坡体稳定性的参数有：

(1) 几何参数 (5 个)：滑面倾角 α；块石层厚度 t_1；砂土层厚度 t_2；坡体沿滑面的长度 l 及宽度 b。

(2) 物理参数 (6 个)：黏土层有效内聚力和有效内摩擦角 c'，ϕ'；块石密度 ρ_1；砂土密度 ρ_2；重力加速度 g；孔隙水压力 p。

(3) 边界条件 (2 个)：坡脚砂土对坡体的阻滑剪应力 F_{s}'，两侧为挡板，且认为土石体与挡板间的摩擦系数 f 在整个变形、滑动过程中保持不变。

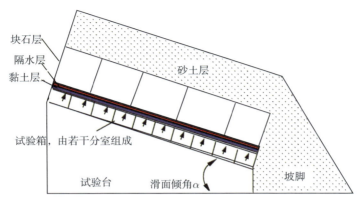

图 5.3 含不透水层坡体简化图

选择块石层厚度 t_1、密度 ρ_1、重力加速度 g 为基本量，则上述参数可构成如表 5.2 所示的无量纲量 (10 个)。

表 5.2 无量纲量求解简表

| | | 基本量纲 | | | | 基本量 | | |
		L	M	T		块石层厚度	密度	重力加速度	无量纲量
基本量	块石层厚度 t_1	1	0	0	L	1	0	0	—
	密度 ρ_1	-3	1	0	M	3	1	0	—
	重力加速度 g	1	0	-2	T	0.5	0	-0.5	—
导出量	滑面倾角 α	0	0	0		0	0	0	α
	砂土层厚度 t_2	1	0	0		1	0	0	$\dfrac{t_2}{t_1}$
	坡体沿滑面长度 l	1	0	0		1	0	0	$\dfrac{l}{t_1}$
	坡体宽度 b	1	0	0		1	0	0	$\dfrac{b}{t_1}$
	黏土层有效内聚力 c'	-1	1	-2		1	1	1	$\dfrac{c'}{\rho_1 g t_1}$
	黏土层有效内摩擦角 ϕ'	0	0	0		0	0	0	ϕ'
	砂土密度 ρ_2	-3	1	0		0	1	0	$\dfrac{\rho_2}{\rho_1}$
	孔隙水压力 p	-1	1	-2		1	1	1	$\dfrac{p}{\rho_1 g t_1}$
	砂土对坡体的阻滑剪应力 F_s'	-1	1	-2		1	1	1	$\dfrac{F_s'}{\rho_1 g t_1}$
	土石体与挡板间的摩擦系数 f	0	0	0		0	0	0	f

5.5.2　地震作用下顺层岩质边坡的破坏

试验涉及的基本物理量有以下几个：

顺层边坡：地震波传播过程中，边坡岩体的特征波速、岩体密度影响地震波的传递；当地震波对顺层岩体产生破坏时，岩体的黏聚力、抗拉强度、内摩擦角、抗剪强度影响顺层岩体的破坏形式；另外，坡体的几何形态也对边坡在地震作用下的响应有影响，引入坡体特征长度 L，边坡倾角作为坡体几何参数。顺层岩体厚度 H 在简化力学模型中已随重力略去，因此试验中不考虑。

载荷特征量：试验引入响应加速度 a，通过响应加速度建立其与地震烈度的联系；本书认为，近场地震作用下，顺层边坡的破坏主要是应力波导致的拉伸破坏，而应力波强度的特征物理量为"波速"，因此引入响应速度 v；同时，地震的持续时间 t 对边坡的稳定性有较大影响。

试验中未考虑重力加速度影响。不计重力，主要考虑近场高烈度地震中，应力波为导致边坡层间破坏的主要影响因素。同时应力波与重力作用两者比值中，地震作用下，以浅层拉裂为主，岩层厚度为 0.4~1.0m，两者比值约为 100。故本书认为在地震作用下，应力波为主要影响因素。首先是应力波导致的层间弱化或破坏，随后表现为顺层坡体在重力作用下的滑移，主要考虑应力波的破坏，因此不计重力。综上试验涉及的特征物理量如表 5.3 所示。

表 5.3　主要物理量符号及量纲

变量	边坡密度	边坡倾角	边坡特征长度	边坡抗拉强度	特征内摩擦角	边坡抗剪强度	边坡黏聚力	边坡特征波速	地震持续时间	响应频率	响应速度
符号	ρ	θ	L	σ_t	φ	σ_s	C	c	t	f	v
量纲	$\dfrac{M}{L^3}$	无	L	$\dfrac{M}{LT^2}$	无	$\dfrac{M}{LT^2}$	$\dfrac{M}{LT^2}$	$\dfrac{L}{T}$	T	$\dfrac{1}{T}$	$\dfrac{L}{T}$

以上共 11 个主定量，其中两个角度已是无量纲量，根据 π 定理，应另组成 6 个无量纲量。选取密度、波速及特征长度为基本量，载荷特征参数：v, f, t；岩体物性参数：$C, \sigma_t, \sigma_s, \varphi, C$；几何参数：边坡倾角 θ。求解简表如表 5.4 所示。

表 5.4　无量纲量求解简表

		基本量纲				基本量			
		L	M	T	—	密度 ρ	长度 L	波速 c	无量纲量
基本量	边坡密度 ρ	-3	1	0	L	0	1	0	—
	边坡特征长度 L	1	0	0	M	1	3	0	—
	波速 c	1	0	-1	T	0	1	-1	—
导出量	边坡倾角 θ	0	0	0		0	0	0	θ
	边坡抗拉强度 σ_t	-1	1	-2		1	0	2	$\dfrac{\sigma_t}{\rho c^2}$

续表

		基本量纲				基本量		
		L	M	T	—	密度 ρ	长度 L	波速 c	无量纲量
	特征内摩擦角 φ	0	0	0	—	0	0	0	φ
	边坡抗剪强度 σ_s	−1	1	−2	—	1	0	2	$\dfrac{\sigma_s}{\rho c^2}$
导出量	边坡内聚力 C	−1	1	−2	—	1	0	2	$\dfrac{C}{\rho c^2}$
	地震持续时间 t	0	0	1	—	0	1	−1	$\dfrac{tc}{L}$
	响应频率 f	0	0	−1	—	0	−1	1	$\dfrac{fL}{c}$
	响应速度 v	1	0	−1	—	0	0	1	$\dfrac{v}{c}$

5.5.3 应用量纲分析法建立桩间距的计算模型

桩间距是抗滑桩工程设计中的一个重要参数。通常对桩间距有影响的物理量 (见表 5.5) 为：相邻两桩中心间距 $S[\mathrm{L}]$、宽度 $B[\mathrm{L}]$、滑坡土体的抗剪强度常数 $c[\mathrm{FL}^{-2}]$，$\phi[\mathrm{L}]$ 滑坡剩余下滑力产生的作用在抗滑桩与滑体垂直交界面上的压强 $q[\mathrm{FL}^{-2}]$。

在国际单位制中，基本单位的量纲为：L, F，即 $m = 2$，而上面有 5 个量，即 $n = 5$，所以 π 的项数为 3，即能组成 3 个无量纲量，其中 ϕ 已是无量纲量，剩下的 S，B，q，c 四个量可以组成两个无量纲量。

$$S = \lambda \cdot \left(\frac{c}{q} \right)^{\psi} \cdot B \cdot (1 + \tan \phi)^{\zeta} \tag{5.80}$$

表 5.5 无量纲量求解简表

		基本量纲					无量纲量
		L	F	—	桩宽度 B	内聚力 C	—
基本量	桩宽度 B	1	0	L	1	0	—
	内聚力 C	−2	1	F	2	1	—
导出量	内摩擦角 ϕ	0	0	—	0	0	ϕ
	压强 q	−2	1	—	0	1	$\dfrac{q}{C}$
	桩间距 S	1	0	—	1	0	$\dfrac{B}{S}$

至于式 (5.80) 中的 ψ、λ 与 ζ，应该通过试验来确定它们的取值。下面进行一些讨论，从式 (5.79) 可以知道：

(1) 桩间距不能为负值，所以 $\lambda > 0$；

(2) 在其他情况一定的条件下，q 越大，S 越小，即成反比，所以 $\psi > 0$。

(3) 滑体土的内摩擦角 ϕ 增大，桩间距 S 也可以增大，因此 $\zeta > 0$。

5.6　本 章 小 结

量纲分析作为力学分析的工具，对于认识物理问题有着重要的作用，可以帮助研究者进行学科定位、确定研究目标、抓住主要矛盾。由于它还具有经验的成分，决定了该方法容易学习却不容易掌握。在确定定量化描述的函数方面，有几种可行的方法，如直接拟合的方法、由简至繁的方法、由局部规律分析全局规律的方法、由简单规律认知复杂规律的方法。量纲分析可以为地质勘探提供好的思路，也可以利用地质勘探的结果获得更深入一点的规律。量纲分析有时可以改变数值模拟的基本计算参量，将计算方程优化；也可以用较少的参数优化数值模拟的结果，大幅度减少计算量。

第6章 描述滑坡灾害体运动规律的基本方程

在第 1 章中已经提到, 地质体具有非连续、非均匀、流体与固体耦合以及 "未知" 初始状态的特性, 是一种特殊的力学研究对象。当完成了地质模型抽象为力学模型的工作、定性的量纲分析之后, 定量化表述地质体的运动规律就要建立数学方程, 没有把工程问题数学化, 就会停留在工程经验的层面上, 不属于工程科学的范畴。

滑坡灾变经历了不同的变形、破坏及运动状态, 不同阶段可以由不同力学方程描述, 然而各个阶段是密不可分的, 最好采用统一的力学方程, 这就是滑坡灾害力学研究最核心的问题。研究滑坡灾害体运动, 不仅要有固体力学模型, 还需要散体、流体力学模型, 更重要的是各种介质共存的力学模型。

在滑坡处于既有破坏和局部再破坏阶段时, 滑坡的连续部分可以采用固体力学的理论进行分析; 在滑坡处于碎裂性破坏和运动性破坏阶段时, 块体的运动可以采用质点、刚体系统的理论进行分析; 滑坡表面的泥石流和碎屑流以及滑坡内部的渗流可以采用流体力学的理论进行分析; 对于结构面和接近断裂的部分, 可以采用强度准则或者断裂力学的理论进行分析。

牛顿、拉格朗日分别用不同的方法给出了质点、刚体系统的动力学方程; 固体力学、流体力学、流固耦合介质力学 (爆炸力学) 作为连续介质力学的方程, 分别由纳维、郑哲敏、Wilkins 等建立。研究滑坡还要给出连续、非连续介质力学模型共存以及由连续到非连续和由非连续到连续介质模型的基本方程。作为一般介绍, 本章分别从牛顿定律和分析力学的角度给出了散体、固体、流体及流固体的基本方程, 特别介绍了基于拉格朗日方程的连续–非连续介质力学的统一方程表述方法。应当说, 从拉格朗日方程出发, 可以给出所有的力学模型。不仅如此, 拉格朗日方程也是各种数值分析方法的理论基础。

6.1 基于牛顿定律建立的运动方程

牛顿定律是牛顿在《自然哲学的数学原理》中建立的描述物体机械运动的运动三定律, 是宏观物体动力学的基本定律[1]。在此基础上研究物体的运动、变形、破坏与力的关系正是力学的一个重要工作。

第一定律 任何质点都继续保持其静止或匀速直线运动的状态, 直到受到力的作用, 迫使它改变这种运动状态为止。

第二定律　在力的作用下, 质点将产生加速度, 此加速度的方向与作用力方向相同, 其大小则与力的大小成正比, 与此质点的质量成反比。

第三定律　任何两个质点的相互作用力总是大小相等, 沿着这两点的连线, 指向相反, 并且分别作用在这两个质点上。

本节将分别概述不同介质所遵从的运动方程。

6.1.1　质点及刚体运动的运动方程[1]

质点以及刚体都是力学模型, 而一个具体的物体视为什么样的力学模型, 应该依据所研究的问题的性质来决定。

质点被定义为只有质量而无大小的物体。当物体做平移时和当物体的运动范围远大于它自身的尺寸 (忽略其大小, 对问题的性质无本质影响) 时, 可以把物体视为质点。刚体被定义为有质量, 不会变形的物体。如果物体变形不是重要因素, 为了简化, 就可以把物体视为刚体。

在滑坡问题中, 当块体以长距离运动为主, 变形可以忽略时 (表面飞出的块石, 剪出的碎石等), 采用质点系模型进行分析是合理的。

1. 质点的运动微分方程

设一质量为 m 的质点 M 受到力 $\boldsymbol{F}_1, \boldsymbol{F}_2, \cdots, \boldsymbol{F}_n$ 的作用, 沿某曲线轨迹运动。质点所受合力为 $\sum \boldsymbol{F} = \boldsymbol{F}_1 + \boldsymbol{F}_2 + \cdots + \boldsymbol{F}_n$, 根据牛顿第二定律, 质点在惯性坐标系中的运动微分方程为

$$m \frac{\mathrm{d}^2 \boldsymbol{r}}{\mathrm{d} t^2} = \sum \boldsymbol{F} \tag{6.1}$$

式中, $\boldsymbol{r}$ 为质点的矢径。

应用质点的运动微分方程, 可以解决两类基本问题: 已知质点的运动, 求解此质点所受的力; 已知作用在质点上的力, 求解此质点的运动。

2. 刚体的运动微分方程

刚体可以视为任意两点的距离始终保持不变的质点系, 动量定理和动量矩定理可以描述刚体的运动规律。

质点系中各质点动量的矢量和称为质点系的动量主矢, 简称为质点系的动量, 即

$$\boldsymbol{K} = \sum m_i \boldsymbol{v}_i = \frac{\mathrm{d}}{\mathrm{d} t} \sum m_i \boldsymbol{r}_i = \frac{\mathrm{d}}{\mathrm{d} t} M \boldsymbol{r}_{\mathrm{c}} = M \boldsymbol{v}_{\mathrm{c}} \tag{6.2}$$

其中, M 是总质量, $\boldsymbol{r}_{\mathrm{c}}$ 是质心矢径, $\boldsymbol{v}_{\mathrm{c}}$ 是质心速度。

质点系的动量定理的微分形式为

$$\frac{\mathrm{d}}{\mathrm{d} t} \boldsymbol{K} = \sum \boldsymbol{F}_i^{(\mathrm{e})} \tag{6.3}$$

它表明质点系动量对时间的一阶导数, 等于作用于该质点系上所有外力的矢量和。

质点系中所有各质点对于固定点 O 的动量矩矢之和称为该质点系对 O 点的动量矩, 即

$$\boldsymbol{L}_O = \sum \boldsymbol{r} \times (m\boldsymbol{v}) \tag{6.4}$$

质点系的动量矩定理的微分形式为

$$\frac{\mathrm{d}}{\mathrm{d}t} \boldsymbol{L}_O = \boldsymbol{M}_O^{(\mathrm{e})} = \sum_{i=1}^{n} \boldsymbol{r}_i \times \boldsymbol{F}_i^{(\mathrm{e})} \tag{6.5}$$

它表明质点系对于某固定点 O 的动量矩对时间的一阶导数, 等于作用于质点系的外力对同一点的主矩。

应用刚体的动量定理和动量矩定理, 可以解决刚体平移和转动问题中运动与力的关系问题。

采用刚体运动方程配合碰撞检测以及碰撞模型, 可以模拟滑坡块体的跳动距离以及影响范围。在文献 [13] 中, Yoichi Okura 等采用颗粒的方法对从滑坡顶部落下的块石的运动范围进行了数值模拟, 并和试验进行了对比。

质点、刚体系统在颗粒离散元和刚体离散元方法中应用, 主要是分析碎屑流、散体运动问题。这些模型都可以给出很好的运动现象, 主要问题在于实际问题中散体颗粒的力学参数和构型很难确定、刚体碰撞过程中力的传递模型缺乏物理意义等问题都是很难从模型本身解决的。

6.1.2 固体介质的基本方程

滑坡地质体中, 结构面之间的岩体或者土石混合体的变形和破坏可以采用固体力学的方法进行分析。本部分主要介绍固体力学中弹性力学和塑性力学的基本概念。

1. 弹性力学的基本概念[2]

弹性力学中经常用到的基本概念有外力、应力、应变和位移。

作用于物体的外力可以分为体积力和表面力。体力是分布在物体体积内的力, 如重力和惯性力。面力是分布作用在物体表面上的力, 如流体压力和接触力。

物体受了外力的作用, 或者由于温度有所改变, 其内部将发生内力。在过点 P 的一个截面上, 作用在面积 ΔA 上的内力为 $\Delta \boldsymbol{Q}$, 则 $\lim\limits_{\Delta A \to 0} \dfrac{\Delta \boldsymbol{Q}}{\Delta A} = \boldsymbol{S}$ 所定义的矢量 $\boldsymbol{S}$ 就是物体在过 P 点的一个截面上的应力。对于同一点 P, 不同截面上的应力不同。一点处的应力分量共有 9 个, 其中有 3 个正应力分量, 6 个切应力分量, 由切应力互等定理可知, 实际上独立的切应力分量只有 3 个。把这 9 个应力分量按一

定规则排列, 令其中每一行为过一点的一个面上的 3 个应力分量, 即得如下应力张量[3]

$$\sigma_{ij} = \begin{pmatrix} \sigma_x & \tau_{xy} & \tau_{xz} \\ \tau_{yx} & \sigma_y & \tau_{yz} \\ \tau_{zx} & \tau_{zy} & \sigma_z \end{pmatrix}$$

应变用来描述物体各部分线段长度的改变及两线段夹角的改变。为了分析物体在某一点 P 的应变状态, 在这一点沿着三个坐标轴的正方向取三条线段 $PA, PB,$ PC, 见图 6.1。

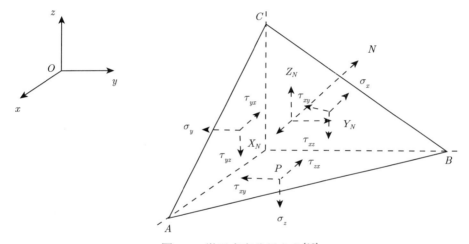

图 6.1　微元应变分量定义[12]

物体变形以后, 各线段的每单位长度的收缩称为正应变。两线段之间夹角的改变用弧度表示, 称为切应变, 物体中某一点 P 的应变张量为

$$\varepsilon_{ij} = \begin{pmatrix} \varepsilon_x & \dfrac{1}{2}\gamma_{xy} & \dfrac{1}{2}\gamma_{xz} \\ \dfrac{1}{2}\gamma_{yx} & \varepsilon_y & \dfrac{1}{2}\gamma_{yz} \\ \dfrac{1}{2}\gamma_{zx} & \dfrac{1}{2}\gamma_{zy} & \varepsilon_z \end{pmatrix}$$

位移就是位置的移动, 物体内任意一点的位移, 用它在三个坐标轴上的投影来表示。

一般而言, 弹性体内任意一点的体力、面力、应力、应变和位移都是随该点的位置而变的, 因而都是位置坐标的函数。

2. 弹性力学的基本假设[2]

在导出方程时, 如果精确考虑所有各方面的因素, 则会非常复杂, 所以在用弹性力学解决问题时, 往往采用如下这些假定。

连续性假定: 假定整个物体的体积都被组成这个物体的介质所填满, 不留下任何空隙。

完全弹性假定: 假定物体服从胡克定律 —— 应变与引起该应变的应力成比例, 反映这种比例关系的常数即为弹性常数。

均匀性假定: 假定物体是由同一材料组成, 可以取出该物体的任意一小部分来加以分析, 然后把分析的结果应用于整个物体。

各向同性假定: 假定物体的特性在所有各个方向都相同, 物体的弹性常数不随方向而变。

小变形假定: 假定物体受力以后, 整个物体所有各点的位移都远小于物体原来的尺寸, 并且应变和转角都远小于 1。

可以看到, 在滑坡灾害体运动过程中, 这些假设不能满足。也就是说, 如果用纯弹性力学的方法解决滑坡问题, 往往得不到满意的结果。

3. 空间问题的基本理论[3]

弹性力学边值问题所受到的载荷包括体力、面力、给定的边界位移。在笛卡儿坐标系下, 弹性力学的基本方程包括平衡方程、几何方程 (含协调方程) 和本构方程。

1) 平衡方程

对于三维问题, 其平衡方程为

$$\left.\begin{array}{l}\dfrac{\partial \sigma_x}{\partial x} + \dfrac{\partial \tau_{xy}}{\partial y} + \dfrac{\partial \tau_{xz}}{\partial z} + X = \rho a_x \\[2mm] \dfrac{\partial \tau_{yx}}{\partial x} + \dfrac{\partial \sigma_y}{\partial y} + \dfrac{\partial \tau_{yz}}{\partial z} + Y = \rho a_y \\[2mm] \dfrac{\partial \tau_{zx}}{\partial x} + \dfrac{\partial \tau_{zy}}{\partial y} + \dfrac{\partial \sigma_z}{\partial z} + Z = \rho a_z \end{array}\right\} \tag{6.6}$$

用张量表示

$$\sigma_{ij,j} + \boldsymbol{F}_i = \rho a_i \quad (i, j = x, y, z) \tag{6.7a}$$

如果不考虑加速度项, 也就是惯性项, 那么弹性力学平衡方程可以简化为

$$\sigma_{ij,j} + \boldsymbol{F}_i = 0 \quad (i, j = x, y, z) \tag{6.7b}$$

2) 几何方程

对于小变形，几何方程包括柯西应变张量和变形协调方程。

应变张量和位移的关系为

$$
\left.
\begin{aligned}
\varepsilon_x &= \frac{\partial u}{\partial x}, \quad \gamma_{xy} = \frac{\partial v}{\partial x} + \frac{\partial u}{\partial y} \\
\varepsilon_y &= \frac{\partial v}{\partial y}, \quad \gamma_{yz} = \frac{\partial w}{\partial y} + \frac{\partial v}{\partial z} \\
\varepsilon_z &= \frac{\partial w}{\partial z}, \quad \gamma_{zx} = \frac{\partial u}{\partial z} + \frac{\partial w}{\partial x}
\end{aligned}
\right\}
\tag{6.8}
$$

其中，u, v, w 是三个方向的位移。也可以用张量表示

$$
\varepsilon_{ij} = \frac{1}{2}(u_{i,j} + u_{j,i}) \quad (i, j = x, y, z)
$$

由应变位移关系导出的应变协调方程为

$$
\left.
\begin{aligned}
\frac{\partial^2 \varepsilon_x}{\partial y^2} + \frac{\partial^2 \varepsilon_y}{\partial x^2} &= \frac{\partial^2 \gamma_{xy}}{\partial x \partial y}, \quad \frac{\partial}{\partial x}\left(\frac{\partial \gamma_{zx}}{\partial y} + \frac{\partial \gamma_{xy}}{\partial z} - \frac{\partial \gamma_{yz}}{\partial x}\right) = 2\frac{\partial^2 \varepsilon_x}{\partial y \partial z} \\
\frac{\partial^2 \varepsilon_y}{\partial z^2} + \frac{\partial^2 \varepsilon_z}{\partial y^2} &= \frac{\partial^2 \gamma_{yz}}{\partial y \partial z}, \quad \frac{\partial}{\partial y}\left(\frac{\partial \gamma_{xy}}{\partial z} + \frac{\partial \gamma_{yz}}{\partial x} - \frac{\partial \gamma_{zx}}{\partial y}\right) = 2\frac{\partial^2 \varepsilon_y}{\partial z \partial x} \\
\frac{\partial^2 \varepsilon_z}{\partial x^2} + \frac{\partial^2 \varepsilon_x}{\partial z^2} &= \frac{\partial^2 \gamma_{zx}}{\partial z \partial x}, \quad \frac{\partial}{\partial z}\left(\frac{\partial \gamma_{yz}}{\partial x} + \frac{\partial \gamma_{zx}}{\partial y} - \frac{\partial \gamma_{xy}}{\partial z}\right) = 2\frac{\partial^2 \varepsilon_z}{\partial x \partial y}
\end{aligned}
\right\}
\tag{6.9}
$$

3) 本构方程

对于各向同性弹性体，本构关系为广义胡克定律，即

$$
\left.
\begin{aligned}
\varepsilon_x &= \frac{1}{E}[\sigma_x - \nu(\sigma_y + \sigma_z)], \quad \gamma_{xy} = \frac{\tau_{xy}}{G} \\
\varepsilon_y &= \frac{1}{E}[\sigma_y - \nu(\sigma_z + \sigma_x)], \quad \gamma_{yz} = \frac{\tau_{yz}}{G} \\
\varepsilon_z &= \frac{1}{E}[\sigma_z - \nu(\sigma_x + \sigma_y)], \quad \gamma_{zx} = \frac{\tau_{zx}}{G}
\end{aligned}
\right\}
\tag{6.10}
$$

其中，E, G, ν 为三个弹性系数。如果引入拉梅常数 λ, μ，则广义胡克定律还可写为

$$
\left.
\begin{aligned}
\sigma_x &= \lambda\theta + 2\mu\varepsilon_x, \quad \tau_{xy} = \mu\gamma_{xy} \\
\sigma_y &= \lambda\theta + 2\mu\varepsilon_y, \quad \tau_{yz} = \mu\gamma_{yz} \\
\sigma_z &= \lambda\theta + 2\mu\varepsilon_z, \quad \tau_{zx} = \mu\gamma_{zx}
\end{aligned}
\right\}
\tag{6.11}
$$

其中，θ 为体应变；μ 也称为切变模量，常记做 G。拉梅常数和工程材料常数之间的关系为

$$
E = \frac{\mu(3\lambda + 2\mu)}{\lambda + \mu}, \quad \nu = \frac{\lambda}{2(\lambda + \mu)}
\tag{6.12}
$$

上述方程加上边界条件就构成了完整的弹性力学边值问题。

4. 空间问题的基本解法[2]

弹性力学中空间问题的常用解法有位移解法、位移势函数解法、应力解法、应力势函数解法等。这里详细介绍位移解法。

位移解法是以 3 个位移分量为基本未知函数,将应力和应变用位移表示,并建立只含位移分量的方程组。为此,将集合方程代入本构方程,得

$$\boldsymbol{\sigma} = \lambda\theta\boldsymbol{I} + G(\nabla\boldsymbol{u} + \boldsymbol{u}\nabla)$$
$$= \lambda\theta\cdot\boldsymbol{u}\boldsymbol{I} + G(\nabla\boldsymbol{u} + \boldsymbol{u}\nabla) \tag{6.13}$$

再将式 (6.13) 代入平衡方程,得

$$\lambda\nabla\cdot(\nabla\cdot\boldsymbol{u}\boldsymbol{I}) + G\nabla\cdot(\nabla\boldsymbol{u} + \boldsymbol{u}\nabla) + \boldsymbol{f} = 0 \tag{6.14a}$$

化简后,有

$$(\lambda + G)\nabla\nabla\cdot\boldsymbol{u} + G\nabla^2\boldsymbol{u} + \boldsymbol{f} = 0 \tag{6.14b}$$

方程 (6.14b) 被称为拉梅方程,位移解法就归结为在边界条件下求解拉梅方程,求得位移,然后由几何方程求得应变,由物理方程求得应力。

5. 弹塑性力学的基本方程

弹塑性力学中,几何方程和平衡方程均与弹性力学的相同,区别在于本构方程。物体受力后,其应力状态可能一部分处于弹性阶段,另一部分处于塑性阶段,这两个阶段的本构方程是不同的,下面分别列出。

1) 弹性区域的本构方程

弹性区域,应力应满足屈服不等式 $f(\boldsymbol{\sigma}) \leqslant 0$,本构关系为广义胡克定律,与弹性力学的相同。

2) 塑性区域的本构方程

对于塑性区域,如果处于初始屈服阶段,应力应满足屈服函数式 $f(\boldsymbol{\sigma}) = 0$。根据增量理论,应变增量满足

$$\mathrm{d}\varepsilon_{ij} = \frac{1}{2G}\mathrm{d}s_{ij} + \frac{3\mathrm{d}\varepsilon_i}{2\sigma_i}s_{ij} \tag{6.15}$$

其中, σ_i 为球应力矢量, s_{ij} 为偏应力张量。

上述基本方程加上屈服条件和边界条件就构成了弹塑性力学的边值问题。

基于变分原理的有限元方法,是目前最常用的分析连续固体的方法,其基本原理可见 6.2.2 节和 6.5.2 节。

固体力学的方程是研究滑坡问题的最基本的方程,大部分工作都要以此作为出发点。在连续介质模型下,固体力学的方程分为两类,一类是双曲型方程研究波

动问题，物探、微震监测的反分析属于此类；另一类是椭圆型方程，研究固体材料的变形，用于滑坡静态力学分析。这些方法已经广泛应用，有了商用软件，可以直接计算。然而，仅有固体力学的知识和试图用固体力学解决滑坡问题所给出的结论总是难以令地质专家信服，或偏离问题太远或带有更多的人为性。

6.1.3　流体介质的基本方程 [4]

质量守恒定律、动量定理、能量守恒定律、热力学定律以及流体的物性，它们在流体力学中的表达形式组成了制约流体运动的基本方程。滑坡当中主要有两个方面的问题和流体有关，一个是渗流，另一个是泥石流和碎屑流。

1. 连续性方程

质量守恒定律告诉我们，同一流体的质量在运动过程中不生不灭。在流体中取由一定流体质点组成的物质体，其体积为 τ，质量为 m，则 $m = \int_\tau \rho \delta\tau$，$m$ 对时间的全导数为零，可以得出积分形式的连续性方程

$$\int_\tau \frac{\partial \rho}{\partial t} \delta\tau + \int_S \rho v_n \delta S = 0 \tag{6.16}$$

由于体积是任意选取的，还可以得到微分形式的连续性方程

$$\frac{\partial \rho}{\partial t} + \nabla \cdot (\rho \boldsymbol{v}) = 0 \tag{6.17}$$

对于不可压缩流体，$\dfrac{\mathrm{d}\rho}{\mathrm{d}t} = 0$，于是不可压缩流体的连续性方程为 $\nabla \cdot \boldsymbol{v} = 0$。

2. 运动方程

流体的运动方程可以从动量定理出发进行推导。

任取一体积为 τ 的流体，它的边界为 S。根据动量定理，体积 τ 中流体动量的变化率等于作用在该体积上的质量力和面力之和。以 $\boldsymbol{F}$ 表示作用在单位质量上的质量力分布函数，而 $\boldsymbol{p}_n$ 为作用在单位面积上的面力分布函数。于是，动量定理可以写为

$$\int_\tau \frac{\partial(\rho\boldsymbol{v})}{\partial t} \delta\tau + \int_S \rho v_n \boldsymbol{v} \delta S = \int_\tau \rho \boldsymbol{F} \delta\tau + \int_S \boldsymbol{p}_n \delta S \tag{6.18}$$

这就是积分形式的动量方程，响应的微分形式为

$$\rho \frac{\mathrm{d}\boldsymbol{v}}{\mathrm{d}t} = \rho \boldsymbol{F} + \nabla \cdot \boldsymbol{P} \tag{6.19}$$

其中，$\boldsymbol{P}$ 为流体应力张量。

3. 能量方程

能量守恒定律可表达为：体积 τ 内流体的动能和内能的改变率等于单位时间内质量力和面力所做的功加上单位时间内给予体积 τ 的热量。在体积 τ 内，动能和内能的总和是 $\int_\tau \rho \left(U + \dfrac{v^2}{2} \right) \mathrm{d}\tau$，质量力和面力所做的功分别为 $\int_\tau \rho \boldsymbol{F} \cdot \boldsymbol{v} \mathrm{d}\tau$ 和 $\int_S \boldsymbol{p}_\mathrm{n} \cdot \boldsymbol{v} \mathrm{d}S$，单位时间内由于热传导通过表面传给体积内的热量为 $\int_S k \dfrac{\partial T}{\partial n} \mathrm{d}S$，其中 k 是热传导系数，T 是温度。设 q 为由于辐射或其他原因在单位时间内传入单位质量的热量分布函数，则由于辐射或其他原因传入 τ 内的总热量为 $\int_\tau \rho q \mathrm{d}\tau$。

现在能量守恒定律可以写为

$$\int_\tau \frac{\partial}{\partial t} \left[\rho \left(U + \frac{v^2}{2} \right) \right] \mathrm{d}\tau + \int_S v_\mathrm{n} \left(U + \frac{v^2}{2} \right) \mathrm{d}S$$
$$= \int_\tau \rho \boldsymbol{F} \cdot \boldsymbol{v} \mathrm{d}\tau + \int_S \boldsymbol{p}_\mathrm{n} \cdot \boldsymbol{v} \mathrm{d}S + \int_S k \frac{\partial T}{\partial n} \mathrm{d}S + \int_\tau \rho q \mathrm{d}\tau \tag{6.20}$$

这就是积分形式的能量方程，相应的微分形式的能量方程为

$$\rho \frac{\mathrm{d}}{\mathrm{d}t} \left(\frac{1}{2} v_i v_i \right) + \rho \frac{\mathrm{d}U}{\mathrm{d}t}$$
$$= \rho F_i v_i + \frac{\partial (p_{ij} v_j)}{\partial x_i} + \frac{\partial}{\partial x_i} \left(k \frac{\partial T}{\partial x_i} \right) + \rho q \tag{6.21}$$

4. 本构方程

应力张量和变形速度张量之间的关系满足广义牛顿公式的流体称为牛顿流体，否则称为非牛顿流体。牛顿流体的本构方程如下：

在作斯托克斯假定 $p = -\dfrac{1}{3}(p_{xx} + p_{yy} + p_{zz})$ 的条件下，应力张量和变形速度张量之间的关系可写成

$$p_{ij} = -p\delta_{ij} + 2\mu \left(s_{ij} - \frac{1}{3} s_{kk} \delta_{ij} \right)$$
$$\boldsymbol{P} = -p\boldsymbol{I} + 2\mu \left(\boldsymbol{S} - \frac{1}{3} \boldsymbol{I} \nabla \cdot \boldsymbol{v} \right) \tag{6.22}$$

需要注意的是，尽管牛顿流体的适用范围很广，滑坡表面的碎屑流和泥石流却都不是牛顿流体。有些研究者采用宾汉姆流体本构研究泥石流，采用散体 (颗粒流) 模型描述碎屑流。

5. 状态方程

对于不可压缩流体, 液体的密度和体积是不随压力和温度改变的常数, 所以状态方程为

$$TdS = CdT$$

$$\frac{d\rho}{dt} = 0 \tag{6.23}$$

文献 [15] 中, 使用 CFD(计算流体动力学) 软件对泥石流中固体物质以土为主的 Bingham 型黏性泥石流流体进行了三维数值模拟, 得出了流场的相关力学指标和泥石流速度场及压力场的大小与分布, 并实现了泥石流模拟结果的显示。在模拟过程中, 并没有考虑泥石流和沟谷的相互作用, 而是将沟谷当成光滑壁面处理, 这和实际情况并不相符, 所以单纯使用计算流体动力学软件模拟泥石流, 有一定的局限性。

N-S 方程主要用于研究涌浪问题、碎屑流、泥石流问题, 所给出的结果都还有待于深入的探讨。有待于深入研究的问题包括: 自由表面问题, 混合材料的本构关系, 计算阻尼偏大。笔者认为其核心在于连续介质模型的假设太强, 需要在理论模型上突破。

6.1.4　流体弹塑性

流体弹塑性模型是由郑哲敏院士和 Wilkins 分别独立提出的[26-28]。流体弹塑性模型诞生于地下核爆炸实际当量估算的工作。在爆炸近区, 存在固体区、液体区和中间区; 空间上, 离爆源近的区域是液体区, 远的区域是固体区; 时间上, 近区岩石早期是液体, 晚期是固体。流体和固体的时间和空间边界很难确定, 这也给当量估算提出了很大的挑战。

郑哲敏提出的流体弹塑性模型正是为了描述固体液体过渡中间区的力学性质而提出的, 这个模型借鉴了流体介质基本方程的组成形式, 又在其中加入了固体所有的剪切变形能, 给出了全新的流体弹塑性介质的基本方程, 在爆炸力学中发挥着不可替代的作用。

在球对称问题中, 流体弹塑性介质的基本方程可以表达为:

(1) 连续性方程

$$\frac{\partial R}{\partial r} = \frac{\rho_0 r^2}{\rho R^2}$$

其中, $R(r,t)$ 为欧拉坐标; r 为拉格朗日坐标, 径向位移 $u = R - r$。

(2) 运动方程

$$\rho \frac{\partial v}{\partial t} + \frac{\rho R^2}{\rho_0 r^2} \frac{\partial p}{\partial r} + \frac{\rho R^2}{\rho_0 r^2} \frac{4}{3} \frac{\partial \tau}{\partial r} + \frac{4\tau}{R} = 0$$

其中，v 是径向质点速度，p 是径向压力，τ 是主剪应力。式中 $\dfrac{\rho R^2}{\rho_0 r^2}\dfrac{4}{3}\dfrac{\partial \tau}{\partial r}+\dfrac{4\tau}{R}$ 对应

固体介质中剪应力，$\dfrac{\rho R^2}{\rho_0 r^2}\dfrac{\partial p}{\partial r}$ 对应流体介质中的压力。

(3) 能量方程

$$\frac{\partial E_{\mathrm{T}}}{\partial t}=\frac{\partial E_{\mathrm{v}}}{\partial t}+\frac{\partial E_{\mathrm{s}}}{\partial t}=\frac{p}{\rho^2}\frac{\partial \rho}{\partial t}+\frac{4}{3}\frac{\tau}{\rho}\left(\frac{v}{R}-\frac{\partial v}{\partial r}\Big/\frac{\partial R}{\partial r}\right)$$

其中，E_{T} 代表总能量，E_{v} 代表体积变性能，E_{s} 代表剪切变形能。

(4) 本构方程

采用塑性本构，在弹性区和塑性卸载区，剪应力满足

$$\frac{\partial}{\partial t}\frac{\tau}{\rho}=\frac{G}{\rho}\frac{\partial \gamma}{\partial t}$$

其中，γ 是主剪应变，G 是剪切模量。在塑性加载区，剪应力满足

$$\frac{\tau}{\rho}=\pm\frac{1}{\rho_0}(Y_0+\alpha\mathrm{th}\beta p)$$

其中，Y_0,α,β 是材料的屈服条件常数。

(5) 状态方程

$$E_{\mathrm{v}}=E_v(p,\rho),\quad E_{\mathrm{s}}=\frac{4}{3}\frac{\rho_0}{G}\left(\frac{\tau}{\rho}\right)^2$$

在这些方程中，运动方程和能量方程与流体介质的方程有所差别。原本属于固体力学的剪应力和剪切变形能被加入了流体介质的方程。同时剪应力和剪应变的大小也用来判断岩石所处的状态，区分了固体区、液体区和流体弹塑性区。

不只在爆炸力学领域，在滑坡问题中流体弹塑性模型也很有价值。滑坡处于运动性破坏阶段时，滑体像流体一样大范围运动，但是其中的土石之间依然存在摩擦和剪应力，这就符合流体弹塑性的基本模型。而通过郑哲敏提出的岩土材料强度与动水压力之比 (比强度)，则可以区分滑体中哪些部分适合使用流体介质进行描述，哪些部分适合使用流体弹塑性模型进行描述。

6.2　基于分析力学建立的运动方程

6.1 节中所列的内容构成一个完整的牛顿力学的体系。同样，以哈密顿原理和拉格朗日方程为基础的分析力学也是自成体系的。分析力学和牛顿力学的区别是在形式上和方法上的，假设和观念上没有区别，都是处理宏观物体、低速运动问题[5]。在实际应用中，往往根据需求选择采用矢量力学还是分析力学。在本节中，将介绍分析力学体系下的质点，固体、流体的运动规律。

在分析力学中，广义坐标是一个关键概念，也是主要的研究对象，在具体介绍各个系统的分析力学方程之前，首先介绍一下广义坐标。

对于完整的力学系，独立坐标的个数被称为力学系的自由度，用 s 表示。如果 n 个质点的力学系受到 k 个完整约束，则系统的自由度为 $s = 3n - k$。我们可以把力学系的 $3n$ 个坐标用 s 个独立变量 $q_1, q_2, \cdots, q_s$ 表示出来。这 s 个独立变量被称为力学系的广义坐标。广义坐标的选取具有极大的任意性，我们应该根据各种问题的具体特征，选取能反映力学系特征的广义坐标[5]。

广义坐标是坐标概念的推广和概括，由此导致力学中一系列概念的推广，有广义速度、广义动量、广义力、广义能量等。

6.2.1　质点-刚体运动的运动方程

在矢量力学中，使用力系的平衡方程处理平衡问题；在分析力学中，使用虚功处理平衡问题，这一条件被称为虚功原理，表述为：受定常、理想约束的质点系，其平衡的充要条件是所有主动力在任何虚位移上的总虚功等于零[5]。

如同虚功原理所表达的，它处理的是静力学问题，对于惯性系中动力学问题，可以用达朗贝尔原理将其转化为加速系中的静力学问题。达朗贝尔原理表示：作用在质点上的主动力，约束力和惯性力构成了一个平衡力系，即[5]

$$\boldsymbol{F}_i + \boldsymbol{R}_i + (-m_i \ddot{\boldsymbol{r}}_i) = 0 \tag{6.24}$$

如果力学系只受到理想约束，则用虚位移标乘式 (6.24)，可得[5]

$$\sum_{i=1}^{n} (\boldsymbol{F}_i - m_i \ddot{\boldsymbol{r}}_i) \delta \boldsymbol{r}_i = 0 \tag{6.25}$$

由于系统受约束，虚位移不独立，所以要用广义坐标改写式 (6.25)，得到[5]

$$\sum_{i=1}^{n} \boldsymbol{F}_i \cdot \frac{\partial \boldsymbol{r}_i}{\partial q_\alpha} - \sum_{i=1}^{n} m_i \ddot{\boldsymbol{r}}_i \cdot \frac{\partial \boldsymbol{r}_i}{\partial q_\alpha} = 0 \tag{6.26}$$

式 (6.26) 就是广义坐标下的动力学方程。

如果是在矢量力学中，我们的工作就已经完成了。但是分析力学之所以可以拓展到其他的物理领域，正是因为它拥有以系统能量为核心的一般的拉格朗日方程作为动力学方程。拉格朗日方程也是后面处理其他系统的最主要工具，下面介绍这一重要结论。

式 (6.26) 中第一项是作用在质点系上的广义力 Q_α，第二项是作用在质点系上的惯性力所对应的广义力，以 S_α 表示，有[5]

$$S_\alpha = \frac{\mathrm{d}}{\mathrm{d}t} \sum_{i=1}^{n} m_i \left(\dot{\boldsymbol{r}}_i \cdot \frac{\partial \boldsymbol{r}_i}{\partial q_\alpha} \right) - \sum_{i=1}^{n} m_i \left(\boldsymbol{r}_i \cdot \frac{\mathrm{d}}{\mathrm{d}t} \frac{\partial \boldsymbol{r}_i}{\partial q_\alpha} \right) \tag{6.27}$$

由质点组动能的定义 $T = \sum\limits_{i=1}^{n} \frac{1}{2} m_i v_i^2 = \sum\limits_{i=1}^{n} \frac{1}{2} m_i \dot{\boldsymbol{r}}_i \cdot \dot{\boldsymbol{r}}_i$，质点组的动力学可以简化为[5]

$$\frac{\mathrm{d}}{\mathrm{d}t} \frac{\partial T}{\partial \dot{q}_\alpha} - \frac{\partial T}{\partial q_\alpha} = Q_\alpha \tag{6.28}$$

可以看出，拉格朗日方程 (6.28) 是质点组在广义坐标下，以能量为核心，不含约束力的基本动力学方程。由于拉格朗日方程的核心是能量，而不是力和加速度，所以它比牛顿方程更加抽象，更加概括。又由于能量是物理学各个部分普遍研究的对象，所以更便于把力学的方法与结果推广和应用到其他领域中去[5]。

对于刚体系统，其动能本质上是质点系的动能总和。但是由于刚体运动的特点，质点系的运动可以分解为质心的平动和绕质心的转动。刚体系统的动能可以表示为

$$T = \sum_{i=1}^{n} \frac{1}{2} m_i v_i^2 = \frac{1}{2} M v_c^2 + \sum_{i=1}^{3} \frac{1}{2} I_i \omega_i^2 \tag{6.29}$$

其中，M 是总质量；$\boldsymbol{v}_c$ 是质心速度；$I_i = I_x, I_y, I_z$ 是刚体沿三个主轴的转动惯量；$\boldsymbol{\omega}$ 是绕三个主轴的转动角速度。如果系统只受理想约束，将上述刚体系统的动能代入拉格朗日方程，可以得到刚体系统的动力学方程

$$\begin{aligned} \frac{\mathrm{d}}{\mathrm{d}t} \frac{\partial T}{\partial \dot{v}_c} - \frac{\partial T}{\partial v_c} &= F_c \\ \frac{\mathrm{d}}{\mathrm{d}t} \frac{\partial T}{\partial \dot{\omega}_i} - \frac{\partial T}{\partial \omega_i} &= M_i \end{aligned} \tag{6.30}$$

$$\begin{aligned} M \dot{v}_c &= F_c \\ \frac{\mathrm{d}}{\mathrm{d}t} I_i \omega_i &= M_i \end{aligned} \tag{6.31}$$

即为刚体的动量和动量矩定理[1]。

拉格朗日方程用于质点、刚体系统是最为经典的表述方法。拉格朗日方程用于研究连续介质将在后面几节介绍。

6.2.2 固体介质的基本方程

本节主要介绍将分析力学中的变分方法用于弹性力学问题的一些基本结果。

6.1.2 节中的第四部分给出了弹性力学中空间问题的位移解法，下面我们将讨论如何把这一微分方程在齐次边界条件限制下定解问题转化为能量泛函的极小值问题[6]。

位移解法的微分方程可以改写为 (在弹性体区域内)

$$(\boldsymbol{A}u)_i = A_{ij} u_j = -\left[(\lambda + G) \frac{\partial}{\partial x} \left(\frac{\partial u_k}{\partial x_k} \right) + G \nabla^2 u_i \right] = f_i \tag{6.32}$$

其中，A 为弹性理论微分算子，共有 9 个分量。可以证明，A 在弹性区域和边界上都是正和对称的，根据变分基本定理，便可以构造弹性体的总势能泛函

$$\Pi_{\mathrm{p}}(\boldsymbol{u}) = \int_{\tau} \sigma_{ij}\varepsilon_{ij}\mathrm{d}\tau - \int_{\tau} f_i u_i \mathrm{d}\tau \tag{6.33}$$

根据变分基本定理的结论，按位移求解的弹性力学边值问题完全等价于求解弹性体的总势能泛函 (6.33) 的极值问题。对于边值问题，找到微分方程的解是非常困难的，而对于求泛函极值的问题，我们可以求得它的近似解，这就为弹性力学在实际问题中的应用找到了道路。关于应用变分原理求解弹性力学问题近似解的具体方法的内容，参见 6.5.2 节。

采用有限单元法配合塑性屈服准则，建立土质边坡的非线性有限元模型，采用强度折减法进行稳定性分析，可以给出边坡的滑动面及安全系数[14]。对于初始状态均匀的边坡，这种方法是适用的，但是自然界中的滑坡，其现有状态就是节理大量发育的，采用连续均匀模型往往得不到好的效果。

在拉格朗日方程中，本构关系只有弹性阶段在势能项中，塑性本构、断裂能消耗均应列入外力所做的功。直接建立塑性本构关系，是将弹性和塑性统一表达写成能量泛函，该本构关系完全从试验获得。本构关系依赖于试验，本身是由固体力学理论的不完备决定的，而将简单条件下试验得到的结论直接应用于更复杂的地质体和应力–应变状态，表现为固体破坏的尺寸效应，依然是固体力学中的难题。

6.2.3 流体介质的基本方程

1977 年，Leech 在其题为 *Hamilton's Principle Applied to Fluid Mechanics* 的文章中，应用哈密顿原理导出流体动力学方程[7]。陈至达在其著作《有理力学》中，在连续体力学统一 Lagrange 方程中把流体作为一个特例，也推出了 N-S 方程。下面简介 Leech 的推导流程和结论。

同固体一样，推导的出发点依然是哈密顿原理：$\int_{t_1}^{t_2}(\delta T^* + \delta W)\mathrm{d}t = 0$，也就是在可能运动中，真实运动使动能和外力的虚功取极值。如果考虑到外力分为保守力和非保守力，哈密顿原理也可以表示为

$$\delta \int_{t_1}^{t_2} (T^* - K)\mathrm{d}t + \int_{t_1}^{t_2} \boldsymbol{F}_{\mathrm{D}} \cdot \delta \boldsymbol{u}\mathrm{d}t = 0 \tag{6.34}$$

其中，K 是保守力的势，$\boldsymbol{F}_{\mathrm{D}}$ 是非保守力，$\boldsymbol{u}$ 是流体位移。

将上述原理运用到流体上，流体的动能 $T^* = \int_V \frac{1}{2}\rho\boldsymbol{v}\cdot\boldsymbol{v}\mathrm{d}V$，其中 $\boldsymbol{v}$ 为流体的速度。动能的变分为 $\delta T^* = \int_V \rho\boldsymbol{v}\cdot\delta\boldsymbol{v}\mathrm{d}V$。流体应力所做的虚功为：$\delta W =$

$-\int_V \tau_{ij}\delta\varepsilon_{ij}\mathrm{d}V$，$\tau$ 和 ε 分别是流体的应力和应变。将两部分能量变分代入哈密顿原理，并应用散度定律和应变位移关系，可以得到

$$\int_{t_1}^{t_2}\int_V \left\{\rho v_i\delta v_i + \frac{\partial \tau_{ij}}{\partial x_j}\delta u_i\right\}\mathrm{d}V\mathrm{d}t = 0 \tag{6.35}$$

考虑到位移对时间的导数就是速度，可以得到

$$\int_V \rho v_i\delta u_i\mathrm{d}V\bigg|_{t=t_1}^{t=t_2} - \int_{t_1}^{t_2}\int_V \left[\frac{\partial(\rho v_i)}{\partial t} + \frac{\partial(\rho v_i v_j)}{\partial x_j} - \frac{\partial \tau_{ij}}{\partial x_j}\right]\delta u_i\mathrm{d}V\mathrm{d}t = 0 \tag{6.36}$$

式 (6.36) 称为哈密顿原理的必要条件。对于一个运动系统，如果其在时间 t_1 和 t_2 的运动是已知的，那么式 (6.36) 中第一个积分为零，并且第二个积分的位移变分 δu_i 是任意的，所以有：

流体内部满足方程

$$\frac{\partial(\rho v_i)}{\partial t} + \frac{\partial(\rho v_i v_j)}{\partial x_j} = \frac{\partial \tau_{ij}}{\partial x_j} \tag{6.37}$$

流体边界满足方程

$$\tau_{ij}n_f = 0 \quad 或 \quad \delta u_i = 0 \tag{6.38}$$

下面解释一下式 (6.37) 和式 (6.38) 的物理意义。

式 (6.37)是流体满足的动量方程，如果我们考虑不可压缩的牛顿流体，应力退化为标量，即 $\dfrac{\partial \tau_{ij}}{\partial x_j} = -\dfrac{\partial p}{\partial x_i}$，代入式 (6.4) 就可以的到 N-S 方程：$\rho\dfrac{\mathrm{d}\boldsymbol{v}}{\mathrm{d}t} = -\nabla p$。

如果考虑可压缩黏性流体，密度不再能提到微分外面，同时引入黏性项的应力表达：

$$\tau_{ij} = -p\delta_{ij} + \mu\left(\frac{\partial u_i}{\partial x_j} + \frac{\partial u_j}{\partial x_i}\right)$$

其中，μ 是黏性系数，则可以得出可压缩黏性流的动量方程

$$\frac{\partial(\rho v_i)}{\partial t} + \frac{\partial(\rho v_i v_j)}{\partial x_j} = -\frac{\partial p}{\partial x_i} + \mu\frac{\partial}{\partial x_j}\left(\frac{\partial u_i}{\partial x_j} + \frac{\partial u_j}{\partial x_i}\right)$$

需要注意的是，无论可压缩流体还是不可压缩流体，都需要额外的连续性方程来求出压力 p 和速度场之间的关系，这样就可以由速度场这一独立自由度来描述流体问题了。

我们采用分析力学的方法，也可以得到和矢量力学一样的动量方程形式。这一方面说明了哈密顿原理可以用于流体运动，另一方面也告诉我们：对于确定的物理规律，结果不会因为采用的推导方法不同而有所改变。

式 (6.38) 是流体边界满足的方程，第一方程表示流体边界处应力无垂直表面分量，也就是流体应力在表面处不做功，对应自由表面这一边界条件；第二个方程表示流体的边界处的位移或者速度已知，对应位移或者速度边界条件。由于哈密顿原理要求流体团是确定的，所以式 (6.38) 告诉我们，对于一团确定的流体，其边界要么是自由的，要么是给定速度位移的，没有其他情况。

上述分析引起更进一步的思考，基于欧拉坐标系下的 N-S 方程是不含有广义位移的动量方程。这是流体系统固有的特性还是隐含了某种假设，都很值得深入思考和研究。

6.3　基于分析力学的连续–非连续介质力学

从本章前面几个小节的内容可以发现，同样是力学问题，固体通常采用拉格朗日坐标进行描述，流体通常采用欧拉坐标进行描述，是什么特性引起了这种区别？本节将首先讨论两种描述方法本身，然后给出不拘泥于一种坐标系的连续–非连续介质力学方法。

6.3.1　拉格朗日坐标系

拉格朗日坐标系中，物理量是定义在物质点或者物质团上的。以速度为例，速度是时间 t 和物质点编号 X 的函数 $v = v(X, t)$。物质运动或者变形过程中，物质点编号不会随着时间变换。对于质点组系统，选择拉格朗日坐标系是一种自然的选择；对于可变形固体问题，由于其变形通常很小，所以能够跟踪物质点的运动轨迹，拉格朗日坐标系也能很好地解决问题。

6.3.2　欧拉坐标系

欧拉坐标系中，物理量是空间位置的函数。同样考虑速度，速度是时间 t 和空间坐标 x 的函数 $v = v(x, t)$。但是，只有物质点才能携带速度等物理量，所以 v 代表的是在时刻 t 位于位置 x 的物质的速度。在物质运动过程中，处于位置 x 的物质点可以是不同的，所以对应的空间坐标就用 $x = (X, t)$ 来表示。对于流体运动来说，其中流体微团的运动轨迹可以十分复杂，拉格朗日坐标系就不再适合。描述物理量空间分布的欧拉坐标系不需要显式地写出运动轨迹，适合于描述流体运动。

6.3.3　力学问题与描述之间的关系

在宏观低速世界中，力学问题和力学规律是客观的，物体的力学性质与时空系的选择无关，不管观察者处于何种运动状态，他所观察到的力学性质都应该是相同的[11]。同样，力学问题和力学规律也不会因为描述所选择的坐标系不同而发生变化。值得注意的是，客观的规律不变，但是描述规律的数学形式是会随着坐标系的不同而发生变化的。下面以速度对时间求全导等于加速度为例来说明这个现象。

对于拉格朗日坐标系，物质点编号 X 不是时间的函数，所以有

$$\frac{\mathrm{d}}{\mathrm{d}t}v(X,t) = \frac{\partial v(X,t)}{\partial t} \tag{6.39}$$

对于欧拉坐标系，空间坐标 x 是物质点编号和时间的函数，所以有

$$\frac{\mathrm{d}}{\mathrm{d}t}v(x(X,t),t) = \frac{\partial v(x,t)}{\partial t} + \frac{\partial v(x,t)}{\partial x}\frac{\partial x(X,t)}{\partial t} = \frac{\partial v(x,t)}{\partial t} + v_i\frac{\partial v(x,t)}{\partial x_i} \tag{6.40}$$

由于描述的不同，同样的加速度，得出了不同的表达形式。式 (6.40) 与雷诺输运定律的结果是一致的。如果使用变分原理，从式 (6.39) 出发，可以推出固体的加速度牛顿第二定律，从式 (6.40) 出发可以推出 N-S 方程。规律的客观性告诉我们，如果我们对系统的描述是正确的，那么无论采用何种坐标系，都会得出正确的力学方程。

6.3.4 新的描述方法

6.3.1 节和 6.3.2 节中固体和流体的例子说明：选择一种符合力学问题特点的描述方法 (坐标系)，不会改变问题的结果，却可以简化结果的表达形式。基于这个原理，可以针对滑坡问题中泥石流部分提出一种新的描述方法，构建一种新的计算单元。

泥石流不是传统的流体力学问题，首先泥石流中包含自由表面，其次泥石流和山体表面不只有力和位移的相互作用，还有物质交换。所以，如果采用纯欧拉网格计算泥石流问题，将面临两个主要挑战：自由表面捕捉，流固耦合和互相转化。滑坡中的山体在数值模拟中采用拉格朗日网格，因此就需要一种能连接拉格朗日网格和欧拉网格的单元。在自由表面和流固界面附近采用这种单元，在山体内部仍然使用拉格朗日网格，在泥石流内部仍然使用欧拉网格，这样做，就有可能将泥石流放在现有的固体有限元计算框架中进行计算。

由于这种计算单元中既包括欧拉节点 (力学量是空间坐标的函数) 又包括拉格朗日节点 (力学量是质点编号的函数)，所以可以称为拉格朗日–欧拉混合单元 (L-E 混合单元)。就像其他描述方法一样，这种单元符合的力学方程也是要从变分原理出发推导得到的。对于一维的不可压缩流体单元，其拉格朗日函数和速度满足的方程分别为

$$L = \int_{x_d(t)}^{x_u(t)} \frac{1}{2}\rho v_x(x,t)v_x(x,t)\mathrm{d}x \tag{6.41}$$

$$v_x^2(x_u,t) - v_x^2(x_d,t) + \int_{x_d(t)}^{x_u(t)}\left[\frac{\partial v_x(x,t)}{\partial t} + v_x\frac{\partial v_x(x,t)}{\partial x}\right]\mathrm{d}x = f \tag{6.42}$$

其中，$x_u(X,t)$ 和 $x_d(X,t)$ 分别为右端和左端节点的拉格朗日运动。如果其中一端为欧拉节点，则拉格朗日运动速度为零；如果一端为流固边界，则拉格朗日运动速度为固体运动速度。随着节点边界的运动，单元体积会逐渐减小，当单元体积接近消失时，需要把临近的纯欧拉单元也转化为 L-E 混合单元。二维和三维情况下的方程也可以同理得到。

当然，对于其他的力学问题，也可以根据问题的特征建立所需的描述方法，只要根据变分原理求出对应的运动方程和几何方程，也可以建立一套新的计算框架，同样最终能得到代表客观规律的解答。

6.3.5　连续–非连续介质力学

连续–非连续介质力学是建立在变分原理基础上的混合了多系统，多种描述方式的研究物质宏观运动和变形的方法。

1. 拉格朗日方程在不同坐标系和积分域下的分类

拉格朗日方程 (6.28) 中只包含了动能项，包含动能和势能的拉格朗日函数可以写成

$$L = \int_\Omega (T - V)\,\mathrm{d}\Omega \tag{6.43}$$

其中，L 是系统的拉格朗日函数，T 是动能，V 是势能，Ω 是系统区域。在这个表达式中，除了函数形式外，还包含着积分区域和广义坐标两个要素。选取不同的形式的积分区域和广义坐标，动量方程的形式就不同。

积分区域分为拉格朗日区域和欧拉区域，拉格朗日区域表示研究区域是跟踪物质团的；欧拉区域表示在某一个时刻，物质团恰好在规定的固定空间内。两种积分区域的差别在于前者占据的空间区域总是随系统运动变化的，而后者是在选定的空间区域内。广义坐标也分为拉格朗日坐标和欧拉坐标。拉格朗日坐标指能量中的广义坐标都是定义在运动物质点上的，而欧拉坐标是定义在空间点上的。

根据积分区域和积分变量选取不同，拉格朗日方程可以成为如下的四种形式，并且可以对应常用的数值计算方法：

(1) LL 型单元。在拉格朗日区域内，用拉格朗日变量表达能量泛函

$$L = \int_{\Omega_L} [T(\dot{q}_{Lk}, q_{Lk}) - V(q_{Lk})]\,\mathrm{d}\Omega \tag{6.44}$$

其中，Ω_L 是包围所研究质点的物质团的体积，$\dot{q}_{Lk}, q_{Lk}$ 是定义在质点上的。颗粒离散元、刚体离散元、不断更新单元的形状的大变形有限元、边界元等从属于此类方程。

(2) EE 型单元。在欧拉区域内，用欧拉变量表达能量泛函

$$L = \int_{\Omega_E} [T(\dot{q}_{Ek}, q_{Lk}) - V(q_{Ek})] \, \mathrm{d}\Omega \tag{6.45}$$

其中，Ω_E 为在 t 时刻，在固定空间内的积分区域；$\dot{q}_{Ek}, q_{Ek}$ 是定义在固定坐标系上的。基于 N-S 方程类的微分方程的流体有限元属于此类算法，其特点是固定网格不变，物理量对时间的导数用输运定理。

(3) EL 型单元。在欧拉区域内，用拉格朗日变量表达能量泛函

$$L = \int_{\Omega_E} [T(\dot{q}_{Lk}, q_{Lk}) - V(q_{Lk})] \, \mathrm{d}\Omega \tag{6.46}$$

其中，Ω_E 为在 t 时刻，在固定空间内的积分区域；$\dot{q}_{Lk}, q_{Lk}$ 是定义在质点坐标上的。固体力学中的小变形方法可以认为是此类方法，这是因为在小变形的假设下，认为网格的形状保持不变。广义变量对时间的导数直接采用物理导数。

(4) LE 型单元。在拉格朗日区域内，用欧拉变量表达能量泛函，即

$$L = \int_{\Omega_L} [T(\dot{q}_{Ek}, q_{Ek}) - V(q_{Ek})] \, \mathrm{d}\Omega \tag{6.47}$$

其中，Ω_L 包围所研究质点的物质团的体积；$\dot{q}_{Ek}, q_{Ek}$ 是定义在空间坐标上的。此种类型的方法尚未见到。

2. 广义坐标的选取

由上面广义坐标的分类可以看出，力学中广义坐标的选取可以分成两部分，一部分是物理量的选取，如质点–刚体系统选择位移，质心位移，旋转角；另一部分是物理量描述方式的选取，如刚体离散元选择拉格朗日坐标。具体广义坐标的选取是根据问题来确定的。

首先，要确定研究问题中需要考虑哪些能量。在实际物理问题中，温度、变形、运动等因素都同时存在，但是其重要性却有所不同，在一个实际问题中，要根据量纲分析的结果筛选物理因素，只保留重要的几个因素，忽略其他不重要的因素。

其次，要根据问题中物质运动的特点来确定采用哪种坐标系。如果问题中物质大量分散，运动之后拓扑关系复杂，那么采用拉格朗日坐标就更接近实际；如果问题中物质大部分连续，但是运动距离很大，那么采用欧拉坐标系就是合适的选择。

3. 多系统耦合

拉格朗日方程最大的特点就是能够用于不同的物理问题，所以在这一框架中，多系统的耦合是自然完成的。式 (6.8) 中 L 是系统的总拉格朗日函数，L^S, L^F, L^D 分别是固体系统、流体系统、离散体系统的拉格朗日函数，L^C 是耦合效应的拉格

朗日函数。这些函数可以使用各自的广义坐标，它们广义坐标的合集就是整个系统的广义坐标。

$$L = L^{\mathrm{S}} + L^{\mathrm{F}} + L^{\mathrm{D}} + L^{\mathrm{C}} + \cdots \tag{6.48}$$

4. 破裂与非连续

对于一个连续的弹性力学系统，其弹性能的拉格朗日函数可以表示为

$$L = \int_{\Omega} \frac{1}{2} \sigma_{ij} \varepsilon_{ij} \mathrm{d}\Omega \tag{6.49}$$

而如果这个区域发生了破裂，一分为二，其弹性能的拉格朗日函数为

$$L = \int_{\Omega_1} \frac{1}{2} \sigma_{ij} \varepsilon_{ij} \mathrm{d}\Omega + \int_{\Omega_2} \frac{1}{2} \sigma_{ij} \varepsilon_{ij} \mathrm{d}\Omega \int_{\partial\Omega_{12}} E_{\partial\Omega} \mathrm{d}\partial\Omega \tag{6.50}$$

其中，等式右边第三项中有关破裂能的要素不是传统意义上的应力–应变关系，它关系到破裂面积、破裂过程中消耗的能量、破裂后消耗的摩擦能等。在这种表述下，系统在破裂前和破裂后能量守恒，同时采用同一套广义坐标进行描述。这种特点也是连续–非连续介质力学的优点之一。

6.3.6　拉格朗日方程用于具体数值方法

变分原理和拉格朗日方程不只能用于建立不同介质的运动方程，同时也能在具体的数值方法中给出特定离散形式下的动量方程。拉格朗日方程本身是积分 — 微分方程，基于此认识各种有限元方法，建立形函数的过程就是选择合理的广义位移和广义速度，形成刚度矩阵的过程就是完成在单元内部积分的过程。有了这样的基本认识，就可以灵活运用拉格朗日方程，不再制约于有限元方法的基本思路。比如，可以在局部坐标系下选择广义位移，给出更高精度的计算方法 (详见第 7 章弹簧元方法)。

在 Darryl D. Holm 的工作中[21]，变分原理被用于研究流体运动中平均流速和小速度波动各自满足的规律。流速运动速度被分解为拉格朗日坐标下的平均值和波动值，欧拉坐标下的平均值和波动值，Holm 给出了这几种速度所满足的方程。这个工作正是采用了两个尺度上的速度作为广义速度，应用变分原理的结果。

6.4　力学方程表达中的本构关系和强度

从 6.1 节和 6.2 节中可以发现，基于牛顿定律的运动方程中，本构关系是一个独立的方程，其具体形式是需要通过试验获得的；而在基于分析力学的方程中，本构关系隐藏在能量的表达式中。两者产生这种区别的本质原因在于：分析力学中，能量完全用独立自由度表达是一个前提条件，而人们是如何知道这种表达形式的

呢？对于简单的物质，其表达形式是众所周知的；对于实际材料，能量的表达形式也是通过试验然后推导得到的。通过试验获得材料的本构关系和强度，正是力学的一个独特贡献。

从 6.1 节建立的力学方程可以看出，同类介质所满足的力学方程在形式上是相同的，不同材料的区别体现在应力、应变、本构关系和强度理论中。本节将简要叙述最常用的本构关系和强度理论。

6.4.1 线性弹性本构关系[9]

力学参数 (应力、应力速率等) 和运动学参数 (应变、应变速度等) 之间的关系式称为本构关系。线弹性体的本构方程中，应力分量和应变分量之间存在线性关系，称为广义胡克定律。

对于各向同性弹性体，在 6.1.2 节中讨论固体介质满足的力学方程时，就已经引入了这一定律，式 (6.10)~ 式 (6.12) 就是广义胡克定律的数学表达。三个弹性系数中 E 为杨氏模量，G 为剪切模量，ν 为泊松比，这三个系数中只有两个是独立的。

对于各向异性弹性体，广义胡克定律的一般形式为

$$\sigma_{ij} = C_{ijkl}\varepsilon_{kl} \tag{6.51}$$

弹性常数 C 共有 81 个分量，但是经过对称性分析，其中独立的分量只有 21 个。如果材料还满足更多的对称性，则独立分量数还会继续减少。对于有一个弹性对称面的材料，独立的弹性常数减少到 13 个；正交各向异性的，减少到 9 个；横观各向异性的，减少到 5 个；各项同性的，减少到 2 个。

6.4.2 塑性本构关系[22]

在材料由弹性状态进入塑性状态后，应力–应变关系不再服从广义胡克定律。屈服条件，即在载荷作用下，物体内某一点开始产生塑性变形，进入塑性状态时，应力所必须满足的条件。对于简单应力状态，材料的破坏或者屈服应力可以通过试验确定。对于复杂应力状态，无论是对于理论分析，还是工程应用，建立一个屈服条件的函数形式都是自然的选择。假设屈服条件函数只是应力的函数，则有

$$f(\sigma_{ij}) = 0 \tag{6.52}$$

该式也被称为初始屈服函数。对于各向同性材料，坐标方向的变换和平均压力均不会影响屈服点，所以各向同性材料的屈服函数只是应力偏量 s_{ij} 的函数。

$$f(s_{ij}) = 0 \tag{6.53}$$

初始屈服条件只与材料的应力状态有关, 不包含加载历史, 对于变形体内经历过塑性变形或者破坏的点, 这种条件不一定继续适用。针对这一特点, 塑性材料可以被分为理想弹塑性材料和塑性强化材料等。对于理想弹塑性材料, 其初始屈服条件与后继屈服条件相同; 对于塑性强化材料, 其后继屈服条件是加载历史和当时应力状态的函数。常用的屈服函数 (条件) 包括屈雷斯加屈服条件和米塞斯屈服条件。

对于已经进入塑性状态的材料, 其本构关系是非线性和不唯一的, 因此, 很难建立一个全量形式的塑性应力–应变关系。建立增量应力与增量应变之间塑性本构关系的增量理论就是为了解决这一困难。与米塞斯屈服条件相关联的增量理论本构方程可以表示为

$$\mathrm{d}\varepsilon_{ij} = \frac{3}{2}\frac{\mathrm{d}\varepsilon_i}{\sigma_i}s_{ij} \tag{6.54}$$

其中, $\mathrm{d}\varepsilon_{ij}$ 是应变增量; σ_i 是有效应力; $\mathrm{d}\varepsilon_i$ 是有效塑性应变增量。

按照上述塑性理论, 材料某一点所处的状态被分成了弹性状态和塑性状态两种。按照这种分类, 材料的总变形势能可以表示为

$$\Pi = \int_{\tau_e} \sigma_{ij}\varepsilon_{ij}\mathrm{d}\tau + \int_{\tau_p} \sigma'_{ij}\varepsilon_{ij}\mathrm{d}\tau \tag{6.55}$$

其中, τ_e 为弹性状态区域, τ_p 为塑性状态区, σ'_{ij} 为塑性应力。而这两个区域的范围又是由材料的应力状态决定的。但是由于塑性应力不能表示成应变的函数, 所以这个变形势能 Π 不能用于导出动量方程, 也就失去了价值。如果我们不使用塑性应力描述处于塑性或者破坏状态的材料点, 而是使用耗散能描述材料破坏后的状态, 则总变形势能可以表达为

$$\Pi(\boldsymbol{u}) = \int_\tau \sigma_{ij}\varepsilon_{ij}\mathrm{d}\tau - \int_{\tau_p} E_f(\boldsymbol{u},t)\mathrm{d}\tau \tag{6.56}$$

其中, $E_f(\boldsymbol{u},t)$ 是塑性区中的耗散的能量。这样总变形势能就是位移的函数, 可以用于导出动量方程。$E_f(\boldsymbol{u},t)$ 的形式需要靠试验获得, 每一条试验得到的应力–应变曲线都可以算出相应的耗散能。

6.4.3 莫尔–库仑强度准则 [10]

强度理论是对材料中的应力状态 σ_{ij} 与材料濒于破坏时的特征参数 k_f 之间的关系的描述。材料的破坏应该表现为变形的急剧发展或连续发展, 或累积发展到实用上可以认为破坏的程度。材料的强度理论除破坏强度外, 还有屈服强度, 如果材料只允许在弹性范围内工作, 如果它所受的应力状态超过了屈服应力, 就可视为破坏。材料强度理论已经形成了四大强度理论, 分别是: 最大正应力理论 (Rankine, Galileo); 最大弹性应变理论 (Saint-Venant, Moretto); 最大剪应力理论 (Coulomb, Tresca, Beltrame); 常量弹性畸变能理论 (Maxwell, Mises, Houber)。莫尔–库仑强度

准则属于其中的第四强度理论, 以剪应力 τ 和应力 σ 共同作用下屈服时的最大抗剪应力比确定强度, 也简称最大剪应力准则。

莫尔–库仑准则 (1900) 是莫尔应力圆方法和库仑强度理论的结合。在 $\sigma_1 > \sigma_2 > \sigma_3$ 时, 可由最大剪应力 $\frac{1}{2}(\sigma_1 - \sigma_3)$ (即莫尔圆的半径) 与法向应力 $\frac{1}{2}(\sigma_1 + \sigma_3)$ (即莫尔圆的圆心) 表示为

$$F = \frac{1}{2}(\sigma_1 - \sigma_3) - \frac{1}{2}(\sigma_1 + \sigma_3)\sin\phi - c\cos\phi = 0 \tag{6.57}$$

莫尔–库仑准则在 π 平面上为一个不等角的六边形, 见图 6.2。

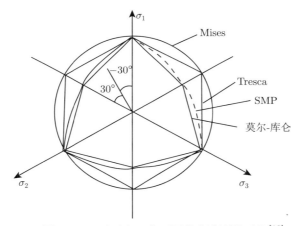

图 6.2　π 平面内一些不同强度准则的对比[10]

6.4.4　基于代表性体积单元的本构关系

上述弹塑性本构关系或强度准则, 都是定义在点上的。在实际计算中, 往往将点上的本构关系用于一定区域, 认为这个区域内材料是连续均匀的, 都处于类的应力–应变状态, 符合同样的本构关系。这一假设在材料或者简单结构分析中是比较适合的, 但是在滑坡问题或者地质灾害问题中, 这一假设和实际偏离较远。在地质体中, 天然裂缝和天然裂隙大量发育, 多组不同尺度的裂缝同时存在; 而且问题空间尺度较大, 由于计算能力限制, 计算单元尺度往往达到米量级。此时, 如果依然认为单元区域内部材料连续均匀, 符合同样的本构关系, 就不再合理。为了解决这个问题, 需要引入直接定义在有限大小的单元上的本构关系, 也就是代表性体积单元 (representative volume element, RVE) 上的本构关系。这种本构关系的具体形式会随着单元尺度变化而变化, 通过试验直接得到, 而且不再能用几个简单的参数表达。

6.5　滑坡中常用的数值解法

有了描述滑坡规律的基本方程，我们还需要具体的方法才能将其应用到实际问题中。从本章前面几节的内容可以看出，控制滑坡灾害体的方程主要是常微分方程和偏微分方程。在实际的边界条件下，这些方程往往没有理论解，因此就需要采用近似解法，如数值解法或者极限平衡方法。采用近似解法不但可以检验工程设计的合理性，而且可以辅助改进工程设计。

除了应用最为广泛的有限单元法，有限差分法、离散元法等数值方法也都在滑坡中有所应用[16]。本节将简要介绍这几种方法的基本概念，以期读者在遇到具体问题时可以选择合适的方法进行处理。

同时，为了更加明确地厘清不同数值解法的异同，笔者也尝试从拉格朗日方程的几个关键角度对这些数值解法进行分类和评述。这五个角度包括：

(1) 该方法采用的坐标系属于欧拉的还是拉格朗日的？

(2) 该方法采用的广义位移和广义速度是哪些物理量？

(3) 该方法求解的属于哪一类方程：常微分方程还是偏微分方程，动态的还是静态的？

(4) 该方法采用网格的类型是结构化网格还是非结构化网格？

(5) 该方法在连续–非连续介质模拟方面的优势与不足。

6.5.1　有限差分法[16]

1. 基本概念[16]

有限差分方法是获得偏微分方程近似解的数值方法中最早被提出的。它的基本原理是用特定空间间距的差分来代替偏微分，这样就获得了在研究区域内网格节点上物理量满足的线性方程组。之后根据边界条件解这个线性方程组就能得到节点上物理量的值了。有限差分网格既可以是规则网格，也可以是不规则网格。如果网格足够密，那么由差分代替偏微分的误差就足够小，就能得到符合误差要求的解。图 6.3 是二维有限差分网格的示意图，点 (i,j) 处的偏导数由它本身和周围 4 个点的物理量的值计算出来。

从拉格朗日方程的角度看，有限差分方法具有以下几个特点：

(1) 使用的坐标和拓扑关系不更新，属于欧拉坐标系；

(2) 采用的广义位移和广义速度根据求解的方程决定；

(3) 求解的是偏微分方程；可以解决动态和静态问题；

(4) 采用结构化网格；

(5) 普适的方法用于流体、固体连续介质力学，可以求解抛物方程、椭圆型和双曲型等类型的方程，但是对于实际问题复杂形状的边界难以描述。

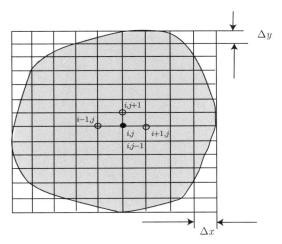

图 6.3 规则四边形有限差分网格[16]

2. 有限体积法[17]

有限体积法是有限差分法的一个分支，但是有限体积法是在积分意义下求解偏微分方程。有限体积法要对求解域进行离散，将其分割成有限大小的离散网格，每一个网格节点按一定的方式形成一个包容该节点的控制容积 V。有限体积法的关键步骤是将控制微分方程在容积内进行积分。

以通用方程为例：

$$\frac{\partial(\rho\varphi)}{\partial t} + \nabla \cdot (\rho\varphi\boldsymbol{u}) = \nabla \cdot (\boldsymbol{\varGamma} \cdot \nabla\varphi) + S_\varphi \tag{6.58}$$

其中，φ 为通用变量，$\boldsymbol{u}$ 为待求函数，$\varGamma$ 为扩散系数矩阵，S_φ 为源项。利用高斯定理，将式 (6.58) 在体积 V 内积分，可以得到

$$\frac{\partial}{\partial t}\left(\int_V \rho\varphi\mathrm{d}V\right) + \int_A \boldsymbol{n} \cdot (\rho\varphi\boldsymbol{u})\mathrm{d}A = \int_A \boldsymbol{n} \cdot (\boldsymbol{\varGamma} \cdot \nabla\varphi)\mathrm{d}A + \int_V S_\varphi\mathrm{d}V \tag{6.59}$$

其中，A 是体积 V 的表面，$\boldsymbol{n}$ 是表面法向。式 (6.59) 的左边第一项表明特征变量在体积内随时间的变化量，左边第二项表明特征变量的流出率；右边第一项表明扩散引起的增加项，右边第二项表明源引起的增加量。总体来说，有限体积法就是使用了特征变量在控制体积内的守恒特性。图 6.4 是有限体积法控制体积的示意图，点 p 是待求的物理量所在的控制点，灰色部分是控制体积，$lkji$ 构成了控制体积的边界。

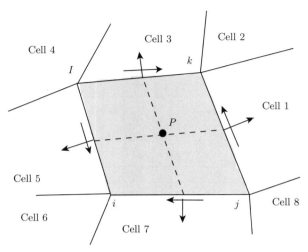

图 6.4　不规则的有限体积网格[16]

从拉格朗日方程的角度看，有限体积方法具有以下几个特点：

(1) 坐标可以更新，既可以使用欧拉坐标系，也可以使用拉格朗日坐标系；

(2) 广义变量是节点位移和节点速度；

(3) 求解的是偏微分方程；可以解决动态和静态问题；

(4) 可以采用结构化和非结构化网格，单元用来进行区域积分；

(5) 普适的方法，可以用于流体、固体连续介质力学。在单元内积分只是适用低阶精度的单元。

6.5.2　有限单元法[8]

有限单元法是在当今工程分析中获得最广泛应用的数值计算方法，本节将简单介绍有限元的基础理论。

有限单元法具有以下的特点：首先，有限元法将一个表示结构或连续体的求解域离散为若干个单元；然后，用每个单元内所假设的近似函数来分片地表示全求解域内待求的未知场变量。在求解过程中，通过和原问题数学模型 (基本方程、边界条件) 等效的变分原理或加权余量法，建立求解基本未知量 (场函数的结点值) 的代数方程组或常微分方程组。

从有限元的特点可以看出，有限元方法是适用于建立在变分法和哈密顿原理基础上的分析力学体系的。

有限元方法能够得到广泛的应用，是由于其拥有以下几个固有的优点：①有限元法可以适应复杂几何构形；②可以求解各种物理问题；③可靠性建立于严格的理论基础之上；④适合计算机实现。

有限单元法从 1960 年 Clough 第一次提出以来，已经有了很大的发展。首先，新的单元类型和形式不断涌现，从而可以更精确地对形状复杂的求解域 (或结构) 进行有限元离散、满足分析工程实际问题中对于梁、板、壳结构的需要、分析复合材料、夹层材料、混凝土等组成的结构。其次，在理论基础上引入了广义变分原理和加权余量法，从而将有限元的应用扩展到不存在泛函或泛函尚未建立的物理问题。在问题求解上，除了可以研究稳态问题和动态问题以外，也开始研究稳态和动态非线性问题。最后，有限元软件的研发也和理论平行发展，大型通用有限元软件已为工程技术界广泛应用。

当然，这些成就并不意味着有限元方法就没有新的课题可供研究了，对于滑坡问题来说，就有以下几个问题仍然是传统有限元方法没能解决的：①滑坡地质体的本构模型。由于滑坡经过多年的地质演化和自然环境作用，既不均匀也不是典型的多层材料，所以给出一个能反映滑坡体力学性质的本构模型是十分困难的。②滑坡从损伤的孕育、萌生到其成长、集聚、扩展，直至最后失效和破坏的全寿命过程的数值模拟。

1. 微分方程的等效积分形式

工程或物理学中的许多问题，通常是以未知场函数应满足的微分方程和边界条件的形式提出来的，可以一般地表示为未知函数 u 应满足微分方程组

$$\boldsymbol{A}(\boldsymbol{u}) = 0 \quad (在\ \Omega\ 内) \tag{6.60}$$

和边界条件

$$\boldsymbol{B}(\boldsymbol{u}) = 0 \quad (在\ \partial\Omega\ 上) \tag{6.61}$$

由于微分方程 (6.60) 在内部每一点都满足，方程 (6.61) 在边界上每一点都满足，所以积分方程

$$\int_{\Omega} \boldsymbol{v}^{\mathrm{T}} \boldsymbol{A}(\boldsymbol{u}) \mathrm{d}\Omega + \int_{\partial\Omega} \bar{\boldsymbol{v}}^{\mathrm{T}} \boldsymbol{B}(\boldsymbol{u}) \mathrm{d}\partial\Omega = 0 \tag{6.62}$$

对所有的函数 v 和 $\bar{v}$ 都成立是等效于满足微分方程和边界条件的。我们将式 (6.62) 称为微分方程的等效积分形式。

在很多情况下可以对式 (6.62) 进行分部积分，得到另一种形式

$$\int_{\Omega} \boldsymbol{C}^{\mathrm{T}}(\boldsymbol{v}) \boldsymbol{D}(\boldsymbol{u}) \mathrm{d}\Omega + \int_{\partial\Omega} \boldsymbol{E}^{\mathrm{T}}(\bar{\boldsymbol{v}}) \boldsymbol{F}(\boldsymbol{u}) \mathrm{d}\partial\Omega = 0 \tag{6.63}$$

其中，$\boldsymbol{C}, \boldsymbol{D}, \boldsymbol{E}, \boldsymbol{F}$ 是微分算子，它们中所包含的导数的阶数较式 (6.62) 的 $\boldsymbol{A}$ 低，这样对函数 u 只需要求较低阶的连续性就可以了。这种通过适当提高对任意函数 v 和 $\bar{v}$ 的连续性要求，以降低对微分方程场函数 u 的连续性要求所建立的等效积

分形式称为微分方程的等效积分 "弱" 形式。它在近似计算中，尤其是在有限单元法中是十分重要的。

除了有限单元法，还有其他的基于单元的数值分析方法，它们的本质就是分片逼近真实物理场。既然是分片逼近，那么最后得出的近似解就不是在全区域任意点都满足原始的微分方程的，所以采用积分方程求解，使得近似解在单元整体上满足方程，是更自洽的解法。这也是有限元方法为什么降低了单元内逼近函数的连续性要求，反而能得到更好的效果的原因。

2. 加权余量法

对于复杂的实际问题，精确解 u 往往是很难找到的，因此人们需要设法找到具有一定精度的近似解。假设未知场函数 u 可以采用近似函数来表示，一般形式是

$$u \approx \sum_{i=1}^{n} N_i a_i = \boldsymbol{N}\boldsymbol{a} \tag{6.64}$$

其中，a_i 是待定参数；N_i 是称为试探函数 (或基函数、形函数) 的已知函数，它取自完全的函数序列，是线性独立的。

将近似解代入方程 (6.60) 和 (6.61)，可以得到余量 (或称残差)$\boldsymbol{R}$ 和 $\bar{\boldsymbol{R}}$：

$$\boldsymbol{A}(\boldsymbol{N}\boldsymbol{a}) = \boldsymbol{R}, \quad \boldsymbol{B}(\boldsymbol{N}\boldsymbol{a}) = \bar{\boldsymbol{R}} \tag{6.65}$$

在式 (6.62) 中用含有 n 项的近似函数来代替任意函数 v 和 $\bar{v}$，就可以得到近似的等效积分形式或者余量形式

$$\boldsymbol{v} = \boldsymbol{W}_j, \quad \bar{\boldsymbol{v}} = \overline{\boldsymbol{W}}_j \quad (j = 1 \sim n)$$
$$\int_{\Omega} \boldsymbol{W}_j^{\mathrm{T}} \boldsymbol{R} \mathrm{d}\Omega + \int_{\partial\Omega} \overline{\boldsymbol{W}}_j^{\mathrm{T}} \bar{\boldsymbol{R}} \mathrm{d}\partial\Omega = 0 \quad (j = 1 \sim n) \tag{6.66}$$

式 (6.66) 的意义是通过选择待定系数 a_i，强迫余量在某种平均意义上等于零。$\boldsymbol{W}_j$ 和 $\overline{\boldsymbol{W}}_j$ 称为权函数。余量的加权积分为零就得到了一组求解方程，用以求解近似解的待定系数 a_i，从而得到原问题的近似解答。近似函数所取试探函数的项数 n 越多，近似解的精度将越高，当项数 n 趋于无穷时，近似解将收敛于精确解。

采用使余量的加权积分为零来求得微分方程近似解的方法称为加权余量法 (weighted residual method，WRM)。

如果简单地利用近似解的试探函数序列作为权函数，即取 $\boldsymbol{W}_j = \boldsymbol{N}_j, \overline{\boldsymbol{W}}_j = -\boldsymbol{N}_j$，那么就得到了伽辽金加权余量法，采用伽辽金加权余量法得到的求解方程的系数矩阵是对称的，而且当微分方程存在相应的泛函时，伽辽金法与变分法往往导致同样的结果。

从拉格朗日方程的角度看，基础的有限单元方法具有以下几个特点：

(1) 坐标不能更新，使用拉格朗日坐标系。

(2) 广义变量是节点位移和节点速度。

(3) 求解的是偏微分方程；可以解决动态和静态问题。

(4) 采用非结构化网格。

(5) 主要用于固体连续介质力学。

但是，随着有限单元法的大量应用和改进，现在的各种改进有限元方法已经很大程度摆脱了上述局限性，获得了更大的应用范围。例如，CBS 有限元可以用于连续不可压缩流体问题；ALE 方法结合有限元可以实现网格更新和拉格朗日-欧拉混合坐标系；XFEM 方法可以在有限元中引入断裂等非连续现象；PFEM 方法可以应用于大变形大位移问题等。然而，这些改进使得有限元方法向着更加复杂和庞大的方向发展，依然缺少一条主线将各个方法统合起来。

6.5.3 离散元法

离散元法在岩石力学、土力学、结构分析、颗粒材料、材料加工、多体系统等问题中都有所应用。离散元方法的基本概念就是把研究区域看成满足某种相互作用规律的散体 (颗粒、刚体) 或变形体的总和，它们之间的接触必须要实时更新，并且采用适当的接触模型进行描述。因此，离散元按照处理如下三类问题的方法衍生出不同类型的离散元法：①研究区域内基本单元的形状；②块体或者颗粒之间的作用形式；③离散系统运动之后检测和更新块体之间的接触关系的方法。

显式解法的离散元和隐式解法的离散元都有学者研究，其中显式解法的代表软件就是 ITSACA 公司开发的 UDEC 和 3DEC，分别对应二维和三维岩石力学问题。隐式解法的代表软件是由石根华开发的 DDA 方法及软件。

基于拉格朗日方程分析，离散元有如下特点：

(1) 选择的是物质坐标，属于拉格朗日坐标系。

(2) 颗粒离散元选择的广义变量为颗粒的质心位移和速度；块体离散元的广义变量为节点位移和节点速度。

(3) 求解的是牛顿第二定律形式的常微分方程，可以用于动态和静态问题；

(4) 没有传统意义上的网格，每个离散的单元都是各自的插值和积分区域；

(5) 可以用于流体或者固体问题，也可以用于连续或者非连续问题，但是离散单元之间的相互作用形式较难确定，要校核出可用于和试验或实际问题对比的参数需要大量工作。

6.5.4 刚体极限平衡方法[18,19]

刚体极限平衡法是建立在莫尔–库仑强度准则上的，其基本特点是，只考虑静力平衡条件和莫尔–库仑破坏准则，也就是说，通过分析在破坏那一刻的力的平衡来求得问题的解。

建立在极限平衡原理基础上的边坡稳定分析方法包含三条基本原则：①沿某一滑裂面滑动的安全系数 F 定义为将边坡的抗剪强度折减为原始值的 $\dfrac{1}{F}$ 时，边坡沿此滑裂面处处达到极限平衡；②滑裂面上处处满足莫尔–库仑强度准则；③将滑动体分成若干条，每个条块和整个滑动体都要满足力和力矩平衡条件。

在静力平衡方程中，未知数的数目超过了方程的数目，解决这一静不定问题的办法是对多余未知数作假定，使剩下的未知数和方程数目相等，从而解出安全系数。不同的假定方法也就是不同的极限平衡方法。由于引入了这些假定，极限平衡方法并不能给出一个静力许可的应力场，而是给出一个偏向于保守的安全系数值。

如果用分析力学的观点认识二维刚体极限平衡方法。在拉格朗日方程中，首先忽略了动能项，因此，刚体极限平衡方法不适合分析惯性影响大的问题；其次，能量泛函中不考虑弹性能的作用，这就是众多学者关注的变形分析；刚体极限平衡法的能量泛函只有重力势能项，广义力项中只有摩擦力。

现在来分析广义变量。因为不研究动态问题，就不必考虑广义速度，只考虑广义位移。在刚体极限平衡方法中，不管划分出多少条，在滑面上各个滑块的位移都是相等的。对于圆弧滑动问题，广义位移只有一个，就是圆弧的转角变量。对于沿着任意滑面的滑动，每个滑块都有自己的水平位移和垂直位移，但是它们沿着滑面的位移都是相等的，因此，对非圆弧滑动，广义位移也只有一个变量，就是滑体沿着滑面的位移。

摩擦阻力所做的功等于滑面上的摩擦力，与滑面上的相对位移有关。至此，将重力势能与摩擦力所做的功统一用滑面上的相对位移联系起来。拉格朗日方程中取了滑面位移作为广义位移，就得到了一个平衡方程。该平衡方程对应的状态就是安全系数为 1 的临界状态。

因此，刚体极限平衡方法的理论基础可以归为拉格朗日方程，是该方程不考虑惯性影响、弹性势能的作用，仅研究重力势能与摩擦力做功的结果。更为重要的是，该方法对应拉格朗日方程中的广义变量只是沿着滑面的位移。事实上，这是假设各个滑块在滑面上没有相对位移的结果，也就是，刚体极限平衡方法只研究一致性运动问题，而不研究滑坡体的渐进破坏。由此引出当前滑坡灾害研究至关重要的问题，也是本书研究的重点，提出新的力学方法，研究滑坡灾变过程中的渐进破坏规律。

基于拉格朗日方程分析，刚体极限平衡方法有如下特点：

(1) 由于研究的是静力平衡问题，所以不区分坐标系类型；

(2) 选择的广义变量沿着滑面的位移；

(3) 求解的是静力平衡方程;

(4) 采用条分法将整个滑坡体分为多个积分区域;

(5) 研究一致性运动的固体连续性问题, 不考虑动力问题和渐进破坏。

6.5.5 融合了离散和连续描述的方法

1. NMM 方法[24]

数值流形方法 (numerical manifold method, NMM) 是由石根华在 1991 年提出的。NMM 通过引入数学覆盖 (mathematical cover, MC) 和物理覆盖 (physical cover, PC) 两套系统来统一处理连续和非连续问题。数学覆盖决定了解的精度, 同时必须完全覆盖整个问题区域。物理覆盖由物理区域切割数学覆盖形成; 物质边界、材料界面和非连续界面都会切割数学覆盖来形成物理覆盖。随着问题区域的移动, 物理覆盖也会随之移动, 这就使 NMM 能解决大位移和产生裂缝的破坏问题。图 6.5 给出了由数学覆盖和物理覆盖生成流形元单元的过程[25]。

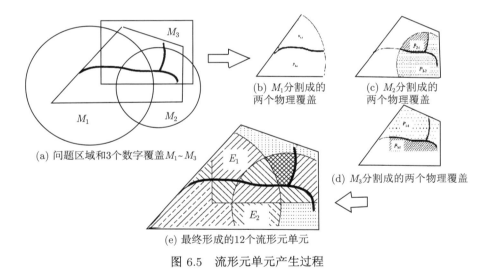

(a) 问题区域和3个数字覆盖 $M_1 \sim M_3$

(b) M_1分割成的两个物理覆盖

(c) M_2分割成的两个物理覆盖

(d) M_3分割成的两个物理覆盖

(e) 最终形成的12个流形元单元

图 6.5 流形元单元产生过程

NMM 的优点是能统一处理连续和非连续问题, 比较容易考虑构型的变化; 不足是覆盖系统的生成需要复杂的切割, 另外 0 阶数值流形方法精度偏低, 而高阶数值流形方法又面临亏秩等问题。为了解决这些不足之处, 发展了将无网格法和数值流形方法结合的方法, 包括有限覆盖无单元法, 基于单位分解法的无网格数值流形方法, 有限覆盖 Kriging 插值无网格法, 基于数值流形方法的无网格伽辽金法[23] 等。

基于拉格朗日方程分析, 数值流形方法有如下特点:

(1) 坐标可以更新, 在每一个计算步内, 物理量是由数学覆盖插值得到的, 属于欧拉坐标系;

(2) 选择的广义变量根据求解的方程决定;

(3) 求解的是偏微分方程, 可以解决动态和静态问题;

(4) 采用数学覆盖和物理覆盖相互切割构成数值流行单元;

(5) 普适的方法, 可以用于求解流体、固体介质的连续、非连续问题。

2. CDEM 方法[20]

连续–非连续单元方法 (前称基于连续介质的离散元法), 也就是 CDEM 方法, 是一种显式的解法, 混合了有限元和离散元, 主要用于解决地质体的渐进破坏问题。在计算过程中, 时间上采用向前差分, 空间上采用动态松弛法, 当时间步合理时, 可以得到收敛的结果。

CDEM 方法有两类单元: 块体和接触, 一个块体内部含有一个或多个有限元单元, 一个接触包含几个法向和切向弹簧, 每根弹簧都是连接两个不同块体的。在块体内部采用有限元进行计算, 在接触中采用离散元进行计算。图 6.6 描述了用这种方法处理 8 节点四边形的例子。

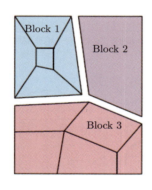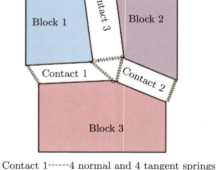

Block 1······5 FEM elements　　Contact 1······4 normal and 4 tangent springs

Block 2······1 FEM element　　Contact 2······4 normal and 4 tangent springs

Block 3······5 FEM elements　　Contact 3······4 normal and 4 tangent springs

图 6.6　采用 3 个块体和 3 个接触描述 8 节点四边形[20]

在 CDEM 方法中, 如果整个问题区域是一个连续块体, 有限元单元节点采用连续节点, 那么 CDEM 方法就转化为显式有限元。如果所有块体都只有一个单元, 单元节点采用非连续节点, 使用接触弹簧连接, 那么 CDEM 方法就转化为可变性块体离散元。如图 6.6 所示, CDEM 方法不但包容传统的有限元和离散元, 同时还能处理两者混合以及连续块体破裂转化为离散块体的问题。

除此之外，CDEM 中还包含了一系列新模型。例如，弹簧元模型——将有限元刚度矩阵离散为多个"弹簧"表示的模型；结构层模型——一种计算结果不依赖于单元尺度和刚度的边界层模型；可断裂模型——单元能够根据断裂准则在内部破裂为多个小单元；应变分布准则模型——描述代表性体积单元中破坏分布及应力–应变关系的模型；裂隙孔隙渗流破裂模型——耦合了裂隙孔隙渗流以及固体骨架变形破裂的流固耦合计算模型。

基于拉格朗日方程分析，CDEM 方法有如下特点：

(1) 坐标可以更新，属于拉格朗日坐标系；

(2) 选择的广义变量为节点位移和节点速度；

(3) 求解的是偏微分方程；可以解决动态和静态问题；

(4) 采用离散的单元描述块体，块体内部采用非结构化网格；

(5) 可以求解固体的连续、非连续介质问题，裂隙孔隙渗流问题，流固耦合问题。

6.5.6 各种方法的适用范围

数值解法用于滑坡研究之所以百花齐放，而不是被一种方法统一，正是因为每种方法都有擅长的方程类型，也都有缺点。有限差分法的历史最长，在流体计算、裂隙孔隙渗流计算、温度场计算中应用广泛。有限元方法应用最为广泛，不仅可以处理材料非均匀和各向异性，而且可以处理复杂边界条件及动态问题[16]。离散元方法在处理大位移大转动问题上有优势，可以用于分析节理边坡稳定性、块体运动范围、土石混合体材料性质等问题。极限平衡方法在已知滑裂面的情况下可以得到非常精确的结果，而且对于本构关系不确定的材料，也能给出结果。

6.6 本 章 小 结

本章介绍了多种介质不同形式的运动方程、不同的数值解法，这许多方法难免有头绪太多，令人疑惑的感觉。从拉格朗日方程认识各种计算方法，就从理论上有了清晰的认识，万变不离其宗，基本流程是选取不同的广义坐标、采用不同的积分形式、忽略某些基本项、从不同尺度的试验确定不同的材料参数。事实上，在研究过程中，每个特定的滑坡都有其主控因素，滑坡理论方法研究首先要从分析具体问题入手，获得特定条件下、特定问题的解答，在此基础上寻求更为一般的模型。滑坡全过程的分析需要建立统一的计算模型和数值算法，这项工作非常艰难，是笔者研究团队长期努力的目标。这个目标就是在拉格朗日方程的统一理论下形成统一的计算模型，实现更为广义的单元计算方法，其核心在于将拉格朗日方程数值化。

参 考 文 献

[1] 贾启芬, 刘习军. 理论力学. 北京: 机械工业出版社, 2002.

[2] 陈国荣. 弹性力学. 河海大学出版社, 2002.

[3] 刘土光, 张涛. 弹性力学基础理论. 华中科技大学出版社, 2006.

[4] 吴望一. 流体力学. 北京: 北京大学出版社, 1982.

[5] 王剑华, 李康. 理论力学. 陕西科学技术出版社, 2009.

[6] 卓家寿. 弹塑性力学中的广义变分原理. 中国水利水电出版社, 2002.

[7] Leech C M. Hamilton's principle applied to fluid mechanics. The Quarterly Journal of Mechanics and Applied Mathematics, 1977, 30(1): 107-130.

[8] 王勖成. 有限单元法. 北京: 清华大学出版社, 2003.

[9] 路明万, 罗学富. 弹性理论基础. 北京: 清华大学出版社, 2001.

[10] 谢定义, 姚仰平, 党发宁. 高等土力学. 北京: 高等教育出版社, 2008.

[11] 王自强. 理性力学基础. 北京: 科学出版社, 2000.

[12] 韩清凯, 孙伟. 弹性力学及有限元法基础教程. 东北大学出版社, 2009.

[13] Okura Y, Kitahara H, Sammori T, et al. The effects of rockfall volume on runout distance. Engineering Geology 2000, 58(2): 109-129.

[14] 赵尚毅, 郑颖人, 时卫民, 等. 用有限元强度折减法求边坡稳定安全系数. 岩土工程学报, 2002, 24(3): 343-346.

[15] 马宗源, 廖红建, 张骏. Bingham 型黏性泥石流流体的三维数值模拟. 西安交通大学学报, 2008, 42(9): 1146-1150.

[16] Jing L. A review of techniques, advances and outstanding issues in numerical modelling for rock mechanics and rock engineering. International Journal of Rock Mechanics & Mining Sciences 2003, 40: 283-353.

[17] 李人宪. 有限体积法基础 (第二版). 北京: 国防工业出版社, 2005.

[18] 陈祖煜. 土质边坡稳定分析 —— 原理·方法·程序. 北京: 中国水利水电出版社, 2003.

[19] 陈祖煜, 汪小刚等. 岩质边坡稳定分析 —— 原理·方法·程序. 北京: 中国水利水电出版社, 2006.

[20] Feng C, et al. A semi-spring and semi-edge combined contact model in CDEM and its application to analysis of Jiweishan landslide. Journal of Rock Mechanics and Geotechnical Engineering, 2014, 6: 26-35.

[21] Holm D D. Fluctuation effects on 3D Lagrangian mean and Eulerian mean fluid motion. Physica D: Nonlinear Phenomena, 1999, 133(1): 215-269.

[22] 刘土光, 张涛. 弹塑性力学基础理论. 武汉: 华中科技大学出版社, 2008.

[23] 刘丰, 郑宏, 李春光. 基于 NMM 的 EFG 方法及其裂纹扩展模拟. 力学学报, 2014, 46(4): 582-590.

[24] Shi G H. Manifold method of material analysis. Transactions of the 9th Army Confer-

ence on Applied Mathematics and Computing. Report No. 92-1, U.S. Army Research Office, Minneapolis, MN, 1991: 57-76.

[25] Zheng H, Liu Z, Ge X. Numerical manifold space of Hermitian form and application to Kirchhoff's thin plate problems. International Journal for Numerical Methods in Engineering, 2013, 95(9): 721-739.

[26] 郑哲敏，解伯民，刘育魁. 凝灰岩中点源爆炸的近似解//郑哲敏文集. 北京：科学出版社，2004：217-223.

[27] 郑哲敏，解伯民. 关于地下爆炸计算模型的一个建议// 郑哲敏文集. 北京：科学出版社，2004：166-190.

[28] Wilkins M L. Calculation of elastic-plastic flow. Journal of Biological Chemistry, 1969, 280(13): 12833-12839.

第7章 应变强度分布本构模型的基本理论

滑坡从孕育到成形的阶段是山体从既有破坏到贯穿性破坏的阶段，也是山体内部局部区域发生渐进破坏的过程，称为局部再破坏的过程。局部再破坏作为理论模型可以抽象为从连续模型到非连续模型演化的过程。正如第6章所表述的，连续介质力学和散体力学都有清晰明确的方程，前者是偏微分方程，后者是常微分方程。而从连续到非连续模型的关键在于这两个状态之间的阶段怎样描述，这里似乎有不可逾越的障碍。

就物理过程而言，叙述岩石的破裂过程并不复杂。一个含有很多微小裂纹的岩块，在外荷载作用下，微小裂纹逐渐增大、增多，进而裂纹连通，形成连片的裂缝，连片的面积越来越大，最终岩块从连片的裂缝处断开。

如此物理过程，数学力学的模型遇到的障碍是什么？回答是连续模型假设。人们不得不从连续模型入手。事实上，如果从分子原子尺度模拟，只要初始状态明确，边界条件给对了，按照分子动力学理论建立方程、求解方程，就能给出整个过程的运动规律。但是，这种做法并不会比连续模型更可行，因为这里的前提是初始状态明确，而含有很多微小裂纹的岩块不能给出明确的初始状态。在分子尺度上，微裂纹如群山中的沟壑，忽略了沟壑分布的分子动力学模型，与连续介质模型相比，"真实性"优势并不明显。连续介质模型就是忽略了微小裂纹的分布、性态等各种特性，将岩块看成完全均匀的。弹性力学就是在这样的假设下给出了线性的本构关系，塑性力学给出了非线性的本构关系。连续模型的致命弱点是不能表述那些微小的裂纹，表现在如下几个方面：岩块中已有的微小裂纹面上有摩擦力，微小裂纹会扩大，连续介质内部断裂，在模型假设下的零尺度上消耗能量，岩块断裂的方向与连片的形态关联。为此，就需要在连续模型中引入更小尺度的力学模型。

本章所介绍的应变强度分布准则就是基于连续介质力学，在认为满足应力–应变关系的表征元内包含有更小尺度的微元，在微元尺度上引入断裂、摩擦模型。这里所说的表征元是指宏观上可以看成均匀介质的尺度，在数值模拟中就是单元尺度，在材料试验中就是试样的尺度。而更小尺度的微元并没有确切的、可度量的尺度，但是，在表征元尺度上可以概化和计算的。可以看出，当岩体中的结构面尺寸与单元相比不可忽略时，不属于表征元中的微元，因为它们可以在划分单元时表征出来。应变强度分布准则的理论只关注表征元从连续演化为非连续的过程。

本章首先讨论了地质体的非连续、非均匀特性，两尺度力学模型及传统本构模型，介绍了应变强度分布准则的概念和基本假设；接着阐述了二维应变强度分布准则模型，即界面强度分布本构模型；然后表述了块体应变强度分布本构模型，给出了该模型不同的表述方法；进而用三阶段损伤破裂模型，体破裂损伤与面破裂损伤相结合，实现由均匀损伤到局部损伤直至断裂的全过程表述；最后给出了应变强度分布准则的参数确定方法。

7.1 地质体的非连续、非均匀特性与两尺度力学模型

7.1.1 建立两尺度模型的必要性

地质体的非均匀特性主要是指材料力学特性的非均匀性。其一，是弹性模量的非均匀性，如土石混合体中块石的弹性模量在 $10^9 \sim 10^{10}$ Pa，而土的弹性模量一般在 10^7 Pa，并且块石的分布以及块石的大小也具有不确定性，这就给理论分析、试验方法以及数值计算方法带来了难度。其二，是材料强度的非均匀性。材料的强度要比弹性模量复杂得多，它涉及不同的本构模型和强度准则，特别是岩土类介质，包括应力强度准则、应变强度准则，在同一类准则中还有拉伸强度和剪切强度。有些复杂的材料本构模型，包含有 20~30 个材料参数。由此带来的问题不仅是如何利用这些参数进行计算，如何确定这些参数本身就成了难题。

当地质体内部的结构尺寸与所研究问题的尺度具有相同的量级或者量级接近时，材料的结构性就不可忽略。如果仍然用均匀化的模型，所表现的力学行为就会变化莫测。在土力学试验中的试样直径是几厘米，如果土颗粒的尺寸或者土颗粒团的尺寸达到毫米量级，土的特性就很难用均匀化表述了。山体的尺寸 (如滑坡、崩塌体) 长度为百米到千米，厚度在十米到几十米。当结构面的间距、长度一般在米以上时，灾害体的特性基本上是由结构面控制的。采用连续模型很难准确表述。我们把介质均匀化、复杂的本构关系的力学模型称为 "简单结构、复杂本构"，这类模型的基本思路是将复杂的几何问题转化为复杂的物理问题。而另一类模型的思路是尽可能地表述材料复杂的几何模型，材料的本构关系采用弹性、断裂、摩擦这些基本关系，此类模型称为 "简单本构、复杂结构"。两种模型都是要表述复杂地质体的力学行为，两种模型都有优势也都有不足。将整个山体用均匀化模型描述而不关注内部结构或者山体受各种扰动产生的宏观裂隙，显然是不合理的；将山体内各种尺度的宏观裂纹都具体地刻画出来，不进行简化和抽象，具体实践中也难以实现。克服这些困难需要建立两个尺度的模型。

7.1.2 宏观尺度模型

该尺度下需要思考两类问题。

(1) 建立该尺度下的地质体结构面的几何模型。如断层、地层、构造运动形成的结构面以及卸荷结构面，这些几何尺寸均可以在宏观尺度模型中定量地表述，尽管有些确定的几何位置和密度不够准确，但是可以给出概率的分布或者利用现场调查的结果；对于土石混合体，也可以给出既有的裂缝位置、土石混合体的土石比以及块体尺度的分布。

(2) 建立该尺度下的可均匀化单元。在计算模型中，还需要建立结构面之间包含连续区域的单元，这些单元的尺寸是宏观尺度模型需要考虑的。单元的尺寸应遵循两个原则：其一，计算中单元内的应力变化不大；其二，单元尺度下，内部的非均匀性、非连续性微元的尺度与单元尺度相比可以忽略。

通常的计算方法是单尺度模型。在该尺度下模拟地质体变形与破坏，计算方法主要包括连续模型、非连续模型、连续-非连续模型。

连续模型，代表性的方法包括有限元、有限差分法等。Swenson 等[1] 采用传统有限元方法模拟裂纹的扩展过程，通过将裂纹设为单元的边、裂尖设为单元顶点，采用网格重新剖分的方式，实现裂纹在计算域内的扩展，但是网格重构极大地影响了该方法的计算效率。Goodman 等[2] 在有限元的基础上，在单元间增加界面单元，通过定义交界面两侧的法向和切向相互作用与张开度和滑移变形之间的关系，模拟裂缝在材料中的萌生与扩展过程。由于上述方法均是以连续理论为基础的，在模拟岩石的破裂问题中，面临着数值求解不稳定、方程病态等许多明显的问题。

非连续模型，代表性的方法有离散元方法和不连续变形分析。离散元可以将块体视为刚体或变形体，块体之间通过弹簧连接，通过弹簧的破坏实现块体之间的破坏。侯艳丽等[3] 在变形体离散元中引入了弥散式裂缝模型和分离式裂缝模型，分析了岩石等脆性材料的破坏过程，但裂纹扩展路径均是预先设置在单元的界面上，无法进行任意方向的扩展。常晓林等[4] 在变形体离散元的基础上引入损伤、断裂的黏聚力模型，通过界面单元的起裂、扩展和失效，实现岩体开裂的模拟。Ke[5] 基于非连续变形分析方法，通过加入人工节理及分割子块体的方法模拟块体的破裂。这两种方法能够准确模拟块体间的破坏及刚体运动，在大位移及非线性问题的计算上效率较高。但该类方法由于基于离散介质假设，故无法模拟介质由完全连续到非连续的破坏过程，同时破坏仅发生在块体界面上，受初始网格的影响较大，无法实现块体内部的断裂。

连续-非连续模型主要的工作是将有限元和离散元融合。连续介质模型和非连续介质模型分别具有各自的优势，那么将两种模型结合为统一的连续-离散模型则是国内外的研究热点。Owen 等[6] 在有限元网格中嵌入裂缝实现连续向非连续的转化，并用该方法来研究脆性材料在冲击作用下的力学行为。Munjiza 等[7] 将有限元和离散元耦合，在有限元中引入了损伤、断裂理论，当材料破裂后，利用离散元的方法在块体边界间进行接触计算。Li 等[8,9] 基于连续-离散耦合分析的思路，提出了连续-非连续单元法 (CDEM)，并应用于地质体的渐进破坏分析。该方法在连续计算时，将块体单元离散为具有明确物理意义的弹簧系统，通过对弹簧系统的能量泛函求变分获得各弹簧的刚度系数，进而直接采用弹簧刚度求解单元变形和应力，连续问题计算结果与有限元一致，在继承了有限元优势的同时提高了计算效率。在此基础上，通过引入莫尔-库仑与最大拉应力的复合准则，确定单元的破裂状态及破裂方向，进而采用局部块体切割的方式实现单元内部和边界上的破裂，显式模拟裂纹的形成和扩展。该方法不用预先设置裂纹扩展的路径，且扩展过程中不受初始网格的限制，可以有效地解决拉伸、压剪等复杂应力状态下多条裂纹的扩展问题。单元破裂后，在破裂的单元面上相应地建立接触边模型，用于块体之间的接触检索，从而可以模拟连续-离散耦合介质向离散介质转化后的大运动和转动问题。

7.1.3 表征元尺度模型

该尺度下通常有三类处理方法。

(1) 均匀化模型。认为材料内部没有结构，即均匀化假设，采用试验获得的材料本构关系，建立线性或非线性单元计算模型。主要的代表性方法是扩展有限元方法，如 Belytschko 等[10,11] 的工作。该方法通过引入非连续的阶跃函数来表征裂缝两侧的非连续位移场，求解连续介质的损伤断裂问题，该方法不用进行网格重新剖分即可模拟裂纹的扩展。

(2) 离散化模型。认为单元内部由颗粒组成。在单元内部用离散元模型，通过离散元颗粒的计算给出单元尺度上的宏观特性。近年来，在这方面有大量的研究工作，其中包括确定颗粒之间作用力形式、颗粒的旋转等计算模型；也有一些新的理论模型和计算方法，如李锡夔等[12-14] 的颗粒材料模型，通过表征元内部微颗粒的细观作用，得到材料复杂的宏观力学行为。另一些损伤模型通过考虑材料参数的离散性来描述材料的渐进破坏过程，如 Tang 和 Wang 等的损伤计算模型[15,16]，这类模型提出非均匀性 (如弹模、强度) 是非线性的根源，将材料内部的非均匀损伤转化为单元弹性模量的衰减，从而刻画材料的非线性力学行为。该模型对材料内部破裂损伤区域的力学行为表述有待于进一步发展。

(3) 连续-非连续模型。这是一类介于均匀化模型和离散模型之间的模型。一方面可以用应力-应变模型表征材料的均匀化特性；另一方面又引入了材料断裂、摩擦特性以及均匀破裂场的破裂面积。李世海和周东[17-19] 提出了一类应变强度分布本构模型，事实上是将宏观尺度中破裂度的概念在表征元尺度中表述，考虑了材料内部强度的非均匀性、细观微破裂面的摩擦及拉剪联合作用下的破坏模式，可以自然地描述材料的非线性、应变软化等力学行为。这一模型将在本章后几节中重点阐述。

7.1.4　两尺度模型与材料本构关系之间的关系

通过材料试验机试验, 可以得到试块的应力–应变关系和材料的强度, 获得试验的结果有如下基本假设:

(1) 材料是均匀的;

(2) 特定形状的试块给出的力与位移之间的关系可以等效为点的应力–应变关系;

(3) 特定形状的破坏荷载可以等效为材料的强度。

大量的试验表明, 对岩土体而言, 试块的形状和试块的非均匀性对材料的本构关系有影响, 这表明上面基本假设对岩土试样而言, 很多情况下不成立, 这就是众多学者研究岩石细观特性的主要原因。

在单尺度模型中数值模拟认为岩块的应力–应变关系和强度是基本的模型, 无论计算单元的尺度多大, 形状如何, 基本模型都不变。在整个区域内单元节点力和位移的计算规则是一致的, 由刚度矩阵建立联系。

在两尺度模型中定义了工程灾害体的宏观尺度和表征元两个尺度。在宏观尺度下, 地质体是由 “均匀变形” 的单元和结构面构成的, 并且不同单元的力学特性有别, 用以表征地质体的非均匀性; 在单元内部有渗流, 在结构面内有流体流动; 均匀变形的单元可以断裂。该尺度上的破坏分为既有破坏、局部再破坏、贯穿性破坏、碎裂性破坏及运动性破坏, 可以用灾变破裂度表征。在单元尺度上, 单元在均匀变形的条件下损伤演化, 表现为弹性变形、均匀化的破裂、摩擦效应、断裂能消耗等。该尺度上的破坏经过均匀损伤、损伤局部化 (局部再破坏) 和单元断裂 (贯穿性破坏), 可以用单元的应变分布强度 (见 7.2 节) 和单元断裂表征。

两尺度之间的关联: 其一, 宏观尺度给单元尺度节点位移, 单元尺度给宏观尺度节点力, 这一点与传统的连续模型计算是一致的; 其二, 单元在计算过程中断裂, 由单元尺度内的破坏演化, 转化为宏观尺度的结构面。

7.2　传统的理论本构模型及存在的问题

经典的弹性力学[20] 模型主要用来计算材料或结构的线弹性变形。力与位移、应力与应变之间具有简单的线性关系, 在均匀、连续介质或由均质材料组成的结构计算分析中发挥了重要的作用。弹性力学模型已有几百年的历史, 时至今日它依然是力学分析的重要理论基础, 并在各类大型结构和工程设计中广泛应用。弹性力学模型处理的问题通常都是较为理想和简单的, 需要满足连续性假定、均匀性假定、各向同性假定和小变形假定, 因此在分析时需要对问题进行抽象和简化。对于传统的机械或结构设计分析领域, 由于材料的完整、均质等特性, 对计算结构或模型进行合理简化后, 弹性模型可以得到很好的结果。然而, 地质体或地质体结构相对复杂得多。比如岩石材料, 经历了长期的堆积挤压形成过程、复杂的地质结构变迁, 成分的多元化以及大量的内部节理裂隙, 使得其内部非均匀性、非连续性十分明显。土体材料内部也含有大量孔隙, 实际中也常出现大范围的不可恢复的变形或流动。此时, 简单的线弹性模型便难以刻画地质体材料的复杂力学行为。

塑性力学模型[21] 作为弹性模型的扩展, 通过引入强度准则和相对应的流动法则来描述材料的屈服、强化、软化等非线性力学行为。塑性模型在材料或结构的大变形、失效分析中起到了重要作用。目前, 学者们已针对不同材料和问题提出了大量塑性力学模型, 在岩土中使用较广的主要是莫尔–库仑模型和 D-P 模型等。然而, 塑性模型通常是对特定材料的宏观力学试验曲线进行唯象拟合得到的, 因此不同模型的应用范围在很大程度上受到研究对象和条件限制。对于地质体而言, 破裂在材料的变形和失效过程中是一个基本特征, 塑性模型没有充分考虑材料的细观破裂演化本质机制, 其结果也较难反映地质体材料的实际破坏过程。

断裂力学[22] 克服了弹性、塑性模型等连续模型在处理破裂和裂缝尖端应力奇异性的不足, 通过引入应力强度因子分析裂缝的扩展。断裂力学模型可以比较准确地计算单个裂缝的扩展问题, 但较难应用到地质体的破裂分析中, 主要原因是地质体的破裂往往伴随着多裂纹或复杂裂缝网络, 而且实际工程的尺度往往也较大, 应用受到限制。

损伤力学模型[23] 通过损伤变量建立了细观尺度下的材料劣化与宏观尺度上平均材料特性的关系。损伤变量一般是通过定义材料内部的破裂面密度或孔洞密度来进行计算的, 考虑了材料的细观破坏现象和状态。应该说对单元总体破裂损伤程度和状态的描述来讲, 物理含义更清楚。现有的模型描述材料宏观性能的劣化是通过等效弹性模量的降低来实现的。损伤变量的求解和弹性模量劣化过程的定量描述一般是通过唯象地拟合试验曲线或直接定义出一个损伤变量的演化函数 (或统计函数) 来实现的, 对破裂演化内在机制的解释不够充分。另外, 现有大多数模型描述内部损伤破坏作用是通过能量耗散来概化处理的, 对细观微破裂面的实际相互作用过程的描述也不够。

7.3　应变强度分布本构模型的概念和基本假设

应变强度分布本构模型是建立在单元尺度上的一类非均匀统计损伤本构模型。该模型认为: 岩土类脆性材料的损伤破坏过程可以看成内部微孔洞、微裂缝的成核、生长、贯通, 最终形成宏观裂缝导致材料结构和性能劣化直至断裂失效的过程, 材料内部的非均匀性和渐进破裂过程决定了其宏观上的各种复杂力学行为; 非均匀性是自然材料在细观上的一个基本特征, 也是导致材料发生渐进破坏的一个重要因素，它决定着材料内部的初始裂纹萌生，影响着裂纹的发展直至材料完全破坏的整个过程；在材料破坏的过程中，破裂是一个基本特征，这对于脆性材料尤其明显；材料内部裂缝的数量、长度和间距可以直接反映材料的当前状态。因此，对材料内部非均匀性的描述或对材料失效过程中内部破裂的描述，是研究材料非线性、破裂力学行为和本构关系时应当考虑的关键因素。应变强度分布本构模型的几个基本概念如下：

(1) 表征元。能概化材料宏观特性的单元。表征元的尺度在宏观上可以看成均匀介质的尺度，在数值模拟中就是单元尺度，在材料试验中就是试样的尺度。

(2) 微元。假设计算单元是由棱长缩小 n 倍的小单元组成，称这些小单元为微元。微元的长度与材料内微裂纹的特征长度或物质微团的特征尺寸接近，尺寸是表征元的 $1/n$，单元所包含的微元的数为 $N = n^3$。

(3) 表征元破裂度。如果单元内有 M 个微元破裂，那么破裂体积是总体积的 M/N，该比值可以称为体积破裂度，用以表示表征元的体破裂程度。

应变强度分布本构模型通过引入应变强度分布来描述材料内部的非均匀性和渐进损伤破坏过程。如图 7.1 所示，有如下基本假设：

(1) 表征元是等应变的。该假设与传统连续介质中的微元假设是一致的，不考虑微元内部的非均匀变形。

(2) 表征元内部微元的应变强度是分布的。该假设是应变强度分布准则的核心，也是表征元与微元的主要差别。认为表征元内的强度不是一个值，而是服从某个分布，拉伸和剪切可采用不同的分布形式。

(3) 表征元由弹性微元和破裂微元组成。表征元内的微元只有弹性和破裂两种基本状态，表征元的宏观复杂力学行为可通过微元的两种状态演化进行描述。

(4) 弹性微元保持线弹性，破裂微元用接触摩擦表征。需要说明的是，破裂以及接触摩擦等力学行为的描述都是针对表征元内的微元而言，在微元尺度上的这一描述在理论上是准确的。而表征元的宏观破裂面积和破坏程度是基于这一假设的定量表述结果。

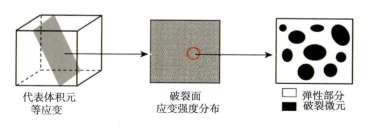

代表体积元　　　　　　破裂面　　　　　　□ 弹性部分
等应变　　　　　　应变强度分布　　　　■ 破裂微元

图 7.1　应变强度分布本构模型的基本假设

7.4 界面应变强度分布本构

7.4.1 界面力学行为

界面力学行为是一个广受关注的问题, 如岩石的节理、弱面, 层板复合材料等, 界面特性能起到主控作用, 也是研究复杂材料三维特性的基础。因此, 本节先介绍界面的应变强度分布本构模型[5−7], 主要关注破裂面或界面的渐进破坏过程和力学特性的描述。

7.4.2 基本概念和假设

首先介绍如下几个基本概念:

(1) 界面: 材料内部真实存在的节理面、错动面或其他潜在的破坏面;

(2) 弹性微元面: 界面上连续的、未破坏的微元面;

(3) 破裂微元面: 界面上已断裂开的微元面。

应变强度分布本构模型通过引入应变强度分布来描述界面的非均匀性和渐进损伤破坏过程。有如下基本假设:

(1) 界面所在的结构层是等应变的;

(2) 界面的应变强度是分布的;

(3) 界面由弹性微元面和破裂微元面组成;

(4) 弹性微元面保持线弹性, 破裂微元面用接触摩擦表征。

7.4.3 界面的破裂度与完整度

为定量描述界面的破裂状态, 引入破裂度和完整度的概念。对于一个给定的界面, 破裂度定义为破裂微元面占总面积的比例, 完整度为弹性微元面占总面积的比例。

$$D_{\mathrm{b}} = \frac{S_{\mathrm{b}}}{S_{\mathrm{T}}} \tag{7.1}$$

$$I_{\mathrm{e}} = 1 - D_{\mathrm{b}} = \frac{S_{\mathrm{e}}}{S_{\mathrm{T}}} \tag{7.2}$$

式中, D_{b} 为破裂度, I_{e} 为完整度, S_{b} 为破裂面积, S_{e} 为破裂面积, S_{T} 为破裂面总面积。

若将破裂类型分为拉伸破坏、剪切破坏和拉剪联合破坏三类, 破裂度也可定义拉伸破裂度、剪切破裂度和联合破裂度三类, 同理定义三类对应的完整度。破裂度可以定量地表示为应变强度分布密度函数的累积积分形式, 将在后面几节中详细介绍。

7.4.4　界面拉伸破裂度与完整度

若界面上仅有拉伸破坏, 可定义拉伸破裂度和完整度, 其表达式如式 (7.3)、式 (7.4) 所示。

$$\alpha_{\mathrm{b}} = \begin{cases} 0, & \varepsilon \leqslant \varepsilon_{\min} \\ \dfrac{\displaystyle\int_{\varepsilon_{\min}}^{\varepsilon} f(\varepsilon)\mathrm{d}\varepsilon}{\displaystyle\int_{\varepsilon_{\min}}^{\varepsilon_{\max}} f(\varepsilon)\mathrm{d}\varepsilon}, & \varepsilon_{\min} < \varepsilon < \varepsilon_{\max} \\ 1, & \varepsilon \geqslant \varepsilon_{\max} \end{cases} \tag{7.3}$$

$$\alpha_{\mathrm{I}} = \begin{cases} 0, & \varepsilon \geqslant \varepsilon_{\max} \\ \dfrac{\displaystyle\int_{\varepsilon}^{\varepsilon_{\max}} f(\varepsilon)\mathrm{d}\varepsilon}{\displaystyle\int_{\varepsilon_{\min}}^{\varepsilon_{\max}} f(\varepsilon)\mathrm{d}\varepsilon}, & \varepsilon_{\min} < \varepsilon < \varepsilon_{\max} \\ 1, & \varepsilon \leqslant \varepsilon_{\min} \end{cases} \tag{7.4}$$

式中, α_{b} 为拉伸破裂度; α_{I} 为拉伸完整度; $f(\varepsilon)$ 为拉伸应变强度分布密度函数; $\varepsilon_{\min}$ 为最小拉伸应变强度, 可取为材料的线性比例极限; $\varepsilon_{\max}$ 为最大拉伸应变强度, 可取为材料的断裂极限; ε 为当前应变。

需要说明的是, 如果界面本身是一个有厚度的层, 则应变定义为层的应变; 若界面只是材料内部一个无厚度的面, 则应变指界面所属的表征元的应变。

破裂度和完整度都是分段函数。当前应变 ε 小于最小拉伸强度 $\varepsilon_{\min}$ 时, 面上任何一点都没有破裂, 界面是完好的, 破裂度始终等于 0, 完整度始终等于 1。应变在最小应变强度和最大应变强度之间时, 破裂度和完整度都用概率累积积分来表示。强度分布密度函数 $f(\varepsilon)$ 可以是任意分布密度函数, 从最小拉伸应变强度 $\varepsilon_{\min}$ 到当前应变 ε 积分, 表示已经断裂的面积所占的比重, 从当前应变 ε 到最大拉伸应变强度 $\varepsilon_{\max}$ 积分, 表示剩余弹性面积所占的比重, 分母上除以从 $\varepsilon_{\min}$ 到 $\varepsilon_{\max}$ 的全域积分, 是为了保证任何情况下的归一性。当前应变 ε 大于最大拉伸强度 $\varepsilon_{\max}$ 时, 界面完全断裂, 破裂度始终等于 1, 完整度始终等于 0。

破裂度和完整度是一对此消彼长的互斥的参数, 它们之和始终等于 1, 如公式 (7.5) 所示。

$$\alpha_{\mathrm{b}} + \alpha_{\mathrm{I}} = 1 \tag{7.5}$$

7.4.5　界面剪切破裂度

若界面上仅有剪切破坏, 定义剪切破裂度和完整度, 如式 (7.6)、式 (7.7) 所示。

$$\beta_{\mathrm{b}} = \begin{cases} 0, & \gamma \leqslant \gamma_{\min} \\ \dfrac{\displaystyle\int_{\gamma_{\min}}^{\gamma} f(\gamma)\mathrm{d}\gamma}{\displaystyle\int_{\gamma_{\min}}^{\gamma_{\max}} f(\gamma)\mathrm{d}\gamma}, & \gamma_{\min} < \gamma < \gamma_{\max} \\ 1 & \gamma \geqslant \gamma_{\max} \end{cases} \tag{7.6}$$

$$\beta_{\mathrm{I}} = 1 - \beta_{\mathrm{b}} = \begin{cases} 0, & \gamma \geqslant \gamma_{\max} \\ \dfrac{\displaystyle\int_{\gamma}^{\gamma_{\max}} f(\gamma)\mathrm{d}\gamma}{\displaystyle\int_{\gamma_{\min}}^{\gamma_{\max}} f(\gamma)\mathrm{d}\gamma}, & \gamma_{\min} < \gamma < \gamma_{\max} \\ 1, & \gamma \leqslant \gamma_{\min} \end{cases} \tag{7.7}$$

式中, β_{b} 为剪切破裂度, β_{I} 为剪切完整度, $f(\gamma)$ 为剪切应变强度分布密度函数, $\gamma_{\min}$ 为最小剪切应变强度, $\gamma_{\max}$ 为最大剪切应变强度。

剪切破裂度和完整度的表达形式与拉伸破裂度和完整度的表达形式完全相同。

7.4.6 界面拉剪联合破裂度

在拉剪联合作用下, 界面既有拉伸破坏又有剪切破坏, 单独用上面两个模型中的任何一个都不能很好地描述这种情况, 因此引入一个更一般的表达式来描述拉剪联合作用下的破裂度。假设拉伸应变强度和剪切应变强度分布是独立的, 则首先可定义拉剪联合作用下的完整度为

$$I_{\mathrm{e}} = \alpha_{\mathrm{I}} \beta_{\mathrm{I}} \tag{7.8}$$

表示既未拉伸破坏又未剪切破坏的完好部分。而破裂度, 即破裂面积所占的比例为

$$D_{\mathrm{b}} = 1 - I_{\mathrm{e}} = 1 - \alpha_{\mathrm{I}} \beta_{\mathrm{I}} \tag{7.9}$$

界面上联合破裂度和完整度的求法和含义如图 7.2 所示。假设界面总面积为矩形所包含的区域。阴影部分为破裂面积所占的比例, 它包括单独由拉伸造成的破坏、单独由剪切造成的破坏和拉剪共同造成的破坏。单独由拉伸造成的破坏区域是指应变超过了拉伸应变强度但低于剪切应变强度的部分, 对应图 7.2 中左侧左斜线区域, 数值上等于 $\alpha_{\mathrm{b}} - \alpha_{\mathrm{b}}\beta_{\mathrm{b}}$; 单独由剪切造成的破坏区域是指应变超过了剪切应变强度但低于拉伸应变强度的部分, 对应图 7.2 中右侧右斜线区域, 数值上等于 $\beta_{\mathrm{b}} - \alpha_{\mathrm{b}}\beta_{\mathrm{b}}$; 拉剪共同造成破坏的破坏区域是指应变既超过拉伸应变强度又超过剪切应变强度的部分, 对应图 7.2 中部交叉线区域, 数值上等于 $\alpha_{\mathrm{b}}\beta_{\mathrm{b}}$。周围空白区域

为弹性面积所占的比例，它是完好的，应变在这些位置既没有超过拉伸应变强度，也没有超过剪切应变强度，在数值上等于 $\alpha_I \beta_I$。

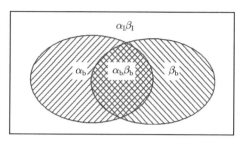

图 7.2　联合破裂度和完整度求法示意图

7.4.7　几类常用分布下的破裂度和完整度

在本模型中，材料内部强度的分布是材料的基本属性，决定了材料在破坏过程中的力学特性和行为。本节介绍几类常见分布下的破裂度和完整度，包括均匀分布、韦伯分布和正态分布。

1. 均匀分布

假设材料在拉伸应变强度区间 $[\varepsilon_{\min}, \varepsilon_{\max}]$ 内服从均匀分布，其密度函数为

$$f_\varepsilon\left(\varepsilon\right) = \frac{1}{\varepsilon_{\max} - \varepsilon_{\min}} \tag{7.10}$$

根据式 (7.1) 和式 (7.2)，应变强度均匀分布下的拉伸破裂度为

$$\alpha_b = \begin{cases} 0, & \varepsilon \leqslant \varepsilon_{\min} \\ \dfrac{\varepsilon - \varepsilon_{\min}}{\varepsilon_{\max} - \varepsilon_{\min}}, & \varepsilon_{\min} < \varepsilon < \varepsilon_{\max} \\ 1, & \varepsilon \geqslant \varepsilon_{\max} \end{cases} \tag{7.11}$$

应变强度均匀分布下的拉伸完整度为 $\alpha_I = 1 - \alpha_b$。

如图 7.3 所示，应变强度均匀分布下的密度函数为定值。当应变 ε 小于 $\varepsilon_{\min}$ 时，材料不破裂，破裂度为 0；当 ε 在 $\varepsilon_{\min}$ 和 $\varepsilon_{\max}$ 之间时，应变强度小于 ε 的部分破裂，阴影部分的面积即为当前破裂度 α_b，应变强度大于 ε 的部分不破裂，ε 与 $\varepsilon_{\max}$ 之间的面积为完整度 α_I；当 ε 大于 $\varepsilon_{\max}$ 时，材料完全破裂，破裂度为 1。

同理，根据式 (7.3) 和式 (7.4)，应变强度均匀分布下的剪切破裂度可以表示为

$$\beta_b = \begin{cases} 0, & \gamma \leqslant \gamma_{\min} \\ \dfrac{\gamma - \gamma_{\min}}{\gamma_{\max} - \gamma_{\min}}, & \gamma_{\min} < \gamma < \gamma_{\max} \\ 1, & \gamma \geqslant \gamma_{break} \end{cases} \tag{7.12}$$

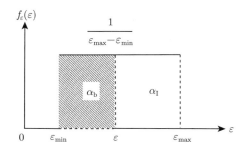

图 7.3　均匀分布下的破裂度和完整度直观表述

应变强度均匀分布下的剪切完整度为 $\beta_\mathrm{I} = 1 - \beta_\mathrm{b}$。根据式 (7.8) 和式 (7.9)，界面上拉剪联合作用的完整度为 $\alpha_\mathrm{I}\beta_\mathrm{I}$，拉剪联合作用下的破裂度为 $1 - \alpha_\mathrm{I}\beta_\mathrm{I}$。

2. 韦伯分布

假设材料在拉伸应变强度区间 $[\varepsilon_\mathrm{min}, \varepsilon_\mathrm{max}]$ 内服从韦伯分布，其密度函数为

$$f(\varepsilon) = \frac{k}{m}\left(\frac{\varepsilon}{m}\right)^{k-1}\mathrm{e}^{-(\varepsilon/m)^k} \tag{7.13}$$

式中，m 为比例参数，k 为形状参数。改变 m 和 k 可以得到不同的分布形式。

根据式 (7.1) 和式 (7.2)，应变强度韦伯分布下的拉伸破裂度为

$$\alpha_\mathrm{b} = \begin{cases} 0, & \varepsilon \leqslant \varepsilon_\mathrm{min} \\ \dfrac{\mathrm{e}^{-(\varepsilon_\mathrm{min}/m)^k} - \mathrm{e}^{-(\varepsilon/m)^k}}{\mathrm{e}^{-(\varepsilon_\mathrm{min}/m)^k} - \mathrm{e}^{-(\varepsilon_\mathrm{max}/m)^k}}, & \varepsilon_\mathrm{min} < \varepsilon < \varepsilon_\mathrm{max} \\ 1, & \varepsilon \geqslant \varepsilon_\mathrm{max} \end{cases} \tag{7.14}$$

应变强度韦伯分布下的拉伸完整度为 $\alpha_\mathrm{I} = 1 - \alpha_\mathrm{b}$。

应变强度在韦伯分布下的破裂度和完整度的直观表述如图 7.4 所示。当应变 ε

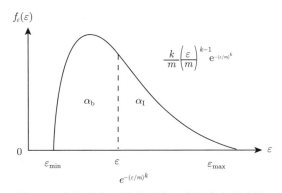

图 7.4　韦伯分布下的破裂度和完整度直观表述

小于 $\varepsilon_{\min}$ 时，材料不破裂；当 ε 在区间 $[\varepsilon_{\min}, \varepsilon]$ 内时，应变强度分布密度函数曲线下方的面积为破裂度 α_{b}，当 ε 在区间 $[\varepsilon, \varepsilon_{\max}]$ 内时，应变强度分布密度函数曲线下方的面积为完整度 α_{I}；当 ε 大于 $\varepsilon_{\max}$ 时，材料完全破裂。韦伯分布由于具有分布形式多样，积分函数简单，参数调整简便，适应性较好等特点，在工程中被广泛使用。

同理，也可得到应变强度在韦伯分布下的剪切破裂度

$$\beta_{\mathrm{b}} = \begin{cases} 0, & \gamma \leqslant \gamma_{\min} \\ \dfrac{\mathrm{e}^{-(\gamma_{\min}/m)^k} - \mathrm{e}^{-(\gamma/m)^k}}{\mathrm{e}^{-(\gamma_{\min}/m)^k} - \mathrm{e}^{-(\gamma_{\max}/m)^k}}, & \gamma_{\min} < \gamma < \gamma_{\max} \\ 1, & \gamma > \gamma_{\max} \end{cases} \tag{7.15}$$

应变强度在韦伯分布下的剪切完整度为 $\beta_{\mathrm{I}} = 1 - \beta_{\mathrm{b}}$，拉剪联合作用的完整度为 $\alpha_{\mathrm{I}}\beta_{\mathrm{I}}$，拉剪联合作用下的破裂度为 $1 - \alpha_{\mathrm{I}}\beta_{\mathrm{I}}$。

3. 正态分布

假设材料的拉伸应变强度在区间 $[\varepsilon_{\min}, \varepsilon_{\max}]$ 上服从正态分布，密度函数为

$$f_\varepsilon(\varepsilon) = \frac{1}{\sigma\sqrt{2\pi}} \exp\left[-\frac{(\varepsilon - \mu)^2}{2\sigma^2}\right] \tag{7.16}$$

式中，μ 为均值，σ 为均方差。

根据式 (7.1)~ 式 (7.4) 易得到正态分布下的破裂度和完整度，如式 (7.17)~ 式 (7.19) 所示，其物理含义如图 7.5 所示。

$$\alpha_{\mathrm{b}} = \begin{cases} 0, & \varepsilon \leqslant \varepsilon_{\min} \\ \dfrac{\displaystyle\int_{\varepsilon_{\min}}^{\varepsilon} \frac{1}{\sigma\sqrt{2\pi}} \exp\left[-\frac{(\varepsilon - \mu)^2}{2\sigma^2}\right] \mathrm{d}\varepsilon}{\displaystyle\int_{\varepsilon_{\min}}^{\varepsilon_{\max}} \frac{1}{\sigma\sqrt{2\pi}} \exp\left[-\frac{(\varepsilon - \mu)^2}{2\sigma^2}\right] \mathrm{d}\varepsilon}, & \varepsilon_{\min} < \varepsilon < \varepsilon_{\max} \\ 1, & \varepsilon \geqslant \varepsilon_{\max} \end{cases} \tag{7.17}$$

$$\alpha_{\mathrm{I}} = 1 - \alpha_{\mathrm{b}} \tag{7.18}$$

$$\beta_{\mathrm{b}} = \begin{cases} 0, & \gamma \leqslant \gamma_{\min} \\ \dfrac{\displaystyle\int_{\gamma_{\min}}^{\gamma} \frac{1}{\sigma\sqrt{2\pi}} \exp\left[-\frac{(\gamma - \mu)^2}{2\sigma^2}\right] \mathrm{d}\gamma}{\displaystyle\int_{\gamma_{\min}}^{\gamma_{\max}} \frac{1}{\sigma\sqrt{2\pi}} \exp\left[-\frac{(\gamma - \mu)^2}{2\sigma^2}\right] \mathrm{d}\gamma}, & \gamma_{\min} < \gamma < \gamma_{\max} \\ 1, & \gamma \geqslant \gamma_{\max} \end{cases} \tag{7.19}$$

$$\beta_{\mathrm{I}} = 1 - \beta_{\mathrm{b}} \tag{7.20}$$

拉剪联合作用的完整度为 $\alpha_{\mathrm{I}}\beta_{\mathrm{I}}$，拉剪联合作用下的破裂度为 $1 - \alpha_{\mathrm{I}}\beta_{\mathrm{I}}$。

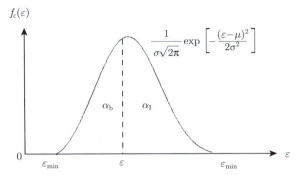

图 7.5 正态分布下的破裂度和完整度直观表述

正态分布的累积积分函数没有显式表达式，可以通过数值积分、泰勒展开或渐进级数近似求解。

7.4.8 界面拉伸应力–应变关系破裂度和完整度曲线

破裂度和完整度直接反应材料的内部状态，它们的发展趋势直接决定了材料在破坏过程中的力学行为。本小节以韦伯分布为例，研究破裂度和完整度的发展过程。

韦伯分布有两个主要的参数：比例因子 m 和形状因子 k。分别调整这两个参数，观察破裂度和完整度的发展趋势。

拉伸破裂度随应变的发展演化规律如图 7.6 所示。

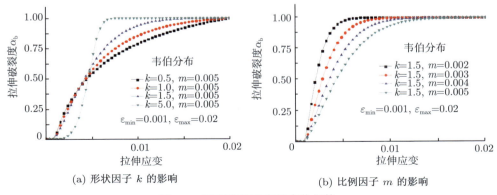

(a) 形状因子 k 的影响   (b) 比例因子 m 的影响

图 7.6 破裂度随应变的变化规律

　　从总的发展趋势来看，拉伸破裂度主要经历 3 个阶段，与式 (7.3) 的 3 段相对应。第 1 阶段，应变小于最小拉伸强度，破裂度保持为零；第 2 阶段，应变处于强度分布区间内，界面部分连续，部分破坏，呈现出非线性的增长变化；第 3 阶段，应变超过最大拉伸强度，界面完全拉裂，破裂度保持为 1。

　　对于破裂度的非线性增长段，韦伯分布的两个参数对曲线的影响是不同的。形状因子 k 会改变曲线的形状和变化趋势，如图 7.6(a) 所示；而比例因子 m 只调整曲线的陡缓，整个趋势是不变的，如图 7.6(b) 所示。

　　完整度的趋势与破裂度相反，但基本规律是完全一致的，如图 7.7 所示。

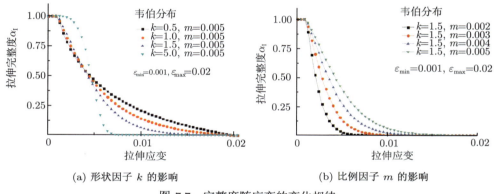

(a) 形状因子 k 的影响　　　　　　　　　(b) 比例因子 m 的影响

图 7.7　完整度随应变的变化规律

7.4.9　界面拉伸应力–应变关系

　　由于应变强度是分布的，在拉伸状态下，界面可能部分完好，部分破裂。因此定义弹性微元面来描述连续部分的特征，定义破裂微元面来描述破裂部分的特性，如图 7.8 所示。

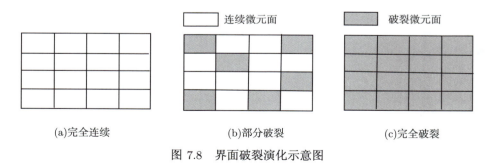

(a)完全连续　　　　　　　　　(b)部分破裂　　　　　　　　　(c)完全破裂

图 7.8　界面破裂演化示意图

　　受拉时，连续微元面保持线弹性应力，可用表征元在界面方向的拉伸应力–应变来表示，写为

$$\sigma_{\mathrm{n}}^{\mathrm{e}} = 2G\varepsilon_{\mathrm{n}} + \lambda e \tag{7.21}$$

式中，$\sigma_{\mathrm{n}}^{\mathrm{e}}$ 为连续微元面上的拉伸应力；ε_{n} 为拉伸应变；e 为体应变；G，λ 为拉梅系数，可用杨氏模量 E 和泊松比 ν 表示为

$$G = \frac{E}{2\,(1+\nu)} \tag{7.22}$$

$$\lambda = \frac{\nu E}{(1+\nu)\,(1-2\nu)} \tag{7.23}$$

破裂微元面拉伸应力为零，但如果受压，界面会闭合，应认为界面处的应力是连续的，用弹性应力来表征，即

$$\sigma_{\mathrm{n}}^{\mathrm{p}} = \begin{cases} 2G\varepsilon_{\mathrm{n}} + \lambda e, & \varepsilon < 0 \\ 0, & \varepsilon \geqslant 0 \end{cases} \tag{7.24}$$

式中，$\sigma_{\mathrm{n}}^{\mathrm{p}}$ 为界面上的正应力；ε 为名义正应变，用以判断界面当前应力的正负，定义为

$$E\varepsilon = 2G\varepsilon_{\mathrm{n}} + \lambda e \tag{7.25}$$

界面的宏观等效应力可写为所有破裂微元面和连续微元应力之和。而破裂微元面和连续微元面所占的比例可通过界面的破裂度和完整度，即式 (7.3) 和式 (7.4) 来表述。所以，界面上的拉伸应力–应变关系可写为

$$\sigma_{\mathrm{n}} = \alpha_{\mathrm{I}}\sigma_{\mathrm{n}}^{\mathrm{e}} + \alpha_{\mathrm{b}}\sigma_{\mathrm{n}}^{\mathrm{p}} = (1-\alpha_{\mathrm{b}})\,\sigma_{\mathrm{n}}^{\mathrm{e}} + \alpha_{\mathrm{b}}\sigma_{\mathrm{n}}^{\mathrm{p}} \tag{7.26}$$

将式 (7.21) 和式 (7.24) 代入式 (7.26)，得

$$\sigma_{\mathrm{n}} = (1-\alpha_{\mathrm{b}})\,(2G\varepsilon_{\mathrm{n}} + \lambda e) + \begin{cases} \alpha_{\mathrm{b}}\,(2G\varepsilon_{\mathrm{n}} + \lambda e)\,, & \varepsilon < 0 \\ 0, & \varepsilon \geqslant 0 \end{cases} \tag{7.27}$$

式 (7.27) 即为界面正应力的最终表达式，不仅考虑了拉伸破坏，还描述了界面在不同受力状态下的作用。

在韦伯分布下，利用式 (7.27) 获得的拉伸应力–应变曲线如图 7.9 所示。可以看到，利用该模型可描述界面在受拉过程中的复杂力学行为和渐进破坏过程。弹性、非线性、应变软化自然获得。强度分布是材料的基本特性，决定了材料在破坏过程中的力学行为。分布的主要参量是分布区间和分布形式。分布区间决定了材料进入各阶段的位置，如最小拉伸强度是线性段和非线性段的分界点，最大拉伸强度是软化段和断裂失效段的分界点。分布形式决定了变形过程中材料内部破裂的演化模式，也决定了非线性段和应变软化段的走势。例如，在韦伯分布下，改变分布参数后，曲线的形态也随之改变，因此可以描述各类不同特性材料的应力–应变关

系。形状因子 k 可控制曲线形状，改变材料的韧脆特性；比例因子 m 可控制曲线的比例，主要影响材料的强度峰值。

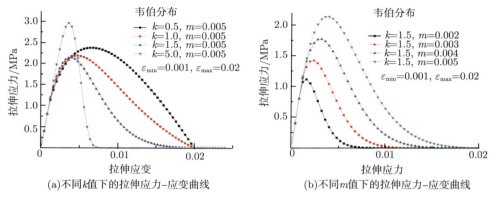

(a)不同k值下的拉伸应力–应变曲线　　　　　(b)不同m值下的拉伸应力–应变曲线

图 7.9　不同分布参数下的拉伸应力–应变曲线

7.4.10　界面剪切应力–应变关系

对界面剪切破坏的描述相对复杂，主要是因为需考虑界面的摩擦作用，因此将界面内微元的作用力分为三类：弹性应力、静摩擦应力和滑动摩擦应力。

对于线性微元面，直接用弹性应力–应变关系表述，写为

$$\tau^{\mathrm{e}} = G\gamma \tag{7.28}$$

式中，τ^{e} 为线性微元面的弹性剪应力，γ 为剪应变，G 为剪切模量。

当破裂微元面处于静摩擦状态时，摩擦应力与弹性剪应力相同，为

$$\tau^{\mathrm{p}} = G\gamma \tag{7.29}$$

当界面的弹性剪应力超过最大静摩擦力后，破裂微元面的应力为滑动摩擦力，表示为

$$\tau^{\mathrm{p}} = \sigma_{\mathrm{n}} \tan\varphi = (2G\varepsilon_{\mathrm{n}} + \lambda e)\tan\varphi \tag{7.30}$$

式中，τ^{p} 为破裂微元面的摩擦剪应力，σ_{n} 为界面的正压力，φ 为界面的摩擦角。

如果界面受拉，应力为零。界面的宏观等效剪应力可写为所有破裂微元面和连续微元的剪应力之和，表示为

$$\tau = \beta_{\mathrm{I}}\tau^{\mathrm{e}} + \beta_{\mathrm{b}}\tau^{\mathrm{p}} = (1 - \beta_{\mathrm{b}})\tau^{\mathrm{e}} + \beta_{\mathrm{b}}\tau^{\mathrm{p}} \tag{7.31}$$

将式 (7.28)~ 式 (7.30) 代入式 (7.31)，有

$$\tau = (1 - \beta_{\mathrm{b}}) G\gamma + \begin{cases} \beta_{\mathrm{b}} G\gamma, & G\gamma < (2G\varepsilon_{\mathrm{n}} + \lambda e) \tan\varphi, \varepsilon < 0 \\ \beta_{\mathrm{b}} (2G\varepsilon_{\mathrm{n}} + \lambda e) \tan\varphi, & G\gamma \geqslant (2G\varepsilon_{\mathrm{n}} + \lambda e) \tan\varphi, \varepsilon < 0 \\ 0, & \varepsilon \geqslant 0 \end{cases} \quad (7.32)$$

剪应力–应变曲线如图 7.10 所示。在相同的强度分布下，曲线的基本形状与拉伸是一致的，但由于摩擦的作用，峰值有所提高，完全破坏后保持滑动摩擦。

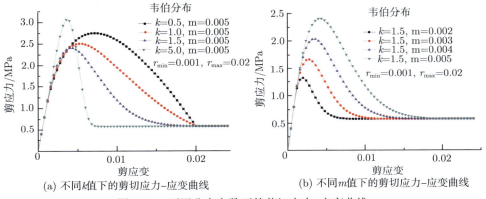

(a) 不同 k 值下的剪切应力–应变曲线   (b) 不同 m 值下的剪切应力–应变曲线

图 7.10 不同分布参数下的剪切应力–应变曲线

7.4.11 界面在拉剪联合作用下的应力–应变关系

在拉剪联合作用下，界面的破坏是由拉伸和剪切联合造成的，应该使用式 (7.8) 和式 (7.9) 的联合破裂度和联合完整度来描述材料的状态，界面上的正应力和剪应力可写为

$$\sigma_{\mathrm{n}} = (1 - D_{\mathrm{b}}) (2G\varepsilon_{\mathrm{n}} + \lambda e) + \begin{cases} D_{\mathrm{b}} (2G\varepsilon_{\mathrm{n}} + \lambda e), & \varepsilon < 0 \\ 0 & \varepsilon > 0 \end{cases}$$

$$\tau = (1 - D_{\mathrm{b}}) G\gamma + \begin{cases} D_{\mathrm{b}} G\gamma, & G\gamma < \sigma_{\mathrm{n}} \tan\varphi, \varepsilon < 0 \\ D_{\mathrm{b}} (2G\varepsilon_{\mathrm{n}} + \lambda e) \tan\varphi, & G\gamma > \sigma_{\mathrm{n}} \tan\varphi, \varepsilon < 0 \\ 0, & \varepsilon \geqslant 0 \end{cases} \quad (7.33)$$

式 (7.33) 是一个更一般的表达式，在单独受拉或单独受剪时可以退化成式 (7.27) 和式 (7.32)。将界面在拉剪联合破坏下的应力–应变曲线与纯剪作用下的应力–应变曲线在同一张图上比较，如图 7.11 所示。

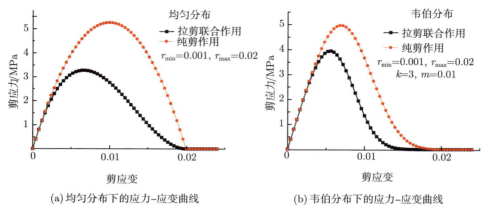

(a) 均匀分布下的应力–应变曲线   (b) 韦伯分布下的应力–应变曲线

图 7.11 联合分布下的界面应力–应变曲线

    图 7.11(a) 和 (b) 分别是均匀分布和韦伯分布下的结果。横轴是剪应变，纵轴是剪应力。圆点线是纯剪时的剪应力、剪应变，方点线是拉剪联合作用下的剪应力、剪应变。拉剪联合作用时，拉伸应变与剪切应变同比例增加，对比剪应力–剪应变曲线，可以看出，拉剪作用下，材料更容易破坏。虽然最后破坏的应变不变，但是强度大幅降低了。这与实际现象也是一致的。

7.4.12 界面在拉剪联合作用下的应力–应变关系

    当分布的上下限一致时，模型退化为均匀强度模型，可自然得到理想弹塑性、脆性断裂等传统模型，如图 7.12 所示。

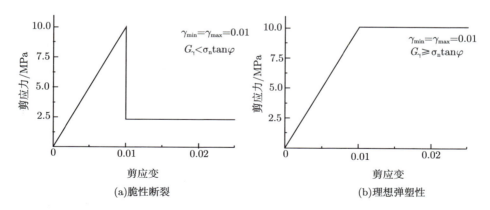

(a) 脆性断裂   (b) 理想弹塑性

图 7.12 退化的应力–应变曲线

7.5 块体应变强度分布本构模型

7.5.1 微元体均匀破裂损伤模型

假设一个表征元由一系列微元体组成, 如图 7.13 所示。假设这些微元体强度服从某一种分布规律, 微元体只有弹性和破坏两种状态, 弹性微元体用线弹性本构表述, 破裂微元体不承担任何力。在上述假设条件下, 可分析表征元的破裂过程和特性。

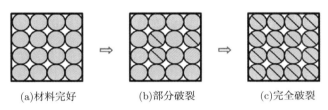

(a)材料完好　　　　　(b)部分破裂　　　　　(c)完全破裂

图 7.13　微元体破裂模型

1. 拉伸破坏

只考虑拉伸破坏, 表征元内微元体的拉伸强度是分布的, 会随着变形逐渐破裂。定义表征元的破裂度为

$$D_{\mathrm{b}} = \alpha_{\mathrm{b}} = \begin{cases} 0, & \varepsilon \leqslant \varepsilon_{\min} \\ \dfrac{\displaystyle\int_{\varepsilon_{\min}}^{\varepsilon} f(\varepsilon)\mathrm{d}\varepsilon}{\displaystyle\int_{\varepsilon_{\min}}^{\varepsilon_{\max}} f(\varepsilon)\mathrm{d}\varepsilon}, & \varepsilon_{\min} < \varepsilon < \varepsilon_{\max} \\ 1, & \varepsilon \geqslant \varepsilon_{\max} \end{cases} \tag{7.34}$$

式中, D_{b} 为破裂度, α_{b} 为拉伸破裂度, $f(\varepsilon)$ 为拉伸应变强度分布密度函数, ε 为应变, $\varepsilon_{\min}$ 为最小拉伸强度, $\varepsilon_{\max}$ 为最大拉伸强度。

式 (7.34) 与界面破裂度的表达式相同, 但物理含义发生了变化。这里的强度分布在表征元体内的微元体中, 破裂度也是体的破裂度, 而非面的破坏。

当拉伸强度均匀分布时, 破裂度可表示为

$$D_{\mathrm{b}} = \begin{cases} 0, & \varepsilon \leqslant \varepsilon_{\min} \\ \dfrac{\varepsilon - \varepsilon_{\min}}{\varepsilon_{\max} - \varepsilon_{\min}}, & \varepsilon_{\min} < \varepsilon < \varepsilon_{\max} \\ 1, & \bar{\varepsilon} \geqslant \varepsilon_{\max} \end{cases} \tag{7.35}$$

当拉伸强度服从韦伯分布时, 破裂度表示为

$$D_{\mathrm{b}} = \begin{cases} 0, & \varepsilon < \varepsilon_{\min} \\ \dfrac{\mathrm{e}^{-(\varepsilon_{\min}/m)^k} - \mathrm{e}^{-(\varepsilon/m)^k}}{\mathrm{e}^{-(\varepsilon_{\min}/m)^k} - \mathrm{e}^{-(\varepsilon_{\max}/m)^k}}, & \varepsilon_{\min} \leqslant \varepsilon \leqslant \varepsilon_{\max} \\ 1, & \varepsilon > \varepsilon_{\max} \end{cases} \tag{7.36}$$

应力–应变关系表示为

$$\sigma_{ij} = (1 - D_{\mathrm{b}})\,(2G\varepsilon_{ij} + \delta_{ij}\lambda e) \tag{7.37}$$

式中, σ_{ij} 为应力张量; ε_{ij} 为应变张量; $i=1,2,3$; $j=1,2,3$。

2. 剪切破坏

只考虑剪切破坏, 表征元内微元体的剪切强度是分布的, 破裂度的表达式与拉伸破裂度类似, 可写为

$$D_{\mathrm{b}} = \beta_{\mathrm{b}} = \begin{cases} 0, & \gamma \leqslant \gamma_{\min} \\ \dfrac{\displaystyle\int_{\gamma_{\min}}^{\gamma} f(\gamma)\mathrm{d}\gamma}{\displaystyle\int_{\gamma_{\min}}^{\gamma_{\max}} f(\gamma)\mathrm{d}\gamma}, & \gamma_{\min} < \gamma < \gamma_{\max} \\ 1, & \gamma \geqslant \gamma_{\max} \end{cases} \tag{7.38}$$

式中, D_{b} 为表征元的破裂度, β_{b} 为剪切破裂度, $f(\gamma)$ 为剪切应变强度分布密度函数, γ 为剪应变, $\gamma_{\min}$ 为最小剪切应变强度, $\gamma_{\max}$ 为最大剪切应变强度。

与剪切破坏相关的应力–应变关系表示为

$$\sigma_{ij} = (1 - D_{\mathrm{b}})\,(2G\varepsilon_{ij} + \delta_{ij}\lambda e) \tag{7.39}$$

式 (7.39) 的形式与式 (7.37) 完全相同, 因为该模型没有考虑内部破裂摩擦的影响。由于假设破裂的微元不能继续承载, 材料的承载能力完全取决于剩余弹性微元体的比例, 即表征元的应力只与破裂度或完整度相关。

3. 表征元的应力–应变曲线

图 7.14 和图 7.15 展示了微元体均匀破裂损伤模型模拟材料拉压力学行为的效果。给定不同的分布, 材料会呈现出不同的非线性、应变软化特征。压缩过程中的破坏通过剪切破坏来描述, 在相同的分布函数下压缩过程的应力–应变曲线趋势和拉伸破坏的一致。从加卸载曲线中可以看出, 材料内部微元的破裂在宏观上表现

为材料性能的弱化,即弹性模量的降低。但对于弱化现象的描述,本模型并非根据试验曲线的拟合给出的唯象描述,而是通过材料内部应变强度的分布和对材料渐进破坏的刻画自然得到的。这一模型用强度分布的概念,概化地表述了材料内部的破裂损伤,理解和应用都较简单,但由于忽略了破裂面摩擦的影响,对压剪破坏的描述还不够充分。

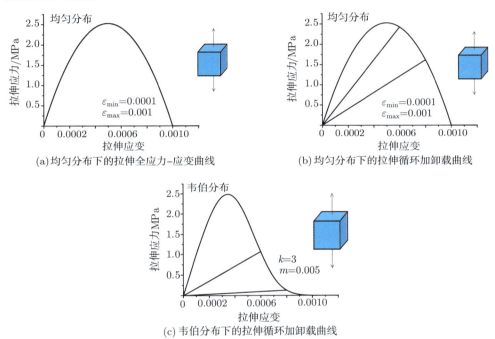

(a)均匀分布下的拉伸全应力–应变曲线

(b)均匀分布下的拉伸循环加卸载曲线

(c)韦伯分布下的拉伸循环加卸载曲线

图 7.14　微元体均匀破裂损伤模型的拉伸应力–应变曲线

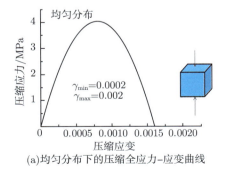

(a)均匀分布下的压缩全应力–应变曲线

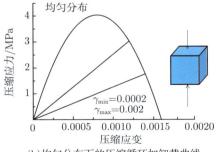

(b)均匀分布下的压缩循环加卸载曲线

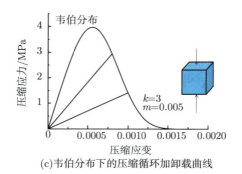

(c) 韦伯分布下的压缩循环加卸载曲线

图 7.15　微元体均匀破裂损伤模型的压缩应力–应变曲线

7.5.2　正交各向异性损伤模型

本模型以界面应变强度分布本构模型为基础, 同时考虑代表体积单元内部三个主方向和三个最大剪切方向的破裂面的损伤应力, 利用 "短板规则" 求解表征元的各向异性宏观应力。所谓 "短板规则" 即以最小损伤应力为基准修正应力张量。基本思想与求解方法如下。

(1) 根据破裂面的应变强度分布本构, 分别计算三个主方向和三个最大剪切方向的损伤应力, 如式 (7.40) 和式 (7.41) 所示。由此便可通过损伤主应力得到损伤莫尔圆, 通过损伤最大剪应力得到另一组对应的莫尔圆半径, 如图 7.16 所示。

$$\bar{\sigma}_i = (1 - D_i)(2G\varepsilon_i + \lambda e) + \begin{cases} D_i(2G\varepsilon_i + \lambda e), & \varepsilon < 0 \\ 0, & \varepsilon \geqslant 0 \end{cases} \tag{7.40}$$

$$\bar{\tau}_{ij} = (1 - D_{ij})2G\varepsilon_{ij}$$

$$+ \begin{cases} D_{ij}2G\varepsilon_{ij}, & 2G\varepsilon_{ij} < (2G\varepsilon_i + \lambda e)\tan\varphi, \varepsilon < 0 \\ D_{ij}[G(\varepsilon_i + \varepsilon_j) + \lambda e]\tan\varphi, & 2G\varepsilon_{ij} \geqslant (2G\varepsilon_i + \lambda e)\tan\varphi, \varepsilon < 0 \\ 0, & \varepsilon \geqslant 0 \end{cases}$$

$$\tag{7.41}$$

式中, $\bar{\sigma}_i$ 表示三个主方向的损伤主应力; $\bar{\tau}_{ij}$ 表示三个最大剪切方向的损伤最大剪应力; D_i 表示三个主方向上的破裂度; D_{ij} 表示三个最大剪切方向的破裂度; ε_i 表示三个主应变; ε_{ij} 表示三个最大剪应变; e 为体应变; ε 为名义应变, 表示面上正应力的拉压; G 和 λ 是拉梅系数, 是材料的弹性参数; φ 为内摩擦角。

(2) 比较损伤主应力和对应的损伤剪应力, 利用短板规则, 取小者, 见式 (7.42)。

$$\tau'_{13} = \min\left(\frac{\bar{\sigma}_1 - \bar{\sigma}_3}{2}, \bar{\tau}_{13}\right)$$

$$\tau'_{12} = \min\left(\frac{\bar{\sigma}_1 - \bar{\sigma}_2}{2}, \bar{\tau}_{12}\right)$$
$$\tau'_{23} = \min\left(\frac{\bar{\sigma}_2 - \bar{\sigma}_3}{2}, \bar{\tau}_{23}\right) \tag{7.42}$$

其中，τ'_{12}，τ'_{13} 和 τ'_{23} 为利用短板规则得到的较小的莫尔圆半径。

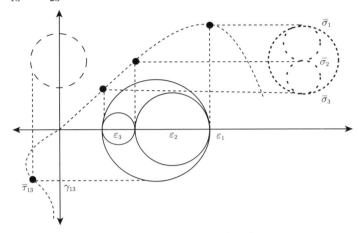

图 7.16　损伤莫尔圆算法示意图

做这一步的原因在于，由于是各向异性损伤破裂，通过本构直接算出的损伤剪应力与通过损伤主应力算出来的剪应力可能不一致，应通过短板规则取小者。即通过损伤主应力莫尔圆半径与损伤最大剪应力求出的莫尔圆半径可能不同，取小的莫尔圆半径。

(3) 用新的莫尔圆半径修正原损伤主应力莫尔圆，求出修正系数，更新损伤主应力。

修正系数定义为

$$\text{coef} = \min\left(\frac{\tau'_{13}}{(\bar{\sigma}_1 - \bar{\sigma}_3)/2}, \frac{\tau'_{12}}{(\bar{\sigma}_1 - \bar{\sigma}_2)/2}, \frac{\tau'_{23}}{(\bar{\sigma}_2 - \bar{\sigma}_3)/2}\right) \tag{7.43}$$

修正系数的求法：分别求出三个最小莫尔圆半径与对应的原损伤主应力半径的比例，取最小的一个，相当于再次使用短板规则。再利用该修正系数去修正原损伤主应力，有

$$\sigma'_i = \text{coef} \cdot \bar{\sigma}_i \tag{7.44}$$

最终的主应力是在原损伤主应力的基础上，以修正系数 coef 作等比例缩减。

利用上述模型计算表征元的拉伸和压缩应力–应变关系，参数如表 7.1 所示。计算得到的均匀分布下循环加卸载拉伸和压缩曲线见图 7.17。

表 7.1　材料的弹性参数和强度参数

E/GPa	ν	φ	$\varepsilon_{\min}$	$\varepsilon_{\max}$	$\gamma_{\min}$	$\gamma_{\max}$
10	0.3	10°	0.00001	0.001	0.00002	0.002

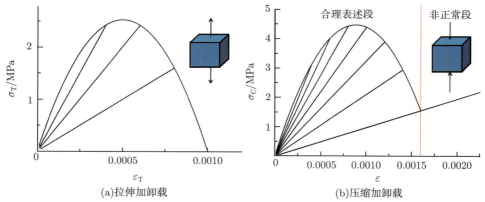

图 7.17　正交各向异性模型的拉伸压缩循环加卸载曲线

该模型可以自然刻画材料的非线性行为、软化行为。破裂过程中，材料性能逐渐劣化，宏观等效弹性模量逐渐降低。若在损伤过程中卸载，应变减小，材料不再产生新的破裂，所以线性卸载；重新加载时，应力保持当前损伤状态线性增加，直到产生新的破坏，回到原损伤应力路径继续演化。拉伸应力可以到零，因为拉伸断裂后材料无法继续承受拉伸载荷。完全破坏后，剪切应力不为零，是由于有摩擦的作用。压缩破坏后，曲线尾段出现线性上翘趋势，是由于当表征元完全断裂后，计算模型并没有考虑破裂面的刚性滑动，摩擦力随压缩应变的增加而线性增加。因此，该模型的合理表述范围是从初始变形到完全破裂。

若在同一个算例中同时考虑拉伸和压缩，并进行往复加卸载，所得结果如图 7.18 所示。

加载破坏过程中，损伤是累积的；卸载时或卸载后继续加载，保持原有的破裂状态直至破裂度开始增加才恢复原来的非线性、软化路径。如果在拉伸时产生新的破裂，回到压缩状态时，材料的抗压性能也会进一步弱化，表现为宏观弹性模量的进一步降低，所以中间过程的加卸载线性段并不重合。同理，压缩产生的破坏也会造成抗拉性能的弱化。

7.5.3　八面体剪切破裂损伤模型

由于八面体空间的应力–应变都具有良好的特性，可以直接用不变量来表示，描述比较方便。例如，经典的 Von Mises 准则就将八面体应力作为有效应力来判断材料的失效。本节以八面体平面的破裂为基础, 建立块体的八面体剪切破裂本构模型。

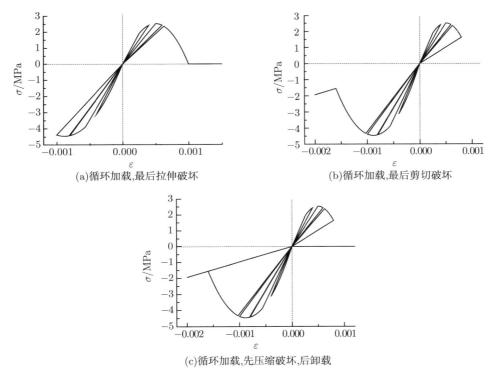

(a)循环加载,最后拉伸破坏   (b)循环加载,最后剪切破坏

(c)循环加载,先压缩破坏,后卸载

图 7.18   不同加载模式下的应力–应变曲线

1. 八面体平面的破裂度和损伤应力

八面体平面是与三个主轴方向成等角的平面, 其应变可以用不变量表示为

$$\varepsilon_{\mathrm{oct}} = \frac{1}{3}\left(\varepsilon_x + \varepsilon_y + \varepsilon_z\right) = \frac{I_1'}{3} \tag{7.45}$$

$$\gamma_{\mathrm{oct}} = \frac{2}{3}\sqrt{\left(\varepsilon_x - \varepsilon_y\right)^2 + \left(\varepsilon_y - \varepsilon_z\right)^2 + \left(\varepsilon_z - \varepsilon_x\right)^2 + \frac{3}{2}\left(\gamma_{xy}^2 + \gamma_{yz}^2 + \gamma_{zx}^2\right)}$$

$$= 2\sqrt{\frac{2}{3}J_2'} \tag{7.46}$$

式中, $\varepsilon_{\mathrm{oct}}$ 和 γ_{oct} 为八面体平面的正应变和剪应变; ε_x, ε_y, ε_z, γ_{xy}, γ_{yz} 和 γ_{zx} 为总体坐标下的应变; I_1' 和 J_2' 分别为第一和第二应变不变量。

根据式 (7.6), 八面体平面的剪切破裂度可表示为

$$
D_{\mathrm{b}} = \beta_{\mathrm{b}} = \begin{cases} 0, & \gamma_{\mathrm{oct}} \leqslant \gamma_{\min} \\ \dfrac{\displaystyle\int_{\gamma_{\min}}^{\gamma_{\mathrm{oct}}} f(\gamma)\mathrm{d}\gamma}{\displaystyle\int_{\gamma_{\min}}^{\gamma_{\max}} f(\gamma)\mathrm{d}\gamma}, & \gamma_{\min} < \gamma_{\mathrm{oct}} < \gamma_{\max} \\ 1, & \gamma_{\mathrm{oct}} \geqslant \gamma_{\max} \end{cases} \tag{7.47}
$$

其中，$[\gamma_{\min}, \gamma_{\max}]$ 为剪应变强度的分布区间。

破裂损伤后的八面体剪应力可以表示为

$$
\bar{\tau}_{\mathrm{oct}} = (1 - D_{\mathrm{b}})G\gamma_{\mathrm{oct}} + \begin{cases} D_{\mathrm{b}} G\gamma_{\mathrm{oct}}, & G\gamma_{\mathrm{oct}} < (2G\varepsilon_{\mathrm{oct}} + \lambda e)\tan\varphi, \varepsilon < 0 \\ D_{\mathrm{b}} (2G\varepsilon_{\mathrm{oct}} + \lambda e)\tan\varphi, & G\gamma_{\mathrm{oct}} \geqslant (2G\varepsilon_{\mathrm{oct}} + \lambda e)\tan\varphi, \varepsilon < 0 \\ 0, & \varepsilon \geqslant 0 \end{cases}
$$
$$
\tag{7.48}
$$

2. 表征元的宏观损伤应力

用八面体平面的损伤应力来修正单元的宏观应力，定义修正系数为

$$
R = \bar{\tau}_{\mathrm{oct}} / \tau_{\mathrm{oct}} \tag{7.49}
$$

式中，$\bar{\tau}_{\mathrm{oct}}$ 为损伤后的八面体剪应力，τ_{oct} 为损伤前的弹性八面体剪应力。

修正后的应力张量表示为

$$
\sigma'_{ij} = R \cdot \sigma_{ij} \tag{7.50}
$$

式中，σ_{ij} 为表征元的弹性应力张量，σ'_{ij} 为最终的损伤应力。

3. 算例分析

用表 7.2 中的数据计算表征元的压剪破坏力学行为，在剪应变强度均匀分布的假设下给定分布区间，不同摩擦角下的计算结果如图 7.19 所示。

该模型不仅能自然表述材料的非线性力学行为，对其他现象的把握也是符合客观实际的。材料的内摩擦角越大，破坏后破裂面提供的摩擦阻力越大，阻碍了裂缝的进一步扩张，宏观表现为随摩擦角增大，抗压强度提高。

表 7.2　八面体剪切破裂模型中的计算材料参数

E/GPa	ν	$\varphi/(°)$	$\varepsilon_{\min}$	$\varepsilon_{\max}$	$\gamma_{\min}$	$\gamma_{\max}$
1.0	0.3	10	0.00001	0.0002	0.00005	0.001

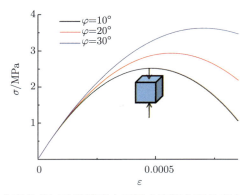

图 7.19 八面体剪切破裂模型在不同内摩擦角下的应力–应变曲线

7.5.4 三阶段损伤破裂模型

1. 岩石材料的破坏演化过程

对于岩石这类脆性材料的拉伸破坏，从试验和数值模拟的结果可以发现，岩石试样在加载过程中会出现连续变形、均匀损伤和局部化带损伤三个阶段，如图 7.20所示。这三个阶段分别对应宏观应力–应变曲线的线弹性段、非线性段和应变软化段，如图 7.21 所示。

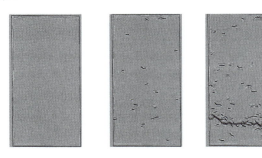

图 7.20 破裂的不同阶段

2. 变形破坏不同阶段的数学描述

针对单轴拉伸，对材料的线弹性段、非线性段和应变软化段进行数学描述。

(1) 线性段 AB：不考虑材料的初始损伤，仅发生弹性变形，无损伤，破裂度为 0。

(2) 非线性段 BC：应力–应变关系偏离线性，宏观弹性模量降低，材料体内垂直于拉伸方向各个截面均发生损伤，是材料体内空间的均匀损伤。这个阶段损伤破

裂开始发生演化, 用破裂度定量描述体破裂演化过程, 拉伸破裂度表述为

$$\alpha_{\mathrm{D}} = \frac{\mathrm{e}^{-(\varepsilon/\lambda_1)^{k_1}} - \mathrm{e}^{-(\varepsilon_{\min}/\lambda_1)^{k_1}}}{\mathrm{e}^{-(\varepsilon_{\max}/\lambda_1)^{k_1}} - \mathrm{e}^{-(\varepsilon_{\min}/\lambda_1)^{k_1}}}, \quad \varepsilon_{\mathrm{linear}} \leqslant \varepsilon \leqslant \varepsilon_{\sigma_{\max}} \tag{7.51}$$

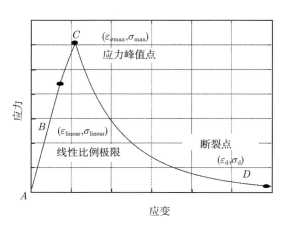

图 7.21　拉伸应力–应变曲线的不同阶段

其中, $\varepsilon_{\min}$, $\varepsilon_{\max}$ 为应变强度分布区间的下限和上限值; $\varepsilon_{\mathrm{linear}}$ 为线性比例极限应变; $\varepsilon_{\sigma_{\max}}$ 为应力峰值点对应的应变; λ_1, k_1 为体强度分布密度函数的参数。

分子分母同时乘以 $\left(\mathrm{e}^{-(\varepsilon_{\sigma_{\max}}/\lambda_1)^{k_1}} - \mathrm{e}^{-(\varepsilon_{\mathrm{linear}}/\lambda_1)^{k_1}} \right)$, 有

$$\alpha_{\mathrm{D}} = \frac{\mathrm{e}^{-(\varepsilon_{\sigma_{\max}}/\lambda_1)^{k_1}} - \mathrm{e}^{-(\varepsilon_{\mathrm{linear}}/\lambda_1)^{k_1}}}{\mathrm{e}^{-(\varepsilon_{\max}/\lambda_1)^{k_1}} - \mathrm{e}^{-(\varepsilon_{\mathrm{linear}}/\lambda_1)^{k_1}}} \times \frac{\mathrm{e}^{-(\varepsilon/\lambda_1)^{k_1}} - \mathrm{e}^{-(\varepsilon_{\mathrm{linear}}/\lambda_1)^{k_1}}}{\mathrm{e}^{-(\varepsilon_{\sigma_{\max}}/\lambda_1)^{k_1}} - \mathrm{e}^{-(\varepsilon_{\mathrm{linear}}/\lambda_1)^{k_1}}} \tag{7.52}$$

由于峰值点的破裂度可以表示为

$$\alpha_{\mathrm{D}}^{\mathrm{m}} = \frac{\mathrm{e}^{-(\varepsilon_{\sigma_{\max}}/\lambda_1)^{k_1}} - \mathrm{e}^{-(\varepsilon_{\mathrm{linear}}/\lambda_1)^{k_1}}}{\mathrm{e}^{-(\varepsilon_{\max}/\lambda_1)^{k_1}} - \mathrm{e}^{-(\varepsilon_{\mathrm{linear}}/\lambda_1)^{k_1}}} \tag{7.53}$$

所以, 有

$$\alpha_{\mathrm{D}} = \alpha_{\mathrm{D}}^{\mathrm{m}} \frac{\mathrm{e}^{-(\varepsilon/\lambda_1)^{k_1}} - \mathrm{e}^{-(\varepsilon_{\mathrm{linear}}/\lambda_1)^{k_1}}}{\mathrm{e}^{-(\varepsilon_{\sigma_{\max}}/\lambda_1)^{k_1}} - \mathrm{e}^{-(\varepsilon_{\mathrm{linear}}/\lambda_1)^{k_1}}}, \quad \varepsilon_{\mathrm{linear}} \leqslant \varepsilon \leqslant \varepsilon_{\sigma_{\max}} \tag{7.54}$$

而通过应变强度分布本构关系, 有

$$\sigma_{\max} = \left(1 - \alpha_{\mathrm{D}}^{\mathrm{m}} \right) E \varepsilon_{\sigma_{\max}} \tag{7.55}$$

得

$$\alpha_{\mathrm{D}}^{\mathrm{m}} = 1 - \frac{\sigma_{\max}}{E \varepsilon_{\sigma_{\max}}} \tag{7.56}$$

这样，非线性段的拉伸破裂度就定量地表示为应变的函数。

(3) 软化段 CD：损伤局部化，破坏集中在最薄弱的狭窄有限区域，未损伤部分发生卸载，变形的增加量完全由局部破坏区的变形提供，这一阶段表征的是局部化带的损伤演化过程，应力达到峰值是这一阶段开始的标志。依然可以用破裂度定量描述狭窄区域破裂演化过程，破裂度表述为

$$\alpha_{\mathrm{D}} = \frac{\mathrm{e}^{-(\varepsilon/\lambda_2)^{k_2}} - \mathrm{e}^{-(\varepsilon_{\min}/\lambda_2)^{k_2}}}{\mathrm{e}^{-(\varepsilon_{\max}/\lambda_2)^{k_2}} - \mathrm{e}^{-(\varepsilon_{\min}/\lambda_2)^{k_2}}}, \quad \varepsilon_{\sigma\max} \leqslant \varepsilon \leqslant \varepsilon_{\mathrm{d}} \tag{7.57}$$

也可以写为

$$\alpha_{\mathrm{D}} = 1 - \frac{\mathrm{e}^{-(\varepsilon_{\max}/\lambda_2)^{k_2}} - \mathrm{e}^{-(\varepsilon/\lambda_2)^{k_2}}}{\mathrm{e}^{-(\varepsilon_{\max}/\lambda_2)^{k_2}} - \mathrm{e}^{-(\varepsilon_{\min}/\lambda_2)^{k_2}}}, \quad \varepsilon_{\sigma\max} \leqslant \varepsilon \leqslant \varepsilon_{\mathrm{d}} \tag{7.58}$$

其中，$\varepsilon_{\min}$，$\varepsilon_{\max}$ 为应变强度分布区间的下限和上限值；$\varepsilon_{\sigma\max}$ 为应力峰值点对应的应变；ε_{d} 为断裂点对应的应变；λ_1, k_1 为体强度分布密度函数的参数。

式 (7.59) 中第二项分子分母同时乘以 $\left(\mathrm{e}^{-(\varepsilon_{\max}/\lambda)^k} - \mathrm{e}^{-(\varepsilon_{\sigma\max}/\lambda)^k}\right)$，有

$$\alpha_{\mathrm{D}} = 1 - \frac{\mathrm{e}^{-(\varepsilon_{\max}/\lambda_2)^{k_2}} - \mathrm{e}^{-(\varepsilon_{\sigma\max}/\lambda_2)^{k_2}}}{\mathrm{e}^{-(\varepsilon_{\max}/\lambda_2)^{k_2}} - \mathrm{e}^{-(\varepsilon_{\min}/\lambda_2)^{k_2}}} \times \frac{\mathrm{e}^{-(\varepsilon_{\max}/\lambda_2)^{k_2}} - \mathrm{e}^{-(\varepsilon/\lambda_2)^{k_2}}}{\mathrm{e}^{-(\varepsilon_{\max}/\lambda_2)^{k_2}} - \mathrm{e}^{-(\varepsilon_{\sigma\max}/\lambda_2)^{k_2}}} \tag{7.59}$$

由于峰值点和断裂点的破裂度可以分别写为

$$\alpha_{\mathrm{D}}^{\mathrm{m}} = 1 - \frac{\mathrm{e}^{-(\varepsilon_{\max}/\lambda_2)^{k_2}} - \mathrm{e}^{-(\varepsilon_{\sigma\max}/\lambda_2)^{k_2}}}{\mathrm{e}^{-(\varepsilon_{\max}/\lambda_2)^{k_2}} - \mathrm{e}^{-(\varepsilon_{\min}/\lambda_2)^{k_2}}} \tag{7.60}$$

$$\alpha_{\mathrm{D}}^{\mathrm{d}} = 1 - \frac{\mathrm{e}^{-(\varepsilon_{\max}/\lambda_2)^{k_2}} - \mathrm{e}^{-(\varepsilon_{\mathrm{d}}/\lambda_2)^{k_2}}}{\mathrm{e}^{-(\varepsilon_{\max}/\lambda_2)^{k_2}} - \mathrm{e}^{-(\varepsilon_{\min}/\lambda_2)^{k_2}}} \tag{7.61}$$

结合上述三式，可得应变软化段的拉伸破裂度的数学表达式

$$\alpha_{\mathrm{D}} = 1 - \frac{(\alpha_{\mathrm{D}}^{\mathrm{d}} - \alpha_{\mathrm{D}}^{\mathrm{m}})\mathrm{e}^{-(\varepsilon/\lambda_2)^{k_2}} + (1 - \alpha_{\mathrm{D}}^{\mathrm{d}})\mathrm{e}^{-(\varepsilon_{\sigma\max}/\lambda_2)^{k_2}} - (1 - \alpha_{\mathrm{D}}^{\mathrm{m}})\mathrm{e}^{-(\varepsilon_{\mathrm{d}}/\lambda_2)^{k_2}}}{\mathrm{e}^{-(\varepsilon_{\sigma\max}/\lambda_2)^{k_2}} - \mathrm{e}^{-(\varepsilon_{\mathrm{d}}/\lambda_2)^{k_2}}},$$
$$\varepsilon_{\sigma\max} < \varepsilon \leqslant \varepsilon_{\mathrm{d}} \tag{7.62}$$

而将峰值点和断裂点的应力-应变值代入拉伸应力应变表达式，有

$$\sigma_{\max} = \left(1 - \alpha_{\mathrm{D}}^{\mathrm{m}}\right) E\varepsilon_{\sigma\max} \tag{7.63}$$

$$\sigma_{\mathrm{d}} = \left(1 - \alpha_{\mathrm{D}}^{\mathrm{d}}\right) E\varepsilon_{\mathrm{d}} \tag{7.64}$$

因此

$$\alpha_{\mathrm{D}}^{\mathrm{m}} = 1 - \frac{\sigma_{\max}}{E\varepsilon_{\sigma\max}} \tag{7.65}$$

$$\alpha_{\mathrm{D}}^{\mathrm{d}} = 1 - \frac{\sigma_{\mathrm{d}}}{E\varepsilon_{\mathrm{d}}} \tag{7.66}$$

由此便将拉伸破裂度表示为了应变的函数形式。

3. 三阶段模型的本构表述

对于单轴拉伸, 三阶段应力应变关系可统一写为

$$\sigma = (1 - \alpha_{\mathrm{D}})E\varepsilon \tag{7.67}$$

其中, 破裂度为

$$\alpha_{\mathrm{D}} = \begin{cases} 0, & \varepsilon \leqslant \varepsilon_{\mathrm{linear}} \\ \alpha_{\mathrm{D}}^{\mathrm{m}} \dfrac{\mathrm{e}^{-(\varepsilon/\lambda_1)^{k_1}} - \mathrm{e}^{-(\varepsilon_{\mathrm{linear}}/\lambda_1)^{k_1}}}{\mathrm{e}^{-(\varepsilon_{\sigma_{\max}}/\lambda_1)^{k_1}} - \mathrm{e}^{-(\varepsilon_{\mathrm{linear}}/\lambda_1)^{k_1}}}, & \varepsilon_{\mathrm{linear}} \leqslant \varepsilon \leqslant \varepsilon_{\sigma_{\max}} \\ 1 - \dfrac{(\alpha_{\mathrm{D}}^{\mathrm{d}} - \alpha_{\mathrm{D}}^{\mathrm{m}})\mathrm{e}^{-(\varepsilon/\lambda_2)^{k_2}} + (1 - \alpha_{\mathrm{D}}^{\mathrm{d}})\mathrm{e}^{-(\varepsilon_{\sigma_{\max}}/\lambda_2)^{k_2}} - (1 - \alpha_{\mathrm{D}}^{\mathrm{m}})\mathrm{e}^{-(\varepsilon_{\mathrm{d}}/\lambda_2)^{k_2}}}{\mathrm{e}^{-(\varepsilon_{\sigma_{\max}}/\lambda_2)^{k_2}} - \mathrm{e}^{-(\varepsilon_{\mathrm{d}}/\lambda_2)^{k_2}}}, \\ & \varepsilon_{\sigma_{\max}} < \varepsilon \leqslant \varepsilon_{\mathrm{d}} \end{cases} \tag{7.68}$$

4. 拉伸应力–应变试验曲线的修正

在单轴拉伸试验中, 为了得到全应力–应变曲线, 采用闭环伺服试验机[24], 软化段的加载由裂缝的开展速度控制。

软化段 CD, 损伤集中在的最薄弱的狭窄有限区域, 未损伤部分发生卸载, 变形的增加量完全由局部破坏区的变形提供, 本书对传统的修正方案进行了改进。达到峰值强度之前, 细观损伤已经发生, 已损伤的部分发生永久变形, 只有未损伤的部分才能发生弹性恢复。

对于单轴拉伸测量得到的全载荷–位移曲线的软化段的一点 (δ, P), 峰值过后其量测范围内的变形量 δ 可以用下式表述

$$\delta = \delta_{\sigma_{\max}} - \Delta\varepsilon(1 - \alpha_{\mathrm{D}}^{\mathrm{m}})l + \Delta\delta \tag{7.69}$$

其中, δ 为试验机测得的量测标距范围内的变形量, $\delta_{\sigma_{\max}}$ 为应力峰值点对应的变形量, $\Delta\varepsilon$ 为弹性恢复区的回弹应变值, l 为量测标距的长度; $\alpha_{\mathrm{D}}^{\mathrm{m}}$ 为应力峰值点的破裂度, $\Delta\delta$ 为局部破坏区的变形量。

软化段测得的变形量 δ 换算为应变, 表述形式如下

$$\varepsilon = \varepsilon_{\sigma_{\max}} - \Delta\varepsilon(1 - \alpha_{\mathrm{D}}^{\mathrm{m}}) + \delta\varepsilon \tag{7.70}$$

其中, ε 为试验机测得的宏观应变, $\varepsilon_{\sigma_{\max}}$ 为应力峰值点对应的应变, $\Delta\varepsilon(1 - \alpha_{\mathrm{D}}^{\mathrm{m}})$ 为弹性恢复区的回弹应变值, $\delta\varepsilon$ 为局部破坏区产生的等效应变。

实际测量到的宏观应变是局部破坏区变形增加和弹性恢复区变形恢复的综合影响结果, 并不能真实地反映局部化带的变形, 而软化段的研究主要是研究局部破坏区的损伤演化规律, 为了消除弹性恢复应变对实际测量应变的影响, 使应力–应变曲线软化段能真实反映破坏区的变形情况, 需要对其进行修正, 方案如下:

试验曲线中软化段内的一点 $(\varepsilon_0, \sigma_0)$，相对于峰值应力，应力降低为 $\sigma_{\max} - \sigma_0$，则弹性恢复区的回弹应变为 $\Delta\varepsilon$，修正之后的点变为 $(\varepsilon_0 + \Delta\varepsilon, \sigma_0)$，其中 E 为弹性模量，$\sigma_{\max}$ 为峰值点应力值，这样软化段应变的增加完全由局部破坏区的等效应变提供，能够真实地反应局部破坏区域的变形。

$$\Delta\varepsilon = (1 - \alpha_{\mathrm{D}})(\sigma_{\max} - \sigma_0)/E \tag{7.71}$$

试验测得的软化段的宏观应变是局部破坏区变形增加和弹性恢复区变形恢复的综合影响结果，所以若试件高宽比越大，则局部破坏区的等效应变越小，得到的曲线就会越陡峭，甚至出现跳跃的现象。

为了验证本书提出的基于应变强度分布准则的灾变过程三阶段模型及改进的软化段应变修正方案，引入文献中不同类型的岩石单轴拉伸试验全应力–应变的资料，对单轴拉伸测得的试验曲线按照上述修正方案进行修正，修正后得到的结果如图 7.22 所示。

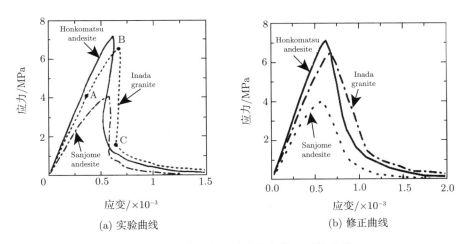

图 7.22 单轴拉伸试验曲线和修正后的曲线

按照基于应变强度分布准则的灾变过程三阶段模型，利用最小二乘法对修正后的曲线进行分段拟合，得到拉伸各阶段的应变强度分布密度函数、破裂度以及应力–应变关系的函数表达式。求得的应力–应变关系曲线、破裂度曲线、拉伸应变强度密度分布函数曲线如图 7.23、图 7.24 所示，数据如表 7.3 所示。

为了避免由于试验的偶然性造成的误差，应对于同一种材料的多个试验试件进行拉伸应变强度的测定。本书引入文献中对于相同配比的混凝土拉伸全应力–应变曲线的资料，通过最小二乘法及应用基于应变强度分布准则的灾变过程三阶段模型拟合得到的参数表，如表 7.4 所示。

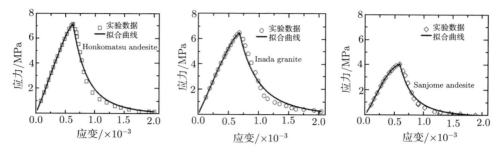

图 7.23　单轴拉伸试验点及拟合应力–应变关系曲线

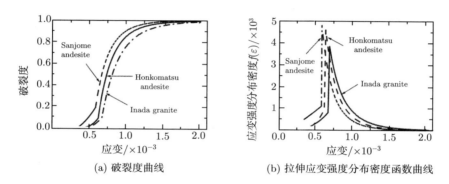

(a) 破裂度曲线　　　　　(b) 拉伸应变强度分布密度函数曲线

图 7.24　单轴拉伸试验破裂度曲线及拉伸应变强度密度函数曲线

　　对于同一种材料参数, 虽然有微小变化, 但是拟合参数变化不大, 可以用各个参数的平均值来表述这种配比下混凝土的材料特性。采用该方法得到这种配比混凝土拉伸应变强度分布密度函数、破裂度以及应力–应变关系的函数表达式。求得的应力–应变关系曲线、破裂度曲线、拉伸应变强度密度分布函数曲线如图 7.25 所示。

　　从应变强度分布密度函数和破裂度曲线可以看出, 岩石混凝土材料属于脆性材料, 在峰值点密度最大, 破裂发展最快, 且很快接近于 1。

　　从应变强度分布密度函数和破裂度曲线可以看出, 峰值前的应变强度分布密度由零逐渐增大, 破裂度逐渐增加; 在峰值点处, 应变强度密度发生跳跃, 且此时的密度达到最大值, 破裂发展最为迅速; 过了峰值点, 密度函数逐渐降低, 且在靠近峰值点变化迅速, 破裂度先急剧增加后又趋于平缓, 最终趋近于 1。在拉伸破坏过程中, 岩石混凝土材料表现出了很强的脆性, 属于脆性材料。

表 7.3 不同类型岩石拟合参数表

试件编号	E	$\varepsilon_{\mathrm{liner}}$	$\varepsilon_{\sigma_{\max}}$	ε_{d}	$\alpha_{\mathrm{D}}^{\mathrm{m}}$	α_{d}	λ_1	k_1	λ_2	k_2
Honkomatsu andesite	1.25×10^{10}Pa	4.39×10^{-4}	6.25×10^{-4}	2.01×10^{-3}	8.70%	0.994	6.25×10^{-2}	6.13	6.25×10^{-6}	0.445
Inada granite	1.06×10^{10}Pa	4.91×10^{-4}	6.78×10^{-4}	2.04×10^{-3}	9.40%	0.988	6.78×10^{-2}	4.47	6.78×10^{-6}	0.430
Sanjome andesite	8.45×10^{9}Pa	3.49×10^{-4}	5.87×10^{-4}	1.89×10^{-3}	18.6%	1.000	5.87×10^{-2}	2.60	5.87×10^{-6}	0.445

表 7.4 相同配比的混凝土不同试验试件拟合参数表

试件编号	E	$\varepsilon_{\mathrm{liner}}$	$\varepsilon_{\sigma_{\max}}$	ε_{d}	$\alpha_{\mathrm{D}}^{\mathrm{m}}$	f_{d}	λ_1	k_1	λ_2	k_2
PC301	3.2×10^{-10}Pa	4.1×10^{-5}	1.12×10^{-4}	1.00×10^{-3}	0.253	0.997	1.12×10^{-2}	1.79	1.12×10^{-6}	0.373
PC302	3.2×10^{-10}Pa	4.1×10^{-5}	0.97×10^{-4}	1.00×10^{-3}	0.253	0.997	0.97×10^{-2}	1.42	0.97×10^{-7}	0.367
PC303	3.2×10^{-10}Pa	4.1×10^{-5}	1.01×10^{-4}	1.00×10^{-3}	0.288	0.998	1.01×10^{-2}	1.35	1.01×10^{-6}	0.351
均值参数	3.2×10^{-10}Pa	4.1×10^{-5}	1.03×10^{-4}	1.00×10^{-3}	0.265	0.997	1.03×10^{-2}	1.52	1.03×10^{-6}	0.364

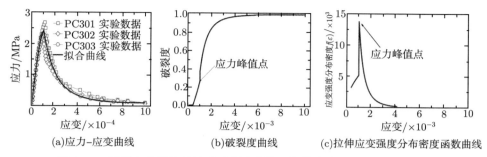

图 7.25　混凝土单轴拉伸试验破裂度曲线及拉伸应变强度密度函数曲线

7.6　应变强度分布模型的参数确定方法

要利用应变强度分布本构模型计算实际问题, 首要问题是如何确定模型参数。在应变强度分布本构模型中, 最基本的概念是强度分布, 确定了强度分布函数也就确定了材料在变形过程中的破裂演化规律, 所以核心参数即为材料的强度分布参数。分布参数的确定主要有两类方法: 一是通过试验曲线直接进行反分析; 二是通过数值模拟与试验数据相结合确定分布参数。

7.6.1　试验曲线反演分布参数

以拉伸为例, 基于多项式分布的假设, 给定一条单轴拉伸试验曲线, 通过试验曲线上几个关键点的信息可以反分析出应变强度分布函数, 即求出多项式分布函数的系数。其基本理论是最小二乘法, 计算步骤如下。

(1) 写出单轴拉伸的应力–应变关系

$$\sigma = \alpha \left(2G\varepsilon + \lambda e\right) = \alpha \left[2G + \lambda \left(1 - 2\nu\right)\right] \varepsilon \tag{7.72}$$

(2) 设应变强度分布函数为

$$f\left(\varepsilon\right) = a_0 \varepsilon + a_1 \tag{7.73}$$

(3) 破裂度或完整度可表示为

$$\alpha = a_0 \varepsilon^2 + a_1 \varepsilon + a_2 \tag{7.74}$$

(4) 设势函数为

$$\Phi = \sum \left(\sigma_i - \bar{\sigma}_i\right)^2 = \sum \left\{\left[2G + \lambda \left(1 - 2\nu\right)\right] \left(a_0 \varepsilon_i^3 + a_1 \varepsilon_i^2 + a_2 \varepsilon_i\right) - \bar{\sigma}_i\right\}^2 \tag{7.75}$$

(5) 令 $\dfrac{\partial \Phi}{\partial a_0}=0$, $\dfrac{\partial \Phi}{\partial a_1}=0$, $\dfrac{\partial \Phi}{\partial a_2}=0$, 求解下列线性方程组可得系数。

$$
\begin{cases}
a_0 \sum \varepsilon_i^6 + a_1 \sum \varepsilon_i^5 + a_2 \sum \varepsilon_i^4 = \dfrac{\sum \sigma_i \varepsilon_i^3}{2G + \lambda(1-2\nu)} \\[3mm]
a_0 \sum \varepsilon_i^5 + a_1 \sum \varepsilon_i^4 + a_2 \sum \varepsilon_i^3 = \dfrac{\sum \sigma_i \varepsilon_i^2}{2G + \lambda(1-2\nu)} \\[3mm]
a_0 \sum \varepsilon_i^4 + a_1 \sum \varepsilon_i^3 + a_2 \sum \varepsilon_i^2 = \dfrac{\sum \sigma_i \varepsilon_i}{2G + \lambda(1-2\nu)}
\end{cases}
\tag{7.76}
$$

a_0、a_1、a_2 即是要求的分布函数的参数，确定了这些参数也就确定了材料内部的强度分布函数。需要指出的是，这里的试验曲线拟合与传统直接拟合应力–应变关系的概念不同。传统的拟合只是通过试验曲线给出唯象的应力–应变关系，而本模型是借助拟合过程反演出材料的强度参数。后者物理意义更明确。图 7.26 展示了参数反演的效果，给定几组不同的应力应变数据点，先通过上述几种方法反演出强度分布函数，再代入应变强度分布本构模型，计算出应力–应变曲线，与原数据基本吻合。

如果是其他分布函数，如韦伯分布，可以按照同样的方法反演出分布参数。图7.27 给出了应变强度服从韦伯分布时，拉伸破坏、剪切破坏和压缩破坏试验数据所对应的分布参数以及理论曲线与试验数据的比较，两者吻合较好。

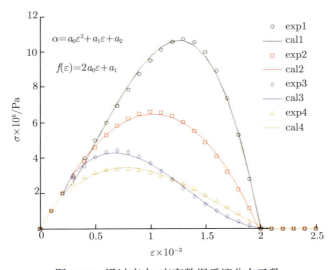

图 7.26　通过应力–应变数据反演分布函数

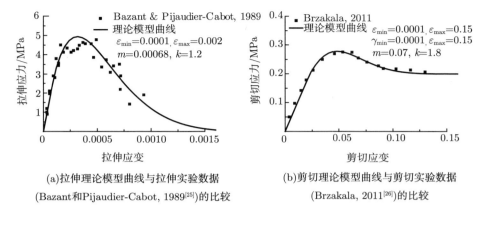

(a)拉伸理论模型曲线与拉伸实验数据
(Bazant和Pijaudier-Cabot, 1989[25])的比较

(b)剪切理论模型曲线与剪切实验数据
(Brzakala, 2011[26])的比较

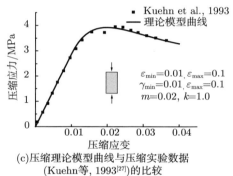

(c)压缩理论模型曲线与压缩实验数据
(Kuehn等, 1993[27])的比较

图 7.27　理论模型的应力–应变曲线与试验的比较

7.6.2　数值模拟与试验数据联合反演分布参数

另一种方法是将数值模拟和试验数据相结合, 联合反演分布参数。具体的技术路线如下:

(1) 将试样作为研究区域, 基于试样内特征尺寸和结构划分计算单元;

(2) 计算单元采用弹性–断裂模型, 即单元在断裂前后均为弹性体;

(3) 单元界面只有连续和断裂两种状态, 按照连通率确定断裂与连续界面面积的比;

(4) 采用连续–非连续单元方法模拟, 计算单元模型为单元可破裂模型;

(5) 假设单元的应变强度分布函数, 其参数为待定参数, 由本次试验和数值模拟获得;

(6) 以试验的荷载和变形结果作为边界条件和校核条件, 如加位移作为边界条件, 加载力作为校核条件;

(7) 给定不同的应变强度分布参数，当对应加载条件下的数值模拟结果与试验校核条件接近时，此组参数即为应变强度准则中的参数，其中包括材料特性临界应变值。

按照上述试验和计算方法，可以获得材料的应变强度分布函数和材料特性临界应变值。由新方法获得的材料参数应用于数值模拟，在损伤演化阶段，采用应变强度分布函数，当达到材料特性临界值时，单元断裂。在断裂面上用断裂时的破裂度和面上的应变强度准则计算，以此完成研究对象的灾变过程模拟。

以页岩单轴压缩试验为例，基本信息如下：

页岩层理分别为 $0°$、$30°$、$45°$、$60°$ 和 $90°$。

已知参数：由试验获得的宏观应力–应变曲线，弹性模量、线性比例极限应变、断裂应变、最大应力对应的应变；由显微镜或其他方法获得的结构面方向、间距。

基本假设：假设材料的应变强度分布为正态分布。

反分析参数：平均应变强度、均方差、内摩擦角、初始连通率、泊松比、宏观裂缝对应的应变。

计算方案：按照试验加载过程，分别给出不同的应变值，求出对应的应力；在反分析参数的取值范围，选定参数值，遍历计算；综合考虑不同层理夹角的模拟结果和试验结果的符合程度，选择一组最接近的，即为所求的试验参数。

图 7.28(a) 给出了不同夹角下模拟所得的抗压强度和试验结果的对比 (试验结果由中国科学院地质与地球物理研究所李晓研究员团队提供)。图 7.28(b) 为利用校核出的参数模拟获得的应力–应变曲线。如表 7.5 所示，给出了根据试验和数值模拟获得的材料特性参数。

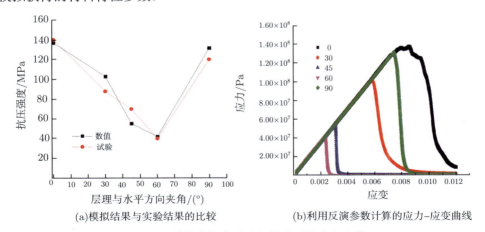

(a)模拟结果与实验结果的比较   (b)利用反演参数计算的应力–应变曲线

图 7.28 数值模拟和试验相结合反演分布参数

表 7.5   校核出的页岩材料参数

材料参数	E /GPa	ν	C/MPa	Φ /(°)	T/MPa
块体	18.4	0.2	65	30	0.37
层理	18.4	0.2	25	25	0.1

7.7   考虑初始破裂场的应变强度分布模型

在本章前几节的论述中，利用应变强度分布模型描述材料损伤时均未考虑材料的初始破裂场，这对于初始裂缝较为发育的岩体描述不充分，有必要引入初始破裂度的表述，本节以剪切破裂面的应变强度分布模型为例，给出含初始破裂度的表达式，并讨论初始破裂度对材料力学行为以及破坏过程的影响。

定义 D_0 为初始破裂度，则剪切破裂面的完整度可以写为

$$I = (1 - D_0)(1 - D_\mathrm{b}) \tag{7.77}$$

其中，D_b 为初始弹性区域发生破裂之后的破裂度，以韦伯分布为例，记为

$$D_\mathrm{b} = \begin{cases} 0, & \gamma \leqslant \gamma_{\min} \\ \dfrac{\mathrm{e}^{-(\gamma_{\min}/m)^k} - \mathrm{e}^{-(\gamma/m)^k}}{\mathrm{e}^{-(\gamma_{\min}/m)^k} - \mathrm{e}^{-(\gamma_{\max}/m)^k}}, & \gamma_{\min} < \gamma < \gamma_{\max} \\ 1, & \gamma > \gamma_{\max} \end{cases} \tag{7.78}$$

剪切面的总体破裂度为

$$D = D_0 + (1 - D_0) D_\mathrm{b} \tag{7.79}$$

剪切面的应力–应变关系可以写为

$$\tau = IG\gamma + \begin{cases} DG\gamma, & G\gamma < \sigma_\mathrm{n} \tan\varphi, \varepsilon < 0 \\ D\sigma_\mathrm{n} \tan\varphi, & G\gamma \geqslant \sigma_\mathrm{n} \tan\varphi, \varepsilon < 0 \\ 0, & \varepsilon \geqslant 0 \end{cases} \tag{7.80}$$

利用表 7.6 中的参数，计算得到不同初始破裂度下的剪切应力–应变曲线，如图 7.29 所示。初始破裂度越大，剪切面的总体强度越低，非线性特征越突出，软化段越平缓。

其他类型的应变强度分布模型在考虑初始破裂度时有类似的表达，在此不再赘述。

表 7.6   计算参数表

G	σ_n	$\tan\varphi$	$\gamma_{\min}$	$\gamma_{\max}$	m	k
$1\times10^9\,\mathrm{Pa}$	$1\times10^6\,\mathrm{Pa}$	0.5	0.001	0.01	0.005	3

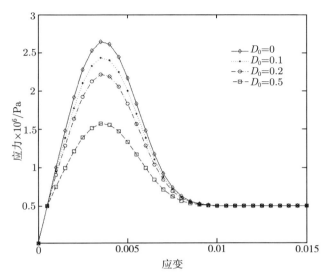

图 7.29　不同初始破裂度下的剪切应力–应变曲线

7.8　本 章 小 结

本章介绍了一类新的损伤本构模型 —— 应变强度分布模型,阐述了该模型的基本概念以及界面和表征元上的理论表达式,分析了该模型描述非均匀材料渐进损伤破坏过程的特点,并给出了分布参数的确定方法。应变强度分布本构模型可以在理论上较好地描述非均匀含裂隙岩体的损伤演化力学行为,可以自然表述材料的宏观非线性、软化现象,是描述岩体破裂过程的一类有效手段。

参 考 文 献

[1] Swenson D V, Ingraffea A R. Modeling mixed-mode dynamic crack propagation using finite elements: Theory and applications. Comput Mech, 1988, 3: 381-397.

[2] Goodman R E, Taylor R L, Berkke T. A model for the mechanics of jointed rock. J Soil Mech Foundations Division, ASCE, 1968, 94(3):637-659.

[3] 侯艳丽, 周元德, 张楚汉. 用 3D 离散元实现 I/II 型拉剪混凝土断裂的模拟. 工程力学, 2007, 24(3): 1-7.

[4] 常晓林, 胡超, 马刚, 等. 模拟岩石失效全过程的连续–非连续变形体离散元方法及应用. 岩石力学与工程学报, 2011, 30(10): 2004-2011.

[5] Ke T C. Simulated Testing of Two Dimensional Heterogeneous and Discontinuous Rock Masses Using Discontinuous Deformation Analysis. Dissertation for Doctoral Degree.

Berkeley: University of California, 1993.

[6]　Owen D R J, Feng Y T, De Souza Neto E A, et al. The modeling of multi-fracturing solids and particulate media. Int J Numer Methods Eng, 2004, 60(1): 317-339.

[7]　Munjiza A. The Combined Finite-Discrete Element Method. New York: John Wiley and Sons, 2004: 277-290.

[8]　Li S H, Zhang Y N, Feng C. A spring system equivalent to continuum model. In: The Fifth International Conference on Discrete Element Methods, London, 2010: 75-85.

[9]　冯春, 李世海, 姚再兴. 基于连续介质力学的块体单元离散弹簧法研究. 岩石力学与工程学报, 2010, 29(增 1): 2690-2704.

[10]　Belytschko T, Black T. Elastic crack growth in finite elements with minimal remeshing. Int J Numer Methods Eng, 1999, 45(5): 601-620.

[11]　Belytschko T, Moeo N, Usui S, et al. Arbitrary discontinuities in finite element. Int J Numer Methods Eng, 2001, 50(4): 993-1013.

[12]　Li X K, Liu Q P, Zhang J B. A micro-macro homogenization approach for discrete particle assembly-Cosserat continuum modeling of granular materials. Int J Solids Struct, 2010, 47: 291-303.

[13]　Li X K, Wan K. A bridging scale method for granular materials with discrete particle assembly-Cosserat continuum modeling. Comput Geotech, 2011, 38: 1052-1068.

[14]　Li X K, Zhang X, Zhang J B. A generalized Hill's lemma and micromechanically based macroscopic constitutive model for heterogeneous granular materials. Comput Methods Appl Mech Eng, 2010, 199: 3137-3152.

[15]　Tang C. Numerical simulation of progressive rock failure and associated seismicity. Int J Rock Mech Min Sci, 1997, 34 (2): 249-261.

[16]　Wang Z L, Li Y C, Wang J G, et al. A damage-softening statistical constitutive model considering rock residual strength. Comput Geosci, 2007, 33: 1-9.

[17]　Li S H, Zhou D. Progressive failure constitutive model of fracture plane in geomaterial based on strain strength distribution. Int J Solids Struct, 2013, 50(3/4): 570-577.

[18]　Li S H, Zhou D. Strain strength distribution criterion. In: Third International Symposium on Computational Mechanics (ISCM II I), Taipei, 2011: 414-415.

[19]　李世海, 周东. 脆性材料损伤表述方法及基于应变强度分布破坏准则的计算单元. 水利学报, 2012,43: 8-12.

[20]　徐芝纶. 弹性力学 (第三版). 北京: 高等教育出版社, 2005.

[21]　王仁, 黄文彬, 黄筑平. 塑性力学引论 (第四版). 北京：北京大学出版社, 1992.

[22]　谯常忻, 周群力. 岩石和混凝土断裂力学. 长沙：中南工业大学出版社, 1991.

[23]　谢和平. 岩石混凝土损伤力学. 徐州: 中国矿业大学出版社, 1990.

[24]　Okubo S, Fukui K. Complete stress-strain curves for various rock types inuniaxial-tension//International journal of rock mechanics and mining sciences &geomechanics abstracts. Pergamon, 1996, 33(6): 549-556.

[25] Bazant Z P, Pijaudier-Cabot G. Measurement of characteristic length of nonlocal continuum. Journal of Engineering Mechanics, 1989, 115(4): 755-767.

[26] Brzakala W. Strength modelling of geomaterials with random systems of structural joints. Probabilistic Engineering Mechanics, 2011, 26(2): 321-330.

[27] Kuehn G A, Schulson E M, Jones D E, et al. The compressive strengths of ice cubes of different sizes. Journal of Offshore Mechanics and Arctic Engineering;(United States), 1993, 115(2):142-148.

第8章 弹簧元的基本模型与计算方法

在对滑坡等岩土问题进行数值模拟分析时，选择一种合适的数值计算软件和数值计算模型对计算结果的可靠性具有决定性的意义。当前计算力学方法主要分为连续模型法、非连续模型法及连续–非连续模型法。连续模型方法以连续介质力学理论为依据，主要包括有限元法、有限差分法、边界元法、有限体积法等。在岩土工程数值计算领域中以有限元法和有限差分法为主。有限元法的基本思想是将连续的求解区域离散为一组有限个单元的组合体，单元之间按一定方式联结在一起，利用单元内假设的近似函数来表达全求解域上的未知场函数，近似函数通常由未知场函数或其导数在单元节点上的数值和其差值函数来表达，从而使一个连续的无线自由度问题变成离散的有限自由度问题。有限差分法首先将求解域划分为网格，然后在网格节点上用差分方程近似微分方程。非连续模型法以接触力学理论为依据，主要包括颗粒离散元法、块体离散元法、DDA 方法等。连续–非连续模型法是在连续模型法和非连续模型法的基础上发展起来的，以流形方法、无网格类方法和各种耦合算法为主。

滑坡是一个由连续变形逐渐发展为运动性破坏的过程，一般可将其初始阶段的变形看成连续介质力学问题。在给定边界条件与初始状态情况下分析滑坡体的连续变形往往是计算阶段的第一步。经过数十年的发展，有限元法、有限差分法等连续体变形的计算方法日趋成熟，ANSYS、ABAQUS、FLAC 等功能强大的工程模拟商用软件在实际工程中已广泛使用，但国内自主开发的力学软件在实际工程中的应用极少。正确使用数值分析软件需要具有足够多的理论知识背景，同时计算结果同工程实际的差距往往较大，使得很多工程技术人员对数值模拟既望而生畏又半信半疑。

很多大学都开设了数值分析课程，同时涉及有限元法、有限差分法等基本理论、方法及计算软件使用的教程也很多。作者结合近年来的工作，在此介绍一种新的描述连续固体介质变形的计算方法——弹簧单元法 (SEM)。应用数值计算求解物理问题的本质是求解有限个空间 (或物质) 离散点在给定初值条件及边值条件下的定解问题。作为一种新的用于描述连续介质力学行为的数值分析方法，弹簧单元法的核心思想是使用某种特定的弹簧表征空间 (物质) 离散点之间的相互关系，构成质点–弹簧系统，并用该系统描述表征元的力学行为。该方法也看成颗粒离散元和链网模型等方法的扩展。

本章首先介绍弹簧元的基本概念和研究弹簧元方法的历程，讨论弹簧元与有限元的区别, 说明弹簧元理论基础也可以归于拉格朗日方程; 然后讨论不同形状、不同类型单元的弹簧构型以及确定某种构型下弹簧刚度的方法, 其中包括等应变单元中的三节点三角形单元和四节点四面体单元, 双线性单元中的四节点矩形单元、八节点长方体单元以及任意四节点四边形单元, 实现了弹簧元方法计算程序并给出了典型算例, 与有限元等方法进行了比较; 最后介绍了基于弹簧元的结构层单元。

8.1 弹簧元方法的基本概念与理论基础

弹簧元方法是以某种特殊构型的质点弹簧系统描述连续介质表征元系统的计算方法。研究这种方法的初衷很简单: 有限元是基于连续介质模型的计算方法、离散元是基于非连续模型的计算方法。介质的破坏过程是由连续到非连续的模型的演化过程, 描述这样的物理过程需要建立新的力学模型, 很多学者从不同的角度建立新模型的技术途径。客观世界的规律并不以人们的认识而改变, 而描述这些基本规律, 就需要人们的认识不断提高, 给出数学定量化的表述方法。我们不能在一般力学、连续介质力学独立的框架内找到连续、非连续统一的表述理论, 但是可以基于连续介质力学的方法研究非连续介质, 也可以基于非连续介质方法研究连续介质。这里介绍我们在探索弹簧元方法时曾经采用的技术途径, 以此引起读者对弹簧元方法的兴趣和增强读者发展弹簧元的信心。

8.1.1 探索弹簧元方法的技术途径

1. 基于有限元的技术途径

首先是基于数学方法的技术途径。抛开有限元方法的理论基础和推导过程, 最终的结果是给出了力向量与位移向量之间的关系——刚度矩阵。在物理学层面上的直观认识是: 刚度矩阵就是一种复杂弹簧系统的刚度表示。是否可以在数学上从这样的复杂系统中分离出单个弹簧系统, 然后研究这些弹簧的断裂呢? 沿着这样的技术途径提出了一种方法。该方法是将有限元的刚度矩阵分解成若干子阵。例如, 八节点六面体单元的刚度矩阵是 24×24 的矩阵, 可以分解为 64 个 3×3 的小矩阵。将每个小矩阵求特征向量, 可以获得对应主对角矩阵, 形式上分解为三个弹簧。于是, 将刚度矩阵从形式上转化为在每个节点上有三个弹簧, 考虑对称性及弹簧在两点之间连接, 将会产生 81 个弹簧。该方法似乎从数学上解决了问题, 由于计算过于复杂, 又缺乏物理意义, 难以形成有效的计算方法。

其次是基于物理概念的技术途径。抛开数学推导, 在刚度矩阵中寻求两个节点的弹簧关系。由此认识到两点之间不仅有拉伸弹簧、剪切弹簧, 还有反应连续介质中的泊松效应、纯剪效应的弹簧关系[2]。由此可以从刚度矩阵中抽象出一套特殊弹簧系统, 用以描述连续体, 只是这种抽象的过程太依赖经验, 难以形成系统的分析方法。

2. 基于离散元的技术途径

块体离散元的技术途径。早期的块体离散元是刚体弹簧系统 (northwestern university rigid block methed, NURBM), 该模型后来发展成为可变形块体离散元方法。块体的变形是连续介质模型, 可以直接使用有限元方法。块体之间用弹簧连接, 每个四边形的面上设置四个弹簧, 通过弹簧的断与不断描述由连续到非连续的过程。尽管该方法描述连续过程时要借助罚弹簧技术, 描述非连续时只能在界面上断裂, 有很大的局限性和人为性, 但随着模型的不断改进, 该方法可以有效地研究工程问题。

颗粒离散元的技术途径。经典的颗粒离散元是纯粹的质点弹簧系统, 将连续介质简化为空间分布的质点与连接这些质点的弹簧构成的系统。从物质是由颗粒组成的这一本质出发, 颗粒离散元是最为合理的物理模型。关键的问题在于力学模型的颗粒尺度不是物质细观层面上的颗粒尺度。放大了颗粒的尺度, 试图在宏观的层面上研究问题, 又背离了连续介质的假设, 这就是用颗粒离散元描述连续介质理论模型的技术障碍。

3. 弹簧元的核心思想

为了实现连续到非连续的过程, 可能有很多技术途径, 上述四种技术途径的探索过程漫长而艰苦, 为弹簧元的提出积累了经验。总结起来, 有如下的认识阶段:

(1) 放弃研究复杂的四边形和六面体单元, 转而研究三角形单元, 这是因为三角形是除了圆以外最简单的几何形状;

(2) 连续介质模型相对复杂, 基于连续模型研究非连续模型难度更大, 应该用质点弹簧系统描述连续体, 也就是从颗粒离散元出发;

(3) 连续介质的力学行为与质点弹簧模型有本质的区别: 泊松效应和纯剪效应, 用弹簧模型必须解决这个问题;

(4) 颗粒离散元是在三角形两个顶点之间建立的传统弹簧, 不可能直接描述连续介质行为;

(5) 描述泊松效应和纯剪效应通常都是在直角坐标系下完成的, 应建立相互垂直的弹簧;

(6) 建立两类特殊形式的弹簧: 泊松弹簧和纯剪弹簧, 并给出它们的能量表达式, 由能量对位移变分获得力与位移的关系;

(7) 将所得的力与位移的关系与已有的计算方法比较, 进而获得弹簧刚度系数。

8.1.2 弹簧元方法物理模型及位移模态选取

1. 连续介质力学的广义胡克定律

对于传统弹簧, 胡克定律指出: 弹簧产生的变形力与弹簧的伸长量成正比, 方向相反, 即

$$F = -K \Delta \bar{u} \tag{8.1}$$

可以看出, 力和位移都是矢量, 虽然符号相反, 但它们都在一条直线上。在固体力学中, 有广义胡克定律,

$$\sigma_{ij} = \lambda \varepsilon_{kk} \delta_{ij} + 2G \varepsilon_{ij} \quad (i, j, k = x, y, z) \tag{8.2}$$

其中, λ、G 为材料常数。与弹性模量、泊松比之间满足如下关系:

$$\lambda = \frac{E}{(1+\nu)(1-2\nu)}, \quad G = \frac{E}{2(1+\nu)}, \quad \frac{G}{\lambda} = \frac{(1-2\nu)}{2} \tag{8.3}$$

只是讨论 x 方向上的应力, 上式就可以表示为

$$\sigma_{xx} = \lambda (\varepsilon_{xx} + \varepsilon_{yy}) + 2G \varepsilon_{xx} \tag{8.4}$$

2. 常应变矩形表征元的力和位移的关系

对于一个矩形的表征元, 在 x, y 方向的长度分别是 L_x, L_y, 假设该表征元只有正应变、没有剪切应变。选择变形的物理量, 水平方向上的位移增量为 Δu, 垂直方向上的位移增量为 Δv, 写成应变的形式为

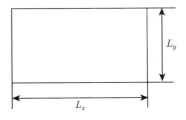

$$\begin{cases} u = c_u + \varepsilon_{xx} x \\ v = c_v + \varepsilon_{yx} x \end{cases} \tag{8.5}$$

而

$$\varepsilon_{xx} = \frac{\Delta u_x}{L_x}, \quad \varepsilon_{yy} = \frac{\Delta v_y}{L_y}, \quad \gamma_{xy} = \frac{1}{2} \left(\frac{\Delta u_y}{L_y} + \frac{\Delta v_x}{L_x} \right) \tag{8.6}$$

有

$$\begin{cases} u = c_u + \dfrac{\Delta u_x}{L_x} x + \dfrac{\Delta u_y}{L_y} y \\ v = c_v + \dfrac{\Delta v_x}{L_x} x + \dfrac{\Delta v_y}{L_y} y \end{cases} \tag{8.7}$$

如果在各断面上应力都相等, 求作用于截面积上的合力, 沿着垂直边积分。上式可以表示为

$$
\begin{aligned}
F_{xx} &= \int_y \sigma_{xx}\mathrm{d}y \\
&= \int_y \left[\lambda(\varepsilon_{xx} + \varepsilon_{yy}) + 2G\varepsilon_{xx}\right]\mathrm{d}y \\
&= \int_y \left[\lambda\left(\frac{\Delta u_x}{L_x} + \frac{\Delta v_y}{L_y}\right) + 2G\frac{\Delta u_x}{L_x}\right]\mathrm{d}y \\
&= (2G + \lambda)\frac{L_y}{L_x}\Delta u_x + \lambda\Delta v_y
\end{aligned}
\tag{8.8}
$$

可以看出, 在 x 方向的力不仅与 x 方向上两个端面的相对位移 Δu_x 有关, 还与 y 方向上两个端面的相对位移 Δv_y 有关。写成一般的表达式为

$$
F_{xx} = K_{xx}\Delta u_x + K_{\mathrm{p}x}\Delta v_y
\tag{8.9}
$$

其中

$$
K_{xx} = (2G + \lambda)\frac{L_y}{L_x}, \quad K_{\mathrm{p}x} = \lambda
\tag{8.10}
$$

同理有

$$
\begin{aligned}
F_{yy} &= \int_y \sigma_{yy}\mathrm{d}x \\
&= \int_y \left[\lambda(\varepsilon_{xx} + \varepsilon_{yy}) + 2G\varepsilon_{yy}\right]\mathrm{d}x \\
&= \int_y \left[\lambda\left(\frac{\Delta u_x}{L_x} + \frac{\Delta v_y}{L_y}\right) + 2G\frac{\Delta v_y}{L_y}\right]\mathrm{d}x \\
&= (2G + \lambda)\frac{L_x}{L_y}\Delta v_x + \lambda\Delta u_x
\end{aligned}
\tag{8.11}
$$

即

$$
F_{yy} = K_{\mathrm{p}y}\Delta u_x + K_{yy}\Delta v_y
\tag{8.12}
$$

其中

$$
K_{yy} = (2G + \lambda)\frac{L_x}{L_y}, \quad K_{\mathrm{p}y} = \lambda
\tag{8.13}
$$

在公式 (8.4) 和 (8.5) 中, 弹簧的拉力 (或压力) 不仅包括了与位移方向相同的力, 还有与位移方向垂直的力。我们把由 y(或 x) 方向上的位移产生 x(或 y) 方向上的力对应的弹簧, 称为泊松弹簧。由特例得到的泊松弹簧的刚度系数与几何尺寸无关, 并且与方向无关。即泊松弹簧系数满足

$$
K_{\mathrm{p}} = K_{\mathrm{p}x} = K_{\mathrm{p}y}
\tag{8.14}
$$

下面只讨论剪切的情况，

$$\tau_{xy} = 2G\varepsilon_{xy} = 2G\left[\frac{1}{2}\left(\frac{\partial u}{\partial y} + \frac{\partial v}{\partial x}\right)\right] \tag{8.15}$$

对于矩形表征元，上式表示为

$$\begin{aligned}
F_{xy} &= \int_y \tau_{xy}\mathrm{d}y \\
&= \int_y G\gamma_{xy}\mathrm{d}y \\
&= \int_y G\left(\frac{\Delta u_y}{L_y} + \frac{\Delta v_x}{L_x}\right)\mathrm{d}y \\
&= G\Delta u_y + G\frac{L_y}{L_x}\Delta v_x
\end{aligned} \tag{8.16}$$

则有

$$F_{xy} = K_{sy}\Delta u_y + K_{xy}\Delta v_x \tag{8.17}$$

其中

$$K_{xy} = G\frac{L_y}{L_x}, \quad K_{sy} = G \tag{8.18}$$

同理可以得到

$$\begin{aligned}
F_{yx} &= \int_x \tau_{yx}\mathrm{d}x \\
&= \int_y G\gamma_{yx}\mathrm{d}x \\
&= \int_y G\left(\frac{\Delta u_y}{L_y} + \frac{\Delta v_x}{L_x}\right)\mathrm{d}x \\
&= G\frac{L_x}{L_y}\Delta u_y + G\Delta v_x
\end{aligned} \tag{8.19}$$

$$F_{yx} = K_{yx}\Delta u_y + K_{sx}\Delta v_x \tag{8.20}$$

其中

$$K_{yx} = G\frac{L_x}{L_y}, \quad K_{sx} = G \tag{8.21}$$

可以看到，即使在剪应力互等的假设下，x 面上 y 方向上的剪力与 y 面上 x 方向上的剪力不互等。我们把由 y（或 x）方向上的剪切位移产生 x（或 y）方向上的剪切力所对应的弹簧称为纯剪弹簧。由特例得到的纯剪弹簧的刚度系数与几何尺寸无关，并且与方向无关。令纯剪弹簧系数为

$$K_s = K_{sx} = K_{sy} \tag{8.22}$$

按照以上的分析和推导，对于简单形状的矩形单元，就可以直接给出力和位移的关系：

$$\begin{cases} F_{xx} = K_{xx}\Delta u_x + K_{px}\Delta v_y \\ F_{yy} = K_{py}\Delta u_x + K_{yy}\Delta v_y \\ F_{xy} = K_{sy}\Delta u_y + K_{xy}\Delta v_x; \\ F_{yx} = K_{yx}\Delta u_y + K_{sx}\Delta v_x \end{cases} \tag{8.23}$$

其中

$$\begin{cases} K_{xx} = (2G + \lambda)\dfrac{L_y}{L_x}, & K_{px} = \lambda \\ K_{yy} = (2G + \lambda)\dfrac{L_x}{L_y}, & K_{py} = \lambda \\ K_{xy} = G\dfrac{L_y}{L_x}, & K_{sy} = G \\ K_{yx} = G\dfrac{L_x}{L_y}, & K_{sx} = G \end{cases} \tag{8.24}$$

写成矩阵的形式

$$\begin{bmatrix} F_{xx} \\ F_{yy} \\ F_{xy} \\ F_{yx} \end{bmatrix} = \begin{bmatrix} (2G + \lambda)\dfrac{L_y}{L_x} & \lambda & 0 & 0 \\ \lambda & (2G + \lambda)\dfrac{L_x}{L_y} & 0 & 0 \\ 0 & 0 & G\dfrac{L_y}{L_x} & G \\ 0 & 0 & G & G\dfrac{L_y}{L_x} \end{bmatrix} \begin{bmatrix} \Delta u_x \\ \Delta v_y \\ \Delta v_x \\ \Delta u_y \end{bmatrix} \tag{8.25}$$

由简单的矩形单元推导广义胡克定律有如下要素：将由应力-应变表达的胡克定律改为由力和位移表达；刚度系数包含两个长度量纲，不仅有长度还有宽度；广义胡克定律中力不仅与同方向的位移的分量有关，还与垂直方向的位移分量有关，由此定义了泊松弹簧和纯剪弹簧。

建立了上述力和位移的关系，就可以用质点-弹簧系统描述连续介质力学，只是这里的表征元形状很简单，直接得到了弹簧系数的表达式。对于其他形状的单元，刚度系数就需要采用其他方法获得。

现在从能量的形式表述，由

$$\begin{cases} \varepsilon_{xx} = \dfrac{\Delta u_x}{L_x}, & \varepsilon_{yy} = \dfrac{\Delta v_y}{L_y} \\ \gamma_{xy} = \dfrac{\Delta v_x}{L_x} + \dfrac{\Delta u_y}{L_y} \end{cases} \tag{8.26}$$

四边形中能量的表达为

$$\Pi = \int_{\Gamma} \left(\frac{1}{2}\sigma_{xx}\varepsilon_{xx} + \frac{1}{2}\sigma_{yy}\varepsilon_{yy} + \frac{1}{2}\tau_{xy}\gamma_{xy} \right) \mathrm{d}x\mathrm{d}y$$

$$= \int_{\Gamma} \left\{ \frac{1}{2} \left[\lambda \left(\varepsilon_{xx} + \varepsilon_{yy} \right) + 2G\varepsilon_{xx} \right] \varepsilon_{xx} \right.$$

$$\left. + \frac{1}{2} \left[\lambda \left(\varepsilon_{xx} + \varepsilon_{yy} \right) + 2G\varepsilon_{yy} \right] \varepsilon_{yy} + \frac{1}{2} G\gamma_{xy}^2 \right\} \mathrm{d}x\mathrm{d}y$$

$$\Pi = \int_{\Gamma} \left\{ \frac{1}{2} \left[\lambda \left(\frac{\Delta u_x}{L_x} + \frac{\Delta v_y}{L_y} \right) + 2G\frac{\Delta u_x}{L_x} \right] \frac{\Delta u_x}{L_x} \right.$$

$$\left. + \frac{1}{2} \left[\lambda \left(\frac{\Delta u_x}{L_x} + \frac{\Delta v_y}{L_y} \right) + 2G\frac{\Delta v_y}{L_y} \right] \frac{\Delta v_y}{L_y} + \frac{1}{2} G \left(\frac{\Delta v_x}{L_x} + \frac{\Delta u_y}{L_y} \right)^2 \right\} \mathrm{d}x\mathrm{d}y \quad (8.27)$$

能量对位移增量 Δu_{xx} 求偏导, 得到

$$F_{xx} = \frac{\partial \Pi}{\partial \Delta u_x}$$

$$= \int_{\Gamma} \left\{ \frac{1}{2} \left[\lambda \left(\frac{\Delta u_x}{L_x^2} + \frac{\Delta v_y}{L_x L_y} \right) + 2G\frac{\Delta u_x}{L_x L_y} \right] + \frac{1}{2}\lambda\frac{\Delta u_x}{L_x^2} + \frac{1}{2}\lambda\frac{\Delta v_y}{L_x L_y} \right\} \mathrm{d}x\mathrm{d}y$$

$$= \int_{\Gamma} \left[(\lambda + 2G) \frac{\Delta u_x}{L_x^2} + \lambda\frac{\Delta v_y}{L_x L_y} \right] \mathrm{d}x\mathrm{d}y$$

$$= \left[(\lambda + 2G) \frac{\Delta u_x}{L_x^2} + \lambda\frac{\Delta v_y}{L_x L_y} \right] L_x L_y$$

$$= (\lambda + 2G) \frac{L_y}{L_x} \Delta u_x + \lambda\Delta v_y$$

$$F_{yx} = \frac{\partial \Pi}{\partial u_y}$$

$$= \frac{\partial}{\partial u_y} \int_{\Gamma} \left\{ \frac{1}{2} \left[\lambda \left(\frac{\Delta u_x}{L_x} + \frac{\Delta v_y}{L_y} \right) + 2G\frac{\Delta u_x}{L_x} \right] \frac{\Delta u_x}{L_x} \right.$$

$$\left. + \frac{1}{2} \left[\lambda \left(\frac{\Delta u_x}{L_x} + \frac{\Delta v_y}{L_y} \right) + 2G\frac{\Delta v_y}{L_y} \right] \frac{\Delta v_y}{L_y} + \frac{1}{2} G \left(\frac{\Delta v_x}{L_x} + \frac{\Delta u_y}{L_y} \right)^2 \right\} \mathrm{d}x\mathrm{d}y$$

$$= \int_{\Gamma} \left[G\frac{1}{L_y} \left(\frac{\Delta v_x}{L_x} + \frac{\Delta u_y}{L_y} \right) \right] \mathrm{d}x\mathrm{d}y$$

$$= G \left(\Delta v_x + \frac{L_x}{L_y} \Delta u_y \right)$$

$$F_{xy} = \frac{\partial \Pi}{\partial v_x}$$

$$= \frac{\partial}{\partial u_y} \int_{\Gamma} \left\{ \frac{1}{2} \left[\lambda \left(\frac{\Delta u_x}{L_x} + \frac{\Delta v_y}{L_y} \right) + 2G\frac{\Delta u_x}{L_x} \right] \frac{\Delta u_x}{L_x} \right.$$

$$\left. + \frac{1}{2} \left[\lambda \left(\frac{\Delta u_x}{L_x} + \frac{\Delta v_y}{L_y} \right) + 2G\frac{\Delta v_y}{L_y} \right] \frac{\Delta v_y}{L_y} + \frac{1}{2} G\frac{1}{4} \left(\frac{\Delta v_x}{L_x} + \frac{\Delta u_y}{L_y} \right)^2 \right\} \mathrm{d}x\mathrm{d}y$$

$$= \int_{\Gamma} \left[G\frac{1}{L_x} \left(\frac{\Delta v_x}{L_x} + \frac{\Delta u_y}{L_y} \right) \right] \mathrm{d}x\mathrm{d}y$$

$$=G\left(\frac{L_y}{L_x}\Delta v_x + \Delta u_y\right) \tag{8.28}$$

比较由能量得到的和直接由应力积分得到的力与位移的关系可以看出, 两种方法得到的结果一致。

$$\begin{bmatrix} F_{xx} \\ F_{yy} \\ F_{xy} \\ F_{yx} \end{bmatrix} = \begin{bmatrix} (2G+\lambda)\dfrac{L_y}{L_x} & \lambda & 0 & 0 \\ \lambda & (2G+\lambda)\dfrac{L_x}{L_y} & 0 & 0 \\ 0 & 0 & G\dfrac{L_y}{L_x} & G \\ 0 & 0 & G & G\dfrac{L_y}{L_x} \end{bmatrix} \begin{bmatrix} \Delta u_x \\ \Delta v_y \\ \Delta v_x \\ \Delta u_y \end{bmatrix} \tag{8.29}$$

3. 三角形表征元的力和位移之间的关系

在 8.1.1 节, 我们利用广义胡可定律, 研究等应变矩形表征元, 给出了单元两个方向上端面的相对位移和作用于面上力的关系。事实上, 两个端面相对位移也是单元对应节点的相对位移, 端面上的面力也可以由节点上的力表达。为了深入阐述这样的概念, 借助这样的简洁方法讨论三角形单元的情况:

如图所示的三角形, 按照节点的位移, 共有如下变量: 底边两个点的水平位移 Δu_{b0} 和垂直位移 Δv_{b0}; 高方向上的水平相对位移 Δu_{h0} 和垂直相对位移 Δu_{h0}。

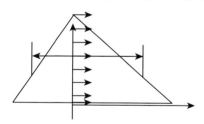

为叙述简练, 我们可以直接用能量法获得

$$\begin{aligned} \Pi &= \int_\Gamma \left(\frac{1}{2}\sigma_{xx}\varepsilon_{xx} + \frac{1}{2}\sigma_{yy}\varepsilon_{yy} + \frac{1}{2}\tau_{xy}\gamma_{xy}\right)\mathrm{d}x\mathrm{d}y \\ &= \int_\Gamma \Big\{\frac{1}{2}\left[\lambda\left(\varepsilon_{xx}+\varepsilon_{yy}\right)+2G\varepsilon_{xx}\right]\varepsilon_{xx} \\ &\quad + \frac{1}{2}\left[\lambda\left(\varepsilon_{xx}+\varepsilon_{yy}\right)+2G\varepsilon_{yy}\right]\varepsilon_{yy} + \frac{1}{2}G\gamma_{xy}^2\Big\}\mathrm{d}x\mathrm{d}y \end{aligned} \tag{8.30}$$

三角形单元是等应变单元, 各个应变可以表示为

$$\varepsilon_{xx} = \frac{\Delta u_{b0}}{b}, \quad \varepsilon_{yy} = \frac{\Delta v_{h0}}{h}, \quad \gamma_{xy} = \frac{\Delta u_{h0}}{h} + \frac{\Delta v_{b0}}{b} \tag{8.31}$$

$$\Pi = \int_{\Gamma} \left\{ \frac{1}{2} \left[\lambda \left(\frac{\Delta u_{b0}}{b} + \frac{\Delta v_{h0}}{h} \right) + 2G \frac{\Delta u_{b0}}{b} \right] \frac{\Delta u_{b0}}{b} \right.$$

$$\left. + \frac{1}{2} \left[\lambda \left(\frac{\Delta u_{b0}}{b} + \frac{\Delta v_{h0}}{h} \right) + 2G \frac{\Delta v_{h0}}{h} \right] \frac{\Delta v_{h0}}{h} + \frac{1}{2} G \left(\frac{\Delta v_{b0}}{b} + \frac{\Delta u_{h0}}{h} \right)^2 \right\} \mathrm{d}x \mathrm{d}y$$

$$= \frac{1}{2} bh \left\{ \frac{1}{2} \left[\lambda \left(\frac{\Delta u_{b0}}{b} + \frac{\Delta v_{h0}}{h} \right) + 2G \frac{\Delta u_{b0}}{b} \right] \frac{\Delta u_{b0}}{b} \right.$$

$$\left. + \frac{1}{2} \left[\lambda \left(\frac{\Delta u_{b0}}{b} + \frac{\Delta v_{h0}}{h} \right) + 2G \frac{\Delta v_{h0}}{h} \right] \frac{\Delta v_{h0}}{h} + \frac{1}{2} G \left(\frac{\Delta v_{b0}}{b} + \frac{\Delta u_{h0}}{h} \right)^2 \right\} \quad (8.32)$$

取处在高度 y 处,两个斜边的位移增量为 $\Delta u(y)$ 和 $\Delta v(y)$:

$$F_{xx} = \int_{\sigma_{xx}} \mathrm{d}y = \int \left[\lambda \left(\varepsilon_{xx} + \varepsilon_{yy} \right) + 2G \varepsilon_{xx} \right] \mathrm{d}y \quad (8.33)$$

从上式可以看出,位移增量是位置的函数。因为是常应变的,若取底边的位移增量为 Δu_{b0},被积函数中的应变是常数,要由位移表达出来,并且位移应该是积分变量 y 的函数。常应变下,三角形两腰上同一高度上,位移增量是 y 的线性函数。

$$\begin{cases} u = \dfrac{\Delta u}{L_x} x + \dfrac{\Delta u}{L_y} y \\ v = \dfrac{\Delta v}{L_x} x + \dfrac{\Delta v}{L_y} y \end{cases} \quad (8.34)$$

由

$$\Delta u(y) = \varepsilon_{xx} y + c \quad (8.35)$$

当 $y = 0$ 时,

$$\Delta u(0) = \Delta u_{b0} \quad (8.36)$$

当 $y = L_y, \Delta u(0) = 0$ 时,则位移增量的分布为

$$\Delta u(y) = \Delta u_{b0} \left(1 - \frac{y}{L_y} \right) \quad (8.37)$$

同理,若取高方向的位移增量为 Δv_{h0},则垂直方向上的位移增量为

$$\Delta v(y) = \Delta v_{h0} \left(\frac{y}{L_y} \right) \quad (8.38)$$

这里有一个由应变到位移的积分。不需要给出位移的函数,却需要得到应变。我们可以从位移函数得到应变。如果位移函数是高阶的呢? 这不是微元的特性所要解决的。

$$F_{xx} = \int_0^{L_y} \left[\lambda \left(\frac{\Delta u}{L_x} + \frac{\Delta v}{L_y} \right) + 2G \frac{\Delta u}{L_x} \right] \mathrm{d}y$$

$$= \int_0^{L_y} \left\{ \lambda \left[\frac{\Delta u_{b0}}{L_x} \left(1 - \frac{y}{L_y} \right) + \frac{\Delta v_{h0}}{L_y} \left(\frac{y}{L_y} \right) \right] + 2G \frac{\Delta u_{b0}}{L_x} \left(1 - \frac{y}{L_y} \right) \right\} \mathrm{d}y$$

$$= \lambda \left(\frac{\Delta u_{b0} L_y}{2 L_x} + \frac{\Delta v_{h0} L_y}{2 L_y} \right) + G \frac{\Delta u_{b0} L_y}{L_x}$$

$$= \frac{(2G + \lambda)}{2} \frac{L_y}{L_x} \Delta u_{b0} + \frac{1}{2} \lambda \Delta v_{h0} \tag{8.39}$$

$$F_{yy} = \int \left[\lambda \left(\varepsilon_{xx} + \varepsilon_{yy} \right) + 2G \varepsilon_{yy} \right] \mathrm{d}x$$

$$= \int \left[\lambda \left(\frac{\Delta u_{b0}}{L_x} + \frac{\Delta v_{h0}}{L_y} \right) + 2G \frac{\Delta v_{h0}}{L_y} \right] \mathrm{d}x$$

$$= \lambda \left(\frac{\Delta u_{b0} L_x}{2 L_x} + \frac{\Delta v_{h0} L_x}{2 L_y} \right) + G \frac{\Delta v_{h0} L_x}{L_y}$$

$$= \frac{(2G + \lambda)}{2} \frac{L_x}{L_y} \Delta v_{h0} + \frac{1}{2} \lambda \Delta u_{b0}$$

$$F_{xy} = \int_{-c}^{0} \left\{ \lambda \left[\frac{\Delta u_{b0} \left(1 - \frac{y}{L_y} \right)}{L_x} + \frac{\Delta v_{b0} \frac{y}{L_y}}{L_y} \right] + 2G \frac{\frac{\Delta v_{h0}}{c} (x + c)}{L_y} \right\} \mathrm{d}x$$

$$+ \int_0^{b - c_y} \left\{ \lambda \left[\frac{\Delta u_{b0} \left(1 - \frac{y}{L_y} \right)}{L_x} + \frac{\Delta v_{b0} \frac{y}{L_y}}{L_y} \right] + 2G \frac{\frac{\Delta v_{h0}}{b - c} [x - (b - c)]}{L_y} \right\} \mathrm{d}x$$

$$= \lambda \left(\frac{\Delta u_{b0} L_y}{2 L_x} + \frac{\Delta v_{h0} L_y}{2 L_y} \right) + G \frac{\Delta v_{h0} L_y}{L_y}$$

$$= \frac{2G + \lambda}{2} \Delta v_{b0} + \frac{1}{2} \lambda \frac{L_y}{L_x} \Delta u_{b0}$$

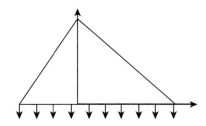

4. 三角形单元的基本弹簧

　　基于上述的认识, 现在讨论三角形单元的弹簧元的物理模型。如图 8.1 所示的三角形, 设三个顶点为质点, 任何两个质点之间由一个拉压弹簧和一个剪切弹簧连接，这就是传统的颗粒弹簧元模型。这种弹簧构型用于表述泊松和纯剪效应比较困难，对于不同的形状，各个弹簧之间的系数相互耦合，难以解耦。

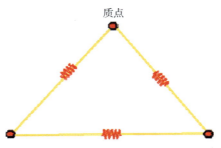

图 8.1 传统离散元的基本弹簧构型

为了更好地表述泊松和纯剪效应，提出了新的弹簧构型。如图 8.2 所示。

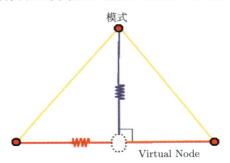

图 8.2 弹簧元中采用了新的弹簧模式

新的弹簧模式是以三角形的一个边 (底边) 和对应的高作为两个基本弹簧的方向，底边和高的交点作为虚拟节点。相互垂直的两个基本弹簧，类似离散元，可以派生出剪切弹簧。在相互垂直的方向上，可以方便构建具有泊松和纯剪效应的弹簧。它表征了材料的泊松效应和纯剪效应。以图 8.2 的基本构型为基础建立局部坐标系，如图 8.3 所示，构建弹簧元的基本模型如下：给出弹簧元中基本弹簧的位置、方向以及能量表达。

如图 8.3(a) 所示，底边弹簧的伸长量为 Δu_{xx}，弹簧的刚度系数为 K_{xx}，高弹簧的伸长量为 Δu_{yy}，刚度系数为 $K_{\text{p}x}$。由广义胡克定律，底边法向弹簧的变形力为

$$F_{xx} = K_{xx}\Delta u_{xx} + K_{\text{p}x}\Delta u_{yy} \tag{8.40}$$

那么，该弹簧储存的弹性能为

$$\Gamma_{xx} = \frac{1}{2}K_{xx}\Delta u_{xx}^2 + K_{\text{p}}\Delta u_{yy}\Delta u_{xx} \tag{8.41}$$

　　如图 8.3(b) 所示，沿高方向的弹簧伸长量为 Δu_{yy}，弹簧的刚度系数为 K_{yy}，底边弹簧的伸长量为 Δu_{xx}，对应的弹簧刚度系数为 K_{py}。高上弹簧的变形力为

$$F_{yy} = K_{yy}\Delta u_{yy} + K_{py}\Delta u_{xx} \tag{8.42}$$

该弹簧的变形能为

$$\Gamma_{yy} = \frac{1}{2}K_{yy}\Delta u_{yy}^2 + K_{py}\Delta u_{yy}\Delta u_{xx} \tag{8.43}$$

　　如图 8.3(c) 所示，底边上弹簧的剪切变形位移量为 Δu_{xy}，剪切刚度系数为 K_{xy}，高上弹簧的剪切变形位移量为 Δu_{yx}，纯剪刚度系数为 K_{sy}。该弹簧的变形能为

$$\Gamma_{xy} = \frac{1}{2}K_{xy}\Delta u_{xy}^2 + K_{sy}\Delta u_{xy}\Delta u_{yx} \tag{8.44}$$

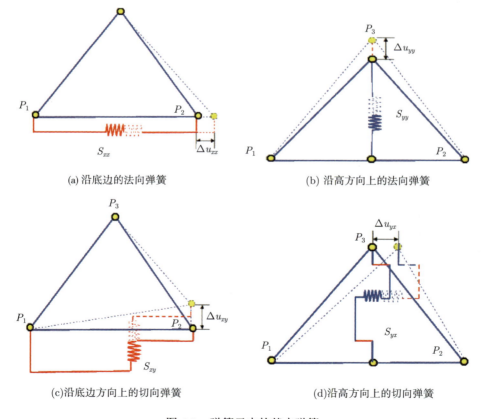

(a) 沿底边的法向弹簧　　　　　　　　(b) 沿高方向上的法向弹簧

(c)沿底边方向上的切向弹簧　　　　　　(d)沿高方向上的切向弹簧

图 8.3　弹簧元中的基本弹簧

如图 8.3(d) 所示，沿高方向上的切向弹簧剪切变形位移量为 Δu_{yx}，剪切弹簧的刚度系数为 K_{yx}，底边上弹簧的剪切变形位移量为 Δu_{xy}，纯剪刚度系数为 K_{sx}。该弹簧的变形能为

$$\Gamma_{yx} = \frac{1}{2} K_{yx} \Delta u_{yx}^2 + K_{sx} \Delta u_{xy} \Delta u_{yx} \tag{8.45}$$

求表征元的变形能得到

$$\Gamma = \frac{1}{2} K_{xx} \Delta u_{xx}^2 + K_{px} \Delta u_{yy} \Delta u_{xx} + \frac{1}{2} K_{yy} \Delta u_{yy}^2 + K_{py} \Delta u_{yy} \Delta u_{xx}$$
$$+ \frac{1}{2} K_{xy} \Delta u_{xy}^2 + K_{sy} \Delta u_{xy} \Delta u_{yx} + \frac{1}{2} K_{yx} \Delta u_{yx}^2 + K_{sx} \Delta u_{xy} \Delta u_{yx} \tag{8.46}$$

在总能量式的表达中，我们看到 K_{px}, K_{py} 对应着相同的位移伸长量因子，K_{sx}，K_{sy} 对应着相同的剪切位移量因子。从另一个角度可以认为泊松弹簧和纯剪弹簧具有对称性，由此也不难理解在矩形单元的讨论中 K_{px} 和 K_{py}，K_{sx} 和 K_{sy} 是相等的。由于弹簧系数都是待定的，不失一般性，可以将总变形能写为

$$\Gamma = \frac{1}{2} K_{xx} \Delta u_{xx}^2 + \frac{1}{2} K_{yy} \Delta u_{yy}^2 + K_p \Delta u_{yy} \Delta u_{xx}$$
$$+ \frac{1}{2} K_{yx} \Delta u_{yx}^2 + \frac{1}{2} K_{xy} \Delta u_{xy}^2 + K_s \Delta u_{xy} \Delta u_{yx} \tag{8.47}$$

抛开刚才的推导过程，仅从弹簧系统的能量表达式可以看到，整个系统的能量由 6 部分组成，每部分对应着一个弹簧刚度系数，如下：

底边上的法向弹簧变形能：$\frac{1}{2} K_{xx} \Delta u_{xx}^2$；刚度系数：$K_{xx}$；

底边上的法向弹簧变形能：$\frac{1}{2} K_{xy} \Delta u_{xy}^2$；刚度系数：$K_{xy}$；

高上的法向弹簧变形能：$\frac{1}{2} K_{yy} \Delta u_{yy}^2$；刚度系数：$K_{yy}$；

高上的法向弹簧变形能：$\frac{1}{2} K_{yx} \Delta u_{yx}^2$；刚度系数：$K_{yx}$。

以上四种弹簧都是传统意义上的。另外两类弹簧分别是：

泊松弹簧变形能：$\frac{1}{2} K_p \Delta u_{xx} \Delta u_{yy}$；刚度系数：$K_p$；

纯剪弹簧变形能：$\frac{1}{2} K_s \Delta u_{xy} \Delta u_{yx}$；刚度系数：$K_s$。

至此，我们已经完成了弹簧元的基本理论表述，给出了由三角形节点位移增量表达的变性能。然而，作为力学方法，这项工作并没有完成，还有一项更重要的工作，那就是确定刚度系数。

六类弹簧的刚度系数既有材料特性参数又有几何尺寸参数。正如测定传统弹簧的刚度系数一样，也可以用试验获得各类刚度系数。前面推导的矩形单元中，假设材料参数是已知的，而且几何尺寸简单，就从理论上得到了刚度系数。三角形单

元几何形状尽管比四边形还简单, 但通过试验获得这些参数却很困难, 主要是三角形的各个角度没有正交性。

最直接的想法就是借助有限元的结果, 既然我们已经给出了能量的表达式, 就可以通过能量对位移变分得到力, 给出力和位移之间的关系; 然后将这种关系与有限元的刚度矩阵比较, 给出对应的弹簧刚度系数。具体步骤为:

(1) 将能量泛函 (8.47) 中的位移增量由节点位移表达, 如

$$\Delta u_{xx} = u_{1x} - u_{2x}$$
$$\Delta u_{yy} = u_{1y} - u_{2y} \tag{8.48}$$

底边与高的交点要用差值函数得到。

(2) 将泛函对节点位移变分获得节点力

$$F_{1x} = \frac{\partial \Gamma}{\partial u_{1x}}, \quad F_{1y} = \frac{\partial \Gamma}{\partial u_{1y}}$$
$$F_{2x} = \frac{\partial \Gamma}{\partial u_{2x}}, \quad F_{2y} = \frac{\partial \Gamma}{\partial u_{2y}} \tag{8.49}$$
$$F_{3x} = \frac{\partial \Gamma}{\partial u_{3x}}, \quad F_{3y} = \frac{\partial \Gamma}{\partial u_{3y}}$$

由此得到由刚度系数和几何尺寸表示的刚度矩阵。

(3) 将弹簧系统的刚度矩阵与有限元刚度矩阵比较, 得到弹簧元刚度系数。

上述方法是可行的, 由此得到的结果与有限元的计算结果完全一致。只是这种方法太复杂。原因是将弹簧元系统的广义坐标转换成有限元的节点位移, 把简单问题复杂化了。张青波[6,7] 直接利用弹性力学的弹性能计算给出了三角形单元的弹性能, 而且用弹簧系统的广义变量表达式给出广义力和位移的关系, 然后与弹簧系统对应的力–位移关系比较。本书采用了这样的方法描述, 所得到的结果与常应变单元的有限元结果完全一致。

8.1.3　弹簧元方法的理论基础及特点

在第 6 章里简要介绍了力学中的基本动量方程。牛顿力学的方法是从力的平衡出发, 给出基于微元动力平衡为基础的连续介质力学动量方程。拉格朗日方程是基于能量的最小作用量原理出发, 建立了有限区域的动量方程。前者是以微分方程出现的, 而后者可以是微分方程, 也可以是积分微分方程。关键在于拉格朗日方程中的能量泛函 L 的表达形式。在方程中

$$\frac{\mathrm{d}}{\mathrm{d}t}\left(\frac{\partial L}{\partial \dot{q}_k}\right) - \frac{\partial L}{\partial q_k} = Q_K \tag{8.50}$$

研究质点或刚体运动时, 能量泛函直接以初等数学的解析式由广义变量表达出来。而在研究连续介质力学时, 它是以积分的形式由广义变量表达出来的, 有限元方法、离散元、弹簧元本质上都是拉格朗日方程的应用。

1. 有限元的拉格朗日方程表述

仅讨论固体力学中静态的弹性力学问题, 由应力–应变表达的能量泛函形式为

$$L = \int \frac{1}{2}\sigma_{ij}\varepsilon_{ij}\mathrm{d}v = \int \frac{1}{2}\left(\lambda\varepsilon_{kk}\delta_{ij} + 2G\varepsilon_{ij}\right)\varepsilon_{ij}\mathrm{d}v \tag{8.51}$$

选取位移作为广义变量, 应变由位移表达的形式为

$$[\varepsilon_{ij}] = \begin{bmatrix} \dfrac{\partial}{\partial x_1} & 0 \\ 0 & \dfrac{\partial}{\partial x_2} \\ \dfrac{1}{2}\dfrac{\partial}{\partial x_1} & \dfrac{1}{2}\dfrac{\partial}{\partial x_2} \end{bmatrix}[u_i] = [B_{ij}][u_i] \tag{8.52}$$

那么

$$L = \int \frac{1}{2}[u_1 \quad u_2][B_{ij}]^{\mathrm{T}}[D_{ij}][B_{ij}]\begin{bmatrix} u_1 \\ u_2 \end{bmatrix}\mathrm{d}v \tag{8.53}$$

其中

$$[D_{ij}] = \begin{bmatrix} \lambda + 2G & \lambda & 0 \\ \lambda & \lambda + 2G & 0 \\ 0 & 0 & 2G \end{bmatrix} \tag{8.54}$$

选择 u_i 作为广义位移, 静态问题的平衡方程为

$$\frac{\partial}{\partial u_i}\int \frac{1}{2}[u_1 \quad u_2]B^{\mathrm{T}}DB\begin{bmatrix} u_1 \\ u_2 \end{bmatrix}\mathrm{d}v = Q_i \tag{8.55}$$

即

$$\int B^{\mathrm{T}}DB\begin{bmatrix} u_1 \\ u_2 \end{bmatrix}\mathrm{d}v = Q_i \tag{8.56}$$

上述公式仍然保留了拉格朗日方程中的积分形式的理论表述, 表明拉格朗日方程是有限元的理论基础。实际计算中选定了形函数, 也就是位移在空间分布的假设, 取单元的节点位移为未知量 (广义坐标), 单元内任意一点的位移都可以由节点位移表示, 进而再完成单元内部的积分, 然后对节点位移变分, 就可以获得有限元的单元刚度矩阵。

可以看出，有限元的理论基础也是拉格朗日方程。有限元方法中的主要过程和建立拉格朗日方程有一一对应的关系：

(1) 有限元的单元对应拉格朗日方程表征元的积分区域；

(2) 有限元中依赖于试验的本构关系是拉格朗日方程中能量与广义坐标的关系；

(3) 有限元中选择形函数的过程是将能量中的速度或位移函数由节点速度或位移表达的过程；

(4) 有限元中应用的塑性本构关系，其塑性模型中的耗能是借助方程右边的"外界功"表达的。

2. 离散元的拉格朗日方程表述

颗粒离散元或者刚性块体离散元的弹性势能以颗粒间的弹簧表达。拉格朗日能量泛函的势能部分可以表为

$$L = \sum_{i,j} \frac{1}{2} k_n^{ij} \Delta u_n^{ij} + \frac{1}{2} k_\tau^{ij} \Delta u_\tau^{ij} \tag{8.57}$$

其中，k_n^{ij}, k_τ^{ij} 分别表示第 i 个质点与第 j 个质点之间的法向弹簧和切向弹簧；Δu_n^{ij}，Δu_τ^{ij} 分别表示第 i 个质点与第 j 个质点之间的法向位移和切向位移。

可变形的块体离散元，既有块体变形的弹性能又有连接块体弹簧的弹性能。其能量泛函为

$$L = \int \frac{1}{2} \begin{bmatrix} u_1 & u_2 \end{bmatrix} B^{\mathrm{T}} D B \begin{bmatrix} u_1 \\ u_2 \end{bmatrix} \mathrm{d}v + \sum_{i,j} \frac{1}{2} k_n^{nij} \Delta u_n^{mij} + \frac{1}{2} k_\tau^{nij} \Delta u_\tau^{mij} \tag{8.58}$$

其中，k_n^{ij}, k_τ^{ij} 和 $\Delta u_n^{ij}, \Delta u_\tau^{ij}$ 分别表示第 n 个块体之间第 i 个面第 j 个点与第 m 个块体之间第 i 个面第 j 个点之间的法向弹簧、切向弹簧以及法向位移和切向位移。

从式 (8.58) 可以看出，对于无厚度结构层，增加了弹簧相当于增加了能量。必须要引入特征长度，引入结构层单元是将弹性单元的尺寸减少，给连接块体之间的弹簧赋予真实的物理意义，也就是有几何尺寸的弹性体。

3. 有限元与弹簧元的关系

弹簧元的单元有两重性，既有离散的弹簧特性又有连续模型的单元特性，因此拉格朗日方程表述有两种形式。

作为与单元变形能等价的弹簧系统，能量泛函可以完全用等同于弹簧系统的表达方式。

$$L = \sum_n \sum_{i,j=1,3} \left(\frac{1}{2} K_{ii} \Delta u_{ii}^2 + \frac{1}{2} K_{ij} \Delta u_{ij}^2 + K_{pij} \Delta u_{ii} \Delta u_{jj} + K_{sij} \Delta u_{ij} \Delta u_{ji} \right) \tag{8.59}$$

其中，Δu_{ii}、Δu_{ij} 分别为弹簧元弹簧的伸长量及剪切位移量，K_{ii}、K_{ij}、K_{pij}、K_{sij} 分别为法向刚度、切向刚度、泊松刚度、纯剪刚度系数。这些刚度系数可以是针对

不同形状的单元由本章给出的计算方法得到的, 也可以借助于试验研究, 结合数值模拟直接从试验结果获得。

弹簧元既然可以表述连续介质, 又可以得到与有限元相同的刚度矩阵, 那么二者必然有内在的联系, 甚至在某些条件下是完全相同的。我们注意到, 有限元中的刚度矩阵是节点力和节点位移之间的关系, 表达拉格朗日能量时也是以节点位移为广义坐标的。而离散元和弹簧元的广义坐标均为位移的增量。

以节点位移作为广义坐标和以节点位移增量作为广义坐标是否有本质的差异? 它们之间有怎样的相关性呢?

物理模型差异。以位移增量作为广义坐标, 完全是基于材料特性定义的物理量, 是从建立物理模型出发的。以节点位移作为广义坐标, 是有限元方法为联立求解线性方程组, 方便迭代求解, 形成统一的计算变量。

坐标系的差异。离散元、弹簧元都是建立在局部坐标系上的, 或者说, 当节点的构型确定之后, 位移增量就依附于物质坐标, 坐标系随着单元的变化而变化。有限元的坐标系一直保持不变。

有限元的刚度矩阵也隐含了位移增量表述, 只是和弹簧元的坐标系不同。事实上, 在拉格朗日方程的统一表述下可以清楚地看到, B 矩阵的作用就是将位移对坐标求偏导得到应变的。因为微分变量是全局坐标系下的, 在离散格式中, 与应变对应的位移增量即为全局坐标系下的位移增量。

两个坐标系重合时, 尽管两种表达方式不同, 但是其结果完全一致。之前关于弹簧元的各种举例和理论表述都是默认了局部坐标系与全局坐标系重合。事实上, 以三角形的底边和高为轴的坐标系, 当三角形的姿态变化时, 弹簧元和有限元的坐标系就不再重合了。

至此, 可以给出弹簧元的连续模型的能量表述

$$
\begin{aligned}
L &= \sum_n \sum_{i,j=1,3} \left(\frac{1}{2} K_{ii} \Delta u_{ii}^2 + \frac{1}{2} K_{ij} \Delta u_{ij}^2 + K_{pij} \Delta u_{ii} \Delta u_{jj} + K_{sij} \Delta u_{ij} \Delta u_{ji} \right) \\
&= \int \frac{1}{2} \begin{bmatrix} \bar{u}_1 & \bar{u}_2 \end{bmatrix} \begin{bmatrix} \bar{B}_{ij} \end{bmatrix}^{\mathrm{T}} \begin{bmatrix} D_{ij} \end{bmatrix} \begin{bmatrix} \bar{B}_{ij} \end{bmatrix} \begin{bmatrix} \bar{u}_1 \\ \bar{u}_2 \end{bmatrix} \mathrm{d}v
\end{aligned} \tag{8.60}
$$

其中, $[\bar{u}_i]$ 为局部坐标系下的位移向量, $i \neq j$。

如果作变换

$$
[u_i] = [T] [\bar{u}_i] \tag{8.61}
$$

则有

$$
L = \int \frac{1}{2} \begin{bmatrix} \bar{u}_1 & \bar{u}_2 \end{bmatrix} \begin{bmatrix} \bar{B}_{ij} \end{bmatrix}^{\mathrm{T}} \begin{bmatrix} D_{ij} \end{bmatrix} \begin{bmatrix} \bar{B}_{ij} \end{bmatrix} \begin{bmatrix} \bar{u}_1 \\ \bar{u}_2 \end{bmatrix} \mathrm{d}v
$$

$$= \int \frac{1}{2} \begin{bmatrix} u_1 & u_2 \end{bmatrix} [T] [\bar{B}_{ij}]^{\mathrm{T}} [D_{ij}] [\bar{B}_{ij}] [T]^{\mathrm{T}} \begin{bmatrix} u_1 \\ u_2 \end{bmatrix} \mathrm{d}v$$

$$= \int \frac{1}{2} \begin{bmatrix} u_1 & u_2 \end{bmatrix} [B_{ij}]^{\mathrm{T}} [D_{ij}] [B_{ij}] \begin{bmatrix} u_1 \\ u_2 \end{bmatrix} \mathrm{d}v \tag{8.62}$$

由此说明, 在连续模型下弹簧元和有限元的等价性。

以三角形单元为例, 说明给出两种方法的刚度矩阵的推导过程, 分析两种方法的差异及等价性, 进而说明弹簧元的优势。

单元的弹性能写为

$$L_{\mathrm{e}} = \frac{1}{2} \sigma_{ij} \varepsilon_{ij} = (\lambda \varepsilon_{kk} \delta_{ij} + 2G \varepsilon_{ij}) \varepsilon_{ij}$$

$$= (\lambda + 2G) \varepsilon_{11} \varepsilon_{11} + (\lambda + 2G) \varepsilon_{22} \varepsilon_{22} + 2\lambda \varepsilon_{11} \varepsilon_{22} + 2G \varepsilon_{12} \varepsilon_{12} \tag{8.63}$$

其中

$$\varepsilon_{11} = \frac{u_3 - u_1}{b}, \quad \varepsilon_{22} = \frac{v_2 - v_0}{h}, \quad \varepsilon_{12} = \frac{1}{2} \left(\frac{v_3 - v_1}{b} + \frac{u_2 - u_0}{h} \right) \tag{8.64}$$

其中, b, h 分别为三角形的长和高; u_i, v_i 分别表示各节点沿长度和高度方向的位移。

$$L = \frac{1}{2} \left\{ (\lambda + 2G) \left(\frac{u_3 - u_1}{b} \right)^2 + (\lambda + 2G) \left(\frac{v_2 - v_0}{h} \right)^2 + 2\lambda \left(\frac{u_3 - u_1}{b} \right) \left(\frac{v_2 - v_0}{h} \right) \right.$$

$$\left. + \frac{1}{2} G \left[\left(\frac{v_3 - v_1}{b} \right)^2 + 2 \left(\frac{v_3 - v_1}{b} \right) \left(\frac{u_2 - u_0}{h} \right) + \left(\frac{u_2 - u_0}{h} \right)^2 \right] \right\} \tag{8.65}$$

其中

$$\frac{v_0 - v_1}{a} = \frac{v_3 - v_1}{b}, \quad \frac{u_0 - u_1}{a} = \frac{u_3 - u_1}{b} \tag{8.66}$$

令

$$\alpha = \frac{a}{b} \tag{8.67}$$

有

$$v_0 = v_1 + \alpha (v_3 - v_1), \quad u_0 = u_1 + \alpha (u_3 - u_1)$$

$$v_2 - v_0 = v_2 - (1 - \alpha)v_1 - \alpha v_3, \quad u_2 - u_0 = u_2 - (1 - \alpha)u_1 - \alpha u_3 \tag{8.68}$$

$$\frac{\partial v_0}{\partial v_1} = 1 - \alpha, \quad \frac{\partial v_0}{\partial v_3} = \alpha,$$

$$\frac{\partial u_0}{\partial u_1} = 1 - \alpha, \quad \frac{\partial u_0}{\partial u_3} = \alpha \tag{8.69}$$

单元的弹簧力可以表示为

$$
\begin{aligned}
F_{1x} =& \frac{\partial L}{\partial u_1} \\
=& -\frac{\lambda + 2G}{b}\frac{u_3 - u_1}{b} - \frac{\lambda}{b}\frac{v_2 - v_0}{h} - \frac{1}{2}\frac{(1-\alpha)\,G}{b}\frac{v_3 - v_1}{b} - \frac{1}{2}\frac{(1-\alpha)\,G}{h}\frac{u_2 - u_0}{h} \\
=& -\frac{\lambda + 2G}{b^2}(u_3 - u_1) - \frac{\lambda}{bh}(v_2 - v_0) - \frac{1}{2}\frac{(1-\alpha)\,G}{b^2}(v_3 - v_1) \\
& -\frac{1}{2}\frac{(1-\alpha)\,G}{h^2}(u_2 - u_0) \\
=& -\frac{\lambda + 2G}{b^2}(u_3 - u_1) - \frac{\lambda}{bh}[v_2 - (1-\alpha)v_1 - \alpha v_3] \\
& -\frac{1}{2}\frac{(1-\alpha)\,G}{b^2}(v_3 - v_1) - \frac{1}{2}\frac{(1-\alpha)\,G}{h^2}[u_2 - (1-\alpha)u_1 - \alpha u_3]
\end{aligned}
\tag{8.70}
$$

$$
\begin{aligned}
F_{1y} =& \frac{\partial L}{\partial v_1} \\
=& -\frac{(\lambda + 2G)\,(1-\alpha)}{h}\frac{v_2 - v_0}{h} - \frac{\lambda(1-\alpha)}{h}\frac{u_3 - u_1}{b} \\
& -\frac{1}{2}\frac{(1-\alpha)\,G}{b}\frac{v_3 - v_1}{b} - \frac{1}{2}\frac{G}{b}\frac{u_2 - u_0}{h} \\
=& -\frac{(\lambda + 2G)\,(1-\alpha)}{h^2}(v_2 - v_0) - \frac{\lambda(1-\alpha)}{hb}(u_3 - u_1) \\
& -\frac{1}{2}\frac{(1-\alpha)\,G}{b^2}(v_3 - v_1) - \frac{1}{2}\frac{G}{bh}(u_2 - u_0) \\
=& -\frac{(\lambda + 2G)\,(1-\alpha)}{h^2}[v_2 - (1-\alpha)v_1 - \alpha v_3] - \frac{\lambda(1-\alpha)}{hb}(u_3 - u_1) \\
& -\frac{1}{2}\frac{(1-\alpha)\,G}{b^2}(v_3 - v_1) - \frac{1}{2}\frac{G}{bh}[u_2 - (1-\alpha)u_1 - \alpha u_3]
\end{aligned}
\tag{8.71}
$$

$$
\begin{aligned}
F_{2x} =& \frac{\partial L}{\partial u_2} \\
=& \frac{1}{2}\frac{G}{h}\left(\frac{v_3 - v_1}{b}\right) + \frac{1}{2}\frac{G}{h}\left(\frac{u_2 - u_0}{h}\right) \\
=& \frac{1}{2}\frac{G}{hb}(v_3 - v_1) + \frac{1}{2}\frac{G}{h^2}(u_2 - u_0) \\
=& \frac{1}{2}\frac{G}{hb}(v_3 - v_1) + \frac{1}{2}\frac{G}{h^2}[u_2 - (1-\alpha)u_1 - \alpha u_3]
\end{aligned}
\tag{8.72}
$$

$$
\begin{aligned}
F_{2y} =& \frac{\partial L}{\partial v_2} \\
=& \frac{\lambda + 2G}{h}\frac{v_2 - v_0}{h} - \frac{\lambda}{h}\frac{u_3 - u_1}{b}
\end{aligned}
$$

$$
\begin{aligned}
=&\frac{\lambda + 2G}{h^2}(v_2 - v_0) - \frac{\lambda}{h}\frac{u_3 - u_1}{b} \\
=&\frac{\lambda + 2G}{h^2}[v_2 - (1 - \alpha)v_1 - \alpha v_3] - \frac{\lambda}{bh}(u_3 - u_1) \\
&- \frac{1}{2}\frac{(1 - \alpha)G}{b^2}(v_3 - v_1) - \frac{1}{2}\frac{G}{bh}[u_2 - (1 - \alpha)u_1 - \alpha u_3] \tag{8.73}
\end{aligned}
$$

$$
\begin{aligned}
F_{3x} =&\frac{\partial L}{\partial u_3} \\
=&\frac{\lambda + 2G}{b}\frac{u_3 - u_1}{b} + \frac{\lambda}{b}\frac{v_2 - v_0}{h} + \frac{1}{2}\frac{\alpha G}{b}\frac{v_3 - v_1}{b} + \frac{1}{2}\frac{\alpha G}{h}\frac{u_2 - u_0}{h} \\
=&\frac{\lambda + 2G}{b^2}(u_3 - u_1) + \frac{\lambda}{bh}[v_2 - (1 - \alpha)v_1 - \alpha v_3] \\
&+ \frac{1}{2}\frac{\alpha G}{b^2}(v_3 - v_1) + \frac{1}{2}\frac{\alpha G}{h^2}[u_2 - (1 - \alpha)u_1 - \alpha u_3] \tag{8.74}
\end{aligned}
$$

$$
\begin{aligned}
F_{3y} =&\frac{\partial L}{\partial v_3} \\
=&-\frac{(\lambda + 2G)\alpha}{h}\frac{v_2 - v_0}{h} - \frac{\lambda\alpha}{h}\frac{u_3 - u_1}{b} + \frac{1}{2}\frac{(1 - \alpha)G}{b}\frac{v_3 - v_1}{b} + \frac{1}{2}\frac{G}{b}\frac{u_2 - u_0}{h} \\
=&-\frac{(\lambda + 2G)\alpha}{h^2}[v_2 - (1 - \alpha)v_1 - \alpha v_3] - \frac{\lambda\alpha}{hb}(u_3 - u_1) \\
&+ \frac{1}{2}\frac{(1 - \alpha)G}{b^2}(v_3 - v_1) + \frac{1}{2}\frac{G}{bh}[u_2 - (1 - \alpha)u_1 - \alpha u_3] \tag{8.75}
\end{aligned}
$$

为书写方便，取

$$
\beta = 1 - \alpha, \quad H = (\lambda + 2G) \tag{8.76}
$$

将以上的表达式，写成以节点位移和节点力表达的刚度矩阵，如下

$$
\begin{bmatrix} F_{1x} \\ F_{1y} \\ F_{2x} \\ F_{2y} \\ F_{3x} \\ F_{3y} \end{bmatrix} =
\begin{bmatrix}
\frac{H}{b^2}+\frac{\beta G}{2h^2} & \frac{\beta^2 G}{2b^2}+\frac{\lambda\beta}{bh} & -\frac{\beta G}{2h^2} & \frac{\lambda}{bh} & -\frac{H}{b^2}+\frac{\alpha\beta G}{2h^2} & \frac{\alpha\beta G}{2h^2}+\frac{\lambda\alpha}{bh} \\[2mm]
\frac{\lambda\beta}{bh}+\frac{\beta G}{2bh} & \frac{\beta^2 H}{h^2}+\frac{\beta G}{2b^2} & -\frac{G}{2bh} & \frac{H\beta}{h^2} & \frac{\alpha G}{2bh}-\frac{\lambda\beta}{bh} & \frac{\alpha\beta H}{h^2}-\frac{\beta G}{2b^2} \\[2mm]
\frac{1}{2}\frac{\beta G}{h^2} & -\frac{1}{2}\frac{G}{bh} & \frac{G}{2h^2} & 0 & -\frac{1}{2}\frac{\alpha G}{h^2} & \frac{1}{2}\frac{G}{bh} \\[2mm]
\frac{\beta G}{2bh}-\frac{\lambda}{bh} & \frac{\beta G}{2b^2}-\frac{\beta H}{h^2} & \frac{G}{2bh} & \frac{H}{h^2} & \frac{\alpha G}{2bh}-\frac{\lambda}{bh} & \frac{\beta G}{2b^2}-\frac{\alpha H}{h^2} \\[2mm]
-\frac{H}{b^2}-\frac{\alpha\beta G}{2h^2} & \frac{H}{b^2}-\frac{\lambda\beta}{bh} & \frac{\alpha G}{2h^2} & \frac{\lambda}{bh} & \frac{H}{b^2}-\frac{\alpha^2 G}{2h^2} & \frac{\alpha G}{2b^2}-\frac{\lambda\alpha}{bh} \\[2mm]
\frac{\lambda\alpha}{bh}-\frac{\beta G}{2bh} & -\frac{\beta G}{2b^2}+\frac{\alpha\beta H}{h^2} & \frac{G}{2bh} & -\frac{\alpha H}{h^2} & \frac{\lambda\alpha}{bh}-\frac{\alpha G}{2bh} & \frac{\beta G}{2b^2}+\frac{\alpha^2 H}{h^2}
\end{bmatrix}
\begin{bmatrix} u_1 \\ v_1 \\ u_2 \\ v_2 \\ u_3 \\ v_3 \end{bmatrix}
$$

$$\tag{8.77}$$

作变换

$$u_{20} = \frac{u_2 - u_0}{h}, \quad u_{31} = \frac{u_3 - u_1}{b}; \quad v_{20} = \frac{v_2 - v_0}{h}, \quad v_{31} = \frac{v_3 - v_1}{b} \tag{8.78}$$

获得以无量纲表达的局部位移增量为广义变量的表达形式

$$\begin{bmatrix} F_{1x} \\ F_{1y} \\ F_{2x} \\ F_{2y} \\ F_{3x} \\ F_{3y} \end{bmatrix} = \frac{\lambda}{16} \begin{bmatrix} -(1-\alpha)(1-2\nu)b & -8(1-\nu)h & -4h & -(1-\alpha)(1-2\nu)h \\ -4(1-\alpha)b & -(1-2\nu)h & -8(1-\nu)(1-\alpha)b & -(1-\alpha)(1-2\nu)h \\ (1-2\nu)b & 0 & 0 & (1-2\nu)h \\ 0 & 4b & 8(1-\nu)b & 0 \\ \alpha(1-2\nu)b & 8(1-\nu)h & 4h & \alpha(1-2\nu)h \\ (1-2\nu)h & -4\alpha b & -8(1-\nu)\alpha b & (1-\alpha)(1-2\nu)h \end{bmatrix} \begin{bmatrix} u_{20} \\ u_{31} \\ v_{20} \\ v_{31} \end{bmatrix}$$

$$\tag{8.79}$$

比较有限元和弹簧元形式的弹簧刚度的区别：

(1) 在弹簧元中广义位移变量是无量纲的，各个变量的变化范围均具有相同的量级；有限元的节点位移变化可能相差较大，甚至可以达到几百倍。这取决于各个刚度的差别，引用了罚弹簧，刚度差异就更大。

(2) 弹簧元中的刚度矩阵中的元素均在相同的量级。有限元的各元素之间并没有这样的约束。

(3) 弹簧元中的弹簧刚度与两个节点之间的单个弹簧有关，每个元素只代表一个物理 "构件" 的特性。有限元的每个元素代表和同一节点连接的多个弹簧的特性，当连接节点的弹簧刚度差别较大时，就存在大数与小数相加、减的问题，就会有计算误差。

(4) 当 $b \gg h$ 或者 $h \ll b$ 时，刚阵奇异性的问题比较突出。如果采用迭代法求解方程组，计算误差就会放大，影响计算效率和收敛性。而对弹簧元而言，各元素受几何尺寸影响不大，计算精度和收敛性会有明显改进。

(5) 弹簧元刚度矩阵中每一行代表了不同弹簧对同一节点的同一方向上力的贡献，其大小是真实的物理反应，有限元的同行元素不具有这种规律性。

8.1.4 弹簧元单元的构建及标定步骤

弹簧元单元的构建及标定步骤主要为：

(1) 给定单元形式，应力及应变表达式；

(2) 求解弹簧系统的弹性应变能；

(3) 求解弹簧系统的弹性势能；

(4) 根据能量等价原则标定弹簧刚度系数；

(5) 为了正确地描述连续介质材料的力学响应，通过满足离散弹簧系统的总能量与对应连续介质系统总能量相等获得弹簧元中弹簧的刚度系数。对于给定边界条件下连续线弹性介质的变形求解问题，在外荷载作用下材料产生变形，外力功等于连续介质变形过程中存储的变形能。因此，弹簧单元法首先要求离散弹簧系统的弹性势能等于连续体的弹性应变能。在构建好的质点-弹簧体系上，通过对连续体的弹性应变能进行变分，即可得到特定弹簧系统中弹簧刚度的表达形式。

8.1.5　弹簧元方法的实用性

在前面的讨论中已经了解了弹簧元理论基础以及与其他计算方法的共性及个性。弹簧元既有弹簧系统的各种优点，又能表述连续介质的模型。弹簧元模型在实际计算中有哪些优点和不足，有待于更深入的探讨和研究。这里主要讨论四个方面的优势：

(1) 弹簧元建立在物质坐标上，其刚度系数直接表达特定位置及方位上的材料的特性，因此，借助弹簧元可以直接引入材料的非线性模型、损伤模型、断裂模型。在计算的过程中，可以不断更新、记忆材料特性，有效地模拟材料特性演化及渐进破坏过程。就借助数值模拟方法研究固体力学的特性及解决工程问题的功能而言，该方法将会发挥越来越重要的作用。此项工作的初步研究成果将在其他章节 (第 10 章) 中详细表述。

(2) 弹簧元的理论基础是拉格朗日方程，并且物理表述简单。离散元中，人为选择颗粒构型和材料参数会引起计算结果的不确定性。弹簧元方法弥补了这一不足。

(3) 相对于有限元，弹簧元方法更容易掌握和普及。本章后面用几节的篇幅完成理论推导、程序实现和计算实例模拟介绍，相比有限元的学习简单得多。

(4) 由于弹簧元计算变性能采用局部坐标系，计算节点合力还需要在全局坐标系下计算，因此要增加坐标系转换的计算量。而有限元计算始终在全局坐标系下进行，对于小变形问题，计算量更少，有计算效率的优势。但是，遇到大变形、大转动、非连续及渐进破坏问题，需要不断更新单元刚度矩阵，这种优势不明显。

8.2　常应变单元弹簧元模型

8.2.1　三节点三角形单元

1. 给定单元形式，应力及应变表达式

在三角形单元内部构建如图 8.4 所示的质点-弹簧系统，图中包括两个正交的基本弹簧 S_x 与 S_y，需要特别指出的是：与传统的只能表示拉伸压缩一维变形的弹簧不同，此处的基本弹簧是一种广义的弹簧，用于描述两点之间任意方向的相对运动和力之间的关系。定义每个基本弹簧包含一个法向弹簧和一个切向弹簧：法向弹簧用于描述两点之间的法向 (轴向) 运动, 切向弹簧用于描述两点之间的切向运动。将两点之间的相对位移沿法向方向的分量称为基本弹簧的法向变形, 沿切向方向的分量称为基本弹簧的切向变形。

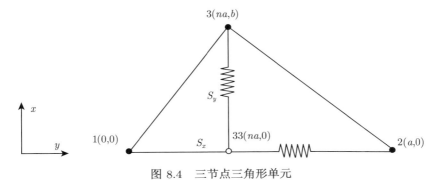

图 8.4　三节点三角形单元

由应变的定义, 在小变形假设的前提下

$$\varepsilon_{ij} = \frac{1}{2}\left(u_{i,j} + u_{j,i}\right) \quad (i,j = x,y) \tag{8.80}$$

在图 8.4 所示的局部坐标系下, 假定单元内部任意一点的位移是节点位移的线性函数, 则单元内部任意一点的应力与应变均为常数, 且可由节点位移和节点坐标表示为

$$u_{x,x} = \frac{u_2^x - u_1^x}{a}, \quad u_{y,x} = \frac{u_2^y - u_1^y}{a}, \quad u_{x,y} = \frac{u_3^x - u_{33}^x}{b}, \quad u_{y,y} = \frac{u_3^y - u_{33}^y}{b} \tag{8.81}$$

其中, u_{33}^y 表示辅助插值节点 33 点处 y 方向的位移; a、b 为底边长及高, 且

$$u_{33}^i = (1-n)\, u_1^i + n u_2^i \quad (i = x,y) \tag{8.82}$$

假设弹性体的应力–应变关系满足胡克定律

$$\sigma_{ij} = \lambda \varepsilon_{kk} \delta_{ij} + 2G\varepsilon_{ij} \quad (i,j,k = x,y) \tag{8.83}$$

式中, λ, G 分别为拉梅常数和剪切模量。

2. 求解弹性应变能

连续体的弹性应变能可表达为

$$\varPi = \int \frac{1}{2}\sigma_{ij}\varepsilon_{ij}\mathrm{d}V \quad (i,j = x,y) \tag{8.84}$$

将式 (8.80)∼ 式 (8.83) 代入式 (8.84) 并在单元内积分可得弹性应变能为

$$\varPi = \int \frac{1}{2}\left(\lambda \varepsilon_{kk}\delta_{ij} + 2G\varepsilon_{ij}\right)\varepsilon_{ij}\mathrm{d}V$$

$$= \frac{abt}{4} \left\{ (\lambda + 2G) \left(\frac{u_2^x - u_1^x}{a} \right)^2 + (\lambda + 2G) \left(\frac{u_3^y - u_{33}^y}{b} \right)^2 \right.$$
$$+ G \left(\frac{u_2^y - u_1^y}{a} \right)^2 + G \left(\frac{u_3^x - u_{33}^x}{b} \right)^2$$
$$\left. + 2\lambda \left(\frac{u_2^x - u_1^x}{a} \right) \left(\frac{u_3^y - u_{33}^y}{b} \right) + G \left(\frac{u_2^y - u_1^y}{a} \right) \left(\frac{u_3^x - u_{33}^x}{b} \right) \right\} \qquad (8.85)$$

式中, t 为单元的厚度。

单元的应变能对弹簧变形 (两节点的位移差) 求偏导数, 可得弹簧力为

$$F_x^x = \frac{\partial \Pi}{\partial (u_2^x - u_1^x)} = \frac{(\lambda + 2G) \, bt}{2a} (u_2^x - u_1^x) + \frac{\lambda t}{2} (u_3^y - u_{33}^y)$$
$$F_x^y = \frac{\partial \Pi}{\partial (u_2^y - u_1^y)} = \frac{btG}{2a} (u_2^y - u_1^y) + \frac{Gt}{4} (u_3^x - u_{33}^x)$$
$$F_y^x = \frac{\partial \Pi}{\partial (u_3^x - u_{33}^x)} = \frac{Gat}{2b} (u_3^x - u_{33}^x) + \frac{Gt}{4} (u_2^y - u_1^y) \qquad (8.86)$$
$$F_y^y = \frac{\partial \Pi}{\partial (u_3^y - u_{33}^y)} = \frac{(\lambda + 2G) \, at}{2b} (u_3^y - u_{33}^y) + \frac{\lambda t}{2} (u_2^x - u_1^x)$$

3. 求解弹簧系统的弹性势能

对照图 8.4 分析式 (8.85) 中各项的物理意义, 可知质点–弹簧体系的弹性势能可表达为

$$\Pi^e = \frac{1}{2} K_x^x (U_x^x)^2 + \frac{1}{2} K_x^y (U_x^y)^2 + \frac{1}{2} K_y^x (U_y^x)^2 + \frac{1}{2} K_y^y (U_y^y)^2$$
$$+ K_p^{xy} U_x^x U_y^y + K_s^{xy} U_y^y U_y^x \qquad (8.87)$$
$$U_x^x = u_2^x - u_1^x, \quad U_x^y = u_2^y - u_1^y, \quad U_y^x = u_3^x - u_{33}^x, \quad U_y^y = u_3^y - u_{33}^y$$

式中, $U_i^j (i, j = x, y)$ 表示轴线方向为 i 的基本弹簧沿 j 方向的变形; $K_i^j (i = j)$ 为基本弹簧的法向刚度系数; $K_i^j (i \neq j)$ 为基本弹簧的切向刚度系数; K_p^{xy} 为泊松刚度系数; K_s^{xy} 为纯剪刚度系数。弹性势能对弹簧变形 (两节点的位移差) 求偏导数, 可得弹簧力

$$F_x^x = \frac{\partial \Pi^e}{\partial (u_2^x - u_1^x)} = K_x^x (u_2^x - u_1^x) + K_p^{xy} (u_3^y - u_{33}^y)$$
$$F_x^y = \frac{\partial \Pi^e}{\partial (u_2^y - u_1^y)} = K_x^y (u_2^y - u_1^y) + K_s^{xy} (u_3^x - u_{33}^x)$$
$$F_y^x = \frac{\partial \Pi^e}{\partial (u_3^x - u_{33}^x)} = K_y^x (u_3^x - u_{33}^x) + K_s^{xy} (u_2^y - u_1^y) \qquad (8.88)$$
$$F_y^y = \frac{\partial \Pi^e}{\partial (u_3^y - u_{33}^y)} = K_y^y (u_3^y - u_{33}^y) + K_p^{xy} (u_2^x - u_1^x)$$

4. 根据能量等价原则标定弹簧刚度系数

对比式 (8.88) 与式 (8.86)，或者对比式 (8.87) 与式 (8.85)，便可以写出各弹簧刚度系数的表达式为

$$
K_i^j = \begin{cases} \dfrac{(\lambda + 2G)\, L_j t}{2L_i}, & i = j \\[2mm] \dfrac{G L_j t}{2L_i}, & i \neq j \end{cases}
$$

$$
(8.89)
$$

$$
K_{\mathrm{p}}^{xy} = \frac{\lambda t}{2}
$$

$$
K_{\mathrm{s}}^{xy} = \frac{Gt}{4}
$$

式中，$L_i(i=x,y)$ 表示轴线为 i 的基本弹簧的长度。

由式 (8.86) 及式 (8.88) 可知，单元的节点力分量 $F_i^j\,(i=1,2,3;j=x,y)$ 同基本弹簧的弹簧力分量 $F_i^j(i,j=x,y)$ 的关系为

$$
\left.
\begin{array}{ll}
F_1^x = \dfrac{\partial \Pi}{\partial u_1^x} = -F_x^x - (1-n)F_y^x, & F_1^y = \dfrac{\partial \Pi}{\partial u_1^y} = -F_x^y - (1-n)F_y^y \\[2mm]
F_2^x = \dfrac{\partial \Pi}{\partial u_2^x} = F_x^x - n F_y^x, & F_2^y = \dfrac{\partial \Pi}{\partial u_2^y} = F_x^y - n F_y^y \\[2mm]
F_3^x = \dfrac{\partial \Pi}{\partial u_3^x} = F_y^x, & F_3^y = \dfrac{\partial \Pi}{\partial u_3^y} = F_y^y
\end{array}
\right\}
$$

$$
(8.90)
$$

需要特别指出的是：通过弹簧力的表达形式 (8.88) 可知图 8.4 中构建的两个基本弹簧不是完全独立的，泊松刚度系数和纯剪刚度系数的物理意义正是描述两个正交基本弹簧之间的关系，体现了连续介质的特性。在链网模型、颗粒离散元等传统的质点–弹簧体系中，用于表征质点之间作用力的法向弹簧、切向弹簧等均为独立弹簧，从其弹簧刚度系数和泊松比的关系式中可知该类体系中可出现负刚度，这是使用独立弹簧体系计算连续体变形的共同缺陷。从式 (8.89) 的刚度系数表达式可知，无论材料的泊松比取何值，弹簧元中的刚度系数的值总大于零，因此弹簧单元法可描述任意泊松比的材料特性，从这个角度上讲，弹簧元模型相比于链网模型、颗粒离散元模型等具有更一般的意义，在描述连续介质变形方面也更加合理。

8.2.2 四节点四面体单元

1. 给定单元形式，应力及应变表达式

四节点四面体单元是三维常应变单元，构建如图 8.5 所示的质点–弹簧系统，图中 33、44 是插值点的编号，插值点的坐标值和位移值均由单元的 4 个节点 ([1]、[2]、[3]、[4]) 的坐标值和节点位移值进行线性插值得到。

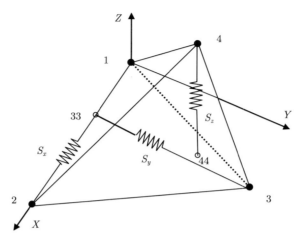

图 8.5　四节点四面体单元

四面体单元的质点-弹簧系统由 3 个彼此正交的基本弹簧构成,各基本弹簧的编号及其与单元节点、插值点的关系见表 8.1,其中基本弹簧 s_x 的法向沿 X 轴正向,基本弹簧 s_y 的法向沿 Y 轴正向,基本弹簧 s_z 的法向沿 Z 轴正向。3 个基本弹簧的变形用 U_i^j 表示,其中下标 i 表示基本弹簧的轴线方向,上标 j 表示基本弹簧的变形方向。

表 8.1　基本弹簧编号及首末端对应关系

弹簧编号	s_x	s_y	s_z
首端	1	3	4
末端	2	33	44

从应变的定义角度出发,在小变形假设下单元的应变可以使用基本弹簧变形及弹簧轴线长度表达为

$$\left.\begin{array}{ll} \varepsilon_{xx} = \dfrac{U_x^x}{L_x}, & \varepsilon_{yx} = \varepsilon_{xy} = \dfrac{1}{2}\left(\dfrac{U_x^y}{L_x} + \dfrac{U_y^x}{L_y}\right) \\[3mm] \varepsilon_{yy} = \dfrac{U_y^y}{L_y}, & \varepsilon_{yz} = \varepsilon_{zy} = \dfrac{1}{2}\left(\dfrac{U_y^x}{L_y} + \dfrac{U_z^y}{L_z}\right) \\[3mm] \varepsilon_{zz} = \dfrac{U_z^z}{L_z}, & \varepsilon_{xz} = \varepsilon_{zx} = \dfrac{1}{2}\left(\dfrac{U_x^z}{L_z} + \dfrac{U_z^x}{L_x}\right) \end{array}\right\} \tag{8.91}$$

其中, L_i 为 i 方向基本弹簧的长度。

2. 求解弹性应变能

将上述单元应变表达式代入式 (8.83) 和式 (8.84)，可得单元应变能的表达式

$$
\begin{aligned}
\varPi = \Bigg\{ & \frac{(2G+\lambda)\,V}{2}\left[\frac{(U_x^x)^2}{(L_x)^2}+\frac{(U_y^y)^2}{(L_y)^2}+\frac{(U_z^z)^2}{(L_z)^2}\right] \\
& +\lambda V\left(\frac{U_x^x U_y^y}{L_x L_y}+\frac{U_y^y U_z^z}{L_y L_z}+\frac{U_x^x U_z^z}{L_x L_z}\right) \\
& +\frac{GV}{2}\left[\frac{(U_x^y)^2+(U_x^z)^2}{(L_x)^2}+\frac{(U_y^x)^2+(U_y^z)^2}{(L_y)^2}+\frac{(U_z^x)^2+(U_z^y)^2}{(L_z)^2}\right] \\
& +GV\left(\frac{U_x^y U_y^x}{L_x L_y}+\frac{U_y^z U_z^y}{L_y L_z}+\frac{U_z^x U_x^z}{L_x L_z}\right)\Bigg\}
\end{aligned}
\tag{8.92}
$$

式中，V 为单元体积。

单元应变能对弹簧变形求偏导数，可得弹簧力表达式

$$
\begin{aligned}
F_i^i &= \frac{\partial \varPi^e}{\partial U_i^i} = \frac{(2G+\lambda)\,V}{(L_i)^2}U_i^i + \frac{\lambda V}{L_i}\left(\frac{U_j^j}{L_j}+\frac{U_k^k}{L_k}\right) \quad (i\neq j\neq k) \\
F_i^j &= \frac{\partial \varPi^e}{\partial U_i^j} = \frac{GV}{(L_i)^2}U_i^j + \frac{GV}{L_i L_j}U_j^i \quad (i\neq j)
\end{aligned}
\tag{8.93}
$$

式中，F_i^j 表示弹簧力，下标 i 表示弹簧法向，上标 j 表示受力方向。

3. 求解质点-弹簧体系的弹性势能

整个质点-弹簧体系的弹性势能可以表示为

$$
\varPi^e = \sum \frac{1}{2}K_i^j\left(U_i^j\right)^2 + \sum K_{\mathrm{p}}^{km}U_k^k U_m^m + \sum K_{\mathrm{s}}^{km}U_m^k U_k^m
\tag{8.94}
$$
$$
(i,j,k,m=x,y,z;\,k\neq m)
$$

式中，K_{p}^{km} 称为泊松刚度系数；K_{s}^{km} 称为纯剪刚度系数。

弹性势能对弹簧求偏导数，可得弹簧力表达式

$$
\begin{aligned}
F_i^i &= \frac{\partial \varPi}{\partial U_i^i} = K_i^i U_i^i + K_{\mathrm{p}}^{ij}U_j^j + K_{\mathrm{p}}^{ik}U_k^k \quad (i\neq j\neq k) \\
F_i^j &= \frac{\partial \varPi}{\partial U_i^j} = K_i^j U_i^j + K_{\mathrm{s}}^{ij}U_j^i \quad (i\neq j)
\end{aligned}
\tag{8.95}
$$

4. 根据能量等价原则标定弹簧刚度系数

对比弹簧力表达式 (8.93) 与式 (8.95) 中同类项的系数，或者直接对比式 (8.92)

和式 (8.94) 中对应项的系数, 可求得各基本弹簧的刚度系数表达式

$$K_i^j = \begin{cases} \dfrac{(2G + \lambda)\, V}{(L_i)^2}, & i = j \\[3mm] \dfrac{GV}{(L_i)^2}, & i \neq j \end{cases}$$

$$K_{\mathrm{p}}^{km} = K_{\mathrm{p}}^{mk} = \frac{\lambda V}{L_k L_m}, \quad k \neq m \tag{8.96}$$

$$K_{\mathrm{s}}^{km} = K_{\mathrm{s}}^{mk} = \frac{GV}{L_k L_m}, \quad k \neq m$$

8.3 双线性单元弹簧元模型

8.3.1 四节点矩形单元

1. 给定单元形式, 应力及应变表达式

标准的四节点矩形单元为双线性单元, 将四节点矩形单元离散为如图 8.6 所示的质点–基本弹簧系统, 共包括 6 个基本弹簧。6 个基本弹簧的编号及其与单元节点、插值点的关系见表 8.2。其中基本弹簧 s^1、s^3、s^5 的法向沿 X 轴正向, 基本弹簧 s^2、s^4、s^6 的法向沿 Y 轴正向。图中 A、B、C、D 是 4 个插值点, 其坐标值和位移值均由 4 个单元节点的坐标值和位移值进行线性插值得到, 4 个插值点位于各边的中点处, 在局部坐标系下节点 1 的坐标为 $(0,0)$, 节点 3 的坐标为 (a,b)。基本弹簧的两个方向的变形可由首末端节点位移差表示为

$$U_k^m = u_j^m - u_i^m \tag{8.97}$$

式中, m 为坐标轴方向 (x, y); k 为弹簧编号 $(1\sim 6)$; i 为弹簧首端编号; j 为弹簧末端编号。

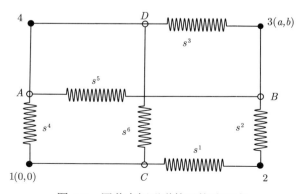

图 8.6 四节点矩形弹簧元构造形式

表 8.2 基本弹簧编号及首末端对应关系

弹簧编号 m	s^1	s^2	s^3	s^4	s^5	s^6
首端 i	1	2	4	1	A	C
末端 j	2	3	3	4	B	D

四节点矩形单元为双线性单元, 其应力、应变不是常数, 根据弹性力学中应变的定义, 在小变形假设的前提下, 单元内任意点的应变值可用弹簧的变形 (U_i^j) 和长度 (a,b) 以及该点的坐标值 (x,y) 表示为

$$
\left.
\begin{aligned}
\varepsilon_{xx}(x,y) &= \frac{U_1^x}{a} + \frac{U_3^x - U_1^x}{ab}y \\
\varepsilon_{yy}(x,y) &= \frac{U_2^y}{b} + \frac{U_4^y - U_2^y}{ab}x \\
\varepsilon_{xy}(x,y) = \varepsilon_{yx}(x,y) &= \frac{1}{2}\left(\frac{U_1^y}{a} + \frac{U_3^y - U_1^y}{ab}y + \frac{U_2^x}{b} + \frac{U_4^x - U_2^x}{ab}x \right)
\end{aligned}
\right\}
\tag{8.98}
$$

2. 求解弹性应变能

将式 (8.98) 代入胡克定律 (式 (8.83) 及式 (8.84)), 并在单元内积分可以得到矩形单元的应变能表达式为

$$
\begin{aligned}
\varPi =abt &\left\{ \frac{2G+\lambda}{12}\left[\left(\frac{U_1^x}{a}\right)^2 + \left(\frac{U_3^x}{a}\right)^2 + 4\left(\frac{U_5^x}{a}\right)^2 + \left(\frac{U_2^y}{b}\right)^2 + \left(\frac{U_4^y}{b}\right)^2 \right. \right. \\
&\left. + 4\left(\frac{U_6^y}{b}\right)^2 \right] + \lambda\left(\frac{U_5^x}{a}\right)\left(\frac{U_6^y}{b}\right) \\
&+ \frac{G}{12}\left[\left(\frac{U_1^y}{a}\right)^2 + \left(\frac{U_3^y}{a}\right)^2 + 4\left(\frac{U_5^y}{a}\right)^2 + \left(\frac{U_2^x}{b}\right)^2 + \left(\frac{U_4^x}{b}\right)^2 \right. \\
&\left. \left. + 4\left(\frac{U_6^x}{b}\right)^2 \right] + G\left(\frac{U_5^y}{a}\right)\left(\frac{U_6^x}{b}\right) \right\}
\end{aligned}
\tag{8.99}
$$

式中, $U_5^i = \dfrac{U_1^i + U_3^i}{2}$, $U_6^i = \dfrac{U_2^i + U_4^i}{2}$, $i = x,y$。

单元的弹性应变能对弹簧变形求偏导数的弹簧力为

$$
\begin{aligned}
F_i^x &= \frac{\partial \varPi}{\partial U_i^x} = \frac{(2G+\lambda)bt}{6a}U_i^x(i=1,3), \quad & F_i^y &= \frac{\partial \varPi}{\partial U_i^y} = \frac{Gbt}{6a}U_i^y(i=1,3) \\
F_i^y &= \frac{\partial \varPi}{\partial U_i^y} = \frac{(2G+\lambda)bt}{6a}U_i^y(i=2,4), \quad & F_i^x &= \frac{\partial \varPi}{\partial U_i^x} = \frac{Gbt}{6a}U_i^x(i=2,4) \\
F_5^x &= \frac{\partial \varPi}{\partial U_5^x} = \frac{2(2G+\lambda)bt}{3a}U_5^x + \lambda t U_6^y, \quad & F_5^y &= \frac{\partial \varPi}{\partial U_5^y} = \frac{2Gbt}{3a}U_5^y + Gt U_6^x \\
F_6^x &= \frac{\partial \varPi}{\partial U_6^x} = \frac{2Gbt}{3a}U_6^x + Gt U_5^y, \quad & F_6^y &= \frac{\partial \varPi}{\partial U_6^y} = \frac{2(2G+\lambda)bt}{3a}U_6^y + \lambda t U_5^x
\end{aligned}
\tag{8.100}
$$

3. 求解弹性势能

四节点矩形弹簧元构造形式中的质点–基本弹簧系统的弹性势能可表示为

$$\Pi^{\mathrm{e}} = \sum \frac{1}{2} K_i^j \left(U_i^j \right)^2 + K_{\mathrm{s}}^{xy} U_5^y U_6^x + K_{\mathrm{p}}^{xy} U_5^x U_6^y \quad (i = 1 \sim 6; j = x, y) \qquad (8.101)$$

式中，Π^{e} 表示质点–基本弹簧系统的弹性势能；K_{s}^{xy} 表示纯剪刚度系数；K_{p}^{xy} 表示泊松刚度系数。

由弹性势能表达式对弹簧变分可得弹簧力的计算公式为

$$\begin{aligned}
F_i^j &= K_i^j U_i^j && (i = 1 \sim 4; j = x, y) \\
F_5^x &= K_5^x U_5^x + K_{\mathrm{p}}^{xy} U_6^y, && F_5^y = K_5^y U_5^y + K_{\mathrm{s}}^{xy} U_6^x \\
F_6^x &= K_6^x U_6^x + K_{\mathrm{s}}^{xy} U_5^y, && F_6^y = K_6^y U_6^y + K_{\mathrm{p}}^{xy} U_5^x
\end{aligned} \qquad (8.102)$$

4. 根据能量等价原则标定弹簧刚度系数

对比式 (8.99) 与式 (8.101) 或者对比式 (8.100) 与式 (8.102)，使其对应项的系数相等，可得到双线性矩形单元对应的弹簧刚度系数为

$$\begin{aligned}
K_1^x &= K_3^x = \frac{(2G + \lambda) bt}{6a}, & K_1^y &= K_3^y = \frac{Gbt}{6a} \\
K_2^x &= K_4^x = \frac{Gat}{6b}, & K_2^y &= K_4^y = \frac{(2G + \lambda)at}{6b} \\
K_5^x &= \frac{2(2G + \lambda)bt}{3a}, & K_5^y &= \frac{2Gbt}{3a} \\
K_6^x &= \frac{2Gat}{3b}, & K_6^y &= \frac{2(2G + \lambda)at}{3b} \\
K_{\mathrm{p}}^{xy} &= \lambda, & K_{\mathrm{s}}^{xy} &= G
\end{aligned} \qquad (8.103)$$

4 个节点的节点力 $F_{ni}^j (i = 1 \sim 4; j = x, y)$ 的计算公式为

$$\left. \begin{aligned}
F_{n1}^i &= -F_1^i - F_4^i - \frac{1}{2} F_5^i - \frac{1}{2} F_6^i \\
F_{n2}^i &= F_1^i - F_2^i + \frac{1}{2} F_5^i - \frac{1}{2} F_6^i \\
F_{n3}^i &= F_3^i + F_2^i + \frac{1}{2} F_5^i + \frac{1}{2} F_6^i \\
F_{n4}^i &= -F_3^i + F_4^i - \frac{1}{2} F_5^i + \frac{1}{2} F_6^i
\end{aligned} \right\} \qquad (8.104)$$

对弹簧元的构建方式和刚度系数表达式进行深入研究发现，弹簧元的刚度系数在某种程度上表征了其刚度在单元内的分布形式，反映了单元的某种形模式。若假设单元的刚度系数之间按一定比例分配，引入两个待定系数 α、β 表征内部弹簧

和边弹簧之间的刚度分担比例，将矩形弹簧元中基本弹簧的刚度系数写成如下含待定系数的表达式。

$$K_1^x = K_3^x = \alpha \frac{(2G + \lambda) bt}{a}, \quad K_1^y = K_3^y = \beta \frac{Gbt}{a}$$

$$K_2^y = K_4^y = \alpha \frac{(2G + \lambda) at}{b}, \quad K_2^x = K_4^x = \beta \frac{Gat}{b}$$

$$K_5^x = (1 - 2\alpha) \frac{(2G + \lambda)bt}{a}, \quad K_5^y = (1 - 2\beta) \frac{2Gbt}{3a} \quad (8.105)$$

$$K_6^y = (1 - 2\alpha) \frac{(2G + \lambda)at}{b}, \quad K_6^x = (1 - 2\beta) \frac{Gat}{b}$$

$$K_{\mathrm{P}}^{xy} = \lambda, \qquad\qquad\qquad K_{\mathrm{s}}^{xy} = G$$

在不增加单元节点的情况下，弹簧元中也可以通过改变待定系数的方式提高单元的精度。当待定系数 α、β 为不同值时，使用弹簧元法计算如图 8.7 所示的悬臂梁在重力作用下的挠度变形问题，计算参数及计算结果如下。

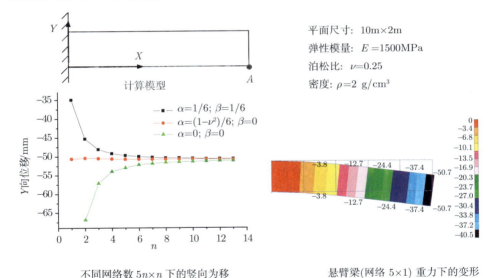

不同网络数 $5n \times n$ 下的竖向为移   悬臂梁(网络 5×1) 重力下的变形

图 8.7   不同刚度系数取值下悬臂梁的挠曲变形计算结果

从数值计算角度讲，网格数量越多，计算精度越高，计算结果越接近物理解，从不同网格数下不同单元的位移解变化可知，$\alpha = (1 - \nu^2)/6$，$\beta = 0$ 对处理此类弯曲问题的优越性。从图 8.7 中还可以看到，随着网格数量的增多，不同系数的弹簧–质点体系也分别趋近于理论解的上限和下限，即 $\alpha = 1/6$，$\beta = 1/6$ 时，从大到小趋近于理论解，$\alpha = 0$，$\beta = 0$ 时从小到大趋近于理论解的下限，显示出四节点矩形弹簧单元可以通过求得合适的待定系数值提高线弹性问题求解精度。

8.3.2　八节点长方体单元

构建双线性八节点长方体单元的质点–弹簧系统，如图 8.8 所示，图中的基本弹簧包括棱弹簧 12 个、面弹簧 6 个和体弹簧 3 个。

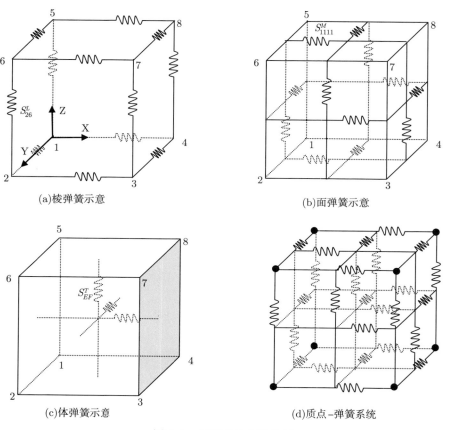

(a)棱弹簧示意　　　　　　　　　　　　(b)面弹簧示意

(c)体弹簧示意　　　　　　　　　　　　(d)质点–弹簧系统

图 8.8　八节点长方体单元

棱弹簧构建在六面体的 12 条棱上，上标表示棱弹簧，下标表示棱弹簧的两个端点对应的节点号，如 S_{12}^L 表示在节点 1、2 之间建立的棱弹簧；S_{26}^L 表示在节点 2、6 之间建立的棱弹簧；S_{15}^L 表示在节点 1、5 之间建立的棱弹簧。面弹簧构建在六面体的六个面上，端点为棱的中点 (插值点)，上标 M 表示面弹簧，如 S_{11}^M、S_{22}^M 表示构建在由节点 1、2、3、4 构成的面内的面弹簧；如 S_9^M、S_{1010}^M 表示构建在由节点 1、4、8、5 构成的面内的面弹簧；如 S_{1111}^M、S_{1212}^M 表示构建在由节点 5、6、7、8 构成的面内的面弹簧。体弹簧表示六面体对面中心构建的弹簧，上标 T 代表体弹簧，如 S_{AB}^T 表示左右两个面的中心连接构成的体弹簧；如 S_{EF}^T 表示上下两个面的中心连接构成的体弹簧。

每一个基本弹簧需要包含一个法向弹簧和两个切向弹簧；两个正交的面基本弹簧如 S_{11}^M 和 S_{22}^M 之间不独立，通过泊松刚度系数 K_{p}^{MUV} 和纯剪刚度系数 K_{s}^{MUV} 联系；每两个正交的体基本弹簧如 S_{AB}^T 和 S_{EF}^T 之间不独立，通过泊松刚度系数 K_{p}^{TUW} 和纯剪刚度系数 K_{s}^{TUW} 联系。

通过对比弹性应变能积分表达式和弹簧系统弹性势能表达式，可以得到各弹簧的刚度系数表达式，对比发现基本弹簧的轴线方向一致的同种类型弹簧具有相同的刚度系数表达式，其中棱弹簧的表达式为

$$
\begin{aligned}
K_{xx}^{Lxx} &= \frac{bc}{36a}(2G+\lambda), & K_{xx}^{Lxy} = K_{xx}^{Lxz} &= \frac{bc}{36a}G \\
K_{yy}^{Lyy} &= \frac{ac}{36b}(2G+\lambda), & K_{yy}^{Lxy} = K_{yy}^{Lyz} &= \frac{ac}{36b}G \\
K_{zz}^{Lzz} &= \frac{ab}{36c}(2G+\lambda), & K_{zz}^{Lxy} = K_{zz}^{Lyz} &= \frac{ab}{36c}G
\end{aligned}
\tag{8.106}
$$

式中，K_{xx}^{Lxx}，K_{xx}^{Lxy} 表示轴线平行于 x 轴的棱弹簧的法向刚度系数和切向刚度系数；下标 xx 表示基本弹簧的轴线方向，上标 L 表示棱弹簧，上标 xx 表示弹簧受力变形方向；a, b, c 为 x, y, z 方向的边长。

面弹簧的表达式为

$$
\begin{aligned}
K_{xx}^{Mxx} &= \frac{bc}{9a}(2G+\lambda), & K_{xx}^{Mxy} = K_{xx}^{Mxz} &= \frac{bc}{9a}G \\
K_{yy}^{Myy} &= \frac{ac}{9b}(2G+\lambda), & K_{yy}^{Mxy} = K_{yy}^{Myz} &= \frac{ac}{9b}G \\
K_{zz}^{Mzz} &= \frac{ab}{9c}(2G+\lambda), & K_{zz}^{Mxy} = K_{zz}^{Myz} &= \frac{ab}{9c}G
\end{aligned}
\tag{8.107}
$$

$$
\begin{aligned}
K_{\mathrm{p}}^{Mxy} &= \frac{c}{6}\lambda, & K_{\mathrm{s}}^{Mxy} &= \frac{c}{6}G \\
K_{\mathrm{p}}^{Mxz} &= \frac{b}{6}\lambda, & K_{\mathrm{s}}^{Mxz} &= \frac{b}{6}G \\
K_{\mathrm{p}}^{Myz} &= \frac{a}{6}\lambda, & K_{\mathrm{s}}^{Myz} &= \frac{a}{6}G
\end{aligned}
\tag{8.108}
$$

体弹簧的表达为

$$
\begin{aligned}
K_{xx}^{Txx} &= \frac{4bc}{9a}(2G+\lambda), & K_{xx}^{Txy} = K_{xx}^{Txz} &= \frac{4bc}{9a}G \\
K_{yy}^{Tyy} &= \frac{4ac}{9b}(2G+\lambda), & K_{yy}^{Txy} = K_{yy}^{Tyz} &= \frac{4ac}{9b}G \\
K_{zz}^{Tzz} &= \frac{4ab}{9c}(2G+\lambda), & K_{zz}^{Txy} = K_{zz}^{Tyz} &= \frac{4ab}{9c}G
\end{aligned}
\tag{8.109}
$$

$$K_{\mathrm{p}}^{Txy} = \frac{2c}{3}\lambda, \quad K_{\mathrm{s}}^{Txy} = \frac{2c}{3}G$$

$$K_{\mathrm{p}}^{Txz} = \frac{2b}{3}\lambda, \quad K_{\mathrm{s}}^{Txz} = \frac{2b}{3}G \tag{8.110}$$

$$K_{\mathrm{p}}^{Tyz} = \frac{2a}{3}\lambda, \quad K_{\mathrm{s}}^{Tyz} = \frac{2a}{3}G$$

总结上述表达形式可以看出，不同类型基本弹簧的法向刚度系数和切向刚度系数满足

$$K_{ii}^{Tjk} = 4K_{ii}^{Mjk} = 16K_{ii}^{Ljk} \quad (i,j,k=x,y,z) \tag{8.111}$$

不同类型的基本弹簧的泊松刚度系数和纯剪刚度系数满足

$$K_i^{Tjk} = 4K_i^{Mjk} \quad (i=\mathrm{p},\mathrm{s};j,k=x,y,z) \tag{8.112}$$

8.3.3　任意四节点四边形单元

由于实际问题的几何边界一般都不是规则的，能否构建任意形状的单元，对于数值计算求解至关重要。任意四节点四边形单元也是双线性单元，参考矩形单元的弹簧系统构建方式，可构建如图 8.9 所示的 $s_1 \sim s_6$ 六个相互正交的基本弹簧构成的弹簧系统，对应的编号如表 8.3 所示。

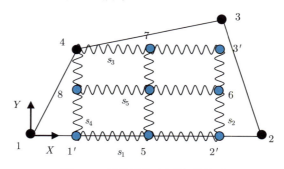

图 8.9　任意四节点四边形单元

表 8.3　基本弹簧编号及首末端对应关系

弹簧编号 m	s_1	s_2	s_3	s_4	s_5	s_6
首端 i	$1'$	$2'$	4	$1'$	8	5
末端 j	$2'$	$3'$	$3'$	4	6	7

图 8.9 中 1、2、3、4 为质量节点，$1'$、$2'$、$3'$、5、6、7、8 为计算差值点，差值点

的位移、速度及坐标等根据线性插值函数求解, 质量节点及插值点的坐标为

$$
\begin{aligned}
&1(0,0), \quad 2(L,0), \quad 3\left(\alpha L, \frac{H}{1-\gamma}\right), \quad 4(\beta L, H) \\
&1'(\beta L, 0), \quad 2'(\alpha L, 0), \quad 3'(\alpha L, H) \\
&5\left(\frac{\alpha-\beta}{2}L, 0\right), \quad 6\left(\alpha L, \frac{H}{2}\right), \quad 7\left(\frac{\alpha-n}{2}L, H\right), \quad 8\left(\beta L, \frac{H}{2}\right)
\end{aligned} \tag{8.113}
$$

为保证四节点单元不会退化为三角形, 需要节点坐标及差值系数满足

$$
L \neq 0, \quad \gamma \neq 1, \quad \alpha \neq \beta, \quad H \neq 0 \tag{8.114}
$$

四节点单元为双线性单元, 如图 8.9 所示在局部坐标系下, 则各插值点的位移可由节点位移表示为

$$
\begin{aligned}
u_{1'}^{j} &= u_1^j + \beta(u_2^j - u_1^j) \\
u_{2'}^{j} &= u_1^j + \alpha(u_2^j - u_1^j) \\
u_{3'}^{j} &= u_3^j + \gamma[u_1^j + \alpha(u_2^j - u_1^j) - u_3^j]
\end{aligned} \tag{8.115}
$$

各基本弹簧的变形可表示为

$$
U_k^m = u_j^m - u_i^m \tag{8.116}
$$

式中, m 为坐标轴方向 (x, y), k 为弹簧编号 $(1 \sim 6)$, i 为弹簧首端编号, j 为弹簧末端编号。

在弹性小变形假设条件下, 四边形单元内任意点的应变分量同弹簧变形之间的关系可描述为

$$
\begin{aligned}
\varepsilon_{xx}(x,y) &= \frac{U_5^x}{L(\alpha-\beta)} + \frac{U_3^x - U_1^x}{2LH(\alpha-\beta)}\left(y - \frac{H}{2}\right) \\
\varepsilon_{yy}(x,y) &= \frac{U_6^y}{H} + \frac{U_4^y - U_2^y}{2LH(\alpha-\beta)}\left[x - \frac{L(\alpha-\beta)}{2} - \beta L\right] \\
\varepsilon_{xy}(x,y) = \varepsilon_{yx}(x,y) &= \frac{1}{2}\left[\frac{U_5^y}{L(\alpha-\beta)} + \frac{U_3^y - U_1^y}{2LH(\alpha-\beta)}\left(y - \frac{H}{2}\right)\right. \\
&\quad \left. + \frac{U_6^x}{H} + \frac{U_4^x - U_2^x}{2LH(\alpha-\beta)}\left(x - \frac{L(\alpha-\beta)}{2} - \beta L\right)\right]
\end{aligned} \tag{8.117}
$$

式中, $U_i^j (i = 1 \sim 6; j = x, y)$ 表示 s_i 沿 j 方向的弹簧变形。

按照上述方式, 将应变表达式代入胡克定律求应力, 再代入弹性应变能表达式并在单元内部进行积分, 可以得到由弹簧变形表示的弹性应变能表达式。弹簧元的刚度系数求取过程中, 采用直接积分法求解任意四节点单元的应变能表达式, 任意

四节点单元的应变能表达式较为复杂，通过对比弹性应变能积分表达式和弹簧系统弹性势能表达式，可以得到各弹簧的刚度系数表达式。

这里只列出弹簧系统的弹性势能与弹簧刚度系数的表达式

$$
\begin{aligned}
\Pi = &\sum_{\substack{i=1\sim6\\j=x,y}} \frac{1}{2}K_i^j(u_i^j)^2 + \frac{1}{2}K_1^{\mathrm{p}}u_1^x u_4^y + \frac{1}{2}K_2^{\mathrm{p}}u_1^x u_2^y + \frac{1}{2}K_3^{\mathrm{p}}u_3^x u_2^y + \frac{1}{2}K_4^{\mathrm{p}}u_3^x u_4^y \\
&+ \frac{1}{2}K_1^{\mathrm{s}}u_1^y u_4^x + \frac{1}{2}K_2^{\mathrm{s}}u_1^y u_2^x + \frac{1}{2}K_3^{\mathrm{s}}u_3^y u_2^x + \frac{1}{2}K_4^{\mathrm{s}}u_3^y u_4^x
\end{aligned}
\tag{8.118}
$$

式中，K_i^j，u_i^j 分别为 i 弹簧的 x 向的刚度系数和变形；K_i^{p}，K_i^{s} 分别为交叉于 i 点的两弹簧之间的泊松刚度系数和纯剪刚度系数。

$$
\left.
\begin{aligned}
&A = \frac{\nu E t}{1-\nu^2} \\
&B = 24(-1+g)^2(m-n)^2 \\
&K_1^{\mathrm{p}} = \frac{A}{B}\{-3+3m^2+m(6-4n)+g^2m(5m-2n)+n^2 \\
&\qquad\quad -2g[-2+4m^2-4m(-1+n)+n^2]\} \\
&K_2^{\mathrm{p}} = \frac{A}{B}\{3+m^2+m(2-4n)-8n+3g^2m(m-2n)+3n^2 \\
&\qquad\quad -2g[2+2m^2+m(2-6n)-6n+3n^2]\} \\
&K_3^{\mathrm{p}} = \frac{A}{B}\left\{1+(3-4g+g^2)m^2-4n+(5-2g)n^2+m[2-2(-2+g)^2n]\right\} \\
&K_4^{\mathrm{p}} = \frac{A}{B}\left\{-1+(5-8g+3g^2)m^2+(3-2g)n^2+m[2-2(-2+g)^2n]\right\} \\
&K_j^{\mathrm{s}} = \frac{1-\nu}{2\nu}K_j^{\mathrm{p}} \quad (j=1-4) \\
&C = \frac{1}{6(-1+g)^3(m-n)^2}\frac{H}{L}\frac{Et}{1-\mu^2} \\
&K_1^x = C\left[-1+3g+g^3m+g^2(-3-m+n)\right] \\
&K_3^x = C\left[g(-1+m)-m+n\right] \\
&K_5^x = 2C\left[-1-m+g^3m+g(2+4m-3n)+n+g^2(-4m+n)\right] \\
&D = \frac{1}{6(-1+g)(m-n)^2}\frac{L}{H}\frac{Et}{1-\nu^2} \\
&K_2^y = D\left\{-1+3n+n^3+[-3+(-1+g)m]n^2\right\} \\
&K_4^y = D\left[-1+(-1+g)m^3-2m(-1+n)+m^2(-1+n)+n\right] \\
&K_6^y = 2D\{1+(-1+g)m^3-2n+n^3+m^2[-1+(4-3g)n] \\
&\qquad\quad +m[-1+4n+(-4+g)n^2]\} \\
&K_i^x = \frac{1-\nu}{2}K_i^y \ (i=2,4,6), \quad K_i^y = \frac{1-\nu}{2}K_i^x \ (i=1,3,5)
\end{aligned}
\right\}
\tag{8.119}
$$

8.4 其他单元弹簧元模型

弹簧元法中的计算公式构建在局部笛卡儿坐标系上，由前述介绍可知，该方法特别适用于二维三节点三角形单元和三维四节点四面体单元的求解。对于其他形状的非常应变单元，复杂的几何形状将导致刚度系数的表达式变复杂，进而影响计算效率。

数值计算作为一种近似求解方法，在计算精度许可的条件下，完全可以将复杂的几何单元拆分为若干个三角形 (二维) 或四面体单元 (三维) 进行求解。

如图 8.10 所示，可将任意四节点四边形拆分为 4 个三节点三角形单元，其中三角形单元的顶点 5 为差值节点，可取为四边形的中心，其坐标和位移均可采用线性差值得到，也可以将四边形拆分为 2 个三角形单元 123 与三角形单元 234，从而可以构建如图 8.10 所示的质点–弹簧系统。在每个小三角形的局部坐标系下，采用三节点三角形单元的求解程序即可求得每个小三角形的变形计受力情况，将每个小三角形的节点力叠加到质量节点 (1、2、3、4) 上即可得到四边形单元的节点力。当将一个四边形拆分为两个三角形 (△123 与 △134) 进行计算时，为了保证每个节点互相等价性，应按照两种不同的方式进行划分，然后取其平均值。

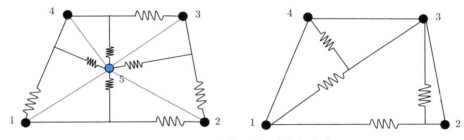

图 8.10 四节点单元的混合求解方式

如图 8.11 所示，可将八节点六面体单元拆分为 5 个四面体单元 (1236、1348、1568、6738、1638)，并在每个四面体单元内部构建四面体单元的质点–弹簧体系，从而建立整个单元的质点–弹簧系统。图 8.11 所示的六面体构成方式中，2、4、5、7点仅被使用一次，而 1、3、6、8 点被使用了四次，六面体还可以按照另外一种方式进行离散 (1245、2347、2567、4578、2457)，为保证各节点之间的互相等价性，应按照两种不同的构建方式进行求解，以两次计算的平均值作为节点的计算结果。

如图 8.12 所示，可将六节点五面体单元拆分为 3 个四面体单元 (1243、2543、4356)，并在每个四面体单元内部构建四面体单元的质点–弹簧体系，从而建立整个单元的质点–弹簧系统。一个六节点五面体可以有六种组合方式：① 1243、2543、4356；② 1243、2436、2465；③ 2513、1543、4356；④ 2513、3156、1564；

⑤ 3621、1624、6425；⑥ 3621、1625、1654。为保证各节点之间的互相等价性，应按照六种不同的构建方式进行求解，以平均值作为节点的计算结果。

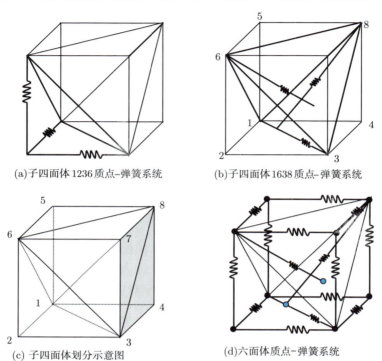

(a) 子四面体 1236 质点–弹簧系统   (b) 子四面体 1638 质点–弹簧系统

(c) 子四面体划分示意图   (d) 六面体质点–弹簧系统

图 8.11   八节点单元的等效求解方式

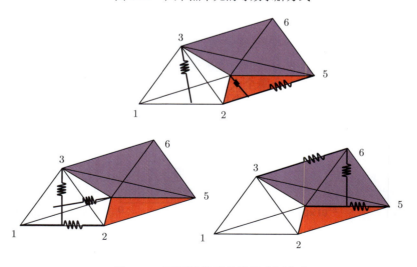

图 8.12   五面体单元的等效求解方式

8.5 弹簧元的程序实现

8.5.1 弹簧元求解静力问题的过程

由经典线弹性力学理论可知, 固体介质的平衡方程为

$$\sigma_{ij,j} = f_i \tag{8.120}$$

几何方程 (应变–位移关系) 为

$$\varepsilon_{ij} = \frac{1}{2} \left(u_{i,j} + u_{j,i} \right) \tag{8.121}$$

本构方程 (应力–应变关系) 为

$$\sigma_{ij} = \lambda \varepsilon_{kk} \delta_{ij} + 2G \varepsilon_{ij} \tag{8.122}$$

将式 (8.122) 和式 (8.121) 代入式 (8.120), 可得连续介质平衡方程为

$$(\lambda + G) u_{j,ij} + G u_{i,jj} = f_i \tag{8.123}$$

应力边界条件

$$\sigma_{ij} n_j = \overline{T}_i \tag{8.124}$$

位移边界条件

$$u_i = \overline{u}_i \tag{8.125}$$

式中, 下标 i、j、k 为笛卡儿坐标系的坐标轴方向 $(i, j, k = x, y, z)$; σ_{ij}、ε_{ij} 为应力张量和应变张量; f_i、u_i 为 i 方向的单位体积力和位移; λ、G 为拉梅常数和剪切模量; δ_{ij} 为 Kronecker 符号; n_j 为边界面法向的 j 方向分量; $\overline{T}_i$、$\overline{u}_i$ 为边界上已知的面力和位移。

将连续介质力学平衡方程进行离散是数值求解的第一步, 离散体系的节点平衡方程可表示为

$$k_{linj} u_{nj} = f_{li} \tag{8.126}$$

式中, 下标 l、n 为节点号, i、j 表示坐标轴方向, k_{linj} 为刚度矩阵, u_{nj} 为位移列阵。

使用动态松弛法求解上述平衡方程, 可将原方程改写为

$$m_l \ddot{u}_{li} + c_{linj} \dot{u}_{nj} + k_{linj} u_{nj} = f_{li} \tag{8.127}$$

式中，m_l 表示节点 l 的质量；c_{linj} 为阻尼矩阵；k_{linj} 为刚度矩阵；$\ddot{u}_{ni}, \dot{u}_{nj}$ 为加速度、速度列阵。

在计算过程中，加速度采用中心差分方式进行离散，速度采用单边差分方式进行离散，其表达式为

$$\ddot{u}_{li}^p = \frac{u_{li}^{p+1} - 2u_{li}^p + u_{li}^{p-1}}{\Delta t^2} \tag{8.128}$$

$$\dot{u}_{li}^{p+1} = \frac{u_{li}^{p+1} - u_{li}^p}{\Delta t}$$
$$\dot{u}_{li}^p = \frac{u_{li}^p - u_{li}^{p-1}}{\Delta t} \tag{8.129}$$

式中，上标 p 表示时间步；Δt 为时间步长。

将速度表达式 (8.129) 代入加速度表达式 (8.128)，则有

$$\ddot{u}_{li}^p = \frac{\dot{u}_{li}^{p+1} - \dot{u}_{li}^p}{\Delta t} \tag{8.130}$$

弹簧元法求解线弹性问题的控制方程和逐步积分公式可表达如下

$$m_l \ddot{u}_{li}^p + c_{linj} \dot{u}_{nj}^p + k_{linj} u_{nj}^p = f_{li}^p$$
$$\ddot{u}_{li}^p = \frac{f_{li}^p - c_{linj} \dot{u}_{nj}^p - k_{linj} u_{nj}^p}{m_l}$$
$$\dot{u}_{li}^{p+1} = \dot{u}_{li}^p + \Delta t \ddot{u}_{li}^p$$
$$u_{li}^{p+1} = u_{li}^p + \Delta t \dot{u}_{li}^{p+1} \tag{8.131}$$

动态松弛法按如下步骤进行迭代求解：

(1) 给定位移 $u_{li}^p = \bar{u}_{li}$ 及力边界 $f_{li}^p = \bar{f}_{li}$ 条件，假定初始时刻的速度 $\dot{u}_{nj}^0 = 0$，位移 $u_{nj}^0 = 0$。

(2) 计算 t_p 时刻单元弹簧力 $f_{nj}^{p_k} = k_{linj} u_{nj}^p$。

(3) 计算 t_p 时刻的不平衡力及加速度，其中阻尼力 $f_{nj}^{p_d} = c_{linj} \dot{u}_{nj}^p$，节点不平衡力 $f_{nj}^{p_u} = f_{li}^p - f_{nj}^{p_d} - f_{nj}^{p_k}$，加速度 $\ddot{u}_{li}^p = \frac{f_{nj}^{p_u}}{m_l}$。

(4) 计算 t_{p+1} 时刻的速度 $\dot{u}_{li}^{p+1} = \dot{u}_{li}^p + \Delta t \ddot{u}_{li}^p$，位移 $u_{li}^{p+1} = u_{li}^p + \Delta t \dot{u}_{li}^{p+1}$。

(5) 重复第 (2)~(4) 步，到 $\dot{u}_{li}^p \to 0$、$\ddot{u}_{li}^p \to 0$ 时式 (8.127) 退化为式 (8.126)，此时的 u_{li}^p 即为平衡方程的解。

在上述求解过程中，可以在第 (3) 步使用局部阻尼及等效质量法加快求解速度。

8.5.2 弹簧元求解线弹性动力问题的过程

由经典线弹性动力学理论可知，固体介质的运动方程为

$$\sigma_{ij,j} = f_i + \rho \ddot{u}_i \tag{8.132}$$

将式 (8.121) 和式 (8.122) 代入式 (8.132) 可得连续介质动力学方程, 即纳维方程为

$$(\lambda + G) u_{j,ij} + G u_{i,jj} = f_i + \rho \ddot{u}_i \tag{8.133}$$

式中, 下标 i、j 为笛卡儿坐标系的坐标轴方向 $(i, j = x, y, z)$; f_i、u_i 为 i 方向的单位体积力和位移, ρ 为密度; λ、G 为拉梅常数和剪切模量。

离散体系的节点运动方程可表示为

$$m_{ln}\ddot{u}_{ni} + c_{linj}\dot{u}_{nj} + k_{linj}u_{nj} = f_{li} \tag{8.134}$$

式中, 下标 l、n 为节点号, i、j 表示坐标轴方向; m_{ln} 表示节点 n 对节点 l 的质量系数; c_{linj} 为阻尼矩阵; k_{linj} 为刚度矩阵; $\ddot{u}_{ni}$、$\dot{u}_{nj}$、u_{nj} 为加速度、速度、位移列阵。

上述离散模型是一种时空耦联模型, 称为一致质量模型, 离散模型中的一个节点产生的加速度会在瞬间引起其他节点的加速度, 这在物理上是不合理的。基于应力波传播速度是有限的, 人们提出了式 (8.135) 所示的集中质量模型。该模型仅是静力耦联的, 同一致质量模型相比, 既避免了巨大方程组的联立求解, 又具有更加明确的物理意义, 在大规模波动模拟方面是合适的。

$$m_l \ddot{u}_{li} + c_{linj}\dot{u}_{nj} + k_{linj}u_{nj} = f_{li} \tag{8.135}$$

若采用 Rayleigh 阻尼假定, 则阻尼系数可写为

$$c_{linj} = \alpha m_l + \beta k_{linj} \tag{8.136}$$

式中, α、β 为 Rayleigh 阻尼系数。

采用直接积分法中的显示方法求解离散体系的控制方程 (8.135), 显示积分方法适合于求解自由度数目巨大或者非线性等问题, 在计算过程中加速度采用中心差分方式 (8.128) 进行离散, 速度采用单边差分方式 (8.68) 进行离散, 弹簧元法求解线弹性动力问题的控制方程和逐步积分公式可表达如下

$$\begin{aligned} m_l \ddot{u}_{li}^p + c_{linj}\dot{u}_{nj}^p + k_{linj}u_{nj}^p &= f_{li}^p \\ \ddot{u}_{li}^p &= \frac{f_{li}^p - c_{linj}\dot{u}_{nj}^p - k_{linj}u_{nj}^p}{m_l} \\ \dot{u}_{li}^{p+1} &= \dot{u}_{li}^p + \Delta t \ddot{u}_{li}^p \\ u_{li}^{p+1} &= u_{li}^p + \Delta t \dot{u}_{li}^{p+1} \end{aligned} \tag{8.137}$$

动力弹簧元法的求解过程如下:

(1) 确定初始时刻的速度 $\dot{u}_{nj}^p$, 位移 u_{nj}^p, 力 f_{li}^p;

(2) 分别计算阻尼力 $f_{nj}^{p_d} = c_{linj}\dot{u}_{nj}^p$，单元弹簧力 $f_{nj}^{p_k} = k_{linj}u_{nj}^p$，节点不平衡力 $f_{nj}^{p_u} = f_{li}^p - f_{nj}^{p_d} - f_{nj}^{p_k}$；

(3) 计算 t_p 时刻的加速度 $\ddot{u}_{li}^p = \dfrac{f_{nj}^{p_u}}{m_l}$；

(4) 计算 t_{p+1} 时刻的速度 $\dot{u}_{li}^{p+1} = \dot{u}_{li}^p + \Delta t\ddot{u}_{li}^p$，位移 $u_{li}^{p+1} = u_{li}^p + \Delta t\dot{u}_{li}^{p+1}$。

计算过程中，通过节点力边界条件计算节点不平衡力，节点位移边界条件修正第 (4) 步计算出来的位移，以满足计算过程中的力边界及位移边界条件，从中可以看出，位移边界条件和力边界条件不是严格满足的，因此该计算也不是无条件稳定的。为了表征动力弹簧元法的数值求解的稳定性，参考相关文献写出其控制方程和递推公式为

$$\frac{u^{p+1} - 2u^p + u^{p-1}}{\Delta t^2} + 2\xi\varpi\frac{u^p - u^{p-1}}{\Delta t} + \varpi^2 u^p = f^p \tag{8.138}$$

$$\begin{pmatrix} u^{p+1} \\ u^p \end{pmatrix} = \begin{bmatrix} 2 - \Omega^2 - 2\xi\Omega & -(1 - 2\xi\Omega) \\ 1 & 0 \end{bmatrix} \begin{pmatrix} u^p \\ u^{p-1} \end{pmatrix} + \begin{bmatrix} \Delta t^2 \\ 0 \end{bmatrix} f^p \tag{8.139}$$

式中，$\Omega = \Delta t\varpi$；ξ 为阻尼比。

传递矩阵 $\boldsymbol{A}$ 和荷载算子矢量 $\boldsymbol{L}$ 分别为

$$\begin{aligned} \boldsymbol{A} &= \begin{bmatrix} 2 - \Omega^2 - 2\xi\Omega & -(1 - 2\xi\Omega) \\ 1 & 0 \end{bmatrix} \\ \boldsymbol{L} &= \begin{bmatrix} \Delta t^2 \\ 0 \end{bmatrix} \end{aligned} \tag{8.140}$$

由模态稳定性理论可知，任一积分格式的稳定性仅依赖于其传递矩阵的特征值，积分格式的稳定性条件为

$$\max|\lambda_i| \leqslant 1, \quad 传递矩阵无重根$$
$$\max|\lambda_i| < 1, \quad 传递矩阵有重根$$

式中，λ_i 为传递矩阵 $\boldsymbol{A}$ 的第 i 个特征值。

据此可知动力弹簧元法的数值稳定性条件为

$$\begin{cases} 0 < \Omega \leqslant 2\left(\sqrt{\xi^2 + 1} - \xi\right), & \xi \neq 0 \\ 0 < \Omega \leqslant 2, & \xi = 0 \end{cases} \tag{8.141}$$

数值计算的稳定性区域如图 8.13 所示。

应力波在时空离散网格模型中传播时存在低通效应、频散效应、混淆效应等，影响数值计算的精度和稳定性。通常时间步长与网格尺寸越小，数值计算的精度越高，计算量也越大。研究表明数值波动模拟的网格尺寸最低条件是 $\Delta x \leqslant \lambda_{\min}/\pi$。杜修

力[4] 等指出，为了得到较为理想的计算结果，最大网格尺寸需满足 $\Delta x \leqslant (\lambda_{\min}/6 - \lambda_{\min}/8)$，同时如果时间步长 Δt 满足稳定性要求即可保证计算的精度。

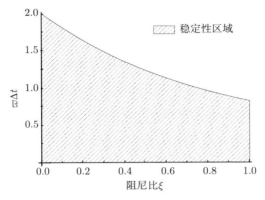

图 8.13　动力弹簧元法积分格式的稳定性区域图

8.5.3　强度准则及人工边界处理

非线性弹性及弹塑性问题的计算步骤同 8.5.2 节所述基本相同，仅在第二步求解弹簧力时略有差别。在弹簧元中，由于使用一系列弹簧来表征连续介质的力学响应，因此可以通过构造不同形式的非线性弹簧来描述材料非线性本构及损伤本构关系。例如，可以假定动态刚度系数是计算时间、弹簧变形和初始刚度的函数，计算过程中通过实时更新刚度系数描述非线性本构关系。在连续–非连续单元法 (CDEM) 程序基础上，弹簧元法 (SEM) 也使用增量法进行计算。对于块体的强度准则，通过试探步的方法实现。以莫尔–库仑准则为例：在每一步计算时首先假设块体未达到准则，按照线弹性本构关系计算块体应力，此时应力为试探值；若试探值达到了屈服条件，则调整块体应力使之停留在屈服面上，利用调整后的块体应力计算弹簧力和单元节点力；若试探值未达到了屈服条件，则不调整块体应力。弹簧元法 (SEM) 中非线性本构关系及强度准则的实现过程如图 8.14 所示。

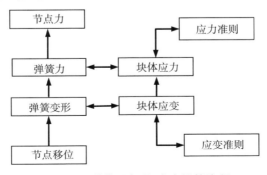

图 8.14　弹簧元变形–内力计算流程

弹簧元中采用的莫尔–库仑准则和抗拉强度准则如图 8.15 所示。

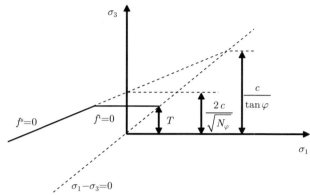

图 8.15　莫尔–库仑准则

计算公式为

$$\left.\begin{array}{l} f^{\mathrm{s}} = \sigma_1 - \sigma_3 N_\varphi + 2c\sqrt{N_\varphi} \\ f^{\mathrm{t}} = \sigma_3 - \min(T, c/\tan\varphi) \\ h = f^{\mathrm{t}} + \alpha^{\mathrm{P}}(\sigma_1 - \sigma^{\mathrm{P}}) \end{array}\right\} \tag{8.142}$$

$$N_\varphi = \frac{1 + \sin\varphi}{1 - \sin\varphi}, \quad \alpha^{\mathrm{P}} = \sqrt{1 + N_\varphi^2} + N_\varphi, \quad \sigma^{\mathrm{P}} = T N_\varphi - 2c\sqrt{N_\varphi} \tag{8.143}$$

式中, σ_1 为最小主应力, σ_3 为最大主应力, c 为黏聚力, φ 为内摩擦角, T 为抗拉强度。

由单元应力 σ_{ij} 求主应力 σ_i, 代入式 (8.142) 判断单元状态: 若 $f^{\mathrm{s}} \leqslant 0$, $h \leqslant 0$, 则剪切破坏, 按式 (8.144) 修正主应力 σ_i'; 若 $f^{\mathrm{t}} \geqslant 0$, $h > 0$, 则拉伸破坏, 按式 (8.145) 修正主应力 σ_i'。

$$\left.\begin{array}{l} \sigma_2' = \sigma_2 - \dfrac{f^{\mathrm{s}}(\sigma_1, \sigma_3)\alpha_2(1 - N_\psi)}{(\alpha_1 - \alpha_2 N_\psi) - (\alpha_2 - \alpha_1 N_\psi)N_\phi} \\[4mm] \sigma_3' = \sigma_3 - \dfrac{f^{\mathrm{s}}(\sigma_1, \sigma_3)(-\alpha_1 N_\psi + \alpha_2)}{(\alpha_1 - \alpha_2 N_\psi) - (\alpha_2 - \alpha_1 N_\psi)N_\phi} \end{array}\right\} \tag{8.144}$$

$$\left.\begin{array}{l} \sigma_2' = \sigma_2 + \dfrac{\alpha_2}{\alpha_1} f^{\mathrm{t}}(\sigma_3) \\[3mm] \sigma_3' = \sigma_3 + f^{\mathrm{t}}(\sigma_3) \end{array}\right\} \tag{8.145}$$

$$N_\psi = \frac{1 + \sin\psi}{1 - \sin\psi}, \quad \alpha_1 = K + \frac{4G}{3}, \quad \alpha_2 = K - \frac{2G}{3} \tag{8.146}$$

式中, ψ 为剪胀角。

由修正后的主应力 σ_i' 求单元块体应力 σ_{ij}', 最后由修正应力 σ_{ij}' 求满足强度准则的弹簧力及节点力, 实现弹簧元法中的塑性计算。

无限域动力问题求解过程中，在人工边界处会产生波的反射，导致数值模拟失真，针对这一问题，本书采用了 CDEM 中的无反射及自由场两种黏滞吸收边界处理该问题。

8.6 弹簧单元法的算例验证

8.6.1 波场模拟中计算波速的验证

波场模拟中，首先要保证应力波的传播速度模拟正确，为了测试程序波动问题的可靠性，首先测试应力波在连续线弹性介质中的传播速度。给定材料的弹性模量为 1000MPa，密度为 2000kg/m³。模型尺寸为 20m×20m，单元尺寸为 1m，最小波长为 422.58×0.01=4.23m，符合显示动力求解的单元尺寸要求。在图 8.16 所示模型顶部分别施加 P 波及 S 波，应力波自上向下依次经过监测 A、B、C、D、E 五点，通过应力波第一次由加载边界传播到固定边界过程中应力峰值点到达各测点的时间差计算 P 波及 S 波的平均传播速度。不同泊松比下的 P 波波速与 S 波波速的理论值及计算值见表 8.4。从计算值与理论值的比较可知，计算波速的相对误差在 2%～9%。

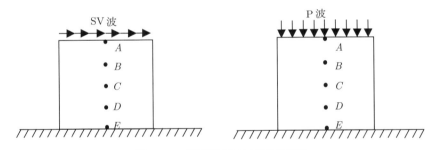

图 8.16 模型及测点布置示意图

表 8.4 不同泊松比条件下弹性波理论值及计算值

泊松比	P 波理论值/(m/s)	P 波计算值/(m/s)	S 波理论值/(m/s)	S 波计算值/(m/s)
0	707.11	662.25	500.00	471.70
0.1	715.10	671.14	476.73	452.49
0.2	745.36	699.30	456.44	418.41
0.3	820.41	800.00	438.53	413.22
0.4	1035.10	990.10	422.58	392.16

8.6.2 时空离散对波动模拟的影响测试

杜修力[144] 对时空离散网格模型中的波动模拟中的截止频率、低通效应、混淆效应和频散效应提出了详细介绍, 并就精度和实用准则提出了建议。为考虑空间离散的影响, 设计一维无阻尼介质中幅值为 10kPa 的半个周期应力波由左向右传播, 通过改变周期考虑波长网格比 (λ/L) 取不同大小时左右两侧质点的振动情况。计算采用两个矩形网格, 边界条件如图 8.17 所示, 网格尺寸为 1m, 波速为 1000m/s, 不同波长网格比下测点 M_1、M_2 振动幅值比 (A_2/A_1) 同 λ/L 的关系如图 8.18 所示。当 λ/L 比较小时, A_2/A_1 远小于 1.0, 随着 λ/L 增大, A_2/A_1 振荡着趋近于 1.0, 当 λ/L 大于 16 以后, 应力波在离散网格中传播时幅值可以保持较高的精度。

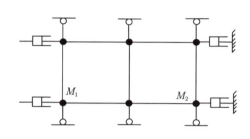

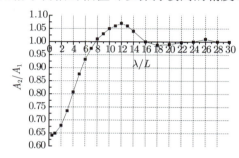

图 8.17   计算网格及边界条件示意图   图 8.18   不同波长网格比下应力波幅值的变化

8.6.3   动力吸收边界测试

对无限域中的波动问题进行数值计算时, 在人工边界处会由反射引起波的振荡, 导致数值模拟失真, 需要引入吸收边界来消除波的反射。为测试程序的吸收边界, 如图 8.19 所示, 考虑 20m×20m×10m 的计算区域, 底部 P 波垂直入射, 周边采用法向固定边界条件, 单元尺寸为 1m, 弹性模量为 2GPa, 泊松比为 0.3, 密度为 2500kg/m³, 入射波周期为 0.2ms, P 波波长网格比为 9.3, 顶部为自由边界和无反射边界时的速度响应如图 8.20 所示。

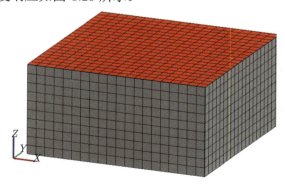

图 8.19   计算模型

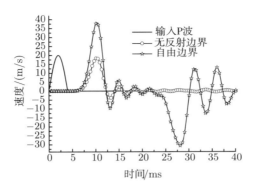

图 8.20　测点竖向速度时程曲线

采用自由边界时，顶部点的速度峰值约为输入波的 2 倍，而且产生振荡；采用无反射边界条件时，顶部点的速度峰值与入射波相同，且后期也不会产生很大的振动现象，由此可知程序的无反射边界条件是有效的。

8.7　弹簧元结构层

8.7.1　结构层的概念

离散元等非连续算法存在界面弹簧刚度无物理意义的问题，随意选取会导致位移结果失真，系统能量不等效，是多年来离散元不被人们接受的主要原因。需引入一种新的模型克服非连续算法这一缺陷。为此，提出结构层的概念，并利用薄层弹簧元单元来描述结构层的力学行为，使得非连续模型中的界面刚度具有真实的物理含义。

传统的模型中，界面通常认为是没有厚度的。此时若引入界面弹簧参与计算，会增加系统的能量，同时界面弹簧的变形还会影响位移的计算精度。因此，提出结构层的概念，认为界面是有实际厚度的一个层。结构层的刚度可根据材料属性和结构层的尺寸来确定。结构层的构造采用单元界面缩进来实现，如图 8.21 所示。在模型中全局搜索内部接触面，接触面将分别沿法向按预设的缩进比例向两侧单元内部缩进，缩进后可以保证两个面的平行。

该缩进方法仅在需要构建结构层的局部交界面上缩进，在结构的边界面上不会缩进。算法流程如图 8.22 所示。

8.7.2　三棱柱弹簧元结构层

1. 几何构型

为了保证结构层的计算精度和可拓展性，引入薄层弹簧元的计算方法，构造有泊松纯剪效应的三棱柱弹簧元结构层。由一个三角形平面弹簧元加一个厚度弹簧组成，三角面元位于厚度方向的中面上，厚度弹簧连接上下两个面的面心，如图 8.23(a) 所示。结构层计算单元并不具有独立的单元和节点实体，而是利用了两侧单元面的节点信息构成虚拟单元和虚拟节点，然后严格按照薄层弹簧元算法进行计算，如图 8.24 所示。由于不存储单元节点信息，它不占用内存，但可以真实反映结构层的复杂变形受力特征。三棱柱弹簧元壳元可以由三个三棱柱壳组合而成，如图 8.23(b) 所示。同理，四棱柱弹簧元壳元可以面心为插值点，通过四个三棱柱壳元组合而成，如图 8.23(c) 所示。

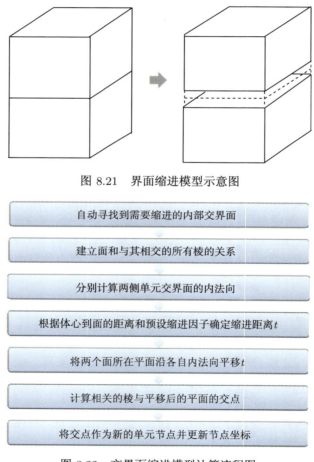

图 8.21　界面缩进模型示意图

| 自动寻找到需要缩进的内部交界面 |
| 建立面和与其相交的所有棱的关系 |
| 分别计算两侧单元交界面的内法向 |
| 根据体心到面的距离和预设缩进因子确定缩进距离 t |
| 将两个面所在平面沿各自内法向平移 t |
| 计算相关的棱与平移后的平面的交点 |
| 将交点作为新的单元节点并更新节点坐标 |

图 8.22　交界面缩进模型计算流程图

2. 基本公式

三棱柱薄层弹簧元有三根基本弹簧，类似于四面体弹簧元的求法，可得三棱柱

弹簧元的基本弹簧刚度系数为

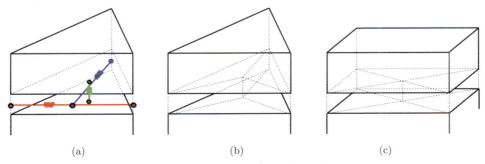

图 8.23 三棱柱弹簧元结构层的构型

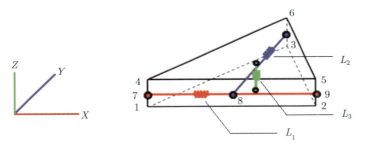

图 8.24 三棱柱弹簧元

$$
\begin{cases}
K_{xx} = \dfrac{(2G+\lambda)V}{L_1^2}, \quad K_{yy} = \dfrac{(2G+\lambda)V}{L_2^2}, \quad K_{zz} = \dfrac{(2G+\lambda)V}{L_3^2} \\[2mm]
P_{xy} = \dfrac{\lambda V}{L_1 L_2}, \quad P_{xz} = \dfrac{\lambda V}{L_1 L_3}, \quad P_{yz} = \dfrac{\lambda V}{L_2 L_3} \\[2mm]
G_{xy} = \dfrac{GV}{L_1^2}, \quad G_{xz} = \dfrac{GV}{L_1^2}, \quad G_{yx} = \dfrac{GV}{L_2^2} \\[2mm]
G_{yz} = \dfrac{GV}{L_2^2}, \quad G_{zx} = \dfrac{GV}{L_3^2}, \quad G_{zy} = \dfrac{GV}{L_3^2} \\[2mm]
S_{xy} = \dfrac{GV}{L_1 L_2}, \quad S_{xz} = \dfrac{GV}{L_1 L_3}, \quad S_{yz} = \dfrac{GV}{L_2 L_3}
\end{cases}
\tag{8.147}
$$

其中，K_{ij} 为法向刚度弹簧系数；P_{xy} 为泊松弹簧系数；G_{xy} 为切向刚度弹簧系数；S_{xy} 为纯剪弹簧系数；G 和 λ 为拉梅系数；L_1，L_2 和 L_3 分别为 x，y 和 z 三个方向基本弹簧的长度；$V = 1/2 L_1 L_2 L_3$ 为单元的体积。

三个基本弹簧的弹簧力可写为

$$
F_{xx} = \frac{\partial \Pi}{\partial u_{xx}} = K_{xx} u_{xx} + P_{xy} u_{yy} + P_{xz} u_{zz}
$$

$$F_{xy} = \frac{\partial \Pi}{\partial v_{xy}} = G_{xy}u_{xy} + S_{xy}u_{yx}$$

$$F_{xz} = \frac{\partial \Pi}{\partial w_{xz}} = G_{xz}u_{xz} + S_{xz}u_{zx}$$

$$F_{yy} = \frac{\partial \Pi}{\partial v_{yy}} = K_{yy}u_{yy} + P_{yz}u_{zz} + P_{xy}u_{xx}$$

$$F_{yz} = \frac{\partial \Pi}{\partial w_{yz}} = G_{yz}u_{yz} + S_{yz}u_{zy}$$

$$F_{yx} = \frac{\partial \Pi}{\partial u_{yx}} = G_{yx}u_{yx} + S_{xy}u_{xy} \tag{8.148}$$

$$F_{zz} = \frac{\partial \Pi}{\partial w_{zz}} = K_{zz}u_{zz} + P_{xz}u_{xx} + P_{yz}u_{yy}$$

$$F_{zx} = \frac{\partial \Pi}{\partial u_{zx}} = G_{zx}u_{zx} + S_{xz}u_{xz}$$

$$F_{zy} = \frac{\partial \Pi}{\partial v_{zy}} = G_{zy}u_{zy} + S_{yz}u_{yz}$$

可统一写为

$$F_{ij} = \frac{\partial \Pi}{\partial u_{ij}} \tag{8.149}$$

其中，F_{ij} 表示第 i 个基本弹簧在 j 方向的力；u_{ij} 表示第 i 个弹簧在 j 方向的相对位移；Π 为单元的弹性势能泛函，可写为

$$
\begin{aligned}
\Pi =& \frac{1}{2}K_{xx}u_{xx} + \frac{1}{2}K_{yy}u_{yy} + \frac{1}{2}K_{zz}u_{zz} \\
&+ \frac{1}{2}G_{xy}u_{xy} + \frac{1}{2}G_{yx}u_{yx} + \frac{1}{2}G_{yz}u_{yz} + \frac{1}{2}G_{zy}u_{zy} + \frac{1}{2}G_{xz}u_{xz} + \frac{1}{2}G_{zx}u_{zx} \\
&+ \frac{1}{2}p_{xy}\left(u_{xx} + u_{yy}\right) + \frac{1}{2}p_{yz}\left(u_{yy} + u_{zz}\right) + \frac{1}{2}p_{xz}\left(u_{xx} + u_{zz}\right) \\
&+ \frac{1}{2}S_{xy}\left(u_{xy} + u_{yx}\right) + \frac{1}{2}S_{yz}\left(u_{yz} + u_{zy}\right) + \frac{1}{2}S_{xz}\left(u_{xz} + u_{zx}\right)
\end{aligned} \tag{8.150}
$$

三棱柱弹簧元的各节点力可用基本弹簧力来表征，写为

$$F_k^j = \frac{\partial \Pi}{\partial u_k} = \frac{\partial \Pi}{\partial u_{ij}}\frac{\partial u_{ij}}{\partial u_k} = F_{ij}\frac{\partial u_{ij}}{\partial u_k} \tag{8.151}$$

其中，F_k^j 表示第 k 个节点在 j 方向上的力，u_{ij} 表示第 i 个弹簧在 j 方向的相对位移，u_k 表示第 k 个节点的位移。上式可展开写为

$$F_1^i = -\frac{1}{2}F_{xi} + \frac{1}{2}(n-1)F_{yi} - \frac{1}{3}F_{zi}$$

$$F_4^i = -\frac{1}{2}F_{xi} + \frac{1}{2}(n-1)F_{yi} + \frac{1}{3}F_{zi}$$

$$F_2^i = \frac{1}{2}F_{xi} - \frac{1}{2}nF_{yi} - \frac{1}{3}F_{zi}$$

$$F_5^i = \frac{1}{2}F_{xi} - \frac{1}{2}nF_{yi} + \frac{1}{3}F_{zi}$$

$$(8.152)$$

$$F_3^i = \frac{1}{2}F_{yi} - \frac{1}{3}F_{zi}$$

$$F_6^i = \frac{1}{2}F_{yi} + \frac{1}{3}F_{zi}$$

其中，$i = x, y, z$ 表示三个方向；n 为差值系数，表示为

$$n = \frac{l_{7-8}}{L_1} \tag{8.153}$$

其中，l_{7-8} 表示上图 8.24 中点 7 和点 8 之间的距离。

3. 算例验证

1) 简单算例测试 (图 8.25，表 8.5，图 8.26，表 8.6)

图 8.25   缩进前的单元模型

表 8.5   基本参数

E	ν	F	L	W	H	Indent ratio
1.0×10^{10}Pa	0.25	1MPa	1m	1m	2m	0.2

表 8.6   计算结果数据

	拉伸	压缩	剪切
五面体	2×10^{-4}m	-2×10^{-4}m	5×10^{-4}m
六面体	2×10^{-4}m	-2×10^{-4}m	5×10^{-4}m
理论解	2×10^{-4}m	-2×10^{-4}m	5×10^{-4}m

　　各种受力情况的计算结果与理论解一致，验证了拟弹簧元结构层方法及算法的正确性。

　　2) 复杂算例测试 (图 8.27 和表 8.7)

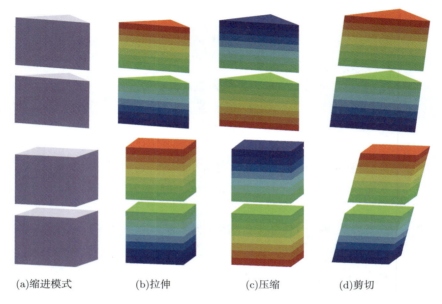

(a)缩进模式　　　　　(b)拉伸　　　　　(c)压缩　　　　　(d)剪切

图 8.26　缩进后的单元与计算结果云图

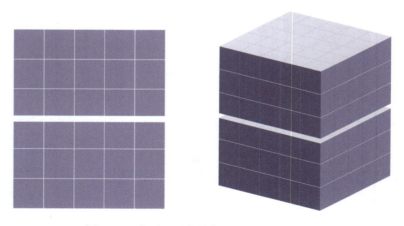

图 8.27　含不同厚度结构层的三维复杂模型

表 8.7　参数

E	ν	F	L	W	H	Ind-1	Ind-2
$1.0\times10^{10}\mathrm{Pa}$	0.25	1MPa	10m	10m	12m	0.01	0.2

本算例是一个由六面体单元划分的块状结构,中间有一个较厚的结构面,相对单元尺度比例为 0.2,其余部分用薄结构层连接,比例为 0.01。图 8.28 是一个组合厚度结构层模型。底面法向约束,顶面施加不同类型的面力。

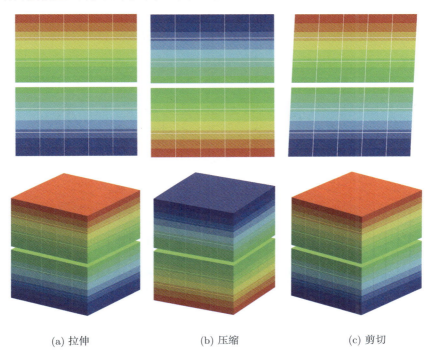

| (a) 拉伸 | (b) 压缩 | (c) 剪切 |

图 8.28   组合厚度结构层模型的结果云图

表 8.8   计算结果与理论值比较

	拉伸	压缩	剪切
数值解	1.20×10^{-3}m	-1.20×10^{-3}m	3.00×10^{-3}m
理论解	1.20×10^{-3}m	-1.20×10^{-3}m	3.00×10^{-3}m

数值解与理论解吻合较好,弹簧元结构层的精度高。

8.7.3   四面体组合弹簧元结构层

另外一种计算结构层力的方法是利用组合四面体弹簧元来构造薄层三棱柱,如图 8.29 所示。每个三棱柱可由三个四面体弹簧元组成。

引入薄层假定后可将原四面体的弹簧刚度系数进行简化,略去高阶小量后每个基本的四面体元只需 7 个独立的刚度系数。

$$K_{zz} = \frac{(2G + \lambda)V}{3L_3^2}$$

$$P_{xz} = \frac{\lambda V}{3L_1 L_3}, \quad P_{yz} = \frac{\lambda V}{3L_2 L_3}$$

$$G_{zx} = \frac{GV}{3L_3^2}, \quad G_{zy} = \frac{GV}{3L_3^2} \tag{8.154}$$

$$S_{xz} = \frac{GV}{3L_1 L_3}, \quad S_{yz} = \frac{GV}{3L_2 L_3}$$

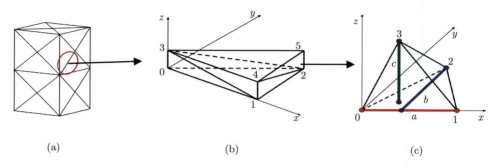

(a)　　　　　　　　　　　(b)　　　　　　　　　　　(c)

图 8.29　四面体组合弹簧元构型及基本四面体弹簧元结构

　　组成结构层的三个基本四面体单元各自占有三棱柱的一个棱，每个棱所在的位置可以分别断裂，断裂时去掉对应的四面体单元，如图 8.30～ 图 8.32 所示。

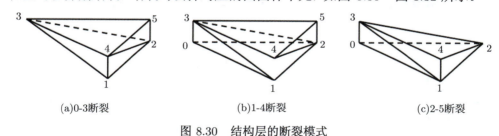

(a)0-3断裂　　　　　　　　　(b)1-4断裂　　　　　　　　　(c)2-5断裂

图 8.30　结构层的断裂模式

(a) 结构层模型，Y 向位移3.05×10^{-5}m　　　　　(b) ansys-solid45单元，Y 向位移3.05×10^{-5}m

图 8.31　重力作用下的变形：同样的参数下，结构层模型的结果与 ansys 结果一致

组合四面体弹簧元结构层同样可以高精度地模拟连续问题，也可以计算界面的断裂。总体来讲，结构层模型可在任意指定结构面上进行缩进，可模拟地质模型中的软弱面、构造结构面等实际问题，使用范围更广。弹簧元结构层模型无需独立单元和节点，节省内存，计算精度高，克服了传统离散元界面弹簧无物理意义、位移算不准的问题。弹簧元结构层在计算过程中严格依据薄层弹簧元算法，还可以方便地引入不同本构模型，存在较大的潜在价值。

(a) 边坡破裂   (b) 巷道松动圈

图 8.32　结构层模型计算破裂的实例

8.8　本 章 小 结

本章介绍了一类新的描述连续介质的计算单元 —— 弹簧元，单元类型包含了三节点三角形单元、四节点四面体单元、四节点矩形单元、八节点长方体单元、任意四节点四边形单元以及其他特殊形状的弹簧元；给出了单元的能量、刚度表达形式和数值实现方法；介绍了利用薄层弹簧元构造结构层的方法；并对各类单元进行了校核和验证。

参 考 文 献

[1] 王勖成，邵敏. 有限单元法基本原理和数值方法. 北京: 清华大学出版社, 1996.

[2] Li S H, Zhang Y N, Feng C. A Spring System Equivalent to Continuum Model. Discrete Element Methods，London，2010：75-85.

[3] 邹德高，徐斌，孔宪京. 瑞利阻尼系数确定方法对高土石坝地震反应的影响研究. 岩土力学, 2011, 32(3): 797-803.

[4] 杜修力. 工程波动理论与方法. 北京: 科学出版社, 2009.

[5] Itasca Consulting Group, Inc. Fast Lagrangian Analysis of Continua Theory and Background. Minneapolis USA: Itasca Consulting Group., Inc, 2005.

[6]　张青波, 李世海, 冯春. 四节点矩形弹簧元及其特性研究. 岩土力学, 2012, 33(11): 3497-3502.

[7]　张青波, 李世海, 冯春, 等. 基于 SEM 的可变形块体离散元法研究. 岩土力学, 2013, 34(008): 2385-2392.

第9章　地质体破裂及运动全过程计算方法

地质体破裂包含小变形、损伤演化、断裂裂纹形成、裂纹扩展贯通以及大位移、大转动等阶段，是一个连续到非连续的渐进破坏演化过程。研究其破裂机制与规律是解决并控制重大工程地质灾害的基础。

研究连续–非连续介质力学的问题，不只是滑坡灾害研究的重点，可以推广到以地质体为载体的各种地质工程安全评价，甚至拓展到各种固体材料的灾变问题。连续–非连续模型研究可以分为两个层次。一是理论层面上的，主要是发展固体力学的本构关系、力学模型，如第7、8章论述的应变强度分布本构模型、弹簧元方法以及众多从事固体力学理论的科学家们的研究成果。再是数值模拟方面的，主要工作包括将理论模型数值化和发展连续–非连续的计算方法，其中很重要的工作就是将有限元类方法与离散元类方法的融合。客观上，很难将数值模拟与理论研究分割开来，没有坚实的理论，难以构想合理的算法，没有数值模拟支持，理论研究的结果难以表达。当然，我们也深深地体会到，有些理论上很难拓展的工作，数值模拟实现起来相对简捷，比如表征元的破裂过程，实现了单元破裂，就跨越了连续到非连续模型的障碍。而数值模拟难以解决的问题，比如如何确定两个相同力学状态的剪切破坏方向，就需要拓展力学基本理论研究。本章将重点讨论连续–非连续模型的数值算法。

随着计算技术水平的发展，采用数值方法模拟地质体在复杂荷载作用下的力学行为，是研究地质体开裂等复杂力学机制的一个有效手段。目前，模拟地质体破裂的数值分析方法主要分为连续介质力学方法、非连续介质力学方法以及连续–离散耦合方法三大类。连续介质力学方法适用于分析连续体的小变形及损伤断裂；非连续介质力学方法适用于分析非连续体的破坏、运动；连续–离散耦合方法则是结合两者的优势，分析地质体由连续到非连续的破裂过程。

连续介质力学方法主要包括有限元法、有限差分法以及边界单元法等。传统有限元方法[1] 模拟裂纹的扩展过程，通过将裂纹设为单元的边，裂纹尖端设为单元顶点，采用网格重新剖分的方式实现裂纹在计算域内的动态扩展过程，但是网格重构极大地影响了该方法的计算效率。Goodman 等[2] 在有限元的基础上，在单元间增加界面单元，通过定义交界面两侧的法向和切向相互作用与张开度和滑移变形之间的关系，模拟裂缝在材料中的萌生与扩展过程。Belytschko 等[3,4] 提出扩展有限元法，通过引入非连续的阶跃函数来表征裂缝两侧的非连续位移场，求解连续介质的损伤断裂问题，该方法不用进行网格重新剖分，即可模拟裂纹的扩展。由于上述方法均是以连续理论为基础，在模拟岩石的破裂问题中面临着数值求解不稳定、方程病态等许多明显的问题。

离散单元法和非连续变形分析是目前通用的非连续介质力学方法。离散元可以将块体视为刚体或变形体，块体之间通过弹簧连接，通过弹簧的破坏实现块体之间的破坏。变形体离散元中通过引入损伤、断裂的界面接触模型，通过界面单元的起裂、扩展和失效实现岩体开裂的模拟。Ke[5] 基于非连续变形分析方法，通过加入人工节理及分割子块体的方法模拟块体的破裂。这两种方法能够准确地模拟块体间的破坏及刚体运动，在大位移及非线性问题的计算上效率较高。但该类方法由于基于离散介质假设，故无法模拟介质由完全连续到非连续的破坏过程，同时破坏仅发生在块体界面上，受初始网格的影响较大，无法实现块体内部的断裂。

连续介质模型和非连续介质模型分别具有各自的优势，那么将两种模型结合为统一的连续–离散模型则是国内外的研究热点。Owen 等[6] 在有限元网格中嵌入裂缝实现连续向非连续的转化，并用该方法来研究脆性材料在冲击作用下的力学行为。Munjiza 等[7] 将有限元和离散元耦合，在有限元中引入了损伤断裂理论，当材料破裂后，利用离散元的方法在块体边界间进行接触计算。

总结连续–非连续模型耦合算法，可以根据算法的功能分为如下几个层次：① 基于连续或非连续模型，改良算法，相互渗透，如扩展有限元算法，可变形块体离散元算法。这类算法通常不能摆脱原有算法的缺陷。② 单元界面断裂类算法。此类算法集成了有限元的模型，判断界面是否满足破坏准则，然后转化为由弹簧连接的离散元模型。此类算法不能摆脱计算单元对网格的依赖性。③ 单元断裂类算法。根据单元的受力状态，在计算过程中，分割单元使连续单元转化为非连续单元，单元断裂后化为离散元模型。④ 单元损伤转化为界面损伤，沿损伤界面断裂模型。该模型是目前较为合理的模型，基本上实现了由连续到非连续灾变过程的自然过渡计算。

在上述每类算法中又有多种不同的处理方式，本书作者的研究团队进行了各种尝试。本章将系统介绍相对成熟的工作。基于连续–离散耦合分析的思路，本章发展了连续–非连续单元方法[8-13]，并应用于地质体的渐进破坏分析。该方法在连续计算时，将块体单元离散为具有明确物理意义的弹簧系统，通过对弹簧系统的能量泛函求变分获得各弹簧的刚度系数，获得弹簧长度、面积等特征量，进而在局部坐标系下直接求解单元变形和应力。连续问题计算结果与有限元一致，在继承有限元优势的同时提高计算效率。在此基础上，通过引入莫尔–库仑与最大拉应力的复合准则，确定单元的破裂状态及破裂方向，进而采用局部块体切割的方式实现单元内部和边界上的破裂，显示模拟裂纹的形成和扩展。该方法不用预先设置裂纹扩展的路径，且扩展过程中不受初始网格的限制，可有效解决拉伸、压剪等复杂应力状态下多条裂纹的扩展问题。单元破裂后，在破裂单元面上相应地建立接触边模型，用于块体之间的接触检索，从而可以模拟连续–离散耦合介质向离散介质转化后的大运动和转动问题。

9.1 CDEM 数值计算方法

9.1.1 基本概念及定义

连续–非连续单元法 (continuous-discontinuous element method，CDEM) 可定义为：一种拉格朗日系统下的基于可断裂单元的动态显示求解算法。通过拉格朗日能量系统建立严格的控制方程，利用动态松弛法显示迭代求解，实现了连续–非连续的统一描述，可模拟材料从连续变形到断裂直至运动的全过程，结合了连续和离散计算的优势，其中连续计算可采用有限元、有限体积及弹簧元等方法，离散计算则采用离散元法。

连续–非连续单元法初始求解区域 (图 9.1) 可以分为三种：完全连续、连续–离散和完全离散。对应节点类型包括连续节点、离散节点及混合节点等三类：连续节点被一个或多个单元共用，不参与界面力的求解；离散节点仅属一个单元，参与界面力求解；混合节点则被多个单元共用，且参与界面力求解。三种区域类型对应不同特征状态的物理问题，如连续介质中的裂纹扩展、含节理岩体的变形破坏以及堆石体的运动规律等。计算过程中连续单元可以分裂，形成显示裂缝，裂缝和界面分别通过接触和结构层模型来描述。针对求解区域的计算特征，连续–非连续单元法构建了几个重要概念，分述如下。

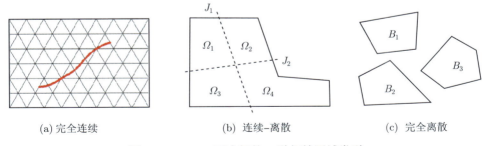

(a) 完全连续   (b) 连续–离散   (c) 完全离散

图 9.1 CDEM 可求解的 3 种初始区域类型

(1) 克隆技术：连续域计算的节点联结技术，用单刚计算构成连续节点的算法，事实上就是连续节点，保证位移协调；

(2) 罚弹簧：连续域计算的数学弹簧，保证位移协调；

(3) 结构层：描述节理特征的有厚度界面模型；

(4) 接触：描述离散块体之间的相互作用的力学模型。

对于连续区域的求解，可以采用克隆或罚弹簧的方式 (图 9.2)，保证计算域内的位移连续，两种方式的计算结果均与有限元等价。克隆技术是将空间位置相同的离散网格点作为统一的节点进行计算，即前文所述的连续节点。连续节点质量为连接的所有单元节点质量之和，连续域的变形特征由全场所有连续节点的位移和运动状态表征。罚弹簧则是采用另外一种思路，即先将连续域的单元全部离散，进而用大刚度的数学弹簧进行连接，保证了单元之间的位移协调特征。

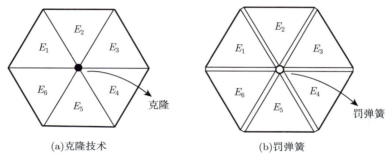

(a)克隆技术　　　　　　　　　　　(b)罚弹簧

图 9.2　连续域求解中的克隆和罚弹簧技术

连续区域内裂纹的萌生采用单元分裂的方式，无论克隆方式或是罚弹簧方式，初始裂缝在单元内部萌生之后，原先的母单元沿着裂缝面分裂为两个子单元，缝面上采用接触模型 (莫尔–库仑、应变软化、内聚力等) 进行描述 (图 9.3)。事实上，如果这种方式中裂缝可以任意切割块体，那么必然会出现畸形单元。为了保证切割之后单元的质量，这里规定裂缝只能在单元边中点左右的一定区域内扩展，这样在充分提高裂纹扩展方向准确性的前提下保证了计算单元的质量。

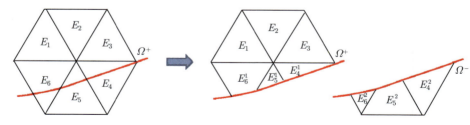

图 9.3　裂缝面两侧单元的分裂

如果初始条件下存在多组节理切割 (如结构性岩体)，那么计算区域则为连续–离散共存的情形，结构层[14] 即相邻两个连续区域的联接部分，为一种表征节理特征的有厚度界面模型。结构层的构造采用单元界面缩进方式来实现 (图 9.4)，其刚度则根据节理材料参数和尺寸确定。依据薄层弹簧元，结构层克服传统离散元界面弹簧无物理意义、位移难以算准的问题。在结构层中引入强度准则,则可以描述节理的变形破坏特征。

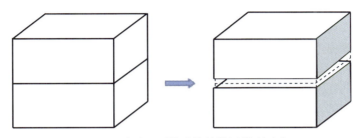

图 9.4 通过界面缩进的结构层模型示意

9.1.2 基本控制方程

本节通过拉格朗日能量系统建立控制方程,拉格朗日方程的表达式为

$$\frac{\mathrm{d}}{\mathrm{d}t}\left(\frac{\partial L}{\partial \dot{u}_i}\right) - \frac{\partial L}{\partial u_i} = Q_i \tag{9.1}$$

式中,Q_i 为系统的非保守力;L 为拉格朗日函数,可写为

$$L = \Pi_{\mathrm{m}} + \Pi_{\mathrm{e}} + \Pi_{\mathrm{f}} \tag{9.2}$$

式中,Π_{m}、Π_{e}、Π_{f} 分别为系统动能、弹性能和势能。

在拉格朗日系统下的单元上进行讨论,单元的能量泛函为

$$L = \frac{1}{2}\int_V \rho \dot{u}_i^2 \mathrm{d}V + \int_V \frac{1}{4}\sigma_{ij}(u_{i,j} + u_{j,i})\mathrm{d}V - \int_V f_i u_i \mathrm{d}V \tag{9.3}$$

式中,ρ 是密度,u_i 是单元节点位移,$\dot{u}_i$ 是节点速度,σ_{ij} 为单元平均应力张量,V 是单元体积。非保守力包括阻尼力和边界外力,分别写为

$$Q_\mu = \int_V \mu \dot{u}_i \mathrm{d}V, \quad Q_{\bar{T}} = -\int_S \bar{T}_i \mathrm{d}S \tag{9.4}$$

式中,μ 是阻尼系数,$\bar{T}_i$ 是子域边界上的面力。则拉格朗日方程可写为

$$-\left(\int_V \rho \ddot{u}_i \mathrm{d}V + \int_V \sigma_{ij}\frac{\partial u_{i,j}}{\partial u_i}\mathrm{d}V - \int_V f_i \mathrm{d}V\right) = \int_V \mu \dot{u}_i \mathrm{d}V - \int_S \bar{T}_i \mathrm{d}S \tag{9.5}$$

利用分部积分有

$$\int_V \sigma_{ij}\frac{\partial u_{i,j}}{\partial u_i}\mathrm{d}V = \int_S \sigma_{ij} n_j \mathrm{d}S - \int_V \sigma_{ij,j}\mathrm{d}V \tag{9.6}$$

从而拉格朗日方程简化为

$$\int_V (\sigma_{ij,j} + f_i - \rho \ddot{u}_i - \mu \dot{u}_i)\, \mathrm{d}V + \int_S (\bar{T}_i - \sigma_{ij} n_j)\, \mathrm{d}S = 0 \tag{9.7}$$

其中

$$\sigma_{ij} = \lambda \varepsilon_{ij} \delta_{ij} + G \varepsilon_{ij} = \lambda \frac{\partial u_i}{\partial x_j} \delta_{ij} + G \frac{\partial u_i}{\partial x_j} \tag{9.8}$$

则方程 (9.7) 写成节点位移和速度的函数

$$\int \left[\rho \frac{\mathrm{d}v}{\mathrm{d}t} + \frac{\partial}{\partial x_j} \left(\lambda \frac{\partial u_i}{\partial x_j} \delta_{ij} + G \frac{\partial u_i}{\partial x_j} \right) - C_m v - C_k \frac{\partial v_i}{\partial x_j} + f_i \right] \mathrm{d}v$$
$$+ \int \left[\bar{T} - \left(\lambda \frac{\partial u_i}{\partial x_j} \delta_{ij} + G \frac{\partial u_i}{\partial x_j} \right) n_j \right] \mathrm{d}s = 0 \tag{9.9}$$

方程 (9.9) 是连续–非连续计算模型的基本方程。该方程是积分微分方程，积分区域是计算单元，在积分区域内按照选定的位移和速度模式，定义由节点位移和节点速度表达的任何一点的速度、位移。求解方程得到节点位移和节点速度，即可获得全场的速度和位移。该方程与微分方程等价，也可以由此得到离散元的传统表达方式。根据动力学平衡条件

$$\sigma_{ij} n_j = \bar{T}_i \tag{9.10}$$

可得单元的动力学平衡微分方程

$$\sigma_{ij,j} + f_i - \rho \ddot{u}_i - \mu \dot{u}_i = 0 \tag{9.11}$$

由于含有应力的偏导项，式 (9.11) 不能直接用于数值求解。此时，即可根据前文所述的弹簧元方法或有限元方法，单元节点所受的内力应等于单元变形能对节点的位移求偏导，即

$$F_i^{\mathrm{e}} = \frac{\partial \Pi_{\mathrm{e}}}{\partial u_i} = K_{ij}^{\mathrm{e}} u_j \tag{9.12}$$

其中，K_{ij}^{e} 为弹簧元的刚度系数或有限元的局部刚度阵。当采用弹簧元进行计算时，则由弹簧变形计算单元节点力。至此，拉格朗日方程可写为

$$\int_V \rho \ddot{u}_i \mathrm{d}V + \int_V \mu \dot{u}_i \mathrm{d}V + F_i^{\mathrm{e}} = \int_V f_i \mathrm{d}V + \int_S \bar{T}_i \mathrm{d}S \tag{9.13}$$

最终单元的动力学方程可以写为

$$\boldsymbol{M} \ddot{\boldsymbol{u}}(t) + \boldsymbol{C} \dot{\boldsymbol{u}}(t) + \boldsymbol{K} \boldsymbol{u}(t) = \boldsymbol{F}(t) \tag{9.14}$$

式中，$\ddot{\boldsymbol{u}}(t)$、$\dot{\boldsymbol{u}}(t)$ 和 $\boldsymbol{u}(t)$ 分别是单元内所有节点的加速度列阵、速度列阵和位移列阵；$\boldsymbol{M}$、$\boldsymbol{C}$、$\boldsymbol{K}$ 和 $\boldsymbol{F}(t)$ 分别为单元质量矩阵、阻尼矩阵、刚度矩阵和节点外部荷载列阵。

9.1.3 全域动态松弛求解

不同于有限元方法通过总体刚度矩阵求解，连续–非连续单元法在建立单元的动力学求解方程后，无需形成总刚，而采用动态松弛方法进行求解。动态松弛方法通过在动态计算中引入阻尼项，使得初始不平衡的振动系统逐渐衰减到平衡位置，是一种将静力学问题转化为动力学问题进行求解的显式方法。该方法基本流程如图 9.5 所示。

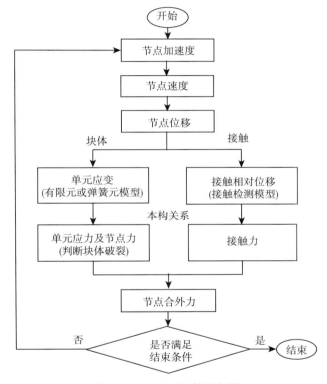

图 9.5 CDEM 计算流程图

(1) 从已知的初始状态开始，在每一个时间步长 (如第 n 步) 结束后，固定计算区域内的所有单元。

(2) 计算每个单元节点的弹簧力 $\boldsymbol{F}_n^{\mathrm{s}}$，并将 $\boldsymbol{F}_n^{\mathrm{s}}$ 和外力 $\boldsymbol{F}_n^{\mathrm{e}}$ 求和得到节点合外力。

$$\boldsymbol{F}_n = \boldsymbol{F}_n^{\mathrm{s}} + \boldsymbol{F}_n^{\mathrm{e}} \tag{9.15}$$

(3) 根据式 (9.12)，计算每个单元节点的不平衡力 $\{\boldsymbol{F}_n^{\mathrm{r}}\}$。

$$\boldsymbol{F}_n^{\mathrm{r}} = \boldsymbol{F}_n - \boldsymbol{C}\dot{\boldsymbol{u}}_n - \boldsymbol{K}\boldsymbol{u}_n \tag{9.16}$$

(4) 根据每个块体上节点的不平衡力，计算这些节点的加速度。

$$\boldsymbol{a}_n = \boldsymbol{M}^{-1} \boldsymbol{F}_n^{\mathrm{r}} \tag{9.17}$$

(5) 根据加速度和时步 Δt，同时放松所有的节点。

$$\dot{\boldsymbol{u}}_{n+1} = \dot{\boldsymbol{u}}_n + \boldsymbol{a}_n \Delta t, \quad \boldsymbol{u}_{n+1} = \boldsymbol{u}_n + \dot{\boldsymbol{u}}_{n+1} \Delta t \tag{9.18}$$

(6) 在新位置上固定所有节点，循环下一次迭代，直到满足退出条件。

9.1.4 时间步长选取

动态松弛法反映的是材料内部的振动过程，时间步长不仅与外加荷载的频率有关，还与材料或结构的自振周期有关。在连续–非连续单元法中，单元的尺度是一个特征尺度，应保证在一个时步内波的传播距离小于单元的最小尺度，否则计算将会发散。

可将计算域内单元振动的最小固有周期作为特征时间，写为

$$T_{\mathrm{e}} = 2\pi \sqrt{\frac{m}{K}} \tag{9.19}$$

式中，m 为单元的质量，K 为单元的刚度。

同时，当外载的频率很高时，如爆破冲击等问题中，还需考虑荷载的周期 T_{f}。保证计算收敛的时步应取为

$$\Delta t \leqslant \min(T_{\mathrm{e}}, T_{\mathrm{f}}) \tag{9.20}$$

9.1.5 阻尼系数选取

计算静力问题时，可以通过调整阻尼系数使动态计算收敛到静态结果。由于静态的结果是块体速度趋于零的动态计算近似结果，当阻尼系数较大时，收敛速度较快；反之，系统中的节点会反复振动。但是，在实际的动态计算中，阻尼反映了材料在变形和破坏过程中内部能量的耗散，对波的传播以及结构的振动影响很大，取得不合适会造成计算结果偏离实际情况。因此，有必要对如何获取合理的阻尼系数作进一步说明。

节点运动的控制方程可写为

$$m\ddot{u}_i + c\dot{u}_i + F_i^{\mathrm{e}} = F \tag{9.21}$$

引入特征时间 $T_{\mathrm{e}} = 2\pi\sqrt{m/K}$，并作代换，有

$$t = T_{\mathrm{e}} t' \tag{9.22}$$

整理得

$$\ddot{u}_i + \frac{2\pi c}{\sqrt{mK}}\dot{u}_i + \frac{4\pi^2}{K}F_i^{\mathrm{e}} = \frac{4\pi^2}{K}F \qquad (9.23)$$

记

$$\zeta = \frac{2\pi c}{\sqrt{mK}} \qquad (9.24)$$

称 ζ 为无量纲的阻尼比，有

$$c = \frac{1}{2\pi}\zeta\sqrt{mK} \qquad (9.25)$$

阻尼比影响材料振动的频率和动荷载下结构振动持续的时间。计算中改变阻尼比就可以改变结构的振动持续时间；反之，亦可以根据试验得到的结构振动持续时间，反演出系统的阻尼比。

9.2 块体边界破裂计算

自然存在的岩体中存在大量的节理、裂隙以及结构面等，导致岩体在初始状态下的非均匀、非连续特征。这些结构面有一些共同的特征，如在静、动荷载作用下，接触面可能发生张开、闭合、滑移等现象。现有的接触面分析模型可以分为三大类：第一类是等效连续模型，将各种接触面简单概化成等效的连续体，直接采用普通的有限元进行分析；第二类是将结构面视为接触边界，根据结构面的力–变形特性，将结构面的力学行为模拟为各种接触边界条件；第三类就是各种接触单元模型，将结构面模拟为各种特殊的有限元、边界元等。传统的连续介质力学分析方法对这类问题并不能进行有效地解决。例如，有限元通过界面单元的方式表征结构面，可以模拟块体沿着结构面的破裂行为，但是不能解决界面两侧的块体发生大的分离或滑动。在处理实际物理问题时，若这些界面是客观存在并且在问题中不可忽略，那么块体沿着界面断开是一种合理的处理方式。CDEM 方法处理该类问题时，连续块体区域采用有限元进行计算，结构面所在区域则用接触弹簧表征，从而实现了块体小变形、界面大变形的模拟。

9.2.1 离散特征与破裂判断

传统有限元在进行数值离散时，将计算区域离散为节点和单元。由于考虑界面的非连续特征，CDEM 在数值离散时，除了节点和单元之外，添加接触描述结构面的力学特征。如图 9.6 所示，假设计算区域被三组结构面 T_1、T_2 和 T_3 所切割，形成三个区域 Ω_1、Ω_2、Ω_3，各个区域都需要进行有限元离散，同时将接触边界离散化，进而在两两区域之间建立界面接触表征结构面。

CDEM 中的初始界面接触采用刚性弹簧进行连接，通过空间拓扑信息进行查找。如图 9.7 所示，A、B 为两个相邻块体，$abcd$ 为相连接的公共面，界面接触则

是在公共面两侧块体的相应节点间建立弹簧 (图 9.7)。由于仅需要块体离散的拓扑信息，无需进行几何上的接触检索，此种方式可以高效地建立块体在初始状态时的接触关系。当计算的问题仅发生小变形时，迭代计算的过程中不再需要重新判断接触关系，而是直接根据界面两侧块体的相对变形情况即可计算接触应力，并可依据应力对接触的破坏状态做出判断。

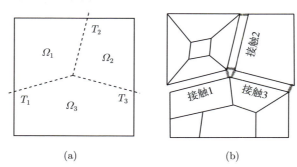

(a)　　　　　　　　　　　　(b)

图 9.6　数值离散后的块体单元和接触弹簧

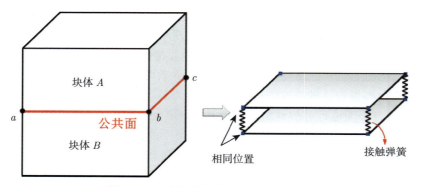

图 9.7　通过拓扑信息建立的界面接触

通过拓扑信息建立的界面接触是一种无厚度接触单元，其本构关系的增量形式为

$$\left\{ \begin{array}{c} \mathrm{d}\sigma \\ \mathrm{d}\tau \end{array} \right\} = \left[\begin{array}{cc} k_{\mathrm{n}} & 0 \\ 0 & k_{\tau} \end{array} \right] \left\{ \begin{array}{c} \mathrm{d}u \\ \mathrm{d}v \end{array} \right\} \tag{9.26}$$

式中，$\mathrm{d}\sigma$、$\mathrm{d}\tau$ 分别为接触的正应力和剪应力增量，正应力以拉为正；$\mathrm{d}u$、$\mathrm{d}v$ 分别为法向和切向位移增量，法向位移以张开为正；k_{n}、k_{τ} 分别为接触面法向及切向单位刚度系数。若采用结构层及弹簧元模型描述接触时，上述刚度系数则可以根据物理厚度进行计算。当刚度系数为常数时，接触面为线性本构关系。另外，也可以通过法向刚度随变形变化的方式获得接触非线性本构关系。

界面接触弹簧采用张拉–压剪复合准则判断其破坏状态, 张拉模式的弹脆性破坏采用最大张拉力准则模拟

$$\sigma = \begin{cases} k_{\mathrm{n}}u & (\sigma < \sigma_{\mathrm{t}}) \\ 0 & (\sigma \geqslant \sigma_{\mathrm{t}}) \end{cases} \tag{9.27}$$

式中, σ_{t} 为接触抗拉强度。当界面发生张拉破坏时, 界面上的剪切应力也相应地置为 0。剪切模式的弹脆性破坏采用莫尔–库仑准则模拟

$$\tau = \begin{cases} k_{\tau}v & (|\tau| \leqslant c - \sigma f) \\ \mathrm{sign}(\dot{v})\sigma_{\mathrm{n}}\tan\phi & (|\tau| > c - \sigma f) \end{cases} \tag{9.28}$$

式中, c 为接触黏聚力; f 为接触内摩擦角, 上述本构关系如图 9.8 所示。当界面接触发生破裂之后, 接触所连接的两侧块体则会发生张开或滑动。若实际工程分析中, 接触面在荷载作用下的切向相对位移与单元尺度相比较小, 此种模型可以进行有效地分析应用。

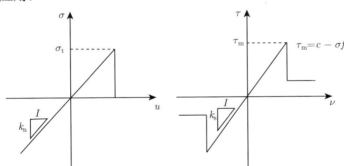

图 9.8 界面接触弹脆性本构关系

9.2.2 接触本构描述

在工程地质领域, 岩体结构面受到极大重视, 大部分工程中的稳定问题主要受结构面的控制, 如岩体内结构面引起的边坡失稳问题, 围岩结构面引起的地下结构失稳问题等。通过数值分析方法对岩体抗滑稳定以及破裂演化过程进行分析, 可以克服常规刚体极限平衡法的缺点。因此, 研究能够准确描述地质体结构面力学性质的本构关系, 对于地质体力学的发展具有重要意义。

1. 结构面应变软化模型

传统界面接触模型是脆断性质的, 一旦接触弹簧达到拉伸强度或者剪切强度,

即将接触弹簧的黏聚力 T 和抗拉强度 C 置零，如下式

$$\begin{cases} F_\mathrm{n} = F_\mathrm{s} = 0,\ T = 0,\ C = 0 & (\text{if } -F_\mathrm{n} \geqslant T) \\ F_\mathrm{s} = F_\mathrm{n} \tan \varphi + C,\ T = 0,\ C = 0 & (\text{if } F_\mathrm{s} \geqslant F_\mathrm{n} \tan \phi + C) \end{cases} \tag{9.29}$$

式中，F_n、F_s 分别表示弹簧的法向及切向力，以压为正；φ 为接触摩擦角。由于每根截面弹簧均具有各自的特征面积，而脆性断裂模型在处理破裂问题时假设断裂是瞬时发生的，裂纹扩展不需要时间。因此，采用该模型，在某种程度上夸大了荷载的破坏效果。此外，由于黏聚力 T 和抗拉强度 C 强行置零，会使得下一时步计算所得的弹簧力与本时步相比存在数值上的跳跃，这在某种程度上会引起数值计算结果的失真。

本节从材料的宏观力学响应出发，在界面上引入应变软化模型，将接触弹簧的黏聚力及抗拉强度与接触弹簧的塑性应变建立联系。考虑到结构面中软弱夹层 (尤其是泥化夹层) 在总应变达到 1%~3% 时将出现断裂滑移现象，即总应变达到上述范围时黏聚力及抗拉强度完全丧失。因此，本节假定当接触弹簧拉伸塑性应变从 0~1%，剪切塑性应变从 0~3%，结构面弹簧的抗拉强度及黏聚力由初始强度线性衰减至 0，具体如下

$$\begin{cases} F_\mathrm{n} = T_{t0},\ T_{t1} = -\dfrac{T_0}{1\%} \times \varepsilon_\mathrm{tp} + T_0 & (\text{if } -F_\mathrm{n} \geqslant T_{t0}) \\ F_\mathrm{s} = F_\mathrm{n} \tan \varphi + C_{t0},\ C_{t1} = -\dfrac{C_0}{3\%} \times \varepsilon_\mathrm{sp} + C_0 & (\text{if } F_\mathrm{s} \geqslant F_\mathrm{n} \tan \phi + C_{t0}) \end{cases} \tag{9.30}$$

式中，t_0 表示本时刻，t_1 表示下一时刻；T_0、C_0 分别表示初始时刻的抗拉强度和黏聚力；ε_tp 为塑性拉伸应变；ε_sp 为塑性剪切应变，示意图如图 9.9 所示。结构面的 ε_tp 和 ε_sp 可按下式求得。

$$\varepsilon_\mathrm{tp} = \frac{d_\mathrm{n} - T_{t0}/K_\mathrm{n}}{L}, \quad \varepsilon_\mathrm{sp} = \frac{d_\mathrm{s} - (F_\mathrm{n} \tan \varphi + C_{t0})/K_\mathrm{s}}{L} \tag{9.31}$$

式中，d_n 和 d_s 为弹簧的法向总位移及切向总位移；K_n 和 K_s 为弹簧的法向刚度及切向刚度；L 为弹簧的特征长度，即表征结构面的特征厚度。

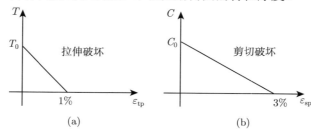

图 9.9   结构面应变软化模型示意图

2. 应变强度分布模型

材料破坏的过程中，破裂是一个基本特征。材料内部裂缝的数量、长度和间距可以直接反映材料的当前状态。因此，对材料内部非均匀性的描述或对材料失效过程中内部破裂的描述，是研究材料非线性、破裂力学行为和本构关系时应当考虑的关键因素。本节所述的应变强度分布模型就是一种描述岩体渐进破裂过程的损伤本构模型。

应变强度分布准则基于以下几个最基本的假设：① 代表体积元是等应变的；② 代表体积元内部的应变强度是分布的；③ 代表体积元内任意界面由弹性微元面和破裂微元面组成；④ 弹性微元面保持线弹性，破裂微元面用接触摩擦表征。基于上述假设，可以引入破裂度和完整度的概念，定量描述界面的破裂状态。对于一个给定界面，破裂度定义为破裂微元面占总面积的比例，完整度为弹性微元面占总面积的比例。若将破裂类型分为拉伸破坏、剪切破坏和拉剪联合破坏三类，破裂度也可定义拉伸破裂度、剪切破裂度和联合破裂度三类，同理定义三类对应的完整度。破裂度可以定量地表示为应变强度分布密度函数的累积积分形式。

若界面上仅有拉伸破坏，可定义拉伸破裂度和完整度，表达式如下

$$
\alpha_{\mathrm{b}} = \begin{cases} 0, & \varepsilon \leqslant \varepsilon_{\mathrm{l}} \\ \dfrac{\displaystyle\int_{\varepsilon_{\mathrm{l}}}^{\varepsilon} f(\varepsilon)\mathrm{d}\varepsilon}{\displaystyle\int_{\varepsilon_{\mathrm{l}}}^{\varepsilon_{\mathrm{b}}} f(\varepsilon)\mathrm{d}\varepsilon}, & \varepsilon_{\mathrm{l}} < \varepsilon < \varepsilon_{\mathrm{b}} \\ 1, & \varepsilon \geqslant \varepsilon_{\mathrm{b}} \end{cases}, \quad \alpha_{\mathrm{I}} = \begin{cases} 1, & \varepsilon \leqslant \varepsilon_{\mathrm{l}} \\ \dfrac{\displaystyle\int_{\varepsilon}^{\varepsilon_{\mathrm{b}}} f(\varepsilon)\mathrm{d}\varepsilon}{\displaystyle\int_{\varepsilon_{\mathrm{l}}}^{\varepsilon_{\mathrm{b}}} f(\varepsilon)\mathrm{d}\varepsilon}, & \varepsilon_{\mathrm{l}} < \varepsilon < \varepsilon_{\mathrm{b}} \\ 0, & \varepsilon \geqslant \varepsilon_{\mathrm{b}} \end{cases} \quad (9.32)
$$

式中，α_{b} 为拉伸破裂度；α_{I} 为拉伸完整度；$f(\varepsilon)$ 为拉伸应变强度分布密度函数；ε_{l} 为最小拉伸应变强度，可取为材料的线性比例极限；ε_{b} 为最大拉伸应变强度，可取为材料的断裂极限。界面的宏观等效应力为所有弹性微元面和破裂微元面应力之和，应力-应变关系为

$$
\sigma_{\mathrm{n}} = (1 - \alpha_{\mathrm{b}})(2G\varepsilon_{\mathrm{n}} + \lambda e) + \begin{cases} \alpha_{\mathrm{b}}(2G\varepsilon_{\mathrm{n}} + \lambda e), & \varepsilon < 0 \\ 0, & \varepsilon \geqslant 0 \end{cases} \quad (9.33)
$$

若界面上仅有剪切破坏，可定义剪切破裂度和完整度，表达式如下

$$
\beta_{\mathrm{b}} = \begin{cases} 0, & \gamma \leqslant \gamma_{\mathrm{l}} \\ \dfrac{\displaystyle\int_{\gamma_{\mathrm{l}}}^{\gamma} f(\gamma)\mathrm{d}\gamma}{\displaystyle\int_{\gamma_{\mathrm{l}}}^{\gamma_{\mathrm{b}}} f(\gamma)\mathrm{d}\gamma}, & \gamma_{\mathrm{l}} < \gamma < \gamma_{\mathrm{b}} \\ 1, & \gamma \geqslant \gamma_{\mathrm{b}} \end{cases}, \quad \beta_{\mathrm{I}} = \begin{cases} 1, & \gamma \leqslant \gamma_{\mathrm{l}} \\ \dfrac{\displaystyle\int_{\gamma}^{\gamma_{\mathrm{b}}} f(\gamma)\mathrm{d}\gamma}{\displaystyle\int_{\gamma_{\mathrm{l}}}^{\gamma_{\mathrm{b}}} f(\gamma)\mathrm{d}\gamma}, & \gamma_{\mathrm{l}} < \gamma < \gamma_{\mathrm{b}} \\ 0, & \gamma \geqslant \gamma_{\mathrm{b}} \end{cases}
$$

$$
(9.34)
$$

式中，β_{b} 为剪切破裂度，β_{I} 为剪切完整度，$f(\gamma)$ 为剪切应变强度分布密度函数，γ_{l} 为最小剪切应变强度，γ_{b} 为最大剪切应变强度。界面内微元的作用力分为弹性应力、静摩擦应力和滑动摩擦应力，剪切应力–应变关系为

$$\tau = (1 - \beta_{\mathrm{b}})G\gamma + \begin{cases} \beta_{\mathrm{b}}G\gamma, & G\gamma < (2G\varepsilon_{\mathrm{n}} + \lambda e)\tan\varphi, \varepsilon < 0 \\ \beta_{\mathrm{b}}(2G\varepsilon_{\mathrm{n}} + \lambda e)\tan\varphi, & G\gamma \geqslant (2G\varepsilon_{\mathrm{n}} + \lambda e)\tan\varphi, \varepsilon < 0 \\ 0, & \varepsilon \geqslant 0 \end{cases} \quad (9.35)$$

在拉剪联合作用下，界面既有拉伸破坏又有剪切破坏。假设拉伸应变强度和剪切应变强度分布是独立的，则首先可定义拉剪联合作用下的完整度为

$$I_{\mathrm{e}} = \alpha_{\mathrm{I}}\beta_{\mathrm{I}} \quad (9.36)$$

表示既未拉伸破坏又未剪切破坏的完好部分。界面上的破裂度可以表示为

$$S_{\mathrm{b}} = 1 - \alpha_{\mathrm{I}}\beta_{\mathrm{I}} \quad (9.37)$$

包含仅拉伸破坏、仅剪切破坏、拉伸剪切同时破坏三部分。界面上的正应力和剪应力可表示为

$$\sigma_{\mathrm{n}} = (1 - D_{\mathrm{b}})(2G\varepsilon_{\mathrm{n}} + \lambda e) + \begin{cases} D_{\mathrm{b}}(2G\varepsilon_{\mathrm{n}} + \lambda e), & \varepsilon < 0 \\ 0, & \varepsilon \geqslant 0 \end{cases} \quad (9.38)$$

$$\tau = (1 - D_{\mathrm{b}})G\gamma + \begin{cases} D_{\mathrm{b}}G\gamma, & G\gamma < \sigma_{\mathrm{n}}\tan\varphi, \varepsilon < 0 \\ D_{\mathrm{b}}(2G\varepsilon_{\mathrm{n}} + \lambda e)\tan\varphi, & G\gamma \geqslant \sigma_{\mathrm{n}}\tan\varphi, \varepsilon < 0 \\ 0, & \varepsilon \geqslant 0 \end{cases} \quad (9.39)$$

3. 内聚力裂缝模型

按照前文所述准则判断界面破裂后，缝面上的应力与张开度间的关系是重点关心的问题。作为分离式裂缝模型的一种，内聚力模型通过定义裂缝面上分布黏聚力与张开度之间的软化关系，描述复合拉剪和压剪模式下损伤微裂材料的弱化力学行为，可表述如下：

(1) 假定起裂时的裂缝面法向应力为 σ_0，采用 Hillerborg 等 [15] 建议的线性软化曲线 (图 9.10)，根据断裂带理论，最大裂缝张开度为

$$w_{\mathrm{f}} = 2G_{\mathrm{f}}/\sigma_0 \quad (9.40)$$

裂缝面上法向应力 σ_{n} 和张开度 w 关系为

$$\sigma_{\mathrm{n}} = \begin{cases} \sigma_0(1 - w/w_{\mathrm{f}}), & 0 \leqslant w \leqslant w_{\mathrm{f}} \\ 0, & w > w_{\mathrm{f}} \end{cases} \quad (9.41)$$

(2) 根据 Wells 和 Sluys[16] 假定，定义裂缝面切向刚度按裂缝面法向张开度进行折减，折减系数为 β，裂缝面黏聚力 c 与裂缝面抗拉强度具有相同软化模式，则有

$$\beta = \sigma_n/\sigma_0, \quad c' = \beta c \tag{9.42}$$

$$\tau = \begin{cases} \beta k_s u_s & (|\tau| \leqslant -\sigma_n \tan\phi + c') \\ \mathrm{sign}(\dot{u}_s)\sigma_n \tan\phi & (|\tau| > -\sigma_n \tan\phi + c') \end{cases} \tag{9.43}$$

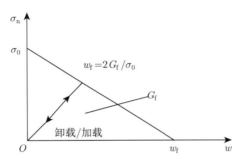

图 9.10　内聚力模型线性软化曲线

9.2.3　数值算例

为验证边界接触破裂模型的正确性，建立如图 9.11 所示的结构面直剪模型，研究该模型在剪切荷载作用下结构面处的切向应力与切向位移间的关系。模型高 $h = 55\mathrm{mm}$，宽 $w = 70\mathrm{mm}$，结构面在模型中部 27.5mm 处。数值模拟的材料参数如表 9.1 所示，包括完整岩石和结构面。结构面法向刚度为 3GPa/m，切向刚度为 0.3GPa/m，内摩擦角为 15°。

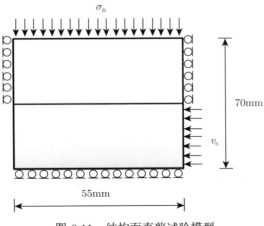

图 9.11　结构面直剪试验模型

表 9.1　完整岩石和结构面材料参数

完整岩石		结构面	
弹性模量 E	30GPa	法向刚度 K_n	3.0GPa/m
泊松比 ν	0.25	切向刚度 K_s	0.3GPa/m
抗拉强度 T	7MPa	摩擦角	15°
内聚力 c	20 MPa	内聚力	0~2MPa
内摩擦角 φ	15°		

　　首先采用莫尔–库仑的脆性断裂模型进行模拟。加载条件为：① 在模型顶部施加法向应力，分别取 5.0MPa、10.0MPa、15.0MPa、20.0MPa 等 4 种工况；② 在模型右侧施加水平向的增量位移荷载 $v_s = 5.0 \times 10^{-10}$m/s。不同工况下结构面上的应力–应变曲线如图 9.12 所示，其中图 (a) 为内聚力等于 0 的情形，图 (b) 为内聚力等于 2MPa 的情形。由图可知，不同法向应力下数值模拟获得的结构面残余强度分别为 1.34MPa、2.68MPa、4.02MPa、5.36MPa，与理论值完全一致，说明结构面接触模型的正确性。

　　剪切位移与应力曲线在初始加载时即表现出非线性特征，这是由于结构面上的单元发生渐进破坏。图 9.13 所示为加载过程中试样的水平向位移，其中内聚力为 2MPa，法向应力为 15MPa，变形放大系数为 10.0，可以清楚地观察结构面两侧的剪切错动过程。

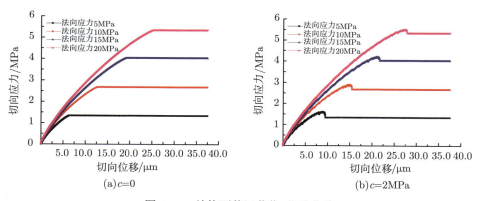

图 9.12　结构面剪切荷载–位移曲线

　　在脆断模型的基础上，采用前文所述的结构面应变软化模型进行分析，分别取剪切塑性应变值为 0.03 和 0.07，并按线性软化，内聚力值为 2MPa。剪切荷载与位移变化曲线如图 9.14 所示，相比于脆断模型，软化模型中软化段的存在使得结构面的剪切承载力提高，且剪切塑性应变值越大，剪切承载力越强。

　　为研究结构面粗糙度对剪切承载力的影响，在前述模型的基础上建立如图 9.15 所示模型，(a)、(b) 分别表示不同结构面粗糙度的直剪模型。内聚力为 0 时，结构面上的剪切荷载–位移曲线如图 9.16 所示，与平滑结构面相比，剪切承载能力明显提高，对于更为粗糙的结构面模型 b，表现出明显的应力强化和剪胀特征。图 9.17 所示为内聚力为 2 MPa 时的剪切荷载位移曲线，与内聚力为 0 相比，曲线在峰值点后有微小的应力降低，之后仍表现出强化特征。图 9.18 所示为粗糙结构面 b 在加载过程中的水平向位移云图，其中内聚力为 2 MPa，法向应力为 15 MPa，变形放大系数为 10.0，对应的结构面的破裂过程如图 9.19 所示。

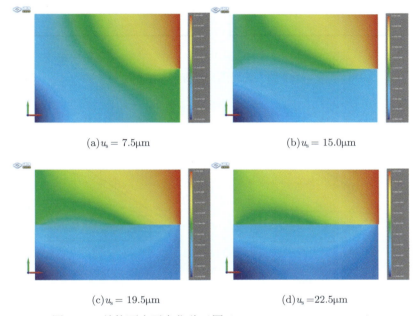

(a)$u_s = 7.5\mu m$ (b)$u_s = 15.0\mu m$

(c)$u_s = 19.5\mu m$ (d)$u_s = 22.5\mu m$

图 9.13 结构面水平向位移云图 ($c = 2MPa$, $\sigma_n = 15MPa$)

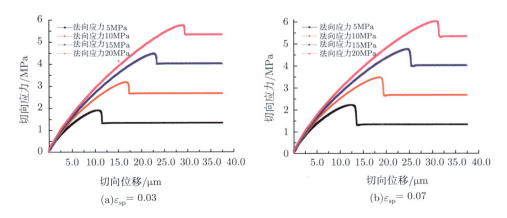

(a)$\varepsilon_{sp} = 0.03$ (b)$\varepsilon_{sp} = 0.07$

图 9.14 应变软化模型的结构面剪切荷载–位移曲线

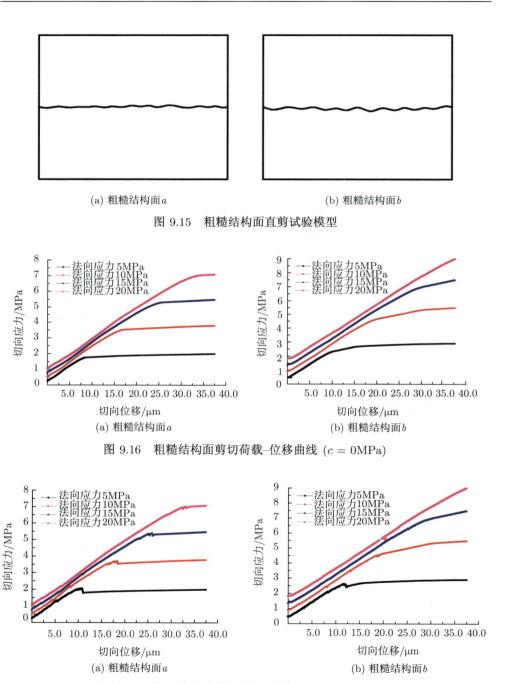

(a) 粗糙结构面 a　　　　　　　　　　(b) 粗糙结构面 b

图 9.15　粗糙结构面直剪试验模型

(a) 粗糙结构面 a　　　　　　　　　　(b) 粗糙结构面 b

图 9.16　粗糙结构面剪切荷载–位移曲线 ($c = 0\text{MPa}$)

(a) 粗糙结构面 a　　　　　　　　　　(b) 粗糙结构面 b

图 9.17　粗糙结构面剪切荷载–位移曲线 ($c = 2\text{MPa}$)

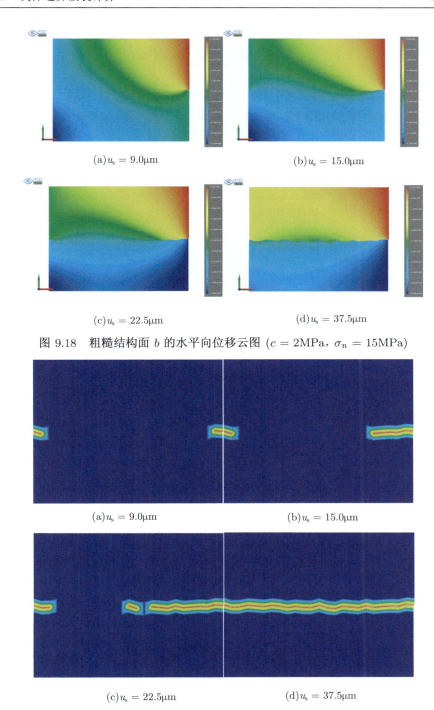

(a) $u_s = 9.0 \mu m$　　　　　　　　　　(b) $u_s = 15.0 \mu m$

(c) $u_s = 22.5 \mu m$　　　　　　　　　(d) $u_s = 37.5 \mu m$

图 9.18　粗糙结构面 b 的水平向位移云图 ($c = 2\mathrm{MPa}$, $\sigma_\mathrm{n} = 15\mathrm{MPa}$)

(a) $u_s = 9.0 \mu m$　　　　　　　　　　(b) $u_s = 15.0 \mu m$

(c) $u_s = 22.5 \mu m$　　　　　　　　　(d) $u_s = 37.5 \mu m$

图 9.19　粗糙结构面 b 的结构破裂过程 ($c = 2\mathrm{MPa}$, $\sigma_\mathrm{n} = 15\mathrm{MPa}$)

9.3　块体内部破裂计算

CDEM 处理连续问题的方法前文已有详细论述，在保持有限元原有优势的同时，可以进行块体的大位移、大转动计算。为了进一步实现地质体由连续到非连续的破裂过程，需要在块体计算模型中引入破裂准则。传统的断裂力学方法可以有效解决裂纹尖端的应力集中以及已有裂纹的扩展问题，在裂纹处理上具有较大优势，但在地质体破裂问题中，经常面临的是多条复杂裂纹同时扩展、岩石碎裂性破坏等断裂力学较难处理的情况。本章将莫尔–库仑与最大拉应力的复合准则引入到块体破裂模型中，判断单元的破坏状态以及破裂方向，进而对单元进行切割并添加接触，实现块体单元的内部破裂。

9.3.1　块体破裂判断

在主应力空间对块体破裂进行判断，以压应力为正，如图 9.20 所示，假设块体抗拉强度为 σ_t，若满足

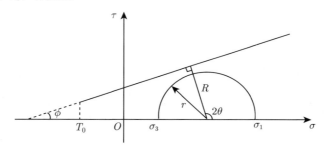

图 9.20　块体破裂的莫尔–库仑准则

$$-\sigma_3 \geqslant \sigma_t \tag{9.44}$$

则块体发生拉伸破坏，裂纹方向与最小主应力 σ_3 垂直。若 $-\sigma_3 < \sigma_t$，则考虑剪切破坏，假设块体内某一斜面的法向与 σ_1 间的夹角为 θ，则该斜面上的法向应力可表示为

$$\sigma_n = \frac{1}{2}(\sigma_1 + \sigma_3) + \frac{1}{2}(\sigma_1 - \sigma_3)\cos 2\theta \tag{9.45}$$

剪切应力可表示为

$$\tau = \frac{1}{2}(\sigma_1 - \sigma_3)\sin 2\theta \tag{9.46}$$

根据莫尔–库仑准则，斜面上的剪切强度为

$$s = c + \sigma_n \tan \phi \tag{9.47}$$

式中，c, ϕ 分别为内聚力和内摩擦角。发生剪切破坏的条件为

$$-\sigma_3 < \sigma_{\mathrm{t}}, \quad R \leqslant r \tag{9.48}$$

对应的应力判据为

$$\sigma_1 \geqslant \sigma_3 \tan^2(\pi/4 + \phi/2) + 2c \tan(\pi/4 + \phi/2) \tag{9.49}$$

裂纹方向与 σ_3 夹角为 $(\pi/4 + \phi/2)$。

　　按照上述强度准则，对计算区域内的所有块体进行强度判断，可获得破裂块体的裂纹方向。然而仅由破裂方向，块体内的裂纹位置仍无法确定。此时，若在块体内部任意位置出现裂纹，则会形成不规则单元，出现奇异性网格，这会使得计算精度大为降低，甚至会导致求解上的失败。对于图 9.21 所示的三棱柱块体单元，假定裂纹仅在单元内部面 $\alpha 1AD4$、$\alpha 2BE5$、$\alpha 3CF6$、$\beta ABED$、$\beta BCFE$、$\beta CADF$ 和单元边界面 $\gamma 1254$、$\gamma 2365$、$\gamma 3146$ 上形成，当块体发生破裂时，在块体的 6 个内部面和 3 个边界面中选取与理论判断的裂纹方向最为接近的面作为最终的裂纹面。

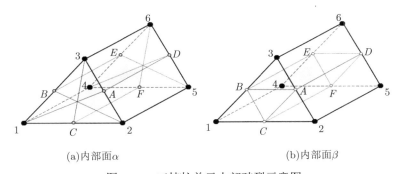

(a)内部面α　　　　　　　　　　(b)内部面β

图 9.21　三棱柱单元内部破裂示意图

　　采用该方法后，虽然裂纹无法精确地按照理论计算方向进行扩展，但是裂纹位置得以确定，同时网格质量也得到较好的控制。此外，相比变形体离散元的界面断裂方式 (图 9.22(a))，该方法为裂纹的扩展提供了更多可选择的路径 (图 9.22(b) 和 (c))，裂纹扩展方向更为准确。

9.3.2　裂纹扩展方式

　　在计算区域内，单元破裂伴随着初始裂纹的形成，那么接下来的过程则是裂纹的扩展。如图 9.23 所示，将三棱柱投影到二维平面，假设 MNP 为初始破裂单元，初始裂纹为 PQ，下面将在尖端 P、Q 分析裂纹的扩展路径。

　　如图 9.24 所示，在尖端 P 处裂纹扩展路径可以为单元边界面 PA_1-PA_4，也可以为单元内部面 PP_1-PP_5。对于尖端 Q，若仅是内部面破裂，那么扩展路径只可

能为 QQ_3, 裂纹扩展方向一定程度上受到限制。为了获得更加准确的路径, 引入单元内部的二次破裂, 在尖端 Q 处, 裂纹可以沿着路径 QQ_1 和 QQ_2 扩展。

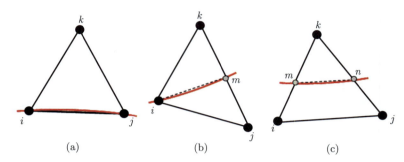

图 9.22   节点处裂纹扩展的三种方式

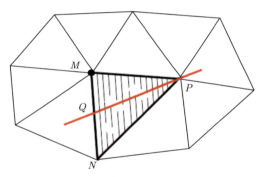

图 9.23   单元内部的初始裂纹图

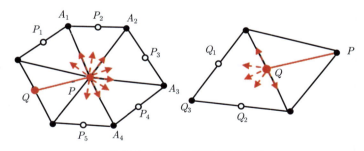

图 9.24   裂纹尖端的扩展路径

实际判断裂纹扩展方向时, 通过尖端节点应力值, 按照强度准则式 (9.44) 和式 (9.49) 进行计算。节点 P、Q 的应力可通过周围单元的应力平均求得

$$\bar{\sigma}_{ij} = \frac{1}{N} \sum_{k=1}^{N} \sigma_{ij}^k \tag{9.50}$$

式中，N 为裂纹尖端节点所连接的单元总数，σ_{ij}^{k} 为与该节点连接的单元应力张量。此时，若拉伸破坏 (式 (9.44)) 满足，裂纹方向则与最小主应力 σ_3 垂直；若剪切破坏 (式 (9.49)) 满足，裂纹方向则与最小主应力 σ_3 的夹角为 $(\pi/4 + \phi/2)$。因此，可以在所有的边界面、内部面以及二次破裂面中，选择与理论裂纹方向最为接近的面作为最终裂纹面。

结合上述建立的破裂机制，下面通过一个具体问题来说明本书所述的方法在裂纹扩展问题中的优势。如图 9.25 所示，初始网格由节点 1~10 及相应的单元组成，曲线 mn 假设为一条已知裂纹。现在的问题是：在该网格条件下构建破裂路径，实现对裂纹 mn 的模拟。基于本书所述的方法，裂纹可以按照如下方式扩展：

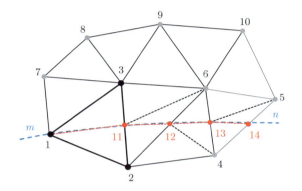

图 9.25 裂纹扩展方式示意

(1) 根据破裂准则，判断单元 123 沿路径 1-11 开裂，同时在裂纹尖端处建立新节点 11；

(2) 通过尖端节点 11 的应力值，按强度准则获得裂纹扩展方向，进而确定开裂路径为 11-12；

(3) 在节点 12 处判断，以此类推，可以建立开裂路径 12-13、13-14 等；

综上，本书所述的方法可以更为精确地实现对裂纹 mn 扩展过程的模拟。相比于传统变形体离散元中裂纹只能在界面上扩展，本书的模型建立了单元边界、内部以及内部二次的联合破裂机制，从而为裂纹的扩展提供了更多可选取的路径，裂纹方向更为准确。

9.3.3 数值算例

1. 平台巴西圆盘劈裂

通过建立块体单元离散弹簧模型来实现块体单元的内部破裂，从而模拟岩石连续到非连续的破裂过程。为了验证该方法的可行性，对平台巴西圆盘劈裂、单轴压缩破裂、三点弯曲梁裂纹扩展等岩石力学上典型的试验进行了模拟。

圆盘试样劈裂试验是岩石力学中常用的确定岩石抗拉强度的方法。在圆盘试样中引进两个平台作为加载面，可以有效改善加载的应力状态。利用平台巴西圆盘试验，可以确定脆性岩石的弹性模量、拉伸强度和断裂韧度。

如图 9.26 所示，巴西圆盘模型，圆盘直径 $D = 50$ mm，平台张角 $2\beta = 20°$。模型材料的弹性模量 $E = 23$ GPa，泊松比 $\nu = 0.3$，抗拉强度 $\sigma_t = 8.3$MPa。模型底面 x、y、z 向约束，顶面 x、z 向约束，前后面 z 向约束，采用常位移速率加载控制方式进行加载。

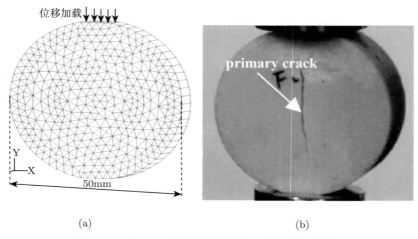

(a)　　　　　　　　　　　　　　　　　　(b)

图 9.26　平台巴西圆盘劈裂模型和试验结果 [17,18]

数值模拟的结果如图 9.27(a)、(b) 所示，分别为圆盘处于弹性阶段和破裂后的水平向位移场，破裂后的圆盘中心处出现一条主裂纹，与图 9.26 所示的试验结果一致。

2. 单轴压缩破裂模拟

岩石试样的尺寸为 50mm×2.5mm×100mm。材料的力学参数为：弹性模量 $E = 22$ GPa，泊松比 $\nu = 0.3$，内摩擦角 $\varphi = 30°$，黏聚力 $c = 24.5$ MPa。模型的底面 x、y、z 向约束，顶面 x、z 向约束，前后面 z 向约束，采用常位移速率加载控制方式进行加载。数值计算的模型及边界条件如图 9.28 所示。

常规单轴压缩试验的轴向应力–应变曲线及岩石破坏模式分别如图 9.29 和图 9.30 所示。数值计算的结果为模拟过程中选取的具有代表性的位移变化云图。可以发现岩石试样沿着一个斜面发生剪切破坏，剪切带两侧的岩石发生了明显的错动，且错动的位移随着加载的进行越来越大，直至发生整体性的破坏。由数值结果与试验结果的对比可知，本书的块体单元离散弹簧模型可以较好地模拟单轴压缩问题中岩石由连续到非连续的破裂过程。

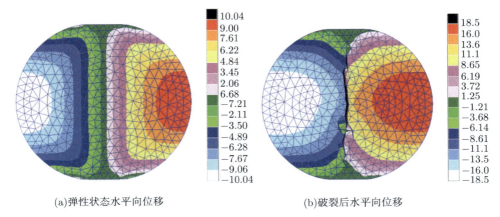

(a)弹性状态水平向位移   (b)破裂后水平向位移

图 9.27 平台圆盘 x 向位移变化云图和中心裂纹 (单位：10^{-6}m)

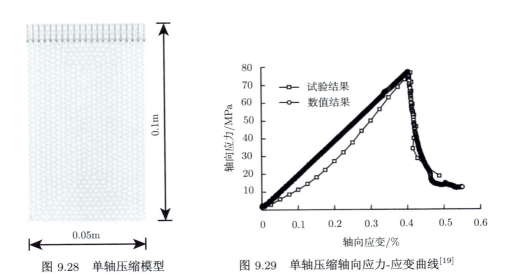

图 9.28 单轴压缩模型   图 9.29 单轴压缩轴向应力-应变曲线[19]

3. 三点弯曲梁试验

如图 9.31 所示的三点弯曲梁，Carpinteri 和 Colombo[20] 采用有限元节点松弛技术，系统研究试样中的裂纹扩展过程，并引入脆性系数 S_E 表述裂纹扩展过程中的力学特征，其表达式为

$$S_{\mathrm{E}} = \frac{G_{\mathrm{f}}}{\sigma_{\mathrm{u}} b} \tag{9.51}$$

式中，G_f 为断裂能，σ_t 为抗拉强度，b 为梁高。试样尺寸：$l = 0.6$ m，$b = 0.15$ m，$t = 0.01$ m，其中 t 为梁的厚度。材料参数为：杨氏模量 $E = 36.5$ GPa，泊松比 $\nu = 0.1$，抗拉强度 $\sigma_t = 3.19$ MPa。边界条件为底部两端节点固定，顶部中心处施加 y 向增量位移荷载，速率为 3×10^{-7} mm/s。

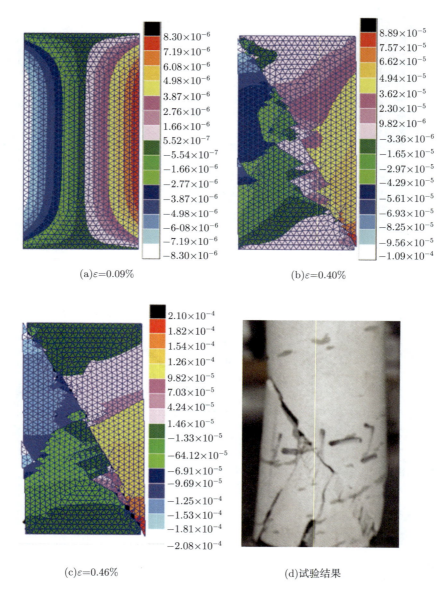

(a)$\varepsilon = 0.09\%$　　　　　　　　　　(b)$\varepsilon = 0.40\%$

(c)$\varepsilon = 0.46\%$　　　　　　　　　　(d)试验结果

图 9.30　单轴压缩 x 向位移变化云图及试验结果 (单位：m)

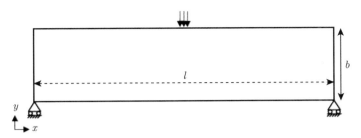

图 9.31　三点弯曲梁模型

数值模拟过程中,断裂能 G_f 取值为 100 N/m 和 200 N/m 两种情况进行计算,对应的系数 S_E 的值分别为 2.09×10^{-4} 和 4.18×10^{-4}。图 9.32 给出了两种情况下的加载点荷载–位移关系曲线。通过荷载–位移曲线的对比可知,连续–非连续单元法的数值结果与文献结果一致。数值结果也表明:S_E 取值越小,裂纹扩展时表现的脆性特征越明显。

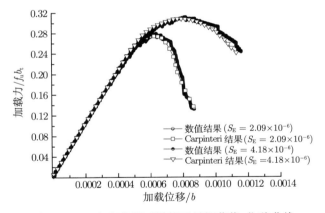

图 9.32　三点弯曲梁试样的无量纲荷载–位移曲线

图 9.33 为 $S_E = 2.09 \times 10^{-4}$ 情况下不同加载点位移时梁的 x 向位移云图。由图可以分析,裂纹在单元内部萌生,扩展时穿过单元,两侧单元发生分离,模拟出裂纹显示的张开和扩展过程。

4. 边坡裂纹扩展模拟

岩质边坡中的裂纹扩展影响边坡的整体稳定性,裂缝萌生、扩展、贯穿过程即为边坡的破坏过程。如图 9.34 所示的概化岩质边坡模型,在模型中部存在两条平行的初始裂缝,但尚未贯穿整个边坡。数值模拟则是通过重力超载的计算方式研究初始裂缝扩展和贯穿整个边坡的过程,同时研究该过程中相应的边坡变形破坏规律。

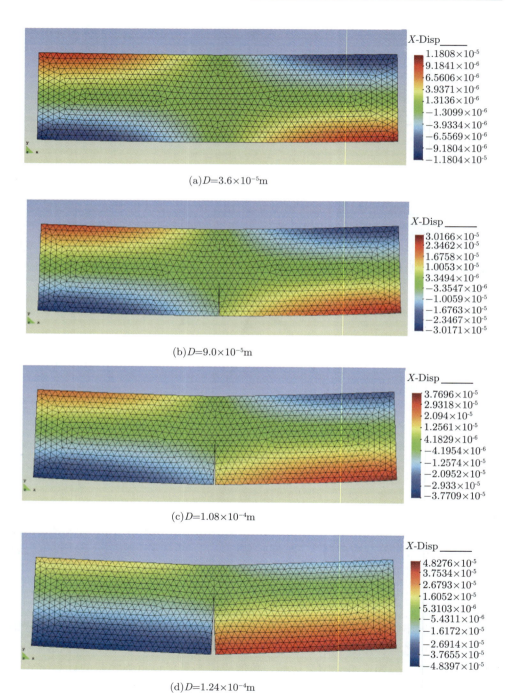

(a)$D=3.6\times10^{-5}$m

(b)$D=9.0\times10^{-5}$m

(c)$D=1.08\times10^{-4}$m

(d)$D=1.24\times10^{-4}$m

图 9.33   不同加载点位移下的试样 x 向位移云图 (单位: m)

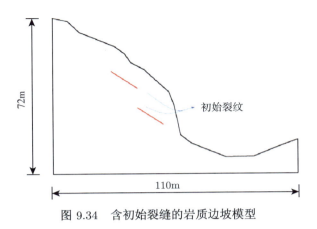

图 9.34 含初始裂缝的岩质边坡模型

数值计算过程中，首先按 1g 的重力加速度进行计算至求解稳定；然后，每个计算阶段增加 0.03g 的重力加速度，研究裂缝的扩展过程。边坡的材料参数如表 9.2 所示，其中初始裂缝面上仅存在 20° 的摩擦角，没有强度。

表 9.2 边坡岩石材料参数

弹性模量 E/GPa	泊松比 ν	密度 ρ/(kg/m³)	内聚力 c/kPa	内摩擦角 φ/(°)	抗拉强度 T/kPa
30	0.22	2500	430	24	210

1g 重力作用下的计算结果如图 9.35 所示，由图中可分析出初始裂缝两侧的位移非连续特征，但是没有新的裂纹产生。增加重力之后的计算结果如图 9.36 所示，可以观察随着重力增加，裂纹的扩展过程。分析可知，随着裂纹扩展，边坡变形加剧，至裂纹完全贯通之后，上部坡体开始出现整体失稳，如图 9.36(f) 所示，并沿着裂缝面发生滑动。

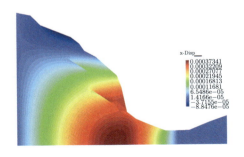
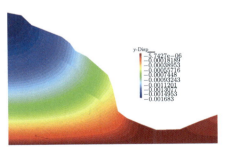

图 9.35 1g 重力水平向和竖向位移云图 (单位：m)

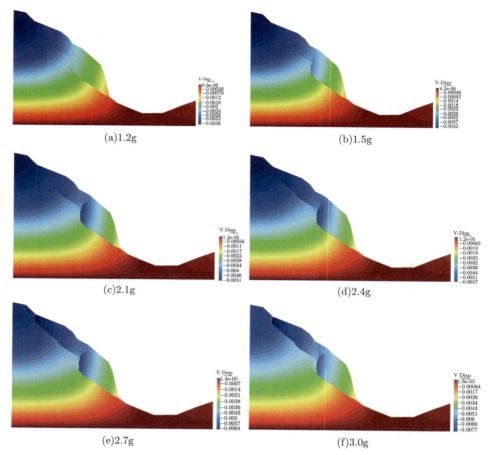

图 9.36　重力超载过程中的裂纹扩展与边坡破坏 (单位：m)

5. 节理边坡破裂演化分析

节理岩体边坡的稳定性在很大程度上取决于节理的强度及其分布形式，节理构成了岩体的软弱结构面，从而对边坡工程稳定性产生重大影响。本节将采用连续–非连续单元法并结合接触边碰撞分析模型，分析节理岩体边坡的破坏演化规律及运动特征。图 9.37 所示为典型的节理岩体边坡示意图，该边坡位于意大利西北部阿尔卑斯山奥斯塔谷，在空间被两组共轭节理所切割，边坡高 43m，长 85m，第 1 组节理为顺坡向，倾角 20°，平均间距约为 3m；第 2 组节理为逆坡向，倾角 80°，平均间距约为 1m。

数值模拟的材料参数分为完整岩石和层面节理两种，分别如表 9.3 和表 9.4 所示。边坡左右边界法向约束，底部边界固定约束。数值模拟的步骤为：① 重力作用下进行弹性计算，计算稳定后位移清零，获得初始应力状态；② 在接触以及块体上引入强度准则，进行判断，计算边坡的破裂状态；③ 计算岩石块体的运动过程。

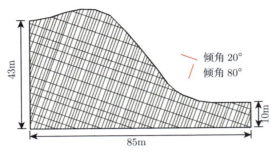

倾角 20°
倾角 80°

图 9.37　节理岩体边坡模型

表 9.3　岩石材料参数

弹性模量 E/GPa	泊松比 ν	密度 ρ/(kg/m^3)	内聚力 c/MPa	内摩擦角 φ/(°)	抗拉强度 T/MPa
10	0.3	2 500	2.8	27	2.3

表 9.4　节理材料参数

节理	法向刚度 K_n/(GPa/m)	切向刚度 K_s/(GPa/m)	内聚力 c/kPa	摩擦角 φ/(°)	抗拉强度 T/kPa
顺向	100	10	30	22	10
逆向	100	10	40	27	0

图 9.38 所示为该边坡在重力作用下的弹性位移场，水平向位移最大值在边坡坡面上，竖直向位移最大值在边坡顶部。该过程计算稳定后，将整个区域的位移清零，但是保留应力，即初步获得边坡在重力下的应力状态。在此基础上，将接触和块体的强度参数添加至模型中，接触和块体均采用弹性脆断本构，从而可以判断边坡的破坏状态。图 9.39 所示为发生破裂后的边坡位移场，由于节理面的影响，边坡内部已经出现非连续的位移，同时从位移云图上观察可知边坡表现出倾倒变形的特征。

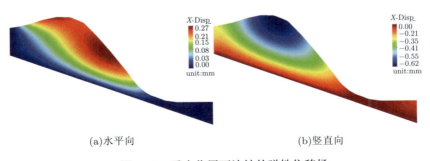

(a)水平向　　　　　　　　　　　　(b)竖直向

图 9.38　重力作用下边坡的弹性位移场

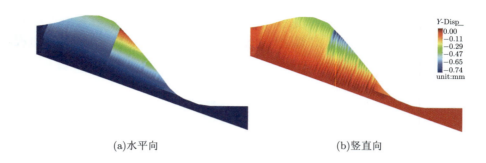

(a)水平向　　　　　　　　　　　　　　　(b)竖直向

图 9.39　重力作用下边坡的破裂位移场

　　通过第二阶段的破裂计算可知，边坡在当前参数下即处于不稳定的状态。为了继续获得边坡破坏模式和运动规律，联合前文中的接触边碰撞分析模型，模拟边坡中的块体破裂失稳后的碰撞运动过程。图 9.40 所示即为 1.5~4.0 s 的时间段边坡岩体的变形运动过程，从中可以分析出该阶段边坡发生了整体性的倾倒，从边坡的后缘一直到坡脚处均表现出该特征。但是，从图 9.40(c) 开始，可以发现坡脚处的小区域内块体已经开始发生了滑动，即整个边坡在坡角处最后的抵抗力消失，坡体内

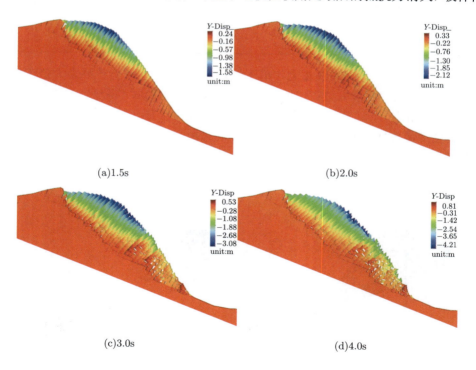

(a)1.5s　　　　　　　　　　　　　　　(b)2.0s

(c)3.0s　　　　　　　　　　　　　　　(d)4.0s

图 9.40　节理岩坡的整体倾倒过程

的破坏面已经贯穿，如图 9.41 所示，其中红色表示裂缝位置，接下来则有发生灾害的可能。另外，数值模拟计算出的坡脚滑动以及中部倾倒的破坏特征。

为了清楚地表示反倾岩体的变形特点，图 9.42 给出边坡顶部局部区域的放大图，可以观察出两个基本现象：首先，岩层为典型的弯曲变形，即工程地质专家称为的 "点头哈腰" 类型；其次，各个反倾岩层之间表现出前缘高、后缘低的特征，即野外勘察中经常描述的 "书页状" 破坏特征。

(a)　　　　　　　　　　　　　(b)

图 9.41　节理岩体边坡内部的贯通破坏面

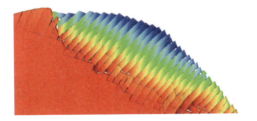

图 9.42　典型的 "书页状" 倾倒破坏特征

根据现场地质工作者的经验，如果仅有倾倒变形的边坡，由于变形空间的限制，不会发生大规模灾害。但是，当顺坡方向存在节理时，如本算例中的双组节理情形，边坡则有可能发生滑动破坏而形成灾害。图 9.43 很好地阐释了这一过程，紧接图 9.40(c)~(d) 中坡脚处块体发生滑动，为上部岩层倾倒撤出空间，倾倒破坏加剧并发展至一定阶段时，顶部岩体开始沿着节理面发生滑动破坏，如图 9.43(b)~(d)所示。图 9.43(d) 对于这种先期倾倒、后期滑动的联合破坏机制给出了很好的例证：边坡中部的倾倒区域保持了边坡的原有形态，倾倒破坏面在边坡底部；顶部区域的岩体由于倾倒变形的作用，引发了滑动破坏并发生了远距离的运动，其滑动面位于边坡的顶部位置。事实上，这种双组节理切割的岩体边坡，当其发生滑动破坏后，灾害的规模则相对较大，如图 9.44 所示，顶部的岩体直接滑动至坡角处，其水平向的滑动距离约有 26 m。

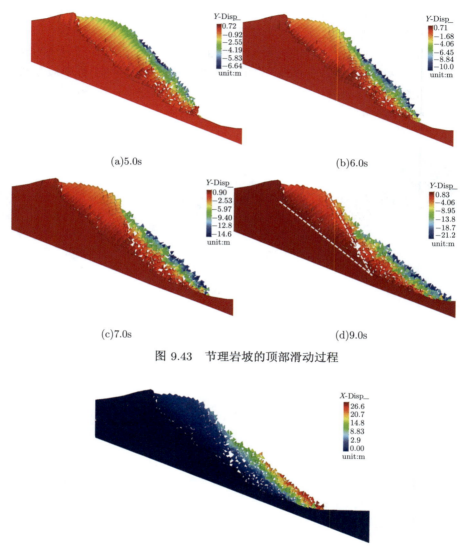

(a)5.0s　　　　　　　　　　　　　　　(b)6.0s

(c)7.0s　　　　　　　　　　　　　　　(d)9.0s

图 9.43　节理岩坡的顶部滑动过程

图 9.44　顶部滑动岩体水平方向运动距离

对于多组节理的岩体边坡, 同样可以采用破裂度的评价方式分析边坡破坏状态, 即以图 9.41 所示的贯通性破坏出现时的裂缝面积 (统计为 425 m²) 为临界裂缝面积。那么, 对于图 9.45 所示的边坡破坏任意状态, 可以获得任意状态下的破裂度, 从而可以对边坡危险程度进行评价。

当破裂度小于 1 时, 坡体发生了整体的倾倒变形, 但是由于未出现贯通破坏面, 即当前状态下还未发生破坏, 如果此时对边坡岩体 (如坡脚处) 进行加固, 可以有效且经济地阻止灾害发生；在破裂度大于 1 时，贯通性破坏面在坡体内部已经形成，此时即便可以加固，也存在较大的难度和风险。对于倾倒破坏的后期以及之后的滑动破坏，边坡的灾害已经形成。破裂度值越大，碎裂性破坏则越为严重，此时结合计算获得的块体运移距离或区域可以评价灾害大小。

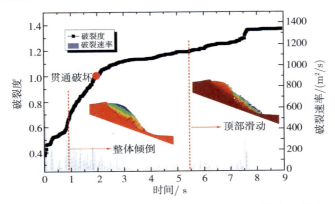

图 9.45　坡内裂缝面积的变化规律及其与破坏模式的联系

9.4　基于应变强度分布的可破裂弹簧元

前文基于可断裂单元发展了连续–非连续单元法，通过在主应力空间判断块体破裂状态和方向，采用局部块体切割方式，实现单元开裂，用于模拟岩体中的裂缝形成和扩展过程。本节将在此基础之上，进行进一步研究探讨，基于前文已详细介绍的应变强度分布本构模型及弹簧元方法，构建非线性的损伤断裂弹簧，通过弹簧系统中的弹簧断裂描述岩体渐进破坏过程。

9.4.1　弹簧元应变强度分布描述

弹簧元的基本思想是将连续块体离散为具有明确物理意义的弹簧系统，用于描述连续介质的变形和应力，连续问题计算结果与有限元一致。根据前文，弹簧系统中的基本弹簧具有特定面积，可以采用应变强度分布准则描述基本弹簧的非线性力学行为。图 9.46 所示为三节点三角形单元的弹簧系统，其中基本弹簧为 S_x 和 S_y，分别包括法向 S_{xx}、切向 S_{xy} 和法向 S_{yy}、切向 S_{yx}。另外，弹簧系统中包括描述两个法向弹簧间相互作用的泊松弹簧 S_{pxy} 和描述两个切向弹簧间相互作用的纯剪弹簧 S_{sxy}。泊松弹簧和纯剪弹簧为非常规意义上的弹簧，图中并未绘出。

根据弹簧系统特征，设计图 9.47 所示算例，分别说明几种加载情形下弹簧的非线性本构关系。施加的节点速度大小均为 1.0×10^{-6} m/s，速度加载的方向以及边界条件如图中所示。材料的弹性模量 $E = 30$ GPa，泊松比 $\nu = 0.22$，弹簧应变强度满足均匀分布，分布的区间从 $\varepsilon_l = 0.0003$ 到 $\varepsilon_b = 0.001$。情况 (a)~(c) 分别对应弹簧 S_{xx} 拉伸、弹簧 S_{yy} 拉伸、弹簧 S_{xy} 和 S_{yx} 剪切，图 9.48 所示为三种加载情形下的单元变形特征。

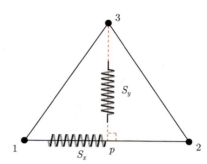

图 9.46　三节点三角形弹簧元模型

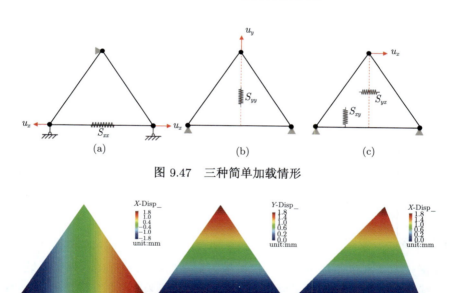

图 9.47　三种简单加载情形

图 9.48　三种加载情形下的单元变形特征

以情形 (a) 为例，获得弹簧 S_{xx} 在加载过程中的应力和应变关系，如图 9.49 所示，其中横轴表示弹簧应变，纵轴表示弹簧应力及其表征界面的破裂度大小。分析可知，弹簧在达到比例极限 ε_l 之前，表现出线弹性特征；当应变大于比例极限并在峰值点之前时，弹簧存在一个均匀损伤的非线性段；达到峰值点后，弹簧表现出软化特征。情形 (b) 和情形 (c) 中的基本弹簧均为上述本构关系。

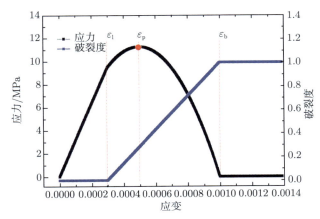

图 9.49　基本弹簧的本构关系曲线

为了描述材料损伤过程中的多向异性特征，可以进一步构建中心型三角形弹簧元模型，如图 9.50(a) 所示，在三角形的中心处建立虚拟节点，其位移由其余节点插值获得。该模型共包含 6 个基本弹簧：S_{1x}、S_{1y}、S_{2x}、S_{2y}、S_{3x}、S_{3y}，每个基本弹簧包含法向和切向。根据式 (9.36) 和式 (9.37) 可以分别计算出 6 个基本弹簧的完整度和破裂度。图 9.50(b) 所示为 6 个基本弹簧的完整度表示，对于初始弹性模量为 E 的弹簧，其损伤后的弹模为

$$E'_{ij} = (\alpha\beta)_{ij}E \quad (i = 1 \sim 3; j = x, y) \tag{9.52}$$

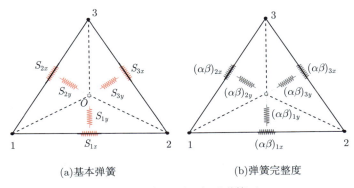

(a)基本弹簧　　　　　　　　　　　　(b)弹簧完整度

图 9.50　中心型三角形弹簧元

设计图 9.51(a) 和 (b) 所示的加载算例，研究中心型三角形弹簧元的各个基本弹簧在加载过程中的破裂度变化情况。材料的弹性模量 $E = 30$ GPa，泊松比 $\nu = 0.22$；弹簧应变强度满足均匀分布，分布的区间为 $\varepsilon_1 = 0.0003$ 到 $\varepsilon_b = 0.001$。加载速率为 1.0×10^{-6} m/s，方向如图中所示。图 9.51(c) 将 6 个基本弹簧用不同颜色

示意。两种加载情形下，弹簧的破裂度变化情况分别如图 9.52(a) 和 (b) 所示。由图可知：加载情形 (a) 时，弹簧 $1y$ 的破裂度值最大；加载情形 (b) 时，弹簧 $3y$ 的破裂度值最大。

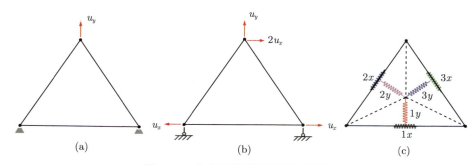

图 9.51　中心型弹簧元两种加载情形

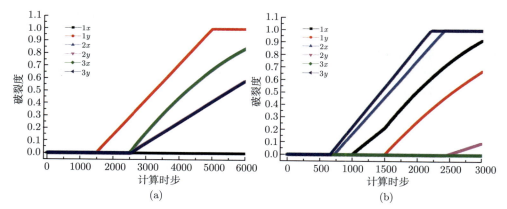

图 9.52　中心型弹簧元加载过程中弹簧破裂度的变化

9.4.2　弹簧元损伤破裂的实现

弹簧元与应变分布准则的结合，使得连续介质的非线性损伤和软化特性得以描述，为了实现连续向非连续的转变，即获得块体中的显示裂纹，可以沿用前文中块体切割方式。前文在主应力空间判断单元破裂状态和方向，考虑到此处弹簧具有明确的本构关系，可以实现弹簧上的断裂，即认为弹簧经历了线弹性变形和非线性软化段，在达到峰值点 ε_{p} 后转变为单元内部界面上的软化，直至断裂应变 ε_{b}，单元分开并形成显示裂缝。对于中心型三角形弹簧元，与 6 个基本弹簧相对应的为 6 个损伤断裂面。图 9.53(a) 为 3 个边上的弹簧发生断裂的破坏面；图 9.53(b) 为 3 个高上的弹簧发生断裂的破坏面。数值计算中则是选取破裂度最大并最先达到峰值点的弹簧断裂。

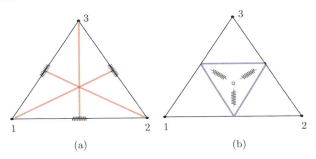

图 9.53 中心型三角形弹簧元的 6 种破坏面

将上述破裂模型实现，图 9.54 所示结果分别为图 9.47(a)、图 9.51(a) 以及图 9.51(b) 三种加载情形下的单元破坏特征，根据破裂度大小选择了断裂的弹簧，进而形成宏观裂缝。对于破裂后的子单元，仍然采用中心型弹簧元进行计算，根据继承的应变张量计算破裂度，可以继续表征子单元的损伤破裂过程。

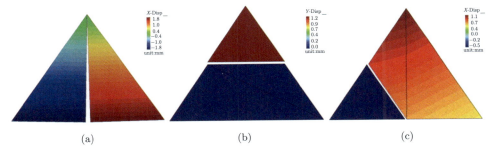

图 9.54 三角形弹簧元的裂缝形成

采用上述模型分析单轴压缩试样的破裂过程，如图 9.55(a) 所示，岩石试样的尺寸为 $50 \text{ mm} \times 50 \text{ mm} \times 2 \text{ mm}$。材料的弹性模量 $E = 30 \text{ GPa}$，泊松比 $\nu = 0.25$；应变强度 $\varepsilon_l = 3.0 \times 10^{-4}$，$\varepsilon_b = 2.0 \times 10^{-3}$。模型的底面 x、y、z 向约束，顶面 x、z 向约束，采用常位移速率加载方式进行加载，竖直向加载速率为 $-1.0 \times 10^{-9} \text{ m/s}$。

数值计算获得的轴向应力–应变曲线如图 9.55(b) 所示，曲线存在明显的非线性段和软化段，同时对应图 9.56 所示加载过程中各个轴向应变下的裂缝扩展特征，可知岩石试样的承载与失效对应着裂缝的萌生、扩展和贯通过程。图 9.57 所示为加载过程中计算单元的破裂度显示，根据区域的破裂度云图可以分析岩块压缩破坏的模式以及特征，同时说明基于应变强度分布准则的弹簧元破裂模型在处理岩体破裂问题中的有效性。

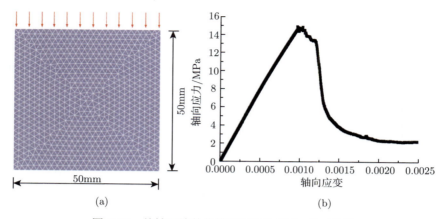

(a)

(b)

图 9.55　单轴压缩数值模型与轴向应力–应变曲线

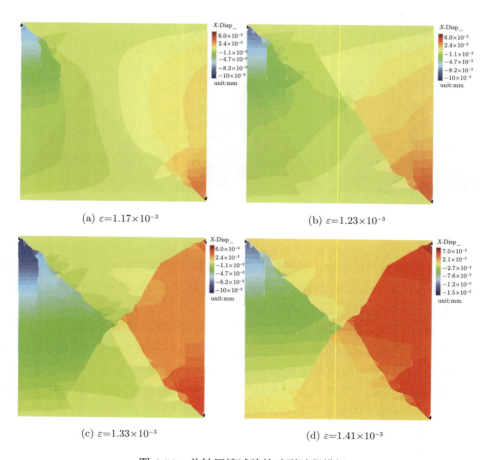

图 9.56　单轴压缩试验的破裂过程模拟

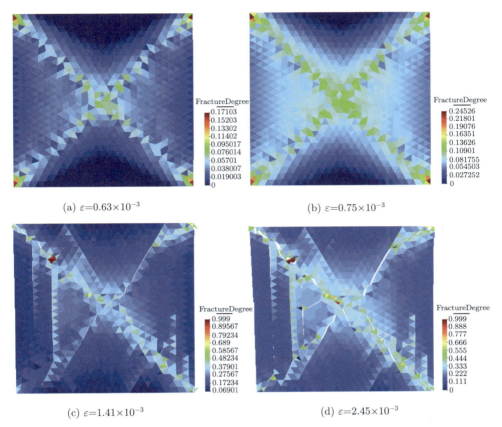

(a) $\varepsilon=0.63\times10^{-3}$ (b) $\varepsilon=0.75\times10^{-3}$

(c) $\varepsilon=1.41\times10^{-3}$ (d) $\varepsilon=2.45\times10^{-3}$

图 9.57　单轴压缩试验加载过程破裂度变化

9.5　块体运动破坏过程的接触检测方法

地质灾害中往往涉及裂缝不稳定扩展导致系统出现大的运动和转动进而崩溃的问题，如滑坡的运动破坏以及地下硐室开挖的岩体失稳塌落等。在三维空间中模拟不连续系统破坏过程的复杂力学行为的关键之一是快速有效检测和识别三维块体接触的关系。三维空间块体的接触检测一般分为初步检测和精细检测两个阶段。初步检测的目的是得到空间可能发生接触的块体对，将空间不接触的块体排除，以提高检索速度。精细检测在此基础上提供两个接触块体间明确的接触位置和接触法线方向，以便确定块体之间的接触力大小。现有的接触检测方法一般分为 4 个步骤 (图 9.58)：① 判别两个块体的接触状态，即是否接触；② 判断块体间的接触类型，三维情形下共有 6 种；③ 根据接触类型计算接触面积；④ 给出接触面上的法向及切向接触力。每个步骤均需耗费大量的计算时间，因此提出一种高效的接触模型，简化接触力计算步骤是接触检测研究的重点。每个步骤均需耗费大量的计算时间，因此提出一种高效的接触模型，简化接触力计算步骤是接触检测研究的重点。本章将介绍一种新的接触检测算法，并将该算法嵌入 CDEM 数值分析软件，用于地质体的渐进破坏过程模拟。

9.5.1　接触边–半弹簧的概念

传统接触模型中的点一般指块体顶点，被多个面共用且无面积。为了计算块体间的接触力，必须先确定接触类型，进而计算接触面积，最后计算接触力。对于有点或棱参与的接触类型，接触面积计算较为复杂，一般给一个小量，如块体面积的 1%。对于仅有面参与的接触类型，传统的接触模型需根据两个接触面的叠合部分计算接触面积。

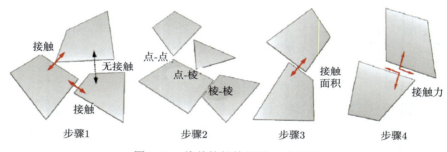

图 9.58　块体接触检测的 4 个步骤

半弹簧是一种用来进行接触判断，同时具有特征面积的点，由块体顶点缩进至相邻的面内形成，如图 9.59 所示。半弹簧缩进距离一般为对应顶点到相应面心距离的 1%～10%。由于弹簧力的计算不仅依赖于所在节点的位移，也依赖于对应目标面的位移。当且仅当半弹簧找到目标面并建立联系后，才能形成完整的接触，所以称之为 "半" 弹簧。在两个半弹簧的基础上，建立接触边，如图 9.59 所示。半弹簧初始状态时在接触边的两端，检测的过程中根据接触点位置，半弹簧可在接触边上滑动到特定位置，进而计算接触力。为方便下文论述，规定模型中的若干概念如下。

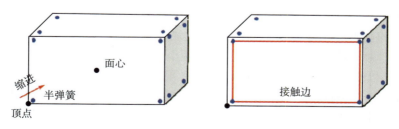

图 9.59　接触边和半弹簧模型示意[21]

(1) 母块体：接触边和半弹簧所在的块体；

(2) 子块体：目标面所在的块体；

(3) 母面：接触边和半弹簧所在的面；

(4) 目标面：与接触边和半弹簧产生接触的面。

9.5.2 接触边与目标面的几何关系

通过初步检测获得碰撞块体对后，将块体之间的检测转化为块体上的面面检测，即母面和目标面。接触边和半弹簧则位于母面上，与目标面建立接触关系。如图 9.60 所示，mn 为接触边，β 为目标面。首先计算接触边的两个端点到目标面的距离 d_m、d_n，计算公式为

$$d_m = \boldsymbol{im} \cdot \boldsymbol{n}_\beta, \quad d_n = \boldsymbol{in} \cdot \boldsymbol{n}_\beta \tag{9.53}$$

式中，$\boldsymbol{n}_\beta$ 为目标面的外法向单位向量，i 可以为目标面上的任意点，假设 d_{tol} 为接触检测中设置的容差，则根据 d_m、d_n 以及 d_{tol} 三者之间的关系，可以将接触边与目标面的几何关系 (图 9.61) 分为以下四种情况：(a) $|d_m| > d_{\text{tol}}$，$|d_n| > d_{\text{tol}}$ 且 $d_m \cdot d_n > 0$；(b) $|d_m| > d_{\text{tol}}$，$|d_n| < d_{\text{tol}}$ 或 $|d_m| < d_{\text{tol}}$，$|d_n| > d_{\text{tol}}$；(c) $|d_m| > d_{\text{tol}}$，$|d_n| > d_{\text{tol}}$ 且 $d_m \cdot d_n < 0$；(d) $|d_m| < d_{\text{tol}}$，$|d_n| < d_{\text{tol}}$。对于 (a) 情形，不存在接触发生情况，仅需分析 (b)、(c) 及 (d) 这三种情形。

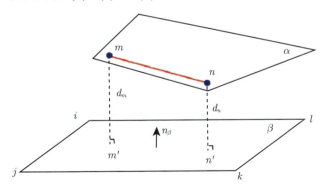

图 9.60 接触边和目标面的距离

情形 (b)：接触边两个端点有一个在容差之内，假设为 m 点，设该点在 β 所在平面内的投影为 m'。若 m' 是位于面 β 内部，则接触发生，接触点为 m'，半弹簧即在 m' 点。对应的接触类型可能是点面、点棱和点点。点面情形时，接触法向即为目标面的法向；点棱情形时，接触法向为棱相邻两个面法向的平均；点点情形时，接触法向为目标面点所连接的所有面法向的平均。

　　情形 (c)：接触边两个端点均在容差之外，且分别位于面的两边。在接触边 mn 上必然存在一点 p，到 β 所在平面距离为 0。若 p 位于面 β 的某条棱上，则接触发生，接触点为 p，两端的半弹簧滑动至 p 点。对应的接触类型为棱棱，接触法向为两个棱的方向向量的叉乘。

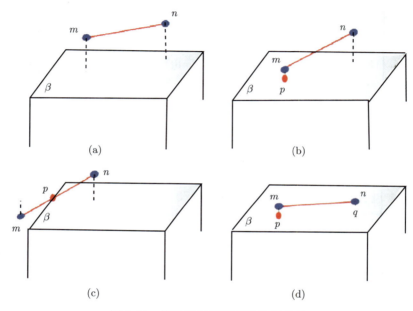

(a)　　　　　　　　　　　　　　(b)

(c)　　　　　　　　　　　　　　(d)

图 9.61　接触边与目标面的几何关系

　　情形 (d)：接触边两个端点均在容差之内，设 m 和 n 在 β 所在平面上的投影分别为 m' 和 n'。判断线段 $m'n'$ 与面 β 的位置关系，将 $m'n'$ 被 β 的所有边切割，位于面以外的部分舍去，且相应地更新 m' 和 n' 的位置。若最终的线段 $m'n'$ 的长度大于 0，则接触发生，接触点分别为 m' 和 n'，两端的半弹簧分别滑动至 m'、n'。对应的接触类型可以为边面、面面以及边边等。边面和面面情形时，接触法向均为目标面法向；边边情形时，为目标面上的边所连接面法向的平均。

　　为了提高目标面及目标棱的检索效率，同时采用了空间分割法及潜在接触块体组法。具体步骤为：① 在计算开始前，将各单元根据体心坐标映射到各个空间盒内；② 根据半弹簧的坐标，在其周围 27 个空间盒 (包含自身所在盒) 内寻找潜在接触块体，并将最可能与半弹簧产生接触的 8 个块体存入潜在接触块体数组 (接触边的潜在接触块体可从半弹簧中获取)；③ 进行接触检索时，仅从潜在接触块体数组中寻找目标对象；④ 每隔 100~1000 步进行一次单元在空间盒内的重新映射及潜在接触块体数组的更新。

9.5.3　接触力的计算

上述过程通过判断接触边和目标面的几何关系，可以识别三维检测中的六种典型接触类型 (点点、点棱、点面、棱棱、棱面、面面)，简化了接触类型识别的繁琐过程，并且获得接触点的准确位置。确定接触类型和接触点之后，则是在对应的位置用半弹簧计算接触力。根据处理接触法向行为的方式，目前主要存在两种不同类型的接触：一种是硬接触，即假定块体之间不发生互相嵌入，连接块体之间的弹簧刚度为无限大，这种接触模式在 DDA 中被采用；另一种是软接触，允许块体之间发生有限的嵌入。本章即是采用软接触模型，根据块体之间的接触位移可以建立各种接触本构模型来确定接触块体之间的弹簧力。

1. 法向接触力计算

如图 9.62 所示，$S_0(x_s, y_s, z_s)$ 为接触边上的一点，它在目标面 β 的投影为 $P_0(x_p, y_p, z_p)$。在一个计算时步后，S_0 和 P_0 分别发生 (u_s, v_s, w_s) 和 (u_p, v_p, w_p) 的位移增量且空间位置变化为 S_1 和 P_0'。假设此时检测到接触发生，接触点为 P_0'，则接触的法向位移增量为

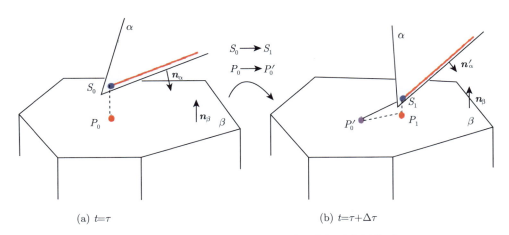

(a) $t=\tau$　　　　　　　　　　　　　　　　(b) $t=\tau+\Delta\tau$

图 9.62　接触边与目标面在位移前后的相对位置关系

$$\Delta d_{\mathrm{n}} = \boldsymbol{n}_\beta \cdot \boldsymbol{P}'_0\boldsymbol{S}_1 - \boldsymbol{n}_\beta \cdot \boldsymbol{P}_0\boldsymbol{S}_0$$

$$= \boldsymbol{n}_\beta \cdot \begin{bmatrix} x_s + u_s - x_p - u_p \\ y_s + v_s - y_p - v_p \\ z_s + w_s - z_p - w_p \end{bmatrix} - \boldsymbol{n}_\beta \cdot \begin{bmatrix} x_s - x_p \\ y_s - y_p \\ z_s - z_p \end{bmatrix} = \boldsymbol{n}_\beta \cdot \begin{bmatrix} u_s - u_p \\ v_s - v_p \\ w_s - w_p \end{bmatrix} \quad (9.54)$$

式中，$\boldsymbol{n}_\beta$ 是面 β 的单位外法向向量；其中，S_0 和 P_0 的位移增量可以通过节点的位移增量插值获得

$$\left\{\begin{array}{c} u_s \\ v_s \\ w_s \end{array}\right\} = N_i(x_s, y_s, z_s)\boldsymbol{u}_i \qquad (9.55)$$

$$\left\{\begin{array}{c} u_p \\ v_p \\ w_p \end{array}\right\} = N_j(x_s, y_s, z_s)\boldsymbol{u}_j \qquad (9.56)$$

式中，N_i 和 N_j 分别为面 α 和 β 上的形函数；$\boldsymbol{u}_i$ 和 $\boldsymbol{u}_j$ 为面 α 和 β 上各个节点的位移增量。因此，式 (9.54) 可以写为

$$\Delta d_\mathrm{n} = \boldsymbol{n}_\beta \cdot N_i(x_s, y_s, z_s)\boldsymbol{u}_i - \boldsymbol{n}_\beta \cdot N_j(x_p, y_p, z_p)\boldsymbol{u}_j \qquad (9.57)$$

根据罚函数方法，在点 S_1 和 P_0' 之间的接触法向上设置大刚度的数学弹簧，刚度系数为 K_n。以压力为正，则法向接触力增量可以表示为

$$\Delta F_\mathrm{c}^\mathrm{n} = -K_\mathrm{n}\Delta d_\mathrm{n} \qquad (9.58)$$

总的法向接触力为

$$F_\mathrm{c}^\mathrm{n}(\tau + \Delta\tau) = F_\mathrm{c}^\mathrm{n}(\tau) + \Delta F_\mathrm{c}^\mathrm{n} \qquad (9.59)$$

2. 切向接触力计算

对图 9.62 进一步进行分析，设点 P_1 为 S_1 在目标面 β 上的投影点，那么接触的切向位移增量 Δd_s 可以表示为

$$\Delta d_\mathrm{s} = |\boldsymbol{P}_0'\boldsymbol{P}_1| = \sqrt{|\boldsymbol{P}_0'\boldsymbol{S}_1|^2 - \Delta d_\mathrm{n}^2} \qquad (9.60)$$

在点 S_1 和 P_0' 之间的接触切向上设置大刚度的数学弹簧，刚度系数为 K_s。当切向力的值小于剪切强度时，切向接触力的增量为

$$\Delta F_{ci}^\mathrm{s} = -K_\mathrm{s}\Delta d_{si} \qquad (9.61)$$

总的切向接触力可表示为

$$F_{ci}^\mathrm{s}(\tau + \Delta\tau) = F_{ci}^\mathrm{s}(\tau) + \Delta F_{ci}^\mathrm{s} \qquad (9.62)$$

3. 接触破坏状态判断

当接触发生张开或滑移时，需要根据接触的本构关系对接触力进行更新。在本书所述方法中，采用最大拉应力和莫尔–库仑复合准则，当法向接触力满足

$$-F_{\mathrm{c}}^{\mathrm{n}}(\tau + \Delta\tau) > \sigma_{\mathrm{t}} A_{\mathrm{c}} \tag{9.63}$$

时，法向接触力和切向接触力大小均置为零。上式中，σ_{t} 为接触的拉伸强度，A_{c} 为接触面积。若式 (9.63) 不满足，则最大切向接触力可以表示为

$$F_{\mathrm{c\,max}}^{\mathrm{s}} = F_{\mathrm{c}}^{\mathrm{n}} \tan\varphi + cA_{\mathrm{c}} \tag{9.64}$$

式中，φ 为接触的摩擦角，c 为接触的黏聚力。如果切向接触力的绝对值

$$F_{\mathrm{c}}^{\mathrm{s}}(\tau + \Delta\tau) = \sqrt{F_{\mathrm{c}i}^{\mathrm{s}}(\tau + \Delta\tau)F_{\mathrm{c}i}^{\mathrm{s}}(\tau + \Delta\tau)} \tag{9.65}$$

大于最大切向接触力

$$F_{\mathrm{c}}^{\mathrm{s}}(\tau + \Delta\tau) \geqslant F_{\mathrm{c\,max}}^{\mathrm{s}} \tag{9.66}$$

那么切向接触力的值更新为

$$F_{\mathrm{c}i}^{\mathrm{s}}(\tau + \Delta\tau) = F_{\mathrm{c}i}^{\mathrm{s}}(\tau + \Delta\tau)(F_{\mathrm{c\,max}}^{\mathrm{s}}/F_{\mathrm{c}}^{\mathrm{s}}(\tau + \Delta\tau)) \tag{9.67}$$

4. 等效节点力计算

如前所述，三维空间中的接触可以发生在接触边和目标面上的任意位置。然而，在计算块体的运动和变形时，用到的是块体的节点力，这就需要将作用在面上任意位置的接触转化到面的节点上。

令

$$\boldsymbol{F}^{\mathrm{e}} = \{\boldsymbol{F}_1^{\mathrm{e}}, \boldsymbol{F}_2^{\mathrm{e}}, \cdots, \boldsymbol{F}_n^{\mathrm{e}}\}^{\mathrm{T}} \tag{9.68}$$

为接触力在面上等效的节点力。每个节点力 $\boldsymbol{F}_i^{\mathrm{e}}$ 必须包含与节点位移 $\boldsymbol{u}_i$ 相同的分量数目。等效节点力的计算可按下式获得

$$\boldsymbol{F}_i^{\mathrm{e}} = \left\{ \begin{array}{c} F_{ix}^{\mathrm{e}} \\ F_{iy}^{\mathrm{e}} \\ F_{iz}^{\mathrm{e}} \end{array} \right\} = \iint\limits_{S_\sigma} N_i \boldsymbol{F}_{\mathrm{c}}\mathrm{d}S \tag{9.69}$$

式中，N_i 为面上的形函数；$\boldsymbol{F}_{\mathrm{c}}$ 为接触力向量。

9.5.4　数值算例

1. 块体下落碰撞过程

如图 9.63 所示的两个三棱柱块体, 块体 j 的底面固定, 块体 i 在重力作用下发生运动。数值计算的材料参数为: 弹性模量 $E = 35$ GPa; 泊松比 $\nu = 0.25$; 密度 $\rho = 2700$ kg/m³。法向弹簧和切向弹簧的刚度系数分别为 875 GN/m 和 700 GN/m。计算时步为 4×10^{-5} s, 块体 i 的初始速度为 0.0 m/s。

上部块体下落以及与下部块体碰撞的整个过程如图 9.64 所示, 图中颜色表示竖向位移值的大小, 箭头表明了碰撞过程中块体的运动趋势。块体 i 下落与块体 j 发生碰撞, 首先发生顶点 B 和顶点 D 之间的点点接触, 如图 9.64(b); 碰撞发生后, 由于接触力的作用, 块体 i 的运动状态发生变化, 如图 9.64(c) 和 (d); 随着碰撞过程的进行, 块体 i 的顶点 A 与块体 j 的棱 CD 之间发生点棱接触, 如图 9.64(e)。该算例表明, 接触边模型可以精确地检测点点接触和点棱接触。

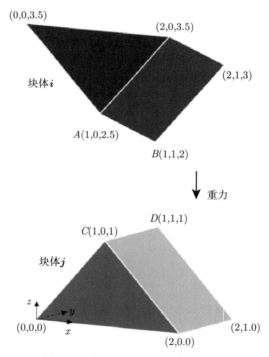

图 9.63　两个块体系统的初始构形

图 9.65 所示为三个块体的空间构形, 用于点面、棱棱以及棱面等接触类型的验证。设块体 i 和块体 j 的底面约束, 块体 k 在重力作用下运动。块体 i 的尺寸为 0.5m×0.5m×1.0m, 块体 j 的尺寸为 0.5m×0.5m×0.5m。当块体 k 与块体 i 和 j

发生碰撞时，接触边模型可以描述其中的接触关系。

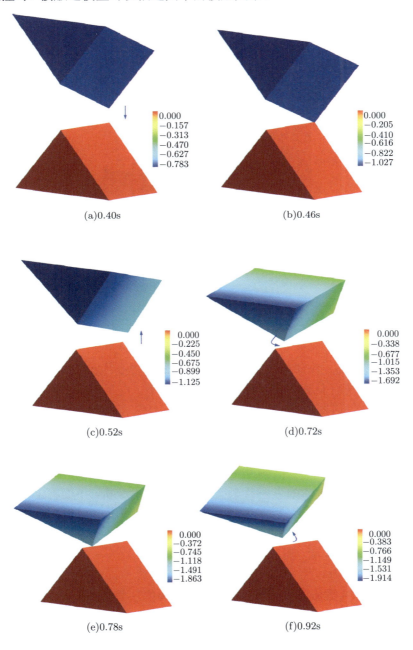

图 9.64 两个块体系统碰撞过程中的竖向位移变化 (单位: m)

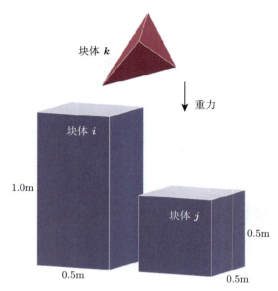

图 9.65　三个块体系统的初始构形

　　块体的密度、杨氏模量、泊松比以及摩擦角分别为 2500 kg/m³、30 GPa、0.22、30°。计算时间步长为 1×10^{-5} s。法向弹簧和切向弹簧的刚度分别为 450GN/m 和 368 GN/m。

　　图 9.66 所示为三个块体发生碰撞的过程, 颜色表示竖向位移值。可以看出, 在碰撞的过程中无任何嵌入情况发生。在该算例中, 点面 (图 9.66(a))、棱棱 (图 9.66(b)∼(d))、棱面 (图 9.66(e)) 以及面面 (图 9.66(f)) 等接触均得以验证, 计算结果合理准确。

2. 三棱柱块体棱棱碰撞

　　上述算例仅是对基本的 6 种接触类型进行定性的分析, 下面将定量地对本书所述方法进行验证。图 9.67 所示为两个三棱柱的几何构形, 用于模拟块体之间的棱棱碰撞过程。在该算例中, 设块体 j 的底面固定, 块体 i 在重力作用下下落。块体的密度 $\rho= 2600\text{kg/m}^3$, 杨氏模量 $E = 2\text{GPa}$, 泊松比 $\nu= 0.2$。法向接触弹簧的刚度系数为 100GN/m。

　　图 9.68 所示为数值模拟的结果, 块体 i 和块体 j 发生碰撞。在该过程中, 棱棱接触被精确检测到, 如图 9.68(c) 所示。碰撞后, 块体 i 在接触力的作用下发生回弹。由于本算例未考虑阻尼的影响, 块体 i 在整个计算过程中将重复下落和回弹的过程, 其竖向的位移曲线如图 9.69 所示, 可以用于定量的分析。根据曲线中所示位移的最小值为 -1.0m, 与两个块体之间的落差相同, 说明碰撞过程中无嵌入发

生。此外，重力所做的功与系统储存的动能及变形能之和相同，说明整个碰撞过程中能量守恒，如图 9.70 所示。

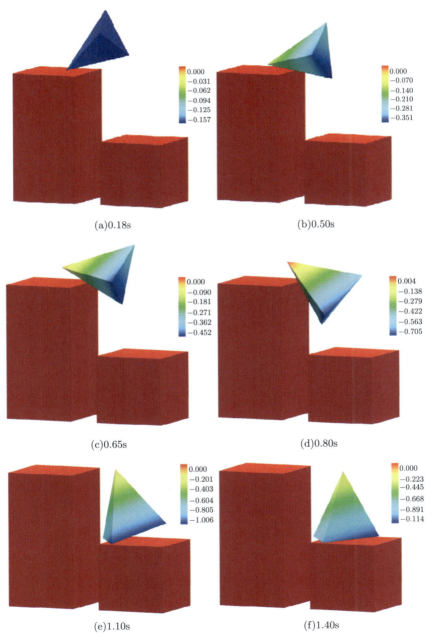

(a)0.18s 　　　　　　　　　　　　　(b)0.50s

(c)0.65s 　　　　　　　　　　　　　(d)0.80s

(e)1.10s 　　　　　　　　　　　　　(f)1.40s

图 9.66　三个块体系统块体碰撞过程中的竖向位移变化 (单位: m)

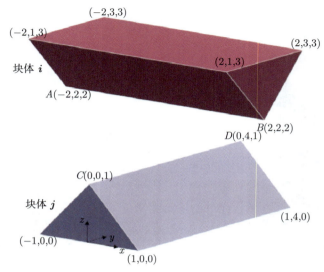

图 9.67　两个三棱柱块体的初始构形

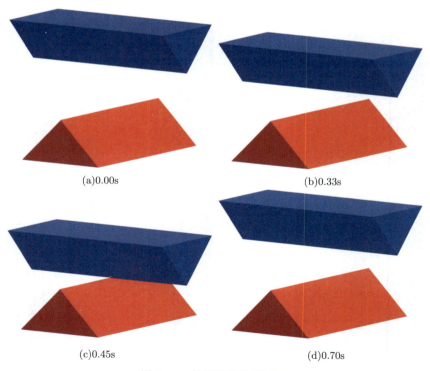

(a)0.00s

(b)0.33s

(c)0.45s

(d)0.70s

图 9.68　棱棱接触检测过程

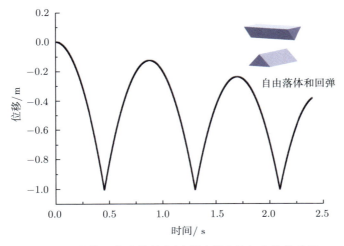

图 9.69 块体 i 自由落体和回弹过程中的竖向位移曲线

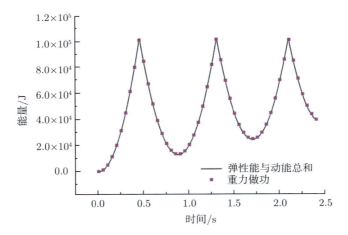

图 9.70 重力做功与系统能量的比较

3. 块体滑动过程

滑动破坏时岩体边坡中经常出现的一种破坏方式，为了验证接触边模型在处理滑动问题中的准确性，设计如图 9.71 所示的算例，可以模拟块体在斜面上的整个滑动过程，其中 θ 为斜面与水平面的夹角。

当块体与斜面之间的摩擦角 φ 小于斜面角度 θ 时，块体则会在重力作用下沿着斜面加速下滑，块体位移 s 与时间 t 之间的关系可表示为

$$s(t) = \frac{1}{2}at^2 = \frac{1}{2}(g\sin\theta - g\cos\theta\tan\varphi)t^2 \tag{9.70}$$

式中，g 为重力加速度。设斜面角度 $\theta = 28°$，块体的密度 $\rho = 2500\text{kg/m}^3$，杨氏模量 $E = 30\text{GPa}$，泊松比 $\nu = 0.22$；法向弹簧和切向弹簧的刚度分别为 1500GN/m 和 1230GN/m；摩擦角 φ 的取值分别为 $6°$、$12°$、$18°$、$24°$；计算的时间步长为 $2 \times 10^{-5}\text{s}$，计算总时间为 2.6s。

如图 9.72 所示，为数值计算结果与理论解的对比，其中点为数值结果，实线为理论解。对计算结果进行分析，相对误差均小于 0.001%，数值解与理论解符合良好。

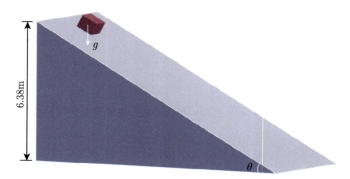

图 9.71   斜面上的块体滑动示意图

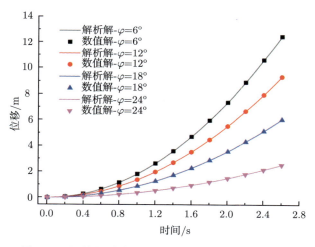

图 9.72   滑块位移变化曲线的数值解与解析解对比

采用不同的罚弹簧刚度计算摩擦角 $\varphi = 18°$ 的算例，不同弹簧刚度下数值解与理论解的对比如图 9.73 所示。结果表明，不同的罚弹簧刚度均能准确描述块体滑动的过程。图 9.74 为 $K_\text{n} = 150\text{GN/m}$ 的情形下，块体的滑动过程，分别为 0.8 s、1.4s、2.0s、2.6 s 时块体滑动的位置。

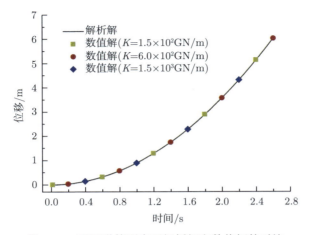

图 9.73 不同弹簧刚度下解析解和数值解的对比

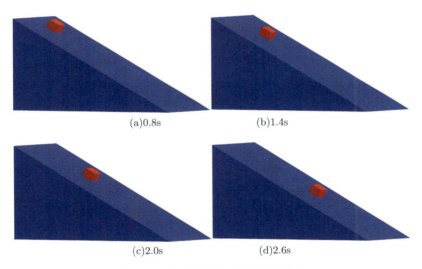

(a)0.8s   (b)1.4s

(c)2.0s   (d)2.6s

图 9.74 块体在斜面上的滑动过程

4. 块体倾倒过程

除了滑动破坏之外，岩体边坡中另外一种主要的破坏模式则是倾倒破坏。图 9.75 所示为斜面上的一个块体，当斜面角度 θ 小于摩擦角 φ 时，块体在斜面上不会发生滑动。但如果考虑转动情况，当斜面角度 θ 大于块体的角度 α 时，块体将则会发生倾倒，其中块体的角度 α 可表示为

$$\alpha = \frac{180}{\pi} \times \arctan \frac{W}{H} \tag{9.71}$$

式中，W 和 H 分别表示块体的宽度和高度。如图所示，当 $W= 0.1\text{m}$，$H= 0.4\text{m}$ 时，块体角度 α 的值为 14°。假设数值计算中块体密度 $\rho= 2500\text{kg/m}^3$，杨氏模量 $E= 30\text{GPa}$，泊松比 $\nu = 0.22$；法向弹簧和切向弹簧的刚度分别为 150GN/m 和 123GN/m。

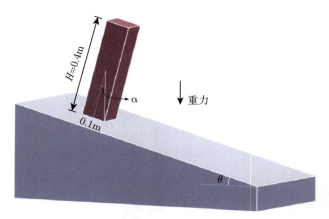

图 9.75　斜面上的块体倾倒示意图

对斜面角度 θ 的取值分别为 14.0°、14.1°、14.5°、15.0°、16.0° 的情形进行分析，数值计算结果如图 9.76 所示。设 β 表示块体和斜面之间的夹角，初始情况下 β 的值为 90°，随着倾倒过程的发生，β 的值慢慢变小。图 9.76 所示即为倾倒过程中 β 的变化情况，分析可知若 θ 取值为 14.0°，块体未发生倾倒；若大于则倾倒过程发生。图 9.77 所示为 $\theta = 15.0°$ 情形下，块体的倾倒过程，分别为 0.4s、0.6s、0.76s、0.88s 时块体的位置，其中云图表示块体水平向的位移值。

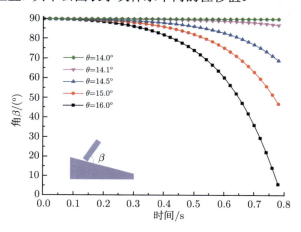

图 9.76　不同边坡角度下倾倒角度的变化情况

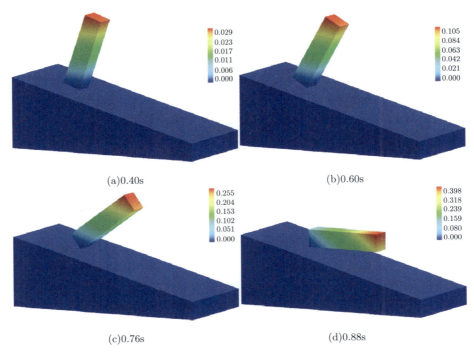

(a)0.40s

(b)0.60s

(c)0.76s

(d)0.88s

图 9.77 倾倒过程中块体水平位移变化云图 (单位: m)

上述分析中, 倾倒块体的高度值固定为 0.4m。根据式 (9.71), 如果块体高度发生变化, 则发生倾倒破坏的临界角度即会发生变化。改变块体高度, 数值计算获得的临界倾倒破坏角与理论解的对比如图 9.78 所示, 二者符合良好。综上, 说明了接触边模型在处理倾倒问题中的有效性和准确性。

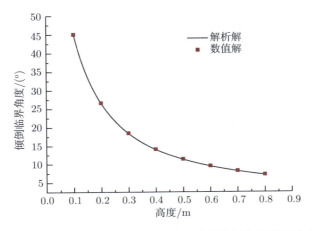

图 9.78 不同块体高度时倾倒临界角度的数值解与解析解的对比

5. 楔形体运动破坏过程

楔形体的滑动是岩体边坡中一种常见的破坏模式,楔形体一般是由坡体的表面以及两个相交的非连续面切割而成,在重力作用下发生滑动破坏,本节将对楔形体的滑动和破坏过程进行分析。

图 9.79 所示为一个对称的四面体楔形体 $ABCD$,假设两侧的斜面 ABD 和 ACD 为无摩擦的非连续面,AD 为两个非连续面的交线,则楔形体滑动的位移 $s(t)$ 与时间 t 的关系可表示为

$$s(t) = \frac{1}{2}gt^2 \sin \alpha \tag{9.72}$$

式中,g 为重力加速度。倾斜角度 α 的值分别取 $20°$、$30°$、$40°$ 进行分析,其中点 D 的位置随 α 角度的变化而变化。

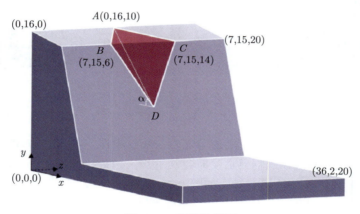

图 9.79　楔形体模型

数值模拟过程中,楔形体的材料参数如表 9.5 所示,另外,楔形体的完整岩石的黏聚力、抗拉强度、内摩擦角分别为 8.6MPa、5.3 MPa、30°;非连续面 ABD 和 ACD 的摩擦角和内聚力的值均为 0;计算的时间步长为 1×10^{-5} s。

表 9.5　楔形体的材料参数

材料参数	取值
密度ρ	$2600 \ \text{kg/m}^3$
杨氏模量 E	20 GPa
泊松比 ν	0.25
法向弹簧刚度 K_n	200 GN/m
切向弹簧刚度 K_s	160 GN/m

图 9.80 所示为不同的倾斜角度下数值结果和理论结果的对比, 其中点为数值解, 实线为理论解, 二者吻合良好。图 9.81 所示为倾斜角度为 40° 时, 楔形体的运动过程。在滑动的过程中, 对平面 ABD 和 ACD 上的接触状态实时进行检测。当楔形体与地面发生触碰时, 图 9.82 所示为碰撞后楔形体的破碎过程。在该算例中, 面面、点面以及棱棱接触得以验证, 并且整个过程中没有嵌入发生。

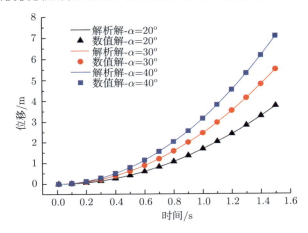

图 9.80 楔形体滑动过程的解析解与数值解对比

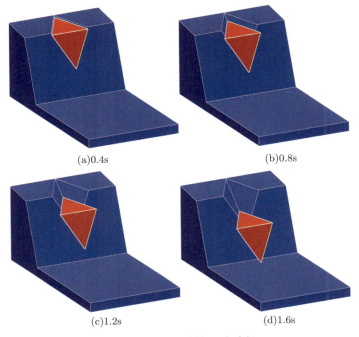

(a)0.4s   (b)0.8s

(c)1.2s   (d)1.6s

图 9.81 楔形体的滑动过程

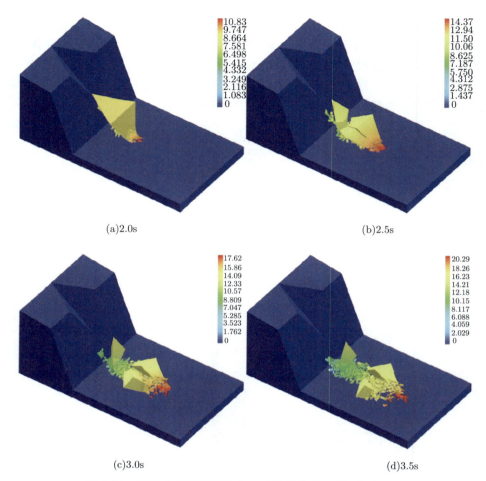

图 9.82　楔形体运动破碎过程 x 方向的位移云图 (单位：m)

6. 边坡倾倒破坏试验模拟

文献 [22] 通过离心机试验研究了边坡的倾倒破坏模式，试验中采用了塑料块材料进行模型试验。如图 9.83 所示，测得试块尺寸为 32mm×32mm×19mm；块体质量为 6.58g，并增加 4.54g 钢珠，如此模块的等效密度为 571.5kg/m³；塑料模块上下之间是嵌入的，存在一定的抗拉力，试验测得抗拉力为 2kg，黏聚力 $c = 0$，摩擦角 φ=16.1°，连通率为 37.5%。

根据试验测量结果，数值计算的材料参数为：塑料块与钢球平均密度 $\rho = 572$ kg/m³；泊松比 $\nu = 0.4$；块体弹性模量 $E = 1.2$ GPa；抗拉强度 σ_t=19.1kPa(按抗拉力等于 2kg 换算获得)；摩擦角 φ=16.1°；极限拉伸位移 $u_m = 0.4$mm，用于模拟块体间的卡槽特性。计算中块体侧壁抗拉强度为 0。计算的时间步长为 1×10^{-6}s，局部阻尼值大小为 0.001。数值模型如图 9.84 所示,块体按变形体进行计算,添加位移监测点用于判断坡体倾倒破坏的临界角度。

(a)塑料块

(b)卡槽特征

图 9.83　边坡倾倒试验所用材料

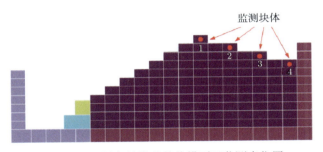

图 9.84　塑料齐缝块体数值模型及监测点位置

　　图 9.85 所示为 20g 离心加速度下不同时刻的边坡破坏过程。各种离心加速度下的数值模拟结果和试验结果的临界角度、破坏模式对比如表 9.6~ 表 9.8 所示,数值结果和试验结果差别在 1° 左右。对于破坏模式,数值模拟得到与试验一致的稳定、倾倒和滑移三个区域的空间分布。通过数值模拟结果可以获得不同时刻边坡的倾倒破坏特征。

9.6　本 章 小 结

　　本章集中介绍了地质体破裂及运动全过程计算的基本理论、概念和模型。首先简要介绍了连续–非连续单元法的基本概念、控制方程和求解流程;详细阐述了块体边界破裂和单元内部破裂的计算方法及模型,可有效模拟岩土体的渐进破坏、开裂过程;介绍了一种基于应变强度分布的可破裂弹簧元,该模型可较好地计算材料非均匀损伤、断裂问题;最后介绍了一种新的接触检测算法,可准确高效地计算地质体材料破裂解体后的碰撞接触问题。连续–非连续单元法结合了连续模型和离散模型的优势,是一种模拟地质体由连续到非连续的破裂过程的有效手段。

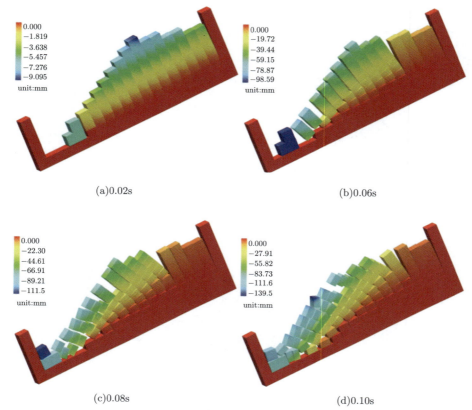

图 9.85　20g 离心加速度下塑料齐缝边坡倾倒破坏过程

表 9.6　离心加速度 20g 数值和试验结果对比

塑块/20g	数值结果	试验结果
临界角度	25.1°	24.1°
破坏模式		

表 9.7 离心加速度 30g 数值和试验结果对比

塑块/30g	数值结果	试验结果
临界角度	22.7°	21.4°
破坏模式	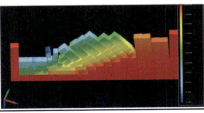	

表 9.8 离心加速度 40g 数值和试验结果对比

塑块/40g	数值结果	试验结果
临界角度	21.3°	21.0°
破坏模式		

参 考 文 献

[1] Swenson D V, Ingraffea A R. Modeling mixed-mode dynamic crack propagation using finite elements: Theory and applications. Computational Mechanics, 1988, 3: 381-397.

[2] Goodman R E, Taylor R L, Brekke T. A model for the mechanics of jointed rock. Journal of the Soil Mechanics and Foundations Division，ASCE，1968，94(3)：637-659.

[3] Belytschko T，Black T. Elastic crack growth in finite elements with minimal remeshing. International Journal for Numerical Methods in Engineering，1999，45(5)：601-620.

[4] Belytschko T，Moeo N，Usui S，et al. Arbitrary discontinuities in finite element. International Journal for Numerical Methods in Engineering，2001，50(4)：993-1013.

[5] Ke T C. Simulated testing of two dimensional heterogeneous and discontinuous rock masses using discontinuous deformation analysis. A dissertation submitted in partial satisfaction of the requirements for degree of Doctor of Philosophy. Berkeley: University of California, 1993.

[6] Owen D R J, Feng Y T, de Souza Neto E A, et al. The modelling of multi-fracturing solids and particulate media. International Journal for Numerical Methods in Engineer-

ing, 2004, 60(1): 317-339.

[7] Munjiza A. The Combined Finite-discrete Element Method. New York: John Wiley and Sons, 2004.

[8] 魏怀鹏, 易大可, 李世海, 等. 基于连续介质模型的离散元方法中弹簧性质研究. 岩石力学与工程学报, 2006, 25(6): 1159-1169.

[9] 田振农, 李世海, 刘晓宇, 等. 三维块体离散元可变形计算方法研究. 岩石力学与工程学报, 2008, 27(增 1): 2832-2840.

[10] 冯春, 李世海, 姚再兴. 基于连续介质力学的块体单元离散弹簧法研究. 岩石力学与工程学报, 2010, 29(增 1): 2690-2704.

[11] 韩永臣, 刘晓宇, 李世海. 模拟岩石材料脆性破裂过程的三维离散元模型. 力学与实践, 2010, 32(3): 50-56.

[12] Li S H, Zhang Y N, Feng C. A Spring System Equivalent to Continuum Model// LEI Z, Collected. The Fifth International Conference on Discrete Element Methods, London, 2010: 75-85.

[13] 王杰, 李世海, 张青波. 基于单元破裂的岩石裂纹扩展模拟方法. 力学学报, 2015, 47(1): 105-118.

[14] Zhou D, Li S H, Zhang Q B, et al. Structure Layer Model In Continuum-discontinuum Element Method// Proceedings of the 6th International Conference on Discrete Element Methods and Related Techniques, 2013:445-450.

[15] Hillerborg A, Modeer M, Petersson P E. Analysis of crack formation and crack growth in concrete by means of fracture mechanics and finite elements. Cement and Concrete Research, 1976, 6(6): 773-782.

[16] Wells G N, Sluys L J. A new method for modeling cohesive cracks using finite elements. International Journal for Numerical Methods in Engineering, 2001, 50(12): 2667-2682.

[17] 王杰, 李世海, 周东. 模拟岩石破裂过程的块体单元离散弹簧模型. 岩土力学, 2012, 34(8): 2355-2362.

[18] 张盛, 王启智. 用 5 种圆盘试件的劈裂试验确定岩石断裂韧度. 岩土力学, 2009, 30(1): 12-18.

[19] 杨艳霜, 周辉, 张传庆, 等. 大理石单轴压缩时滞性破坏的试验研究. 岩土力学, 2011, 32(9): 2714-2720.

[20] Carpinteri A, Colombo G. Numerical analysis of catastrophic softening behavior (snap-back instability). Computer & Structures, 1989, 31(4): 607-636.

[21] Wang J, Li S, Feng C. A shrunken edge algorithm for contact detection between convex polyhedral blocks. Computers and Geotechnics, 2015, 63: 315-330.

[22] Chen Z Y, Zhang J H, Wang W X, et al. Centrifuge Modeling for Rock Slopes. International Conference on Physical Modeling in Geotechnics, Hong Kong, China, August 4-6, 2006: 19-28.

第10章 裂隙渗流与孔隙渗流的基本模型与方法

滑坡中的渗流作用是导致滑坡滑动的最重要因素之一，研究滑坡中的渗流现象与渗流规律，对于了解滑坡滑动机理和滑坡治理具有重要指导意义。数值模拟和试验是研究渗流规律的两种基本方法。本章着重介绍数值模拟方法，讲述裂隙渗流与孔隙渗流的基本模型与方法。

10.1 概　　述

10.1.1 滑坡滑动与渗流力学

"十滑九水""无水不滑"，可见水的渗流作用对滑坡滑动有着直接影响。滑坡中的渗流现象既包括裂隙渗流，也包括孔隙渗流。这两种渗流现象对于滑坡的稳定性都具有重要影响。由于裂隙渗流速度较快，所以裂隙是渗流的主要发生场所；但由于孔隙基质具有较大的空间，孔隙基质是水主要的储存场所。裂隙与孔隙基质之间存在着流体交换，因此还需要考虑裂隙渗流与孔隙渗流的耦合。滑坡中水的来源主要包括降雨、库水和地下水等。水是造成滑坡滑动的最重要因素之一。例如，位于重庆万州区三峡库区的晒网坝滑坡，降雨过后，水通过表面裂隙进入坡体内部，导致滑坡蠕滑骤然加剧[1]。再如 2009~2012 年全国地质灾害通报[2-5] 所述，降雨、地下水位变化、水库蓄水等引发的渗流现象，是诱发滑坡灾害的最重要原因之一。李焯芬和陈虹[6] 通过分析香港滑坡灾害与雨水渗透之间的关系，也得出相同结论。由此可看出，滑坡中广泛存在渗流现象。滑坡中水的渗流作用是导致滑坡滑动的最重要因素之一，研究滑坡中的渗流现象与渗流规律，对于了解滑坡滑动机理和滑坡治理具有重要指导意义。水对滑坡的影响，主要在于水的渗流作用以及渗流-应力耦合效应。这涉及一个关键学科——渗流力学，它是一门与水力学和岩土力学有着密切关系的学科，随着现代科学技术不断发展，渗流力学已能解决各种复杂的工程问题。

10.1.2 渗流诱发滑坡的力学机理

渗流诱发滑坡机理包括化学作用、物理作用和力学作用[7]，下面着重介绍力学作用。

1. 有效应力作用

对于岩土类介质, 其中水将产生孔隙压力 p。由于孔隙压力的存在, 总应力 σ'_{ij} 与有效应力 σ^e_{ij} 有如下关系 (有效应力原理):

$$\sigma^e_{ij} = \sigma'_{ij} - \delta_{ij}p \tag{10.1}$$

式中, σ'_{ij} 和 σ^e_{ij} 以压应力为正。在非饱和状态下, 孔隙压力为负值, 有效应力增大, 不利于滑坡滑动; 当介质达到饱和后, 孔隙压力由负值转为正值, 有效应力将减小, 利于滑坡滑动。

2. 静水压力作用

静水压力作用在于形成了一个较大的渗透压力的梯度, 使得坡体局部产生破坏, 进而影响整体稳定性, 产生总体滑动。试验分析表明, 当滑坡裂隙自上而下的深度与裂隙位置到坡脚的距离之比大于 3 时, 静水压力对滑坡的作用不可忽略, 可导致滑坡整体滑动。

3. 高压水对土层的碎化作用

从试验中发现, 高压渗流场对于土质滑坡具有碎化作用。随着水从滑坡底部流出, 滑坡土层随之逐渐破碎, 并且与水融合形成流变体。滑坡下部出现一层一层剥落现象, 最终导致整体失稳滑动。

10.1.3　本章研究内容与技术路线

渗流理论的发展与研究方法的进步是分不开的, 主要表现在两个方面: ① 滑坡渗流研究中已普遍使用现代电子计算技术, 发展了数值模拟方法; ② 滑坡渗流机理研究的试验手段日益先进。前者是本章的重点研究内容, 包括渗流理论基础、渗流物理模型、渗流数学模型和渗流模型的数值求解方法。这些研究内容编制成的技术路线如图 10.1 所示。

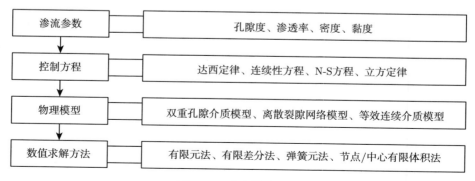

图 10.1　本章技术路线

10.2 滑坡渗流基本理论与模型

10.2.1 滑坡渗流物理参数

滑坡渗流中的物理参数包括两类，一类是组成滑坡的岩土体的参数，另一类是有关流体特性的参数。本书把这些物理参数定义在表征体积元 (representative volume element，RVE[8]) 上，以实现滑坡渗流中物理参数的均匀化描述。

1. 岩土体参数

(1) 孔隙度：介质表征单元体中孔隙体积与表征单元体体积之比，即

$$n = V_{\mathrm{p}}/V \tag{10.2}$$

(2) 基质渗透率：孔隙基质渗透能力的一个量度，以字母 K 表示，具有 $[\mathrm{L}^2]$ 的量纲。对于各向异性孔隙介质，其渗透率表述为二阶对称张量形式 ($\boldsymbol{K}$)：

$$\boldsymbol{K} = \begin{bmatrix} K_{xx} & K_{xy} & K_{xz} \\ K_{yx} & K_{yy} & K_{yz} \\ K_{zx} & K_{zy} & K_{zz} \end{bmatrix} \tag{10.3}$$

岩土工程中常使用水力传导系数 (hydraulic conductivity) 的概念，以字母 k 表示，具有 $[\mathrm{LT}^{-1}]$ 的量纲。此外，还使用渗透系数 (permeability coefficient) 的概念，以希腊字母 κ 表示，具有 $[\mathrm{M}^{-1}\mathrm{L}^3\mathrm{T}]$ 的量纲。渗透率、水力传导系数、渗透系数之间的转换关系为

$$k = \frac{K\rho g}{\mu}, \quad \kappa = \frac{K}{\mu}, \quad k = \kappa\rho g \tag{10.4}$$

相应的张量形式的转换关系为

$$\boldsymbol{k} = \frac{\boldsymbol{K}\rho g}{\mu}, \quad \kappa = \frac{\boldsymbol{K}}{\mu}, \quad \boldsymbol{k} = \boldsymbol{k}\rho g \tag{10.5}$$

式中，ρ 为水的密度，μ 为流体动力黏度，g 为重力加速度。

(3) 裂隙渗透率：根据 Snow DT[9] 试验可知，光滑平板流的流量与平板间距之间呈现立方定律关系。假定裂隙为光滑平板流，它具有如下形式的渗透率、水力传导系数和渗透系数

$$K_{\mathrm{f}} = \frac{b^2}{12}, \quad k_{\mathrm{f}} = \frac{b^2\rho g}{12\mu}, \quad \kappa_{\mathrm{f}} = \frac{b^2}{12\mu} \tag{10.6}$$

式中，b 为裂隙宽度。

2. 流体参数

(1) 密度: 单位体积内流体的质量, 常以 ρ 表示, 其量纲为 $[\mathrm{ML}^{-3}]$; 流体的重度定义为单位体积内流体的重量, 常以 γ 表示, 其量纲为 $[\mathrm{ML}^{-2}\mathrm{T}^{-2}]$。$\gamma$ 和 ρ 之间的关系为

$$\gamma = \rho g \tag{10.7}$$

(2) 黏度: 度量流体黏性大小的物理量, 又称动力黏性系数, 以 μ 表示, 量纲为 $[\mathrm{ML}^{-1}\mathrm{T}^{-1}]$。此外, 还使用运动黏性系数的概念, 以 ν 表示, 其量纲为 $[\mathrm{L}^2\mathrm{T}^{-1}]$。二者之间关系为

$$\mu = \rho \nu \tag{10.8}$$

10.2.2　滑坡渗流的基本理论

1. 达西定律

达西定律是描述流体在多孔介质中流动的本构方程, 由达西 (Darcy) 通过试验得到, 它是研究岩土力学、水力学中流体渗透现象的科学基础。达西根据试验结果得出流速关系

$$v = \frac{Q}{A} = k \left(\frac{H_1 - H_2}{L} \right) \tag{10.9}$$

式中, Q 为体积流速; A 为渗流面积; k 为水力传导系数; $(H_1 - H_2)/L$ 为水力梯度。

式 (10.9) 为一维情况下的达西定律, 考虑到三维空间中坐标系的任意性, 渗流速度 $\boldsymbol{v}$ 应为矢量, 渗透系数 $\boldsymbol{k}$ 为二阶张量, 那么完整的达西定律可写为

$$\boldsymbol{v} = -\boldsymbol{k}\nabla H \tag{10.10}$$

式中, ∇ 为梯度算子, H 表示总水头。

在油气工程中, 常使用渗透率和压力来表征达西定律, 可表示为

$$\boldsymbol{v} = -\frac{\boldsymbol{K}}{\mu}(\nabla p - \rho \boldsymbol{g}) \tag{10.11}$$

2. 连续性方程

考虑岩土体中一个表征体积元, 具有三个边长分别为 Δx、Δy 和 Δz。通过考虑单元体内部流量变化, 可得连续性方程:

$$-\nabla \cdot (\rho \boldsymbol{v}) + \rho q = \rho \left[\frac{\theta}{\rho} \frac{\partial \rho}{\partial t} + \frac{\partial \theta}{\partial t} + \frac{\theta}{\Delta x \Delta y \Delta z} \frac{\partial (\Delta x \Delta y \Delta z)}{\partial t} \right] \tag{10.12}$$

式中, q 表示源汇项, θ 表示体积含水率, t 表示时间。

3. N-S 方程

黏性不可压缩牛顿流体的流动满足 N-S 方程:

$$\frac{\partial u_i}{\partial t} + u_j \frac{\partial u_i}{\partial x_j} = f_i - \frac{1}{\rho} \frac{\partial p}{\partial x_i} + \nu \frac{\partial^2 u_i}{\partial x_j \partial x_j} \tag{10.13}$$

式中, u 为流体流速, f 为体力。

4. 单一裂隙流动方程

单一裂隙流动方程即立方定律, 其表达式为

$$q = \frac{\rho g b^3}{12\mu} J \tag{10.14}$$

式中, q 为体积流量, J 为水力梯度。

10.2.3 滑坡渗流物理模型

滑坡中的岩土体为节理化孔隙介质, 其内部节理裂隙网络具有复杂性和多尺度性。必须对滑坡的物理模型进行简化, 才能将数值计算进行下去。典型的滑坡耦合渗流物理模型以此分为三种: 双重孔隙介质模型、等效连续介质模型和离散裂隙网络模型。这三个典型模型有其不同的使用条件, 使用时需要考虑精度要求和计算时间要求。

1. 双重孔隙介质模型 (dual porosity model)

双重孔隙介质模型假设双重介质是一种包含两种特性的连续孔隙介质, 一种是孔隙基质, 另一种是裂隙, 组成这两种介质的几何区域是交叠的。这两种孔隙介质之间存在物质交换, 有些学者使用窜流项表示。双重孔隙介质模型适合于节理裂隙高度发育的岩体。不同学者纷纷提出不同的双重介质模型, 如 Barenblatt[10], Warren和 Root[11] 等。

2. 等效连续介质模型 (equivalent continuum model)

等效连续介质模型假定节理化孔隙介质中具有足够多数目的随机产状和相互连通的裂隙, 以使在统计的角度和平均的意义上定义其每个点的平均性质成为可能。等效连续介质模型不考虑单个裂隙的物理结构, 节理化孔隙介质被看成多孔介质, 这样, 像渗透性和孔隙度一类的参数就可以被估计出来[12,13]。该模型适用于低孔隙度岩块或者裂隙程度很好的岩体。

3. 离散裂隙网络模型 (discrete fracture model)

离散裂隙网络模型建立在离散裂隙网络系统的概念之上, 是对离散裂隙网络系统的物理描述。在离散裂隙网络模型中, 节理化裂隙岩体被当成一种非均匀的物

质，其孔隙度和渗透率可以非连续地、快速地变化，其中这两者的量级上都是裂隙远大于孔隙基质。离散裂隙网络模型，可以较真实地模拟孔隙-裂隙介质中的渗流，使得模拟过程更加接近自然情况。由于该模型的简化和近似条件比其他两个要少，离散裂隙网络模型是这三个模型中对物理世界描述最精确的一个。然而，支持该模型的计算数据量要求往往较大。

10.2.4　滑坡渗流数学模型

1. 滑坡饱和-非饱和渗流方程

(1) 饱和渗流方程。

饱和渗流方程可写为

$$-\nabla \cdot \boldsymbol{v} + q = S_\mathrm{s} \frac{\partial H}{\partial t} \tag{10.15}$$

式中，S_s 为储存系数。

(2) 土质滑坡非饱和渗流方程。

不考虑水的密度变化以及表征单元体的体积变化

$$-\nabla \cdot \boldsymbol{v} + q = \frac{\partial \theta}{\partial t} \tag{10.16}$$

非饱和土壤中达西定律与含水率有关

$$\boldsymbol{v} = -\boldsymbol{K}(\theta)\nabla H \tag{10.17}$$

将式 (10.17) 代入式 (10.16)，并引入 $\dfrac{\partial \theta}{\partial t} = \dfrac{\mathrm{d}\theta}{\mathrm{d}h}\dfrac{\partial h}{\partial t} = C(\theta)\dfrac{\partial h}{\partial t}$，可化为 Richards 方程

$$\frac{\partial}{\partial x}\left(K_x(\theta)\frac{\partial H}{\partial x}\right) + \frac{\partial}{\partial y}\left(K_y(\theta)\frac{\partial H}{\partial y}\right) + \frac{\partial}{\partial z}\left(K_z(\theta)\frac{\partial H}{\partial z}\right) = C(\theta)\frac{\partial h}{\partial t} \tag{10.18}$$

式中，$C(\theta)$ 为非饱和土体的土水特征曲线。

(3) 岩质滑坡非饱和渗流方程。

对于岩体或砂土，由于基质吸力作用不明显，可以忽略其作用。达西定律可以表示为

$$\boldsymbol{v} = -\boldsymbol{k}_\mathrm{a} k_\mathrm{r}(s)\nabla H \tag{10.19}$$

式中，$\boldsymbol{k}_\mathrm{a}$ 为绝对水力传导系数；k_r 为相对水力传导系数，与饱和度 s 的关系可表示为

$$k_\mathrm{r}(s) = s^2(3 - 2s) \tag{10.20}$$

连续性方程为

$$\frac{1}{M}\frac{\partial p}{\partial t} + \frac{n}{s}\frac{\partial s}{\partial t} = \frac{1}{s}(-\nabla \cdot \boldsymbol{v} + q) \tag{10.21}$$

2. 初始条件和边界条件

渗流问题的初始条件为

$$H(x, y, z, 0) = H_0(x, y, z) \tag{10.22}$$

Dirichlet 边界条件为

$$H(x_{\mathrm{b}}, y_{\mathrm{b}}, z_{\mathrm{b}}, t) = H_{\mathrm{b}}(t) \tag{10.23}$$

Neumann 边界条件为

$$\boldsymbol{v}(x_{\mathrm{b}}, y_{\mathrm{b}}, z_{\mathrm{b}}, t) \cdot \boldsymbol{n}(x_{\mathrm{b}}, y_{\mathrm{b}}, z_{\mathrm{b}}, t) = q_{\mathrm{b}}(t) \tag{10.24}$$

Cauchy 边界条件为

$$\boldsymbol{v}(x_{\mathrm{b}}, y_{\mathrm{b}}, z_{\mathrm{b}}, t) \cdot \boldsymbol{n}(x_{\mathrm{b}}, y_{\mathrm{b}}, z_{\mathrm{b}}, t) = C_{\mathrm{b}}[H_{\mathrm{b}}(t) - H(x_{\mathrm{b}}, y_{\mathrm{b}}, z_{\mathrm{b}}, t)] \tag{10.25}$$

式中, $C_{\mathrm{b}} = k_{\mathrm{b}}/d$ 为边界层系数。

10.3 传统渗流数值求解方法

渗流求解常见传统方法包括: 有限单元法 (FEM)[14−21]、有限差分法 (FDM)[22−28]、有限体积法 (FVM)[29−34]、边界单元法 (BEM)[35−39] 等。随着数值求解方法的发展, 最近又发展出一批新型求解方法, 如中心型有限体积法 (cell-centered FVM)[40−42]、数值流形元法 (NMM)[43−45]、无网格法 (meshless methods)[46−49]、弹簧元法 (SEM)[50] 等。本节介绍传统渗流数值求解方法。

10.3.1 孔隙渗流有限单元法

1. 有限单元方程建立

将达西定律代入连续性方程, 得到孔隙渗流场的基本方程为

$$\frac{\partial}{\partial x}\left(k_x \frac{\partial H}{\partial x}\right) + \frac{\partial}{\partial y}\left(k_y \frac{\partial H}{\partial y}\right) + \frac{\partial}{\partial z}\left(k_z \frac{\partial H}{\partial z}\right) + q_{\mathrm{v}} = S_{\mathrm{s}} \frac{\partial H}{\partial t} \tag{10.26}$$

边界条件为

$$\begin{cases} H = H_{\mathrm{b}}, & (x, y, z) \in \varGamma_1 \\ \boldsymbol{v} \cdot \boldsymbol{n} = q_{\mathrm{s}}, & (x, y, z) \in \varGamma_2 \end{cases} \tag{10.27}$$

使用有限单元法求解渗流方程, 首先要建立 $H(x, y, z, t)$ 的泛函, 然后通过变分, 求该泛函的极小值, 建立单元刚度矩阵。在孔隙渗流单元 $\varOmega^e$ 中, 考虑基本方

程 (10.26) 和边界条件 (10.27), 可建立泛函 $E^e(H)$ 为

$$E^e(H) = \int_{\Omega^e} \left\{ \frac{1}{2} \left[k_x \left(\frac{\partial H}{\partial x} \right)^2 + k_y \left(\frac{\partial H}{\partial y} \right)^2 + k_z \left(\frac{\partial H}{\partial z} \right)^2 \right] + \left(S_s \frac{\partial H}{\partial t} - q_v \right) H \right\}$$
$$- \int_{\Gamma_2^e} q_s H \mathrm{d}\Gamma \tag{10.28}$$

由于所要求的 $H(x, y, z, t)$ 为泛函式 (10.28) 的极小函数, 因此必须满足

$$\frac{\delta E^e}{\delta H_i} = 0 \tag{10.29}$$

因此可以导出单个渗流单元的渗流矩阵方程为

$$[S^e] \left\{ \frac{\partial H^e}{\partial t} \right\} + [K^e]\{H^e\} = \{Q^e\} \tag{10.30}$$

式中, $[S^e]$ 为单元的储存系数矩阵, $[K^e]$ 为单元渗透矩阵, $\{Q^e\}$ 为根据流量边界得到的节点流量。

程序计算时, 不组成总体的渗透矩阵, 以单个孔隙单元为单位, 采用动态松弛技术[51,52] 来求解每个孔隙单元的节点水头。采用这种动态松弛技术将稳态问题转化为非稳态问题进行数值计算, 对各个节点的水头 H^e 进行欧拉积分, 采用储存系数 $[S]$ 来吸收系统的能量, 系统由非稳态状态转变为稳态, 因此此种有限元解法也可以用于求解稳态问题。

2. 算例验证

算例 10.1　稳态渗流验证

一维稳态渗流模型如图 10.2 所示, 该问题的理论解为

$$P = P_w - \frac{P_w - P_e}{L} x, \quad \boldsymbol{v} = \frac{K}{\mu} \frac{P_w - P_e}{L} \mathbf{i}, \quad \nabla P = -\frac{P_w - P_e}{L} \mathbf{i}$$

取参数为 $P_w = 10\mathrm{MPa}$, $P_e = 0\mathrm{MPa}$, $K = 5 \times 10^{-13} \mathrm{m}^2$, $\mu = 1 \times 10^{-3} \mathrm{Pa \cdot s}$, $L = 10\mathrm{m}$。数值解和理论解的对比如图 10.3 所示。计算压力与速度云图如图 10.4 所示。

算例 10.2　非稳态渗流验证

一维稳态渗流模型如图 10.5 所示, 该问题的理论解为 $P(x, t) = P_w - (P_w - P_i) \cdot \frac{2}{\sqrt{\pi}} \int_0^{\frac{x}{\sqrt{4\chi t}}} \mathrm{e}^{-x^2} \mathrm{d}x$, 其中 $\chi = \frac{k}{\mu} \cdot \frac{1}{\varphi c}$。取 $P_w = 10\mathrm{MPa}$, $P_i = 5\mathrm{MPa}$, $K = 5 \times 10^{-13} \mathrm{m}^2$, $\mu = 1 \times 10^{-3} \mathrm{Pa \cdot s}$, $L = 1000\mathrm{m}$, $c = 4.8 \times 10^{-10} \mathrm{Pa}^{-1}$, $\varphi = 0.3$。数值解和理论解的对比如图 10.6 所示。

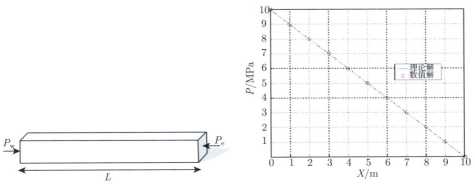

图 10.2　一维稳态渗流模型　　　图 10.3　一维稳态渗流数值解与理论解的对比

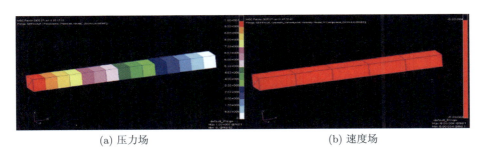

(a) 压力场　　　　　　　　　　(b) 速度场

图 10.4　一维稳态渗流计算结果

图 10.5　一维非稳态渗流模型

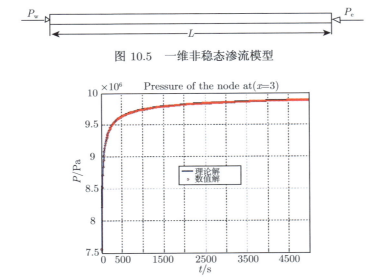

图 10.6　一维非稳态渗流数值解与理论解的对比

从图中可以看出,算例 10.1 和算例 10.2 中的数值解都和理论解符合很好,验证了有限元算法的正确性。

10.3.2　裂隙渗流有限单元法

裂隙岩体是由随机分布的裂隙和被裂隙切割的岩块所组成的不连续介质,水主要在裂隙网络内流动。大量的工程实践证明,虽然一般岩体结构中裂隙度远比孔隙度小,但裂隙面的渗透性却远大于孔隙的渗透性,裂隙岩体渗流实际上是裂隙网络的渗流问题。本节讲述裂隙网络渗流模型的有限单元模拟。

1. 裂隙网络渗流模型

(1) 裂隙中水流的运动规律。

裂隙中水流的运动规律满足立方定律,xy 坐标系下裂隙水力传导系数为 $k_x = k_y = ge^2/12\nu$。

(2) 渗流的基本微分方程。

根据质量守恒和达西定律推出非稳态渗流的基本微分方程为

$$
\left.
\begin{array}{ll}
\dfrac{\partial}{\partial x}\left(k_x\dfrac{\partial H}{\partial x}\right) + \dfrac{\partial}{\partial y}\left(k_y\dfrac{\partial H}{\partial y}\right) = S_{\mathrm{s}}\dfrac{\partial H}{\partial t}, & (x,y)\in D \\
H|_{t=0} = H_0(x,y), & (x,y)\in D \\
H|_{\varGamma_1} = \varphi(x,y), & (x,y)\in \varGamma_1, t>0
\end{array}
\right\}
\tag{10.31}
$$

式中, H 为总水头; k_x, k_y 分别为裂隙在 x, y 方向的水力传导系数; H_0 为初始水头值; $\varphi(x,y)$ 为第一类边界条件 $\varGamma_1$ 上的已知水头函数; S_{s} 为储存系数。

2. 有限元数值方法

采用三角形单元进行有限元数值计算

$$
H(x,y,t) = N_i(x,y)H_i + N_j(x,y)H_j + N_k(x,y)H_k \tag{10.32}
$$

式中, i, j, k 为三角形单元的 3 个节点; $N_i(x,y)$, $N_j(x,y)$, $N_k(x,y)$ 为单元 e 上的形函数。

将式 (10.32) 代入式 (10.31) 中,采用变分法并写成每个单元表示的离散形式,则有

$$
\sum_{e=1}^{M}\left[\iint\left(k_x\frac{\partial H^e}{\partial x}\frac{\partial N_l^e}{\partial x} + k_y\frac{\partial H^e}{\partial y}\frac{\partial N_l^e}{\partial y}\right)\mathrm{d}x\mathrm{d}y + \iint S^e\frac{\partial H^e}{\partial t}N_l^e\mathrm{d}x\mathrm{d}y\right] = \sum_{e=1}^{M}\int qN_l\mathrm{d}s
\tag{10.33}
$$

对每个单元 e 有

$$
\iint_{\Delta e}\left(k_x\frac{\partial h^e}{\partial x}\frac{\partial N_l^e}{\partial x} + k_y\frac{\partial h^e}{\partial y}\frac{\partial N_l^e}{\partial y}\right)\mathrm{d}x\mathrm{d}y + \iint_{\Delta e} S^e\frac{\partial h^e}{\partial t}N_l^e\mathrm{d}x\mathrm{d}y = \int_{\varGamma} qN_l\mathrm{d}s \tag{10.34}
$$

因此可以导出裂隙单元的渗流矩阵方程为

$$[S^e]\left\{\frac{\partial H^e}{\partial t}\right\} + [K^e]\{H^e\} = \{Q^e\} \tag{10.35}$$

式中，$[S^e]$ 为单元的储存系数矩阵，$[K^e]$ 为单元渗透矩阵。对每一个裂隙三角形单元，建立一个局部坐标系，将空间裂隙面转化为二维面流。从全局坐标到局部坐标的转化公式为

$$\left\{\begin{array}{c} x' \\ y' \\ z' \end{array}\right\} = \left\{\begin{array}{c} x - x_0 \\ y - y_0 \\ z - z_0 \end{array}\right\} \left[\begin{array}{ccc} l_1 & m_1 & n_1 \\ l_2 & m_2 & n_2 \\ l_3 & m_3 & n_3 \end{array}\right] \tag{10.36}$$

式中，(x_0, y_0, z_0) 为三角形单元的面心在全局坐标系下的坐标；(x', y', z') 为局部坐标系；$(l_i, m_i, n_i)(i = 1, 2, 3)$ 为全局坐标系下的单位矢量。从而可以求得局部坐标系下的储存系数矩阵 $[S_1^e]$ 和渗透矩阵 $[K^e]$：

$$[S_1^e] = S \left[\begin{array}{ccc} \iint_{\Delta e} N_i N_i \mathrm{d}x\mathrm{d}y & \iint_{\Delta e} N_i N_j \mathrm{d}x\mathrm{d}y & \iint_{\Delta e} N_i N_k \mathrm{d}x\mathrm{d}y \\ \iint_{\Delta e} N_j N_i \mathrm{d}x\mathrm{d}y & \iint_{\Delta e} N_j N_j \mathrm{d}x\mathrm{d}y & \iint_{\Delta e} N_j N_k \mathrm{d}x\mathrm{d}y \\ \iint_{\Delta e} N_k N_i \mathrm{d}x\mathrm{d}y & \iint_{\Delta e} N_k N_j \mathrm{d}x\mathrm{d}y & \iint_{\Delta e} N_k N_k \mathrm{d}x\mathrm{d}y \end{array}\right] \tag{10.37}$$

$$[K^e] = \frac{k}{4\Delta^e} \left[\begin{array}{ccc} b_i b_i + c_i c_i & b_i b_j + c_i c_j & b_i b_k + c_i c_k \\ b_j b_i + c_j c_i & b_j b_j + c_j c_j & b_j b_k + c_j c_k \\ b_k b_i + c_k c_i & b_k b_j + c_k c_j & b_k b_k + c_k c_k \end{array}\right] \tag{10.38}$$

式中，b_i，b_j，b_k，c_i，c_j，c_k 均为与单元局部坐标系下节点坐标相关的常量；k 为渗透系数，Δ^e 为三角形的面积。

程序计算时，同样不组成总体的渗透矩阵，采用动态松弛技术来求解每个裂隙单元的节点水头。计算流程如图 10.7 所示。首先给定各个节点的初始 H^e 和 Q^e，应用式 (10.35)，求出 $\partial H^e/\partial t$ 的值，对水头 H^e 进行欧拉积分，当计算时间 t 小于所给定的总时间 T 时，再对计算区域内各个节点循环计算，便可得到一定时间 T 后各个节点水头分布。

3. 算例

算例 10.3 稳态–非稳态裂隙渗流计算

为验证离散裂隙网络程序稳态计算的正确性，模拟三维正交裂隙网络稳定渗流。每个裂隙面单元都是边长 100m 的正方形，且裂隙网络宽都为 0.001mm，无填充。每个裂隙面剖分为 $10\times10\times4$ 个三角形单元，共 1200 个。11~19 为 $z = 50$m 平

面四周和中心 9 个节点 (图 10.8(a))。边界条件为：上端和底端边界水头已知 $H_1 =$ 100m，$H_0 = 0$m。计算模型水力参数如表 10.1 所示。求得水流稳定后各个节点的水头分布如图 10.8(b) 所示，数值解与理论解的对比见表 10.2。

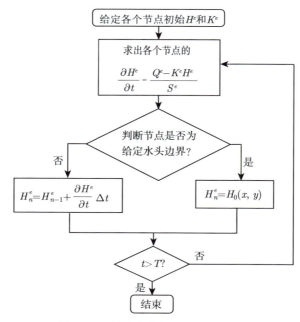

图 10.7　裂隙渗流有限元计算流程

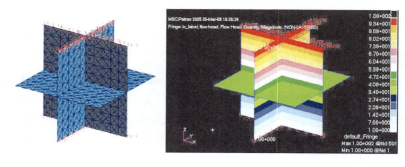

(a) 裂隙网络　　　　　　　　　(b) 计算结果

图 10.8　裂隙网络及计算结果

表 10.1　计算模型水力参数

黏性系数 μ/(Pa·s)	重力加速度 g/(m/s^2)	缝宽 b/m	密度 ρ/(kg/m^3)	储存系数 S
1.0×10^6	9.8	1.0×10^{-3}	1.0×10^3	6.9×10^{-5}

由计算结果，采用有限元计算方法得出的数值解精度相当高，而且同样适用于稳定渗流的情况。计算所得的水头分布反映了实际裂隙岩体的渗流规律，适用于实际工程问题分析。

表 10.2 正交裂隙网络渗流稳态计算结果

节点	水头/m		节点	水头/m	
	数值解	理论解		数值解	理论解
11	50	50	16	50	50
12	50	50	17	50	50
13	50	50	18	50	50
14	50	50	19	50	50
15	50	50			

非稳态计算模型仍然采用图 10.8(a)。节点 11~19 为 $z=50$m 平面四周和中心的 9 个节点。边界条件为：上端和底端边界水头为 $H_1=200$m，$H_0=100$m；上端边界水头下降速度为 1m/d，底端边界水头均不变。应用有限元方法求得上示图例结果和节点初始时刻及非稳态渗流各个时刻水头值 (表 10.3)。由表 10.3 知，该有限元程序数值解误差很小，基本与文献解一致。

表 10.3 正交裂隙网络渗流非稳态计算结果

	初始/10^2m		20d 时/10^2m		40d 时/10^2m		60d 时/10^2m		80d 时/10^2m	
	数值解	文献解	数值解	文献解	数值解	文献解	数值解	文献解	数值解	文献解
11	1.495	1.486	1.400	1.390	1.300	1.292	1.200	1.195	1.100	1.097
12	1.495	1.442	1.400	1.353	1.300	1.265	1.200	1.177	1.100	1.088
13	1.495	1.488	1.400	1.390	1.300	1.293	1.200	1.195	1.100	1.098
14	1.495	1.442	1.400	1.354	1.300	1.265	1.200	1.177	1.100	1.088
15	1.495	1.466	1.400	1.373	1.300	1.280	1.200	1.186	1.100	1.093
16	1.495	1.465	1.400	1.372	1.300	1.280	1.200	1.186	1.100	1.093
17	1.495	1.465	1.400	1.372	1.300	1.280	1.200	1.186	1.100	1.093

注：文献解来源于[53]。

算例 10.4 裂隙渗流数值解与试验解的对比

单裂隙非稳态渗流试验装置如图 10.9 所示。单裂隙由两块质地完整的 10cm×10cm×10cm 长六面体花岗岩条石构成，并通过四只特制密纹螺栓来调整隙宽。对垂直于裂隙面的两个侧面进行密封，另外两个侧面中的一侧连接压力水源，另一侧用作观测渗流情况。水位由水箱来调节，水箱内有个平衡水位的排水孔。通过改变水箱的高度来改变渗压，试件进水口处预埋有测压管，石缝中布有多个传感器，可以采集到水流通过石缝各个固定点处的时刻。

应用上述有限元程序模拟该单裂隙非稳态渗流在常水头为 0.4m，缝宽为 0.2×

10^{-3}mm，$S_s=8.0\times10^3$ 时的运动过程，建立模型如图 10.10 所示，共划分 4000 个三角形单元。

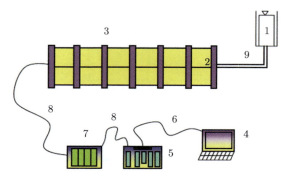

图 10.9　单裂隙试验装置示意图

1. 常水头供水系统；2. 花岗岩条石；3. 固定支架；4. 工控机；5. 68-pin 螺丝端子板；6. 68-pin 排线；

7. 连接电路的面包板；8. 导线；9. 橡皮导流管

图 10.10　单裂隙非稳态渗流模型

试验得出非稳态渗流的运动位移与时间的关系曲线如图 10.11 所示。通过调整储水系数 S_s 的值，可得到如图 10.11 所示的计算结果。通过试验结果和数值结果对比可以看出，数值曲线和试验曲线的走势基本一致。

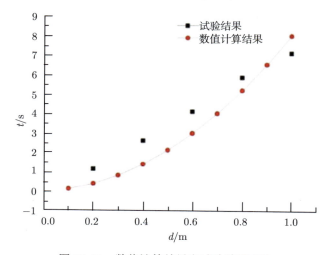

图 10.11　数值计算结果和试验结果对比

算例 10.5 复杂裂隙网络模拟

由五组不同结构面切割块体单元生成的裂隙网络如图 10.12 所示，各结构面的几何参数如表 10.4 所示，共划分 1527 个三角形单元，裂隙面的水力参数如表 10.5 所示。边界条件为：上端和底端边界的水头已知 $H_1 = 100m$, $H_0 = 0m$。

计算得到稳定状态下的水头分布如图 10.13 所示，由图可以看出，该种新型三维裂隙网络渗流模型，不仅能描述实际裂隙面复杂、随机的几何分布特征，而且能够对这种复杂的几何模型进行数值计算，模拟裂隙渗流的运动过程。

表 10.4 各结构面的几何参数

组数	几何参数			
	倾向/(°)	倾角/(°)	间距/m	个数
1	90	0	2.143	6
2	0	90	2.500	3
3	0	71.565	2.500	5
4	225	54.736	0	1
5	315	35.264	0	1

表 10.5 计算模型水力参数

黏性系数 $\mu/(\text{Pa·s})$	重力加速度 $g/(\text{m/s}^2)$	缝宽 b/m	密度 $\rho/(\text{kg/m}^3)$	储存系数 S_s
1.0×10^6	9.8	1.0×10^{-3}	1.0×10^3	5.0×10^{-5}

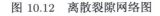

图 10.12 离散裂隙网络图

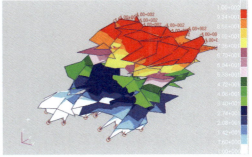

图 10.13 计算结果水头分布图

10.3.3 孔隙渗流有限体积法

1. 基本方程

非饱和渗流达西定律：

$$q_i = -k_{il}\hat{k}(s)(p - \rho_\text{f} x_i g_i)_{,l} \tag{10.39}$$

式中, q_i 为流量, p 为孔隙压力, k_{il} 为渗透系数张量, $\hat{k}(s)$ 为饱和度 s 的函数, ρ_f 为流体密度, $g_i(i = 1, 2, 3)$ 为三个方向的重力分量, 空气压力恒为零。连续性方程:

$$\frac{1}{M}\frac{\partial p}{\partial t} + \frac{n}{s}\frac{\partial s}{\partial t} = -\frac{1}{s}q_{i,i} \tag{10.40}$$

式中, M 为比奥模量, n 为孔隙度。在程序中, 不考虑毛细压力的影响。在非饱和区 (饱和度小于 1), 孔隙压力为零。$\hat{k}(s)$ 的表达式为

$$\hat{k}(s) = s^2(3 - 2s) \tag{10.41}$$

2. 数值解法

式 (10.40) 可以写成如下形式:

$$\frac{\Delta p}{M} + \frac{n}{s}\Delta s = -\frac{1}{sV}Q_T\Delta t \tag{10.42}$$

式中, Δp 为压力增量, Δs 为饱和度增量, V 为节点所代表的体积, Q_T 为节点流量, Δt 为时间增量。

在非饱和节点 (孔隙压力为零), 饱和度由下式给出

$$\Delta s = -\frac{1}{nV}Q_T\Delta t \tag{10.43}$$

在饱和节点 (饱和度为 1), 孔隙压力由下式给出

$$\Delta p = -\frac{M}{V}Q_T\Delta t \tag{10.44}$$

3. 算例验证

算例 10.6　非饱和渗流验证

大坝模型尺寸及边界条件如图 10.14 所示, 计算参数如表 10.6 所示。理论验算中, 溢出总流量和溢出位置计算如图 10.15 和图 10.16 所示, 总流量计算公式如下式所示。

$$Q = k\rho_f g \frac{h_1^2 - h_2^2}{2L} \tag{10.45}$$

式中, Q 为溢出边总流量, k 为渗透系数, h_1, h_2 和 L 所代表的物理意义如图 10.15 所示。

表 10.6　非饱和渗流计算参数

渗透率/(m/s)	孔隙度	流体密度/(kg/m³)	流体体积模量/Pa	时步/s	重力加速度/(m/s²)
1×10^{-10}	0.3	1000	1000	1×10^5	10

数值解和理论解的对比如表 10.7 所示，从中可以看出，该非稳态孔隙渗流数值计算模型是符合要求的。不同时刻水流所达到的位置和孔隙压力分布如图 10.17 所示。

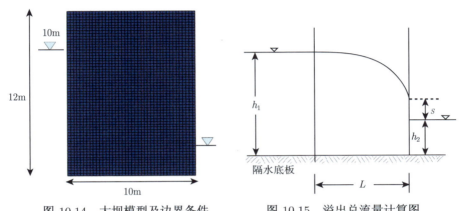

图 10.14　大坝模型及边界条件　　　　图 10.15　溢出总流量计算图

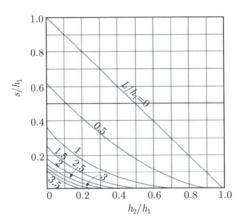

图 10.16　溢出位置计算图

表 10.7　非饱和渗流理论解和数值解的对比

	总流量 $Q/(\mathrm{m}^2/\mathrm{s})$	溢出位置 s/m
理论解	4.704×10^{-6}	1.8
数值解	4.628×10^{-6}	2.0
误差	1.6%	10%

算例 10.7　滑坡库水涨落渗流计算

模拟库水涨落下坡体内孔隙压力的变化情况，计算模型图和参数如图 10.18 和表 10.8 所示。

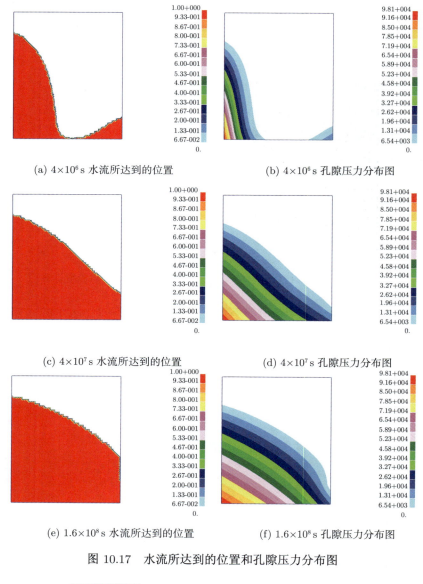

(a) 4×10⁶ s 水流所达到的位置　　　　　　(b) 4×10⁶ s 孔隙压力分布图

(c) 4×10⁷ s 水流所达到的位置　　　　　　(d) 4×10⁷ s 孔隙压力分布图

(e) 1.6×10⁸ s 水流所达到的位置　　　　　　(f) 1.6×10⁸ s 孔隙压力分布图

图 10.17　水流所达到的位置和孔隙压力分布图

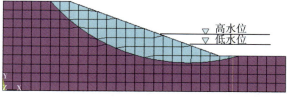

图 10.18　计算模型简图

表 10.8 孔隙渗流计算参数

介质	流体体积模量	孔隙度	孔隙初始渗透系数/(m/s)
滑体	1.0×10^3	0.3	1.0×10^{-10}
基岩	1.0×10^3	0.3	0.0

从图 10.19 和图 10.20 可以看出，该非稳态孔隙渗流模型能够连续模拟库水涨落情况下滑坡内部孔隙压力的变化情况。

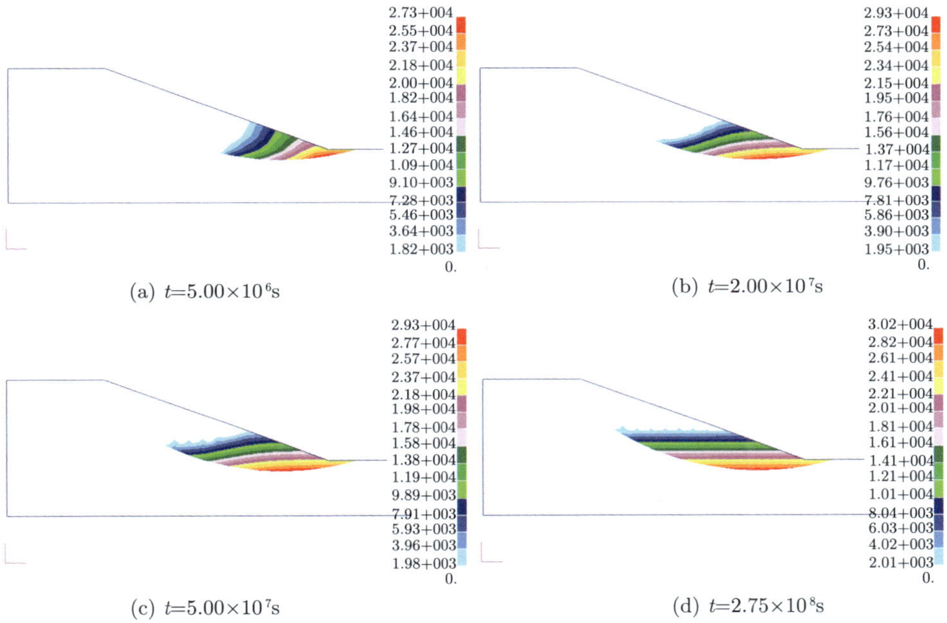

(a) $t = 5.00 \times 10^6$s

(b) $t = 2.00 \times 10^7$s

(c) $t = 5.00 \times 10^7$s

(d) $t = 2.75 \times 10^8$s

图 10.19 库水上涨时不同时刻的滑坡孔隙压力图 (单位：Pa)

10.4 非稳态裂隙流的 N-S 方程有限差分法

在裂隙岩体中，裂隙面的渗透性要远大于基质岩块的渗透性，裂隙岩体渗流实际上是裂隙网络的渗流问题。单裂隙稳态/非稳态渗流模型发展较完善，但真正有实用价值的裂隙网络渗流模型却发展较慢。现有的裂隙网络渗流模型也存在一些缺陷，如只能计算稳态渗流；无法解决不连通裂隙 (孤立裂隙) 所带来的计算不收敛问题；把渗透系数人为地变成流速的经验函数，忽略了非稳态渗流的真实物理过程。本节重点在于解决裂隙网络的非稳态渗流问题。将裂隙网络分解为许多个单裂隙，每个单裂隙所使用的渗流控制方程由三维 N-S 方程简化而来，但不同于立方定律和 Reynolds 方程。使用有限差分法进行迭代求解，自由表面的处理采用流体

体积法 (即VOF法)。单裂隙之间通过公共边进行渗流信息交换, 经过数学推导, 在数值模型中, 这些公共边上的渗流都可以由专门的控制方程进行求解, 保证数值模型的正确性。同传统方法相比, 该非稳态渗流数值模型缩减了计算时间, 可以模拟工程尺度上的渗流问题, 而且避免了孤立裂隙所带来的影响。不考虑单裂隙中粗糙度的影响, 流体的雷诺数不高, 属于达西渗流范畴内。

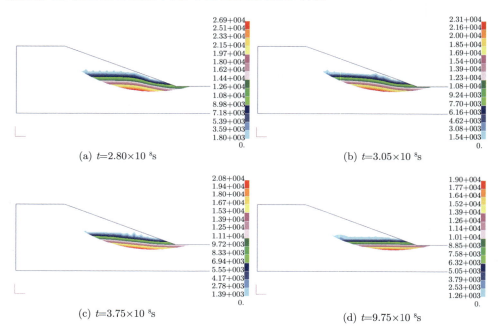

(a) $t=2.80\times10^8$s　　　　　　　　　　(b) $t=3.05\times10^8$s

(c) $t=3.75\times10^8$s　　　　　　　　　　(d) $t=9.75\times10^8$s

图 10.20　库水下降时不同时刻滑坡孔隙压力图 (单位: Pa)

10.4.1　非稳态裂隙渗流数值模型

对于不可压缩黏性裂隙流而言, 如果不考虑其他假设条件, 裂隙内流体满足连续性方程和三维 N-S 方程:

$$\left.\begin{array}{l} \mathrm{div}\boldsymbol{u} = 0 \\ \dfrac{\partial \boldsymbol{u}}{\partial t} + (\boldsymbol{u}\cdot\nabla)\boldsymbol{u} = -\dfrac{1}{\rho}\nabla p + \nu\nabla^2\boldsymbol{u} \end{array}\right\} \tag{10.46}$$

式中各物理量跟前面定义相同。

对于模型作如下假设: ① 渗流只在沿平行于裂隙面的方向发生; ② 流速沿厚度方向呈抛物线分布; ③ 在单个裂隙面内, 隙宽不发生改变。则流速可写成以下矢量形式

$$\boldsymbol{u}(x,y,z,t) = \boldsymbol{u}_{\max}(x,y,z)\left(1 - \dfrac{4z^2}{e^2}\right) \tag{10.47}$$

式中，$\boldsymbol{u}_{\max}$ 为最大流速，e 为隙宽。

将式 (10.47) 代入式 (10.46)，并沿厚度方向对速度积分，则单裂隙渗流控制方程可以写为

$$\left.\begin{aligned}&\operatorname{div} \boldsymbol{u}_{\max}=0\\&\frac{2}{3}\frac{\partial \boldsymbol{u}_{\max}}{\partial t}+\frac{8}{15}(\boldsymbol{u}_{\max}\cdot\nabla)\boldsymbol{u}_{\max}=-\frac{1}{\rho}\nabla p+\nu\left(\frac{2}{3}\nabla^2\boldsymbol{u}_{\max}-\frac{8}{e^2}\boldsymbol{u}_{\max}\right)\end{aligned}\right\} \quad (10.48)$$

式 (10.48) 中的速度为抛物线速度分布中的最大速度，它是平均速度的 1.5 倍：

$$Q=\int_{-\frac{e}{2}}^{\frac{e}{2}} \boldsymbol{u}_{\max}(x,y,t)\left(1-\frac{4z^2}{e^2}\right)\mathrm{d}z=\frac{2}{3}\boldsymbol{u}_{\max}e \quad (10.49)$$

$$\boldsymbol{u}_{\mathrm{ave}}=\frac{Q}{e}=\frac{2}{3}\boldsymbol{u}_{\max} \quad (10.50)$$

式中，Q 为单宽流量，$\boldsymbol{u}_{\mathrm{ave}}$ 为平均速度。

10.4.2   非稳态裂隙渗流数值方法

采用有限差分法进行数值离散，用三步投影法进行求解。式 (10.48) 可以写为

$$\frac{\boldsymbol{u}^*-\boldsymbol{u}^n}{\Delta t}=B(\boldsymbol{u}^n)-A(\boldsymbol{u}^n) \quad (10.51)$$

$$\frac{\boldsymbol{u}^{n+1}-\boldsymbol{u}^*}{\Delta t}=-\frac{1}{\rho}\nabla p^{n+1} \quad (10.52)$$

$$B(\boldsymbol{u}^n)=\nu\left[\frac{2}{3}\nabla^2\boldsymbol{u}_{\max}-\frac{8}{e^2}\boldsymbol{u}_{\max}\right] \quad (10.53)$$

$$A(\boldsymbol{u}^n)=\frac{8}{15}(\boldsymbol{u}_{\max}\cdot\nabla)\boldsymbol{u}_{\max} \quad (10.54)$$

$$\boldsymbol{u}=\frac{2}{3}\boldsymbol{u}_{\max} \quad (10.55)$$

式中，$\boldsymbol{u}^{n+1}$ 和 $\boldsymbol{u}^n$ 分别为 $n+1$ 和 n 时步的速度矢量，$\boldsymbol{u}^*$ 为中间速度，Δt 为时间步长，$A(\boldsymbol{u}^n)$ 为对流项，$B(\boldsymbol{u}^n)$ 为扩散项，p^{n+1} 为 $n+1$ 时步的压力。

第一步，在式 (10.51) 中利用 n 时步的速度求出中间速度 $\boldsymbol{u}^*$

$$\boldsymbol{u}^*=\boldsymbol{u}^n-[B(\boldsymbol{u}^n)-A(\boldsymbol{u}^n)]\cdot\Delta t \quad (10.56)$$

第二步，将式 (10.52) 写为

$$\boldsymbol{u}^{n+1}=\boldsymbol{u}^*-\frac{\Delta t}{\rho}\nabla p^{n+1} \quad (10.57)$$

在式 (10.57) 的两边同时取散度, 则可写为

$$\nabla \cdot \boldsymbol{u}^{n+1} = \nabla \cdot \boldsymbol{u}^* - \frac{\Delta t}{\rho} \nabla^2 p^{n+1} \tag{10.58}$$

由于 $n+1$ 时步的速度 $\boldsymbol{u}^{n+1}$ 满足连续性方程, 而中间速度 $\boldsymbol{u}^*$ 不满足, 则

$$\nabla \cdot \boldsymbol{u}^{n+1} = 0 \tag{10.59}$$

$$\nabla \cdot \boldsymbol{u}^* \neq 0 \tag{10.60}$$

$n+1$ 时步的压力 p^{n+1} 可由下式求出

$$\nabla^2 p^{n+1} = \frac{\rho}{\Delta t} \nabla \cdot \boldsymbol{u}^* \tag{10.61}$$

第三步, 由式 (10.61) 求出 $n+1$ 时步的速度 $\boldsymbol{u}^{n+1}$。

10.4.3　自由表面处理

应用流体体积法 (VOF 法) 处理自由表面流动, 问题关键是求解 VOF 输运方程:

$$\frac{\partial F}{\partial t} + \frac{\partial (uF)}{\partial x} + \frac{\partial (vF)}{\partial y} = 0 \tag{10.62}$$

式中, u 和 v 分别为 x 和 y 方向的速度。

采用图 10.21 所示的交错网格, 阴影部分表示流体, 式 (10.62) 可以写成以下差分形式

$$\frac{F_{i,j}^{n+1} - F_{i,j}^n}{\Delta t} + \frac{\delta F_{i+1/2,j} - \delta F_{i-1/2,j}}{\Delta x} + \frac{\delta F_{i,j+1/2} - \delta F_{i,j-1/2}}{\Delta y} = 0 \tag{10.63}$$

式中, Δx 和 Δy 分别为 x 和 y 方向的网格长度; $\delta F_{i\pm1/2,j}$ 和 $\delta F_{i,j\pm1/2}$ 为通过网格单元边界的流通量 (图 10.21 箭头方向表示流通量方向), 其积分形式为

$$\begin{cases} \delta F_{i\pm1/2,j} = \dfrac{1}{\Delta y} \displaystyle\int\limits_{\Delta y} (uF)_{i\pm1/2,j}\mathrm{d}y \\[4mm] \delta F_{i,j\pm1/2} = \dfrac{1}{\Delta x} \displaystyle\int\limits_{\Delta x} (vF)_{i,j\pm1/2}\mathrm{d}x \end{cases} \tag{10.64}$$

将式 (10.64) 代入式 (10.63), 就可以计算出 $(n+1)$ 时步的流体体积分数 $F_{i,j}^{n+1}$。

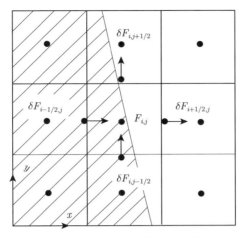

图 10.21　VOF 法网格划分示意图

10.4.4　边界条件

对于不可压缩流动问题, 边界的数值处理至关重要, 因为边界条件处理不当会影响整个流场。一些典型的边界条件处理如下。

(1) 入口边界: u, v 或者 p 是给定值;

(2) 出口边界: u, v 分别对 x 和 y 的一阶偏导数为零, $\partial u/\partial x = \partial v/\partial y = 0$, 即外部区域节点速度和与之相邻内部区域节点速度相同, 满足连续性方程。由于出口处是空气, 故压力 $p = 0$。

(3) 固壁边界: 在固壁上满足 $\partial u/\partial x = 0$, $v = 0$ 或 $\partial v/\partial y = 0$, $u = 0$。对于 p, 可近似认为 $\partial p/\partial n = 0$, 其中 n 为固壁法线方向, 即边界上压力值和与之相邻内部区域节点压力相同。

(4) 交界边界: 在裂隙网络中, 裂隙的交界处需要进行特殊处理。假设在交界处水流处于瞬时稳定状态, 式 (10.48) 中第二个方程的速度对时间偏导数项、对流项和扩散项可以忽略, 那么交界处控制方程可以简化为

$$\left.\begin{array}{l} \operatorname{div} \boldsymbol{u}_{\max} = 0 \\ 8\nu e\boldsymbol{u}_{\max} = -\dfrac{e^3}{\rho}\nabla p \end{array}\right\} \tag{10.65}$$

假设在交界处, 只考虑法线方向的流量平衡, 而忽略切向方向的流量交换, 则可以得到

$$\sum_{k=1}^{I} 8u_k e_k \nu = 0 \tag{10.66}$$

$$\sum_{k=1}^{I} 8v_k e_k \nu = 0 \tag{10.67}$$

式中，I 为交界处所连接的单裂隙个数，u_k、v_k 和 e_k 分别为第 k 个单裂隙 x 方向的速度、y 方向的速度和隙宽。

若交界处法线方向为 x 方向，则边上的待求压力可写为

$$p_{ij} = \frac{\sum\limits_{k=1}^{I} \left(\dfrac{e^3}{\rho} \dfrac{p_{i-1,j}}{\Delta x} \right)_k}{\sum\limits_{k=1}^{I} \left(\dfrac{e^3}{\rho \cdot \Delta x} \right)_k} \tag{10.68}$$

式中，p_{ij} 为公共边待求压力，$p_{i-1,j}$ 为 x 方向相邻节点压力值，Δx 为 x 方向网格尺寸，下标 "k" 表示括弧内的参数为第 k 个单裂隙的参数值。

同理可得，当交界处法线方向为 y 方向时

$$p_{ij} = \frac{\sum\limits_{k=1}^{I} \left(\dfrac{e^3}{\rho} \dfrac{p_{i,j-1}}{\Delta y} \right)_k}{\sum\limits_{k=1}^{I} \left(\dfrac{e^3}{\rho \cdot \Delta y} \right)_k} \tag{10.69}$$

式中，$p_{i,j-1}$ 为 y 方向相邻节点压力值，Δy 为 y 方向网格尺寸。

这种处理方法保证了交界处压力的相等，并且使得待求压力与各单裂隙相邻压力节点建立了联系，从而交界处的压力节点也能参与到整场迭代计算中，无需判断交界处的出入流关系。

10.4.5　算例验证

算例 10.8　立方定律验证

首先要校核该数值模型的正确性和测试其计算效率。对于低雷诺数情况，单裂隙一维渗流达到稳态时，流速理论解为 $\bar{v} = q/b = gb^2 J/(12\nu)$。王媛等[54] 作了低流速单裂隙达西渗流试验，裂缝模型长、宽、厚分别为 0.8m、0.1m、0.5mm；进水口压力 P_1=125440Pa，出水口压力 P_0=0Pa；稳态时水力梯度 J=16，雷诺数 Re=961。选取稳态后的流速 u 作为比较参数，数值模拟、理论解和试验结果对比如表 10.9 所示。

表 10.9　数值模拟同理论解和试验结果的对比

数值模拟 $u/(\text{m/s})$	理论解 $u/(\text{m/s})$	试验结果 $u/(\text{m/s})$
2.56	2.50	2.46

从表 10.9 可以看出，该数值模型的数值解同理论解和试验结果几乎相同，误差在 5% 以内，表明该数值模型正确。就同一个问题而言，采用本节所用的方法计

算，耗时为 32s，如果用式 (10.46) 作为控制方程，依旧采用有限差分法和流体体积法进行迭代求解，耗时为 970s，计算效率会大幅降低 30 倍左右。其原因是若采用式 (10.46) 为控制方程，该问题就变为了一个三维问题，数值模型中网格尺寸在厚度方向会很小；为避免网格奇异性，就要求网格尺寸在长和宽方向也很小，这必然导致网格数量的增多。而若采用式 (10.48) 为控制方程，则网格尺寸只需在长和宽方向进行协调，这样就可以使每个网格的尺寸很大，进而减少计算所需网格。理论上，式 (10.46) 比式 (10.48) 的精度高，但采用式 (10.48) 为控制方程的数值模型，牺牲一点精度却换来计算效率的大幅提高，而且计算结果，其精度对于工程问题来说已足够。

算例 10.9   自由表面验证

验证算法处理自由表面问题的能力，进而验证该数值模型的适用性。图 10.22(a) 为单裂隙二维非稳态渗流示意图，裂隙长和宽分别为 10m 和 7.5m，厚度为 1mm；上端中部和底端的压力分别为 $P_1=29400\text{Pa}$ 和 $P_0=0\text{Pa}$；考虑重力加速度的影响 $g_y=-9.8\text{m/s}^2$；左右两端为封闭边界。应用该数值模型可求得非稳态裂隙渗流各个时刻的压力值 (图 10.22(b)~(d))。

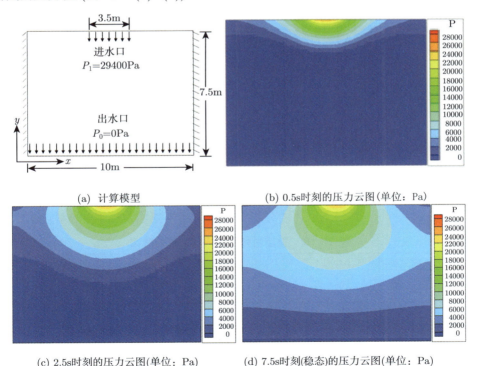

(a) 计算模型

(b) 0.5s时刻的压力云图(单位：Pa)

(c) 2.5s时刻的压力云图(单位：Pa)

(d) 7.5s时刻(稳态)的压力云图(单位：Pa)

图 10.22   单裂隙二维非稳态渗流计算

算例 10.10　　不同厚度裂隙渗流验证

　　本节对裂隙网络交界处进行特殊处理，首先需要验证该方法的正确性。如图 10.23 所示，水流依次从水平薄裂隙 (隙宽 $b=0.5$mm) 和厚裂隙 (隙宽 $b=1.0$mm) 通过，进水口和出水口压力分别为 $P_1=19600$Pa 和 $P_0=0$Pa。图 10.24 为裂隙内流速随时间变化图；表 10.10 为稳定状态下数值解和理论解的对比。从图 10.24 和表 10.10 可以看出，该数值模型可以模拟整个非稳态渗流过程，各单裂隙流速和水力梯度的数值解同理论解很好地吻合，说明用该数值模型来处理裂隙网络非稳态渗流问题是符合要求的。

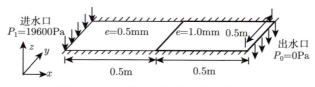

图 10.23　　水流在不同厚度裂隙中流动

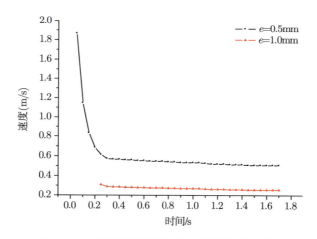

图 10.24　　不同厚度裂隙的速度随时间的变化

表 10.10　　稳态时数值解同理论解的对比

	薄裂隙的流速/(m/s)	薄裂隙的水力梯度	厚裂隙的流速/(m/s)	厚裂隙的水力梯度
数值模拟	0.51	3.52	0.25	0.41
理论解	0.55	3.55	0.275	0.44

算例 10.11　　复杂裂隙网络模拟

　　在裂隙网络中，孤立裂隙的处理一直是个大问题。由于本节中的数值模型是把裂隙网络分拆为多个单裂隙，然后再分别进行计算，只是在交界处进行渗流信息交换，因此能够很好地处理孤立裂隙问题。

在 10m×10m 的岩体区域内随机分布 2 组裂隙，裂隙的倾向角分别为 45°和 135°，隙宽服从正态分布，其各个参数如表 10.11 所示，由程序自动生成的裂隙网络如图 10.25 所示。给定裂隙网络的边界条件为：上部 $z=10$m 处压力边界 $P_1=19600$Pa，底部 $z=0$m 处压力边界 $P_0=0$Pa，左右两端为封闭边界。裂隙网络的压力分布如图 10.26 所示，水流可以在裂隙网络中非稳态渗流，由于水流无法进入孤立裂隙，因此孤立裂隙的压力值为 0。

表 10.11　裂隙网络几何参数

组号	数量	倾向角/(°)	隙宽		平均迹长/m
			均值/mm	方差/mm	
1	10	45	1.0	0.2	3.7
2	10	135	1.0	0.2	3.5

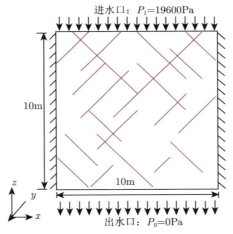

图 10.25　拥有 2 组裂隙的裂隙网络图

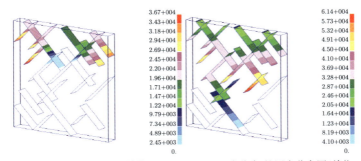

(a) 5.0s 时(非稳态)的压力分布图(单位：Pa)　(b) 12.0s 时(稳态)的压力分布图(单位：Pa)

图 10.26　裂隙网络各个时刻的压力分布图

10.5　二维孔隙渗流弹簧元法

本节讲述一种基于单元局部坐标系进行渗流问题求解的渗流弹簧元法 (seepage spring element method，SSEM)。该方法采用显式求解及微可压技术，通过在局部坐标系下构建正交渗流管道网络，给出管道流量与管道两端压差的函数关系；通过管道节点上的流量变化，计算当前时刻节点的饱和度及孔隙压力。

10.5.1　基本原理

(1) 主要思路及基本流程。

弹簧元方法具有物理意义明确，计算步骤简洁及内存占用量小等优势[55,56]。渗流弹簧元法将求解域用三角形单元离散，每个单元建立各自的局部坐标系，在局部坐标系下构建一维管道系统 (弹簧系统)，建立管道流量与管道两端压力差之间的关系，并将管道流量分配至管道对应的节点，在整体坐标系下将各单元相同节点的速度、流量进行凝聚。渗流弹簧元法的求解流程如图 10.27 所示。

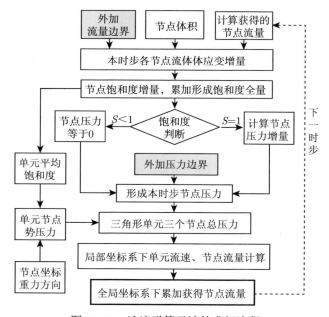

图 10.27　渗流弹簧元法的求解流程

(2) 基于局部坐标系的单元流量求解。

建立如图 10.28 所示三角形单元局部坐标系，三节点坐标分别为 $(0,0)$、$(a,0)$ 及 (b,c)，三条棱的编号为 n_1、n_2、n_3，由此可得三角形单元底边长 a，高 c。设三

节点对应总压力分别为 p_1，p_2 及 p_3。根据格林公式，该单元的 x 方向压力梯度可表述为

$$\frac{\partial p}{\partial x} \approx \frac{1}{S} \iint \frac{\partial p}{\partial x} \mathrm{d}x\mathrm{d}y = \frac{1}{S} \oint p\mathrm{d}y = \frac{1}{S} \sum_{n=1}^{3} \bar{p}_n \Delta y_n \tag{10.70}$$

$$S = ac/2 \tag{10.71}$$

$$\begin{cases} \bar{p}_1 = (p_1 + p_2)/2 \\ \bar{p}_2 = (p_2 + p_3)/2 \\ \bar{p}_3 = (p_3 + p_1)/2 \end{cases} \tag{10.72}$$

$$\begin{cases} \Delta y_1 = 0 \\ \Delta y_2 = c \\ \Delta y_3 = -c \end{cases} \tag{10.73}$$

式中，S 为三角形面积，$\bar{p}_n$ 为第 n 条棱上压力平均值，Δy_n 为第 n 条棱上两节点 y 坐标的差。

将式 (10.71)~ 式 (10.73) 代入式 (10.70) 可得

$$\frac{\partial p}{\partial x} = \frac{p_2 - p_1}{a} \tag{10.74}$$

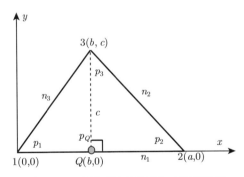

图 10.28 局部坐标系下的三角形单元

同理 y 方向的压力梯度可表示为

$$\frac{\partial p}{\partial y} \approx \frac{1}{S} \iint \frac{\partial p}{\partial y} \mathrm{d}x\mathrm{d}y = -\frac{1}{S} \oint p\mathrm{d}x = -\frac{1}{S} \sum_{n=1}^{3} \bar{p}_n \Delta x_n \tag{10.75}$$

三条棱上 x 坐标的差为

$$\begin{cases} \Delta x_1 = a \\ \Delta x_2 = b - a \\ \Delta x_3 = -b \end{cases} \tag{10.76}$$

将式 (10.71)、式 (10.72)、式 (10.76) 代入式 (10.75) 可得

$$\frac{\partial p}{\partial y} = \frac{p_3 - \left[\left(1 - \frac{b}{a}p_1\right) + \frac{b}{a}p_2\right]}{c} \tag{10.77}$$

令式 (10.77) 中 $\left(1 - \frac{b}{a}p_1\right) + \frac{b}{a}p_2 = p_Q$，$p_Q$ 即图 10.28 中 Q 点 (垂足点) 插值获得的压力，因此式 (10.77) 可改写为

$$\frac{\partial p}{\partial y} = \frac{p_3 - p_Q}{c} \tag{10.78}$$

基于以上推导，将三角形单元中面域内压力梯度的求解转为对应棱上压力梯度的求解，从而简化了计算。根据达西定律及式 (10.74) 和式 (10.78)，局部坐标系下三角形单元两个方向的流速可表示为

$$\begin{cases} v_x = k_s k \dfrac{p_2 - p_1}{a} \\ v_y = k_s k \dfrac{p_3 - p_Q}{c} \end{cases} \tag{10.79}$$

式中，k 为孔隙介质的渗透系数；$k_s = \bar{s}^2(3 - 2\bar{s})$ 为相对渗透系数，$\bar{s}$ 为单元平均饱和度。

局部坐标系下流经各棱流量为

$$\begin{cases} q_{n_1} = \boldsymbol{v} \cdot \boldsymbol{n}_1 a = -a v_y \\ q_{n_2} = \boldsymbol{v} \cdot \boldsymbol{n}_2 \sqrt{(a-b)^2 + c^2} = c v_x + (a-b)v_y \\ q_{n_3} = \boldsymbol{v} \cdot \boldsymbol{n}_3 \sqrt{b^2 + c^2} = b v_y - c v_x \end{cases} \tag{10.80}$$

式中，$\boldsymbol{n}_1$、$\boldsymbol{n}_2$、$\boldsymbol{n}_3$ 为三条棱的单元外法向量。各节点流量为

$$\begin{cases} q_1 = \dfrac{q_{n_1} + q_{n_3}}{2} = \dfrac{(b-a)v_y - c v_x}{2} \\ q_2 = \dfrac{q_{n_1} + q_{n_2}}{2} = \dfrac{c v_x - b v_y}{2} \\ q_3 = \dfrac{q_{n_2} + q_{n_3}}{2} = \dfrac{a v_y}{2} \end{cases} \tag{10.81}$$

将式 (10.79) 代入式 (10.81)，可写出管道流量与压差之间的关系

$$\begin{cases} q_{12} = -\dfrac{c k_s k}{2a}\Delta p_{12} \\ q_{3Q} = -\dfrac{a k_s k}{2c}\Delta p_{3Q} \end{cases} \tag{10.82}$$

式中, q_{12}、q_{3Q} 表示管道 1-2、3-Q 的流量;Δp_{12}、Δp_{3Q} 表示管道 1-2、3-Q 的压差;$ck_sk/(2a)$、$ak_sk/(2c)$ 表示管道 1-2、3-Q 的渗透刚度。实际计算时由于 Q 点是插值点,需要将 q_{3Q} 按照权系数分配至节点 1、2。局部坐标系下渗流弹簧元的直观表达可如图 10.29 所示。由图可得,x 方向的管道 G_{12} 由节点 1 流向节点 2,y 方向的管道 G_{3Q} 由节点 3 流入插值节点 Q,并将插值节点 Q 的流量按比例系数分配至节点 1 及节点 2。

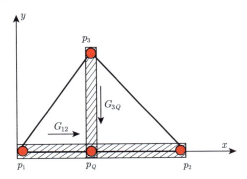

图 10.29 渗流弹簧元的管道网络

当有多个单元时,需对公共节点处的流速、流量进行叠加

$$\left\{\begin{array}{c} V_x \\ V_y \end{array}\right\} = \sum_{i=1}^{N} \left[\begin{array}{cc} l_1^i & l_2^i \\ m_1^i & m_2^i \end{array}\right] \left\{\begin{array}{c} v_x^i/N \\ v_y^i/N \end{array}\right\} \tag{10.83}$$

$$Q = \sum_{i=1}^{N} q^i \tag{10.84}$$

式中, V_x、V_y 为整体坐标系下某节点 x 方向及 y 方向的速度;v_x^i、v_y^i 为局部坐标系下某单元对应节点的 x 方向、y 方向流速;Q、q^i 分别为整体坐标系下某节点的流量及局部坐标系下某单元对应节点的流量;N 为与某节点相关的三角形单元个数;(l_1^i, m_1^i) 表示局部坐标系下 x 轴在整体坐标系下的分量;(l_2^i, m_2^i) 表示局部坐标系下 y 轴在整体坐标系下的分量。

(3) 节点总压力的显式求解。

如果某节点为压力边界条件施加节点,则节点孔隙水压力即为外界给定的压力。如果该节点不是压力边界条件节点,当前时步节点饱和度为

$$s = -\sum_{t=0}^{t} \frac{(Q + Q_{\text{app}})\Delta t}{nV} \tag{10.85}$$

式中, s 为饱和度, n 为孔隙率, V 为节点总体积, Q_{app} 为流量边界, Δt 为计算时步。

若 $s < 1$, 则令该节点孔隙水压力为 0; 若 $s = 1$, 则节点孔隙水压力为

$$p_{\mathrm{p}} = -\sum_{t=0}^{t} K_{\mathrm{f}} \frac{(Q + Q_{\mathrm{app}})\Delta t}{nV} \tag{10.86}$$

式中, K_{f} 为流体体积模量。

基于三角形单元的平均饱和度 $\bar{s}$, 三角形单元任意节点的总压力可表述为

$$p = p_{\mathrm{p}} - \bar{s}\rho_{\mathrm{f}}(xg_x + yg_y + zg_z) \tag{10.87}$$

式中, x、y、z 为单元某节点全局坐标的三个分量, g_x、g_y、g_z 为全局重力加速度分量。

10.5.2　算例验证

算例 10.12　圆环饱和稳态渗流

建立内径为 4m, 外径为 10m 的圆环, 采用 2388 个三角形单元进行离散 (图 10.30)。圆环内、外两侧均为压力边界条件, 外侧压力 10kPa, 内侧压力 1kPa, 无重力。流体密度为 1000kg/m³, 体积模量为 1GPa, 孔隙率 0.3, 初始饱和度 1.0, 渗透系数 1×10^{-10} m²/(Pa·s)。数值计算稳定后孔隙压力沿圆环径向的分布如图 10.31 所示。由图可得, 渗流弹簧元的计算结果与 FLAC3D 的计算结果基本一致, 表明渗流弹簧元在模拟稳态饱和渗流问题方面的精度。

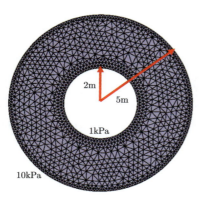

图 10.30　圆环渗流数值模型

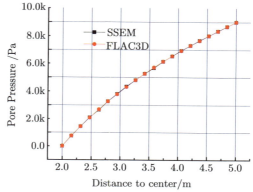

图 10.31　渗流压力沿圆环径向的分布

算例 10.13　一维非稳态饱和/非饱和渗流

饱和计算: 采用长 100m, 宽 1m 的一维渗流模型, 如图 10.32 所示。模型左、右侧均为压力边界条件, 左侧压力 p_1 为 20kPa, 右侧压力 p_2 为 0kPa, 无重力。流体密度为 1000kg/m³, 体积模量为 1GPa, 孔隙率 0.1, 初始饱和度 1.0, 渗透系数

$1 \times 10^{-12} \mathrm{m}^2/(\mathrm{Pa \cdot s})$。长度方向上某一位置某一时刻的孔隙压力存在级数解

$$\bar{p}(\bar{z}, t) = 1 - \bar{z} - \frac{2}{\pi} \sum_{n=1}^{\infty} \mathrm{e}^{-n^2 \pi^2 \bar{t}} \frac{\sin(n\pi\bar{z})}{n} \tag{10.88}$$

式中，$\bar{p} = p/p_1$, $\bar{z} = z/L$, $\bar{t} = ct/L^2$, $c = Mk$, $M = K_{\mathrm{f}}/n$ 为孔隙介质的比奥模量。

图 10.32 一维饱和非稳态渗流模型

观测 z =20m、80m 处孔隙水压力随着时间的变化，渗流弹簧元与理论解的对比如图 10.33 所示。由该图可知，20m 及 80m 处渗流弹簧元的计算值与理论值基本一致，表明渗流弹簧元在模拟饱和非稳态渗流方面的精度。

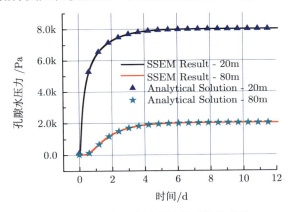

图 10.33 孔隙水压力随着时间的变化

非饱和计算：在模型图 10.32 中左侧施加 20kPa 孔隙水压力，右侧不施加任何边界条件。初始状态下饱和度为 0(干燥孔隙介质)，观察单独在孔隙水压力作用、孔隙水压及重力联合作用下前锋线 (干湿分界线) 位置随时间的变化 (重力方向与 z 轴相反)。流体密度为 1000kg/m³，体积模量为 1GPa，孔隙率 0.1，渗透系数 $1 \times 10^{-10} \mathrm{m}^2/(\mathrm{Pa \cdot s})$。本算例存在理论解[57]，无重力及有重力下前锋线位置与渗流时间的关系分别为

$$t = \frac{n}{2p_1 k} z^2 \tag{10.89}$$

$$t = -\left[\frac{nz}{k\rho_{\mathrm{f}} g} + \frac{np_1 \ln(1 - \rho_{\mathrm{f}} gz/p_1)}{k(\rho_{\mathrm{f}} g)^2} \right] \tag{10.90}$$

渗流弹簧元解与理论解的对比曲线如图 10.34(a)、(b) 所示。由图可得，数值解与理论解基本一致，表明了渗流弹簧元在求解非稳态前锋线方面的准确性。

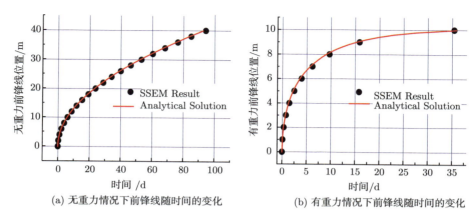

(a) 无重力情况下前锋线随时间的变化　　　(b) 有重力情况下前锋线随时间的变化

图 10.34　一维非稳态非饱和渗流

算例 10.14　**含自由面的稳态渗流**

建立如图 10.35 所示的矩形坝，坝体宽 $L = 9\text{m}$，高 $H = 12\text{m}$，采用 3884 个三角形单元进行离散。流体密度为 1000kg/m^3，体积模量为 1GPa，孔隙率 0.3，初始饱和度 0.0，渗透系数 $1\times10^{-10}\text{m}^2/(\text{Pa·s})$，重力加速度 10m/s^2。坝体底部为无渗透边界，坝体右侧水位 h_1 固定为 10m，改变坝体左侧的水位 h_2，改变值分为 1m、3m、5m、7m、9m，观察坝体左侧单位厚度上总流量 Q 的变化，该流量存在理论解[58]：

$$Q = k\rho_{\text{f}}g\frac{h_1^2 - h_2^2}{2L} \tag{10.91}$$

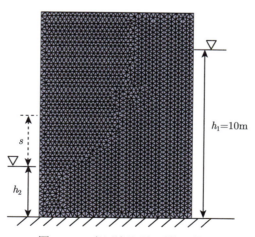

图 10.35　矩形坝浸润面数值模型

渗流弹簧元计算的坝体左侧流量与理论解的对比如图 10.35 所示，左侧不同水位高度下的浸润线如图 10.36 所示。由图 10.36 可得，计算所得左侧溢出总流量与理论解基本一致,表明了渗流弹簧元在求解稳态含自由表面问题时的精度。左侧浸润面如图 10.37 所示。

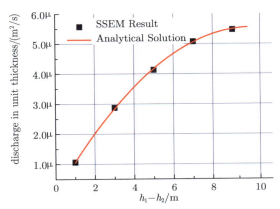

图 10.36　左侧坝体渗出流量随高差的变化

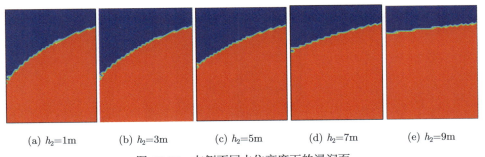

(a) h_2=1m　　(b) h_2=3m　　(c) h_2=5m　　(d) h_2=7m　　(e) h_2=9m

图 10.37　左侧不同水位高度下的浸润面

10.6　孔隙–裂隙耦合渗流中心型有限体积法

前面已经介绍了有限单元法、节点型有限体积法、有限差分法、弹簧元法等数值模拟方法。这些方法具有计算精度高的优点,但是计算量往往较大。中心型有限体积法,把压力节点置于单元中心处,使用串联弹簧模型直接推导出流量和压力之间的关系,可大大减少计算量,从而可以充分利用离散裂隙网络模型精确的特点,进行更为高效的模拟。

相比于节点型有限体积法,中心型有限体积法在处理流体从裂隙向孔隙基质流动时,更加接近物理实际。如图 10.38 所示,当流体从三角形裂隙 AB、AC 向孔隙基质 $\triangle ABC$ 流动时,使用节点型有限体积法,得到的结果是:$\triangle ABC$ 的三个节点 A、B、C 的压力值与裂隙 AB、AC 的节点压力值是相等的。但实际过程并非如此, 裂隙 AB 与 AC 有一个向基质 ABC 渗透的过程, 使用中心型有限体积法则可以很好地描述这个过程。

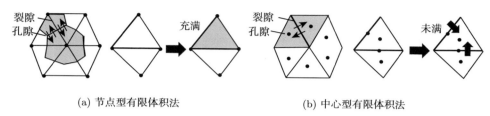

(a) 节点型有限体积法　　　　　　　　　　(b) 中心型有限体积法

图 10.38　两种有限体积法对比

10.6.1　基本原理

以下通过对耦合渗流的控制方程进行空间域和时间域离散, 得到中心型有限体积耦合渗流的算法。

1) 控制方程

孔隙基质和裂隙中的渗流, 都遵循达西定律, 分别可表示为

$$\begin{cases} \boldsymbol{u}_{\mathrm{m}} = -\dfrac{K_{\mathrm{m}}}{\mu}\nabla p_{\mathrm{m}} \\[2mm] \boldsymbol{u}_{\mathrm{f}} = -\dfrac{K_{\mathrm{f}}}{\mu}\nabla p_{\mathrm{f}} \end{cases} \tag{10.92}$$

式中, $\boldsymbol{u}_{\mathrm{m}}$、$\boldsymbol{u}_{\mathrm{f}}$ 分别表示孔隙渗流和裂隙渗流的流速, K_{m}、K_{f} 分别表示孔隙基质和裂隙的渗透率, μ 表示流体的动力黏性系数, p_{m}、p_{f} 分别表示孔隙基质和裂隙中的流体压力。

对于孔隙渗流和裂隙渗流, 它们都遵循流量守恒方程。对于孔隙渗流, 该方程可表示为

$$-\nabla \cdot \boldsymbol{u}_{\mathrm{m}} + q_{\mathrm{m}} = \frac{1}{M_{\mathrm{m}}}\frac{\partial p_{\mathrm{m}}}{\partial t} \tag{10.93}$$

式中, t 表示时间; q_{m} 表示源汇项; M_{m} 为孔隙基质的比奥模量, 与岩土体和孔隙流体的压缩系数有关。对于理想孔隙介质, 比奥模量可表示为[59]

$$M_{\mathrm{m}} = \frac{K}{n + (\alpha - n)(1 - \alpha)K/n} \tag{10.94}$$

式中, K 为流体体积模量, n 为孔隙度, α 为比奥系数。若忽略孔隙基质的可压缩性, 即认为 $\alpha = 1$, 那么

$$M_{\mathrm{m}} = \frac{K}{n} \tag{10.95}$$

对于裂隙渗流，裂隙中只有流体，因此只需考虑流体的压缩性，并且孔隙度为 $n=1$，因此 $M_\mathrm{f}=K$。流量守恒方程可表示为

$$-\nabla \cdot \boldsymbol{u}_\mathrm{f} + q_\mathrm{f} = \frac{1}{M_\mathrm{f}}\frac{\partial p_\mathrm{f}}{\partial t} \tag{10.96}$$

式中，q_f 为裂隙渗流的源汇项。

对于裂隙渗流，还需要确定裂隙的渗透率，可通过 10.2.2 节中的立方定律给出。

2) 串联弹簧算法

为了得到有限体积渗流计算公式，考虑任意两个相邻的有限体积单元 Ω_i 和 Ω_j，如图 10.39 所示。Ω_i 和 Ω_j 具有公共边 $\partial\Omega_{ij}=\Omega_i\cap \Omega_j$。$C_i$、$C_j$ 分别为 Ω_i 和 Ω_j 的中心，C_o 为 $\partial\Omega_{ij}$ 的中点。向量 $\boldsymbol{d}_i$、$\boldsymbol{d}_j$ 分别为 C_oC_i、C_oC_j 的单位方向向量。向量 $\boldsymbol{n}_i$、$\boldsymbol{n}_j$ 分别为公共边 $\partial\Omega_{ij}$ 指向 Ω_i、Ω_j 单元的单位法向量。

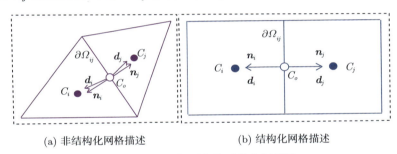

(a) 非结构化网格描述　　　　　　　　(b) 结构化网格描述

图 10.39　相邻两个单元的几何描述

根据图 10.39 所示的几何描述，推导通过边界 $\partial\Omega_{ij}$ 的流量 Q_{ij} 与单元 Ω_i、Ω_j 的流体压力 p_i、p_j 之间的关系。C_iC_o、C_oC_j 方向的流速，根据式 (10.92) 可得

$$\boldsymbol{u}_{io} = -\frac{K_i}{\mu_i}\nabla p_{io} = -\frac{K_i}{\mu_i}\frac{p_o-p_i}{D_i}(-\boldsymbol{d}_i) \tag{10.97}$$

$$\boldsymbol{u}_{oj} = -\frac{K_j}{\mu_j}\nabla p_{oj} = -\frac{K_j}{\mu_j}\frac{p_j-p_o}{D_j}\boldsymbol{d}_j \tag{10.98}$$

式中，下标 i、j 分别表示 i 单元和 j 单元，u、K、μ、p 和式 (10.92) 中的定义相同，p_o 表示 C_o 的压力，D_i、D_j 分别表示 C_iC_o、C_oC_j 之间的距离。

通过边界 $\partial\Omega_{ij}$ 的流量，可通过积分得到

$$Q_{ij}=Q_{io}=\int_{\partial\Omega_{ij}}\boldsymbol{u}_{io}\cdot(-\boldsymbol{n}_i)\mathrm{d}S=\frac{AK_i}{\mu_i}\frac{\boldsymbol{d}_i\cdot\boldsymbol{n}_i}{D_i}(p_i-p_o) \tag{10.99}$$

$$Q_{ij}=Q_{oj}=\int_{\partial\Omega_{ij}}\boldsymbol{u}_{oj}\cdot\boldsymbol{n}_j\mathrm{d}S=\frac{AK_j}{\mu_j}\frac{\boldsymbol{d}_j\cdot\boldsymbol{n}_j}{D_j}(p_o-p_j) \tag{10.100}$$

把式 (10.99) 和式 (10.100) 中的系数记作

$$\begin{cases} \alpha_i = \dfrac{AK_i}{\mu_i} \dfrac{\boldsymbol{d}_i \cdot \boldsymbol{n}_i}{D_i} \\[3mm] \alpha_j = \dfrac{AK_j}{\mu_j} \dfrac{\boldsymbol{d}_j \cdot \boldsymbol{n}_j}{D_j} \end{cases} \tag{10.101}$$

式中，α_i 和 α_j 称为传递系数。式 (10.99) 和式 (10.100) 可化为

$$Q_{ij} = \begin{cases} Q_{io} = \alpha_i(p_i - p_o) \\ Q_{oj} = \alpha_j(p_o - p_j) \end{cases} \tag{10.102}$$

类比串联弹簧模型，如图 10.40 所示，可得

$$Q_{ij} = T_{ij}(p_i - p_j) \tag{10.103}$$

式中，T_{ij} 表示单元 i、j 之间的等效传递系数，类似于串联弹簧的等效劲度系数

$$T_{ij} = \frac{\alpha_i \alpha_j}{\alpha_i + \alpha_j} \tag{10.104}$$

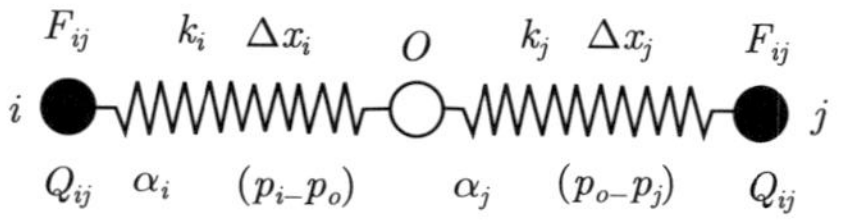

图 10.40　串联弹簧模型类比图

3) 稳态/非稳态渗流算法

对于稳态渗流

$$\int_{\Omega_i} (-\nabla \cdot \boldsymbol{u} + q) \mathrm{d}V = 0 \tag{10.105}$$

根据高斯散度定理，并结合式 (10.103) 所得结果，考虑 i 单元周围所有相邻单元 j(图 10.41)，通过求和得到

$$\int_{\Omega_i} \nabla \cdot \boldsymbol{u}\mathrm{d}V = \oint_{\partial\Omega_i} \boldsymbol{u} \cdot \boldsymbol{n}\mathrm{d}V = \sum_j T_{ij}(p_i - p_j) \tag{10.106}$$

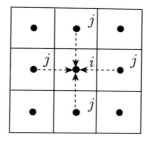

图 10.41　i 单元相邻的所有 j 单元

记 $Q_i = \int_{\Omega_i} q \mathrm{d}V$，则可得稳态渗流公式

$$Q_i = \sum_j T_{ij}(p_i - p_j) \tag{10.107}$$

对于非稳态渗流，对式 (10.93) 或式 (10.96) 在时间域进行离散，并把式 (10.107) 的结论代入其中，可得

$$\int_{\Omega_i} \frac{1}{M_i} \frac{p_i^{n+1} - p_i^n}{\Delta t} \mathrm{d}V = Q_i^n - \sum_j T_{ij}(p_i^n - p_j^n) \tag{10.108}$$

整理式 (10.108)，得到压力随时间的更新公式

$$p_i^{n+1} = p_i^n + \frac{M_i \Delta t}{V_i} \left[Q_i^n - \sum_j T_{ij}(p_i^n - p_j^n) \right] \tag{10.109}$$

式中，p_i^n 为第 n 时步，第 i 单元的压力；p_i^{n+1} 为第 $n+1$ 时步，第 i 单元的压力；Q_i^n 为第 n 时步，第 i 单元的源汇项流量；p_j^n 为第 n 时步，与 i 单元相邻的 j 单元的压力。

式 (10.109) 既适用于孔隙渗流，又适用于裂隙渗流。需要指出的是，裂隙渗流可以看成是比孔隙渗流低一维度的一般渗流。

4) 几种特殊处理情况

(1) 孔隙–裂隙耦合渗流算法。

如图 10.42(a) 所示，现针对孔隙单元 mi 和裂隙单元 fi 给出耦合渗流计算公式。图中，孔隙单元 mi 周围既有其他孔隙单元 mk(图中 $k=1$, 2, 3)，也有裂隙单元 fi；裂隙单元 fi 周围既有孔隙单元 mi 和 mj，又有裂隙单元 fj(图中 $j= 1$, 2)。

应用式 (10.109)，对单元 mi 同时进行空间域和时间域离散，可得

$$p_{mi}^{n+1} = p_{mi}^n + \frac{M_{mi} \Delta t}{V_{mi}} \left[Q_{mi}^n - \sum_{j=mk,fi} T_{mi,j}(p_{mi}^n - p_j^n) \right] \tag{10.110}$$

$$p_{fi}^{n+1} = p_{fi}^n + \frac{M_{fi} \Delta t}{V_{fi}} \left[Q_{fi}^n - \sum_{j=fj,mi,mj} T_{fi,j}(p_{fi}^n - p_j^n) \right] \tag{10.111}$$

式中，$T_{mi,j}$ 表示孔隙单元 mi 与 $j(j =fj$, mi, $mj)$ 单元的等效传递系数；$T_{fi,j}$ 表示裂隙单元 fi 与 $j(j =fj$, mi, $mj)$ 单元的等效传递系数；其他符号定义与前面所述一致。

(2) 边界处理。

需要引入边界条件，才能进行计算。因为该方法中压力都置于单元中心处，为了保持算法一致性，在边界面中心处或边界中点处引入边界条件，如图 10.42(b) 所示。该边界条件可以是压力边界，也可以是流量边界；既可以在孔隙单元边界处引

入, 也可以在裂隙单元边界处引入。在引入边界条件之后, 上述公式在边界连接处, 同样成立。若在孔隙边界单元 i 上引入压力边界 p_b, 流量边界 Q_b, 那么稳态渗流公式 (10.107), 可以写为

$$Q_i = \sum_{j \neq b} T_{ij}(p_i - p_j) + \alpha_{ib}(p_i - p_b) + Q_b \tag{10.112}$$

式中: α_{ib} 表示 i 单元中心到边界中心 (中点) 处的传递系数。非稳态渗流的边界条件, 如同式 (10.112) 类似地处理。

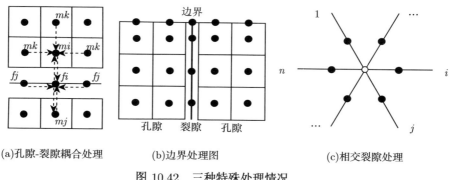

(a)孔隙-裂隙耦合处理　　　　(b)边界处理图　　　　(c)相交裂隙处理

图 10.42　三种特殊处理情况

(3) 离散裂隙网络交叉处理。

多个裂隙相交的时候, 式 (10.107) 同样成立。如图 10.42(c) 所示, 为 n 个裂隙相交的情形。可通过虚拟一个中心节点 (白点), 再通过流量守恒, 导出 n 个裂隙两两之间的传导系数

$$T_{ij} = \frac{\alpha_i \alpha_j}{\sum\limits_{k=1}^{n} \alpha_k} \tag{10.113}$$

式中: T_{ij} 是 i、j 裂缝之间的传导系数。离散裂隙网络中的裂隙, 可分解为多组相交裂隙, 由此可按式 (10.113) 所示的传导系数, 代入式 (10.109) 或式 (10.111) 进行计算。

10.6.2　算例验证

算例 10.15　稳态球形向心流

计算模型如图 10.43 所示, 数学描述为

$$\frac{1}{r^2}\frac{\mathrm{d}}{\mathrm{d}r}\left(r^2\frac{\mathrm{d}p}{\mathrm{d}r}\right) = 0 \quad \begin{cases} p(r = R_{\mathrm{w}}) = p_{\mathrm{w}} \\ p(r = R_{\mathrm{e}}) = p_{\mathrm{e}} \end{cases} \quad \begin{cases} p_1(R_1) = p_2(R_1) \\ \dfrac{K_1}{\mu}\dfrac{\mathrm{d}p_1}{\mathrm{d}r}\bigg|_{r=R_1} = \dfrac{K_2}{\mu}\dfrac{\mathrm{d}p_2}{\mathrm{d}r}\bigg|_{r=R_1} \end{cases}$$
$$(r_{\mathrm{w}} < r < h)$$
$$\tag{10.114}$$

该问题的理论解如式 (10.115)，计算结果对比如图 10.44 和图 10.45，说明了计算精度。

$$
\begin{cases}
p(r) = p_1 - \dfrac{p_1 - p_{\mathrm{w}}}{\dfrac{1}{R_{\mathrm{w}}} - \dfrac{1}{R_1}}\left(\dfrac{1}{r} - \dfrac{1}{R_1}\right) \\
\qquad\qquad (R_{\mathrm{w}} < r < R_1) \\
p(r) = p_{\mathrm{e}} - \dfrac{p_{\mathrm{e}} - p_1}{\dfrac{1}{R_1} - \dfrac{1}{R_{\mathrm{e}}}}\left(\dfrac{1}{r} - \dfrac{1}{R_{\mathrm{e}}}\right) \\
\qquad\qquad (R_1 < r < R_{\mathrm{e}})
\end{cases}
, \ p_1 = p_{\mathrm{w}} + \dfrac{(p_{\mathrm{e}} - p_{\mathrm{w}})\left(\dfrac{1}{R_{\mathrm{w}}} - \dfrac{1}{R_1}\right)}{\left(\dfrac{1}{R_{\mathrm{w}}} - \dfrac{1}{R_1}\right) + \dfrac{K_1}{K_2}\left(\dfrac{1}{R_1} - \dfrac{1}{R_{\mathrm{e}}}\right)}
$$

$$(10.115)$$

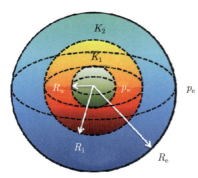

图 10.43 球形向心流稳态计算模型

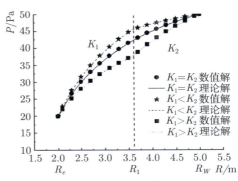

图 10.44 球形向心流数值解和理论解的对比

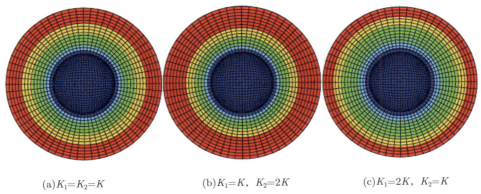

(a) $K_1 = K_2 = K$ (b) $K_1 = K$，$K_2 = 2K$ (c) $K_1 = 2K$，$K_2 = K$

图 10.45 三种不同渗透率条件下计算结果的对比 $(K = 1\times10^{-13}\mathrm{m}^2)$

算例 10.16　非稳态有限区域一维流动

如图 10.46, 该问题的数学描述为

$$\frac{K}{\mu}\frac{\partial^2 p}{\partial x^2} = \phi c\frac{\partial p}{\partial t}, \quad \begin{cases} p(0,t) = p_{\text{e}} \\ p(L,t) = p_{\text{w}} \end{cases}, \quad p(x,0) = f(x), \quad \begin{cases} f(0) = p_{\text{e}} \\ f(L) = p_{\text{w}} \end{cases} \tag{10.116}$$

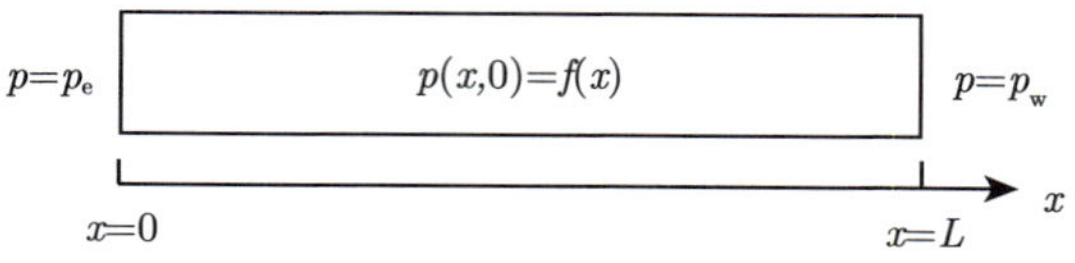

$$p = p_{\text{e}} \qquad p(x,0) = f(x) \qquad p = p_{\text{w}}$$

$$x = 0 \qquad\qquad\qquad x = L$$

图 10.46　有限区域一维流动示意图

通过将上述问题分解, 采取必要的变换, 得到理论解:

$$p(x,t) = p_{\text{e}} + \frac{x}{L}(p_{\text{w}} - p_{\text{e}}) + \sum_{n=1}^{\infty}\left[\frac{2}{n\pi}(p_{\text{w}}\cos n\pi - p_{\text{e}})\right.$$

$$\left. + \frac{2}{L}\int_0^L f(x)\sin\frac{n\pi x}{L}\mathrm{d}x\right]\mathrm{e}^{-\chi\frac{n^2\pi^2 t}{L^2}}\sin\frac{n\pi x}{L} \tag{10.117}$$

取 $p(0,t) = p_{\text{e}} = 10\text{Pa}$, $p(L,t) = 0$, $p(x,0) = 0$, $\chi = 0.1\text{s}^{-1}$, 则

$$p(x,t) = p_{\text{e}}\left[1 - \frac{x}{L} - \frac{2}{\pi}\sum_{n=1}^{\infty}\mathrm{e}^{-\chi\frac{n^2\pi^2 t}{L^2}}\left(\frac{1}{n}\sin\frac{n\pi x}{L}\right)\right] \tag{10.118}$$

数值计算结果和理论解的对比如图 10.47 所示, 从图中可以看出数值解与理论解符合地很好, 这也说明了该数值算法的精度。

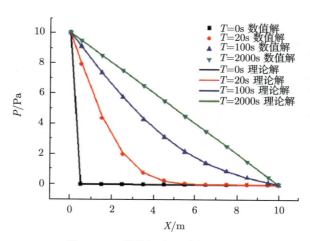

图 10.47　数值解和理论解的对比

算例 10.17 裂隙网络渗流计算

采用图 10.48 所示空间裂隙网络模型,上方施加压力边界 10kPa,下方压力边界 0kPa。计算结果如图 10.49 所示,稳态和非稳态的计算都是可行的,并且计算时间很短。该算例验证了裂隙渗流的正确性,说明了计算方法的可行性。

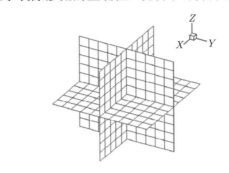

图 10.48 裂隙网络渗流计算的模型

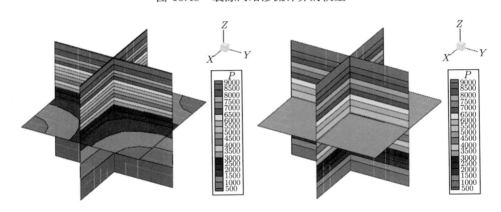

(a) 非稳态结果   (b) 稳态结果

图 10.49 裂隙网络渗流计算结果

算例 10.18 孔隙–裂隙耦合渗流标准算例验证

表 10.12 计算模型中各点坐标

NO	1	2	3	4
1D	(400,1100)	(1200,1100)	(1000,0)	(1500,0)
2D-L	(395,1100)	(1192.5,1100)	(992.5,0)	(1495,0)
2D-R	(405,1100)	(1207.5,1100)	(1007.5,0)	(1505,0)

图 10.50 表示两种模型:左边是 1D 模型,右边是 2D 模型,网格图如图 10.51

所示，表 10.12 表示图中各点坐标。对比分析二者计算结果，可以验证孔隙–裂隙耦合渗流的正确性。两种模型稳态压力云图如图 10.52 所示，从中可以看出二者有些差异，表明不同模型的计算结果具有差异性。

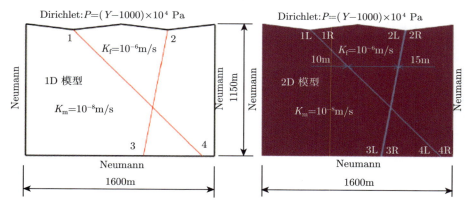

图 10.50　孔隙–裂隙耦合渗流标准算例

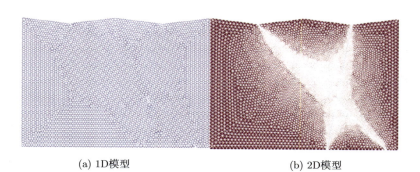

(a) 1D模型　　　　　　　　　　　(b) 2D模型

图 10.51　两种模型计算网格

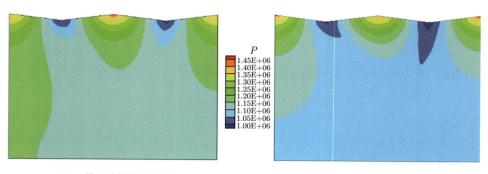

(a) 1D模型计算结果云图　　　　　　　　(b) 2D模型计算结果云图

图 10.52　两种模型计算结果云图

该算例计算结果如图 10.53 所示。计算结果表明，1D 模型和 2D 模型与文献中的解符合较好，但有微小差异。导致这种差异的原因：一方面是网格不同，当前使用网格与文献中的网格是不同的，网格的差异会导致计算结果略有不同；另一方面是算法不同导致的结果差异，因为文献使用的是有限元法，当前算法为中心型有限体积法。但总体来说，两者符合得还是很好的。

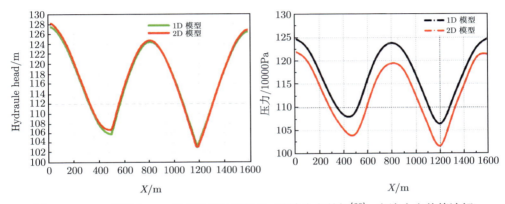

图 10.53　1D 模型和 2D 模型结算结果对比 (左边为文献解[60]，右边为当前算法解)

10.7　基于 CDEM 的渗流–应力–破裂耦合模型与求解

岩体渗流–应力耦合理论是渗流力学、岩土力学相互渗透、相互交叉形成的学科，它对边坡的变形与稳定具有重要的影响。岩体结构中包括孔隙结构和裂隙结构，岩体的空隙是水的赋存场所和运移通道，其分布形状、大小、连通性以及空隙类型等，影响着岩体的力学性质和渗流特性。

对于库水型滑坡和降雨型滑坡，必然要涉及水的作用，反映在数值计算中就是渗流–应力耦合模型，分为两种：一种是非双重介质渗流应力耦合模型，包括等效连续介质渗流应力耦合模型和裂隙网络渗流应力耦合模型，前者适用于孔隙介质以及多组裂隙分割的破裂岩体，后者适用于水流只在裂隙网络中的定向流动；另一种是双重介质渗流应力耦合模型，它适用于把岩土体看成由孔隙和裂隙组成的双重介质孔隙结构。渗流–应力的耦合避免了单纯应力或渗流计算在边坡问题分析中的不足，这在前文中已有详细论述。针对前文已论述的渗流计算和固体计算的基本方程，本节介绍一种渗流–应力耦合的破裂计算模型，使得模拟边坡在库水涨落和降雨作用下的渐进破坏过程得以实现。

10.7.1　渗流场计算模型

孔隙渗流的计算采用 10.3.1 节中的孔隙渗流有限元给出；裂隙渗流的计算采

用 10.3.2 节中的裂隙渗流有限元给出。

孔隙渗流控制方程为

$$\frac{\partial}{\partial x}\left(k_x^{\mathrm{m}}\frac{\partial H_{\mathrm{m}}}{\partial x}\right) + \frac{\partial}{\partial y}\left(k_y^{\mathrm{m}}\frac{\partial H_{\mathrm{m}}}{\partial y}\right) + \frac{\partial}{\partial z}\left(k_z^{\mathrm{m}}\frac{\partial H_{\mathrm{m}}}{\partial z}\right) + q_{\mathrm{vm}} = S_{\mathrm{m}}\frac{\partial H_{\mathrm{m}}}{\partial t} \tag{10.119}$$

裂隙渗流控制方程为

$$\frac{\partial}{\partial x}\left(k_x^{\mathrm{f}}\frac{\partial H_{\mathrm{f}}}{\partial x}\right) + \frac{\partial}{\partial y}\left(k_y^{\mathrm{f}}\frac{\partial H_{\mathrm{f}}}{\partial y}\right) = S_{\mathrm{f}}\frac{\partial H_{\mathrm{f}}}{\partial t} \tag{10.120}$$

通过变分可得到有限元求解方程

$$[S_{\mathrm{m}}^{\mathrm{e}}]\left\{\frac{\partial H_{\mathrm{m}}^{\mathrm{e}}}{\partial t}\right\} + [K_{\mathrm{m}}^{\mathrm{e}}]\{H_{\mathrm{m}}^{\mathrm{e}}\} = \{Q_{\mathrm{m}}^{\mathrm{e}}\} \tag{10.121}$$

$$[S_{\mathrm{f}}^{\mathrm{e}}]\left\{\frac{\partial H_{\mathrm{f}}^{\mathrm{e}}}{\partial t}\right\} + [K_{\mathrm{f}}^{\mathrm{e}}]\{H_{\mathrm{f}}^{\mathrm{e}}\} = \{Q_{\mathrm{f}}^{\mathrm{e}}\} \tag{10.122}$$

式中，各个物理量同 10.3 节，需要指出的是上下标中的"m""f"分别表示孔隙和裂隙。

需要指出的是，有时需要求解非饱和渗流问题，则需要确定渗流自由表面。由于自由面的位置是待求的，故必须迭代求解，渗流自由面问题的求解方法主要包括 Desai C S 和 Li G C[61] 的剩余流量法、张有天等[62] 的初流量法、Bathe K J 和 Khoshgoftaar M R[63] 的调整渗透系数法、吴梦喜和张学勤[64] 的虚单元法、周创兵等[65] 的加密高斯点法、Brezis H 等[66]、Lacy S J 和 Prevost J H[67]、Zheng H 等[68] 的变分不等式法，以及姜清辉等[69] 的数值流形方法。在这里采用离散单元法：① 第一次孔隙渗流计算，全区域的渗透系数为给定的渗透系数；② 将节点水头小于其位置势的所有节点进行标识，然后判断处于自由面之上的所有单元；③ 将自由面以上单元的渗透系数给定一个小值。

$$\begin{cases} k_n = k_{n-1} & (h \geqslant z) \\ k_n = k_{n-1}/1000 & (h < z) \end{cases} \tag{10.123}$$

式中，k_n 为修正渗透系数；k_{n-1} 为初始渗透系数。在计算过程中不再考虑自由面以上单元渗流的影响。④ 将本次求出的节点势与上一次迭代求出的节点势比较，判断

$$\left|H_j^{i+1} - H_j^i\right| \leqslant \delta \tag{10.124}$$

式中，i 为迭代计算次数；j 为节点编号；δ 为水头误差。若所有节点都满足式 (10.124)，渗流场中所有满足 $|H{-}z| \leqslant \delta$ 的节点的连线即为自由面。

这种方法借鉴了有限单元法中的变单元渗透系数固定网格法，离散单元法在处理浸润线问题上有着比较突出的优势，由于各个单元之间不需要形成总渗透系数矩阵，可以很方便地改变在自由面之上的单元渗透系数。

10.7.2 应力场与破裂场计算模型

固体计算模型分为材料单元和接触单元。材料单元被看成是弹性体或者弹塑性体，在其内部根据力边界条件用有限元求各点的位移；接触单元引入法向和切向弹簧根据位移和相对速度求力。固体计算的模型能够反映地质体的破坏规律，可以模拟从连续到非连续的破坏过程。

固体计算控制方程为

运动方程：
$$\sigma_{ij,j} + f_i - \rho u_{i,tt} - \alpha u_{i,t} = 0 \tag{10.125}$$

几何方程：
$$\varepsilon_{ij} = \frac{1}{2}(u_{i,j} + u_{j,i}) \tag{10.126}$$

本构方程：
$$\sigma_{ij} = C_{ijst}\varepsilon_{st} \tag{10.127}$$

式 (10.125)∼ 式 (10.127) 中，$\sigma_{ij,j}$ 为应力张量对长度的一阶偏导数；f_i 为单位体积的体力；ρ 为密度；$u_{i,tt}$ 为位移对时间的二阶偏导数；$u_{i,t}$ 为位移对时间的一阶偏导数；α 为阻尼系数；$u_{i,j}$，$u_{j,i}$ 均为位移对长度的一阶偏导数；ε_{ij}，ε_{st} 均为应变；σ_{ij} 为应力；C_{ijst} 为胡克 (Hooke) 张量。

在固体计算模型中，采用动态松弛方法，由于引入惯性项，力学过程事实上是动态的，但可以通过引入人工阻尼项使得这一过程变为准静态过程。

相邻块体之间依靠弹簧连接，如图 10.54 所示，采用的破坏准则为莫尔–库仑准则。由连续的单元边界面转化为非连续断裂面的计算方法。计算单元界面两侧单元应力，并计算出在单元边界上的法向和切向应力。如果其中一个单元的应力满足破坏条件：

$$\sigma_n = \sigma_r \tag{10.128}$$

$$\sigma_t = c + \sigma_n \tan\varphi \tag{10.129}$$

式中，σ_n 为法向应力，σ_r 为结构面材料的容许拉应力，σ_t 为切向应力，c、φ 分别为黏聚力和内摩擦角。

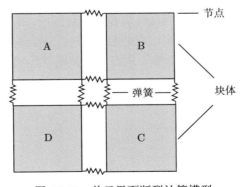

图 10.54 单元界面断裂计算模型

将单元界面转化成断裂面，断裂面上的接触点的相对位移满足：

$$\Delta u_{\mathrm{n}} = \frac{F_{\mathrm{n}}}{K_{\mathrm{n}}} = \frac{(\sigma_{\mathrm{n1}} + \sigma_{\mathrm{n2}})A}{2K_{\mathrm{n}}} \tag{10.130}$$

$$\Delta u_{\mathrm{t}} = \frac{F_{\mathrm{t}}}{K_{\mathrm{t}}} = \frac{(\sigma_{\mathrm{t1}} + \sigma_{\mathrm{t2}})A}{2K_{\mathrm{t}}} \tag{10.131}$$

式中，Δu_{n}、Δu_{t} 分别为法向位移和切向位移，F_{n}、F_{t} 分别为法向力和切向力，σ_{n1}、σ_{n2} 均为相邻接触点的法向应力，K_{n}、K_{t} 分别为弹簧的法向刚度和切向刚度，A 为接触点所代表的面积，σ_{t1} 和 σ_{t2} 为相邻接触点的切向应力。

新定义的断裂面改变了原来连续界面的特性，应力场将会在继续计算的过程中重新调整，此时的断裂面可能还没有完全破坏，直至满足断裂面拉伸破坏的条件：

$$F_{\mathrm{n}} = \sigma_{\mathrm{r}} A \tag{10.132}$$

此时

$$F_{\mathrm{n}} = 0 \tag{10.133}$$

若断裂面上的受力状态，满足剪切破坏条件：

$$F_{\mathrm{t}} \geqslant cA + F_{\mathrm{n}} \tan\varphi \tag{10.134}$$

此时

$$F_{\mathrm{t}} = F_{\mathrm{n}} \tan\varphi \tag{10.135}$$

10.7.3　渗流–应力耦合模型

1. 孔隙渗流场对应力场的影响

渗流场和应力场之间的耦合方法可以分为全耦合、迭代耦合、显示耦合和伪耦合等。迭代耦合中的渗流场和应力场计算是分别进行的，即在每一时步，分别进行渗流场和应力场的计算，然后交换相应的数据，进行渗流场和应力场的更新。当时步足够小时，计算可以收敛到精确解，同时迭代耦合的方式非常适合 CDEM 的动态松弛求解。

在考虑孔隙渗流对应力的影响时，根据有效应力原理，按下式计算

$$\sigma_{ij} = \sigma'_{ij} - p\delta_{ij} \tag{10.136}$$

式中，σ'_{ij} 为有效应力 (以受拉为正)，p 为孔隙压力，δ_{ij} 为 Kronecker 张量。数值计算时，由块体单元的总应力进行迭代求解。

2. 应力场对孔隙渗流场的影响

根据下式计算不同时刻岩土体的渗透系数, 实现应力场对渗流场的影响:

$$k = k_0 \exp(-\alpha\sigma) \tag{10.137}$$

式中, k_0 为 $\sigma = 0$ 时的渗透系数, σ 为有效应力, α 为待定系数。

3. 裂隙渗流场对应力场的影响

由于在实际情况中, 裂隙水沿着裂隙迅速的流动, 这个过程相对于孔隙渗流来说相当快。只考虑裂隙水流对裂隙壁法向的渗透静水压力作用, 不考虑切向的拖曳力 (渗透动水压力) 作用, 当单裂隙中没有被充填时, 裂隙水流对裂隙壁的渗透静水压力是面力, 其方向垂直于裂隙壁面, 对裂隙产生扩张作用。裂隙壁面渗透静水压力 p 的表达式为

$$p = \rho_w g(H - H_z) \tag{10.138}$$

式中, H、H_z 分别为渗流的总水头和位置水头。

4. 应力场对裂隙渗流场的影响

如 9.2.6 节所述, 单裂隙渗流满足立方定理, 那么渗透系数也满足立方定律:

$$k = k_0(b^3/b_0^3) \tag{10.139}$$

式中, k_0、b_0 分别为初始时刻的渗透系数和裂隙宽度, b 为任意时刻的裂隙宽度。

实际计算中, 应力场的改变会改变裂隙的开度, 从而影响裂隙网络的渗透性能。因此, 可通过式 (10.140) 实现应力场对渗流场的耦合作用。

10.7.4 孔隙–裂隙渗流耦合模型

在实际计算中, 库水涨落和降雨引起水头改变的同时, 也可作为孔隙渗流和裂隙的变边界条件。相比较于孔隙渗流而言, 裂隙渗流或者是库水涨落的速度非常快。上一个时步中, 在库水涨落和降雨引起水头改变的情况下只计算裂隙渗流, 产生的裂隙渗流场水头分布和由库水涨落所引起的水头改变作为孔隙渗流的变边界条件, 在后面的时步中, 裂隙渗流不参与计算, 而只有孔隙渗流参与计算, 所以可以做如下假设: 只考虑降雨和库水涨落的最终状态, 裂隙渗流产生的水头分布和由库水涨落所引起的水头改变作为孔隙渗流的变边界条件, 从而实现孔隙渗流场和裂隙渗流场的耦合。相当于第一类边界条件中变水头边界:

$$H\mid_{B_1} = H_1(x, y, z, t), \quad (x, y, z) \in B_1 \tag{10.140}$$

式中，$H|_{B_1}$ 为孔隙渗流水头边界条件，H_1 为裂隙渗流产生的水头分布，B_1 为孔隙渗流场和裂隙渗流场耦合的区域。

以库区边坡为例，如图 10.55 所示，渗流边界条件为

水头边界： $\quad h = \overline{h} \quad (\varGamma_{\mathrm{h}} = \overline{DB})$ $\hfill (10.141)$

流量边界： $\quad -k_{ij}\dfrac{\partial h}{\partial x_j} n_i = q_n \quad (\varGamma_{\mathrm{q}} = \overline{CB})$ $\hfill (10.142)$

自由表面边界： $\quad -k_{ij}\dfrac{\partial h}{\partial x_j} n_i = 0, \quad h = x_3 \quad (\varGamma_{\mathrm{f}} = \overline{CD})$ $\hfill (10.143)$

潜在渗出面边界 (Signorini 边界):

$$\begin{cases} -k_{ij}\dfrac{\partial h}{\partial x_j} n_i \geqslant 0, & h = x_3 \\[2mm] -k_{ij}\dfrac{\partial h}{\partial x_j} n_i = 0, & h < x_3 \end{cases} \quad (\varGamma_{\mathrm{s}} = \overline{ACDE}) \hfill (10.144)$$

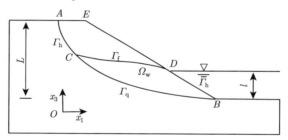

图 10.55　库区边坡渗流边界条件

10.7.5　算例研究

算例 10.19　滑坡渗流–应力耦合计算与分析

为验证程序的正确性，引入一个库水涨落和降雨影响下的古滑坡模型。不同于纯土体坡体，古滑坡的滑带通常就是滑动面，而不需要通过计算得出圆弧滑动面，当然古滑坡滑体部分也能够通过计算出现次级滑动面。弧形滑带是事先网格划分好的，代表古滑坡的滑动面，如图 10.56 所示，计算模型如图 10.57 所示，计算模型的参数见表 10.13 和表 10.14。

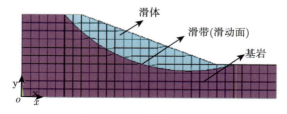

图 10.56　古滑坡示意图

图 10.57   模型网格划分图

表 10.13   计算模型几何和材料参数

左边高度 H_1/m	右边高度 H_2/m	倾角 θ/(°)	坡长 s/m	平均滑体厚度 L_{ave}/m	弹性模量 E/Pa	泊松比 ν	密度 ρ/(kg/m³)
10	4	21	16	3	8.75×10^8	0.2	2200

表 10.14   孔隙和裂隙渗流计算参数

滑体渗透系数 k_1/(m/s)	基岩渗透系数 k_2/(m/s)	储水系数 S_s/(m⁻¹)	黏性系数 μ/(Pa·s)	重力加速度 g/(m/s²)	密度 ρ_w(kg/m³)	缝宽 b/m
1.0×10^{-2}	0.0	5.0×10^{-3}	1.0×10^{-3}	9.8	1.0×10^3	1.0×10^{-3}

降雨的模拟, 只考虑降雨的最终状态, 不模拟降雨的过程, 即整个过程是稳态流过程。裂隙 (孔隙) 出露在坡体外部的节点为边界节点, 边界条件为水头边界条件。本书参与渗流计算的总水头由两个部分组成: 位置水头和压力水头。降雨时, 裂隙 (孔隙) 边界节点的水头边界条件为位置水头 (零水头)。不管是降雨还是库水涨落, 只要存在水的作用, 岩土块体模型和弹簧模型的黏聚力和内摩擦角都降低 30%。

利用程序分别对古滑坡在自重作用下、库水骤降情况下以及库水骤降和暴雨联合作用下进行数值模拟, 计算结果分别如图 10.58～ 图 10.61 所示。

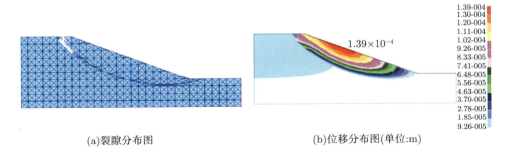

(a)裂隙分布图   (b)位移分布图(单位:m)

图 10.58   自重作用下的裂隙和位移图

从图 10.59～ 图 10.61 可以得出以下结论:

(1) 从图 10.59(a), 图 10.60(a) 和图 10.61(a) 可以看出, 库水骤降时边坡内部

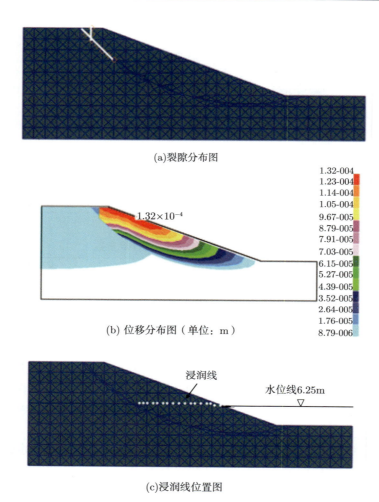

(a)裂隙分布图

(b) 位移分布图（单位：m）

(c)浸润线位置图

图 10.59 库水上涨时的裂隙、位移、浸润线图

弹簧破裂较多，而库水上涨时边坡内部弹簧破裂较少。这是由于相比较于库水上涨，库水骤降更不利于库区边坡的稳定性。

(2) 库水上涨对边坡会产生两个影响：一是浮托力，二是降低黏聚力、内摩擦角等物理参数；后者肯定不利于边坡稳定性；而前者则不能一概而论。如果浮托力只是影响边坡的抗滑段，则不利于边坡稳定，如果浮托力影响下滑段的范围远远大于阻滑段，那么就有利于边坡稳定。

(3) 库水骤降除产生浮托力和降低岩土体物理参数外，对边坡还会产生第三个影响，即渗透力；一般情况下，渗透力对边坡的影响占主导作用。

(4) 比较图 10.59(b)，图 10.60(b) 和图 10.61(b)，可以发现与自重作用下相比，边坡在库水上涨和骤降情况下, 位移变化不大, 边坡只是在内部产生渐进破坏, 没有最终失稳。

(5) 在涨水时, 边坡体内浸润线位置大致与库水水位线齐平 (图 10.59(c)), 水对岩土体材料只有浮托力, 无渗透力; 而骤降时, 浸润线位置呈一条曲线分布 (图 10.60(c)), 这时既有浮托力, 又有较高的渗透力。

(6) 在库水骤降和暴雨的极端不利情况下, 边坡开始失稳。这时在滑坡体内部, 滑面逐渐趋于贯通 (图 10.61(a))。而在滑坡底部, 产生了大量的表面裂隙, 水迅速入渗 (图 10.61(b)), 更加不利于边坡的稳定。孔隙渗流场如图 10.61(c) 所示。

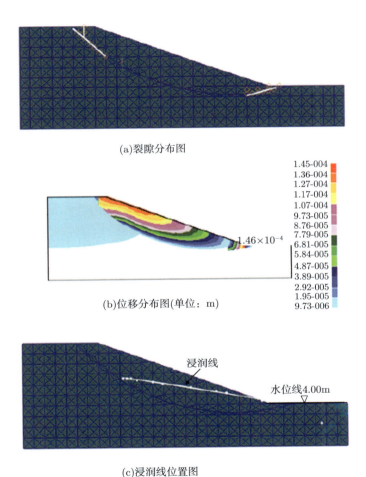

(a)裂隙分布图

(b)位移分布图(单位: m)

(c)浸润线位置图

图 10.60 库水骤落时的裂隙、位移、浸润线图

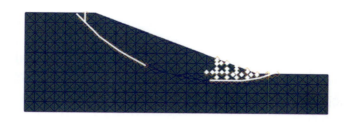

(a)裂隙分布图

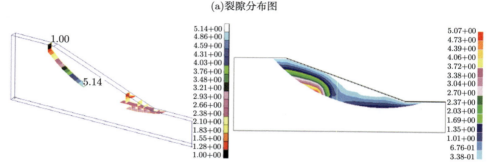

(b)裂隙渗流场分布图(单位: m)　　　　　　(c)孔隙渗流场分布图(单位: m)

图 10.61　库水骤降和暴雨情况下裂隙及裂隙和孔隙渗流场分布图

算例 10.20　**裂隙岩体开裂模拟**

裂隙岩体中水压的作用会导致岩体中裂纹的形成和扩展,从而影响整个坡体的应力状态及其稳定性。假设图 10.62 所示的简化模型,长方体尺寸为 $10m \times 2m \times 2m$,为固体介质,其材料参数为弹性模量 $E = 30GPa$,泊松比 $\nu = 0.25$,抗拉强度 $T = 0.9MPa$。模型左端面存在一个初始的竖向裂隙,如图中所示。数值模拟过程中,在初始裂隙上施加恒定的压力边界,压力值为 1.0MPa。

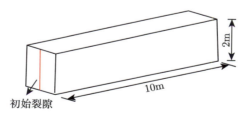

图 10.62　水压劈裂几何模型

数值模拟采用裂隙–应力耦合破裂进行计算,固体计算时步为 $1.0 \times 10^{-5}s$,裂隙计算时步为 $1.0 \times 10^{-4}s$。数值结果如图 10.63 所示,为水压力作用下岩体的劈裂过程,Ⅰ型张裂纹随着裂隙渗流的进行向前扩展,该图所示为裂纹扩展方向的位移云图。图 10.64 所示为裂隙渗流的压力变化过程。

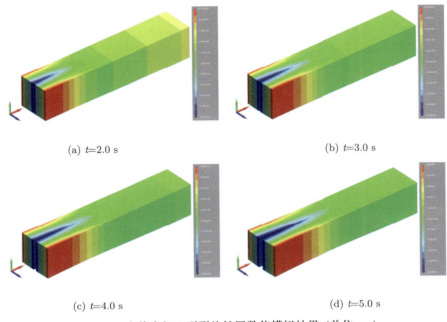

(a) t=2.0 s

(b) t=3.0 s

(c) t=4.0 s

(d) t=5.0 s

图 10.63　岩体内部 I 型裂纹扩展数值模拟结果 (单位: m)

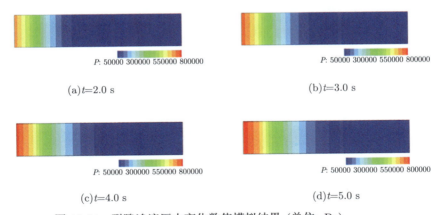

(a)t=2.0 s

(b)t=3.0 s

(c)t=4.0 s

(d)t=5.0 s

图 10.64　裂隙渗流压力变化数值模拟结果 (单位: Pa)

算例 10.21　水压致裂过程模拟

如图 10.65 所示圆环模型, 外圆半径为 5.0m, 内圆半径为 0.5m, 模型的材料参数为弹性模量 $E = 46$GPa, 泊松比 $\nu = 0.3$, 抗拉强度 $T = 0.7$MPa。圆环模型的内壁边界和外壁边界法向约束, 同时在内壁边界上施加 1.0MPa 的压力。

数值模拟采用孔隙、裂隙及应力三者耦合破裂进行计算, 固体计算时步为

1.0×10^{-5}s，孔隙计算时步为 1.0×10^{-3}s，裂隙计算时步为 1.0×10^{-4}s。图 10.66 所示为水压作用下圆盘中的裂纹萌生与扩展过程。由于是显示裂纹，同时裂纹类型主要为张裂缝，所以通过位移云图可以观察裂缝的开度，图 10.67 所示为径向位移云图。

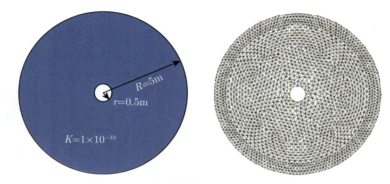

图 10.65　水压致裂计算几何与数值模型

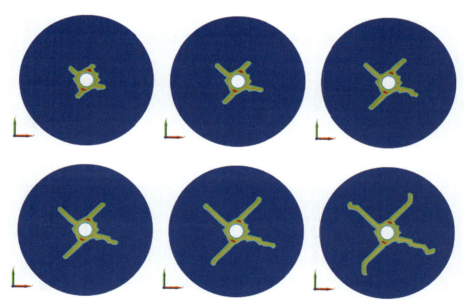

图 10.66　圆环中裂纹萌生与扩展过程

图 10.68 所示为水压作用下，圆环中不同时刻的压力云图。对比图 10.64 裂纹特征，可以发现裂纹扩展速度要超前于渗流压力的传播速度，这与模型中岩体材料采用脆断性质的模型有关。另外，由于施加的压力边界，张开的裂缝对渗流的压力场几乎没有影响。

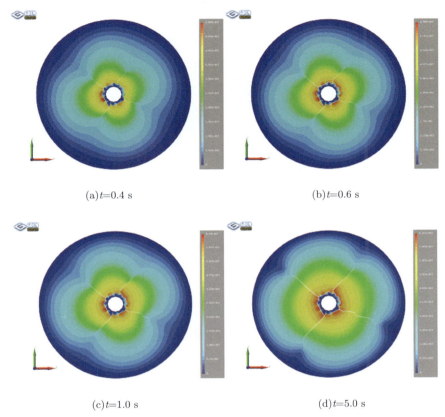

(a)t=0.4 s

(b)t=0.6 s

(c)t=1.0 s

(d)t=5.0 s

图 10.67 水压作用下圆环中的张开裂缝 (单位: m)

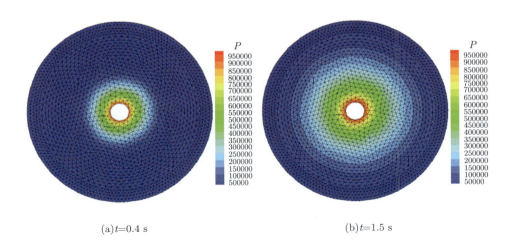

(a)t=0.4 s

(b)t=1.5 s

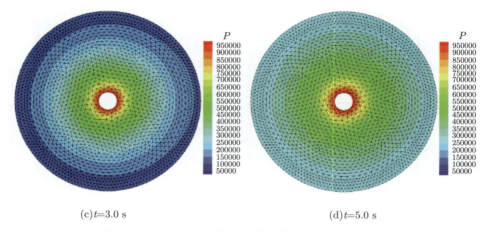

(c)t=3.0 s　　　　　　　　　　　　　(d)t=5.0 s

图 10.68　圆环水压变化过程数值模拟结果 (单位: Pa)

10.8　本 章 小 结

　　滑坡中的渗流作用是导致滑坡滑动的最重要因素之一。渗流引起滑坡滑动的机理是研究的一个重点，包括物理作用、化学作用和力学作用，其中以力学作用为主导。力学作用包括有效应力作用、静水压力和高压水对土层的碎化作用等。通过力学机理分析，不难理解滑坡失稳为何常发生于暴雨之后、库水骤然涨落时或地下水位突然改变时。本章主要内容是裂隙渗流与孔隙渗流的基本模型与方法。

　　进行数值模拟需要两个基础条件：一个是物理模型，一个是数学模型。滑坡渗流物理模型主要包括双重孔隙介质模型、等效连续介质模型和离散裂隙网络模型这三种。本章介绍了这三种模型的适用条件以及特点等，给出饱和–非饱和渗流方程，并给出定解条件。

　　进行数值模拟还需要选择一种数值方法。渗流求解常见传统方法包括：有限单元法、有限差分法、有限体积法、边界单元法等。随着数值求解方法的发展，最近又发展出一批新型求解方法，如中心型有限体积法、数值流形元法、无网格法、弹簧元法和混合方法等。本章着重介绍了这些数值方法的推导过程以及验证算例。

　　孔隙渗流有限单元法：运用变分原理给出孔隙渗流单元有限元求解格式，使用动态松弛求解方法求解，不形成总体刚度矩阵，提高求解效率。给出算例验证，说明算法精度和效率。

　　裂隙渗流有限单元法：发展新型三维裂隙网络渗流模型来模拟稳态/非稳态渗流过程。采用离散裂隙网络模型，运用变分原理给出裂隙单元的渗流矩阵方程，同样使用动态松弛求解方法求解，不形成总体刚度矩阵，从而避免孤立裂隙存在所导致的收敛性问题。验证算例表明裂隙岩体网格划分技术能形成复杂的裂隙网络；三维稳态/非稳态裂隙渗流求解方法具有高效和高精度的特点。

非稳态裂隙流的 N-S 方程有限差分法：该模型将裂隙网络分解为多个单裂隙，每个单裂隙所使用的渗流控制方程由三维 N-S 方程简化而来，简化后的控制方程将三维渗流问题转化为二维平面渗流问题，避免了网格划分的多尺度问题，提高了计算效率。有限差分法和流体体积法的采用使该模型可以模拟水流在裂隙内的非稳态渗流过程。经过数学推导，裂隙网络中公共边上的渗流可以由专门的控制方程进行求解，使得公共边处的压力节点能参与到整场迭代计算中，既能保证数值模型的正确性，又无需判断公共边处出入流关系。由于该数值模型是把裂隙网络分拆为多个单裂隙，然后再分别进行计算，只是在交界处进行渗流信息交换，因此成功地解决了不连通裂隙 (孤立裂隙) 所带来的影响。

二维孔隙渗流弹簧元法：基于单元局部坐标系直接给出了节点流量的解析表达式，并通过正交的管道网络形象地解释了上述解析表达式的物理含义，该方法具有物理意义明确、求解过程简单等特点。数值算例的计算结果与理论解基本一致，表明了该方法在求解稳态、非稳态、饱和、非饱和渗流问题时的精度。

孔隙–裂隙耦合渗流中心型有限体积法：中心型有限体积法，把压力节点置于单元中心处，使用串联弹簧模型直接推导出流量和压力之间的关系，可大大减少计算量，从而可以充分利用离散裂隙网络模型精确的特点，进行更为高效的模拟。算例验证表明了算法在求解稳态、非稳态孔隙渗流、裂隙渗流、孔隙 - 裂隙耦合渗流问题时的精度。

基于 CDEM 的渗流–应力–破裂耦合模型：该模型分为固体计算模型、孔隙渗流应力耦合模型和裂隙渗流应力耦合模型三个部分。共同实现了边坡在库水涨落和降雨作用下渐进破坏过程的模拟。固体计算模型分为材料单元和接触单元，采用动态松弛方法计算，能够反映地质体的破坏规律，可以模拟从连续到非连续的破坏过程。孔隙渗流应力耦合模型，借鉴了有限单元法中的变单元渗透系数固定网格法，但不组成总体的渗透矩阵，以单个孔隙为单位，采用动态松弛技术来求解每个孔隙单元的节点水头，通过改变在自由面之上的单元的渗透系数，重新迭代计算，就可以很方便地计算出自由水位线 (浸润线) 的位置。在裂隙渗流应力耦合模型中，裂隙水单元是随着地质体实际的演化过程而逐个形成的，由于不需要组成总体渗透矩阵，减少了所需的计算机内存，同时可以避免由于不连通裂隙 (孤立裂隙) 存在所导致的收敛性问题。针对库区古滑坡这类问题，可以假设裂隙渗流产生的水头分布和由库水涨落所引起的水头改变作为孔隙渗流的变边界条件，从而实现孔隙渗流场和裂隙渗流场的耦合。数值计算结果表明，基于连续介质离散元的双重介质渗流应力耦合模型对于库水型滑坡和降雨型滑坡的研究有比较大的帮助，为其他类似问题的研究奠定了基础。此外，还计算了裂隙岩体开裂过程和岩体水压致裂过程，说明该模型在计算渗流导致岩体破裂问题中的适用性。

参 考 文 献

[1] 刘洋. 库水涨落及降雨作用下滑坡数值分析方法及预测预报理论研究. 中国科学院力学研究所博士论文, 北京, 2011.

[2] 全国地质灾害通报 (2009 年). 中华人民共和国国土资源部. 北京, 2009.

[3] 全国地质灾害通报 (2010 年). 中华人民共和国国土资源部. 北京, 2010.

[4] 全国地质灾害通报 (2011 年). 中华人民共和国国土资源部. 北京, 2011.

[5] 全国地质灾害通报 (2012 年). 中华人民共和国国土资源部. 北京, 2012.

[6] 李焯芬，陈虹. 雨水渗透与香港滑坡灾害. 水文地质工程地质, 1997, (4), 1997: 34-38.

[7] 穆鹏. 水对滑坡的影响机理分析. 中国西部科技, 2010, 9(28): 3, 36.

[8] Bear. Dynamics of Fluids in Porous Media. American Elsevier Publishing Company, USA, 1975.

[9] Snow DT. A parallel plates model of fractured permeable media. University of California, Berkeley, 1966.

[10] Barenblatt G I, Zheltov I P, Kochina I N. Basic concepts in the theory of seepage of homogeneous liquids in fissured rocks. Journal of Applied Mathematics and Mechanics, 1960, 24(5): 852-864.

[11] Warren J E, Root P J. The behavior of naturally fractured reservoirs. Society of Petroleum Engineers Journal, 1963, 3(3): 245-255.

[12] Hsieh P, Neumann S P, Simpson E S, et al. Field determination of the three dimensional hydraulic conductivity tensor of anisotropic media, 1, Theory. Water Resources Research, 1985, 21(11): 1655-1665.

[13] Hsieh P, Neumann S P, Simpson E S, et al. Field determination of the three dimensional hydraulic conductivity tensor of anisotropic media, 2, Methodology with application to fractured rocks. Water Resources Research, 1985: 21(11), 1667-1676.

[14] Zienkiewicz O C, Mayer P, Cheung Y K. Solution of anisotropic seepage problems by finite elements. J. Eng. Mech., ASCE, 1966, 92(EM1): 111-120.

[15] Martin H C. Finite element analysis of fluid flows//Proc. 2nd Conf. Matrix Methods in Structural Mechanics, volume AFFDL-TR-68-150, Wright Patterson Air Force Base, Ohio, Oct. 1968.

[16] de Vries G, Norrie D H. Application of the finite element technique to potential flow problems. Technical Reports 7 and 8, Dept. Mech. Eng., Univ. of Calgary, Alberta, Canada, 1969.

[17] Argyris J H, Mareczek G, Scharpf D W. Two and three dimensional flow using finite elements. J. Roy. Aero. Soc., 1969, 73: 961-964.

[18] Javandel I, Witherspoon P A. Applications of the finite element method to transient flow in porous media. Trans. Soc. Petrol. Eng., 1968, 8(3): 241-251.

[19] Sloss J M, Bruch J C. Free surface seepage problem. J. Eng. Mech., ASCE, 1978, 108(EM5): 1099-1111.

[20] Desai C S. Finite element residual schemes for unconfined flow. Int. J. Numer. Meth. Eng., 1976, 10: 1415-1418.

[21] 张丽, 刘晓宇, 李世海. 裂隙岩体稳定/非稳定渗流数值模拟. 岩石力学与工程学报, 2009, 28(增 2): 3409-3416.

[22] 郭永存, 卢德唐, 马凌宵. 低渗透油藏渗流的差分法模拟. 水动力学研究与进展, 2004, 19(3): 288-293.

[23] Cooley R L. A finite difference method for unsteady flow in variably saturated porous media: Application to a single pumping well. Water Resources Research, 1971, 7(6): 1607-1625.

[24] Narasimhan T N, Witherspoon P A. An integrated finite difference method for analyzing fluid flow in porous media. Water Resources Research, 1976, 12(1): 57-64.

[25] Jr J D. Finite difference methods for two-phase incompressible flow in porous media. SIAM Journal on Numerical Analysis, 1983, 20(4): 681-696.

[26] Pruess K. A practical method for modeling fluid and heat flow in fractured porous media. Society of Petroleum Engineers Journal, 1985, 25(01): 14-26.

[27] Das B, Steinberg S, Weber S, et al. Finite difference methods for modeling porous media flows. Transport Porous Media, 1994, 17(2): 171-200.

[28] 刘洋, 李世海, 刘继棠. 裂隙岩体非稳态渗流数值模型及其应用. 力学与实践, 2011, 33(6): 23-29.

[29] Huber R, Helmig R. Node-centered finite volume discretizations for the numerical simulation of multiphase flow in heterogeneous porous media. Computational Geosciences, 2000, 4(2): 141-164.

[30] Lee S H, Jenny P, Tchelepi H A. A finite-volume method with hexahedral multiblock grids for modeling flow in porous media. Computational Geosciences, 2002, 6(3-4): 353-379.

[31] Michel A. A finite volume scheme for two-phase immiscible flow in porous media. SIAM Journal on Numerical Analysis, 2003, 41(4): 1301-1317.

[32] Lunati I, Jenny P. Multiscale finite-volume method for compressible multiphase flow in porous media. Journal of Computational Physics, 2006, 216(2): 616-636.

[33] Reichenberger V, Jakobs H, Bastian P, et al. A mixed-dimensional finite volume method for two-phase flow in fractured porous media. Advances in water resources, 2006, 29(7): 1020-1036.

[34] Lunati I, Jenny P. Multiscale finite-volume method for density-driven flow in porous media. Computational Geosciences, 2008, 12(3): 337-350.

[35] Lafe O E, Cheng H D. A perturbation boundary element code for steady state groundwater flow in heterogeneous aquifers. Water Resources Research, 1987, 23(6): 1079-1084.

[36] Roy R V, Grilli S T. Probabilistic analysis of flow in random porous media by stochastic boundary elements. Engineering analysis with boundary elements, 1997, 19(3): 239-255.

[37] Li L, Barry D A, Pattiaratchi C B. Numerical modelling of tide-induced beach water table fluctuations. Coastal Engineering, 1997, 30(1): 105-123.

[38] Cavalcanti M C, Telles J C F. Biot's consolidation theory—application of BEM with time independent fundamental solutions for poro-elastic saturated media. Engineering Analysis with Boundary Elements, 2003, 27(2): 145-157.

[39] Cheng Y, McVay D A, Lee W J. BEM for 3D unsteady-state flow problems in porous media with a finite-conductivity horizontal wellbore. Applied numerical mathematics, 2005, 53(1): 19-37.

[40] Karimi-Fard M, Durlofsky L J, Aziz K. An efficient discrete-fracture model applicable for general-purpose reservoir simulators. SPE Journal, 2004, 9(02): 227-236.

[41] Wang L X, Li S H, Ma Z S. A finite volume simulator for single-phase flow in fractured porous media//Proceedings of the 6th International Conference on Discrete Element Methods and Related Techniques.2013: 130-135.

[42] 王理想, 李世海, 马照松, 等. 一种中心型有限体积孔隙 - 裂隙渗流求解方法及其 OpenMP 并行化. 岩石力学与工程学报, 2015, 34(5): 865-875.

[43] 刘红岩, 王新生, 秦四清, 等. 岩石边坡裂隙渗流的流形元模拟. 工程地质学报, 2008, 16(1): 53-58.

[44] Jiang Q H, Deng S S, Zhou C B, et al. Modeling unconfined seepage flow using three-dimensional numerical manifold method. Journal of Hydrodynamics, Ser. B, 2010, 22(4): 554-561.

[45] 姜清辉, 邓书申, 周创兵. 有自由面渗流分析的三维数值流形方法. 岩土力学, 2011, 32(3): 879-884.

[46] Shirazaki M, Yagawa G. Large-scale parallel flow analysis based on free mesh method: a virtually meshless method. Computer methods in applied mechanics and engineering, 1999, 174(3): 419-431.

[47] Lin H, Atluri S N. Meshless local Petrov-Galerkin(MLPG) method for convection diffusion problems. CMES(Computer Modelling in Engineering & Sciences), 2000, 1(2): 45-60.

[48] Divo E, Kassab A J. An efficient localized radial basis function meshless method for fluid flow and conjugate heat transfer. Journal of heat transfer, 2007, 129(2): 124-136.

[49] Herrera P A, Massabó M, Beckie R D. A meshless method to simulate solute transport in heterogeneous porous media. Advances in water resources, 2009, 32(3): 413-429.

[50] 冯春, 李世海, 王理想. 一种基于单元局部坐标系求解二维孔隙渗流问题的数值方法. 岩土力学, 2014, 35(2): 584-590.

[51] 李世海, 汪远年. 三维离散元计算参数选取方法研究. 岩石力学与工程学报, 2004, 23(21): 3642-3651.

[52] Day A S. An introduction to dynamic relaxation. The Engineering, 1965, 219(29): 218-221.

[53] 何杨, 柴军瑞, 唐志立, 等. 三维裂隙网络非稳定渗流数值分析. 水动力学研究与进展 (A 辑), 2007, 22(3): 338-344.

[54] 王媛, 顾智刚, 倪小东, 等. 光滑裂隙高流速非达西渗流运动规律的试验研究. 岩石力学与工程学报, 2010, 29(7): 1404-1409.

[55] Li S H, Zhang Y N, Feng C. A spring system equivalent to continuum model//Discrete Element Methods, Simulation of Discontinua: Theory and Applications. London: Queen Mary, University of London, 2010: 75-85.

[56] 张青波, 李世海, 冯春. 四节点矩形弹簧元及其特性研究. 岩土力学, 2012, 33(11): 3497-3502.

[57] Voller V R, Peng S, Chen Y F. Numerical solution of transient, free surface problems in porous media. International Journal for Numerical Methods in Engineering, 1996, 39(17): 2889-2906.

[58] Harr M E. Groundwater and Seepage. Dover Press, 1991.

[59] Biot M A. General solutions of the equations of elasticity and consolidation for a porous material. J. appl. Mech, 1956, 23(1): 91-96.

[60] Tatomir A. Numerical Investigations of Flow through Fractured Porous Media. Master Thesis, University.

[61] Desai C S, Li G C. A residual flow procedure and application for free surface flow in porous media. Advances in Water Resources, 1983, 6(1): 27-35.

[62] 张有天, 陈平, 王镭. 有自由面渗流分析的初流量法. 水利学报, 1988, 8(1): 18-26.

[63] Bathe K J, Khoshgoftaar M R. Finite element free surface seepage analysis without mesh iteration. International Journal for Numerical and Analytical Methods in Geomechanics, 1979, 3(1): 13-22.

[64] 吴梦喜, 张学勤. 有自由面渗流分析的虚单元法. 水利学报, 1994 (8): 67-71.

[65] 周创兵, 熊文林, 梁业国. 求解无压渗流场的一种新方法. 水动力学研究与进展 (A 辑), 1996, 11(5): 528-534.

[66] Brezis H, Kinderlehrer D, Stampacchia G. Sur une nouvelle formulation due probleme del'ecoulement a travers unedigue. Comptes Rendus del'Academie des Sciences Paris (Series A), 1978, 287: 711-714.

[67] Lacy S J, Prevost J H. Flow through porous media: a procedure for locating the free surface. International Journal for Numerical and Analytical Methods in Geomechanics, 1987, 11(6): 585-601.

[68] Zheng H, Liu D F, Lee C F, et al. A new formulation of Signorini's type for seepage

problems with freesurfaces. International Journal for Numerical Methods in Engineering, 2005, 64: 1-16.

[69]　姜清辉, 邓书申, 周创兵. 有自由面渗流分析的三维数值流形方法. 岩土力学, 2011, 32(3): 879-884.

第11章　滑坡试验及现场监测方法研究

　　室内试验、原位试验和现场监测都是滑坡研究的力学方法。从回答工程问题、选定全尺度数值模拟的计算参数的意义上说，现场监测至关重要。室内材料特性试验主要用于校核数值方法的可靠性以及对材料基本特性的认识；原位监测的目的是获得滑坡体内材料参数变化范围。本章介绍作者研究团队在室内试验、原位试验和现场监测方面一些新的想法、试验设计并完成的试验系统。

　　土石混合体是高度非均匀材料。传统材料试验机假设试验材料是均匀的，通过给定加载位移和力的测量，试验给出应力应变关系。均匀性假设对土石混合体而言，适用范围有多大需要论证。本章介绍一种新的材料试验机，即均匀应力加载材料试验机，并阐明此类试验装置与传统材料试验机的差异，说明该系统更符合试样实际的受力状态。

　　大型滑坡平台主要用于滑坡模型试验，用于验证数值模拟的可靠性。强调开展"模型"试验而不是"模拟"试验的原因在于试验尺度与滑坡尺度相比太小，材料的相似性难以实现，只能尽可能地将强度与重力应力的比值相等，观察到主要现象。本章介绍大型试验平台的结构设计，并给出利用对应小型试验平台的试验结果。

　　土石混合体原位剪切试验系统的研发与设计，践行了数值模拟先行的试验装置设计思路。同时，新的试验方法力求实现现场试验工作与数值模拟相结合，共同获得材料力学特性的方法。11.3 节简要介绍现场原位试验装置的原理、初步试验结果以及相应数值模拟的结果。

　　现场监测是滑坡研究力学方法中十分重要的组成部分，其主要目的是要与数值模拟相结合，判断滑坡体的当前破坏状态。现代信息技术，为滑坡现场监测提供了强有力的支持。数字通信技术，可以实时将现场测得的数据传至实验室。 2003年力学研究所首次将自己研发的地表位移监测设备用于重庆北碚区醪糟坪滑坡。之后，又提出了用手机短信的形式，传递群测群防观测信息。以此为主体的滑坡监测信息系统，目前已经用于全国诸多省市。随着手机操作系统不断更新、实时监测内容更为广泛，传感器功能更为强大，信息技术用于滑坡监测将会发挥越来越大的作用。特别是，借助数值模拟可以充分利用监测数据，以此构建新的滑坡灾害预测理论体系。本章最后几节将主要介绍作者研究团队研发的几类原位监测系统。

11.1　基于等应力边界加载的土石混合体三轴试验

　　土石混合体是一种复杂的非均匀非连续介质材料,具有材料非均质、块石分布非均匀、土石胶结非连续和典型的尺寸效应等结构特征。在外荷载作用下,由于土体与岩石块体刚度和强度的差异性,原则上讲,在施加荷载接触面位置应产生不同的位移或变形,即材料内每一点的应力状态是不同的。现有刚性加载试验机提供的等位移边界条件,对材料变形起到束缚或限制的作用,难于提供真正意义上的非均匀材料变形过程或特点。基于等应力边界加载的三轴试验机通过柔性水囊提供等应力边界条件。在轴向加载时,岩石块体由于刚度大,承载力高,产生的位移较小,而土体刚度小,承载力低,产生的位移较大,符合实际情况,因此,采用等应力边界加载条件,可以更好地研究非均匀、非连续介质的变形和破坏规律。

　　该加载系统主要针对堆积层滑坡体的主要组成物质——土石混合体进行强度参数和变形特性测试,包括内聚力、内摩擦角、弹性模量等。该系统主要由以下七部分组成:① 试验主机系统;② 液压系统;③ 三轴双压力室 (等应力加载系统);④ 内外围压施加系统;⑤ 气压施加系统;⑥伺服控制系统;⑦数据测量与采集系统。系统如图 11.1 所示。

图 11.1　土石混合体三轴试验机

　　其中,液压系统产生驱动力,通过伺服控制系统和油缸,产生竖向荷载;另外,通过三个伺服阀分别产生和控制水压力 (内外围压和孔压),通过另外的一个伺服阀与压缩气缸相连产生和控制气压力。压力控制装置的输入端与工控机相连,输出端与三轴双压力室相连,传输位移、压力、体变的模拟信号数据,输出端与微机相连,记录数据,显示试验进程。

该系统轴向最大压力 1000kN,精度 0.1kN;轴向位移量程 200mm,精度 4μm;内外围压量程 5MPa,精度 0.1kPa;孔隙水压量程 2MPa,精度 0.1kPa;频率 4Hz;振幅 ±(2 ~ 5)mm。采用双压力室,实现内压力室壁的绝对刚性不变形,确保试样的总体积变化等于内压力室水流量的变化。针对土石混合体的非均匀非连续特性,该设备采用柔性加载系统进行等应力边界条件的施加,利用高压液体胶囊的上压头和底座实现对非均质材料 (如土石混合体等) 施加均匀应力,解决了传统三轴仪采用刚性等位移加载时,非均质材料内部产生的局部应力集中问题。在这种等应力边界条件下获得的力学参数比常规的刚性等位移加载试验机偏低,对于工程设计是偏安全的。

为验证等应力边界与常规等位移边界对非均匀材料力学参数测定的差异性,设计了如下试验。试验所用的试样是由直径 300mm,高 550mm 的土石混合体 (soil rock mixture,SRM) 构成,土为砂土,石块为不同粒径的卵石,如图 11.2(a) 所示。在构筑试验试样时,分层加土并夯实,当土层高度到达 5cm 时,随机放置一层卵石,如图 11.2(b) 所示,再加砂土压实,直到最后形成一个高度 550mm 的土石混合体试样,如图 11.2(d) 所示。为保证试样安装的密实性和整体性,整个安装过程采用真空泵进行抽吸乳胶膜与制样桶之间的气体。试验后的试样形态如图 11.2(e)、(f) 所示。等位移加载试验时,采用刚性压头施加等位移边界;同理,等应力加载试验时,采用柔性水囊施加等应力边界。试验围压 600kPa,轴向荷载的加载速率均为 2mm/min。

从图 11.2(e) 中可看出,试样发生膨胀内鼓,上下两端面扩径小于土体中部;等应力边界条件下,因块体和砂土刚度的差异,两者将产生不同的压缩位移,块体刚度大,产生的位移小,砂土刚度小,产生的位移大,因此土石混合体试样上下端面分别出现不均匀凸起的现象;从图 11.2(f) 中可看出石块所处土体周边未现任何裂纹,同时,试样剪切后,内部石块的完整性良好。

两种边界加载条件下,以本次体积含石量 30% 为例,等应力边界加载获得的土石混合体峰值强度比同等条件下等位移加载边界获得的土石混合体峰值强度低约 10%[1],如图 11.3 所示。材料本质上来讲,土石混合体是非均匀非连续材料,自身结构特点决定了在外力作用下,因石块和土体刚度差异过大会产生不均匀的变形,在等应力加载条件下,材料的非均匀非连续特性会充分体现,同时,获得的应力应变曲线更接近于真实受力状态。

(a)试样所用各种等效粒径卵石   (b)分层铺设卵石

(c)30%含石量所用卵石   (d)安装好的试样

(e)试验后的试样   (f)拆卸后的试样

图 11.2   试验全过程

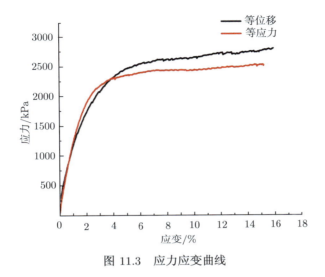

图 11.3 应力应变曲线

11.2 滑坡物理模型试验系统

模型试验可同时考虑多种因素及复杂的边界条件,能够直观地模拟岩土体的变形、破坏机理。目前,国内外开展的室内滑坡试验主要有框架式模型试验和离心式模型试验两种形式,本节重点介绍框架式模型试验。

该室内滑坡物理模型试验平台具有大尺度、高精度、多因素、多段式等特点 [2,3],可有效克服尺寸效应、相似材料以及传感元件/电缆扰动影响等问题;滑坡物理模型试验平台的角度调节通过液压系统和高精确的量测系统综合控制,精度可达 0.1°;可同时考虑库水位升降、人工降雨和其他水动力变化等因素;能够较真实模拟实际边坡中上陡下缓的基岩交界面形状,几何边界条件可最大程度接近真实状态。

该系统充分考虑了水动力作用下滑坡演化的特点,模拟和控制水库水位升降、人工降雨雨型 (降雨强度和降雨持时)、承压水压力大小的变化。系统包含了一套自主研发的较完备的量测系统,可对试验过程中滑坡体的位移、应力、含水量等物理量进行精确的量测,是进行上述水动力条件下滑坡变形破坏物理模型试验的基础测量设备。该滑坡物理模型试验系统由① 滑坡平台起降控制系统,② 滑坡平台水动力诱发系统 (库水位升降系统、人工降雨系统、承压水施加系统),③ 滑坡平台多物理量测量系统,④ 滑坡平台数据采集处理系统等组成。为确保大型滑坡物理模型试验系统能研制成功,预先进行了小尺度的滑坡物理模型试验系统的研制,跟大尺度模型的尺寸比例接近 1 比 3,整体分为四段平台,二、三、四段均可转动;

并在小尺度平台上开展了多种水动力边界条件下的滑坡模型试验。两套模型试验系统分别如图 11.4、图 11.5 所示。

图 11.4　滑坡物理模型试验系统 (小)

(a)平台全貌　　　　　　(b)人工模拟降雨控制系统　　　　　(c)控制系统

图 11.5　滑坡物理模型试验系统 (大)

11.2.1　滑坡平台起降控制系统

大型滑坡物理模型试验系统平台总长 11.5m，宽 3m，抬升后高度为 6m。滑坡平台为分段式，通过轴承连接，可分段抬升，第二、三、四段的抬升角度分别为 $0\sim20°$、$0\sim40°$、$0\sim40°$。其中，第一段为水平段，长度 1m；第二段角度调节范围 $0\sim20°$，长度 2.5m；第三段角度调节范围 $0\sim40°$，长度 6m；第四段角度调节范围 $0\sim40°$，长度 1m。

因此，该试验平台可通过调整第二、三、四段底板的角度，满足开展不同基岩覆存形态斜坡的破坏机理研究，试验平台的承载力为 100t，其上的主要荷载由位于第三段下部设计承载力为 100t 的液压千斤顶支撑，为满足开展滑坡灾害机理研究对基岩倾角的精度要求，在液压千斤顶的两侧设计了一整套安全承载装置，待液压千斤顶抬升就位后，平台及上覆土体的全部荷载由安全承载装置承担，这样避免了液压千斤顶长时间负载造成的底板角度变化。

11.2.2 滑坡平台水动力诱发系统

滑坡平台水动力诱发系统之中的人工降雨系统由供水系统、控制中心和控制软件等组成。降雨系统架设在模型试验平台的正上方，距离平台的高度为 7m，降雨面积为 4m(宽)×12m(长)，长度方向为 10 排，每排分左中右三组喷头，每组有大中小三个喷头，可实现雨强调节范围 0~200mm/h；滑坡平台水动力诱发系统之中的库水位升降系统与第一段平台连接，尺寸 3m(宽)×1m(长)，库水位升降范围为 0~1.5m，升降速度可在 0~2cm/min 范围调节；承压水施加系统位于第三段平台的下部，通过水箱分流分别向 18 个区域内供水，模拟承压水作用。

11.2.3 滑坡平台多物理量测量系统

多物理量测量系统是将测试传感器测出的频率值通过一个 32 通道的二次仪表传送到上位机中进行数据处理，根据不同的物理量采用不同的传感器。滑坡平台底板上通过塑料支架 (高度 1cm，可调) 安装位移传感器，如图 11.6(a) 所示，在位移传感器端部安装方形板，土体产生位移时，可带动位移传感器移动。量程 10cm，精度 0.1%。

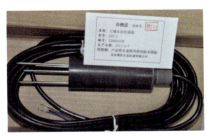

(a)位移传感器　　　　　　　　(b)土壤水分传感器

(c)压力传感器

图 11.6　多物理量测量系统 (小)

　　土壤水分传感器，如图 11.6(b) 所示，采用频域反射 (FDR) 原理来测量土壤中水分的含量。频域反射技术测量介电常数，而后转为直流电压，最后获得土体含水量，所探测的范围为探针周围直径 4.0cm，长度 6.0cm 的圆柱体区域。

　　压力传感器，如图 11.6(c) 所示，布置在第三段底板的下方，用于获得滑坡发展全过程滑体底部的压力分布状态，量程 5kPa，精度 0.1%。

11.2.4　不同类型滑坡机理研究

1. 降雨型滑坡试验

　　利用滑坡物理模型试验平台，开展了降雨诱发基岩–砂土覆盖层斜坡破坏典型物理模型试验，获得了降雨诱发因素作用下斜坡破坏模式，同时为校验数值模型的可靠性提供标准案例。试验中基岩倾斜角度为 25°，砂土覆盖层角度为 30°；砂土覆盖层由砂、石膏、水三种材料配比获得，配比比例为 40:0:4, 40:1:4, 40:1.5:4, 40:2.5:4，设计图及配比如图 11.7 所示；降雨强度为 100mm/h。试验结果如图 11.8 所示：相同降雨条件下，覆盖层斜坡的强度不仅影响斜坡的破坏时间 (强度越低，发生破坏的时间越早)，而且影响斜坡的破坏模式 (强度低的斜坡呈现牵引式渐进破坏模式，强度高的斜坡更多呈现整体破坏模式)。

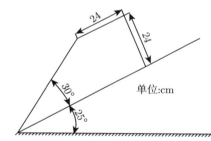

编号	配比(砂:石膏:水)	C/kPa	ϕ/(°)
1	40:0:4	34.1	34.8
2	40:1:4	37.6	43.9
3	40:1.5:4	49.9	42.9
4	40:2.5:4	65.5	42.9

图 11.7　模型试验示意图及试样不同配比的参数

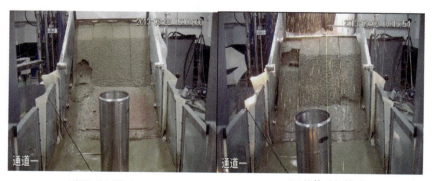

(a)渐进破坏模式　　　　　　　　　　　　(b)整体破坏模式

图 11.8　降雨诱发斜坡破坏模式

2. 承压水型滑坡试验

斜坡体底部为 2cm 厚黏土，上部为 10cm 砂土，通过在试验平台底部不同位置施加一定水头的水压力，如图 11.9 所示，滑坡体破坏后的图像如图 11.10 所示。监测滑坡体底部的位移和孔隙水压力，分析滑坡体不同区块的位移随时间的变化规律，如图 11.11 所示。同时，获得位移与孔隙水压力的相关性，如图 11.12 所示。

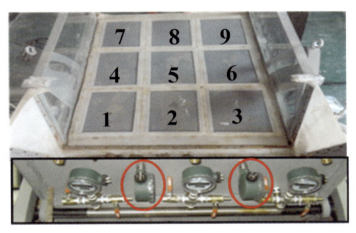

图 11.9　承压水作用下的滑坡

图 11.10　滑坡体底部施加承压水

随着承压水施加方格位置的变化，边坡呈现出推覆式 (7、8、9 格施加 500Pa 的水压力) 和牵引式 (1、2、3 格施加 500Pa 的水压力) 两种不同的破坏模式，并且压力峰值点与滑坡启动时间有很好的一致性。

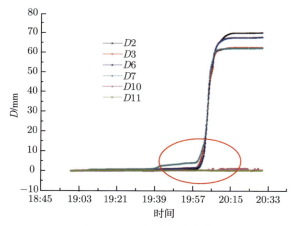

图 11.11　位移变化曲线

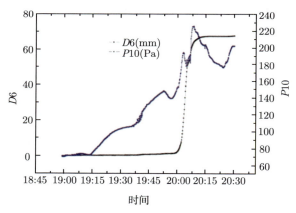

图 11.12　位移与孔隙水压力曲线

11.2.5　案例分析

2013 年 8 月 16 日暴雨后，内蒙古胜利东二号露天矿南帮发生滑坡。滑坡体东西长 1620m、南北宽 1800m，面积 169.6 万 m²，估算体积 8500 万 m³。具有如下变形破坏特征：

(1) 变形时间长、变形速率大。累积位移已达几十米；最大变形速率保持在每天几十毫米以上，最大速率可达每天几米。

(2) 碎裂化破坏模式。边坡表面监测点的位移、速度差异大，表明滑坡并非整体性滑动，呈现碎裂化式的滑动，如图 11.13 波纹状地表形态所示。

图 11.13 南帮滑坡航拍图

将南帮滑坡影响因素进行力学概化,试验设计方案如图 11.14 所示。

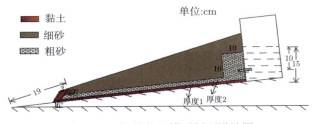

图 11.14 滑坡物理模型剖面设计图

(1) 主控因素概化。根据南帮滑坡岩层组成,岩层倾角 6°,坡角 18°。坡脚处的隔水断层 F68 采用黏土材料,建立物理模型如图 11.15 所示。

图 11.15 南帮滑坡物理模型俯视图

（2）影响因素概化。为模拟降雨入渗后在滑坡体内的渗流、汇集过程，在坡体后缘放置一个水箱，水箱靠近底部的侧面开一个 3cm×6cm 的矩形口，模拟水流从滑坡体下部渗入土体，并在断层处汇集。

上述试验结果的图 11.16 显示：渗流经砂土流至断层处，因受阻而水压力升高，致使断层破坏后，破裂逐渐向上传递，坡体出现近似于圆弧形的破裂面并逐渐向上传递，引起上部土体的碎裂化破坏，临空面逐级后退，最终边坡呈现出碎裂化破坏模式，这与现场滑坡体首先在 F68 断层处起始破裂，而后逐渐向上传递呈现整体的碎裂化破坏模式极其相似。

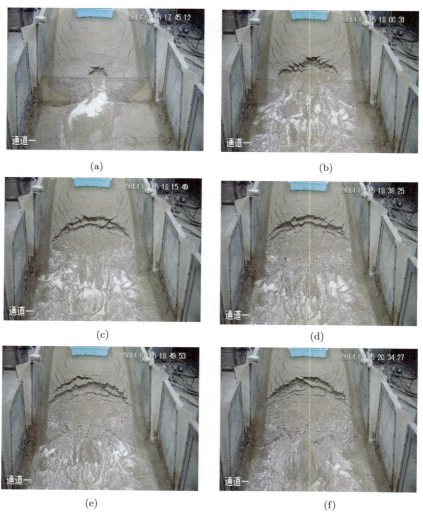

图 11.16　坡体变形破坏过程

11.2.6 小结

综上所述,滑坡物理模型试验平台 (小) 可开展多因素作用下的滑坡物理模型试验,可获得可测物理量随时间变化的全过程曲线,对开展滑坡机理研究及对特定滑坡开展针对性研究提供了极大的便利条件。滑坡物理模型试验平台 (大) 目前已安装调试完毕,后续仍有大量工作需要开展。

11.3 土石混合体原位剪切试验系统

开展室内试验获取岩土体力学参数是目前常用的手段,但所用试样为重塑样,经钻孔取样后,岩土体的应力状态已发生较大改变,同时,室内试验的尺寸所获的力学参数直接用于滑坡稳定性计算或支护结构设计存在明显的尺寸效应问题。原位试验所获岩土体力学参数能最大程度地接近真实情况;为了较准确、真实地开展土石混合体原位物理力学参数测试工作,研制了缩张型土石混合体原位剪切试验系统,并进行了相关测量和采集系统调试。该装置由扩孔子系统、压剪子系统、液压动力子系统、传感器子系统和采集控制子系统组成 [4,5],如图 11.17 所示,具有测量过程简单、操作方便等特点,可对拉拔剪切过程中侧向压力进行精准控制,并对被测试体应力和位移等关键物理量进行精确量测,获取了堆积层边坡不同深度处土石混合体抗剪强度等原位力学指标参数。

图 11.17 缩张型土石混合体原位剪切测量装置

11.3.1　实施效果

材料配比:硅砂:水泥:石膏:水 = 40:4:1:4,硬化 7 天,模型反力施加如图 11.18 所示,侧向压力为零,由最终破坏状态,可看出沿半径 $r=105mm$ 的圆柱面位置出现剪切破裂面,如图 11.19 所示,此时的法向压力为零。应力–位移曲线如图 11.20 所示,峰值应力 1000kPa,可由公式 $c \times h \times 2 \times \pi \times R = \pi(R2 - r2) \times 10$,反算出 $c=250$kPa。当通过气囊施加不同的法向应力时,可通过两组试验求得内摩擦角。

图 11.18　模型反力施加

图 11.19　圆柱形破坏

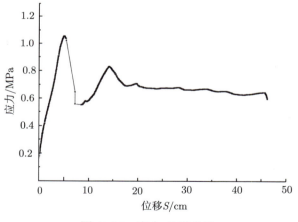

图 11.20　应力–位移曲线

11.3.2　数值计算结果对比

为了模拟原位拉拔试验,建立的数值计算模型如图 11.21 所示,中间试验土体部分进行网格加密处理。由于问题的对称性取 1/4 进行研究,在侧面和底面进行法向约束,在顶端施加模拟岩土体深度的面载荷,即上覆岩土体的重力,在钻孔中受测试岩土体的底面施加法向载荷来模拟拉拔装置的拉拔作用，强度准则采用莫尔–库仑准则，采用位移加载方式，加载速率为 10^{-7}m/s。随着加载的进行测试岩土体的渐进破坏过程如图 11.22 所示，在加载初期测试岩土体处于弹性变形阶段，随着加载的不断进行，岩土体底部出现裂缝，随着加载的进一步进行，裂缝逐渐向上扩展最终贯通形成剪切面。

图 11.21　原位拉拔试验计算模型图

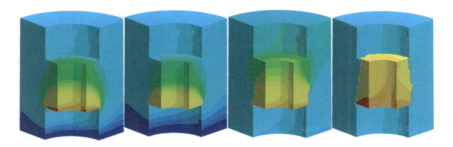

图 11.22　原位拉拔试验土体渐进破坏图

　　为了进一步研究其破坏形式，对其进行剖切处理，过钻孔圆心沿着与左侧面夹角 30° 和 60° 方向进行剖切，剖面图如图 11.23 所示；可看出剖切破坏面基本上沿着开槽的边界，受网格影响，剪切面呈现出凹凸不平的非光滑面，由于这种滑面形式的存在，软化段并非十分陡峭。沿着测试岩土体的不同高度进行剖切，剖面图如图 11.24 所示，基本上沿着环向边界发生破坏，且内部剪切破坏的岩土体之间发生了错动破坏。

　　通过对加载过程中，加载面上应力的平均值和加载位移进行统计，加载过程中的应力–位移曲线如图 11.25 所示，经历了线性、非线性、软化和摩擦四个阶段。处于线性阶段时，岩土体主要发生线弹性变形，随着加载的进行，开始进入非线性阶段，岩土体不断发生破坏，软化阶段发生贯穿性裂纹，最终状态稳定为一相对确定值，即摩擦力。

　　土石混合体原位剪切试验系统可通过扩孔子系统在钻孔中旋转剪切出平面，而后，将压剪子系统放入钻孔，并在孔中平面处打开，提升压剪子系统完成拉拔过程；同时记录此过程的应力–位移曲线，通过改变侧压气囊压力，最终获取原位土石混合体物理力学参数。同时，开展了该过程的数值计算分析，应力–位移曲线整个过程吻合较好，对数值算法进行了有效的验证。

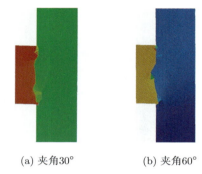

(a) 夹角30°　　　　　　　　(b) 夹角60°

图 11.23　沿钻孔圆心与左侧面不同夹角剖面图

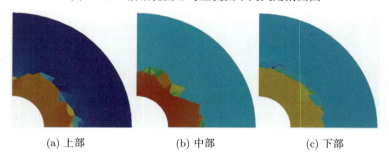

(a) 上部　　　　　　　(b) 中部　　　　　　　(c) 下部

图 11.24　沿不同高度的剖面图

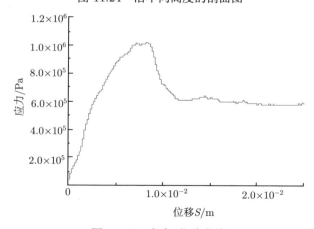

图 11.25　应力–位移曲线

11.4 基于物联网的滑坡监测系统

滑坡现场监测是在自然斜坡或人工边坡地表或内部布设各类监测设备，通过人工或自动化测量方法，观测滑坡体在各种外部影响因素作用下的各种特征响应 [6−9]。滑坡现场监测对于认识滑坡体内部变形破坏规律与外部影响因素之间的关系、判定滑坡体当前状态、预测滑坡体未来演化趋势、评估滑坡危害性都具有重要意义。目前，滑坡现场监测已成为有效防治滑坡灾害的必要前提和关键措施。

为实施科学的、有效的监测工作，全面掌握了解滑坡的动态，需要监测反映滑坡体演化特征的各种可测量物理量，如地表位移、深部位移、地表倾角、地裂缝、岩土体压力、声发射监测与外部诱发因素监测，如雨量、地下水位、库水位监测结合起来，构建全方位、多种手段的立体监测网，通过实时捕捉上述物理信息，搭建其与滑坡成灾演化阶段之间的映射关系，从而为滑坡预测预报提供基础数据支撑。为此，建立低成本、高精度、全天候、自动化、数字化、网络化的滑坡监测系统已经成为现代滑坡监测的发展趋势 [10,11]。近 10 年来，借助现代电子技术与现代通信技术的发展成果，中国科学院力学研究所研制了低成本、高精度、全天候、自动化的滑坡监测设备，开发了基于物联网的滑坡监测系统，并在滑坡监测预警工程及应急抢险工程中得到广泛应用 [12−14]。

基于物联网的滑坡监测系统由传感器子系统、监测数据采集及传输子系统、滑坡灾害信息管理子系统构成。该系统利用布设在滑坡现场的各类传感器，或捕捉能够反映滑坡体演化特征的可测物理量，通过数据采集和传输设备，借助 GMS/GPRS 网络，实时、无线地发送到监测中心；监测中心对监测数据即时处理，并通过互联网进行发布，供政府决策及科学研究。

11.4.1 传感器子系统

滑坡在其孕育、发展和灾变的全过程中，最直观、确切且易捕捉的信息是位移动态信息和水动态信息。因此，滑坡监测主要包括位移动态监测和水动态监测两个方面。其中，滑坡变形包括地表变形和深部变形，动态监测分为地下水位监测和雨量监测。

地表变形监测分为单测点的绝对位移量监测、相邻两测点之间的相对位移量监测，用以确定滑坡范围及地表变形特征 (大小、速率)，主要仪器包括位移计、伸缩计、水准仪、经纬仪、红外测距仪、GPS 设备等。地下变形监测主要包括沿钻孔倾斜量监测以及沿滑面的错动量监测，用以判断滑面位置、滑坡主滑方向、滑坡由深到浅的位移量、速率的变化，主要监测仪器包括活动式钻孔测斜仪和固定式钻孔测斜仪等。水动态监测主要监测仪器包括翻斗式雨量器和水压测量仪。

近年来随着电子技术与计算机技术的发展, 诸如数据实时采集、无线传输及在线接收等新技术、新方法已开始应用于滑坡的监测中, 以期降低人工监测的劳动强度和运行成本, 提高测量数据的实时处理能力。然而, 目前我国用于滑坡监测的仪器, 如水准仪、经纬仪、活动式钻孔测斜仪等, 由于无法实现自动监测, 从根本上制约了这些新技术和方法的应用。另外一些监测仪器, 如高精度的 GPS 设备、最新一代的全自动全站仪和固定式钻孔测斜仪等虽然精度高, 能够自动监测, 但其价格昂贵, 不适合在野外现场进行长期的观测, 不利于推广普及。为此, 中国科学院力学研究所 (简称力学所) 研发了深部滑带剪切大位移测量设备、全天候坡面位移实时测量设备、水位和雨量测量设备。

1. 深部滑带剪切大位移测量设备

传统的深部滑带位移测量通常采用钻孔测斜仪等监测设备, 当剪切变形达到厘米量级时, 测斜管受挤压急剧变形, 导致钻孔测斜仪失效。为此, 力学所研发了深部滑带剪切大位移测量设备。如图 11.26 所示, 该设备采用钻机成孔, 在基岩及滑体内部不同深度布设测点, 并与柔性钢绞线连接, 延伸至地表, 带动角位移传感器。当地下两测点之间发生剪切滑动时, 对应的角位移传感器记录下两测点的相对滑动位移。该测量装置可量测达到米量级的深部滑移, 精度可达 0.1mm, 实现了大量程和高精度。同时, 连接钢绞线的滑轮及角位移传感器均安装在地表孔口上方, 不受地质条件和滑体内部变形破坏的影响, 即使因其他因素损坏也可方便更换。

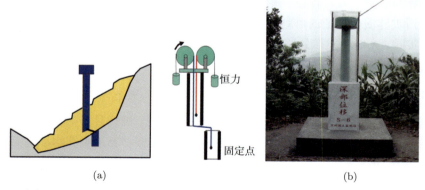

(a)　　　　　　　　　　　　　　　　　　(b)

图 11.26　深部位移测量传感器示意图 (a) 及现场安装设备实物图 (b)

2. 全天候坡面位移实时测量设备

传统的滑坡坡面位移通常采用全站仪等监测技术, 在恶劣气候、复杂地形及植被茂盛等环境下, 难以准确测量。为此, 力学所研发了全天候坡面位移实时测量设备。如图 11.27 所示, 该设备在滑坡体坡面不同位置布设测点, 在滑坡体外布设固定测点,并用柔性钢线两两连接,因而不受外部环境条件的影响。当测点间发生相对位移时,在重锤的恒力作用下,两点间的相对位移量转换为滑轮的角位移量,并被角位移传感器所记录。该装置具有精度高、受地形通视和气候条件影响小的特点。

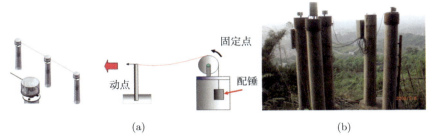

(a)　　　　　　　　　　　　　　　　(b)

图 11.27　地表位移测量传感器示意图 (a) 及现场安装设备实物图 (b)

3. 水位和雨量测量设备

传统的滑坡水位测量设备通常采用遥测浮子式、压力式、超声波、雷达、激光等水位计,在测量滑坡体水位变化时受到一定的限制。而传统雨量测量通常采用基于机械原理设计的翻斗式雨量计,常常出现降雨记录漏记或者少记等问题。为此,力学所研发了水位和雨量测量设备。如图 11.28 所示,该设备利用漂浮在水面的浮子升降,带动角位移传感器转动,从而将水面的升降通过角位移传感器输出电压的变化以及角位移传感器转轮直径计算出来。该装置具有精度高、量程大的特点。

(a)　　　　　　　　　　　　　　　　(b)

图 11.28　地下水位和雨量测量传感器示意图 (a) 及现场安装设备实物图 (b)

11.4.2　数据采集及传输子系统

传统的滑坡监测数据主要依靠人工采集监测数据,采用逐级上报方式传输数据,存在着劳动强度和运行成本高、实效性差、数据的真实性和准确性难以保证的问题。为此, 力学所研发了专业监测数据采集及传输终端设备和群测群防信息采集及传输终端设备, 实现了监测数据采集和数据双向传输的全天候、自动化、实时化和数字化。

1. 专业监测数据采集及传输终端设备

专业监测数据采集及传输终端设备采用单片机, 在野外无人值守的环境下实时采集传感器子系统测量到的电压值, 并通过 A/D 转换将其转换为数字信号, 然后利用现有的移动通信网络, 使用 GSM/GPRS 方式定时将采集到的监测数据无线传输到各级地质灾害管理中心, 如图 11.29 所示。专业监测数据采集及传输终端设备使用太阳能电池板供电, 并具有报警功能。当出现诸如太阳能电池板电量不足、监测数据变化过快等情况时, 可以向各级地质灾害管理中心发送报警短信。此外, 该设备还可以远程接收各级地质灾害管理中心无线发来的远程指令, 具有修改单片机发送周期、校核单片机内部时钟等远程控制功能。

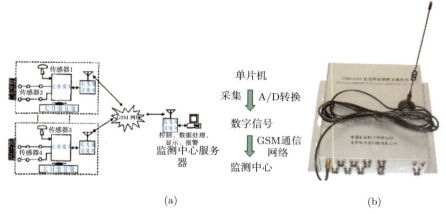

(a)　　　　　　　　　　　　　　　　　(b)

图 11.29　专业监测数据采集及传输流程图 (a) 及设备实物图 (b)

2. 群测群防信息终端设备

群测群防信息终端设备为手持式、带 GPS 定位功能的监测信息无线传输和接收设备, 如图 11.30 所示。群测群防监测责任人使用该设备可在野外将地质灾害隐患点的方位、现场监测数据 (地裂缝监测、墙裂缝监测、地鼓监测、井水监测、泉水监测)、各类异常现象 (地面新裂缝、墙上新裂缝、地面新塌陷、新地鼓、小型崩塌、房屋变形、新泉水新湿地、井塘漏水、树木歪斜、强声、动物异常、其他现象) 及现场图片等信息以数字信息的方式通过 GSM/GPRS 通信网络无线发送到各级地质灾害管理中心。同时, 各级地质灾害管理中心利用群测群防信息终端设备还可以实时、无线地与监测责任人进行通话或短信交流, 发布重要通告。

序号	一级菜单	二级菜单	三级菜单
1	地裂缝监测	新的监测	
		继续监测	
2	墙裂缝监测	新的监测	
		继续监测	
3	地鼓监测	新的监测	
		继续监测	
4	泉水监测	新的监测	
		继续监测	
5	井水监测	新的监测	
		继续监测	
6	拍照		
7	异常现象	地面新裂纹	有/无(默认为无)
		墙上新裂纹	有/无(默认为无)
		地面新塌陷	有/无(默认为无)
		新地鼓	有/无(默认为无)
		小型崩塌	有/无(默认为无)
		房屋变形	有/无(默认为无)
		新泉水新湿地	有/无(默认为无)
		井塘漏水	有/无(默认为无)
		树木歪斜	有/无(默认为无)
		强声	有/无(默认为无)
		动物异常	有/无(默认为无)
		其他现象	有/无(默认为无)
		发送短信	有/无(默认为无)
8	紧急情况		

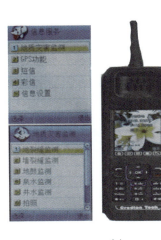

(a)   (b)

图 11.30 群测群防信息终端设备 (a) 及监测菜单 (b)

11.4.3 监测数据管理子系统

滑坡灾害防治所涉及的信息众多且来源广泛，包括基础信息、空间信息、监测信息和各类图纸资源信息。传统的信息管理方式普遍存在着数据采集、统计、分析效率低，存放分散，灾害数据的发布无法即时、图形化地呈现在公众和决策者的面前的现象，严重制约滑坡灾害防治工作的开展。为此，力学所基于现代信息技术 (数据库技术、地理信息技术、计算机技术、网络技术)，研发了滑坡监测数据管理子系统，其总体结构框架如图 11.31 所示。该子系统采用 C/S 和 B/S 混合体系结构，将滑坡灾害信息管理分为多源数据存储平台、监测数据接收及管理平台和滑坡灾害信息统计查询和发布平台三个部分，实现了滑坡灾害防治管理的科学化、信息化、标准化和可视化。

1. 多源数据存储平台

目前，滑坡灾害防治所涉及的地质、地理、行政、空间、监测等信息大都保存在纸介质、脱机的磁带和软盘上，基本靠人工管理，存放相对分散，不仅维护、升级困难，而且数据共享缺乏。为此，力学所利用大型数据库 SQLServer 作为存储仓库，将每处滑坡体的几何、物理、力学和监测信息等基础数据进行统一存储。同时，利用地理信息系统软件 ArcGIS 以及与其相配套的空间数据引擎软件 ArcSDE，将滑坡灾害发生区域内的各类航天航空遥感影像数据与该地区的数字高程模型，以及行政区划境界、河流、水库、道路、居民地等地表全要素矢量数据存储于 SQL Server 数据库中。该平台实现了滑坡灾害海量信息的"集中存储，统一管理，分级调用"，并且通过数据共享，提高信息管理的质量、效率和水平，为认识滑坡灾害监测现状提供有效的信息保障。

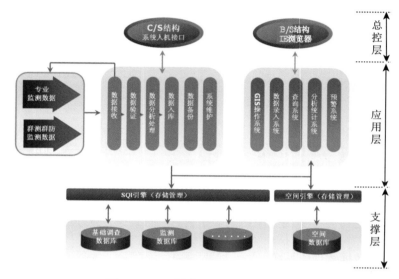

图 11.31　滑坡信息管理子系统框架

2. 监测数据接收及管理平台

监测数据接收及管理平台利用短信接收设备和服务器，实现监测数据的在线接收、实时处理及对监测设备的远程控制。如图 11.32 所示，该平台主要功能模块如下：

(1) 监测信息接收模块。利用短信接收设备，实时接收专业监测设备和群测群防信息终端发送的各种监测原始数据，并根据监测类型分别存放于数据库中的专业监测和群测群防监测原始信息表中。

(2) 监测信息布设模块。据各专业监测站 (点) 和群测群防监测站 (点) 的布设情况 (灾害体名称、灾害体上监测点类型及名称)，对接收到的专业监测和群测群防监测原始数据进行解析处理，并将处理后的数据存放于数据库中的专业监测和群测群防监测解析信息表中。

(3) 监测信息报警模块。根据预先设定的各类监测项目的阈值范围，对专业监测和群测群防监测解析数据进行筛查，判断数据是否出现异常，对超过阈值的异常信息进行红、橙、黄、蓝四种级别的报警提示。

(4) 设备远程控制模块。根据灾害体目前所处的稳定性状况及外部因素变化情况，有针对性地对布置在滑坡现场的各类专业监测设备及群测群防终端设备发送远程命令，控制采样频率、进行设备自检等，实现远程控制。

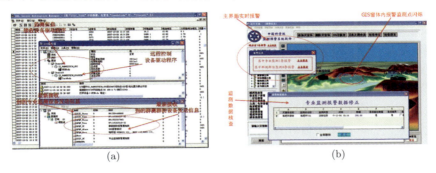

图 11.32 数据接收及管理平台部分界面：监测信息接收模块界面 (a) 及报警模块界面 (b)

3. 滑坡灾害信息统计查询和发布平台

滑坡灾害信息统计查询和发布平台基于地理信息系统软件 Skyline 和网络技术，将存储于 SQL Server 数据库的滑坡灾害多源数据以三维图像、图表和曲线的方式远程呈现在灾区基层组织、公共管理者和工程科学研究者等用户面前，便于用户直观了解滑坡灾害区域的地理位置、地形地貌、滑坡体的变形情况。同时，利用平台内的 WEBGIS 统计分析模块、远程数据录入模块、远程查询及统计模块等功能模块，用户可以远程对地质灾害多源数据进行快速查询、检索、统计，便于高效、快捷地进行数据的统计、分析和日常管理，同时也便于发生滑坡灾害时的救灾管理和指挥。图 11.33 显示了滑坡灾害信息统计查询和发布平台主界面及查询检索界面。

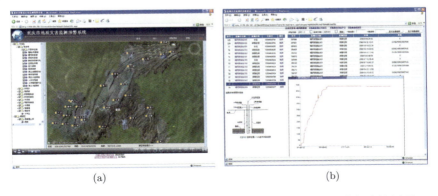

图 11.33 滑坡灾害信息统计查询和发布平台主界面 (a) 及监测数据查询界面 (b)

11.5　典型滑坡监测预警应用案例

11.5.1　唐家山堰塞湖坝体变形应急监测

　　2008 年 5 月 12 日四川省汶川县发生 8.0 级地震，导致唐家山发生崩塌滑坡，堵塞河道形成堰塞湖。截至 6 月 8 日，唐家山堰塞湖坝前水位高程 741m，水位高差近百米，蓄水量为 2.237 亿 m³。由于坝体为滑坡松散堆积体，唐家山堰塞湖存在全面溃坝的风险，直接威胁下游 130 万余人民的生命财产安全。应唐家山堰塞湖抢险指挥部要求，力学所于 2008 年 6 月 7~9 日在堰塞体上安装了 6 套地表位移无线监测设备，在无人值守环境下实时监测堰塞体的整体位移及泄洪过程中堰体下游的坍塌变形。图 11.34 为抗震救灾搭建的四川省地质灾害预警系统主界面及唐家山堰塞湖堰塞体一期监测布设图。

(a)　　　　　　　　　　　　　　　　　　(b)

图 11.34　四川省地质灾害预警系统主界面 (a) 及唐家山堰塞湖坝体一期监测布设图 (b)

　　滑坡监测预警分析中心于 9 日 18 时开始接收地表位移无线监测设备在无人值守环境下，每半小时自动采集、实时无线传输的唐家山堰塞体的监测数据。所有监测数据经过整理后，以简报方式每小时给唐家山堰塞湖抢险指挥部上报一次。6 月 9 日至 6 月 20 日泄洪期间，力学所共上报监测简报百余份，监测结果成为撤销唐家山堰塞湖黄色预警警报的关键依据之一。图 11.35 显示了堰塞体各测点的监测曲线。由于汛期来临，为预防堰塞湖上游洪水及降雨诱发溃坝，指挥部要求在堰塞体上游增设了 10 套地表位移无线监测设备，继续进行动态实时监测 (图 11.36)。从 6 月 20 日到 9 月 20 日连续三个月的监测数据表明：唐家山堰塞湖坝体已趋于稳定。

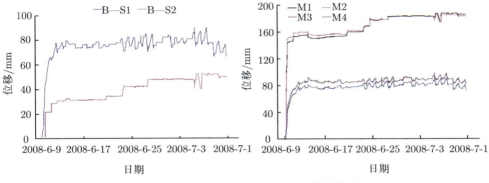

图 11.35　唐家山堰塞体各测点的监测曲线

图 11.36　唐家山堰塞湖坝体二期监测布设图

　　唐家山堰塞湖堰塞体变形应急监测工程的成功实施表明, 滑坡监测系统对于认识滑坡体内部变形破坏规律与外部影响因素之间的关系、判定滑坡体当前状态、预测滑坡体未来演化趋势、评估滑坡危害性确实能够发挥重要作用。

11.5.2　三峡库区凉水井滑坡应急监测预警

　　三峡库区试验性蓄水至 172m 后, 位于长江主航道上的重庆云阳凉水井滑坡于 2008 年 11 月开始出现变形, 至 2009 年 3 月 4 日后, 后缘拉裂缝已与侧边界裂缝贯通, 侧边界裂缝已抵达江边 (图 11.37)。由于滑坡总体积约 400 万 m³, 一旦滑入长江将可能造成 5~10m 高的涌浪, 波及范围 3~5km, 严重威胁长江主航道的安全, 因此一度导致长江夜间封航, 引起国务院、国土资源部、重庆市的高度重视。

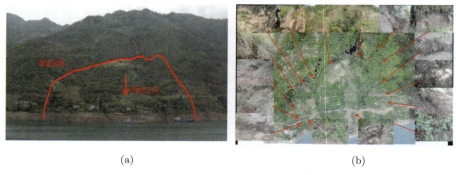

(a)　　　　　　　　　　　　　　　　　　　　　(b)

图 11.37　凉水井滑坡总体图 (a) 和裂缝发育情况 (b)

　　为确保长江航道及当地居民安全，力学所采用自主研发的监测系统，建立全方位的立体监测网，对凉水井滑坡的地表、地下和边界裂缝变形进行实时、自动化监测。如图 11.38 所示，共安装 25 套地表位移设备、11 套地表裂缝设备、7 套深部位移设备、4 套地下水位、1 套雨量设备和 1 部群测群防信息终端设备。滑坡监测预警分析中心自 2009 年 4 月 12 日开始接收现场监测数据，每天根据监测结果并结合数值模拟，评估滑坡当前稳定性状况，并以日报、周报、月报和旬报方式将分析结果报送重庆市相关地质灾害管理部门。图 11.39 显示了主剖面各监测点总位移累计量随库水位涨落的变化情况。

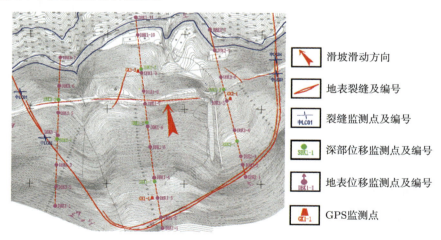

图 11.38　凉水井滑坡应急监测平面图

　　自 2009 年 5 月起，力学所提供的实时监测数据和阶段分析成果证明凉水井滑坡目前未进入加速变形阶段，短期内凉水井滑坡没有整体失稳的危险。上述监测和研究工作，不仅确保了长江航道及当地居民安全，而且为治理工程决策提供了科学依据。

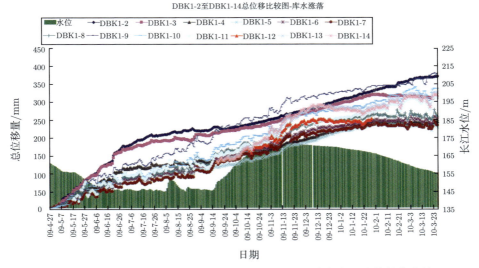

图 11.39　凉水井滑坡主剖面各监测点总位移累计量随库水位涨落的变化情况

11.6　本 章 小 结

本章简要介绍了作者研究团队开发的室内试验设备,基于等应力加载的材料试验机。此类材料主要用于研究土石混合体材料特性,不同于现有的等位移加载试验设备,该设备的试验结果更符合实际受力状态;介绍了一种室内滑坡平台的设计结构以及对应的小型试验平台的几种试验功能,特别是给出了一个针对具体工程的试验,以表明当选择合理的参数时,模型试验可以观察到基本现象;原位监测地层内的岩土体剪切强度设备提出了一种数值模拟和现场监测相结合的获取岩土体强度的思路和实践。在这样的思路下,可以不必苛刻要求试验条件,如均匀应力和给定位移边界条件,只要提供给数值模拟可以计算的边界条件即可。全尺度监测和数值模拟,将是构建未来滑坡灾害预警系统的主体方法,有待于众多科学家和工程师参与到这一综合方法研究中。

参 考 文 献

[1]　范永波, 李世海, 侯岳峰, 等. 不同边界条件下土石混合体破坏机制研究, 水文地质工程地质, 2013, 40(3): 48-52.

[2]　范永波, 刘晓宇, 李世海, 等. 一种高精度滑坡物理模型试验平台. ZL201310151332.5. 2015-06-03.

[3] 范永波,李世海,侯岳峰,等. 多因素作用下的大型滑坡物理模型试验系统. ZL2011102008555, 2014-04-02.

[4] 李世海, 吕祥锋, 刘晓宇, 等. 一种缩张型土石混合体原位力学性能测量装置. ZL201210 106888.8, 2014-06-04.

[5] 吕祥锋, 刘晓宇, 范永波, 等. 可缩张的连杆驱动式土石混合体剪切测量装置. ZL201210 106868.0, 2014-04-09.

[6] 侯岳峰, 李世海, 刘晓宇, 等. 一种测量滑坡表面倾斜及滑坡主滑方向的方法和装置. ZL 201210461608.5, 2015-05-06.

[7] 侯岳峰, 李世海. 一种监测滑坡滑动面位移变形的装置及方法. ZL201210042865.5, 2014-12-03.

[8] Dunnicliff J. Geotechnical Instrumentation for Monitoring Field Performance, New York: John Wiley, 1988.

[9] 董颖, 朱晓冬, 李媛, 等. 我国地质灾害监测技术方法. 中国地质灾害防治学报, 2002, 13: 105-107.

[10] 冯春, 张军, 李世海, 等. 滑坡变形监测技术的最新进展. 中国地质灾害与防治学报, 2011, 22: 11-16.

[11] 徐永强, 马娟. 基于物联网技术的地质灾害动态监测预警体系及其架构. 中国地质灾害与防治学报, 2013, 24: 90-99.

[12] 许利凯, 李世海, 刘晓宇, 等. 三峡库区奉节天池滑坡实时遥测技术应用实例. 岩石力学与工程学报, 2007, 26(supp2): 4477-4483.

[13] 刘洋, 李世海, 刘晓宇. 拉线式滑坡地表位移实时监测系统应用实例. 中国地质灾害与防治学报, 2011, 22: 1-8.

[14] 范永波, 侯岳峰, 李世海, 等. 基于地表及深部位移监测的滑坡稳定性分析. 工程地质学报, 2013, 21: 885-891.

第12章　滑坡灾害的评价方法

地质、工程、力学专家都依据自己的知识结构，提出了评价和分析地质体稳定性、安全性或变形破坏规律的定量化方法，大体上可以分为三大类：力平衡和运动学方法、经验参数法、求定解问题的方法。在每一类中又含有不同的形式，种类繁多。评价一种方法的好坏，作者认为有以下几个基本要素。

(1) 分析方法是否具有描述地质体基本特性的功能。

一般说来，地质体的基本特性主要表现在三个方面。其一，独特性。每个灾害体都有其自己的特点，或几何尺寸、或地质成因、或诱发因素、或当前状态，分析方法必须能够具体问题具体分析，类比和复制其他成功的案例不可取。其二，结构性。无论是岩质的、土石混合体的，还是土体的灾害体，都具有结构性，这种结构性表现为复杂而有序。分析方法应该能够用确定性的方法定量地表述有序性，用概率的方法定量地表述复杂性。其三，动态演化性。同一灾害体，"原始"的地质调查结果基本不变，但是受各种因素的影响，灾害体的状态却不同，甚至是在不断地变化，分析方法应该能够表征这种演化特性。

(2) 分析方法是否能够充分利用可测物理量。

地质体的独特性、结构性和动态性可以归结为地质体当前状态的不可知特性，这是研究地质体材料与任何人造材料的最大区别。解决问题的唯一途径就是充分利用监测信息——可测物理量。人们对灾害体表现出来的信息了解得越多，对它的状态认识就越全面，分析方法利用监测信息越多，对内部破坏状态的定量化表述就越准确、越可靠。利用可测物理量包括输入参量的利用和输出参量的校核。

(3) 分析方法是否尽可能少地利用专家经验。

毋庸置疑，地质和工程专家对灾害体安全性的判断有很好的经验，这是他们长期积累的结果。目前大多数分析方法得到的结果都需要和专家经验相比较，有些是专家先给出结果，再由分析方法反分析参数，给出与专家一致的结论。依赖专家经验或较多地依赖专家经验都不能称为好的分析方法，好的分析方法应该依赖科学数据和监测结果。当然，首先要能够将专家经验定量化，进而摆脱专家的经验，超出专家的判断能力是分析方法必须做到的。

按照上述的评价标准，可以对已有的分析方法作简要评述。譬如，滑面上力平衡的方法无法校核输出的结果，事实上，人们不能测出滑面上力的合力；运动学的方法不能利用岩土体的材料参数；经验参数法、专家评分与神经网络结合的方法需要依赖专家经验，不能较好地表征灾害体的动态演化特征；力学分析方法中，连续模型不能很好地表征地质体的破裂；完全非连续模型不能很好地表征灾害体的演化；描述固体介质的连续-非连续模型不能表征地质体的流固耦合特性等。即使很全面的力学模型在利用监测信息时，也不能完全地摆脱灾害演化过程中的概率误差及不完备地下信息带来的不确定性。

　　本章介绍一种评价滑坡危险性的新方法。12.1 节给出了评价滑坡灾变程度的力学新概念——滑坡体的破裂度，借助数值模拟分析典型的滑坡问题，说明用破裂度评价灾害危险程度的合理性，更简单说，定量化的判断并不违背经验判断和常识。12.2 节介绍数值模拟与现场监测相结合研究滑坡体材料参数演化的方法，该方法充分体现了现代信息技术在滑坡灾害研究中的应用。大型计算机和先进数值方法已经能够在短时间内解决很多工程问题，但是面对大型滑坡和复杂的力学参数，依然有必要给出计算规则，在适当的时间内帮助工程专家作出判断。12.3 节提出的基于可靠度的滑坡失稳概率分析方法，给出了这样的框架。

12.1　基于破裂度的滑坡危险性评价方法

　　滑坡灾害经历孕育、成形、演化、发生、发展不同的阶段时，通常会伴随着裂缝的萌生和逐步发展，甚至出现大量明显的地表裂缝 (图 12.1)。地表裂缝能够很好地反映滑坡体的状态，主要体现在：① 地表裂缝的多少反映了山体破坏的程度和破坏过程的受力状态，裂缝逐渐增多对应着山体在同一力学破坏过程中的不同阶段；② 地表裂缝所表征的是地表位移场，提供的信息量比监测点的位移更为丰富，能够反映山体的当前状态；③ 地表裂缝数目能够反应降雨对滑坡的作用。同时，地表裂缝与表面位移监测具有互补性，获得地表裂缝的信息较地表位移信息容易和直接，可以直接通过简单的测量获取，不需要专业监

图 12.1　三峡库区晒网坝滑坡

测的设备、布设复杂的监测网络。因此，建立起地表裂缝与滑坡体内部破坏状态之间的联系，对于分析滑坡的危险性将有非常重要的意义。本章将要介绍的基于破裂度的滑坡危险性评价方法将边坡的破裂状态作为评价指标，尝试将地表裂缝与内部破坏状态建立联系，并通过破裂程度判别滑坡的当前稳定性状态。

12.1.1 地裂缝的基本表象与数值模拟中的破裂面积

在没有发生地裂缝之前，滑坡一般都是稳定的。通常情况下，只有地表出现了地裂缝，当地群众才会关注坡体的安全，上报给专家。地表出现了裂缝，坡体内部也会有不同程度的破坏，说明有了发生灾害的迹象，但距离发生灾害可能还有很长的时间。随着地表裂缝的增多，说明内部破坏也愈加严重，发生滑坡灾害的可能性就越大。一方面是因为坡体的运动加大了，导致了地表的破裂更多；另一方面，裂缝增加了地表渗流深入地下的通道。灾害体表面地表裂缝的形式主要包括张拉裂缝、滑移裂缝、鼓胀错动裂缝。在空间的几何形态包括水平的、沿着滑坡边缘的纵向裂缝。灾害孕育早期，地表裂缝的位置有的在后缘、有的在前缘，后期一般会遍布整个坡面。上述的表述均可通过几何和相对位移给予定量的描述。在滑坡的某一纵剖面上，可以观测出地裂缝的条数、长度等，与此等价的是裂缝的间距。滑坡体解体越严重，裂缝的间距就会越小，沿着剖面的破裂数就越多，滑坡的破裂面积也就越大。

破裂是表征滑坡灾变过程的重要现象，但是，除了地表裂缝的长度可测，滑坡体内部和滑面上的破裂面积不是现场可测的物理量。人们不能通过现场监测度量破裂程度。借助于连续非连续数值计算方法，可以模拟出滑坡地表的破裂现象，而且，当计算模型确定之后，可以给出不同状态下的破裂面积。将破裂面积定量化，正是利用了数值模拟的优点。当然，也必须注意到，数值模拟所获得的破裂面积依赖于地质、力学和计算模型，就数值模拟本身给出的结论总是带有各种假设。因此，计算破裂面积需要和现场监测结合。

计算机模拟出结果与已有的、实时的现场勘测、监测数据比较，调整力学和计算模型。经过一段时间的跟踪和分析，就可以有效地校核和逐步确定滑坡的各项参数，判断当前的破裂状态，包括坡体的强度、破裂面积等；进而可模拟和预测滑坡的各类灾害模式以及对应的灾变破裂面积。

将数值模拟与现场监测相结合，建立地表裂缝与地质体内部破裂状态之间的联系，并通过破裂程度来表征滑坡的当前状态和可能出现的灾变，将会是评价和预测滑坡稳定性的有效手段。下面将对这一方法进行具体的介绍。

12.1.2 灾变破裂面积与破裂度

同一个滑坡体，当受到不同突发事件的作用，破坏模式可能发生变化，如

图 12.2 所示。在高频地震下容易发生表层溜滑, 低频地震下可能出现深部滑移, 库水涨落可能引起底部塌滑, 降雨容易引起顶部崩滑等。单凭有限的现场观测数据和经验, 很难准确判断边坡在不同条件下可能发生的灾变形式和成灾规模。此时, 可借助数值模拟来进行分析。对于一个确定的滑坡, 一旦数值模型建立起来, 其几何信息也确定了。给定不同的参数或不同的外界边界条件, 可计算出边坡的不同破坏形态, 也可得到对应极限破坏形态下的破坏面积, 称灾变破裂面积。考虑破裂的不同方位, 又可将灾变破裂面积分为地表灾变破裂面积、滑面灾变破裂面积和坡体灾变破裂面积。

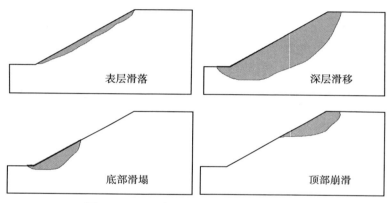

图 12.2　同一个边坡的不同可能破坏形态

对应灾变破裂面积, 任意给定条件下的破裂面积称当前破裂面积。可以定义破裂度为当前破裂面积与灾变破裂面积之比, 写为

$$D_s = \frac{S_c^s}{S_d^s} \tag{12.1}$$

$$D_I = \frac{S_c^I}{S_d^I} \tag{12.2}$$

$$D_b = \frac{S_c^b}{S_d^b} \tag{12.3}$$

其中, D_s、D_I 和 D_b 分别为地表破裂度、滑面破裂度和坡体破裂度, S_c^s、S_c^I 和 S_c^b 分别为地表当前破裂面积、滑面当前破裂面积和坡体当前破裂面积, S_d^s、S_d^I 和 S_d^b 分别为地表灾变破裂面积、滑面灾变破裂面积和坡体灾变破裂面积。

12.1.3　破裂度与强度参数之间的关系

选取一典型简单的滑坡模型, 如图 12.3 所示。上部分为坡体, 下部分为基岩, 坡角 26.5°, 坡高 20m。基本参数如表 12.1 所示。利用 CDEM 方法, 采用弹性 - 脆断模型, 计算不同参数下的破裂度, 并研究破裂度与强度参数之间的关系。

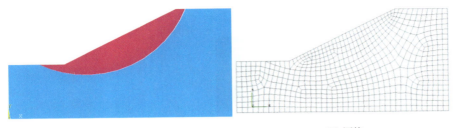

(a) 模型　　　　　　　　　　　　　　　(b) 网格

图 12.3　滑坡模型与网格

表 12.1　模型的基本参数

材料	杨氏模量/GPa	泊松比	密度/(kg/m^3)
滑体	5	0.3	1800
基岩	30	0.3	2100

　　取坡体的黏聚力为 10kPa,内摩擦角分别取 10°、15°、20° 和 25°,计算滑坡的破裂状态和破裂度。不同强度下滑坡的典型破坏模式如图 12.4 所示。从云图可以直观地看出,强度越高,坡体破坏越少。从坡体不同部位的监测位移曲线可以看出,随强度提高,坡体位移越小,最后趋于稳定。破裂度也随强度的提高而减小。

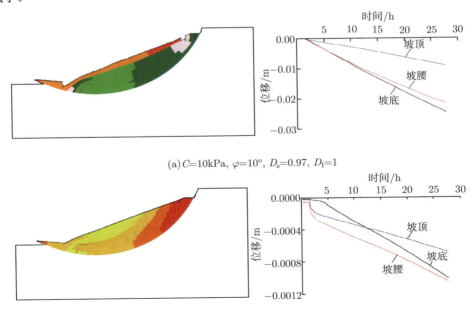

(a) C=10kPa, φ=10°, D_s=0.97, D_l=1

(b) C=10kPa, φ=15°, D_s=0.92, D_l=1

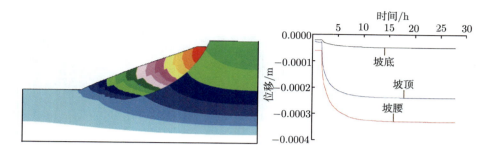

(c) $C=10$kPa, $\varphi=20°$, $D_s=0.22$, $D_l=0.71$

图 12.4　不同强度参数下的纵向位移云图和坡面位移时程曲线

进一步扩大参数的变化范围，计算不同参数组合下的破裂度变化规律，结果如图 12.5 所示。

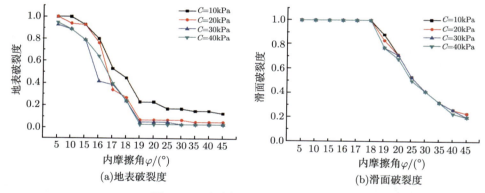

图 12.5　破裂度与强度参数的关系

可以看出：① 破裂度随强度线性变化，强度越高地表破裂越小，符合一般认识规律；② 当黏聚力 C 和内摩擦角 φ 都很小，即边坡强度很低时，地表破裂度等于或接近 1，边坡呈现出碎裂性破坏的特征；③ 当黏聚力 C 和内摩擦角 φ 都较高时，在很大范围内，随强度提高，滑面破裂度降低，地表破裂度保持在一个较为稳定的水平。

12.1.4　凝聚力对地表破裂度与滑面破裂度的影响

地表可测物理量与滑坡内部状态之间的关系一直是人们非常关心的问题。利用 12.1.3 节的边坡模型，进一步研究地表破裂度与滑面破裂度的关系，分析边坡强度对破裂度演化的影响规律，有助于认识和理解地表状态与内部状态之间的联系，结果如图 12.6 所示。

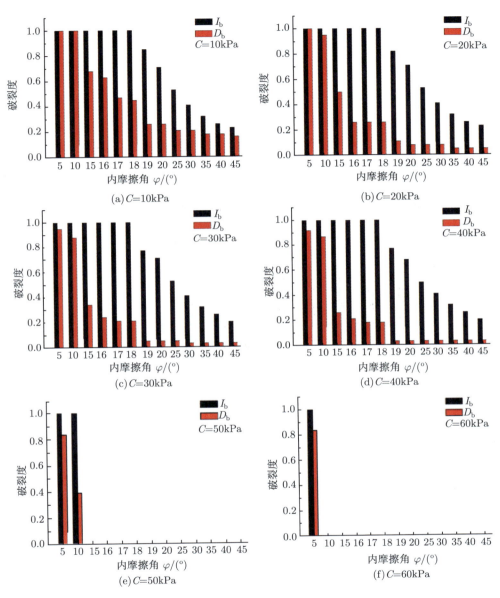

图 12.6　不同强度下, 地表破裂度与滑面破裂度的关系

　　地表破裂度和滑面破裂度呈现出很强的 "互补" 性。滑面破裂度稳定时 (破裂度为 1, 滑面贯穿), 地表破裂度随强度提高而减小; 地表破裂度相对稳定时 (强度较高时, 地表破裂度维持在一个较低的水平), 滑面破裂度随强度的提高而降低。当黏聚力 C 和内摩擦角 φ 高到一定程度后, 地表破裂度和滑面破裂度都为 0, 即边

坡不发生破坏。地表破裂度与滑面破裂度的这种明晰的对应关系,可以帮助我们通过地表裂缝的发展状态判断滑坡内部的状态,同时也比较清晰地展现了滑坡灾害从局部破坏到贯穿性破坏到碎裂性破坏的不同发展阶段。

12.1.5　破裂度与滑坡稳定性之间的关系

建立破裂度与滑坡稳定性的关系,可帮助我们通过破裂的大小和变化趋势直接判断滑坡的当前状态。将计算得到的滑坡位移云图、坡体监测位移曲线、破裂度置于一张图上,可得到破裂度与滑坡稳定性的关系,如图 12.7 所示。

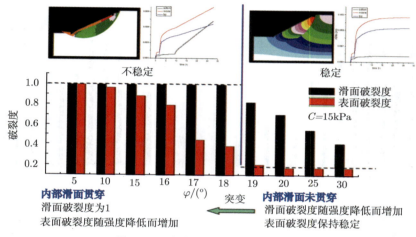

图 12.7　破裂度与滑坡稳定性的关系

破裂度的突变点是滑坡贯穿性破坏的分界点。当地表破裂度较低且保持稳定时,滑面未贯穿,处在局部再破坏的阶段,滑坡是稳定的;当地表破裂度发生突变后,地表破裂度值会随强度的降低而增加,滑面贯穿,滑坡发生贯穿性破坏,这时边坡已经失稳;当地表破裂度继续增加,滑坡由贯穿性破坏向碎裂性破坏转化,最后导致运动性破坏。

12.1.6　复杂条件下的破裂度演化规律

1. 不同坡高坡角滑坡的破裂度

对于不同坡高和坡角的圆弧滑坡,如图 12.8 所示,破裂度规律也十分明显,趋势与前文保持一致,如图 12.9 所示。地表破裂度和滑面破裂度均随强度单调变化,地表破裂度的"突变性"、地表破裂度与滑面破裂度的"互补性"也体现得较明显。

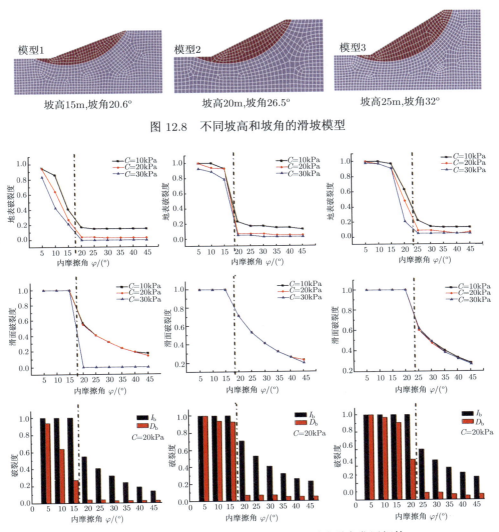

坡高15m,坡角20.6°　　坡高20m,坡角26.5°　　坡高25m,坡角32°

图 12.8　不同坡高和坡角的滑坡模型

图 12.9　不同坡高和坡角下的地表和滑面破裂度发展规律

2. 含既有裂纹的滑坡破裂度

现实中的滑坡大都含有大量既有破坏和节理裂缝,这些结构特征对边坡在灾害过程中的破坏演化有不同程度的影响。因此,有必要考虑既有破坏对破裂度发展演化的影响。图 12.10 为含既有裂缝的边坡计算模型,模型尺寸和材料参数与图 12.3 和表 12.1 中的一致,只是在坡体中随机地引入一系列不同长度和方向的裂缝。黏聚力 C 取 20kPa,改变内摩擦角 φ,计算得到的地表破裂度和滑面破裂度的变化规律如图 12.11 所示。可见破裂度的发展趋势与前文是一致的。

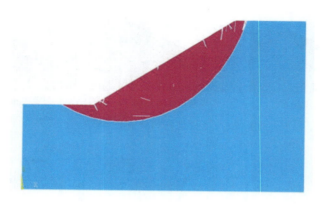

图 12.10　含既有裂缝的滑坡模型

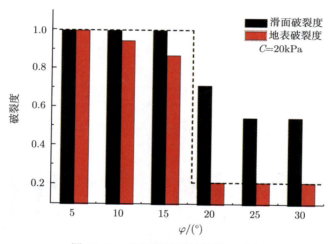

图 12.11　含既有裂纹的滑坡破裂度

3. 随机强度下的滑坡破裂度

地质边坡不仅内部结构复杂，材料成分也同样十分复杂，所以其非均匀性十分明显，边坡不同位置的强度差异往往也十分明显。因此引入强度随机性来简单描述边坡材料的非均匀性。依然取图 12.3 中的边坡模型。坡体内任意一处的黏聚力的均值取为 $C_0 = 15\text{kPa}$，在 $\pm 10\text{kPa}$ 范围内随机变动，即 $C = C_0 \pm 10\text{kPa}$。内摩擦角的均值取 6 组，分别为 $\varphi_0 = 5°, 10°, 15°, 20°, 25°, 30°$，每组在 $\pm 5°$ 范围内变动，即 $\varphi = \varphi_0 \pm 5°$。破裂度的计算结果如图 12.12 所示。可见，强度随机对具体破裂度的数值有一定影响，但没有影响破裂度的发展规律。

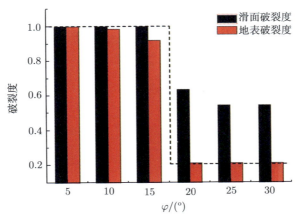

图 12.12　随机强度下的滑坡破裂度

4. 既有裂缝和随机强度综合影响下的滑坡破裂度

综合考虑既有裂缝和随机强度的影响，即在原模型中引入随机尺寸和方向的裂缝，同时对输入的强度参数进行随机分布处理，可计算得到破裂演化规律，并与单独考虑既有裂缝和强度随机的结果进行比较，如图 12.13 所示。可见既有裂缝和随机强度均会使得滑坡的破裂度增加，且同时考虑既有裂缝和随机强度时，破裂度最大，即边坡破损最严重，计算得到的稳定性最差。

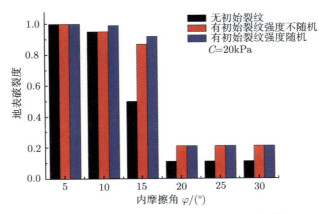

图 12.13　不同条件下的地表破裂度发展规律

5. 局部强度降低引起的滑坡破裂度变化

实际的滑坡灾害有很多都是因为外部条件刺激 (库水涨落、降雨等) 造成局部强度降低引起的。边坡不同部位强度的改变对整体的稳定性影响也不一样，因此建立如图 12.14 所示的模型，将坡体分为上中下三个部分，分别计算各部分强度降低引起的边坡破裂度变化。坡体的初始强度为 $C = 15\text{kPa}, \varphi = 25°$。

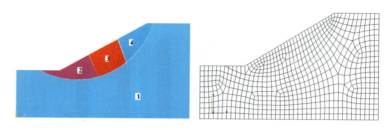

图 12.14　模型与网格

图 12.15 展示了坡体不同部位强度降低引起的典型破坏模式。总体强度降低，坡体破坏最严重，底部强度降低也造成了滑坡的整体破坏，中部和顶部强度降低主要造成局部破坏。对应的破裂度发展规律如图 12.16 所示。

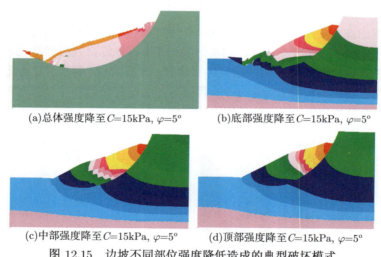

(a)总体强度降至C=15kPa, φ=5°　　(b)底部强度降至C=15kPa, φ=5°

(c)中部强度降至C=15kPa, φ=5°　　(d)顶部强度降至C=15kPa, φ=5°

图 12.15　边坡不同部位强度降低造成的典型破坏模式

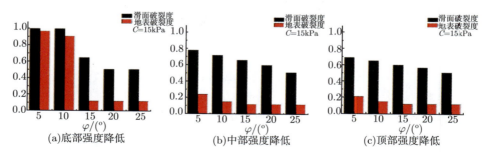

(a)底部强度降低　　(b)中部强度降低　　(c)顶部强度降低

图 12.16　不同部位强度降低造成的破裂度变化

总体来讲,不管边坡哪一部分强度发生改变,破裂度始终随强度单调变化,只是各部分对滑坡体整体稳定性影响不同。若按危险等级从高到低排序应该是:总体强度降低、底部强度降低、中部强度降低、顶部强度降低。

12.1.7 破裂度计算的网格依赖性

为了验证计算的可靠性,采用与图 12.3(a) 相同的模型和参数,进一步对不规则网格和加密后的网格进行破裂度计算,如图 12.17 所示,观察破裂的规律。

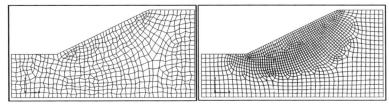

(a)网格随机   (b)网格加密

图 12.17 不规则网格和加密后的网格

表 12.2 不同网格下的地表破裂度

强度参数 $(C-\varphi)$	15−10	15−15	15−20	15−25	15−30
规则网格破裂度	1	0.67	0.22	0.22	0.22
不规则网格破裂度	1	0.51	0.15	0.15	0.15
加密网格破裂度	1	0.43	0.23	0.21	0.21

注: 第一行为强度参数 $C-\varphi$,单位为 kPa 和 (°)。

不同网格下的破裂度计算结果如表 12.2 所示。当内摩擦角 φ 在 20° 以上时,地表破裂度保持稳定;内摩擦角 φ 在 15°~20°,地表破裂度有一个突变;内摩擦角 φ 低于 10° 时,破裂度达到 1。不规则网格和加密后的网格对破裂度的数值有一定影响,但不改变破裂度随强度的发展规律。可见,破裂度计算的网格依赖性并不大。

12.1.8 基于破裂度的滑坡危险性评价方法计算步骤

破裂度是将数值模拟与现场监测相结合,针对具体的灾害体和确定的演化条件,建立确定的地质模型、力学模型和计算模型,借助于数值模拟计算出灾变过程中统计得到的当前破裂面积与灾变破裂面积之比。具体步骤如下:

(1) 根据地质环境、地形和地质构造等勘测资料和现场破裂、变形等监测资料建立地质力学计算模型。

(2) 选定计算方法,该方法应具有连续–非连续计算模型,能够模拟灾害体的渐进破坏过程的功能,建立基本方程、确定材料本构关系、引入几何尺寸、设置边界条件。

(3) 结合现场和试验获得的参数资料，并用数值模拟进行校核修正，将数值模拟获得的结果 (如地表位移、倾角、地表破裂位置、地表破裂现象等) 与现场观测最为接近的一组数据作为材料的当前参数，并进一步计算初始地应力场、初始破裂场等。

(4) 给定演化条件: 取不同的强度参数或给不同的外界荷载 (地震、降雨、库水涨落等)，求出极限状态下的破裂状态，得到灾变破裂面积。

(5) 求得当前状态的破裂度。

从破裂度的定义和求解过程可以看到, 破裂度的表征有如下三个基本要素: 其一, 破裂度的计算方法基于对地质体全尺度及灾变演化全过程的数值模拟; 其二, 数值模拟的结果是通过现场监测结果验证, 并经过筛选获得的; 其三, 地质体的灾变状态是通过数值模拟预测得到的.

12.1.9　破裂度在凉水井滑坡中的应用

本节将凉水井滑坡作为一个案例，对破裂度评价方法的实施步骤作简单介绍。凉水井滑坡位于重庆云阳，海拔 100m~319.5m，地形图和坡面图如图 12.18 所示。

首先通过地质勘测资料和实际监测建立凉水井滑坡的计算模型：底部为基岩，上部为坡体。

用连续–非连续方法 CDEM 进行计算分析，可模拟坡体从变形、局部破裂，直至发生贯穿、运动性破坏的全过程。坡体地质体材料采用弹性–断裂本构，即材料在初始阶段发生弹性变形，超过强度后可发生破裂，并在破裂面上用接触摩擦来表述。模型底面和左右两端面固定，计算重力作用下，坡体的变形和破裂。

(a) 凉水井滑坡概貌

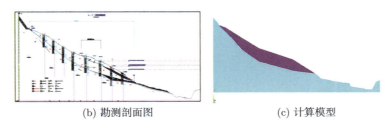

(b) 勘测剖面图   (c) 计算模型

图 12.18   凉水井滑坡的概貌、坡面图和计算模型

可以通过现场勘测和试验材料参数计算滑坡的当前 (初始) 状态,凉水井勘察报告中的参数如表 12.3 所示。

表 12.3   凉水井的勘察材料参数

岩土体	弹性模量/GPa	泊松比	密度/(kg/m³)			黏聚力/kPa		内摩擦角/(°)	
			天然	浮重度	饱和重度	天然	饱和	天然	饱和
滑体	3	0.4	2300	1300	2380	21.48	19.29	34.83	27.68
基岩	20	0.25	2530	—	—	—	—	—	—

注:"—" 表示该项参数不考虑。

然而,由于地质体本身的复杂非均匀、非连续特性,测得的参数离散型很大。加上采样对试样的破坏,以及测量误差,使得实测参数往往远远偏离现场实际值。因此,有必要结合现场资料,利用数值计算修正和确定滑坡的关键参数。如强度参数黏聚力和内摩擦角的确定,可通过在合理范围内遍历强度参数,将计算结果与现场现象 (监测位移、地表裂缝等) 最相符的一组参数作为滑坡的当前参数。在本例中,当强度参数取为黏聚力 18kPa,内摩擦角 24° 时,顶部张拉、中部鼓胀、位移等计算结果与现场实测结果较为一致,因此取为凉水井滑坡的当前参数。

一旦滑坡的计算模型和参数确定,便可求出滑坡在当前状态下的初始应力场、破裂状态,得到当前破裂面积。

给定演化条件,可确定滑坡在各类极限状态下的破裂状态。本例中,逐渐降低滑坡体的材料强度参数,直至坡体发生整体贯穿性失稳破坏,记录该极限状态下的滑坡破裂面积作为灾变破裂面积。

组后利用当前破裂面积与灾变破裂面积之比,求出凉水井滑坡的破裂度。

计算得到的凉水井滑坡当前位移云图如图 12.19 所示,顶部拉裂和中部鼓胀与现场现象吻合。计算得到的凉水井滑坡当前地表破裂度为 0.2,滑面破裂度为 0.81。滑面未贯穿,坡体表面不同部位的监测曲线也稳定下来,坡体目前总体稳定。

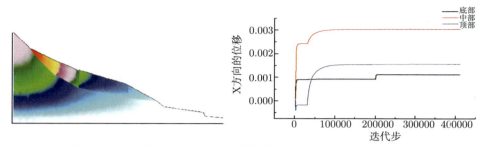

图 12.19　当前状态下的凉水井滑坡纵向位移云图和位移变化曲线

12.1.10　破裂度评价方法与安全系数之间的关系

对于滑坡灾害,基于灾害发生的特殊性、结构性和演化性,可以比较破裂度与安全系数的共性与特性。

(1) 针对确定的滑坡,采用一致的力学模型,两种方法有相同的结论。对于有明确滑面的灾害体,并且假设滑体中介质的弹模和强度比滑面大很多:滑面破裂度为 1,对应的安全系数为 1;滑面破裂度小于 1,对应滑体安全系数大于 1;滑面破裂度大于 1,滑体安全系数小于 1。

(2) 对滑体内的结构性表述不同。破裂度是将数值模拟的结果与现场监测现象和测量结果进行比较,建立可测物理量与灾害体破坏程度的联系,既研究灾害体的个体行为又表征灾害体的结构性。用刚体极限平衡方法和基于连续模型的方法,引入灾害体的内部结构性比较困难。

(3) 动态破裂演化的表述不同。当灾害体的局部发生破裂后,应力转移,相邻的岩土体承担更大的荷载或再破裂直至整体失稳,或终止破裂在新的状态下稳定。破裂度可以分析给定条件下的动态演化结果,而极限平衡方法仅分析静态结果。

12.2　基于地表位移和裂缝的滑坡参数及内部破裂状态反演方法

确定滑坡的内部状态各项强度参数是进行滑坡稳定性分析的基础。然而,监测和勘查的结果大都是表面的、局部的,因此滑坡体内部复杂的破裂状态很难准确获取。另一方面,通过现场采样而开展的材料室内试验,获得的参数离散性极大,地质体的材料参数很难确定,只能凭经验算出一个综合参数作为滑坡地质体的材料参数来分析滑坡的稳定性,可靠性大大降低。有必要发展可直接利用地表监测位移和裂缝信息的反演方法来判断滑坡内部的破裂状态和材料参数。

12.2.1 地表位移裂缝反演方法的基本概念和分析步骤

地表位移反演法是一种直接通过地表裂缝和位移信息反演滑坡内部状态及强度参数的方法。该方法可直接利用现场的位移及裂缝监测数据，将其作为边界条件施加到计算模型上，从而反分析出内部破裂状态及强度参数。方法的核心是在保证和现场一致的边界条件和荷载条件下，在坡体自由面上施加与现场真实监测位移相同的位移荷载 (包括裂缝)，若强度参数接近真实的参数，则自由面上的力应接近零，即位移荷载所做的功应接近零。因此，自由表面上位移荷载做的功接近零是反演的终止判定条件。

该方法的实现需要考虑坡体内部裂缝的动态演化过程，因此借助动态的连续非连续全过程计算方法，本节将采用 CDEM 来实现该反分析方法的分析。具体步骤为：

(1) 通过地质勘查建立滑坡数值分析模型；

(2) 通过现场监测获得滑坡地表裂缝或位移信息；

(3) 将地表位移或裂缝作为边界施加到计算模型；

(4) 遍历强度参数，获得边界力和位移所做的表面功随强度变化的曲线；

(5) 表面功改变符号区域对应真实强度参数。

12.2.2 地表位移裂缝反演方法的可行性验证

以凉水井滑坡为例，证明地表位移反分析方法的可行性。计算模型和参数如图 12.20 和表 12.4 所示。

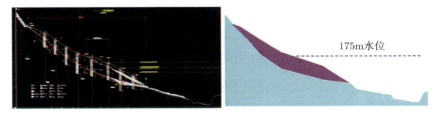

图 12.20 凉水井滑坡地质模型与计算模型

表 12.4 模型参数

	E /GPa	ν	P/(kg/m³)	C /MPa	φ/ (°)	T /MPa
基岩	10	0.25	2530	—	—	—
坡体	3	0.25	2300	1	30	1
滑带	—	—	—	0.05	30	0.03

滑坡在初始参数下存在一个初始的状态，中部局部摩擦角降低至 25° 后，出现明显的地表裂缝，内部滑面破裂也会继续发展。首先给出正演的结果，然后将正演

得到的地表位移、裂缝等信息作为边界条件施加到模型表面，遍历强度参数，进行反演分析，并将求得的结果与正演结果进行比较。正演和反演的结果如图 12.21 和图 12.22 所示。

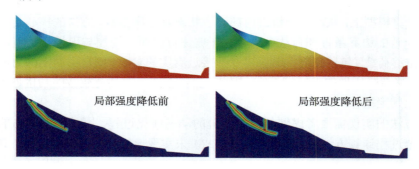

图 12.21   正演结果：局部强度降低前后的位移和裂缝结果对比

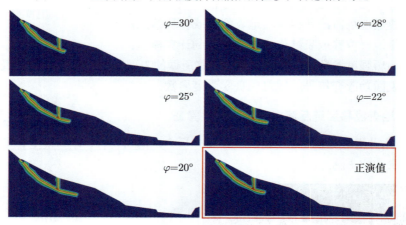

图 12.22   反演结果：中部局部强度降低到不同值后的裂缝分布图

通过比较可以发现中部摩擦角强度降低至 25° 左右，与正演结果吻合。结论是：当反演参数值与正演参数值一致的时候，反演得到的滑面裂缝长度和正演的计算结果一致；反演参数值与正演参数值偏离越大，裂缝的发育状态与正演的结果差异越明显。这是一个十分有趣的结论，它说明用本方法进行分析时反演参数和内部状态有一一对应的关系，同时正确的反演参数可以得到与正演一致的结果。所以，通过地表位移和裂缝来反演滑坡内部状态和参数是可行的。

12.2.3   地表位移裂缝反演方法的典型案例分析

1. 简单滑坡的反演分析

滑坡计算模型如图 12.23(a) 所示，参数如表 12.5 所示。本例只考虑滑坡的变形以及内部滑面的破裂。当坡体的内摩擦角由初始强度 45° 降低至 35° 时, 滑坡顶部下陷, 滑面中上部分开裂, 结果如图 12.23(b)、(c) 所示。

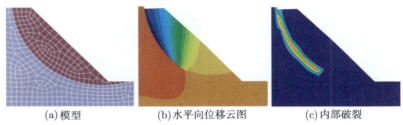

(a) 模型   (b) 水平向位移云图   (c) 内部破裂

图 12.23   滑坡模型及内部破裂状态

表 12.5   滑坡的实际参数

	E/GPa	ν	ρ/(kg/m^3)	C/MPa	φ/(°)	T/MPa
基岩	20	0.25	2530	10	45	10
坡体初始强度	3	0.25	2300	0.2	45	0.1
坡体强度降低	3	0.25	2300	0.2	35	0.1

现假设滑坡内部滑面破裂状态及强度降低后的滑坡内摩擦角 φ 是未知的, 仅将地表的裂缝和位移作为已知量, 并利用地表位移裂缝反演法反演滑坡的内部状态及强度参数。给定与正演相同的边界条件, 在边坡表面施加测得的裂缝和位移荷载, 遍历强度参数内摩擦角 φ, 几组典型的反演结果如图 12.24 和图 12.25 所示。

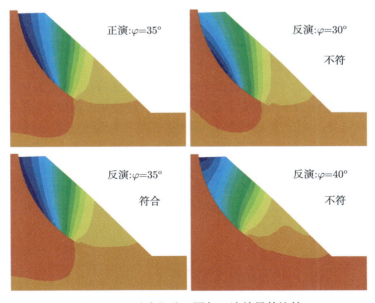

图 12.24   反演位移云图与正演结果的比较

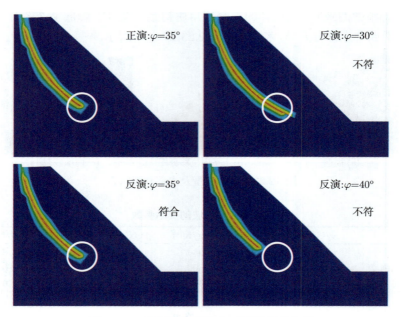

图 12.25   反演滑面裂缝与正演结果的比较

从表象上来看，当反演参数与正演实际参数取值一致时，位移及内部滑面破裂状态也与实际相符，偏离正演值后位移和破裂与正演结果出现明显偏差。

以上结果只能证明：参数一致时，反演与正演有一致的结果；参数不一致时，反演与正演结果存在明显偏差。然而，由于实际情况中参数以及坡体内部的变形、破裂状态都是未知的，无法直接通过云图和破裂场直接判断反演参数的正确性。因此，需要寻找一个合理的判别指标。

坡体表面为自由面，在稳定状态下坡面任意一点的合力应该为 0。由于该反演方法需要强制在坡体表面上给定位移边界条件，若反演过程中坡体变形与实际不一致，则位移边界上会产生额外的力，这些力在坡体表面变形的过程中会做功，称为表面功。反之，若反演结果与正演结果一致，坡体表面力为 0，表面功也等于 0。因此尝试用表面功作为反演的收敛条件。

由图 12.26 可知，表面功与反演参数之间存在单调线性的关系。在真实值附近接近于 0，偏离真实值越多，表面功的绝对值越大。表面功等于 0 是一个很强的信号，可作为反演的收敛指标。

2. 凉水井反演分析

根据凉水井实际勘测坡面图建立凉水井滑坡计算模型，模型如图 12.27(a) 所示，参数如表 12.6 所示。正演时，内摩擦角由 35° 降至 28°，坡体发生破坏，位移云图如图 12.27(b) 所示。将正演得到的结果作为滑坡的实际状态。采用 CDEM 方法，块体破裂模型和弹性 - 脆断本构，对凉水井内部状态进行反演。反演的破裂场如图 12.28 所示。

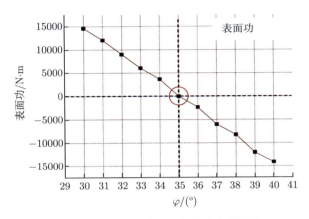

图 12.26　表面功随反演参数的变化规律

(a)数值模型　　　　　　　　　　　　　　(b)位移云图

图 12.27　凉水井滑坡数值模型及正演位移云图

表 12.6　滑坡材料参数

	E /GPa	ν	$\rho/(\mathrm{kg\cdot m^{-3}})$	C/kPa	$\varphi/(°)$	T/kPa
基岩	30	0.2	2100	300	45	300
坡体初始强度	5	0.3	1800	80	35	80
坡体强度降低	5	0.3	1800	80	28	80

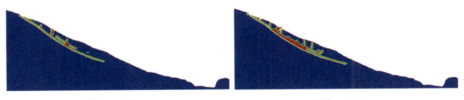

正演:$\varphi=28°$　　　　　　　　　　　　　反演:$\varphi=24°$

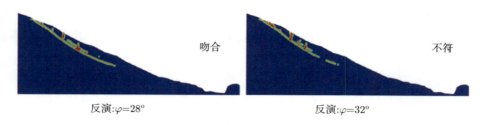

图 12.28　内部破裂反演结果与正演结果的比较

　　表面功随强度参数的变化规律见图 12.29，表面功改变符号 (值接近 0) 的区域即为滑坡的真实强度，对应的内摩擦角为 28°，坡体内部破裂场也与实际结果一致，说明基于位移裂缝的反演方法是有效的。

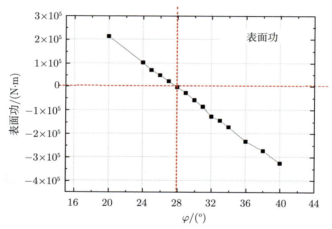

图 12.29　表面功随不同强度反演参数 (内摩擦角) 的变化规律

12.3　基于可靠度的滑坡失稳概率分析

　　传统的滑坡稳定性评价方法中，把岩土介质看成某种均质材料，将各项指标和参数都定值化，并把那些未知的不确定因素都归结到一个确定的安全系数上。然而，即使在同一个边坡内进行取样试验，所得岩土性质的差异性也很大。岩土材料试验本身就是某概率意义下的抽样，在岩土勘察规范中也明确规定岩土材料试验应提供参数的均值、标准差、变异系数、数据分布范围和数据的数量。为了考虑各个参数的离散性对边坡稳定性的影响，需要以明确、定量的概率形式对边坡的稳定性作出评价，采用可靠度的分析方法比传统的确定性分析方法能更好地为工程的决策提供依据。

12.3.1 拉丁超立方抽样基本原理

拉丁超立方抽样 (Latin hypercube sampling, LHS) 方法是 McKay 等在 1979 年提出的一种多维分层抽样方法 [4]。该方法可以使所有的抽样区域都能被抽样点所覆盖，同时又能避免在某一区域反复抽样。在对于均值和方差的估计上，相对于蒙特卡罗 (Monte Carlo, MC) 抽样方法有着显著的改善。

LHS 的基本思想是基于逆函数转换法，首先确定模拟次数 N，随机变量个数为 K，当随机变量相互独立时，针对每个随机变量可以将其概率分布函数等分成 N 个互不重叠的子区间，在每个子区间内进行独立的等概率抽样。

若假定随机变量 X_k 的累积概率分布函数为 $Y_k = F_k(X_k)$，将累积分布函数的取值范围 $[0,1]$ 分割成 N 个互不重叠的等间隔子区间 $[i/N, (i+1)/N], i = 0, 1, 2, \cdots, (N-1)$，每个区间长度为 $1/N$，然后在每个子区间中选取一个 $T_i = (i+1-\lambda)/N, 0 \leqslant \lambda \leqslant 1$，得到 T_i 后利用反变换得到采样值 $x_{k,i}^T = F^{-1}(T_i)$。本节选取 T_i 为等概率区间的平均值，计算方法如下式：

$$x_{k,i} = \int_{x_{k,i}^T}^{x_{k,i+1}^T} x f_k(x)\mathrm{d}x \bigg/ \int_{x_{k,i}^T}^{x_{k,i+1}^T} f_k(x)\mathrm{d}x \tag{12.4}$$

其中，$x_{k,i}^T$ 为区间分割点对应的变量 x 的值，$x_{k,i}^T = F^{-1}(i/N)$，这样就得到了样本值 $x_{k,i}$，图 12.30 为该方法的原理图。

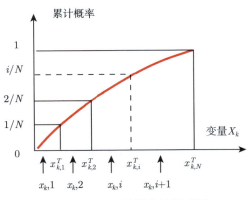

图 12.30　LHS 抽样方法原理图

样本值 $x_{k,i}$ 从小到大编号为 1 到 N，接下来将其序号进行随机排列，按照随机数列依次进行抽样样本计算 [5]。

两个变量 7 次模拟的具体操作方式如图 12.31 所示，根据上述步骤成样本值 $x_{1,i}$ 和 $x_{2,i}$，将其编号进行随机，按照随机数列依次进行抽样，第一次抽样样本参数为 $(x_{1,5}, x_{2,3})$，第二次抽样样本参数为 $(x_{1,3}, x_{2,1})$，$\cdots$s。

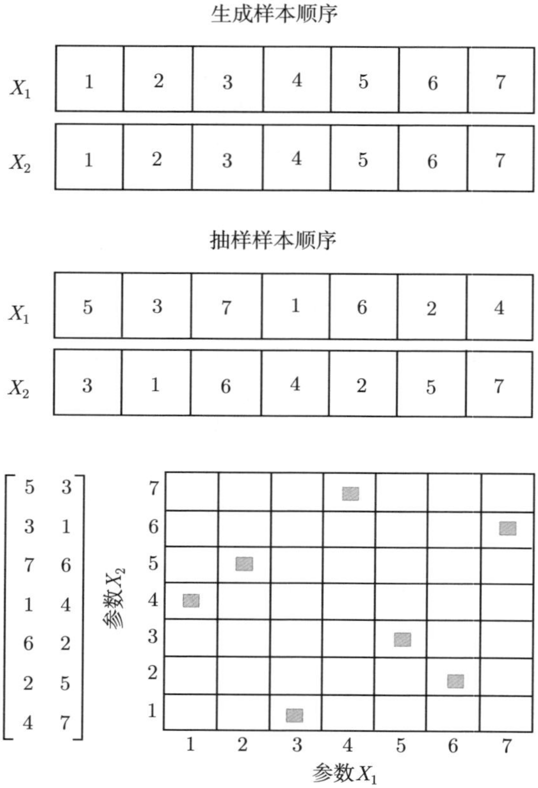

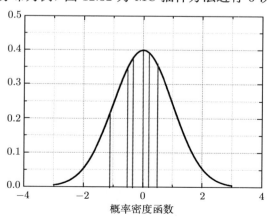

生成样本顺序
X_1
1 2 3 4 5 6 7
X_2
1 2 3 4 5 6 7
抽样样本顺序
X_1
5 3 7 1 6 2 4
X_2
3 1 6 4 2 5 7
5 3
3 1
7 6
1 4
6 2
2 5
4 7
参数X_2
参数X_1
1 2 3 4 5 6 7

图 12.31　拉丁超立方 (2 个随机变量，7 个样本)

由于拉丁超立方抽样的特点，LHS 方法在小概率区间内可以明显地减小误差，提高效率。以正态分布为例，图 12.32 为 MC 抽样方法进行 6 次模拟的抽取样本，

0.5
0.4
0.3
0.2
0.1
0.0
−4
−2
0
2
4
概率密度函数

图 12.32　MC 方法 6 次模拟抽样样本

可看出 MC 方法在概率大的位置抽样频繁, 小概率区间内误差很大。图 12.33 为 LHS 方法进行 6 次模拟的抽取样本, 其将累计概率分布函数进行等分, 在每个区间取样, 抽到大概率和小概率区间样本的概率一样, 所以 LHS 在小概率区间比 MC 方法有较高的精度。

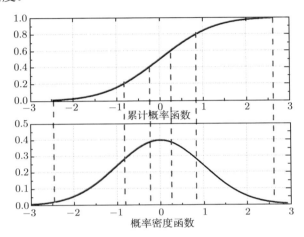

图 12.33　LHS 方法 6 次模拟抽样样本

12.3.2　边坡可靠度分析方法

基于破裂度可靠性的边坡灾变状态评价方法是以破裂度作为边坡破坏程度的评价指标, 同时考虑坡体材料参数的离散性, 通过随机分析给出边坡达到设定灾变状态概率的评价方法。具体的分析步骤如下:

(1) 某灾变状态下破裂面积的计算。

当研究边坡发生滑坡并形成某灾害时, 根据实际坡体几何尺寸, 建立坡体数值计算模型。采用 CDEM 方法进行分析, 块体选用弹性模型, 块体边界采用脆性断裂模型, 通过数值计算得到某特定灾变状态下的破裂面积, 此破裂面积用于计算某样本参数下的破裂度; 当样本参数为计算上述灾变状态的参数时, 破裂度为临界值 1。

(2) 建立功能函数。

由于边坡形成某特定灾变状态的破裂度为 1, 可靠度就可以用 $Z = D - 1$ 表示, $Z > 0$ 表示滑坡可以形成某设定灾变状态; $Z < 0$ 表示滑坡不能形成某设定灾变状态; $Z = 0$ 表示恰好达到某设定的灾变状态。于是可以建立功能函数:

$$Z = g(x_1, x_2, x_3, \cdots, x_n) \tag{12.5}$$

$x_i (i = 1, 2, 3 \cdots, n)$ 为已知概率分布的随机变量。由于边坡的灾变状态和弹性模量

E、泊松比 ν、黏聚力 C、内摩擦角 φ 和抗拉强度 T 等不确定性参数有关, 将这些不确定性参数作为随机变量, 则功能函数可以表述为

$$D = D(E, \nu, C, \varphi, T, \cdots) \tag{12.6}$$

边坡达到某种灾害下的概率即是求 $D > 1$ 的概率。

(3) 根据试验参数获取计算样本。

地质体的参数具有随机性, 假设其满足某种特定的分布形式; 用 LHS 方法对随机变量进行分层抽样, 产生符合变量概率分布特性的一组随机变量抽样值; 对随机变量的抽样值进行组合, 对随机变量的抽样所属区间的序号进行随机排列, 从而生成抽样样本。

(4) 获取各个样本的破裂度。

将生成的计算样本输入到计算机中, 采用 CDEM 数值方法进行计算, 得到该样本参数对应的破裂度。按照该方法进行 N 次抽样, 即可获得 N 个破裂度。

(5) 破裂度均值、方差、概率分布和可靠度指标的计算。

第 (4) 步中得到了 N 个破裂度, 如果这 N 个破裂度中有 M 个大于等于 1, 且当 N 足够大时, 根据大数定理, 此时的频率接近概率, 于是得到边坡达到某灾变状态下的概率值为

$$P_{\mathrm{f}} = P(D > 1) = M/N \tag{12.7}$$

破裂度的概率分布形式与输入参数的分布形式并不一定一致, 需要通过计算获得其概率分布特征, 进而计算破裂度的均值、方差及可靠度等指标。

12.3.3　典型案例分析

1. 模型及参数

本节以凉水井滑坡作为案例 (图 12.34), 仅采用其几何模型, 给定一组假设的参数, 对基于破裂度可靠性的边坡灾变状态评价方法的实施步骤作简单介绍, 研究黏聚力 C 和内摩擦角 φ 对灾变可靠度的影响规律。

图 12.34　凉水井滑坡计算模型

用连续-非连续方法 CDEM 进行计算分析,可模拟坡体从变形、局部破裂,直至发生贯穿、运动性破坏的全过程。基岩采用线弹性本构,滑体采用弹性–断裂本构,即材料在初始阶段发生弹性变形,超过强度后可发生破裂,并在破裂面上用接触摩擦来表述。模型底面和左右两端面固定,计算重力作用下,坡体的变形和破裂。计算参数如表 12.7 所示。

表 12.7 数值模型计算参数

材料	弹性模量/GPa	泊松比	密度/(kg/m³)	黏聚力/kPa	内摩擦角/(°)
滑体	3	0.4	2300	100±20	23±5
基岩	20	0.25	2530	—	—

注:"—"表示该项参数不考虑。

取黏聚力 C 和内摩擦角 φ 相关系数为 0 的情况进行计算,将计算参数进行随机化,仅考虑黏聚力 C 和内摩擦角 φ 均服从正态分布的情形,黏聚力 C 均值为 100kPa,标准差为 20kPa,内摩擦角均值为 23°,标准差为 5°。

将覆岩层的整体滑动作为边坡的灾变状态,经 CDEM 数值计算获得发生此灾变状态的无量纲破裂面积 28.4%,无量纲破裂面积为模型中破裂的界面面积/模型中界面的总面积。

考虑参数随机性,利用 LHS 抽样方法生成计算样本。生成样本的黏聚力 C 均值为 100kPa,标准差为 20kPa。图 12.35 为生成计算样本的黏聚力 C 的概率密度分布直方图,从图中可看出生成的样本统计上为"钟"形曲线,且关于均值对称,其峰度系数为 0.0315 和偏度系数为 -0.00604,两者都远远小于 1,生成的样本符合正态分布特征。

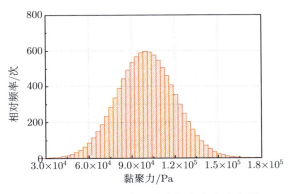

图 12.35 计算样本黏聚力概率密度直方图

生成样本的内摩擦角 φ 均值为 23°,标准差为 5°,图 12.36 为生成计算样本的内摩擦角 φ 的概率密度直方图,从图中亦可看出生成的样本统计上为"钟"形曲线,关于均值对称，其峰度系数为 0.0145 和偏度系数为 −0.00377，两者都远远小于 1，生成的样本符合正态分布特征。

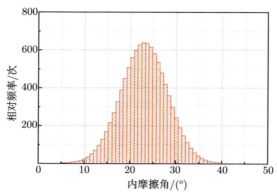

图 12.36　计算样本内摩擦角概率密度直方图

正态分布生成的样本值会出现负值的情形，当出现负值时将其对应的黏聚力 C 或内摩擦角 φ 赋值为 0 输入到 CDEM 中进行下一步的计算。

针对已经设定的灾变状态，采用 CDEM 方法研究强度参数黏聚力 C 和内摩擦角 φ 对破裂度评价指标的影响规律。先研究单变量的影响规律，后研究两变量同时随机的影响规律。

2. 黏聚力的随机性

先进行单因素变量的研究，固定内摩擦角 φ 为 23°，仅考虑黏聚力 C 的随机性，按照上述计算步骤计算各个样本的破裂度。

破裂度随着黏聚力 C 的变化规律如图 12.37 所示，随着黏聚力的增大，破裂度逐渐减小，几乎呈现出线性关系。

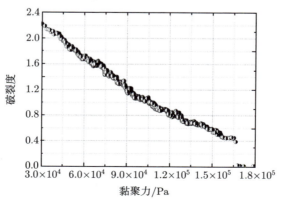

图 12.37　破裂度随黏聚力变化曲线

边坡达到设定灾变状态 (覆盖层整体滑动) 的概率随着模拟次数的变化曲线如图 12.38 所示。由图可得，随着模拟次数的增加，破坏概率逐渐趋于稳定；当 LHS 方法在取样 3500 次后，破坏概率处于基本稳定性状态，其值约为 57.3%，此概率即为达到或超过设定灾变状态的概率。

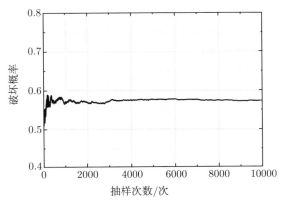

图 12.38　破坏概率随着模拟次数的变化曲线

对破裂度进行统计分析可得破裂度密度分布直方图，对破裂度密度进行积分得累计概率曲线，结果如图 12.39 所示。由图可得，破裂度的分布特征并非服从正态分布，累计概率分布曲线表示所有破裂度小于某指定值的概率和。

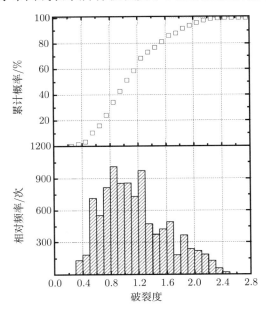

图 12.39　破裂度密度直方图和累计概率曲线

3. 内摩擦角的随机性

进行单因素变量的研究时,固定黏聚力 C 为 $100kPa$,仅考虑内摩擦角 φ 的随机性,按照上述步骤计算各个样本的破裂度。

破裂度随内摩擦角 φ 的变化规律如图 12.40 所示,随着内摩擦角 φ 的增大,破裂度逐渐减小,呈现出反 "S" 形的非线性曲线,在内摩擦角 φ 较小或者较大的情况下,破裂度随着内摩擦角 φ 的变化不敏感,在接近临界破坏状态时最为敏感。

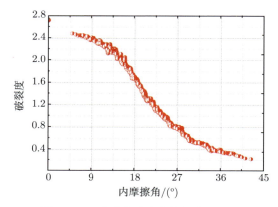

图 12.40   破裂度随内摩擦角变化曲线

边坡达到设定灾变状态 (覆盖层整体滑动) 的概率随着模拟次数的变化曲线如图 12.41 所示。由图可得,随着模拟次数的增加,LHS 方法在取样 3500 次后,破坏概率趋近于稳定值,此稳定值作为边坡达到此种灾变状态的概率,则此强度参数下的破坏概率为 61.2%。

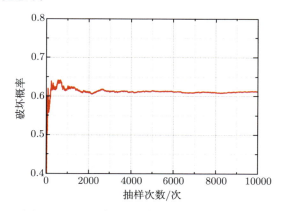

图 12.41   破坏概率随着模拟次数的变化曲线

对破裂度进行统计分析得破裂度密度分布直方图,对破裂度密度积分可得累计概率曲线。结果如图 12.42 所示，破裂度的分布特征并非服从正态分布。

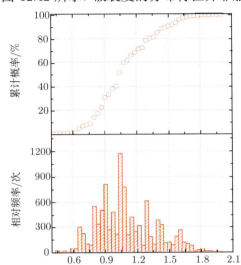

图 12.42 破裂度密度直方图和累计概率曲线

4. 黏聚力及内摩擦角同时随机

同时考虑内摩擦角 φ 和黏聚力 C 的随机性，取两者的相关系数为 0，即两者相互独立的特殊情形，黏聚力 $C=(100\pm20)$kPa、内摩擦角 $\varphi=23°\pm5°$，按照上述步骤计算各个样本的破裂度。

破裂度随着强度参数的变化规律如图 12.43 所示，破裂度随着内摩擦角的增大而减小，随着黏聚力的增大而减小。

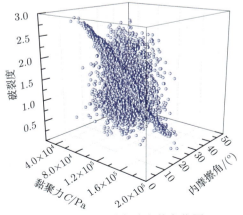

图 12.43 破裂度随参数变化图

　　边坡达到设定灾变状态 (覆盖层整体滑动) 的概率随着模拟次数的变化曲线如图 12.44 所示。由图可得，随着模拟次数的增加，LHS 方法在取样 2000 次后，破坏概率趋近于稳定值，此稳定值作为边坡达到设定灾变状态的概率，此强度参数下的灾变概率为 60.7%。

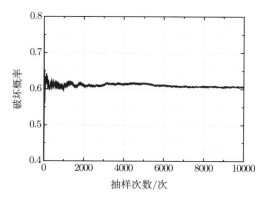

图 12.44　破坏概率随着模拟次数的变化曲线

　　对破裂度进行统计分析得破裂度密度分布直方图，对破裂度密度进行积分得到累计概率曲线，结果如图 12.45 所示，其分布特征并非服从正态分布。

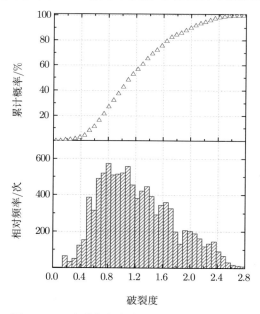

图 12.45　破裂度密度直方图和累计概率曲线

12.4 本 章 小 结

本章定义了计算破裂度的概念，建立了地表破裂度与内部破裂状态之间的联系，分析了边坡强度和破裂度的关系，阐述了破裂度与滑坡状态、破裂度与安全系数之间的关系，给出了一类基于破裂度的滑坡当前状态判定方法，该方法突破了传统的滑坡稳定性分析方法，充分利用了数值模拟技术；介绍了一种利用地表位移、裂缝反演滑坡内部材料特性演化及确定破坏状态的新方法。新的反演方法将地表监测信息与数值模拟相结合，利用地表可测物理量，确定滑坡内部的破裂状态，提出了基于可靠度的滑坡失稳概率分析方法，该方法在统计概率的层面上评价滑坡灾害，给出了多种参数组合下获得滑坡的失稳概率高效算法，不失为一类利用现代信息技术、高效、实用的滑坡危险性评价方法。

参 考 文 献

[1] 孙广忠. 岩体结构力学. 北京: 科学出版社, 1988.

[2] 李世海, 周东, 王杰, 等. 水电能源开发中的关键工程地质体力学问题. 中国科学: 物理学力学天文学, 2013, 43(12): 1602-1616.

[3] 李世海, 周东, 刘天苹. 基于破裂度的堆积层滑坡危险性分析方法. 岩石力学与工程学报, 2013, 32(s2): 3909-3917.

[4] McKay M D, Beckman R J, Conover W J. A comparison of three methods for selecting values of input variables in the analysis of output from a computer code. Technimetrics, 1979, 21(2): 239-245.

[5] Stein M. Large sample properties of simulations using Latin hypercube sampling . Technimetrics, 1987, 29(2): 143-151.

第13章　地震诱发滑坡灾害的机理与方法

我国是地震地质灾害的多发国家,汶川地震诱发的各类次生地质灾害多达5836处,其中滑坡3286处,崩塌1218处,泥石流460处,其他地质灾害872处。汶川地震后众多专家调查发现,支挡结构的震损率很低、老滑坡不复活、基覆边坡(基岩与厚覆盖层边坡)表层流坍、顺层边坡发生深厚层滑动等现象。这与传统的经验产生极大反差,也给传统的地质灾害分析方法带来很大的冲击,需要重新认识地震作用下各类地质灾害的发生机理、分析方法及评价体系。

地震诱发滑坡灾害是动力学问题。汶川地震考察时,每当发现灾害严重的滑坡体,判断一下方位,通常看到坡面的法向与地震波纵波传播的方向接近,比较容易联想到地震波在自由面反射诱发灾害的机理。按照量纲分析的结论,地震引起的振动达到每秒几厘米的振动速度时,就可能产生兆帕量级的拉应力,达到岩土体的拉伸强度。在爆炸问题中,经常看到层裂现象。在地震诱发滑坡灾害中,人们可能还没有亲眼目睹层裂现象,也可能层裂的条件并不满足,但是,波动作用的机理和运动规律相同。地震波在自由表面产生的拉伸波是否能产生足够的拉应力以至于诱发灾害,需要科学论证和定量化的表述,也正是本章的研究重点。

通常把滑坡的尺度与地震波波长作为重要的无量纲量,给出滑坡体的非一致性运动,从而意识到,大型滑坡不能用等效惯性力作为荷载。13.2 节对此作了详细的分析,充分说明了准静态分析的局限性,对于发展新的地震诱发滑坡灾害的分析方法非常重要,将对修改现有国家规范发挥作用。对于覆盖层,还有一个特征长度就是覆盖层的厚度;而对有软弱层的顺层滑坡,是软弱面到地表的距离。这个长度即是破坏尺度,又会产生高频的荷载,由此会带来复杂的物理现象,其规律性也难以掌握。开展此类滑坡的模型试验和数值模拟,可以有效地帮助我们认识问题、解决问题。

13.3 节提出了一种用爆炸荷载模拟地震诱发滑坡灾害的试验方法,通过量纲分析,说明小尺度模型下可以用爆炸荷载模拟地震荷载,产生较高的荷载频率。在此基础上完成了一系列试验,观察到了与灾害现场类似的现象。13.4 节介绍数值模拟的研究成果。借助于数值模拟揭示随着地震频率的增加会出现整体破坏、高位剪出、局部破坏、表层破坏(岩溜)的状态,可作为未来研究地震风险评估的基础。

破裂度的概念在第 7 章中用于表述表征元的破坏程度;在第 12 章中用于评价滑坡体的破坏程度及破坏状态。本章将破裂度的概念推广至地震诱发滑坡灾害的描述，以及成灾规模的表述，还提出了用相同位移区间内的体积表征成灾规模的方法。

13.1 地震波及其传播规律

13.1.1 地震波的分类

地震引起的振动以波的形式从震源向各个方向传播，这就是地震波。地震波是一种弹性波，它包含可以在地球内部传播的两种"体波"和只限于地面附近传播的两种"面波"。

体波又包含"纵波"和"横波"两种。纵波是震源向外传递的压缩波，质点的振动方向与波的前进方向一致，在空气里纵波就是声波，一般表现出周期短、振幅小；横波是由震源向外传递的剪切波，质点的振动方向与波的前进方向相垂直，一般表现为周期较长、振幅较大。横波只能在固体里面传播，而纵波在固体、液体里面都可以传播。

纵波与横波的传播公式理论上可以分别用式 (13.1) 和式 (13.2) 计算：

$$c_{\mathrm{p}} = \sqrt{\frac{E(1-\nu)}{\rho(1+\nu)(1-2\nu)}} \tag{13.1}$$

$$c_{\mathrm{s}} = \sqrt{\frac{E}{2\rho(1+\nu)}} = \sqrt{\frac{G}{\rho}} \tag{13.2}$$

式中，c_{p} 是纵波波速；c_{s} 是横波波速；E 是介质的弹性模量；G 是剪切模量；ρ 是介质的密度；ν 是介质的泊松比，泊松比随介质的不同而有一定幅度的变化，一般在 0.1~0.4，当 $\nu = 0.22$ 时，$c_{\mathrm{p}} = 1.67c_{\mathrm{s}}$。

由此可知，纵波比横波的传播速度要快，在仪器观测到的地震波时程曲线上，纵波要先于横波到达。因此，通常也把纵波称为"P 波"(即初波)，把横波称为"S 波"(即次波)。

体波在地球内部的传播速度随深度的增加而增大，由于地球是层状构造，因此体波通过分层介质，在介质的交界面上将产生折射；若入射波与交界面法向的夹角是 θ_{I}、波速是 v_{I}，折射后的夹角是 θ_{I}、波速是 v_{T}，则有式 (13.3) 的关系。

$$\frac{v_{\mathrm{I}}}{\sin\theta_{\mathrm{I}}} = \frac{v_{\mathrm{T}}}{\sin\theta_{\mathrm{T}}} \tag{13.3}$$

当然，当地震波遇到一个界面，不但产生折射，而且还发生反射，当一个 P 波入射到一个界面时，不但产生折射和反射的 P 波，而且还产生折射和反射的 S 波。同样，当 S 波入射到一个界面时也是如此。

　　面波只限于沿着地球表面传播，一般可以说是体波经地层界面多次反射形成的次生波，它包含瑞利波和勒夫波两种类型。

　　瑞利波传播时，质点在波的传播方向和自由面 (即地表面) 法向组成的平面内做椭圆运动，而与该平面垂直的水平方向没有振动。

　　勒夫波只是在与传播方向相垂直的水平方向运动，即在地面上呈水平运动或者说在地面上呈蛇形运动形式。

　　瑞利波的传播速度 c_R 比 S 波稍微慢一些，它们的比值可表示为 $K_1 = c_R/c_s$，该比值与介质的泊松比有关，可用式 (13.4) 确定

$$\frac{1}{8}K_1^6 - K_1^4 + \frac{2-\nu}{1-\nu}K_1^2 - \frac{1}{1-\nu} = 0 \tag{13.4}$$

当 $\nu = 0.22$ 时，$K_1 = 0.914$，即 $c_R = 0.914c_s$。

　　勒夫波在层状介质中的传播速度介于最上层横波速度及最下层横波速度之间。

　　瑞利波是震源出射的 P 波和 S 波在表层多次反射造成的，但震中附近并不发生瑞利波，其发生的范围如式 (13.5) 和式 (13.6) 所示。

$$L_p \geqslant \frac{c_R}{\sqrt{c_p^2 - c_R^2}}h \quad (\text{P 波}) \tag{13.5}$$

$$L_s \geqslant \frac{c_R}{\sqrt{c_s^2 - c_R^2}}h \quad (\text{S 波}) \tag{13.6}$$

其中，L_p 为 P 波造成瑞利波的距离，L_s 为 S 波造成瑞利波的距离，h 为震源深度。当 $\nu = 0.22$ 时，P 波及 S 波造成瑞利波的临界距离分别为 $0.65h$ 和 $2.25h$。

　　综上所述，地震波的传播以纵波最快，横波次之，面波最慢。因此在地震记录图上，纵波最先到达，横波到达较迟，面波在体波到达之后到达，一般当横波或面波到达时地面振动最猛烈。

13.1.2　地震应力波在材料交界面处的透反射

1. 单一交界面

　　设地震应力波从一种介质 (有关各量都用下标 "1" 表示) 传播到另一种声阻抗不同的介质 (有关各量都用下标 "2" 表示)，传播方向垂直于界面，即讨论正入射的情况 (图 13.1)。

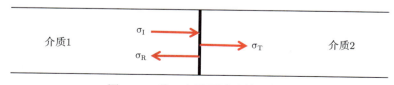

图 13.1　单一交界面透反射示意图

当应力波到达界面时，不论对于第一种介质还是对于第二种介质，都引起了一个扰动，分别向两种介质中传播，此即反射波和透射波。只要这两种介质在界面处始终保持接触 (即能承拉又能承压而不分离)，则根据连续条件和牛顿第三定律，界面上两侧质点速度应相等，应力应相等，可表示为

$$
\begin{cases}
v_{\mathrm{I}} + v_{\mathrm{R}} = v_{\mathrm{T}} \\
\sigma_{\mathrm{I}} + \sigma_{\mathrm{R}} = \sigma_{\mathrm{T}}
\end{cases}
\tag{13.7}
$$

其中，v 为速度，σ 为应力。下标 "I" "R" 和 "T" 分别表示入射波、反射波和透射波。

由波阵面动量守恒条件可得

$$
\begin{cases}
\dfrac{\sigma_{\mathrm{I}}}{\rho_1 c_1} - \dfrac{\sigma_{\mathrm{R}}}{\rho_2 c_2} = \dfrac{\sigma_{\mathrm{T}}}{\rho_2 c_2} \\
\rho_1 c_1 (v_{\mathrm{I}} - v_{\mathrm{R}}) = \rho_2 c_2 v_{\mathrm{T}}
\end{cases}
\tag{13.8}
$$

其中，ρ_1、c_1 为介质 1 的密度及波速，ρ_2、c_2 为介质 2 的密度及波速。

式 (13.7) 及式 (13.8) 联立求解可得式 (13.9) 及式 (13.10)

$$
\begin{cases}
\sigma_{\mathrm{R}} = F \sigma_{\mathrm{I}} \\
v_{\mathrm{R}} = -F v_{\mathrm{I}}
\end{cases}
\tag{13.9}
$$

$$
\begin{cases}
\sigma_{\mathrm{T}} = T \sigma_{\mathrm{I}} \\
v_{\mathrm{T}} = n T v_{\mathrm{I}}
\end{cases}
\tag{13.10}
$$

其中，$n = \dfrac{(\rho c)_1}{(\rho c)_2}$ 为声阻抗比，$F = \dfrac{1-n}{1+n}$ 为反射系数，$T = \dfrac{2}{1+n}$ 为透射系数。

F 和 T 完全由两种介质的声阻抗比值 n 所确定，显然有 $1 + F = T$。值得注意的是，T 总为正值，所以透射波和入射波总是同号。F 的正负取决于两种介质声阻抗的相对大小，共分以下两种情况来讨论。

(1) 如果 $n < 1$，即 $(\rho c)_1 < (\rho c)_2$，则 $F > 0$，这时，反射波的应力和入射波的应力同号 (反射加载)，而透射波从应力幅值上来说强于入射波 ($T > 1$)。这就是应力波由所谓的 "软" 材料传入 "硬" 材料时的情况。在特殊情况下，当 $(\rho c)_2 \to \infty$ (即 $n \to 0$) 时，就相当于弹性波在刚壁 (固定端) 的反射，这时 $T = 2$，$F = 1$。

(2) 如果 $n > 1$，即 $(\rho c)_1 > (\rho c)_2$，则 $F < 0$，这时，反射波的应力和入射波的应力异号 (反射卸载)，而透射波从应力幅值上来说弱于入射波 ($T < 1$)。这就是应力波由所谓的 "硬" 材料传入 "软" 材料时的情况。在特殊情况下，当 $(\rho c)_2 \to 0$ (即 $n \to \infty$) 时，就相当于弹性波在自由表面 (自由端) 的反射，这时 $T = 0$，$F = -1$。

两种不同的介质，即使 ρ 和 c 各不相同，但只要声阻抗相同，即 $(\rho c)_1 = (\rho c)_2$ $(n = 1)$，则弹性波在通过此两种介质的界面时将不产生反射 $(F = 0)$，称为阻抗匹配。

2. 双交界面

不失一般性，假设介质 2 位于介质 1 内部 (图 13.2)，则介质 2 的特征长度 L 及介质 2 的特征波速 c 即会对应力波的透、反射产生影响。

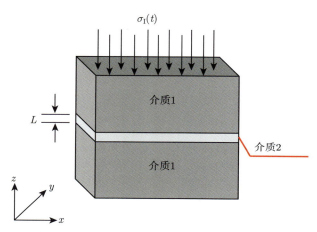

图 13.2   应力波通过双界面时的传播规律

1) 反、透射波函数

假设入射波为一个正弦冲击波，即

$$\sigma_{\mathrm{I}}(t) = \begin{cases} I \sin(\omega t), & 0 \leqslant t \leqslant \pi/\omega \\ 0, & \text{其他} \end{cases} \tag{13.11}$$

式中，I 为入射波波幅，ω 为入射波频率。

设介质 1 的波阻抗为 Z_1、介质 2 的波阻抗为 Z_2，则从介质 1 到介质 2 的反射系数为 $F_{12} = \dfrac{Z_2 - Z_1}{Z_1 + Z_2}$，透射系数为 $T_{12} = \dfrac{2Z_2}{Z_1 + Z_2}$；从介质 2 到介质 1 的反射系数为 $F_{21} = \dfrac{Z_1 - Z_2}{Z_1 + Z_2}$，透射系数为 $T_{21} = \dfrac{2Z_1}{Z_1 + Z_2}$，若波阻抗 Z_2 大于波阻抗 Z_1，则有反射系数 $0 < F_{12} < 1$，$-1 < F_{21} < 0$，透射系数 $1 < T_{12} < 2$ 和 $0 < T_{21} < 1$。

当应力波垂直入射单一结构层，设结构层的厚度为 L，其多次透、反射的波传播情况如图 13.3 所示。

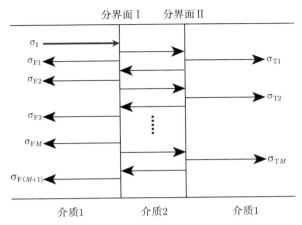

图 13.3 多次透、反射的应力波传播情况

入射波垂直入射后, 分别给出多次透反射过程中的透反射波的函数, 其中反射波的函数为

$$\sigma_{F1} = F_{12}I\sin(\omega t)$$

$$\sigma_{F2} = T_{12}F_{21}T_{21}I\sin\left(\omega t - \omega\frac{2L}{c}\right)$$

$$\sigma_{F3} = T_{12}F_{21}F_{21}T_{21}I\sin\left(\omega t - \omega\frac{4L}{c}\right) \tag{13.12}$$

$$\vdots$$

$$\sigma_{FM} = T_{12}T_{21}(F_{21})^{2M-3}I\sin\left[\omega t - \omega\frac{2(M-1)L}{c}\right], \quad M = 2,3,4,\cdots$$

可以看到, 除第一次反射以外, 后续各次反射波的幅值呈等比数列变化, 公比为 $(F_{21})^2$。各次反射波的到达时间呈等差数列变化, 公差为 $2L/c$。

多次透反射过程中的透射波为

$$\sigma_{T1} = T_{12}T_{21}I\sin\left(\omega t - \omega\frac{L}{c}\right)$$

$$\sigma_{T2} = T_{12}F_{21}F_{21}T_{21}I\sin\left(\omega t - \omega\frac{3L}{c}\right)$$

$$\sigma_{T3} = T_{12}F_{21}F_{21}F_{21}F_{21}T_{21}I\sin\left(\omega t - \omega\frac{5L}{c}\right) \tag{13.13}$$

$$\vdots$$

$$\sigma_{TM} = T_{12}T_{21}(F_{21})^{2(M-1)}I\sin\left[\omega t - \omega\frac{(2M-1)L}{c}\right], \quad M = 1,2,3,\cdots$$

各次透射波的幅值也呈等比数列变化, 公比为 $(F_{21})^2$。各次透射波的到达时间呈等差数列变化, 公差为 $2L/c$。

2) 反射波叠加条件

若前第 M 个反射波相叠加, 则有以下关系

$$\frac{\pi}{\omega} \geqslant \frac{2(M-1)L}{c}, \quad M = 2, 3, 4, \cdots \tag{13.14}$$

由此得到

$$M \leqslant \frac{\pi}{2Lk} + 1, \quad M = 2, 3, 4, \cdots \tag{13.15}$$

其中, $k = \dfrac{\omega}{c}$ 为波数, 即圆频率与波速的比值。

式 (13.15) 说明当传播次数 M 满足上式时, 则前 M 个反射波将有相互叠加部分, 它们叠加后的反射波函数为

$$\begin{aligned}
\sigma_{\mathrm{F}} = {} & F_{12} I \sin(\omega t) + T_{12} T_{21} (F_{21})^1 I \sin\left(\omega t - \omega \frac{2L}{c}\right) \\
& + T_{12} T_{21} (F_{21})^3 I \sin\left(\omega t - \omega \frac{4L}{c}\right) + \cdots \\
& + T_{12} T_{21} (F_{21})^{2M-3} I \sin\left[\omega t - \omega \frac{2(M-1)L}{c}\right]
\end{aligned} \tag{13.16}$$

3) 透射波叠加条件

同理, 若前第 M 个透射波相叠加, 则应满足以下关系

$$\frac{\pi}{\omega} \geqslant \frac{(2M-1)L}{c}, \quad M = 1, 2, 3, \cdots \tag{13.17}$$

由此得到

$$M \leqslant \frac{\pi}{2LK} + \frac{1}{2}, \quad M = 1, 2, 3, \cdots \tag{13.18}$$

透射波函数叠加函数为

$$\begin{aligned}
\sigma_{\mathrm{T}} = {} & T_{12} T_{21} (F_{21})^0 I \sin\left(\omega t - \omega \frac{L}{c}\right) + T_{12} T_{21} (F_{21})^2 I \sin\left(\omega t - \omega \frac{3L}{c}\right) \\
& + T_{12} T_{21} (F_{21})^4 I \sin\left(\omega t - \omega \frac{5L}{c}\right) + \cdots \\
& + T_{12} T_{21} (F_{21})^{2(M-1)} I \sin\left[\omega t - \omega \frac{(2M-1)L}{c}\right]
\end{aligned} \tag{13.19}$$

可以看出, 分层介质中弹性波的传播规律可以用解析解得到, 但一般仅限于一些简单的分层条件。当地层复杂、山体形状有复杂变化时, 解析解的获得就很困难了, 此时数值模拟的作用就会凸显出来。

13.1.3 地震应力波在自由表面的反射拉伸作用

层裂现象通常出现在强冲击荷载的问题中,借助于室内试验可以清楚地记录下层裂后飞片的速度。事实上,当压力脉冲在材料的自由表面反射成拉伸脉冲时,将可能在邻近自由表面的某处造成相当高的拉应力,一旦满足某动态断裂准则,就会在该处引起材料的破裂。裂口足够大时,整块裂片便带着陷入其中的动量飞离。这种由压力脉冲在自由表面反射所造成的背面的动态断裂称为层裂或崩落。飞出的裂片称为层裂片或痂片。在上述情况下,一旦出现了层裂,也就同时形成了新的自由表面。继续入射的压力脉冲就将在此新的自由表面上反射,从而可能造成第二层层裂。依次类推,在一定条件下,可形成多层层裂,产生一系列的多层痂片。

讨论地震问题,可以将地震应力波简化为具有特定脉宽的压力脉冲。一个压力脉冲是由脉冲头部的压缩加载波及其随后的卸载波阵面所组成的。大多数工程材料往往能承受相当强的压应力波不致破坏,而不能承受同样强的拉应力波。层裂之所以能产生,在于压力脉冲在自由面反射后形成了足以满足动态断裂准则的拉应力;而拉应力之所以能形成,则实际上在于入射压力脉冲头部的压缩加载波在自由表面反射为卸载波后,再与入射压力脉冲波尾的卸载波相互作用,或简言之在于入射卸载波与反射卸载波的相互作用。因此,压力脉冲的强度和形状对于能否形成层裂,在什么位置形成层裂 (层裂片厚度) 以及形成几层层裂等,具有重大影响。当然,形成拉应力只是一个前提,最后还要取决于是否满足动态断裂准则。

与爆炸问题相比,地震荷载远远小于爆炸荷载,而相对应的岩体的强度也远远低于金属的强度。当动态应力大于材料强度时,拉伸破坏就可能发生,这就是可以将爆炸力学的概念引入到地震问题的原因。

最早提出的动态断裂准则是最大拉应力瞬时断裂准则。按此准则,一旦拉应力 σ 达到或超过一临界值 T,立即发生层裂,T 是表征材料抗动态断裂性能的材料常数,称为动态断裂强度。

按照最大拉应力瞬时断裂准则,对不同形状压力脉冲下的层裂情况略加讨论。

图 13.4 是脉冲长为 λ 的矩形波在自由表面反射时,五个典型时刻下的应力波形示意图:(a) 矩形脉冲接近自由表面;(b) 入射脉冲的 1/4 被反射,在离自由表面 $\lambda/4$ 内入射压应力与反射拉应力叠加后的净应力为零;(c) 入射脉冲的 1/2 被反射,叠加后的净应力恰好全为零,但离自由表面 $\lambda/2$ 长度内的质点速度则为入射压力波质点速度的两倍,此后由于入射卸载波与反射卸载波的相互作用将出现拉应力;(d) 入射脉冲的 3/4 被反射,形成长为 $\lambda/2$ 的拉应力区,而离自由表面 $\lambda/4$ 长度内叠加净应力仍为零;(e) 反射结束,右行的压力脉冲完全反射为左行的拉伸脉冲。

由此可见,对于矩形脉冲,只要脉冲幅值 $|\sigma_m| > T$,则在当入射脉冲的一半从

自由表面反射后, 即 $t = \lambda/2c$ 时刻将发生层裂。裂片厚度 $\delta = \lambda/2$。既然裂片带着压力脉冲的全部冲量飞出, 因此一方面可求出裂片速度 v 为

$$v_{\mathrm{f}} = \frac{\sigma_{\mathrm{m}} \cdot (\lambda/c)}{\rho \delta} = \frac{2\sigma_{\mathrm{m}}}{\rho c} \tag{13.20}$$

也即入射波质点速度 $\left(\dfrac{\sigma_{\mathrm{m}}}{\rho c}\right)$ 的两倍; 另一方面可知不管脉冲幅值多大也不会发生多层层裂。

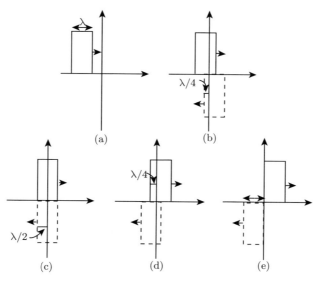

图 13.4　矩形波在自由端的反射情形

对于三角形 (锯齿形) 脉冲, 则情况有点不同。脉冲在自由表面反射时五个典型时刻的应力波形如图 13.5 所示。由此可见, 从压力脉冲的反射开始, 就同时发生了反射卸载波与入射卸载波的相互作用, 从而形成了净拉应力区。净拉应力的值在反射波的头部最大, 并随着反射的继续进行而增大, 直到入射脉冲的一半被反射时达到最大。

当脉冲作为时间的函数, 即以通过任一点的时程曲线 $\sigma(t)$ 来表示时, 设取波头到达该点的时刻作为时间 t 的起点 $(t = 0)$, 则如果在距离自由表面 δ 处发生层裂, 显然应有

$$\sigma(0) - \sigma\left(\frac{2\delta}{c}\right) = T \tag{13.21}$$

对于图 2.10 中所讨论的线性衰减的三角形脉冲, $\sigma(t)$ 可具体表达为

$$\sigma = \sigma_{\mathrm{m}}\left(1 - \frac{ct}{\lambda}\right) \tag{13.22}$$

式中，σ_{m} 为脉冲峰值。则由式 (13.21) 及式 (13.22) 可确定首次层裂的裂片厚度 δ_1 为

$$\delta_1 = \frac{\lambda}{2} \cdot \frac{T}{\sigma_{\mathrm{m}}} \tag{13.23}$$

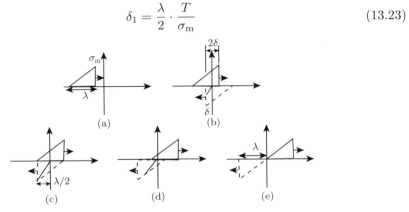

图 13.5　锯齿波在自由端的反射情形

发生层裂的时刻为反射开始后 $t_1 = \dfrac{\delta_1}{c} = \dfrac{\lambda}{2c} \cdot \dfrac{T}{\sigma_{\mathrm{m}}}$，裂片的动量等于陷入其中的脉冲冲量，裂片的速度即按式 (13.24) 计算

$$v_{\mathrm{f}} = \frac{1}{\rho\delta} \int_0^{\frac{2\delta}{c}} \sigma(t)\mathrm{d}t \tag{13.24}$$

将式 (13.22) 代入式 (13.24) 可得

$$v_{\mathrm{f}} = \frac{2\sigma_{\mathrm{m}} - T}{\rho c} \tag{13.25}$$

如果 $|\sigma_{\mathrm{m}}| = T$，则与矩形脉冲相类似地，层裂裂片厚 $\delta = \lambda/2$，发生于自由面反射后 $t = \lambda/2c$ 时刻，并且压力脉冲的全部冲量陷入裂片之中，不会发生多层层裂。只是裂片的速度较矩形脉冲时为小，$v_{\mathrm{f}} = \sigma_{\mathrm{m}}/\rho c$。如果 $|\sigma_{\mathrm{m}}| > T$，则一次层裂发生后，压力脉冲未反射的剩余部分将在层裂所形成的新自由表面发生反射，有可能发生下一次的层裂。可以证明，如果 $nT \leqslant |\sigma_{\mathrm{m}}| < (n+1)T$，则可能发生 n 层层裂，各层层裂片厚度相同，但裂片速度逐次降低。

在上面的讨论中，有一个重要的物理量，即波长 λ，按照传统地震波的概念，这个波长通常在千米量级，由此推断，层裂的裂片厚度至少在百米量级。与客观的现象不相符。事实上，当地震波到达表面时，由于地层尺度影响了地震波的传播规律，进而改变了波的频率，也可以认为震源处的地震荷载到达地表其基本要素发生了改变。

另外一个物理量是地应力，如果不知道震源荷载也就无法获得真实的地应力场，这是地震诱发滑坡灾害的难题；在建筑结构震害问题研究中，把地面加速度作

为荷载条件，相当于给定位移或速度边界条件，由此计算结构中的应力分布，其物理模型相对合理。这种做法用于滑坡灾害研究就会带来很大误差，滑坡问题中的地表振动加速度是震源荷载的响应，是地表应力为零的解。滑坡的层裂问题伴随着地表振动的产生，并不是地表振动的结果。因此，研究地震诱发滑坡灾害，将是地质体中波的传播与固体破坏耦合的难题。

13.1.4　地震诱发边坡失稳破坏的原因及过程

地震主要由深部地质体的压剪型断裂导致，所产生的振动以压缩波 (纵波) 及剪切波 (横波) 的形成向外传播。当压缩波传播至边坡的表面，将出现应力波反向现象，反向后的拉伸波向边坡内部传递。由于边坡表层强度较低，从而导致坡体表层出现大量的拉伸破坏。而当剪切波传递至坡体表面附近时，将导致边坡的下滑力增加，从而诱发边坡沿着某一深度出现整体或局部的滑移破坏。

根据应力波的相关理论，地震作用下各类边坡的破坏主要由以下几个量决定：波阵面处纵波产生的拉、压应力 σ_n，横波产生的剪切应力 σ_s，波阵面处的初始应力场 σ_g(该量主要由重力决定)，波阵面处的基本强度参数 (如抗拉强度 T，黏聚力 C，内摩擦角 φ 等)。

地震波的震源一般较深，到达地表附近的地震波可近似看成平面波，令平面波波阵面的法向与重力反方向的夹角为 θ(图 13.6)，则

当 σ_n 为拉力，且 $\sigma_n > [\sigma_g \cos^2(\theta) + T]$ 时，边坡出现拉伸破坏；

当 $\sigma_s > [C + \sigma_g \cos^2(\theta) \tan(\varphi) - \sigma_g \sin(2\theta)/2]$ 时，边坡出现剪切破坏。

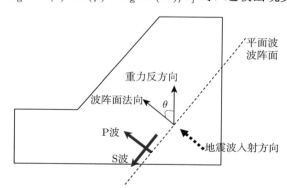

图 13.6　地震波在边坡中的传播示意图

总体而言，地震波对边坡的破坏作用表现为两个方面：在边坡表面反射形成的拉伸波导致边坡表层出现大量的拉伸破坏；剪切波导致边坡沿着某一深度出现整体或局部性的滑动。

13.2　地震下边坡稳定性的评价方法

13.2.1　拟静力法

高边坡地震稳定性的分析方法一直是国内外工程界的研究重点。工程规范普遍采用的拟静力法将地震载荷作为一种等效的永久静载荷施加至坡体，并通过极限平衡方法求取等效静力作用下的安全系数 (图 13.7、式 (13.26))。

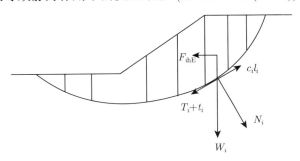

图 13.7　边坡稳定性计算示意图

图中作用于各土条土块质心处的水平地震力按下式计算

$$F_{ihE} = \eta A_g m_i \tag{13.26}$$

式中，F_{ihE} 为第 i 条土块质心处的水平地震力；η 为水平地震作用修正系数，取值 0.25；A_g 为地震动峰值加速度；m_i 为第 i 条土块的质量。

上述拟静力法得到的地震安全系数将随着地震力的变化呈连续变化趋势。然而，地震力是一种动载荷，地震结束后，地震力即宣告消失，把一种动载荷等效为一种永久静载荷的做法，必然存在疏漏之处。

汶川地震后的现场调查可知，按照Ⅷ度设防修筑的各类公路、铁路边坡支挡结构，在 Ⅹ 度及 Ⅺ 度区的震损率仅为 4%~8%。这从一个侧面反映出基于拟静力法进行边坡支挡结构设计及边坡稳定性评价，与实际情况存在一定偏差。

拟静力法存在两条基本假设：

(1) 该方法的第一条基本假设是边坡各点在空间上的一致性运动。

当且仅当坡体各处的加速度方向在某一时刻保持一致，且加速度幅值在该时刻相等，才能将该时刻地震产生的动应力用惯性力代替。由于地震波的周期性振动特性，随着 H/λ 的增大，同一时刻坡体各点加速度振动方向及幅值的差异越来越大，相关研究表明，当 $H/\lambda > 0.4$ 时，振动加速度场自坡底沿坡高方向呈周期性放大和衰减趋势，空间一致性的要求已经无法满足。其中，H 为坡高，λ 为地震波波长。

(2) 该方法的第二条基本假设是边坡内每一点在时间上的一致性运动。

当且仅当边坡内某一点的振动加速度方向及幅值在各个时刻均保持一致，才能将惯性力作为永久载荷施加到边坡上。由于地震波的周期振动特性，同一点的加速度随着时间呈周期性变化，当振动频率 $f > \dfrac{1}{2\pi}(Hz)$ 时，时间一致性的要求已经无法满足。

更为重要的是，地震引起的边坡破坏，是地震产生的动应力作用的结果，动应力值与 ρcv（c 为介质波速、v 为振动速度幅值）相关，如用加速度表示，动应力可表示为 $\dfrac{\rho ca}{\omega}$（a 为振动加速度幅值，ω 为振动角频率）。由此，单纯通过加速度幅值难以刻画动应力的大小，还需引入振动频率。根据 $\dfrac{\rho ca}{\omega}$ 可知，角频率 $\omega = 1s^{-1}$（也即 $f = \dfrac{1}{2\pi}(Hz)$）是分界点，频率高于该值时，拟静力法算出的安全系数偏小。地震的频率一般为 $2\sim8Hz$，因此，拟静力法难以准确描述地震对边坡稳定性的影响程度。

为了验证坡体加速度的非一致运动，通过动力时程方法给出坡体各点加速度放大系数峰值分布如图 13.8 所示。从图 13.8 可以看出，随着 H/λ 的增大，坡体上加速度分布不再是单调的，坡面上会出现不同的波形；从定量角度看，坡体加速度明显比入射加速度大一倍多，但随高程的放大效应只有在 H/λ 较小时才成立，随着 H/λ 的增大，加速度随高程的放大呈波形。因此不同边坡的水平地震动峰值加速度是不同的。通过动力时程方法与拟静力方法的对比可以确定拟静力法的适用范围，并可以修正基于拟静力方法的水平地震作用系数。

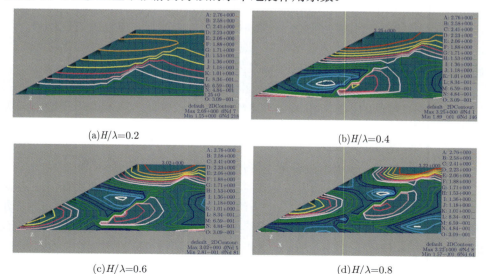

(a) $H/\lambda=0.2$　　　　　　　　　　　　(b) $H/\lambda=0.4$

(c) $H/\lambda=0.6$　　　　　　　　　　　　(d) $H/\lambda=0.8$

图 13.8　不同时坡体内加速度峰值放大系数分布

总体而言，当边坡的特征尺寸在 10~20m 时，基本满足拟静力法对于时空一致性的要求，也即拟静力法的适用范围为较为低矮的路堤边坡、基坑边坡等。

13.2.2 永久位移法

永久位移指的是地震结束后在坡体表层及内部产生的不可恢复的变形 (塑性变形) 或滑移。地震作为一个动态荷载，地震结束后此荷载的作用就宣告消失，但在地震过程中，地震产生的附加应力作用下边坡上，导致边坡的下滑力在某些特定的时刻超过了抗滑力，从而使边坡产生了一定的滑移，但当地震结束后，地震产生的附加应力消失，边坡的变形便停止下来 (图 13.9)。

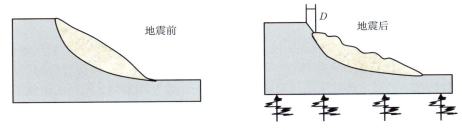

图 13.9 永久位移示意图

永久位移的思想是 Newmark 于 1965 年在第五届朗肯 (Rankin) 讲座上针对坝坡提出的。他指出堤坝稳定与否取决于地震时引起的变形，并非最小安全系数；地震为短暂作用的往复荷载，惯性力只是在很短的时间内产生，即使惯性力可能足够大；而使安全系数在短暂时刻内小于 1，引起坝坡产生永久变形，但当加速度减小甚至反向时，位移又停止了。这样一系列数值大、时间短的惯性力的作用会使坝坡产生累积位移。地震运动停止后，如果土的强度没有显著降低，土坡将不会产生进一步的位移。

工程中用永久位移来刻画地震对边坡的破坏作用，永久位移越大，边坡破坏越厉害。边坡的许可永久位移值与工程结构的许可位移相关，目前大坝、港口等大型构筑物的抗震设计已经采用或部分采用了永久位移。

对坡高小于 10m 的低矮边坡，可采用地震加速度时程曲线的简单积分进行永久位移的计算。令导致坡体出现滑移的临界拟静力加速度为 a_c，设计区域的地震时程曲线为 $a(t)$，则坡体出现的永久位移如式 (13.27) 所示，计算示意图如图 13.10 所示。

$$D = \int_0^T \int_0^t [a(t) - a_c] \mathrm{d}t \mathrm{d}t, \quad a(t) - a_c > 0 \tag{13.27}$$

上述基于地震时程的直接积分法可以快速获得某一边坡在某一地震下的永久

位移情况，但该方法较为粗糙，分析时未考虑边坡在地震作用下的弹塑性特征及变形破坏规律。因此，对于坡高大于 10m 的边坡，或特别重要的边坡，建议采用数值模拟进行永久位移的计算，以期获得更为真实的结果。

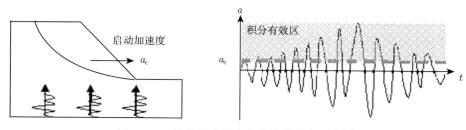

图 13.10　简单积分法永久位移值获取示意图

与拟静力法相比，Newmark 法考虑了地震作为瞬时载荷的特性，利用地震结束后坡体典型位置的永久位移进行稳定性评判，是一种更为科学合理的地震稳定性评价方法。当然，该方法选择的永久位移是一个含量纲的量，不同的边坡高度、不同的支挡结构尺寸将会对应不同的临界永久位移，这给地震稳定性评价及抗震设计带来了不便；而采用永久应变等无量纲量进行分析评价，是一个不错的选择。此外，Newmark 方法计算的永久位移实际上是一个平均位移概念，不能反映具有复杂滑动面的边坡在地震荷载作用下各点的位移分布情况。

13.2.3　基于数值模拟的破裂度评价法

1. 数值模拟在边坡地震稳定性分析中的应用

数值分析是一门通用的支撑性技术，具有学科面广、综合性强、应用领域宽、无破坏性、可多次重复、安全经济可控、不受气候条件和场地空间的限制等独特优点，这是其他技术所无法比拟的。相比解析分析，数值模拟不存在解不出的情况，也不需要作过多的假设，更接近于问题原型；相对现场试验，每个单位、每个项目均可使用，不受场地限制，费用低，却可得到全面而直观的结果。

随着计算机的发展及商用计算软件的开发，很多工程边坡在设计过程中已经采用数值仿真软件作为辅助工具。与其他设计工程类似，边坡抗震分析设计中包含安全性与适用性两个方面。安全性主要指材料强度方面，边坡不致发生运动性破坏，评价指标主要也是基于力的安全系数。动力时程分析法中安全系数的求解普遍采用强度折减法，在计算中通过不断折减强度参数求得极限状态，并以折减系数定义边坡安全系数。适用性主要指边坡坡体变形不能太大，与 Newmark 滑块法类似多以关键点的永久位移为评价指标，主要通过对边坡在地震作用下的弹塑性计算得到关键点的动态位移曲线。近 40 年来，岩土力学数值计算方法得到了迅速发展，这些数值分析方法按特点可大致分为连续变形分析方法、非连续变形分析方法和连续–非连续耦合方法等。这些方法都在边坡静、动力变形破坏分析和稳定性评价中发挥了巨大的作用。

通过大量的数值分析表明，对于坡高大于 10m 的高边坡，宜采用动力时程方法 (数值分析方法) 进行地震作用下的稳定性分析，动力时程分析的步骤如下：

(1) 建立设计区域的边坡数值模型，确定边坡的物理力学参数；

(2) 根据设计区域的地震烈度确定输入地震波波形 (包括幅值、主频及持时等)，输入波形宜分别采用正弦波、El-centro 波及设计区域人工合成波三类；

(3) 数值模型静力作用下弹性、塑性计算稳定；

(4) 施加无反射及自由场边界条件，输入预设地震波进行动力计算；

(5) 分析计算结果，包括边坡的安全系数、永久位移、破裂度等，如有支挡结构，应分析支挡结构的刚性位移及转动等。

2. 基于破裂度的评价方法

破裂度是地震作用下边坡破坏程度的一种定量描述指标，物理上表示边坡当前已有的地裂缝数目同灾害形成时的地裂缝数目之比；数值计算中表示地震作用下当前破裂面积与灾变时破裂面积的比值。从破裂度的定义可以看出，破裂度是滑坡损伤状态的评价指标，破裂度越大坡体损伤越厉害，发生失稳的可能性越大。破裂度 = 0 表示无损伤，破裂度 = 1 表示完全损伤。在本书第 12 章已将对破裂度的提出背景、含义、意义、用途等作了详细论述，本节仅讨论破裂度评价方法在边坡地震稳定性分析中的应用。

对某基覆边坡在地震作用下的稳定性情况进行数值分析，并对其破裂度进行统计。建立如图 13.11 所示的数值模型。模型长 75m、高 40m，边坡坡高 20m、坡角 30°，覆盖层水平方向最大距离 15m、竖直方向最大距离 13m。基岩采用弹性模型，密度 2550kg/m³，弹性模量 10GPa；覆盖层采用 Mohr-Coulomb 模型及最大拉应力模型，密度 2000kg/m³、弹性模量 60MPa、黏聚力与抗拉强度均为 40kPa、内摩擦角为 40°。

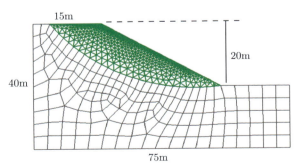

图 13.11 基覆边坡重力作用下破裂度的计算模型

　　首先利用强度折减法,探讨静力作用下,破裂度与黏聚力及内摩擦角的对应关系 (图 13.12)。由图可得,黏聚力越高,该边坡在静力作用下的破裂度越小;内摩擦角越大,破裂越小;相同破裂度下,黏聚力及内摩擦角基本呈直线关系。随着强度的逐渐降低,破裂度的数值逐渐趋近于 1。上述结果初步说明利用破裂度作为边坡静力稳定性评价是可行的。

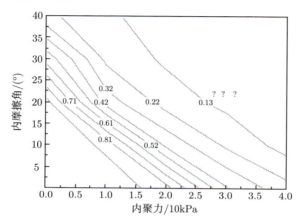

图 13.12　静力作用下破裂度与黏聚力及内摩擦角的关系

　　接着分析不同地震波频率、不同地震烈度下,基覆边坡破裂度的演化规律。由图 13.13 可得,地震烈度越大,破裂度越大;相同地震烈度,地震频率越小 (一致性运动越明显),破裂度越大,且地震频率与破裂度间基本呈线性关系;小震情况下,通过破裂度可以观察到共振现象。

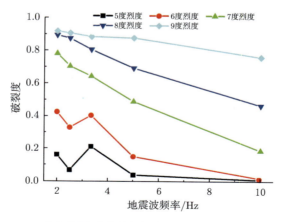

图 13.13　动力作用下破裂度与地震烈度及地震频率的关系

　　大量的数值计算表明,地震作用下,破裂度在 0~0.5,边坡处于稳定状态;破裂度在 0.5~0.9，边坡处于欠稳定状态；破裂度大于 0.9 且小于 1，边坡处于临滑状态；破裂度等于 1，边坡处于失稳状态。

13.3　通过爆炸波模拟地震波的模型试验

13.3.1　试验原理及方法

高陡边坡的坡体尺寸在百米量级，常规地震波的频率在 1~10Hz，模型试验的坡体尺寸一般在 1~5m 量级。按照相似率分析，地震波的频率应该为百赫兹左右，这恰恰是爆炸波产生的振动频率。因此，本试验利用爆炸波来模拟地震波，从而满足振动载荷频率的相似性，模型试验示意图如图 13.14 所示。

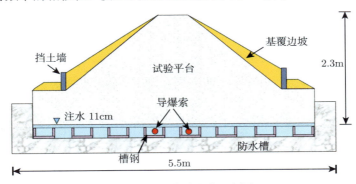

图 13.14　模型试验示意图

试验平台搭建及试验方法如下：

(1) 在平整的场地上开挖浇注钢筋混凝土基础槽，在槽内设置防水层，在防水层上等间距放置支撑架，在支撑架上部浇注钢筋混凝土试验平台，在试验平台上部堆设各种类型的试验模型 (如砂土边坡模型及顺层岩质边坡模型等)；

(2) 为了便于浇注，需在支撑架的空隙处填沙，并在浇注养护完毕后，将填沙挖出，产生的空间用于放置爆源；

(3) 爆源由钢筋及缠绕于钢筋上的导爆索、起爆雷管组成，为了产生稳定的爆炸应力波，采用水下爆炸的方式，试验时在基础槽内注水，水位以没过试验平台底边线为准，并将爆源穿入支撑架的空隙处；

(4) 通过改变爆源的药量、位置及起爆时间，可以模拟不同地震烈度、不同地震入射角度及不同地震持时对边坡破坏的影响。

搭建完后的试验平台如图 13.15 所示，(a) 为单坡试验平台，(b) 为双坡试验平台。

(a) 单坡试验平台　　　　　　　　　　(b) 双坡试验平台

图 13.15　爆炸波模拟地震波的试验平台

13.3.2　基于量纲分析的试验模型设计

本试验主要考察边坡内部及表面振动加速度、速度及动应力随各参量的变化情况，具体如式 (13.28)～式 (13.30) 所示。

$$a = f(c, \rho, g, L, C, \varphi, T, v_{\mathrm{a}}, f, t_{\mathrm{c}}) \tag{13.28}$$

$$v = f(c, \rho, g, L, C, \varphi, T, v_{\mathrm{a}}, f, t_{\mathrm{c}}) \tag{13.29}$$

$$\sigma = f(c, \rho, g, L, C, \varphi, T, v_{\mathrm{a}}, f, t_{\mathrm{c}}) \tag{13.30}$$

其中，a 为坡体振动加速度的响应；v 为坡体振动速度的响应；σ 为坡体动应力的响应；c 为特征波速 (包括纵波波速及横波波速两类)；ρ 为密度；g 为重力加速度；L 为特征尺寸；C 为黏聚力；φ 为内摩擦角；T 为抗拉强度；v_{a} 为输入地震速度波的幅值；f 为输入地震速度波的频率；t_{c} 为输入地震速度波的持时。

以 c、ρ、f 为基本量，无量纲公式如式 (13.31)～式 (13.33) 所示。

$$\frac{a}{cf} = f\left(\varphi, \frac{g}{cf}, \frac{Lf}{c}, \frac{C}{\rho c v_{\mathrm{a}}}, \frac{T}{\rho c v_{\mathrm{a}}}, \frac{v_{\mathrm{a}}}{c}, t_{\mathrm{c}}f\right) \tag{13.31}$$

$$\frac{v}{c} = f\left(\varphi, \frac{g}{cf}, \frac{Lf}{c}, \frac{C}{\rho c v_{\mathrm{a}}}, \frac{T}{\rho c v_{\mathrm{a}}}, \frac{v_{\mathrm{a}}}{c}, t_{\mathrm{c}}f\right) \tag{13.32}$$

$$\frac{\sigma}{\rho c v_{\mathrm{a}}} = f\left(\varphi, \frac{g}{cf}, \frac{Lf}{c}, \frac{C}{\rho c v_{\mathrm{a}}}, \frac{T}{\rho c v_{\mathrm{a}}}, \frac{v_{\mathrm{a}}}{c}, t_{\mathrm{c}}f\right) \tag{13.33}$$

经过量纲分析确定原型与模型之间应该满足的相似律为：$(\varphi)_{\mathrm{m}} = (\varphi)_{\mathrm{o}}$，$\left(\dfrac{g}{cf}\right)_{\mathrm{m}}$

$$= \left(\frac{g}{cf}\right)_{\mathrm{o}}, \ \left(\frac{Lf}{c}\right)_{\mathrm{m}} = \left(\frac{Lf}{c}\right)_{\mathrm{o}}, \ \left(\frac{C}{\rho cv_{\mathrm{a}}}\right)_{\mathrm{m}} = \left(\frac{C}{\rho cv_{\mathrm{a}}}\right)_{\mathrm{o}}, \ \left(\frac{T}{\rho cv_{\mathrm{a}}}\right)_{\mathrm{m}} = \left(\frac{T}{\rho cv_{\mathrm{a}}}\right)_{\mathrm{o}},$$

$$\left(\frac{v_a}{c}\right)_{\mathrm{m}} = \left(\frac{v_a}{c}\right)_{\mathrm{o}}, \ (t_{\mathrm{c}}f)_{\mathrm{m}} = (t_{\mathrm{c}}f)_{\mathrm{o}}.$$

根据汶川地震调查中两个典型边坡 (宇宫庙基覆边坡、寿江大桥顺层岩质边坡) 的基本特征及模型材料制作的可行性, 本试验边坡高度选定为 40~60m, 坡度 30°~45°, 密度 2000~2200kg/m^3, S 波波速 500~1500m/s, P 波波速 1000~3000m/s, 坡体材料的抗拉强度 0.5~5kPa, 黏聚力 5~30kPa, 内摩擦角 25°~40°。研究的地震烈度为Ⅶ-Ⅹ (速度峰值 0.13~1.0m/s, 具体见表 13.1), 频率为 1~10Hz, 持时为 10~30s。

表 13.1 中国地震烈度表 (GB/T 17742—2008)(节选)

地震烈度	Ⅵ	Ⅶ	Ⅷ	Ⅸ	Ⅹ
水平向地震加速度峰值/(m/s^2)	0.63	1.25	2.50	5.00	10.00
	0.45~0.89	0.90~1.77	1.78~3.53	3.54~7.07	7.08~14.1
水平向地震速度峰值/(m/s)	0.06	0.13	0.25	0.50	1.00
	0.05~0.09	0.10~0.18	0.19~0.35	0.36~0.71	0.72~1.41

经过试验的可行性分析, 爆炸模型试验采用几何缩比为 25, (即 $(L)_{\mathrm{m}} = (L)_{\mathrm{o}}/25$)。顺层边坡的块体分别采用加气混凝土块和石膏板材 (模型材料) 进行模拟, 基覆边坡的覆盖层采用工程细砂 (相当于原型材料) 进行模拟, 重力式挡土墙采用加气混凝土块进行模拟, 桩板墙采用加气混凝土块及塑料扣板或现浇水泥板进行模拟, 框架梁采用木制龙骨进行模拟, 锚索采用细钢丝进行模拟。加气混凝土块、石膏板材、水泥板及工程沙等模型材料的物理力学参数如图 13.2 所示。

表 13.2 模型材料物理力学参数

类别	密度/(kg/m^3)	纵波波速/(m/s)	黏聚力/kPa	内摩擦角/(°)
加气混凝土	≈ 700	≈ 1800	≈ 300	≈ 41
石膏板材	≈ 700	≈ 2000	—	≈ 45
水泥板	≈ 2300	≈ 3000	—	—
工程细沙	≈ 1800	≈ 1000	≈ 0	≈ 26

顺层岩质边坡需要满足的相似率为: $(v_{\mathrm{a}})_{\mathrm{m}} = 0.5(v_{\mathrm{a}})_{\mathrm{o}}$, $(f)_{\mathrm{m}} = 12.5(f)_{\mathrm{o}}$, $(t_{\mathrm{c}})_{\mathrm{m}} = 0.08(t_{\mathrm{c}})_{\mathrm{o}}$, $(T)_{\mathrm{m}} = (T)_{\mathrm{o}}/16$, $(C)_{\mathrm{m}} = (C)_{\mathrm{o}}/16$, $(\varphi)_{\mathrm{m}} = (\varphi)_{\mathrm{o}}$, $(c)_{\mathrm{m}} = 0.5(c)_{\mathrm{o}}$, $(\rho)_{\mathrm{m}} = (\rho)_{\mathrm{o}}/4$; 顺层岩质边坡响应量满足的相似关系: $(a)_{\mathrm{m}} = 6.25(a)_{\mathrm{o}}$, $(v)_{\mathrm{m}} = 0.5(v)_{\mathrm{o}}$, $(\sigma)_{\mathrm{m}} = (\sigma)_{\mathrm{o}}/16$。

基覆边坡需要满足的相似率为: $(v_{\mathrm{a}})_{\mathrm{m}} = (v_{\mathrm{a}})_{\mathrm{o}}$, $(f)_{\mathrm{m}} = 25(f)_{\mathrm{o}}$, $(t_{\mathrm{c}})_{\mathrm{m}} = 0.04(t_{\mathrm{c}})_{\mathrm{o}}$, $(T)_{\mathrm{m}} = (T)_{\mathrm{o}}$, $(C)_{\mathrm{m}} = (C)_{\mathrm{o}}$, $(\varphi)_{\mathrm{m}} = (\varphi)_{\mathrm{o}}$, $(c)_{\mathrm{m}} = (c)_{\mathrm{o}}$, $(\rho)_{\mathrm{m}} = (\rho)_{\mathrm{o}}$;

基覆边坡响应量满足的相似关系为：$(a)_m = 25(a)_o$，$(v)_m = (v)_o$，$(\sigma)_m = (\sigma)_o$。

13.3.3　顺层边坡的模型试验研究

1. 试验设计

以寿江大桥顺层岩质边坡为原型边坡进行坡体设计，原型边坡的示意图如图 13.16 所示。该边坡底部为重力式挡土墙支挡，整个表面为锚索框架梁支护，两者的几何参数如表 13.3、表 13.4 所示。

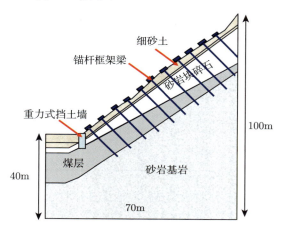

图 13.16　寿江大桥顺层岩质边坡原型示意图

表 13.3　重力式挡土墙物理一览表

项目	单位	数值	备注
几何尺寸（宽 × 高）	m	1.3×6.0	出露在马路以上部分
材料		浆砌片石加水泥砂浆素面抹灰	

表 13.4　锚索框架梁物理参数一览表

	项目	单位	数值	备注
梁	几何尺寸（长 × 宽 × 高）	m	2.9×0.3×0.3	横向梁
	几何尺寸（长 × 宽 × 高）	m	5.2×0.3×0.3	纵向梁
	层数	层	14	横向梁层数
	列数	列	40	纵向梁层数
	材料		钢筋混凝土	
锚索	几何尺寸（宽 × 高）	m	0.5×1.1	锚头
	数量	个	260	
	材料		钢筋混凝土	

首先研究无支挡结构时，不同覆盖层厚度对顺层边坡稳定性的影响。根据表层

是否覆盖砂土分为无覆盖层、小覆盖层及大覆盖层三类，每一类的试验组次数如表13.5 所示。覆盖层的目的在于考察边坡在不同剪出口的情况下，破坏模式的区别。顺层岩块采用加气混凝土进行模拟，材料的密度为 $700 \mathrm{kg/m^3}$，块体与块体间采用水泥浆按照梅花型布置进行粘接，块体的等效黏聚力为 300Pa，块体的内摩擦角为 $41°$。各类型顺层坡体的示意图如图 13.17 所示。

表 13.5　顺层岩质边坡不同类别的试验组次

类别	试验组数	每组次数	药量变化/g	覆盖区与无覆盖区的比例
无覆盖层	1	6	20～40	0 : 1
小覆盖层	1	6	1～20	1 : 5
大覆盖层	2	6	1～20	3 : 3

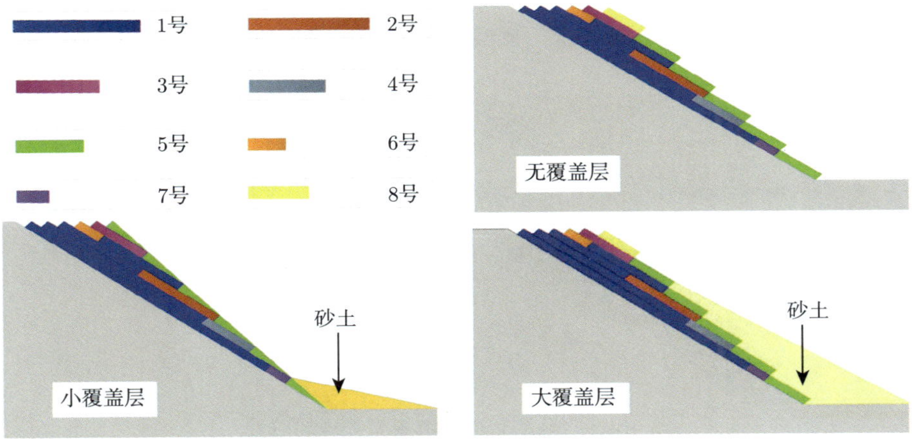

图 13.17　各类顺层坡体示意图

此三类模型中，在厚度方向上分为 6 层，每层厚度 6cm，在宽度方向上分为5 层，每层厚度 30cm。需要 1 号块体 (60mm×300mm×600mm) 35 块，2 号块体(60mm×300mm×572mm) 5 块，3 号块体 (60mm×300mm×391mm) 5 块，4 号块体(60mm×300mm×362mm) 5 块，5 号块体 (60mm×300mm×319mm) 35 块，6 号块体 (60mm×300mm×181mm) 5 块，7 号块体 (60mm×300mm×153mm) 5 块，8 号块体 (60mm×300mm×281mm) 5 块。

接着研究工程支护对顺层边坡抗震稳定性的改善作用。在双坡试验平台的一侧设置支挡结构，另一侧无支挡结构，进行带支挡及不带支挡的对比试验，模型布设如图 13.18 所示，典型工况下的试验照片如图 13.19 所示。

重力式挡土墙采用三块加气混凝土块拼接而成，其中两块的尺寸为 600mm×300mm×60mm，一块的尺寸为 280mm×300mm×60mm。为了安装固定重力式挡土墙,在坡脚平台处开深 4cm、宽 6cm、长 1.5m 的槽;挡土墙安装时在槽底部铺水泥浆,在墙的前、后侧也铺水泥浆。

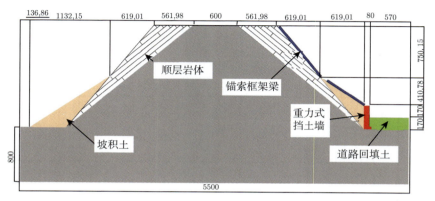

图 13.18　顺层岩质边坡试验模型

图 13.19　顺层岩质边坡模型的现场照片

　　框架梁采用木制龙骨制作,龙骨的截面尺寸为 3cm×3.5cm,节点处开直径 1cm 的通孔,用于穿预应力钢丝,并为锚头提供施加预应力的支撑面。在斜坡平台上每隔一定距离打膨胀螺栓,采用 0.5mm 的钢丝及螺纹杆组成预应力锚索联合体。钢丝的一端缠绕于膨胀螺栓的螺母上,拧紧固定,用于模拟锚固段。钢丝的另一端固定于直径 6mm 的螺杆上。螺杆带着钢丝穿过顺层岩体的接缝,到达岩体表面,并穿过龙骨制成的框架梁,通过小螺母将出露的螺杆拧紧,施加预应力。

　　试验共埋设 5 个加速度传感器 (布设于坡体表面),5 个 PVDF 压力传感器 (布设于重力式挡墙内侧面)。各传感器的布设位置示意图如图 13.20 所示。采用北京东方振动和噪声技术研究所的 DASP-V10 基础版系统进行数据采集及分析。

　　2. 试验现象分析

　　(1) 无支护结构——不同覆盖层范围的对比

　　爆炸波作用下，无覆盖层、小覆盖层、大覆盖层顺层坡体的破坏情况，如图 13.21～图 13.23 所示。

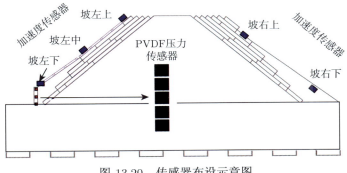

图 13.20　传感器布设示意图

图 13.21　无覆盖层的顺层边坡破坏模式

图 13.22　小覆盖层的顺层边坡破坏模式

图 13.23　大覆盖层的顺层边坡破坏模式

　　由试验现象可以看出：地震时，在地震应力波的作用下，顺层层间结构面出现了拉伸破坏，丧失了抗拉强度及黏聚力，自身的内摩擦角也有所降低，原本稳定的坡体随即出现大范围失稳下滑现象，并最终冲切入坡脚砂土中。

　　对于顺层岩质边坡，地震作用下的破坏模式是在顺层凌空面处的拉裂-滑移导致的整体剪出破坏，且伴随着顺层块体的溃屈及表层风化块体的挤压破坏。顺层坡脚的覆盖层对边坡的破坏有较大的影响，随着覆盖层厚度的增加，顺层边坡的破坏位置逐渐上移。因此，剪出口的位置直接影响着边坡的破坏形式。

　　(2) 有支护结构——支护效果对比

　　预应力锚索对存在剪出口的顺层岩质边坡具有较好的支护作用，图 13.24～图 13.26 给出了各组有支护结构及无支护结构下边坡的破坏情况。支护结构的支护效果，还可以从框架梁的拆除后坡体的破坏情况看出，具体如图 13.27 所示。

(a) 支护结构侧(左)　　　　　　　　　　　(b) 无支护结构侧(右)

图 13.24　第 1 组对比试验

(a) 支护结构侧(左)　　　　　　　　(b) 无支护结构侧(右)

图 13.25　第 2 组对比试验

(a) 支护结构侧(左)　　　　　　　　(b) 无支护结构侧(右)

图 13.26　第 3 组对比试验

由图 13.27 可看出，地震力作用下，顺层岩块之间的结构面已经出现破坏，界面上的黏聚力及抗拉强度变为 0，但由于锚索预应力的存在，将顺层块体紧固在斜坡上，待框架梁拆除，预应力释放，顺层岩块在自重作用下快速下滑。由此可见，预应力锚索框架梁对结构在地震作用下的稳定性起着重要作用，但可能存在的问题是，即便是在 40g 药量 (等效于 XI 度地震) 的情况下，带支护结构的边坡仍然没有明显破坏；而汶川现场调查结果也表明，在近场高烈度地震作用下，寿江大桥顺层岩质边坡仅有局部破坏，这就意味着，支护结构 (锚索框架梁) 可能过于安全。

3. 试验数据分析

1) 原型–模型加速度换算

对各组试验各药量下顺层边坡坡体表面的加速度进行了统计分析，得出了坡体表面平均振动加速度随着药量的变化曲线 (图 13.28)，并用直线进行相应的拟合，给出的拟合公式如式 (13.34) 所示。根据原型与模型的换算关系，可得原型的加速度计算公式如式 (13.35) 所示 (由于无支挡结构侧的顺层块体会发生大的滑落，此处的加速度值选取的是支挡结构侧加速度传感器测得的峰值)。

(a) 拆除前　　　　　　　　　　(b) 拆除后

图 13.27　地震结束后支挡结构一侧上框架梁拆除后坡体的破坏情况

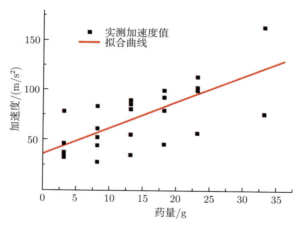

图 13.28　坡体表面加速度随着药量的变化规律

$$(a)_{\mathrm{m}} = 2.6Q + 35.1 \tag{13.34}$$

$$(a)_{\mathrm{o}} = 0.42Q + 5.62 \tag{13.35}$$

从拟合曲线可以看出：当药量从 1g 变化到 30g 时，顺层坡体表面的加速度将从 38m/s^2 变化到 110m/s^2，对应的地震烈度从 IX 变化到了 XI。这就证明，从烈度的角度来用爆炸进行地震作用的模拟是可行的。

2) 现场爆炸试验与 5.12 汶川地震真实波形图对比

汶川地震波与爆炸试验波在时域与频域上的对比如图 13.29、图 13.30 所示。

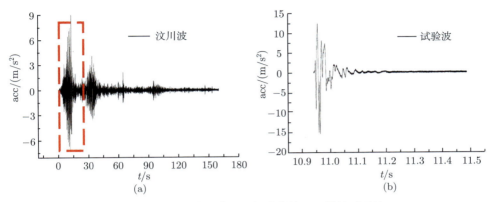

图 13.29　汶川地震波 (a) 与试验波 (b) 的持时对比

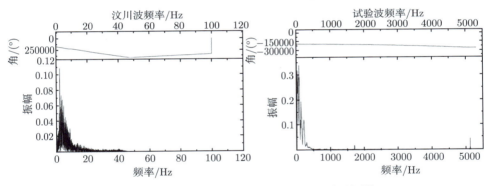

图 13.30　汶川地震波 (a) 与试验波 (b) 主频对比

通过对比可以看出：爆炸试验波形图与汶川地震真实波形图相似；经相似律换算得到的试验波持时 (约为 13.5s) 与 5.12 汶川波主震持时 (约为 20s) 很接近；经相似律换算得到的试验波主频 (约为 4.8Hz) 与汶川波主频 (约为 5Hz) 也非常接近。持时、主频都相差不大，进而验证了用爆炸模拟地震的可行性。

3) 坡体表面法向及切向加速度的对比分析

对斜坡表面法向及切向加速度进行对比分析，得出法向加速度比切向加速度大一倍左右，典型曲线如图 13.31 所示。通常情况下，天然地震波水平加速度明显大于竖直加速度；但本试验主要考虑近场地震作用下的动力响应，而在近场地震中，纵波 (P 波) 为主要影响因素，因此得出法向加速度比切向加速度大的结果。

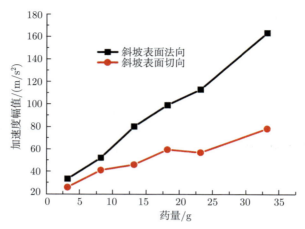

图 13.31　斜坡表面法向加速度及切向加速度对比曲线

4) 重力式挡墙上土压力的分布规律

对挡土墙上的土压力幅值进行统计分析，图 13.32 为土压力幅值随药量的变化曲线，从图中可以看出，重力式挡土墙上的土压力幅值随着药量的增加而逐渐增加。图 13.33 为重力式挡土墙上的土压力幅值随墙高的分布规律，从图中可以看出，重力式挡土墙上土压力幅值随着墙高的增加呈现先增大后减小的钟形分布。

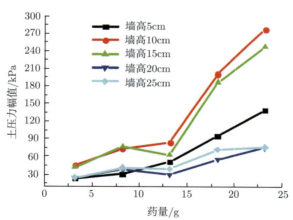

图 13.32　土压力幅值随着药量的变化

4. 小结

(1) 破坏现象描述：试验中，顺层边坡的破坏主要表现为层间破坏导致的滑移，这一现象与汶川地震现场调查获得的破坏现象相符。

(2) 破坏的原因分析: 对顺层边坡在地震作用下的破坏, 从试验现象可以看出, 应力波对界面间的拉伸破坏是破坏的主要因素。在应力波作用下, 层间界面弱化, 黏聚力及内摩擦角降低, 导致坡体失稳; 顺层坡脚的覆盖层对边坡的破坏有较大的影响, 随着覆盖层厚度的增加, 顺层边坡的破坏位置逐渐上移。因此, 剪出口的位置直接影响着边坡的破坏形式。顺层边坡不是震坏的, 而是应力波作用下, 黏聚力及抗拉强度的丧失, 之后的运动过程是在自重作用下的结果。

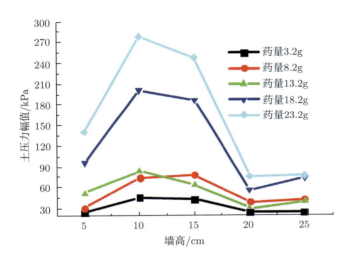

图 13.33　土压力幅值随着墙高的变化

(3) 药量与地震烈度的关系: 当药量从 1g 变化到 30g 时, 顺层岩质边坡坡体表面的加速度将从 $38\mathrm{m/s^2}$ 变化到 $110\mathrm{m/s^2}$(拟合公式为 $(a)_\mathrm{m} = 2.6Q + 35.1$), 通过相似律换算, 对应的地震烈度从 IX 变化到了 XI; 爆炸试验波形图与汶川地震真实波形图相似, 持时、主频都相差不大, 因此利用爆炸对地震作用进行模拟是可行的。

(4) 重力墙上的压力分布规律: 重力式挡土墙上的压应力峰值随着墙高的变化呈现先增大后减小的钟形分布, 地震烈度越大, 这种分布越明显; 当药量从 1~30g 变化时, 重力式挡土墙上的土压力变化范围为 30~400kPa。根据挡土墙土压力的这一钟形分布规律, 可以对挡土墙的设计进行改进。

(5) 预应力锚索框架梁的作用: 预应力锚索框架梁对顺层岩质边坡有很好的支挡作用, 施加的预应力有助于顺层岩块之间的压紧贴实, 增加抗滑力; 在 40g 高药量 (等效于 11 度地震) 的情况下, 带支护结构的边坡仍然没有明显破坏, 结合汶川地震现场考察结果, 支护结构 (锚索框架梁) 可能过于安全。

(6) 试验的意义: 选线时应避免通过大型高陡顺层边坡密集区。如必须通过的,需进行削坡处理，并在坡面构建锚索框架梁防护体系。

13.3.4　基覆边坡的模型试验研究

1. 试验设计

基覆边坡以汶川灾区宇宫庙滑坡为原型，该原型边坡的示意图如图 13.34 所示。宇宫庙滑坡东侧支挡结构为桩板墙，西侧为重力式挡土墙。两者的几何参数如表 13.6、表 13.7 所示。

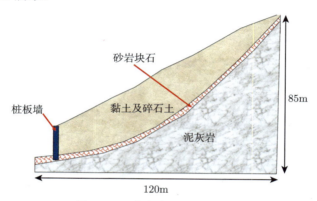

图 13.34　宇宫庙原型边坡示意

表 13.6　桩板墙物理参数一览表

	项目	单位	数值	备注
桩	几何尺寸 (长 × 宽 × 高)	m	2.0×1.5×5.0	出露在马路以上部分
	埋入深度	m	5.0	桩砼波速为 3850m/s(成勘院)
	数量	个	12	
	间距	m	4.0	平均间距
板	几何尺寸 (长 × 宽 × 高)	m	4.5×0.2×1.0	
	数量	个	5	出露在马路以上板的数量
	材料		钢筋混凝土	

表 13.7　挡土墙物理一览表

项目	单位	数值	备注
几何尺寸 (宽 × 高)	m	1.0×2.5	出露在马路以上部分
材料		浆砌片石加水泥砂浆, 素面抹灰	

试验时采用工程细砂模拟基岩上部的覆盖层，细砂尺寸为 1~2mm，基覆边坡的试验模型图如图 13.35 所示，立体图如图 13.36 所示。

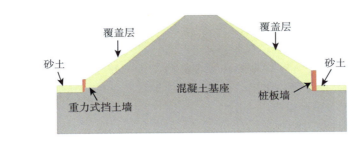

图 13.35　基覆边坡模型示意图

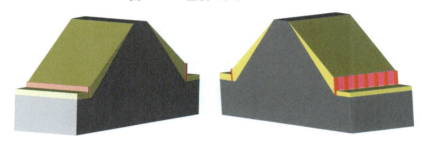

(a)重力式挡土墙侧　　　　　　　　　　(b)桩板墙侧

图 13.36　基覆边坡模型三维图

　　试验中重力式挡土墙的制作与 13.3.3 节中的制作方式一致，此处不再赘述。本试验中桩板墙的制作方式如下：桩体采用加气混凝土切割而成，板采用塑料扣板切割而成，桩尺寸为 6cm×8cm×40cm，在高度方向有 4cm 深入平台预留桩孔中，即平台以上桩高 36cm，此模型中共用模型桩 7 根。板厚度方向 0.4cm，高 25cm，宽度方向有两个尺寸，即 24cm 及 27cm，共需要 24cm 的板 4 块 (中间桩上用)，27cm 的板 2 块 (两侧桩上用)。桩与板之间采用 6mm 的通扣螺杆连接，外侧用螺母及垫片固定，内侧用螺母固定。

　　现场试验时，典型的重力式挡土墙布置及桩板墙布置如图 13.37、图 13.38 所示。

图 13.37　基覆坡体 + 重力式挡土墙

图 13.38　基覆坡体 + 桩板墙

2. 传感器布设

1) 模型内部压力传感器

在模型浇注过程中，在模型内部预埋入两支 PVDF 压力传感器 (内压 1、2)，用以测量爆炸载荷作用下，作用于模型内部的动载荷特性，其中内压 1 在平台以下 20cm，内压 2 在平台以上 50cm。

2) 模型正面加速度传感器

为了测量模型正面墙壁不同高度的加速度分布规律，在模型正面墙壁上设置加速度安装支架，支架位置如图 13.39 所示。

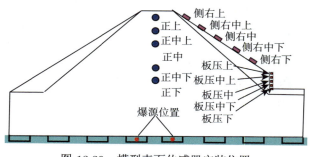

图 13.39　模型表面传感器安装位置

3) 桩板墙处的压力传感器布设

桩板墙上共布置 5 个 PVDF 压力传感器，分别布置于板下部 (距底部 5cm)、板中下部 (距底部 9cm)、板中部 (距底部 13cm)、板中上部 (距底部 17cm)、板上部 (距底部 21cm)，如图 13.39 所示。

4) 边坡表面的加速度传感器布设

为了测定基覆边坡表面加速度的变化规律，在基覆边坡表面一定位置埋设加速度传感器 (直接放置于坡体内部，距坡面 5cm 左右处)，如图 13.39 所示。

3. 药量与地震烈度的对应关系

对各组试验各药量下基覆边坡坡体表面的加速度进行了统计分析，得出了坡体表面平均振动加速度随着药量的变化曲线 (图 13.40)。

用直线进行相应的拟合，给出的拟合公式如式 (13.36) 所示。根据原型与模型的换算关系可得，原型的加速度计算公式如式 (13.37) 所示。

$$(a)_m = 1.1Q + 13.6 \tag{13.36}$$

$$(a)_o = 0.04Q + 0.54 \tag{13.37}$$

当药量从 1g 变化到 30g 时，顺层坡体表面的加速度将从 15m/s^2 变化到 47m/s^2。对应的地震烈度从 Ⅵ 变化到了 Ⅷ。与顺层岩质边坡相比，在相同药量变化范围内,产生的振动加速度较小,这也是地震时顺层岩质边坡较基覆边坡破坏严重的一个重要原因。

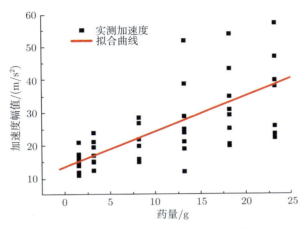

图 13.40 基覆边坡表层加速度幅值随药量的变化

4. 基覆层表面加速度响应分析

在覆盖层为砂土的基覆边坡表面布设加速度传感器,测量其表面的法向加速度,其典型的加速度振动时程曲线如图 13.41 所示,其他加速度传感器的波形基本类似。由此可得,坡体表面的加速度存在两次比较大的峰值,第一次峰值是由于爆炸波在岩土交界面处产生反射,将上部松散砂土抬起时产生的加速度;第二次是由于被抬起后的砂土在自重作用下下落,撞击到岩土交界面处产生的加速度。

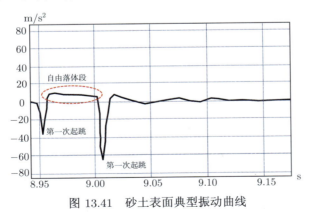

图 13.41 砂土表面典型振动曲线

各药量下距坡脚 80cm 处传感器测得的自由落体时间随药量的变化如图 13.42 所示。由图可得,随着药量的增加,自由落体的时间逐渐增加。

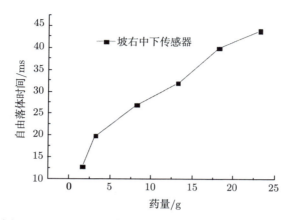

图 13.42　距坡脚 80cm 处自由落体时间随药量的变化

图 13.43、图 13.44 给出了抬升时冲击加速度及下落后冲击加速度随着药量及到坡脚距离的变化规律。由图可得，第一个峰值及第二个峰值均随着药量的增加而逐渐增加。

5. 重力式挡土墙上的土压力分布规律

挡土墙上土压力正峰值随着药量的变化及挡土墙高度的变化如图 13.45、图 13.46 所示。由图可得，随着药量的增加，挡土墙上各压力传感器的正峰值基本呈增加趋势，在药量为 18.2g 时发生了局部转折，表明此时的覆盖砂土层已经产生了局部的破坏。随着墙高的增加，动土压力正峰值基本呈中间大、两头小的钟形，且药量越大，此种规律越明显。这隐约表明，挡土墙上钟形分布的规律可能与形成的潜在滑动面有关。小药量下，由于没有形成滑动面，各墙高处的压力值基本相等，而一旦滑面形成，钟形分布的土压力模式便出现。

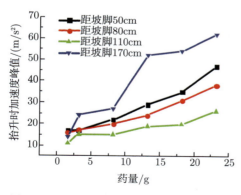

图 13.43　抬升时加速度峰值随药量的变化

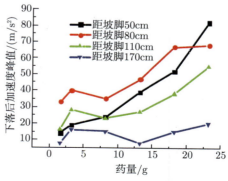

图 13.44　下落后加速度峰值随药量的变化

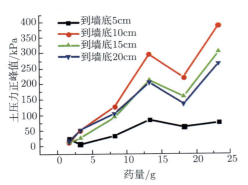

图 13.45 土压力正峰值随着药量的变化趋势

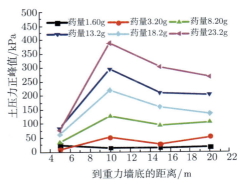

图 13.46 土压力正峰值随着墙高的变化趋势

6. 桩板墙上的土压力分布规律

对各药量下桩板墙上土压力的正压峰值进行统计分析，土压力峰值随着药量及板高的变化如图 13.47、图 13.48 所示。由图可得，随着药量的增加，桩板墙上各压力传感器的压力峰值总体上呈现增加的趋势；随着板高的增加，土压力峰值则呈现出先增大后减小的趋势，换句话说，就是随着到板底距离的增加，土压力峰值基本呈中间大两头小的钟形分布。

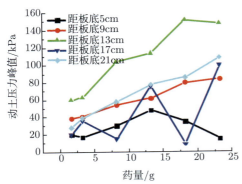

图 13.47 土压力峰值随药量的变化趋势

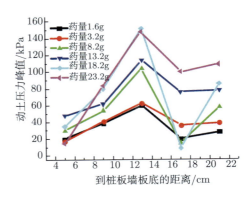

图 13.48 土压力峰值随板高的变化趋势

7. 支挡效果分析

对于基覆边坡而言，支挡结构 (桩板墙、重力式挡土墙等) 具有不可替代的作用。图 13.49 的对比试验给出了很好的证明。通过对比可以看出，在相同药量下，自然边坡一侧 (没有支挡) 表层的标记物大量下滑，而有桩板墙的一侧，由于有下部桩板墙的支挡作用，松散砂土体受到了一定的约束，只产生了轻微的滑动 (从图中的标记物可以看出)；但两者也有共性，即两类坡体的后缘均有将近 10cm 的整体下错。

　　　　(a) 自然边坡一侧　　　　　　　　　　　　　　(b) 有桩板墙的一侧

图 13.49　支挡结构的支挡效果

8. 小结

(1) 破坏现象：对于覆盖层为砂土的自然基覆边坡，地震力作用下的主要破坏现象是浅表层大量松散岩土体翻滚下落，形成表面流坍，并最终聚集于坡脚。这一现象与汶川地震现场调查的破坏现象相符。

(2) 破坏模式：距震源很近 (即近场) 且地震烈度为Ⅵ至Ⅷ度之间时，基覆边坡一般不会发生崩塌或者大面积滑坡，破坏模式主要是浅表层张拉而导致表层松散体流坍。原因是应力波作用下，黏聚力及抗拉强度的丧失，最终在自重作用下发生滑移。

(3) 药量与地震烈度的关系：当药量从 1g 变化到 30g 时，基覆边坡坡体表面的加速度将从 $15\mathrm{m/s^2}$ 变化到 $47\mathrm{m/s^2}$(拟合公式为 $(a)_m = 1.1Q + 13.6$)，通过相似率换算，对应的地震烈度将从Ⅵ变化到Ⅷ度。

(4) 支挡结构的作用：重力式挡土墙及桩板墙等支挡结构对基覆边坡具有很好的支挡效果。支挡结构提供了支撑面，约束了基岩上部覆盖层 (尤其松散砂土体) 的整体位移，在一定程度上减弱了原有的剪出临空面。

13.4　地震作用下边坡破坏机理及模式的数值分析

13.4.1　顺层边坡的破坏模式分析

1. 顺层边坡模型概化

汶川地区构造十分发育，形成了大量的结构面，在长期的雨水浸泡、冲刷和风化作用下，强度减弱，形成各种软弱结构面。在地震作用下，这些破碎岩体中的节理面、层面瞬间贯通，极易沿着优势结构面崩塌滑动。虹口乡王家坪滑坡、安县晓坝镇武湖村肖家桥滑坡、白水溪滑坡即是汶川地震中典型的顺层岩质滑坡，通过对这些滑坡进行实地的调查，可以概化出顺层岩质边坡的模型如图 13.50 所示。

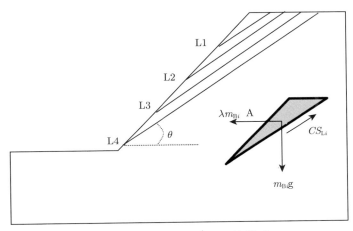

图 13.50   顺层边坡概化后的模型

设顺层边坡存在潜在滑动的层面 (结构面) 共 N 层，从坡顶往下依次标记为 L1，L2，$\cdots$，LN，每层层面以上的顺层坡体分别标记为 B1，B2，$\cdots$，BN。设每层结构面的倾角相同，角度为 θ；每层结构面的黏聚力、抗拉强度及内摩擦角相同，分别为 C，T，φ。

2. 顺层边坡在地震作用下的破坏过程

地震力对顺层边坡的破坏作用，主要表现为对边坡结构面强度参数的影响。岩土力学中用来刻画结构面强度的参数主要有三个，即黏聚力、抗拉强度及内摩擦角。如不考虑水的作用，可以假定地震作用下内摩擦角基本保持不变。基于此种假设，地震的作用主要是导致了结构面黏聚力及抗拉强度的变化。

数值计算时通过引入强度随着地震力作用而折减的力学模型 (结构面软化模型)，来刻画地震导致的顺层边坡结构面黏聚力及抗拉强度的丧失。将结构面弹簧的黏聚力及抗拉强度与结构面弹簧的塑性应变建立联系：拉伸塑性应变在 0~1% 变化，剪切塑性应变在 0%~3% 变化，结构面弹簧的抗拉强度及黏聚力呈线性变化；拉伸塑性应变超过 1% 时将抗拉强度设为零，剪切塑性应变超过 3% 时将黏聚力设为零，具体如式 (13.38) 所示。其中，t_0 表示本时刻，t_1 表示下一时刻，T_0、C_0 分别表示初始时刻的抗拉强度及黏聚力，ε_{tp} 为塑性拉伸应变，ε_{cp} 为塑性剪切应变。结构面软化模型中，黏聚力及抗拉强度随塑性应变的演化如图 13.51 所示。

$$
\begin{cases}
(1)\text{拉伸破坏}: \\
\text{如果} - F_n^j \geqslant T_{t0} \quad (F_n^j \text{——拉为负}) \\
\text{那么} F_n^j = -T_{t0}, \quad T_{t1} = -\dfrac{T_0}{1\%} \times \varepsilon_{\text{tp}} + T_0 \\
(2)\text{剪刀破坏}: \\
\text{如果} F_s^j \geqslant F_n^j \tan\varphi + C_{t0} \\
\text{那么} F_s^j = F_n^j \tan\varphi + C_{t0}, \quad C_{t1} = -\dfrac{C_0}{3\%} \times \varepsilon_{\text{cp}} + C_0
\end{cases}
\tag{13.38}
$$

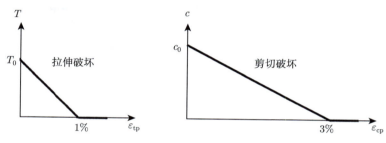

图 13.51　结构面软化模型示意

上述的结构面软化模型，是应变强度分布准则模型的特例 (参照第 7 章)。数值模拟的经验表明，当材料有较长的软化段时，一些宏观现象才能够表现出来。重要的是该模型中没有和时间相关的参数，应用于动态分析能够给出类似于蠕变的大变形。基于静态试验的材料特性本构研究动态问题，可以简化大量的试验研究工作。以下的分析表明，这一想法在解决当前的问题上可行，还需要系统、深入的研究。

建立如图 13.52 所示的单一结构面顺层边坡模型。顺层坡体的材料参数如下所

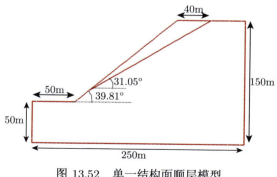

图 13.52　单一结构面顺层模型

示：密度 2500kg/m³，弹性模量 38GPa，泊松比 0.25。结构面的材料参数如下所示：单位面积上法向及切向刚度 50GPa/m，内摩擦角 28°，抗拉强度 0.2MPa，黏聚力 0.2MPa。

图 13.53 给出了地震频率为 2Hz 的水平地震力作用下，结构面上弹簧的黏聚力随着地震加速度幅值的变化情况。由图可得，随着地震加速度幅值的逐渐增大，黏聚力的减小首先出现于坡脚，后逐渐向坡顶扩展，且坡脚、坡顶黏聚力的丧失速度远大于坡体中部，因此结构面处的黏聚力出现了中间大两头小的钟形分布。

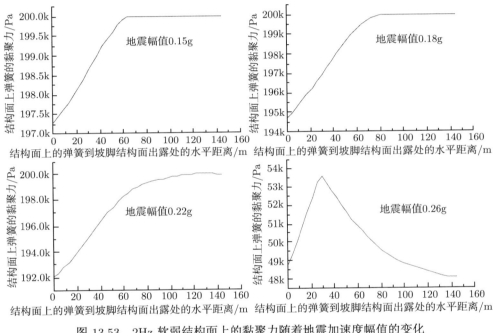

图 13.53 2Hz 软弱结构面上的黏聚力随着地震加速度幅值的变化

3. 地震烈度对边坡破坏模式的影响

在地震荷载作用下，层间软弱结构面的潜在破坏模式主要有两种，即受拉破坏和剪切破坏。数值计算时，取结构面内摩擦角为 28°，黏聚力大小为 0.2MPa，抗拉强度的大小为黏聚力的 0.4 倍。不同地震烈度下顺层边坡的破坏模式如图 13.54 所示。由图可得，顺层边坡的破坏主要表现为表层的拉伸破坏，深层的剪切破坏；并且随着地震烈度的升高，剪切破坏的面积逐渐增加，拉伸破坏的面积逐渐减小。

4. 地震频率对边坡破坏模式的影响

不同地震频率下边坡的破坏模式如图 13.55 所示。由图可得，2Hz 作用下，顺层边坡表现为沿着基岩面的一致性运动；8Hz 作用下，顺层边坡除了沿着基岩面的一致性运动外，还表现出各层层间的局部错动。2Hz 及 8Hz 边坡最终破坏形式的对比表明，在高频作用下，顺层边坡的主滑层有向坡体表面发展的趋势。

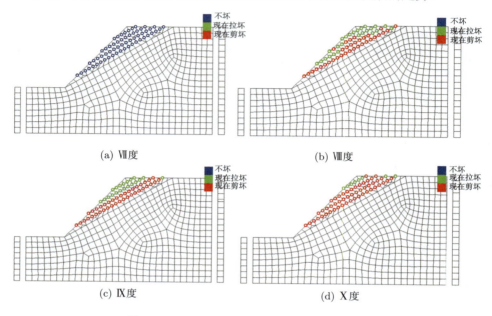

(a) Ⅶ度　　　　　　　　　　　　　(b) Ⅷ度

(c) Ⅸ度　　　　　　　　　　　　　(d) Ⅹ度

图 13.54　不同地震烈度下结构面的破坏模式

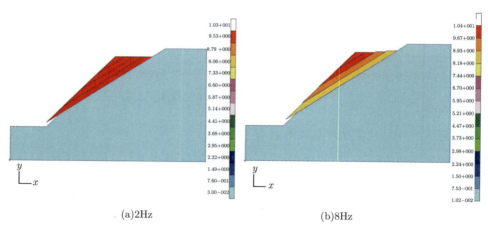

(a)2Hz　　　　　　　　　　　　　(b)8Hz

图 13.55　不同频率下顺层边坡的最终破坏形式

5. 顺层边坡地震稳定性的影响因素分析

为了获得地震作用下顺层边坡稳定与非稳定的临界曲面，研究不同地震烈度

(以输入应力波幅值 $\sigma_{\max}$ 度量)、不同地震频率 (f)、不同软弱结构面的黏聚力 (C) 及内摩擦角 (φ) 的影响。分析结果如图 13.56、图 13.57 所示。由图可得，随着结构面黏聚力增大，边坡临界破坏时施加的应力载荷幅值大致呈线性增加，且这种规律在不同频率下是相同的；随着地震波频率增大，边坡临界破坏时施加的应力载荷幅值逐渐减小，减小的趋势逐渐变缓，且这种规律在不同黏聚力下是相同的。

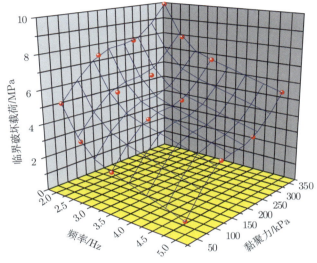

图 13.56 内摩擦角为 24° 时临界破坏载荷与黏聚力和频率间的关系

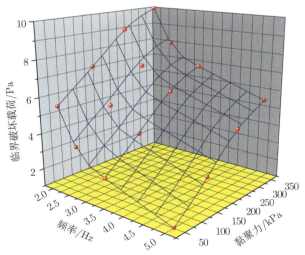

图 13.57 内摩擦角为 20° 时临界破坏载荷与黏聚力和频率间的关系

6. 小结

(1) 地震作用下顺层边坡的失稳过程是顺层层面的黏聚力及抗拉强度逐渐丧失的过程, 从计算结果分析, 黏聚力的减小首先出现于坡脚, 后逐渐向坡顶扩展, 且坡脚、坡顶黏聚力的丧失速度远大于坡体中部。

(2) 地震作用下, 顺层边坡的主要破坏模式为沿着软弱结构面的整体下滑, 同时伴随坡体表层软弱结构面的局部张拉破坏。

(3) 随着地震烈度的增大, 结构面的破坏面积逐渐增大; 随着地震频率的增加, 表层的拉伸破裂现象逐渐明显, 顺层的一致性运动趋势逐渐减弱, 不同层的相对滑移逐渐明显。

13.4.2　基覆边坡的破坏模式分析

1. 数值模型建立

影响地震作用下基覆边坡破坏模式的主要因素包括地震烈度 (Ⅵ- Ⅹ度)、频率 (1~10Hz)、坡角 (25°、30°、35°、40°、45°、50°)、坡高 (20m、40m、60m) 等, 建立图 13.58 所示的数值模型, 其中材料 1 为基岩, 材料 2 为覆盖层, 基覆边坡材料参数如表 13.8 所示。动力计算时, 地震波取 SV 波, 持时 10s, 模型底部施加无反射边界条件, 模型两侧施加自由场边界条件。

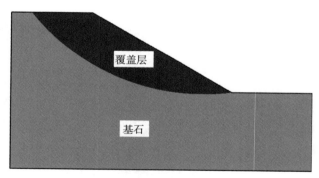

图 13.58　基覆边坡简化模型及测点分布

表 13.8　基覆边坡材料参数

材料	密度/(kg/m³)	弹模/GPa	泊松比	黏聚力/MPa	抗拉强度/MPa	内摩擦角/(°)
基岩	2550	10	0.22	10	10	45
覆盖层	2000	0.06	0.25	0.03	0.01	30

2. 基覆边坡潜在的破坏模式分析

通过数值模拟发现, 不同工况下, 基覆边坡表现为不同的破坏模式, 大致可以分为 4 类: 整体破坏、高位剪出、表层破坏、局部破坏 (图 13.59)。整体破坏指覆盖层沿基覆交界面发生整体滑动; 高位剪出指剪出口在坡体中部附近, 上部基覆层整体滑动; 表层破坏指破坏层为覆盖层的表层; 局部破坏指基覆边坡覆盖层局部发生破坏。

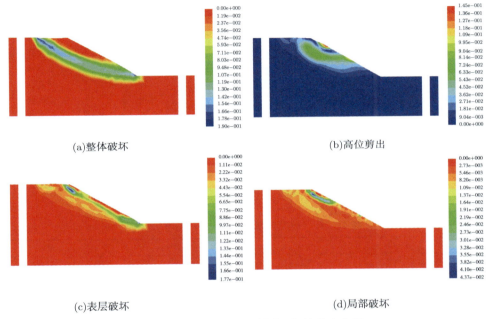

(a)整体破坏   (b)高位剪出

(c)表层破坏   (d)局部破坏

图 13.59 基覆边坡破坏模式 (塑性剪应变图)

不同的破坏模式需要对应不同的防治措施, 整体破坏时应重点关注岩土交界面的稳定情况; 高位剪出时, 除关注交界面稳定性情况外, 更应关注剪出口的位置; 表层破坏及局部破坏时, 应重点关注覆盖层表面, 对局部区域可采取清除松散堆积物或喷浆等措施。

3. 地震烈度及频率对破坏模式的影响

地震烈度及地震频率对基覆边坡破坏模式的影响规律如表 13.9 所示。从表 13.9 可以看出, 当边坡发生破坏时, 地震烈度对基覆边坡破坏模式影响很小, 因此地震烈度对边坡破坏模式的影响可以不考虑。从表 13.9 还可以明显看出, 随着地震频率的增大, 基覆边坡破坏模式的变化表现为: 整体–高位–表层–局部, 由此可以看出地震频率对基覆边坡破坏模式有很大影响。

4. 边坡高度对破坏模式的影响

边坡高度对基覆边坡破坏模式的影响如表 13.10 所示。从表 13.10 可以看出,随着坡高的变化，边坡破坏模式表现为整体–高位–表层–局部，因此坡高对基覆边坡破坏模式有很大影响。并且可以看出，相同坡角 (30°) 的基覆边坡，在坡高较大的某些工况下，边坡反而较稳定。

表 13.9　地震烈度及地震频率对破坏模式的影响

	VI度	VII度	VIII度	IX度	X度
1Hz	整体	整体	整体	整体	整体
2Hz	整体	整体	整体	整体	整体
3Hz	整体	整体	整体	整体	整体
4Hz	高位	高位	高位	高位	高位
5Hz	高位	高位	高位	高位	高位
6Hz	表层	表层	表层	表层	表层
7Hz	表层	表层	表层	表层	表层
8Hz	稳定	表层	表层	表层	表层
9Hz	稳定	稳定	稳定	表层	局部
10Hz	稳定	稳定	稳定	稳定	局部

注：楷体字表示塑性剪应变区域已经贯通，宋体字表示塑性剪应变区域尚未贯通

表 13.10　坡高对基覆边坡破坏模式的影响

	20m	40m	60m
1Hz	整体	整体	整体
2Hz	整体	高位	表层
3Hz	整体	表层	表层
4Hz	高位	表层	局部
5Hz	高位	表层	稳定
6Hz	表层	表层	稳定
7Hz	表层	表层	稳定
8Hz	表层	局部	稳定
9Hz	表层	稳定	稳定
10Hz	稳定	稳定	稳定

注：楷体字表示塑性剪应变区域已经贯通，宋体字表示塑性剪应变区域尚未贯通

5. 坡角对破坏模式的影响

为了分析坡角对基覆边坡破坏模式的影响，本节给出坡角 20°、30°、40°、50° 时，坡高 20m 的基覆边坡在黏聚力 30kPa 时，不同边坡的破坏模式 (表 13.11)。在地震频率较小时，坡角对基覆边坡破坏模式影响很小。随着地震频率的增大，坡角对基覆边坡的影响逐渐增大。坡角越大越趋于整体破坏，坡角越小越趋于表层破坏。

此外，数值结果表明，基覆边坡覆盖层的黏聚力、抗拉强度、内摩擦角的变化对破坏模式的影响较小，此处不再一一赘述。

表 13.11　坡角对破坏模式的影响

坡角	20°	30°	40°	50°
7 度 2Hz	交界面	交界面	交界面	交界面
7 度 5Hz	稳定	稳定	稳定	稳定
7 度 8Hz	稳定	稳定	稳定	稳定
8 度 2Hz	交界面	交界面	整体	整体
8 度 5Hz	稳定	稳定	整体	整体
8 度 8Hz	稳定	稳定	稳定	稳定
9 度 2Hz	交界面	整体	整体	整体
9 度 5Hz	稳定	高位	整体	整体
9 度 8Hz	稳定	表层	表层—整体	整体
10 度 2Hz	整体	整体	整体	整体
10 度 5Hz	整体	整体	整体	整体
10 度 8Hz	表层	表层	整体	整体

注: 楷体字表示塑性剪应变区域已经贯通, 宋体字表示塑性剪应变区域尚未贯通

6. 基于共振线的破坏模式划分

基覆边坡表层的特征位移随着地震频率的增加并非单调变化, 而是在特定频率下表现出位移放大的特征, 这主要是由于地震荷载频率与边坡特征频率相近时, 边坡产生了共振现象。图 13.60 给出了坡高 20m、坡角 20° 时, 边坡的一阶共振频率随着坡体密度的变化规律。由图可得, 随着坡体密度的增加, 共振频率逐渐减小。

根据分析, 基覆边坡的共振现象主要受控于无量纲量 L/λ, 其中 L 为边坡特征长度 (图 13.61), λ 为波长 ($\lambda = \sqrt{G/\rho}/f$, G 为剪切模量, f 为地震频率)。不同坡体剪切模量、不同坡体密度、不同覆盖层特征长度对应的共振频率不同, 但出现共振时的无量纲量 L/λ 却相同。

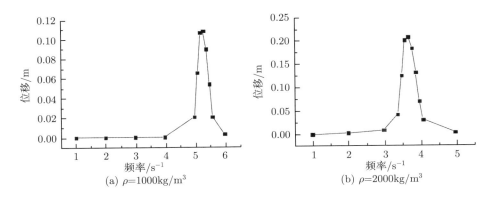

(a) $\rho = 1000 \text{kg/m}^3$　　　　(b) $\rho = 2000 \text{kg/m}^3$

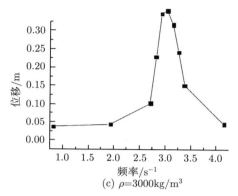

(c) $\rho=3000\mathrm{kg/m^3}$

图 13.60　不同密度下基覆边坡的一阶共振现象

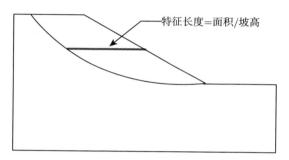

图 13.61　特征长度示意图

由表 13.12 可得，当坡角相同，坡高为 20m、40m、60m 的基覆边坡发生一阶共振现象，对应的 L/λ 基本保持不变，为 0.55。由表 13.13 可得，当坡高相同，坡角为 25°、30°、35°、40°、45°、50° 时的基覆边坡发生一阶共振现象时，L/λ 基本不变，约为 0.55。由此可以表明，L/λ 是控制边坡共振效应的特征量，发生一阶共振现象时的无量纲值为 0.55。

表 13.12　坡高与 L/λ 的关系

坡高	20m	40m	60m
共振频率	3.0	1.5	1.0
L/λ	0.55	0.55	0.55

表 13.13　坡角与 L/λ 的关系

坡角	25	30	35	40	45	50
特征长度	16	20	23	26	27	29
共振频率	3.8	3.0	2.6	2.3	2.2	2.1
L/λ	0.55	0.55	0.55	0.56	0.55	0.54

根据数值分析，随着地震频率的增加，基覆边坡存在高阶共振现象 (图 13.62)。图 13.62 中一阶共振频率约为 2.4Hz，二阶共振频率约为 4.4Hz，三阶共振频率约为 7.9Hz。根据大量数值分析还可以归纳出，一阶共振时 L/λ 的值为 0.55，二阶共振时 L/λ 的值为 0.79。

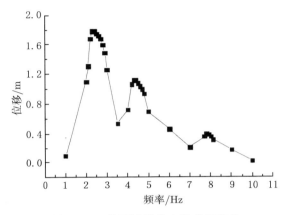

图 13.62　基覆边坡的高阶共振现象

通过数值分析发现，基覆边坡的共振阶次与边坡的破坏模式存在一一对应的关系。一阶共振时整体破坏最为严重，二阶共振时高位剪出最为严重，三阶共振时表层破坏最为显著，四阶共振时局部破坏最为明显。由于发生某一阶共振时的无量纲量 L/λ 基本一致，因此可以建立 L/λ 与基覆边坡破坏模式间的对应关系。此处将发生共振时对应的 L/λ 定义为共振线，共振线与边坡破坏模式间的对应关系如图 13.63 所示。

由图 13.63 可得，当 $L/\lambda < 0.62$ 时，基覆边坡的主要破坏模式为整体破坏，当 $L/\lambda = 0.55$ 时最易发生整体破坏，且破坏最为严重；当 $0.64 < L/\lambda < 0.91$ 时，边坡的主要破坏模式为高位剪出，当 $L/\lambda = 0.79$ 时最易发生高位剪出破坏，且破坏最为严重；当 $1.1 < L/\lambda < 1.5$ 时，边坡的主要破坏模式为表层破坏；当 $L/\lambda > 1.7$ 时边坡的主要破坏模式为局部破坏。

7. 小结

(1) 地震作用下基覆边坡的破坏模式分为四类：整体破坏、高位剪出、表层破坏、局部破坏。

(2) 随着坡高、地震频率的增大，基覆边坡破坏模式依次表现为：整体破坏–高位剪出–表层破坏–局部破坏。地震幅值、坡角、黏聚力、抗拉强度、内摩擦角等对破坏模式的影响相对较小。

(3) L/λ 决定了基覆边坡的破坏模式，当 $L/\lambda < 0.62$ 时，基覆边坡表现为整体

破坏；当 $0.64 < L/\lambda < 0.91$ 时，基覆边坡表现为高位剪出破坏；当 $1.1 < L/\lambda < 1.5$ 时，基覆边坡表现为表层破坏；当 $L/\lambda > 1.7$ 时，基覆边坡表现为局部破坏。

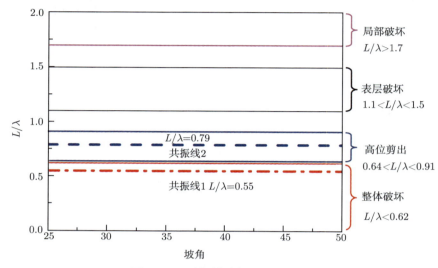

图 13.63　破坏模式与 L/λ 的关系

(4) 由于共振效应，在不同破坏模式下，共振频率对该破坏模式有很大影响，当 $L/\lambda = 0.55$ 时，基覆边坡整体破坏最严重；当 $L/\lambda = 0.79$ 时基覆边坡高位剪出破坏最严重。

13.4.3　断层触发滑坡模式的数值模拟

1. 地质模型的建立

罗永红等对中央断裂带沿线的都江堰龙池地区约 50 处灾害进行统计，发现距离断层带 0.5km 以内占比 57.56%，0.5～1km 占比 26.6%，1～2km 占比 10%，2km 以上占比 5.9%；对北川曲山–平武南坝镇约 37 处灾害的统计结果显示距断裂带 0.3km 以内占比 59%，0.3～0.6km 占比 16%，0.6～0.9km 占比 14%，0.9km 以上占比 11%。戴福初等通过现场调查发现汶川地震中的大型崩塌、滑坡多发生在断层附近，提出了断层运动触发滑坡灾害的地质力学模型，如图 13.64 所示。李勇指出汶川发震破裂面以压性逆冲为主，地表破裂带沿 NEE 向延伸，走向介于 NE 30°～70°，多数为 NE 50°～60°，倾向 NW，倾角 30°～80°；垂直位错 1.6～6.0m，水平位错 0.2～6.5m，垂向平均断矩 2.9m，水平平均断距 3.1m；最大错动量位于北川擂鼓镇，其中上下 (6.2±0.1)m、左右 (6.8±0.2)m。

根据汶川地震的调查结果，断层上盘的滑坡数目及规模明显大于下盘，考虑到断层附近材料更容易风化，为研究方便构建图 13.65 所示的简化 2D 模型，上盘平台高度 500m，下盘平台高度 200m，上盘坡度 1:1，下盘坡度 1:3，上盘平台宽 200m，下盘平台宽 100m，认为下盘和上盘为均质岩体，且上盘表层一定厚度的岩体由于风化作用导致强度降低，风化层平均厚度为 45m，同时上盘靠近断层附近存在一定厚度的破碎区，该区的强度同风化层相同。

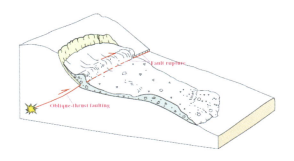

图 13.64　断层直接触发滑坡示意图

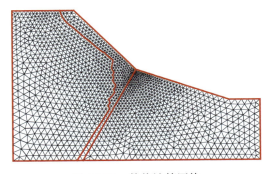

图 13.65　数值计算网格

2. 计算参数及边界处理

　　各地层参数如表 13.14 所示，界面刚度为块体刚度的 10 倍，界面强度与块体一致。断层运动触发滑坡模型认为上下盘的相对运动对地震滑坡起明显的控制作用，而用应力边界条件不能准确地描述上下盘的相对错动，考虑到由于岩土材料阻尼及大量微破裂事件的产生，反射应力波从模型上盘底部向无限远处出传播的比重极小，在底部边界处由于应力波反射对计算造成的误差可以忽略，因此在模型上盘底部边界上采用了给定速度边界条件的方式。基于地震过程中存在往复循环加卸载特性而震后保留永久变形的认识，将上下盘的相对运动描述为下盘不动，上盘往复振动上升。动力计算时在上盘底部节点处施加式 (13.39) 所示速度边界条件，模型左右边界为自由场边界，下盘底部为无反射边界。

表 13.14　材料物理力学参数表

岩层类型	密度/(kg/m³)	弹性模量/GPa	泊松比	抗拉强度/MPa	内聚力/MPa	内摩擦角/(°)
岩层	2500	30	0.25	10	10	40
风化层	2000	3	0.25	0.5	0.5	30

$$v_y = v_0 e^{-\zeta \frac{2\pi}{T_c}(t-i\Delta t)} \sin \frac{2\pi}{T_c}(t-i\Delta t), \quad i\Delta t < t < (i+1)\Delta t, v_x = 0 \tag{13.39}$$

式中，v_0 为错动幅值，ζ 为衰减系数，i 为错动次数，Δt 为间隔时间，T_c 为错动周期，不同参数的加载曲线如图 13.66 所示。

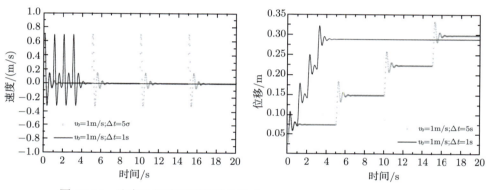

图 13.66　速度及位移时程荷载曲线 $(\zeta = 0.25, T_c = 0.5\mathrm{s}, i = 1, 2, 3, 4)$

3. 计算结果分析

当衰减系数 $\zeta = 0.25$、周期 $T_c = 0.5\mathrm{s}$、$i = 1, 2, 3, 4$ 时，不同速度 v_0 及间隔时间 $\Delta \mathrm{t}$ 的情况下，动力计算 20s 后边坡的位移场如如图 13.67 所示。

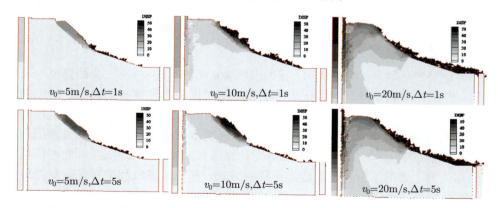

图 13.67　边坡破坏及位移 (单位:m) 情况 $(\zeta = 0.25, T_c = 0.5\mathrm{s}, i = 1, 2, 3, 4)$

从图 13.67 中可以看出,随着断层错动速度的增大,边坡破坏的范围逐渐增大。计算中采用平面应变模型,使用永久位移指标判断岩土体是否归为滑体,用块体面积代表地震作用下的滑体体积,则风化层中滑体平均位移分别超过 25m、50m、100m、200m 的体积随错动速度的变化如图 13.68~ 图 13.71 所示。

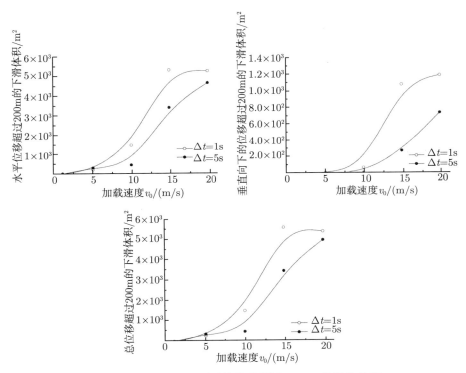

图 13.68　不同工况下平均位移超过 200m 的滑体体积

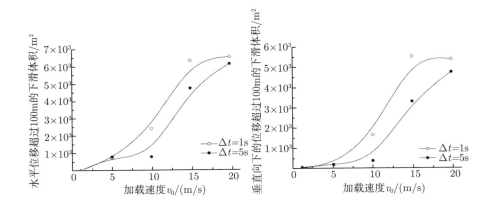

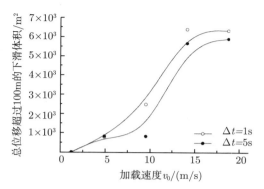

图 13.69　不同工况下平均位移超过 100m 的滑体体积

　　不同滑动距离的滑体体积同断层错动速度的关系可归纳为缓增-陡增-缓增型和陡增-缓增型，显示出滑体的滑动位移具有一定的分布性，先破坏的块体或运动速度快的块体位移大，而后破坏的或者运动慢的块体位移小，滑体具有渐进破坏的特征。

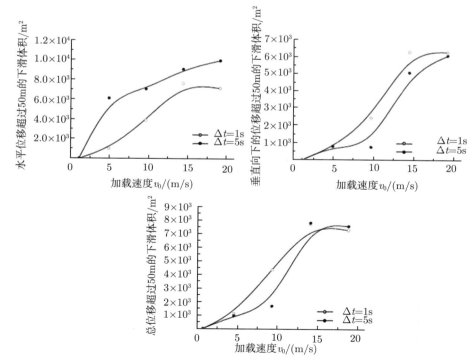

图 13.70　不同工况下平均位移超过 50m 的滑体体积

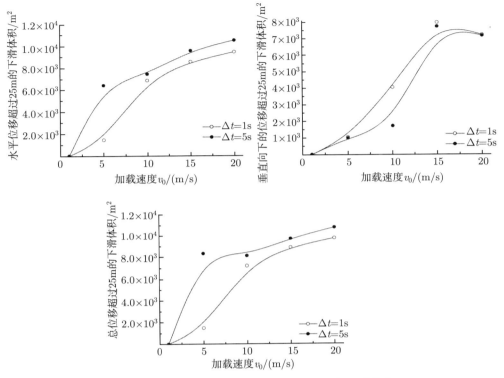

图 13.71   不同工况下平均位移超过 25m 的滑体体积

滑坡研究中一般可用滑坡体的下滑高度与滑动水平距离的比值作为描述滑坡运动性的特征参数,该值与滑坡体动能及动摩擦系数有关,特征参数越小表示滑坡的运动性越强。该参数是建立在理想模型中的,计算结果表明滑体边界及几何形状或者中心位置很难确定,为了描述滑坡的运动性强弱,对不同滑动距离的滑坡体积进行分析,在总滑动体积相同的情况下,远距离的滑体体积占比越大,表明滑坡的运动性越强。图 13.72、图 13.73 显示断层错动速度越大,远距离滑动体积越多。

$\zeta = 0.1$, $T_c = 0.5$s, $v_0 = 10$m/s, $i = 1,2,3,4$ 不同间隔时间 Δt 时边坡破坏及位移情况如图 13.74 所示。不同时间间隔 Δt 下各位移段内的滑体体积分布 (图 13.75) 显示不同距离滑体体积分布的影响较小,规律性较差。

$\zeta = 0.0$, $T_c = 0.5$s, $v_0 = 10$m/s, $\Delta t = 20$s, $i = 1$ 时不同衰减系数 ζ 下地震边坡各位移段内的滑体体积分布如图 13.76 所示。衰减系数对边坡破坏程度及滑坡运动性有一定的影响,且对滑体位移分布情况的影响不是单调的。

$\zeta = 0.25$, $v_0 = 10$m/s, $T_c = 0.5$s, $\Delta t = 1.0$s, $i = 1,2,3,4$ 时断层错动下边坡的破坏过程如图 13.77 所示:在断层错动荷载扰动下,界面反射应力波使风化层岩体首先产

生拉伸破坏，并呈层状被向上抛起；随后在断层出露处上盘风化层岩体被拱出，同时岩土体产生解体下滑；破裂风化层下落撞击上盘基岩致使其进一步破碎、解体，由于表面块体速度较快，块体之间相互挤压碰撞，在风化层中上部位出现部分块体被推挤着向下滚滑的现象；由于内部块体速度较慢，在摩擦力作用下逐渐稳定，彼此支撑形成弱稳定结构残留在上盘。

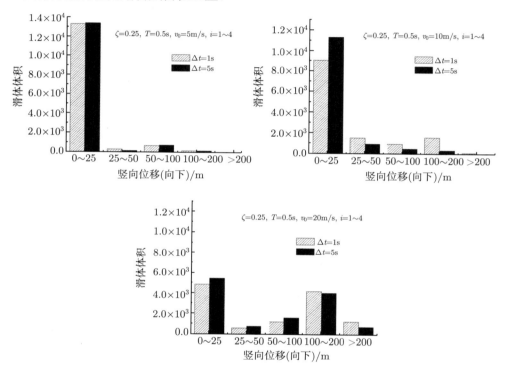

图 13.72　不同工况下滑体竖向位移分布情况统计

4. 小结

(1) 通过位移边界条件考虑了断层错动的影响，首次对断层运动触发高位滑坡的形成过程进行了模拟，再现了高位滑坡从初始破坏到大规模远距离运动的渐进破坏过程。

(2) 参数敏感性分析表明断层错动过程对滑坡形态有重要影响。错动速度越大，破坏范围越大，远距离滑体越多，滑坡运动性越强；不同滑动距离滑体体积多少与断层错动的时间间隔和衰减系数之间的关系不是单调的。

(3) 强烈地断层错动导致风化层岩体破坏，易在断层附近形成剪出口，上盘岩体极易形成高位滑坡灾害，其过程可描述为初始拉坏 → 竖直上抛 → 进一步解体、

剪出口形成 → 彼此推挤、碰撞、滚滑 → 逐步稳定。

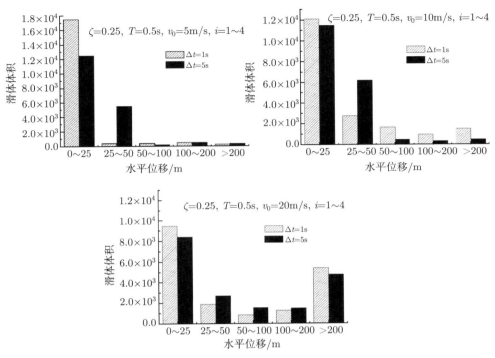

图 13.73   不同工况下滑体水平位移分布情况统计

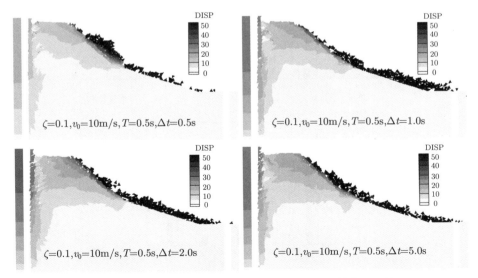

图 13.74   不同时间间隔 Δt 时边坡破坏及位移 (单位:m) 情况

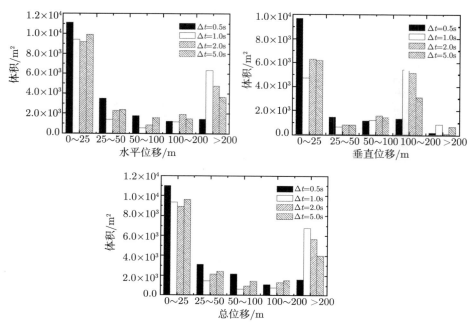

图 13.75　不同时间间隔 Δt 滑体位移分布情况统计

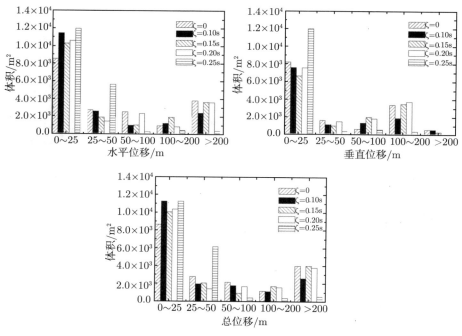

图 13.76　不同衰减系数 ζ 滑体位移分布情况统计

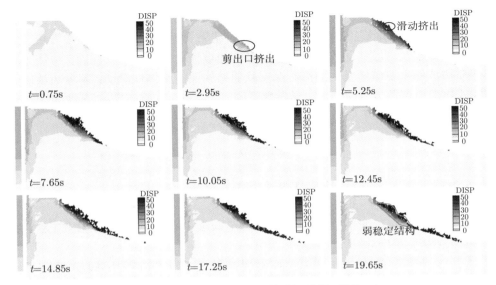

图 13.77 断层错动高位滑坡破坏过程 (单位:m)

13.5 本 章 小 结

工程抗震设计规范中普遍采用基于极限平衡的拟静力法进行地震作用下边坡稳定性的分析及支挡结构的设计。极限平衡法的基本假设是一致性运动，因此无法反映地震作用下地质体的渐进破坏过程。拟静力法认为惯性作用是导致边坡发生破坏的主要原因，因而将地震载荷作为一种等效的体力施加到坡体内，并通过极限平衡方法求取等效静力作用下的安全系数。然而，地震力是一种动载荷，地震结束后，地震力即宣告消失。拟静力法的基本假设是地震加速度在边坡体内部保持时间及空间上的一致性，也就是当地震波波长 λ 相对坡体尺寸 H 大很多的时候该假设才成立，一般仅适用于特征尺寸在 $10\sim20$m 的低矮边坡。

事实上，地震下各类地质灾害的发生主要受地震应力波的控制，而非受惯性力的控制。地震主要由深部地质体的压剪型断裂导致，所产生的振动以压缩波 (纵波) 及剪切波 (横波) 的形成向外传播。当压缩波传播至边坡的表面，将出现应力波反向现象，反向后的拉伸波向边坡内部传递，由于边坡表层强度较低，从而导致坡体表层出现大量的拉伸破坏。而当剪切波传递至坡体表面附近时，将导致边坡的下滑力增加，从而诱发边坡沿着某一深度出现整体或局部的滑移破坏。

本章基于地震应力波的传播及透反射规律分析了地震中滑坡等次生灾害的发生机理，提出了一套利用爆炸波模拟地震波研究高陡边坡失稳机理的试验方法，分析了顺层岩质边坡及基覆边坡在地震作用下的动态响应及破坏规律，初步给出了基于破裂度的边坡地震稳定性评价方法。分析结果表明，地震应力波在边坡表层的反射拉伸效应及边坡深层的剪切效应是导致边坡失稳破坏的主要原因；地震下顺层岩质边坡的主要破坏模式为沿着深层软弱结构面的整体性滑动；基覆边坡的破坏模式根据地震及边坡的物理力学参数不同，可以表现为整体破坏、高位剪出、表层破坏及局部破坏等不同的模式。

参 考 文 献

[1]　《地震工程概论》编写组. 地震工程概论. 北京：科学出版社, 1977.

[2]　王礼立. 应力波基础. 北京：国防工业出版社, 1985.

[3]　黄润秋. 汶川 8.0 级地震触发崩滑灾害机制及其地质力学模式. 岩石力学与工程学报, 2009, 28(6): 1239-1249.

[4]　国胜兵, 潘越峰, 高培正, 等. 爆炸地震波模拟研究. 爆炸与冲击, 2005, 25(4): 335-340.

[5]　周正华, 周雍年. 强震近场加速度峰值比和反应谱统计分析. 地震工程与工程振动, 2002, 22(3): 15-18.

[6]　罗永红. 地震作用下复杂斜坡响应规律研究. 成都理工大学, 2011.

[7]　Dai F C, Tu X B, Xu C, et al. Rock avalanches triggered by oblique-thrusting during the 12 May 2008 Ms 8.0 Wenchuan earthquake, China. Geomorphology, 2011, 132(3): 300-318.

[8]　李勇, 黄润秋, 周荣军, 等. 龙门山地震带的地质背景与汶川地震的地表破裂. 工程地质学报, 2009, 17(1): 3-18.

[9]　顾成壮, 胡卸文, 罗刚, 等. 地震滑坡启程动力学机理. 西南交通大学学报, 2012, 47(4): 567-572.

[10]　艾畅, 冯春, 李世海, 等. 地震作用下顺层岩质边坡动力响应的试验研究. 岩石力学与工程学报, 2010, 29(9): 1825-1832.

[11]　赵安平, 冯春, 李世海, 等. 地震力作用下基覆边坡模型试验研究. 岩土力学, 2012, 33(2): 515-523.

[12]　李世海, 冯春, 艾畅, 等. 一种模拟地震作用下边坡破坏的试验方法及装置. 发明专利. Zl2009102430592.2011.

[13]　李承亮, 冯春, 刘晓宇. 拟静力方法适用范围及地震力计算. 济南大学学报 (自然科学版), 2011, 25(4): 431-436.

[14]　冯春, 李世海, 王杰. 基于 cdem 的顺层边坡地震稳定性分析方法研究. 岩土工程学报, 2012, 34(4): 717-724.

[15]　中华人民共和国铁道部. 铁路工程抗震设计规范. 北京：中国计划出版社, 2006

[16]　李承亮. 地震作用下基覆类高陡边坡的稳定性分析. 北京：中国科学院研究生院, 2011.

[17]　张青波. 地震作用下边坡破坏机理及数值模拟研究. 北京：中国科学院研究生院, 2014.

[18] 殷跃平. 汶川八级地震滑坡特征分析. 工程地质学报, 2009, 17(1): 29-38.

[19] Newmark N M. Effects of earthquake on dams and embankments. Geotechnique, 1965, 15(20): 139-159.

[20] 祁生文. 考虑结构面退化的岩质边坡地震永久位移研究. 岩土工程学报. 2007, 29(3): 452-457.

第14章 地质灾害预测的工程案例分析

工程科学的目的是解决工程问题。数值模拟与现场监测相结合的力学分析方法，用于研究滑坡问题，已经发展到了解决实际问题的阶段。在基本的理论框架、技术途径、分析方法确定之后，或许还需要很长的、艰苦的研究过程，而这些工作的主要任务就是实践检验、发展方法。

本章利用前述的数值计算方法及灾害评价体系对三峡库区、乌江流域的典型自然边坡及西北露天矿区典型的人工边坡进行了深入分析，探讨了鸡尾山滑坡、唐家山滑坡及胜利东二矿南帮边坡的失稳机理、启动过程及成灾范围，计算了降雨及库水涨落对凉水井滑坡、茅坪滑坡的影响规律，研究了开采模式对白音华露天矿边坡稳定性的影响，分析了地震作用下涪陵五中边坡的稳定性状况及潜在失稳模式。本章的主要目的是展示本书所述数值方法及评价体系在处理工程问题时的能力，分析的 7 个工程案例是对前述数值分析方法及评价体系不同程度、不同深度及不同范围的应用。

14.1 武隆鸡尾山滑坡失稳成灾过程再现

2009 年 6 月 5 日，重庆武隆鸡尾山发生大型滑坡–碎屑流，约 500 万 m³山体突然发生整体启动，在跃下超过 50m 高的前缘陡坎后，获得巨大的动能并迅速解体，产生高速滑动，形成平均厚约 30m，纵向长度约 2200m 的堆积区，造成 10 人死亡，64 人失踪，为特大型地质灾害。根据前人的研究结果，该滑坡与原定调查判定相比，在失稳模式、滑动方向、崩滑体积、灾害范围上均出现较大偏差。本节则是通过现场调查和数值模拟的方式，研究鸡尾山滑坡的变形特征与失稳机理，进而模拟鸡尾山滑坡的运动破坏过程，获得灾害范围，并与现场堆积特征进行对比分析。

14.1.1 工程概况

1. 滑坡地质环境条件

鸡尾山山体总体呈 SN 展布，东侧为 50～150m 陡崖，勘查区域内出露地层包括志留系中统韩家店组、二叠系下统梁山组、栖霞组、二叠系下统茅口组，如图14.1 所示，分述如下。

图 14.1　滑源区出露地层及分布[2]

(1) 第四系 (Q_4^{el+dl})：坡积残积冲积层，含约 30%～40% 泥岩、砂岩、灰岩碎石及块石，主要分布于缓坡表层，厚 0～3m，岩土界面倾角一般 10°～20°。

(2) 第四系 (Q_4^{del})：主要由巨块石构成，潮湿、松散杂乱堆积，块石粒径 0.2～50m 不等，主要分布于和平沟沟底 (滑坡堆积区)。根据所在分区不同，块石所占比例不同，在碎屑流堆积区，块石土中夹约 10% 黏土、角砾等。

(3) 二叠系下统茅口组 (P_1m)：由厚层状灰岩组成，钙质交界，含大量方解石脉，质硬性脆，溶蚀十分发育，竖向发育的溶槽、溶缝将岩体切割呈条柱状，岩体整体性遭到破坏，溶槽、溶缝内充填 0.2～2.0m 厚黄色黏土，分布山顶处，层厚约 30～50m。

(4) 二叠系下统栖霞组上段 (P_1q^3)：主要由砾状灰岩构成，岩体以泥质、钙质胶结为主，整体岩体强度较低，其抗剪强度也较低，岩体中砾石约占 70%～80%，砾石呈椭圆、圆形性，砾石直径约 3～30cm 不等，岩体溶蚀不明显，分布在 P_1m 之下，层厚 10～30m。

(5) 二叠系下统栖霞组中段 (P_1q^2)：主要由黑色碳质页岩构成，岩体呈灰黑色、深灰色，薄层状，泥质胶结，质地软，页理清晰，层面平整。该地层分布于 P_1q^3 之下，层厚约 20～80m，其碳质页岩顶面与 P_1q^3 地层的砾状灰岩底面共同形成了鸡尾山滑坡的滑面。

(6) 二叠系下统栖霞组下段 (P_1q^1)：由含黑色、深灰色燧石灰岩构成，呈厚层状，岩体硬度较大，溶蚀不发育。

(7) 二叠系下统梁山组 (P_1l)：主要由泥质粉砂岩构成，中厚层状，泥质胶结为主，岩质较软，夹大量灰绿色的泥质条带，岩体夹透镜体状分布的泥灰岩，泥岩中含豆状的铁质结核或铝土，该地层一般埋深在山顶的 100m 以下，属铁矿乡集中含铁矿石或铝土的地层。

(8) 志留系中统韩家店组 (S_2h)：由灰绿色、灰色页岩夹泥质灰岩构成，地质较软。

滑源区的岩层产状 345°∠20° ∼ 32°，倾向与临空面走向呈小角度相交并倾向山内。岩体内主要发育两组陡倾结构面：一组走向近 SN 向，倾向 75° ∼110°，倾角 79° ∼81°；另一组走向近 EW 向，倾向 170° ∼190°，倾角 75° ∼81°。这两组近于正交的结构面与岩层层面组合，将滑源区岩体切割成"积木块"块状。

2. 滑坡堆积区特征

崩滑堆积区的平面形态为斜长的喇叭形，如图 14.2 所示，其顺沟谷方向长约 2170m，横沟谷最大宽度 470m，最大堆积厚度 60m，面积约 48.3 万 m²，总体积约 700 万 m³。根据岩土体结构及运动堆积方式，堆积区又可进一步细分为崩滑体前缘和西侧的铲刮区（Ⅱ-1 区和Ⅱ-2 区）、前部的主堆积区（Ⅲ区）、碎屑流堆积区（Ⅳ区）以及滑源区东侧陡崖下的碎块石撒落区（Ⅴ区）。

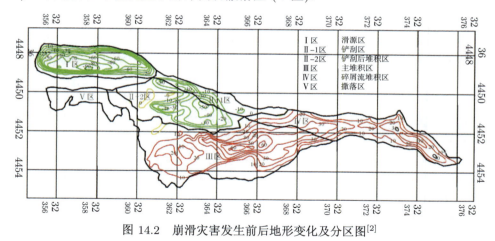

图 14.2   崩滑灾害发生前后地形变化及分区图[2]

1) 铲刮区

崩滑体在突然启动和高速运动的过程中，将其前方和靠西侧的一大片基岩岩体和坡体表层松散堆积物铲刮带走（图 14.3），并在西侧壁的相应位置留下了明显的刮痕迹（图 14.4），根据铲刮后的堆积特征，可进一步将铲刮区细分为Ⅱ-1 区和Ⅱ-2 区。Ⅱ-1 区位于滑源区前方西侧陡崖坡脚部位，形态为长条形，面积约 3.6 万 m²。该区主要特征是突出的基岩完全被滑体铲刮带走，留下明显的铲刮痕迹，没有新的堆积。II-2 区位于滑源区的正前方, 面积约 8.9 万 m²。处于滑体前部的滑体物质在高速运动过程中, 将此区域内一 NE 向山梁以及斜坡表层的松散物质整体铲刮带走, 后续的滑体物质又在此停积, 形成新的堆积, 因此又将其称为 "铲刮后堆积区"。

图 14.3 鸡尾山崩滑体前部滑前地形[2]

图 14.4 崩滑体前方西侧基岩山体被铲刮后的痕迹[2]

2) 主堆积区

位于铲刮区前缘, 为崩滑体沿 NE 方向高位、高速滑动后崩滑体停积的主要区域。高速滑动的滑体物质在越过谷底后, 冲向对岸, 因受到对岸陡峻斜坡的阻挡,进而转向沿沟谷向下游运动，在铁匠沟沟道内形成平均厚 30m(最大厚度约 60m)，面积约 22.2 万 m² 的主堆积区，主要由 P_1q^3 和 P_1m 灰岩大块石构成。最大块石长轴方向长度可达 30m，体积超过 1 万 m³。

3) 碎屑流堆积区

滑体在高速运动过程中，随着能量的耗散，大块石在主堆积区逐渐停积，粒径相对较小的块石和碎屑物质在强大的惯性作用下继续顺沟谷以近似于流体状态继续向前运动，直到动能完全耗散才停积下来，形成碎屑流堆积区 (IV区)，宏观上看，碎屑流堆积区具有清晰的流线和分区分带特征。

4) 撒落区

撒落区位于滑源区正东侧陡崖下，为崩滑体在突然启动中向东侧陡崖下撒落一定量的碎块石和岩屑。撒落区面积为 3.0 万 m²，主要堆积物为零星孤立大块石和遍布的碎块石和岩屑，总体堆积厚度较薄。

14.1.2　滑源区启动机制数值模拟研究

为研究鸡尾山滑坡的启动机制和失稳过程，同时避免全区域模型的大规模计算，可以先建立鸡尾山滑坡的滑源区模型进行分析，获取影响滑坡启动和失稳的关键性因素。

1. 滑源区数值模型

根据现场地质信息和 CAD 勘查图，建立滑源区的三维几何模型如图 14.5(a) 所示，模型宽度 (X 方向) 为 958m，长度 (Y 方向) 为 1350m。图 14.5(b) 和 (c) 分别为滑体、岩溶区域和开挖矿体区域，岩溶区南北向平均宽度约为 50m，开挖矿体厚度约为 4m。

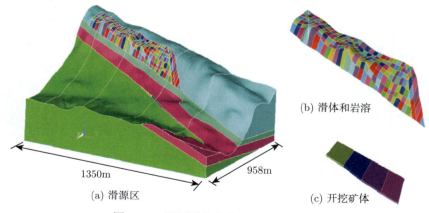

(a) 滑源区　　　　　(b) 滑体和岩溶
1350m　　958m
(c) 开挖矿体

图 14.5　滑源区考虑节理切割几何模型

图 14.6 所示为滑体区和岩溶区的节理切割图，空间上分布三组节理，第一组节理与 T0 裂缝面平行，第二组节理与 T1 裂缝面平行，第三组节理与滑带所在面平行，节理间距约为 20m。

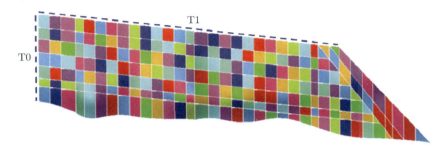

图 14.6 岩溶和滑体区域节理切割

数值计算模型如图 14.7 所示，网格划分过程中的控制尺寸分别为岩溶区 10m、滑体区 30m、开挖矿体 13m、周围山体 50m、基岩 100m。数值模型划分为四面体单元，共包含单元数 68350 个、节点数 12677 个，其中岩溶区单元数为 4021 个、滑体单元数为 16707 个、开挖矿体单元数为 5955 个。与无节理切割情况不同的是，该模型只允许三组节理上通过准则判断发生破坏，对于节理切出的 "积木块体"，内部通过四面体单元进行变形和应力计算，并认为是完整岩石，运动过程中不发生破坏。

图 14.7 滑源区考虑节理切割数值模型

2. 物理力学参数

根据成都理工大学现场勘查和实验室试验结果，获取滑坡岩体物理力学参数如表 14.1 所示。数值模型中除滑体、岩溶之外，共有四个地层和开挖矿体，四个地层由上到下分别赋值为茅口组灰岩、栖霞组灰岩、梁山组矿层、韩家店页岩的材料参数，开挖矿体赋值为梁山组矿层材料参数。模拟过程中，节理强度根据完整岩石的强度折减获得，取值为岩石强度的 0.1～0.2 倍。矿体开挖通过空单元模型实现，即单元不参与计算，可真实模拟开挖过程。

表 14.1　鸡尾山滑坡岩体物理力学参数

岩层名称	弹性模量/GPa	泊松比	密度/(kg/m³)	内聚力/MPa	内摩擦角/(°)	抗压强度/MPa
茅口组灰岩	82	0.14	2710	17.3	45	90
岩溶带	23	0.36	1750	5	25	15
滑带	34	0.21	1750	1.2	8	10
栖霞组灰岩	66	0.32	2670	10.7	43	80
梁山组矿层	59	0.28	2640	4	28	70
韩家店页岩	46	0.23	2630	4.5	25	20

3. 自然状态稳定分析

基于带节理切割数值计算模型和岩体物理力学参数，对自然状态下滑坡稳定性进行分析。边界条件为底面固定约束，周围面法向约束。数值模拟首先进行弹性计算，获得重力作用下的应力场；然后进行破坏计算，获得各个节理面的破裂运动状态；最后计算滑坡体中各块体的运动过程。数值计算过程中，在岩溶区和滑体设立监测点，如图 14.8 所示，岩溶区包括 JC1～JC5，滑体包括 JC6～JC11。

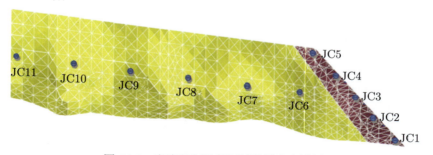

图 14.8　岩溶区和滑体区域监测点布设图

鸡尾山滑坡在启动之前处于一个长蠕滑状态，表明滑带强度已发生较大幅度的折减。考虑到莫尔–库仑准则通过黏聚力和内摩擦角表征滑带强度，即可以认为黏聚力仅剩残余值，数值模拟过程中，主要考虑滑带的内摩擦角对失稳和启动过程的影响。分别取滑带摩擦角为 15° 和 8°，分析滑源区在自然状态下的破裂演化过程。图 14.9 为摩擦角为 15° 时，自然状态下岩溶区监测点 JC1 ～ JC5 的 x、y、z 方向的位移曲线。分析可知，岩溶区域发生的变形在 0～1m。从位移值大小来看，x

向位移最小，y 向和 z 向位移较大。表明在自然状态下，岩溶区主要以 NS 方向的压缩变形为主，向沟外侧的运动不太明显。图 14.10 为滑体上的监测点 JC6～JC11 的位移曲线，y 向位移的最大值在 0.1m，x 向位移在 0.01m 左右，滑体表现为 NS 方向的压缩特征，变形相对较小。根据各方向位移的发展趋势，整个滑坡体处于稳定状态。

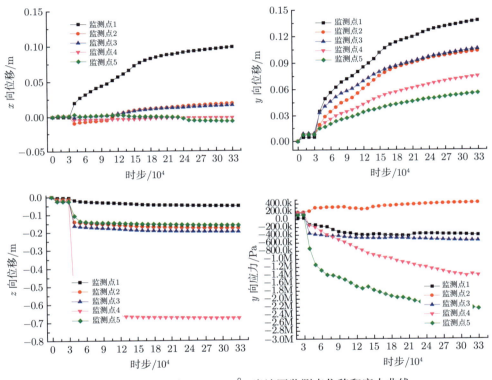

图 14.9 自然状态下（φ=15°）岩溶区监测点位移和应力曲线

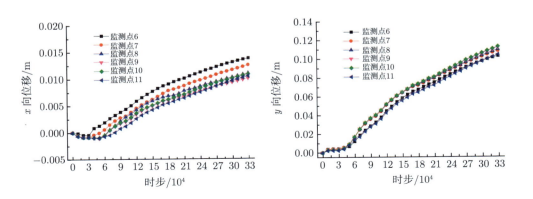

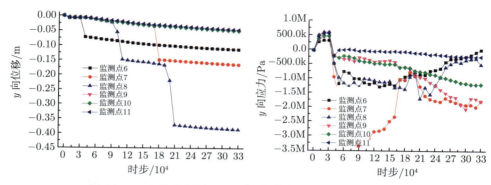

图 14.10　自然状态下 ($\varphi=15°$) 滑体监测点位移和应力曲线

将滑带内摩擦角降低为 8° 进行分析，图 14.11 为岩溶区监测点的位移和应力曲线，岩溶区各点发生较大位移，最大约为 30m。根据 y 向应力曲线分析，岩溶区最内侧和最外侧监测点的单元应力几乎为零，说明该处单元已脱离或被挤出临空面，处于破坏运动状态。图 14.12 为滑体各监测点位移，从曲线中知各监测点的位移大致相等，说明随着岩溶区挤出，后缘滑坡体开始启动。

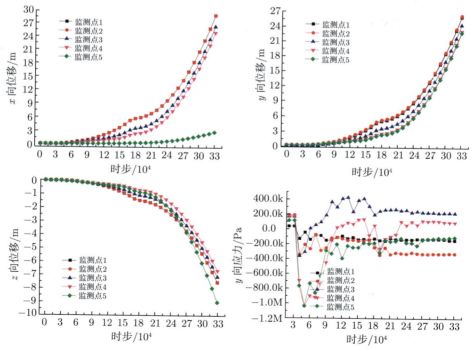

图 14.11　自然状态下 ($\varphi=8°$) 岩溶区监测点位移和应力曲线

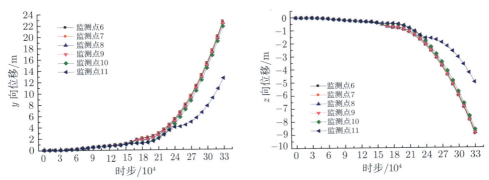

图 14.12　自然状态下 ($\varphi = 8^\circ$) 滑体监测点位移和应力曲线

图 14.13 为自然状态下滑源区的 x 向位移云图，从中可以明显看出关键块体的形成过程。这里的关键块体沿着与 T0 裂缝面平行的某个节理面挤出，这是由于三组结构面切割所导致的，形状大致为四面体，在后部滑体的挤压作用下，关键块体开始向坡面外侧运动。

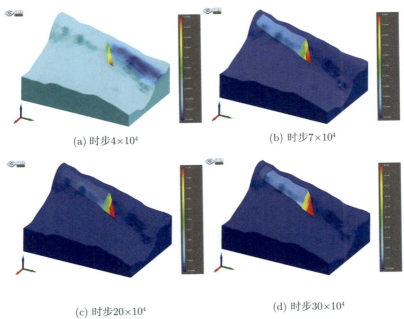

(a) 时步 4×10^4　　　　　　　　　　　　　　　(b) 时步 7×10^4

(c) 时步 20×10^4　　　　　　　　　　　　　　(d) 时步 30×10^4

图 14.13　自然状态下 ($\varphi = 8^\circ$) 滑源区 x 向位移云图 (单位: m)

4. 矿体开挖扰动分析

在自然状态计算的基础上，模拟下伏矿层采空扰动对滑源区稳定性影响。图 14.14 为摩擦角 15° 时，岩溶区监测点在弹性、自然状态以及开挖矿体三个阶段的位移曲线。由图分析可知，自然状态下滑坡处于稳定状态，开挖矿体的扰动使得滑坡的位移增大，但最终还是处于稳定状态。

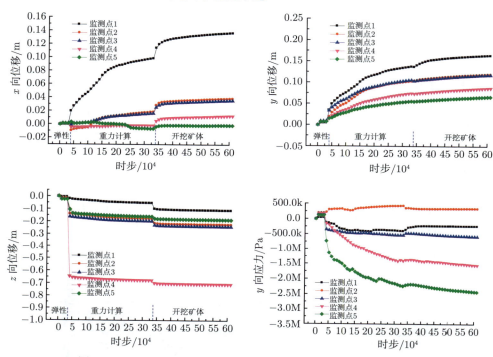

图 14.14　矿体开挖状况 ($\varphi=15°$) 岩溶区监测点位移和应力曲线

图 14.15 为滑带内摩擦角 8° 时，岩溶区监测点在弹性、自然状态以及开挖矿体三个阶段的位移曲线。滑坡在自然状态下即处于不稳定的状态，矿体开挖加剧了岩溶区块体被挤出的过程，由图中可得各方向的位移达到 80m 左右。

图 14.16 为滑带摩擦角 8° 时，滑体上各个监测点的位移曲线。从曲线斜率可以得出各点运动速度大致相等，说明岩溶块体完全挤出，滑体已经处于整体运动状

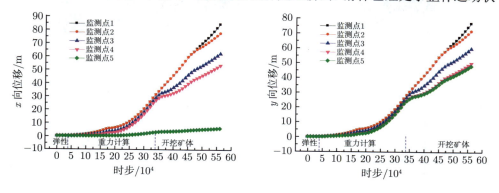

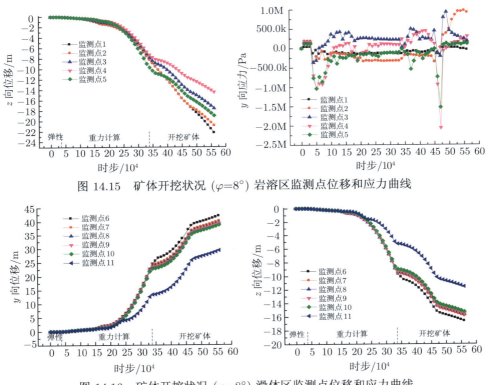

图 14.15 矿体开挖状况 ($\varphi=8°$) 岩溶区监测点位移和应力曲线

图 14.16 矿体开挖状况 ($\varphi=8°$) 滑体区监测点位移和应力曲线

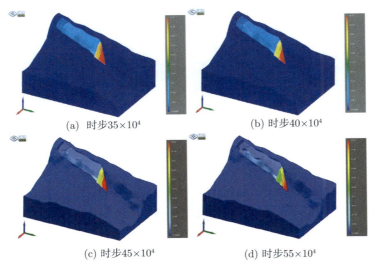

(a) 时步 $35×10^4$

(b) 时步 $40×10^4$

(c) 时步 $45×10^4$

(d) 时步 $55×10^4$

图 14.17 矿体开挖状况 ($\varphi=8°$) 岩溶带挤出过程 (单位: m)

态。由图 14.17 所示结果,可以清晰看出岩溶带块体被滑体挤出直至运动破坏的过程,岩溶块体向临空面运动释放了滑体向前滑动的空间。

5. 关键块体的挤出效应

通过滑坡自然状态及开挖扰动的计算,可获得关键块体的形成过程。由于岩溶带易压缩特性和滑带蠕滑特性,滑体沿着滑面向下滑动,滑体前端受挤压作用,变形及应力不断增加,最终使得与 T0 裂缝平行的某节理面发生剪切破坏,岩溶带使得滑体变形转向,从而导致关键块体形成。图 14.18 为运动破坏状态不同物理时间下滑源区的 x 向位移云图,从中可以清楚地观察关键块体形成过程。

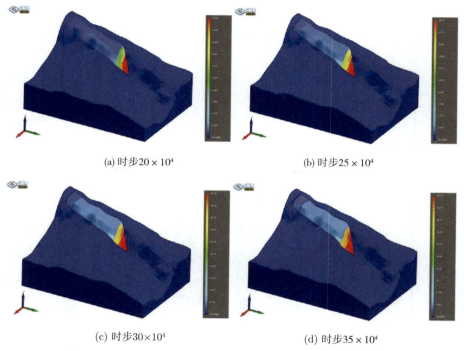

(a) 时步20×10^4　　　　　　　　　　　　(b) 时步25×10^4

(c) 时步30×10^4　　　　　　　　　　　　(d) 时步35×10^4

图 14.18　解体过程岩溶和滑体前端关键块体挤出 (单位: m)

6. 块体失稳的运动转向特征

在滑坡体初期变形的过程中,岩溶带的存在,使得滑坡体变形发生转向。事实上,滑体运动的过程中,这种转向现象也是很明显的。如图 14.19 所示,分别表示不同的物理时间下块体位置特征。为方便叙述,在图中选取 6 个块体,首尾块体用红色标识,红色虚线为参考线。根据图 14.19(a)~(f) 共 6 幅图,可清楚地看出这 6 个块体由初始的向 N 方向运动转变为 NE 方向运动的过程。图 14.20 为滑坡启动之后，不同时间下的运动破坏特征，从结果中可以看出关键块体被挤出现象以及块体运动过程中的转向特征。

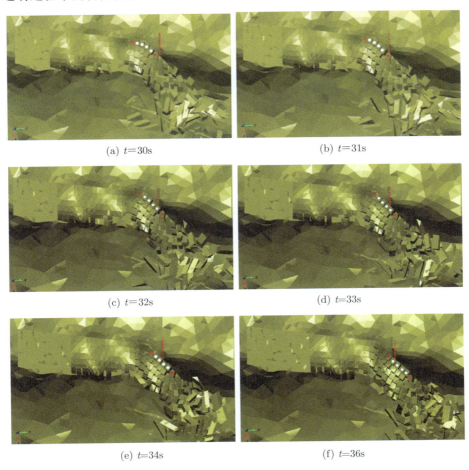

(a) $t=30$s

(b) $t=31$s

(c) $t=32$s

(d) $t=33$s

(e) $t=34$s

(f) $t=36$s

图 14.19   运动过程块体转向示意图

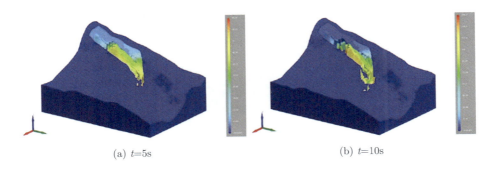

(a) $t=5$s

(b) $t=10$s

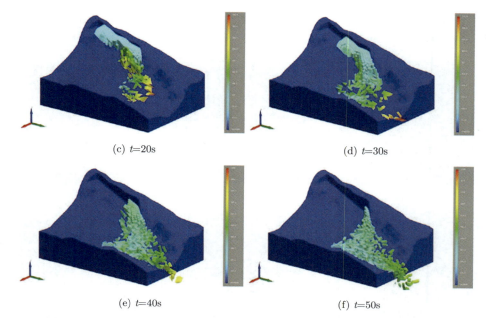

(c) t=20s　　　　　　　　　　　　　　　　　　　(d) t=30s

(e) t=40s　　　　　　　　　　　　　　　　　　　(f) t=50s

图 14.20　考虑节理切割滑源区模型运动破坏特征 (y 向位移云图)(单位：m)

14.1.3　高速远程运动特征数值模拟研究

1. 全区域数值模型

通过滑源区的模拟计算，获得鸡尾山滑坡的失稳和启动模式已经对应的滑带强度参数之后，考虑节理切割情况的全区域几何模型如图 14.21 所示，模型宽度 (x 方向) 为 1100m，长度 (y 方向) 为 2530m。在空间通过三组节理 (T0 裂缝平行面、T1 裂缝平行面以及滑带面平行面) 进行切割，节理间距大约为 20m。

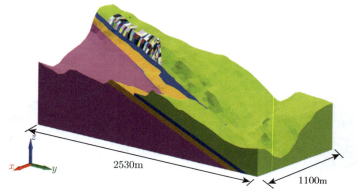

2530m　　　　　　1100m

图 14.21　考虑节理切割全区域几何模型

考虑节理切割的数值模型如图 14.22 所示，网格划分过程中的控制尺寸分别为岩溶区 13m、滑体区 30m、开挖矿体 13m、周围山体 60m、基岩 100m。数值模型划分为四面体单元，共包含单元数 97664 个、节点数 18264 个，其中岩溶区单元数为 4015 个、滑体单元数为 16664 个、开挖矿体单元数为 5100 个。该模型通过三组节理上准则判断破坏，对于节理切出的 "积木块体"，内部通过大量四面体进行变形和应力计算，并认为是完整岩石，运动过程中不发生破坏。

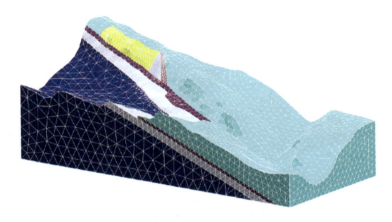

图 14.22 考虑节理切割全区域数值模型

2. 数值计算结果

根据考虑节理切割的全区域数值模型和岩体物理力学参数，对滑坡的运动破坏过程进行分析。边界条件为底面固定约束，周围面法向约束。数值模拟首先进行弹性计算，获得重力作用下的应力场；然后进行破坏计算，判断各个节理面的破裂状态；最后计算各块体运动过程。数值计算的结果如图 14.23 所示，图中显示数值为各个单元的 y 向位移，为不同时间崩塌体的运动破坏过程。

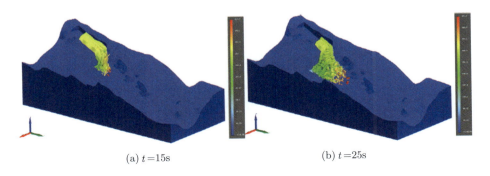

(a) $t=15\text{s}$ (b) $t=25\text{s}$

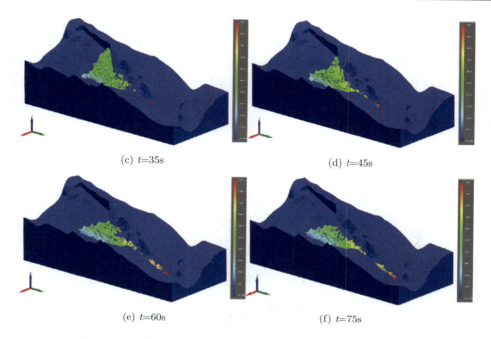

(c) $t=35$s (d) $t=45$s

(e) $t=60$s (f) $t=75$s

图 14.23 鸡尾山滑坡运动破坏过程 (y 向位移云图)(单位: m)

3. 堆积特征对比分析

对于滑坡崩塌体的堆积形态, 考虑节理切割模型的数值模拟结果如图 14.24 所示, 现场影像结果如图 14.25 所示。对比分析可知, 数值模拟结果和现场结果非常相似。滑坡体在三组节理的空间切割下, 形成六面体形状的 "积木块", 与现场崩塌体的形状也一致, 说明节理存在控制滑坡的破坏模式和运动特征。

图 14.24 鸡尾山滑坡数值模拟堆积形态

图 14.25 鸡尾山滑坡现场影像堆积形态

14.1.4 结论

通过滑源区、全区域模型的分析，鸡尾山滑坡岩体被两组近正交结构面及软弱岩层切割成"积木块"状；由于软弱滑带、岩溶带的存在，滑体沿 NW 方向蠕动，前缘不断受压破碎，形成关键块体；关键块体继续受后缘挤压，其运动方向转向临空面；前端块体崩落释放了滑动空间，出现连锁式的滑动破坏。数值模拟再现了以上过程，得出与现场近似一致的堆积区分布特征，说明了上述启动机理和失稳过程的合理性。

14.2　库水涨落及降雨对云阳凉水井滑坡的影响

14.2.1　滑坡概况

凉水井滑坡位于重庆以东 300km 的云阳县，长江右岸斜坡地段。滑坡前缘高程约 100m，后缘高程约 319.5m，相对高差约 221.5m，平面纵向长度约 434m，横向宽 358m，面积约 $11.82 \times 10^4 \mathrm{m}^2$，滑体平均厚度约 34.5m，总体积约 $407.79 \times 10^4 \mathrm{m}^3$。该滑坡全貌如图 14.26 所示。

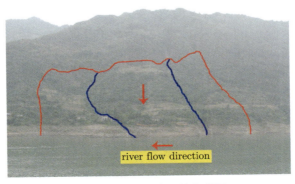

river flow direction

图 14.26　凉水井滑坡全貌图

　　该滑坡水面以上区域属构造剥蚀丘陵地貌和河流阶地地貌，滑坡区内表层为第四系地层覆盖，滑坡后部陡崖及两侧见基岩出露，为泥岩、砂岩，强风化 ～ 中风化。在 2008 年滑坡发生时，滑坡整体平面形态呈 "U" 形，后部地形呈近似圈椅状，南高北低，中后部地形较陡，前部地形较缓，自然坡度 30°～35°。

　　滑坡东西两部均有一冲沟，走向分别为 342° 和 351°，长分别为 250m 和 220m，纵向坡度 40°～60°，截面大多为 "V" 形，处于冲沟发育阶段的第一期，为自然形成，仅雨季有流水，水量直接受降雨影响。

　　滑坡稳定性主要受地下水和长江影响，滑坡危害对象主要为长江航道，由于该滑坡区内长江航道较狭窄，滑坡体积较大，失稳后滑体入江速度可能较快，形成涌浪较高，将直接威胁航道内过往船舶及乘客安全，经济损失和社会影响无法估量。

　　滑坡周界及滑体内已出现不同程度的地表裂缝、房屋裂缝 (图 14.27)。根据勘查期间对典型地裂缝的观测结果显示，各裂缝监测点均有不同程度的增大现象，滑坡现阶段处于蠕滑阶段，稳定状态为欠稳定。

(a) 滑坡前缘塌岸

(b) 滑坡后缘裂缝

(c) 滑坡中出现部鼓胀裂缝

(d) 房屋出现开裂破坏

图 14.27　滑坡不同位置出现的变形迹象

14.2.2 工程地质分析

根据工程地质测绘以及勘查钻探揭露,勘查区内地层主要为第四系人工填土 (Q_4^{ml})、第四系残坡积含角砾粉质黏土 (Q_4^{el+dl})、第四系崩坡积含碎石、块石粉质黏土 (Q_4^{col+dl})、滑坡堆积体 (Q_4^{del})、冲洪积砂土 (Q_4^{al+pl}) 和侏罗系中统沙溪庙组泥岩、砂岩互层 (J_2s)。

滑床岩层产状为 340°∠45°~51°,基岩面呈近似靠椅状,区内主要发育有两组构造裂隙面,产状 295°∠90° 和 28°∠87°。滑坡滑床形态与其滑面形态基本一致,后缘较陡,中部和前部逐渐变缓。根据本次勘查探槽、钻孔、探井揭露,凉水井滑坡滑动带位于第四系滑坡堆积层与下伏基岩接触带,由于该滑带土较薄 (总厚度 3~5cm,其中黏土层厚度 1~3cm),且由于滑带附近砂岩、泥岩块石较破碎,钻孔中难以发现该夹层,但根据钻孔揭露的地层结构和岩芯产状变化等特征,综合确定滑带位置为砂岩、泥岩块石与基岩的接触带。水域部分根据水上钻孔揭露,砂岩、泥岩块石下为粉细砂土,该砂土为原长江河漫滩,砂土下为基岩,砂土为软弱层,因此将其判定为滑带。滑坡整体上中后部较厚,最大厚度为 44.1m,前缘及后缘较薄,横向厚度变化不大,中部稍厚,前缘、后部及两侧相对较薄,两侧厚度逐渐减小。总体来说,凉水井滑坡为推移式的深层大型、复活型土质老滑坡。

基岩为砂岩、泥岩互层,泥岩透水性较差,隔水性较好,地下水容易在滑床附近富集,但基岩层面较陡,砂岩中存在大量裂隙、空隙等径流渠道,向下排泄至长江,地下水赋存条件差。在长江水位上升时,江水位高于地下水位时长江水补给地下水。地下水对于凉水井滑坡稳定性有重要影响,勘查区地下水主要类型为松散介质孔隙水和基岩裂隙水。

根据该滑坡地形地貌、滑面形态、物质组成等特征,综合确定其形成原因为原岩质顺层老滑坡前缘在江水侵蚀、剥蚀以及河床切割作用下,前缘临空,产生滑移,并堆积于原地面上而形成该新滑坡。由于滑坡中前部及前部滑体主要为砂岩块石,其强度、刚度均较大,在滑动过程中,将原地面以下松散土层及强风化泥岩推移至新滑坡前缘,并在江水长期作用下产生库岸再造,并最终形成现状地形地貌。此外,新滑坡形成后,在长期风化、剥蚀等作用下,勘查区南部基岩陡崖产生的崩坡积层以及陡崖上方的残坡积层在水以及自身重力作用下堆积于新近形成的滑坡表层,最终形成现状滑坡滑体中前部较厚,后部逐渐变薄趋势。

由于滑体平均坡度 30°~35°;滑面形态整体后陡前缓,逐渐变缓,后部坡度一般为 35°~45°,前部坡度一般为 8°~15°,穿过了原河漫滩上堆积的砂土层。纵剖面上滑面形态呈折线形。横向两侧滑面较陡,滑面成凹形。滑坡前缘受冲刷尚未形成稳定坡型,且有局部坍塌产生,整体尚无变形迹象。经实地调查和定性分析,未发现有新地表裂缝产生,但边界裂缝宽度以及临江一带裂缝有明显增大、下挫现象,而滑坡中部裂缝变化较小。根据其综合变形情况,将凉水井滑坡当前状态确定为局部再破坏阶段中的欠稳定状态。

14.2.3　数值分析内容

(1) 分析单独库水涨落作用、库水涨落与降雨联合作用下,凉水井滑坡的内部破裂状态及滑面破裂度的发展规律。

(2) 分析极端条件下,凉水井滑坡发生灾害的可能性及潜在的破坏模式。

14.2.4　循环库水涨落的影响

建立如图 14.28 所示凉水井滑坡数值计算模型,模型参数如表 14.2 所示。

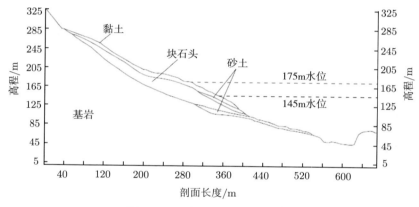

图 14.28　凉水井滑坡计算模型

表 14.2　岩土体物理力学参数取值表

岩土体	弹性模量/GPa	泊松比	渗透系数/(m/s)	密度/(kg/m³)		黏聚力/kPa		内摩擦角/(°)	
				天然	饱和	天然	饱和	天然	饱和
黏土	3	0.4	2.50×10^{-6}	2300	2380	21.5	19.3	34.8	27.7
块石土	3	0.4	3.70×10^{-6}	2350	2400	22.2	21.6	35.1	29.1
砂土	3	0.4	—	2300	2380	—	3.0	—	25
基岩	20	0.25	—	2530		400.2	390.1	38.02	37.11
滑带	—	—	4.01×10^{-3}	—		19.2	13.7	25.0	24.8

研究循环库水涨落对滑坡内部破坏状态及整体稳定性的影响规律。分析在前三个库水涨落周期内滑坡体的演化规律,选取低水位和高水位分别为 145m 和 175m,选取正常上涨速率 0.50m/d 和正常下降速率 0.67 m/d。不同水位下凉水井滑坡的滑面破裂度如表 14.3 所示,不同水位高度下滑坡内稳定渗流场如图 14.29 所示,不

同水位高度下滑坡的内部破裂状态如图 14.30 所示，前两个周期滑坡体破裂度的变化规律如图 14.31 所示。

表 14.3　库水涨落不同工况条件下凉水井滑坡滑面破裂度

工况	滑面破裂度	工况	滑面破裂度
第一次涨水	0.088	第二次涨水	0.476
第一次降水	0.476	第二次降水	0.490
枯水期	0.476	枯水期	0.490

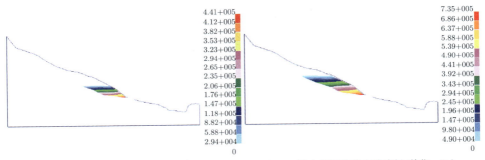

(a)145m枯水期滑坡稳定渗流场(单位：Pa)　　　(b)175m涨水期滑坡稳定渗流场(单位：Pa)

图 14.29　不同水位高度下凉水井滑坡的稳定渗流场

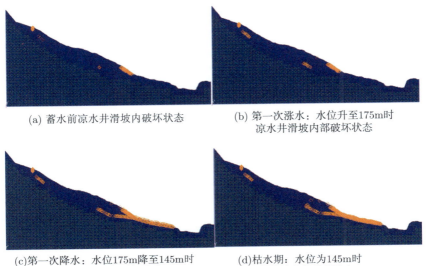

(a) 蓄水前凉水井滑坡内破坏状态　　　(b) 第一次涨水：水位升至175m时
凉水井滑坡内部破坏状态

(c)第一次降水：水位175m降至145m时
凉水井滑坡内部破坏状态　　　(d)枯水期：水位为145m时
凉水井滑坡内部破坏状态

(e) 第二次涨水：水位升至175m时　　　　　(f) 第二次降水：水位175m降至145m时
凉水井滑坡内部破坏状态　　　　　　　　　凉水井滑坡内部破坏状态

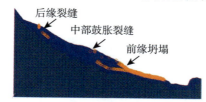

(g) 枯水期：水位为145m时凉水井滑坡内部破坏状态

图 14.30　不同水位高度下滑坡的内部破裂状态

从 2008 年 9 月 28 日到 2009 年 6 月 7 日的第一次 175m 试验性蓄水过程中，在初始变形阶段，坍塌和滑坡变形首先发生在下滑体前缘，随即形成新的临空面 (图 14.30(g))。前部的未坍塌部分失去了支撑，这样裂缝会接二连三地出现，向顶部传递。这种现象体现了牵引式滑坡的特征。

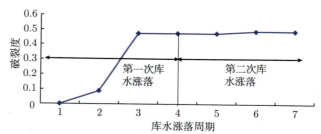

图 14.31　前两个库水涨落周期内滑坡内部破坏状态图

由于在滑坡中部有一个锁固段，滑坡的滑动模式不是单一的。在滑舌部分出现变形不久，张拉裂缝随即出现在上滑体后缘，并形成明显的下挫带 (图 14.30(g))。随着滑坡的持续变形，张拉裂缝不仅在数量上和分布范围上都有较大发展，并且在裂缝的长度和深度上也发展迅速。最后，不同尺度的弧形张拉裂缝和下挫带从后缘向前缘较低部分发展，同时呈现出推移式滑坡的特征。中部裂缝的位移速率出现负增长，说明该滑坡的滑面形状导致了坡面中部位移和中部裂缝的总位移量及变形速率都较低；在下滑体和上滑体的裂缝向中部区域扩展的过程中，滑坡两翼的剪切裂缝以雁羽状的形态出现。

由于沿中部的深层滑面尚未形成 (图 14.30(g))，深部位移变形不显著，位移曲

线表现为 "V" 形, 即底部位移很小, 而上部位移较大, 中间没有较明显的波峰和波谷 (滑动面), 表明该部位还没有形成明显的滑动面, 处于蠕滑变形阶段, 该结论在模型中得到了反映。锁固段事实上是一个凹形区域, 随着上滑体变形的日益加剧, 上、下滑体的平衡条件也在发生改变, 这是一个量变到质变的过程, 变形发展的结果, 势必引起中部应力的进一步集中, 滑坡的散射状裂隙和地鼓现象就会出现在该区域, 锁固段成为滑坡能否整体复活的关键部位。

14.2.5 库水涨落及降雨的联合作用

选取低水位和高水位分别为 145m 和 175m, 选取正常上涨速率 0.50m/d 和正常下降速率 0.67m/d。在库水涨落阶段选取基本降雨强度为 40mm/d, 中降雨历时为 7h; 在枯水期阶段选取众值降雨强度为 9mm/d, 短降雨历时为 3h。不同工况下边坡滑面的破裂度如表 14.4 所示, 前三个周期滑面破裂度变化规律如图 14.32 所示, 不同工况下坡体内部的破裂状态如图 14.33 所示。

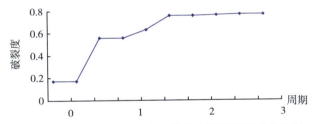

图 14.32 前三个周期内凉水井滑坡滑面破裂度变化图

(a) 第一次涨水+基本降雨强度+中降雨历时情况下凉水井滑坡内部破坏状态

(b) 第一次降水+基本降雨强度+中降雨历时情况下凉水井滑坡内部破坏状态

(c) 第一次枯水期+众值降雨强度+短降雨历时情况下凉水井滑坡内部破坏状态

(d) 第二次涨水+基本降雨强度+中降雨历时情况下凉水井滑坡内部破坏状态

(e) 第二次降水+基本降雨强度+中降雨
历时情况下凉水井滑坡内部破坏状态

(f) 第二次枯水期+众值降雨强度+短降雨
历时情况下凉水井滑坡内部破坏状态

(g) 第三次涨水+基本降雨强度+中降雨
历时情况下凉水井滑坡内部破坏状态

(h) 第三次涨水+基本降雨强度+中降雨
历时情况下凉水井滑坡内部破坏状态

(i) 第三次枯水期+众值降雨强度+短降雨
历时情况下凉水井滑坡内部破坏状态

图 14.33   不同工况下坡体内部的破裂状态

表 14.4   库水涨落 + 降雨不同工况条件下凉水井滑坡滑面破裂度

工况	滑面破裂度	工况	滑面破裂度	工况	滑面破裂度
第一次涨水 基本降雨强度： 40mm/d 中降雨历时：7h	0.126	第二次涨水 基本降雨强度： 40mm/d 中降雨历时：7h	0.588	第三次涨水 基本降雨强度： 40mm/d 中降雨历时：7h	0.720
第一次降水 基本降雨强度： 40mm/d 中降雨历时：7h	0.514	第二次降水 基本降雨强度： 40mm/d 中降雨历时：7h	0.714	第三次降水 基本降雨强度： 40mm/d 中降雨历时：7h	0.725
枯水期 众值降雨强度： 9mm/d 短降雨历时：3h	0.514	枯水期 众值降雨强度： 9mm/d 短降雨历时：3h	0.714	枯水期 众值降雨强度： 9mm/d 短降雨历时：3h	0.725

由表 14.4 可以看出, 在库水涨落和降雨的联合作用下, 凉水井滑坡滑面破裂度有大幅增大, 且在第一次库水涨落和降雨的联合作用后, 滑面破裂度的增长速率下降。由图 14.32 可得, 凉水井滑坡滑面破裂度是逐渐增多的, 且增长速率在不断降低。

由图 14.33 可以看出, 凉水井滑坡滑面的破裂是从顶部和底部逐渐向中部扩散, 且在坡体中部出现一条横向裂缝。图 14.(g) 为三个周期 (年) 后凉水井滑坡的内部破坏状态, 这时的计算破裂度为 0.725, 初步确定凉水井滑坡当前状态为局部再破坏阶段中的欠稳定状态。

14.2.6　不同条件组合下凉水井滑坡的失稳分析

根据凉水井滑坡上雨量计的监测结果, 取该滑坡上的众值降雨强度为 9mm/d, 基本降雨强度为 40mm/d, 罕遇降雨强度为 60mm/d; 短降雨历时为 3h, 中降雨历时为 7h, 长降雨历时为 10h。根据三峡库区水位调整的基本规律, 将低水位、中水位和高水位分别定为 145m, 166.7m 和 175m; 正常上涨速率、中上涨速率和高上涨速率定为 0.50 m/d, 1.00 m/d 和 4.00 m/d; 正常下降速率、中下降速率和高下降速率定为 0.67 m/d, 1.00 m/d 和 3.00 m/d。

由前面的分析可以看出, 库水涨落和降雨都是影响凉水井滑坡的主要因素, 因此在综合分析时分为三种情况。

第一种情况: 选取低水位和高水位分别为 145m 和 175m; 选取正常上涨速率 0.50m/d 和正常下降速率 0.67m/d; 在库水涨落阶段选取基本降雨强度为 40mm/d, 中降雨历时为 7h; 在枯水期阶段选取众值降雨强度为 9mm/d, 短降雨历时为 3h。

第二种情况: 选取低水位和高水位分别为 145m 和 175m; 选取中上涨速率 1.00m/d 和中下降速率 1.00m/d; 在库水涨落阶段选取基本降雨强度为 40mm/d, 中降雨历时为 7h; 在枯水期阶段选取众值降雨强度为 9mm/d, 短降雨历时为 3h。

第三种情况: 选取低水位和高水位分别为 145m 和 175m; 选取高上涨速率 4.00m/d 和高下降速率 3.00m/d; 在库水涨落阶段选取罕遇降雨强度为 60mm/d, 长降雨历时为 10h; 在枯水期阶段选取众值降雨强度为 9mm/d, 短降雨历时为 3h。

由图 14.34 可以看出, 在第一种情况下, 凉水井滑坡在第 21 个周期发生整体破坏。由图 14.35 可以看出, 在第二种情况下, 凉水井滑坡在第 13 个周期发生整体破坏。由图 14.36 可以看出, 在第三种情况下, 凉水井滑坡在第 5 个周期发生整体破坏。

库水骤升对于凉水井滑坡影响不大, 库水骤降对于凉水井滑坡影响很大。因此库水位调整时尽可能避免急剧降低水位, 一般情况下建议降落速率为 0.5~1.0m/d。

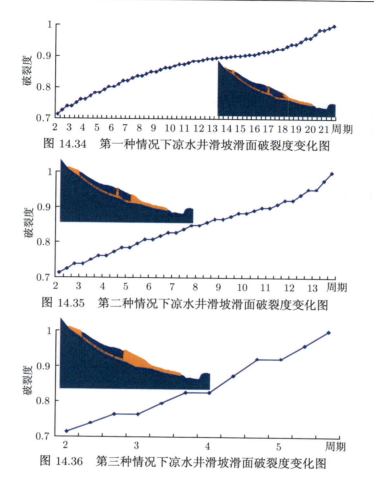

图 14.34　第一种情况下凉水井滑坡滑面破裂度变化图

图 14.35　第二种情况下凉水井滑坡滑面破裂度变化图

图 14.36　第三种情况下凉水井滑坡滑面破裂度变化图

14.2.7　结论

(1) 工程地质分析及数值模拟分析表明：目前凉水井滑坡尚处于匀速变形阶段，预警级别为黄色 (III 级)。该滑坡当前状态为局部再破坏阶段中的欠稳定状态，滑坡没有完全解体，锁固段发挥了重要作用。

(2) 库水骤升对于凉水井滑坡影响不大，库水骤降对于凉水井滑坡影响很大。因此库水位调整时尽可能避免急剧降低水位，一般情况下建议降落速率为0.5～1.0m/d。

(3) 降雨和库水涨落都是影响凉水井滑坡的主要因素，分析了降雨及库水涨落联合作用下凉水井滑坡的稳定性情况。按照降雨强度及库水涨落速率，分弱、中、强三种情况进行探讨。在第一种情况下，凉水井滑坡在第 21 个周期发生整体破坏；在第二种情况下，凉水井滑坡在第 13 个周期发生整体破坏；在第三种情况下，凉水井滑坡在第 5 个周期发生整体破坏。

14.3 库水涨落及降雨对茅坪滑坡稳定性的影响

14.3.1 滑坡概况

茅坪滑坡位于湖北省清江下游河段隔河岩水库左岸, 是该库区一个大型的基岩古滑坡体。自水库 1993 年 4 月蓄水后, 滑坡开始发生位移, 且仍在变形发展过程中 (图 14.37)。茅坪滑坡平面形态呈长喇叭口形, 纵向最大长度 1600m, 横向最大宽度约 600m, 滑坡剪出口高程为 150~160m, 后缘高程为 570m, 滑体厚度 5.0~86.3m, 体积 $2350 \times 10^4 \mathrm{m}^3$。由于滑坡区处于河谷较狭窄地段, 枯水季节, 河面的宽度为 153.0m。水库正常蓄水, 水位到达 200.0m 时, 河面宽度为 200.0~250.0m。

(a) 茅坪滑坡总体图

(b) 水池边缘开裂 (最宽达20m)

(c) 地面错动

(d) 旱田中出现裂缝

图 14.37 茅坪滑坡的变形迹象

滑体前缘临江平台以下有 20~30m 高的陡坡, 坡度为 55°。滑体内共见 4 级平台, 高程分别为 225~232m、300~310m、400~420m、510~520m, 前缘后期坐落形成的圈椅状地形明显, 平台以上坡度较平缓, 平均坡度 15° 左右。滑体结构基本可分为 2 层 (图 14.38): 第一层是以灰岩块石为主的块石碎石土层, 由二叠系下统栖霞组下部的灰岩、碳质泥灰岩破碎块石组成, 结构松散, 属于强透水层, 厚度一般为 30~40m; 第二层以页岩、黏土岩碎石土为主, 上部由栖霞组马鞍段页岩、煤层、石英砂岩与黄龙组破碎白云质灰岩组成 (含少量具层序的石英砂岩大块体), 下部由写经寺组破碎页岩、黏土岩、泥灰岩组成, 底部滑动带物质多为紫红色黏土夹碎石, 结构较松散, 属于弱透水层, 厚 20~30m。

位于高程 360m 处的竖井揭示, 在井深 40m 处开始出现低渗透层, 并有承压水。井深 40m 处承压水约 lm, 至 41~42m 处承压水头上升至 6m 左右, 基岩出现在 42m 处。滑体的物质具有上粗下细的特点, 相应地其透水性自上而下变小。滑坡前缘见多个大的泉水出露点, 均出露于滑带之上的碎石土中, 流量随季节变化明显。水库蓄水前钻孔中的地下水位观测资料表明, 滑体前缘的地下水位位于滑带之上, 而中部和后部的地下水位则主要位于滑床之下。

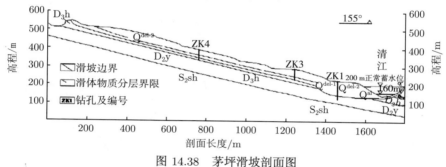

图 14.38   茅坪滑坡剖面图

其中, Q^{al}—— 冲积物; Q^{col}—— 崩积物; Q^{del-2}—— 似基岩大块石层; Q^{del-1}—— 碎石碎屑土层; D_3x—— 泥盆系上统写经寺组; D_3h—— 泥盆系上统黄家磴组; D_2y—— 泥盆系中统云台观组; S_2sh—— 志留系中统纱帽

14.3.2   数值分析内容

(1) 反复调整岩土力学参数及渗流参数进行试算, 通过对比坡体的裂缝发展状况 (破裂度)、宏观变形迹象 (位移演化规律) 及承压水分布特征等, 获得茅坪滑坡处于当前状态下的参数取值。

(2) 分析库水涨落及降雨两种条件对茅坪滑坡稳定性的影响程度, 获得主控因素。分析主控因素改变时, 茅坪滑坡的稳定性状况。

14.3.3   滑坡体当前状态的反演

1. 模型参数

根据地质资料, 建立数值计算模型如图 14.39 所示。岩土体物理力学参数主要依据试验结果, 对于缺乏试验成果的参数主要依据《工程地质手册》、类比其他滑坡等综合确定, 如表 14.5 所示。在一个库水涨落周期内, 分为涨水期、落水期和枯水期这三个阶段, 在坡体内, 裂隙流和孔隙渗流所流经的地方, 黏聚力和内摩擦角需要降低, 但降低是有一定规则的。假如在第一个阶段 (涨水期) 坡体黏聚力和内摩擦角为 1, 那么在第二个阶段 (落水期) 坡体黏聚力和内摩擦角就变为 0.96, 在第三个阶段 (枯水期) 就变为 $0.95 \times 0.98 = 0.94$。

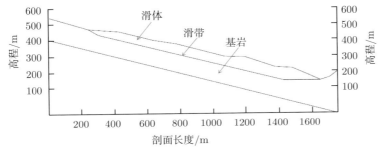

图 14.39　茅坪滑坡计算模型

表 14.5　岩土体物理力学参数取值表

岩土体	弹性模量/GPa	泊松比	密度/(kg/m³)	渗透系数/(m/s)	黏聚力/kPa		内摩擦角/(°)	
					天然	饱和	天然	饱和
滑体	3	0.4	2300	2.29×10^{-6}	21.48	19.29	34.83	27.68
滑带	—	—	—	—	19.17	13.68	25.03	24.81
基岩	20	0.25	2530	0.05×10^{-6}	400.23	390.14	38.02	37.11

2. 循环库水涨落数值分析

先只考虑库水涨落的影响, 分析在前三个库水涨落周期内滑坡内部破坏状态的变化规律, 以分析库水是否是控制滑坡变形的主要因素。选取低水位和高水位分别为 160m 和 195m, 选取正常上涨速率 0.50 m/d 和正常下降速率 0.50 m/d。不同工况下滑面破裂度情况如表 14.6 所示, 坡体内渗流场如图 14.40 所示, 不同阶段滑坡内部的破坏状态如图 14.41 所示, 破裂度随库水位的变化规律如图 14.42 所示。

表 14.6　库水涨落不同工况条件下茅坪滑坡滑面破裂度

工况	滑面破裂度	工况	滑面破裂度	工况	滑面破裂度
第一次涨水	0.015	第二次涨水	0.091	第三次涨水	0.093
第一次降水	0.091	第二次降水	0.093	第三次降水	0.093
枯水期	0.091	枯水期	0.093	枯水期	0.093

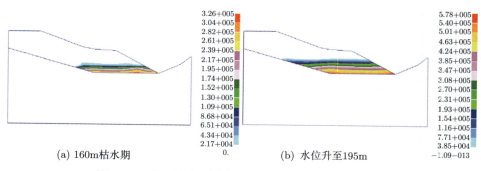

(a) 160m枯水期　　　　　　　　　(b) 水位升至195m

图 14.40　不同水位时茅坪滑坡稳定渗流场 (单位：Pa)

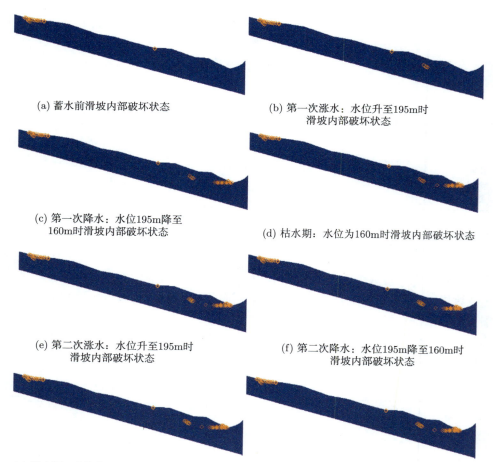

(a) 蓄水前滑坡内部破坏状态　　　　　(b) 第一次涨水：水位升至195m时
　　　　　　　　　　　　　　　　　　　　滑坡内部破坏状态

(c) 第一次降水：水位195m降至　　　　(d) 枯水期：水位为160m时滑坡内部破坏状态
　　160m时滑坡内部破坏状态

(e) 第二次涨水：水位升至195m时　　　(f) 第二次降水：水位195m降至160m时
　　　　滑坡内部破坏状态　　　　　　　　　　滑坡内部破坏状态

(g) 枯水期：水位为160m时滑坡内部破坏状态　　(h) 第三次涨水：水位升至195m时
　　　　　　　　　　　　　　　　　　　　　　　　滑坡内部破坏状态

(i) 第三次降水：水位195m降至160m时　　　　(j) 枯水期：水位为160m时滑坡内部破坏状态
滑坡内部破坏状态

图 14.41　不同阶段滑坡的内部破坏状态

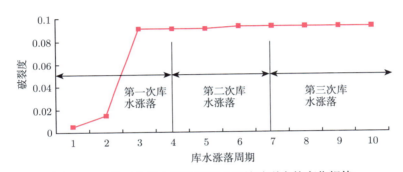

图 14.42　前三个库水涨落周期内滑坡破裂度的变化规律

在蓄水之前，茅坪滑坡在顶部和中前部已经出现了张拉和剪切破坏 (图 14.41(a))，滑坡体的内部出现微小裂缝，滑带没有全部贯通，下滑力略小于抗滑力，整个滑坡处于既有破坏阶段，滑坡总体处于稳定状态。

在循环库水涨落阶段 (即清江水位在 160m—195m—160m 间循环)，滑坡后缘地段未出现新的张拉破坏区；在高程 300m 以下，出现明显的压剪破坏带 (图 14.41(b)~(j))，该区对应滑坡潜在不稳定区，即滑坡体潜在可能发生次级滑动的区域。该结果与茅坪滑坡蓄水后实际监测结果十分吻合。

但如果只考虑库水涨落的影响，滑坡经过自身的内力调整会逐渐趋于稳定 (图 14.41)，这就无法解释滑坡中部位移偏大的现象，说明库水涨落只是诱发滑坡的因素，滑坡前期受其影响较大，但后期较小。

3. 滑带渗透系数反演

茅坪滑坡属于典型的堆积层滑坡，堆积层滑坡上部物质组成疏松，易渗水；下部为不透水底板，易积水；多数情况下基岩面就是滑带。按照连续介质渗流的观点：降雨强度达到积水点之后，岩土体入渗率逐渐降低至饱和土体的渗透系数，降雨强度的增大不会相应地增加入渗量。如果不考虑裂隙的作用，大气降雨只对浅表层坡体的地下水动态特征和分布规律具有显著的作用和影响，是浅表层坡体变形和破坏的主要触发因素。由现场观测现象可知：降雨强度越大、持时越久，就越容易引起堆积层滑坡整体垮塌，而且水流在坡体内部的流动速度很快。因此可以说明裂隙流是导致茅坪滑坡后期不断运动的根本原因。

目前的已有工作主要是对滑带渗透性的定性描述，缺乏对滑带渗透性的定量描述。因此首先要确定滑带渗透系数，目前所得知的文献还没有关于茅坪滑坡渗透系数的描述。根据以往的经验，即使通过勘察可以得知滑坡的渗透系数，该数值也存在很大的误差，更不可能描述滑带的渗透系数。因此需要由现场量测信息进行滑带渗透系数反演，具体实施步骤如图 14.43 所示。

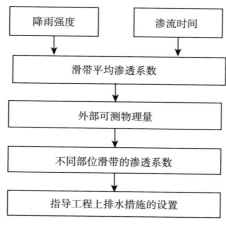

图 14.43   滑带渗透系数反演流程图

利用本书所述的非稳态渗流数值模型可以实现两个目的：①估算滑带的平均渗透系数；②反分析滑带内部压力分布。

如果知道降雨强度和渗流时间就可以估算滑带的平均渗透系数。将滑带简化为多块光滑平行板组成的裂隙网络，假设这些平行板的厚度相同，调节这一厚度，使得其满足以下已知条件：降雨强度为 50mm/d 的情况下，水流沿着滑带从坡顶到坡底的渗流时间为 24h 左右。结果表明，当厚度为 0.3mm 时满足已知条件，这时的平均渗透系数为 0.0565m/s。

在获得滑带平均渗透系数的基础上，根据外部的可测物理量可以反分析降雨停止后滑带内部压力分布。位于高程 360m 处的竖井揭示，在井深 40m 处开始出现低渗透层，并有承压水。井深 40m 处承压水约 1m，至 41～42m 处承压水头上升至 6m 左右，基岩出现在 42m 处。竖井发现的 6m 承压水就是一个外部可测物理量，满足这一已知条件的结果就是所求的结果。

一般情况下，当降雨量较大时，底部出水口来不及将所有水都排出，导致坡体内部的压力上升。根据这一现象，数值模型中就需要微调出口处的渗透系数 (主要是降低出水口流量),具体说来就是调节出口处板的厚度。由于只是调节出口处板的渗透系数,所以整体上不会影响平均渗透系数的计算结果。由表 14.7 可以看出,当出口处板的厚度为 0.75mm 时,计算结果可以满足可测物理量的观测结果,这时滑带内部的压力分布如图 14.44 所示。由此还可以得知茅坪滑坡的排水效率仅为 56.3%,假设茅坪滑坡自身的排水量为 Q,则排水工程排水量必须要满足大于 $0.437Q$ 的条件。

表 14.7　出口处板的厚度变化时中部压力的变化情况

出口处板厚/mm	0.95	0.90	0.85	0.80	0.75
出口处渗透系数/(m/s)	5.10×10^{-2}	4.58×10^{-2}	4.08×10^{-2}	3.62×10^{-2}	3.18×10^{-2}
中部位置承压水头/m	4.63~3.53	4.95~3.77	5.28~4.02	5.60~4.34	5.94~4.51

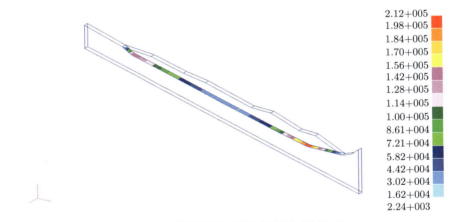

图 14.44　滑坡内部水压力分布图 (单位: Pa)

4. 库水涨落和降雨数值分析

选取低水位和高水位分别为 160m 和 195m,选取正常上涨速率 0.50m/d 和正常下降速率 0.50m/d。在库水涨落阶段选取基本降雨强度为 25mm/d,中降雨历时为 7h;在枯水期阶段选取众值降雨强度为 8mm/d,短降雨历时为 3h。

由表 14.8 可以看出,在库水涨落和降雨的联合作用下,茅坪滑坡滑面破裂度有大幅增大,且在第一次库水涨落和降雨的联合作用后,滑面破裂度的增长速率下降。图 14.45 为前 16 个周期内茅坪滑坡滑面破裂度变化图,由此可以看出,茅坪滑坡滑面破裂度是逐渐增多的,且增长速率在不断降低。

表 14.8　库水涨落 + 降雨不同工况条件下茅坪滑坡滑面的破裂度

工况	滑面破裂度	工况	滑面破裂度	工况	滑面破裂度
第一次涨水 基本降雨强度： 25mm/d 中降雨历时：7h	0.136	第二次涨水 基本降雨强度： 25mm/d 中降雨历时：7h	0.691	第三次涨水 基本降雨强度： 25mm/d 中降雨历时：7h	0.717
第一次降水 基本降雨强度： 25mm/d 中降雨历时：7h	0.679	第二次降水 基本降雨强度： 25mm/d 中降雨历时：7h	0.704	第三次降水 基本降雨强度： 25mm/d 中降雨历时：7h	0.730
枯水期 众值降雨强度： 8mm/d 短降雨历时：3h	0.679	枯水期 众值降雨强度： 8mm/d 短降雨历时：3h	0.704	枯水期 众值降雨强度： 8mm/d 短降雨历时：3h	0.730

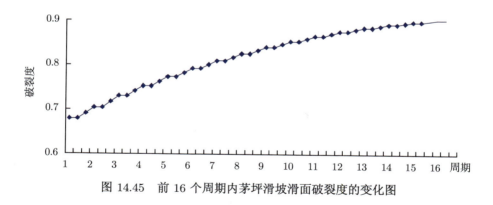

图 14.45　前 16 个周期内茅坪滑坡滑面破裂度的变化图

不同阶段茅坪滑坡的破裂状态如图 14.46 所示。

(a) 第一次涨水+基本降雨强度+中降雨历时　　　　　　(b) 第一次降水+基本降雨强度+中降雨历时
情况下茅坪滑坡内部破坏状态　　　　　　　　　　　情况下茅坪滑坡内部破坏状态

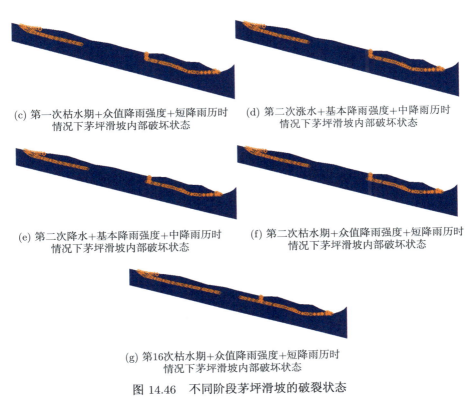

(c) 第一次枯水期+众值降雨强度+短降雨历时
情况下茅坪滑坡内部破坏状态

(d) 第二次涨水+基本降雨强度+中降雨历时
情况下茅坪滑坡内部破坏状态

(e) 第二次降水+基本降雨强度+中降雨历时
情况下茅坪滑坡内部破坏状态

(f) 第二次枯水期+众值降雨强度+短降雨历时
情况下茅坪滑坡内部破坏状态

(g) 第16次枯水期+众值降雨强度+短降雨历时
情况下茅坪滑坡内部破坏状态

图 14.46 不同阶段茅坪滑坡的破裂状态

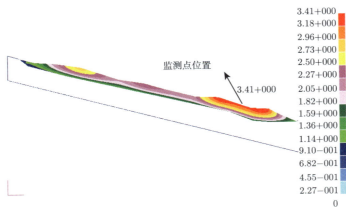

图 14.47 16 个周期 (年) 后茅坪滑坡位移 (单位: m)

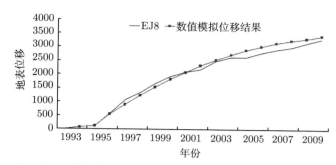

图 14.48　数值模拟结果和实际监测结果的对比 (单位：mm)

由图 14.46 可以看出，茅坪滑坡滑面的破裂是从顶部和底部逐渐向中部扩散。14.46(g) 为 16 个周期 (年) 后茅坪滑坡的内部破坏状态，这时的计算破裂度为 0.903，由前述地质信息和现场监测信息得出的结论为：茅坪滑坡当前状态确定为局部再破坏阶段中的不稳定状态，坡体破裂度为 0.9~1.0。

与现场监测的对比，选取坡体底部一点作为校核点 (图 14.47)，由图 14.48 可以看出，数值模拟位移结果和实际监测位移曲线吻合良好。综上所述，图 14.46(g) 就为反分析之后所得到的滑坡当前状态。

14.3.4　茅坪滑坡失稳条件分析

通过大量统计分析，茅坪滑坡所在地区的众值降雨强度为 8mm/d，基本降雨强度为 25mm/d，罕遇降雨强度 40mm/d。短降雨历时为 3h，中降雨历时为 7h，长降雨历时为 10h。

茅坪滑坡的水位一般在最低水位 160m 至最高水位 195m 之间波动，偶尔会上升至 200m，水库水位变幅为 35~40m。一般情况下，坝前水位从 195m 降至 160m，每天下降不大于 1m，平均为 0.50m/d；千年一遇大水后坝前水位下降速度不大于 3m/d。汛期遇百年一遇、千年一遇洪水，坝前水位上升速率为 4m/d，其余情况每天上升不大于 1m，平均 0.50m/d。因此，将低水位、中水位和高水位分别定为 160m、195m 和 200m；正常上涨速率、中上涨速率和高上涨速率定为 0.50m/d、1.00m/d 和 3.00m/d；正常下降速率、中下降速率和高下降速率定为 0.50m/d、1.00m/d 和 4.00m/d。

由前述分析可以看出，库水涨落不是影响茅坪滑坡的主要因素，因此在综合分析时不考虑水位参数的影响规律，选取低水位和高水位分别为 160m 和 195m，选取正常上涨速率 0.50m/d 和正常下降速率 0.50m/d。

由于不同降雨量和降雨历时是主要因素，在库水涨落阶段选取基本降雨强度为 25mm/d，中降雨历时为 7h；在枯水期阶段选取众值降雨强度为 8mm/d，短降雨历时为 3h。由图 14.49、图 14.50 和表 14.9 可以看出，在前面 16 个周期的基础上, 当时间推移到第 22 个周期时, 茅坪滑坡发生整体破坏。

表 14.9 正常库水涨落 + 高几率降雨条件下茅坪滑坡滑面破裂度

工况	滑面破裂度	工况	滑面破裂度	工况	滑面破裂度
第 17 次涨水 基本降雨强度: 25mm/d 中降雨历时: 7h	0.905	第 18 次涨水 基本降雨强度: 25mm/d 中降雨历时: 7h	0.913	第 19 次涨水 基本降雨强度: 25mm/d 中降雨历时: 7h	0.923
第 17 次降水 基本降雨强度: 25mm/d 中降雨历时: 7h	0.908	第 18 次降水 基本降雨强度: 25mm/d 中降雨历时: 7h	0.917	第 19 次降水 基本降雨强度: 25mm/d 中降雨历时: 7h	0.929
枯水期 众值降雨强度: 8mm/d 短降雨历时: 3h	0.908	枯水期 众值降雨强度: 8mm/d 短降雨历时: 3h	0.917	枯水期 众值降雨强度: 8mm/d 短降雨历时: 3h	0.929
第 20 次涨水 基本降雨强度: 25mm/d 中降雨历时: 7h	0.938	第 21 次涨水 基本降雨强度: 25mm/d 中降雨历时: 7h	0.957	第 22 次涨水 基本降雨强度: 25mm/d 中降雨历时: 7h	0.983
第 20 次降水 基本降雨强度: 25mm/d 中降雨历时: 7h	0.946	第 21 次降水 基本降雨强度: 25mm/d 中降雨历时: 7h	0.968	第 22 次降水 基本降雨强度: 25mm/d 中降雨历时: 7h	1.00
枯水期 众值降雨强度: 8mm/d 短降雨历时: 3h	0.946	枯水期 众值降雨强度: 8mm/d 短降雨历时: 3h	0.968		

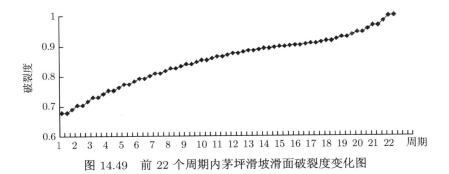

图 14.49 前 22 个周期内茅坪滑坡滑面破裂度变化图

图 14.50　第 22 次降水 + 基本降雨强度 + 中降雨历时情况下茅坪滑坡内部破坏状态

如果在库水涨落阶段选取罕遇降雨强度为 40mm/d，长降雨历时为 10h；在枯水期阶段选取众值降雨强度为 8mm/d，短降雨历时为 3h。由图 14.51、图 14.52 和表 14.10 可以看出，在这种工况组合下，当时间推移到第 18 个周期时，茅坪滑坡即发生整体破坏。

表 14.10　　正常库水涨落 + 低几率降雨条件下茅坪滑坡滑面破裂度

工况	滑面破裂度	工况	滑面破裂度
第 17 次涨水 罕遇降雨强度：40mm/d 长降雨历时：10h	0.916	第 18 次涨水 罕遇降雨强度：40mm/d 长降雨历时：10h	0.964
第 17 次降水 罕遇降雨强度：40mm/d 长降雨历时：10h	0.929	第 18 次降水 罕遇降雨强度：40mm/d 长降雨历时：10h	1.000
枯水期 众值降雨强度：8mm/d 短降雨历时：3h	0.929		

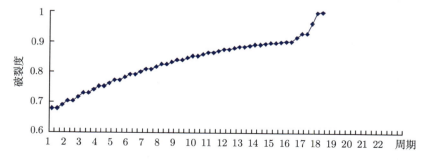

图 14.51　罕遇降雨强度 + 长降雨历时情况下茅坪滑坡内部破坏状态

图 14.52 第 18 次降水 + 罕遇降雨强度 + 长降雨历时情况下茅坪滑坡内部破坏状态

14.3.5 结论

(1) 茅坪滑坡当前状态反演结果表明: 如果只考虑库水涨落的影响, 滑坡经过自身的内力调整会逐渐趋于稳定, 这就无法解释滑坡中部位移偏大的现象, 说明库水涨落只是诱发滑坡的因素, 滑坡前期受其影响较大, 但后期较小。降雨是导致茅坪滑坡的最为直接的因素, 如果降雨沿着裂隙渗透到关键部位, 即使少量的水都可能诱发滑坡, 而当滑坡处在临界状态时更是如此。

(2) 茅坪滑坡当前状态反演结果表明: 茅坪滑坡的排水效率仅为 56.3%, 假设茅坪滑坡自身的排水量为 Q, 则排水工程排水量必须要满足大于 $0.437Q$ 的条件。因此, 茅坪滑坡当务之急是应该做好地表水的排水工作, 使之不流经滑坡。同时做好滑坡前缘的排水工作, 这可有效缓解茅坪滑坡的发展。

(3) 茅坪滑坡的失稳条件分析表明: 不同降雨量和降雨历时是影响茅坪滑坡稳定性的主要因素。在库水涨落阶段选取基本降雨强度为 25mm/d, 中降雨历时为 7h; 在枯水期阶段选取众值降雨强度为 8mm/d, 短降雨历时为 3h; 在上述降雨参数下, 当时间推移到第 22 个水文年, 茅坪滑坡发生整体破坏。

14.4 动态开采对白音华露天矿边坡稳定性的影响

14.4.1 工程地质概况

白音华煤田位于内蒙古自治区锡林郭勒盟西乌珠穆沁旗白音华镇和哈日根台镇境内。该煤田呈 NE-SW 方向展布, 长轴 60km, 短轴 8.5km, 面积约 510km², 煤田内沿 NE-SW 走向分别规划为 4 个露天矿和多个井工矿, 其中一号露天矿位于白音华煤田西南部 (行政区隶属哈日根台镇)。

白音华一号露天矿大地构造位置属天山 — 内蒙古中部 — 兴安地槽褶皱区 (I级), 内蒙古中部地槽褶皱系 (II级), 爱力格庙 — 锡林浩特中间地块的中部 (III级)。区测资料证实, 区内古生代地层构成中生代盆地的基底并形成较大规模的复背斜、复向斜且下伏于兴安岭群之下；中生代含煤盆地不整合上覆于兴安岭群之上，产状平缓，褶皱开阔，构造简单；新生代地层则近似水平。

白音华一号露天矿的岩体结构从上到下可依次划分为：松散土体结构、层状碎裂结构及层状结构。

1) 松散土体结构

松散土体指第四系、第三系松散地层，依据岩性及物理力学性质的不同又可划分为以下两段。

(1) 第四系松散砂层。

该层主要由细砂、中砂、粉砂质黏土及砾砂等构成，区内普遍发育厚度变化在 3.50~17.35m，其岩体结构形状态为细颗粒均匀介质，力学性质各向同性，属不稳定土体，受地下水作用易于流动，地下水会加剧边坡失稳。

(2) 第三系黏土 (岩) 层。

该层绝大部分为棕红色黏土 (岩) 层 (局部含少量砂质及砂粒成分)，赋存厚度一般 0.00~28.20m，因系泥质胶结并呈半胶结状，故岩体固结程度较差，可视为均质连续的介质。该黏土 (岩) 层黏结性较强，一般呈硬塑状，风干后破碎，由于其亲水性好，工程地质性质差，边坡失稳率亦高，但其稳定性较第四系为好。

2) 层状碎裂结构

该层为煤系地层上部风化岩体，其上部强风化带岩层呈松散状，具可塑性；下部弱风化带裂隙比较发育。由于风化裂隙发育，各种裂隙又呈无序次的网状排列，加之地下水、风化等内外地质营力作用的影响，使岩体表现为结构松散、破碎、完整性很差。例如，露天采 (掘) 场 1、2 煤组露头附近的岩层表现为较松散、破碎、节理发育、结构面间距小于 0.2~0.4m，岩芯完整率 (RQD) 一般小于 50%，泥岩软 (钻探施工时其泥岩层段钻孔缩径明显)，岩石力学强度低，煤层破碎、透水性强。

3) 层状结构

该层为风化带以下的全部煤系地层，主要由泥岩、砂层和煤层组成。泥岩易软化、膨胀、崩解；相当部分粗砂岩疏松、易破碎，力学性质比泥岩更低，构成软弱相间的互层状岩体结构。岩芯完整率 (RQD) 一般大于 50%，可视为各向异性弹塑性体，抗剪强度随深度增加而增大。

14.4.2 数值分析内容

白音华露天矿采用横采内排的方式进行矿层开采，其开采深度及暴露宽度直接影响边坡的整体稳定性。本次数值模拟将以白音华南帮边坡为例，深入分析该边坡在各种开采条件下的稳定性、变形、位移、运动状态等规律。具体分析内容包括：

(1) 基于真实的露天矿边坡三维模型及当前暴露宽度，在不清方情况下，研究开采到不同煤层时露天矿边坡的稳定性状态及潜在的变形破坏规律；

(2) 基于概化的露天矿边坡模型，研究不同弱层暴露宽度对边坡整体稳定性的影响。

14.4.3　不同开采深度对边坡稳定性的影响

1. 计算模型及参数

基于白音华南帮边坡的三维 CAD 图，根据不同工况建立不同的三维计算模型，典型计算模型如图 14.53、图 14.54，从上到下的地质体特性为：第四系黏土、第三系黏土、岩层、3-1-1 煤层、岩层、3-1-2 煤层、岩层、3-1 煤层、岩层、3-2 煤层、岩层。边坡典型的岩土力学参数如表 14.11 所示。

图 14.53　开采到 3-2 煤层的模型 (不清方)

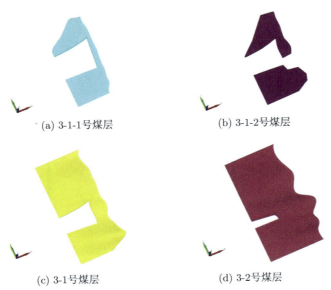

(a) 3-1-1号煤层　　　　　　　　(b) 3-1-2号煤层

(c) 3-1号煤层　　　　　　　　(d) 3-2号煤层

图 14.54　开采到 3-2 煤层后的各煤层模型 (不清方)

表 14.11　白音华 1 号南帮矿岩土体力学指标

岩土体名称	容重 γ/(kN/m)	凝聚力 c/MPa	内摩擦角/(°)
第四系砂土	17.5	0	23.98
第三系黏土	19.3	0.085	24
煤	13.9	0.058	26.32
岩体	20.1	0.026~0.26	21.85
弱层	20.2	0.0073	8.0

2. 开采到不同煤层时的边坡稳定性分析

考虑到分层开采数值模型的建立较为困难，此次数值模拟时，以开采到 3-2 煤层的终态模型为基础 (图 14.55、图 14.56)，通过约束坡体前缘区域不同埋深处的节点位移，实现不同开采深度的模拟。

基于表 14.11 给出的力学参数进行计算，无论开采到哪个煤层，边坡均处于失稳状态。开采到不同煤层的边坡变形情况如图 14.55 所示。由图可得，随着开采深度的逐渐增大，坡体 X 方向位移逐渐增大，当开采到煤层 3-2 时，南帮位移已达 6m。

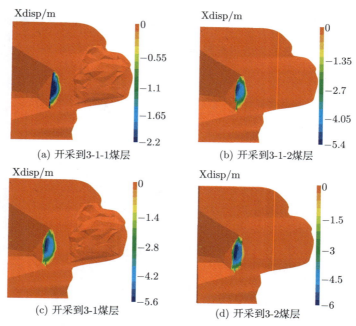

图 14.55　不同开采深度下边坡总体变形情况

开采到最底层煤层 (3-2) 时，各煤层的变形情况如图 14.56 所示。由图可得，煤层的潜在的破坏模式为沿着边坡中部的剪出破坏，且越靠近地表的煤层，变形越大。如 3-1-1 煤层的最大位移为 6m，而 3-2 煤层的最大位移仅为 0.84m。

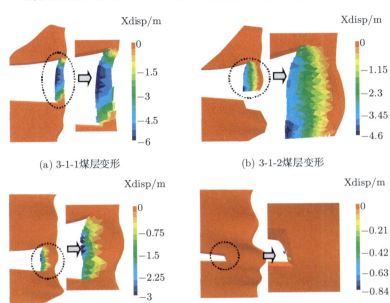

(a) 3-1-1煤层变形　　　　　　　　　　(b) 3-1-2煤层变形

(c) 3-1煤层变形　　　　　　　　　　(d) 3-2煤层变形

图 14.56　开采到 3-2 煤层时，各煤层变形情况

　　开采到不同煤层时，煤层的变形迹象如表 14.12 所示。由表可得，随着开采深度的增加，各煤层的变形迹象逐渐明显。当开采到 3-2 煤层时，3-1-1 煤层及 3-1-2 煤层已经出现贯穿性破坏，3-1 煤层中前部破坏，3-2 煤层前缘局部垮塌。

表 14.12　不同开采深度时煤层的变形迹象

	开采到 3-1-1	开采到 3-1-2	开采到 3-1	开采到 3-2
3-1-1 煤层迹象	破坏及大位移贯到露头	破坏及大位移贯到露头	破坏及大位移贯穿到露头	破坏及大位移贯到露头
3-1-1 煤层迹象	—	破坏及大位移接近露头	破坏及大位移接近露头	破坏及大位移接近露头
3-1 煤层迹象	—	—	煤层坡面及中部破坏，后缘稳定	煤层坡面及中部破坏，后缘稳定
3-2 煤层迹象	—	—	—	煤层前端少量位置滑落，煤层整体稳定

　　随着煤层开采深度的增加，坡体各点的位移逐渐增大。以开采到 3-1-1 煤层为例，坡体表面及坡体内部的变形情况如图 14.57 所示。由图可得，随着计算时步的

增加, 坡面及坡体内部的总位移均逐渐增大, 且增大的速率逐渐加快, 表明边坡处于失稳状态。

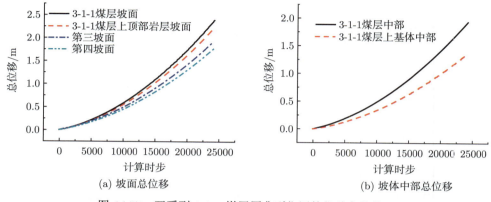

图 14.57　开采到 3-1-1 煤层厚典型位置的位移变化情况

采用强度折减法分析当前开采模式下, 开采到不同深度时南帮边坡的稳定性。由于弱层的内摩擦角起主控作用, 将弱层内摩擦角从 9.5° 向下进行折减, 折减步长 0.1°。开挖到不同煤层时边坡的稳定性情况如表 14.13 所示。由表可得, 当开采到 3-1-1 煤层时, 边坡的稳定性系数为 0.95; 开采到 3-1-2 煤层时, 边坡稳定性系数为 0.93; 当开采到 3-1 煤层时, 边坡的稳定性系数为 0.93; 当开采到 3-2 煤层时, 边坡的稳定性系数为 0.91。

表 14.13　不同弱层内摩擦角时的边坡稳定性情况

弱层摩擦角参数	9.5	9.4	9.3	9.2	9.1	9.0	8.9	8.8	8.7	8.6	8.5	8.4
开采到 3-1-1 煤层	稳定	稳定	稳定	稳定	稳定	稳定	稳定	稳定	稳定	稳定	稳定	失稳
开采到 3-1-2 煤层	稳定	稳定	稳定	稳定	稳定	稳定	稳定	稳定	失稳			
开采到 3-1 煤层	稳定	稳定	稳定	稳定	稳定	稳定	稳定	稳定	失稳			
开采到 3-2 煤层	稳定	稳定	稳定	稳定	稳定	稳定	稳定	失稳				

14.4.4　不同弱层暴露宽度对边坡稳定性的影响

为了分析弱层暴露宽度对南帮边坡稳定性的影响, 对该边坡进行了概化, 建立了开挖宽度为 400m、500m、600m、700m、800m 的 5 个概化模型 (图 14.58)。概化模型中煤层 (图 14.58(a) 所示蓝色薄层部分) 厚度 10m, 坡度 9.5°, 煤层与上下岩体间设弱层, 岩体上方有覆盖层, 边坡后方有排土场。

不同弱层暴露宽度下煤层的变形情况如图 14.59 所示。由图可得, 400m 暴露宽度下, 水平位移小于 0.2m, 边坡处于弹性变形阶段, 边坡稳定; 500m 暴露宽度时，边坡表层发生滑动，但深层未出现失稳。600m、700m、800m 暴露宽度时，均出现了较大的水平变形，边坡出现较大滑动，滑体厚度在 120～140m。

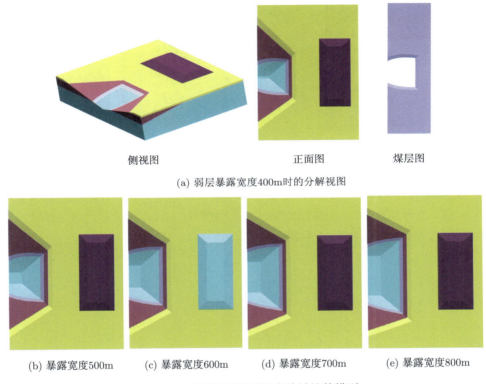

(a) 弱层暴露宽度400m时的分解视图

(b) 暴露宽度500m　　(c) 暴露宽度600m　　(d) 暴露宽度700m　　(e) 暴露宽度800m

图 14.58　不同弱层暴露宽度边坡计算模型

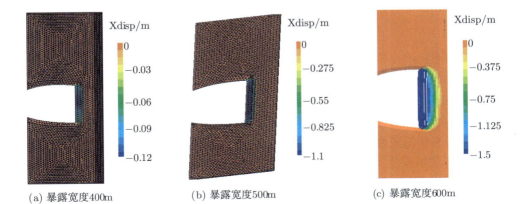

(a) 暴露宽度400m　　　　　　(b) 暴露宽度500m　　　　　　(c) 暴露宽度600m

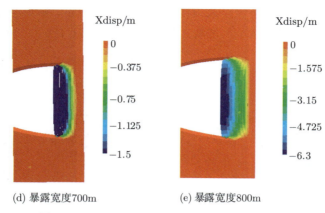

(d) 暴露宽度700m　　　　　　　(e) 暴露宽度800m

图 14.59　不同弱层暴露宽度下煤层的变形情况

　　暴露宽度与滑体厚度的关系如图 14.60 所示。由图可得，开挖弱层暴露宽度 400m 时，边坡稳定；600m 及以上发生大范围滑坡。500m 附近是边坡三维效应作用的拐点，500m 时边坡表面可能发生小范围滑动。

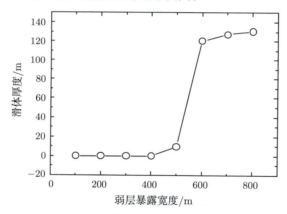

图 14.60　滑体厚度与弱层暴露的关系

14.4.5　结论

　　(1) 在当前开采参数且不清方的条件下，南帮边坡总体处于不稳定状态，随着开采深度的增加，坡体稳定性系数从 0.95 降至 0.91；坡体的破坏模式以沿着弱层的剪出破坏为主，以坡体前缘临空面的局部坍塌为辅。

　　(2) 弱层暴露宽度小于 400m 时，边坡处于稳定状态；弱层暴露宽度在 600m 及以上时，边坡发生大范围滑动；500m 附近是边坡三维效应作用的拐点，边坡表面可能发生小范围滑动。

14.5 锡林浩特胜利东二矿的破坏模式及破坏机理分析

14.5.1 工程概况

胜利煤田东区二号露天矿位于内蒙古自治区锡林郭勒盟，其西南边界拐点距锡林浩特市 10 km，行政区划隶属于锡林浩特市郊区胜利苏木。整个矿区呈北东-南西走向不规则的四边形。

胜利煤田为隐伏煤田，地层有古生界志留～泥盆系、二叠系下统；中生界侏罗系上统兴安岭群，白垩系下统巴彦花群；新生界第三系上新统及第四系。煤田盆地基底由志留—泥盆系和二叠系地层组成，外围有侏罗系、白垩系地层出露。胜利向斜的轴部从胜利东二号露天矿境界中部偏北位置通过；境界内有大小断层 9 条，均为正断层，走向多为 N60°E 左右。在首采区拉沟位置附近有 F61、F63、F65、F68 和 F8 断层，如图 14.61 所示。

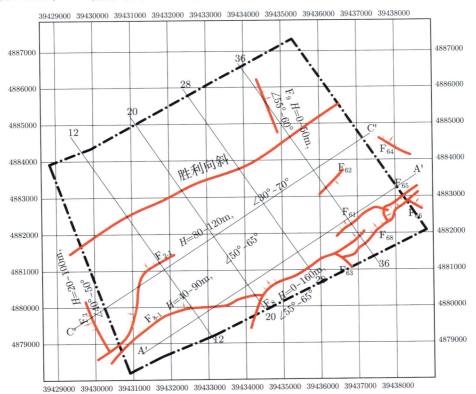

图 14.61　胜利东二号露天矿构造纲要图

露天区的含水层由上至下为第四系松散岩类孔隙潜水含水层，第三系孔隙、裂隙潜水含水层，4 煤组基岩裂隙、孔隙承压含水岩组，5~6 煤组裂隙、孔隙承压含水层和 7~11 煤组裂隙、孔隙承压含水层 (图 14.62)。

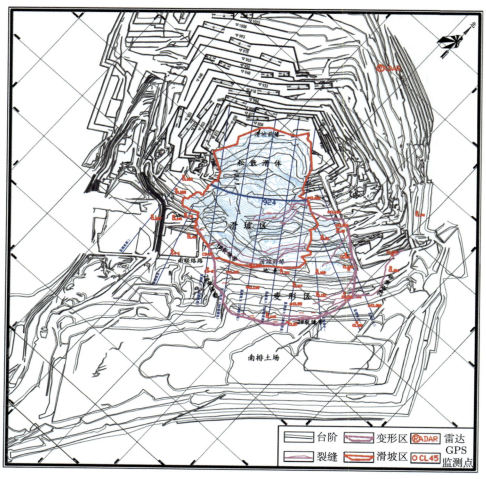

图 14.62　2013 年 10 月南帮滑坡情况

锡林浩特胜利东二矿南帮自 2011 年开始变形，边坡整体向西北方向滑移。至 2011 年底形成了 1#、2#两条圆弧形裂缝带。2012 年采场南帮 "8.16" 滑坡。以 1#裂缝带为后缘，1056-912 平盘发生滑坡。滑坡东西长 800m，南北宽 500m，滑体体积为 2000 万 m³，滑坡模式为顺层平移式滑动。2013 年雨季，南帮复合边坡发生以 2#裂缝带为后缘，以 8 煤底板的砂质泥岩与砂岩互层层组为滑动面的复合边

坡滑坡 (图 14.62、图 14.63)。

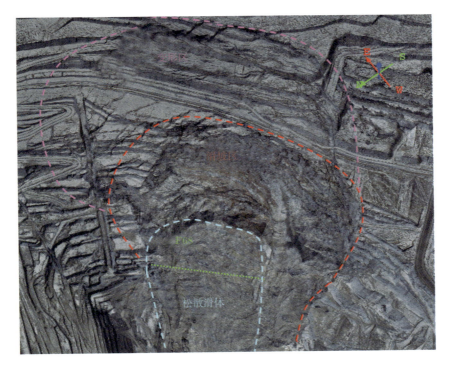

图 14.63　2013 年 11 月南帮滑坡全貌航拍图

14.5.2　数值分析的目的及方案

本次数值模拟以 37#剖面为例 (图 14.64)，对胜利东二矿南帮滑坡的破坏机理进行分析论证。

采用本书所述的滑坡灾害数值分析方法进行数值模拟，通过岩块边界及内部的断裂和运动规律来分析验证 37#剖面的破坏模式，并对该边坡的稳定性进行定性分析。计算步骤如下：

(1) 计算初始弹性场，计算稳定后位移清零；

(2) 计算既有破裂场，计算稳定后位移清零；

(3) 施加由于排土场堆载产生的后缘压力；

(4) 施加由于承压水层造成的 F68 断层附近的水压力；

(5) 计算边坡破坏的全过程。

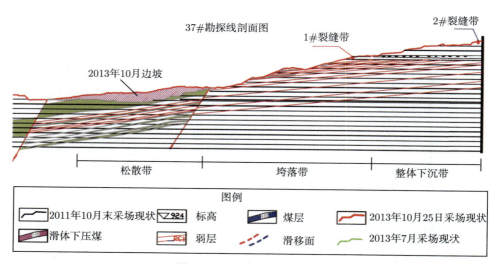

图 14.64 南帮 37#剖面图

14.5.3 数值分析过程及结果

根据南帮 37#剖面图,建立数值计算模型,模型两边采用法向约束,底部采用全约束,如图 14.65(a) 所示,各地层参数见表 14.14。为了模拟 F68 断层附近的水压力,在坡体前缘底部加 40m 压力水头,施加位置及方式如图 14.65(b) 所示。为了模拟由于排土场堆载产生的后缘压力,在南排土场加 0.3MPa 的压力,施加位置及方式如图 14.65(c)。

表 14.14 数值模拟各地层参数表

材料名称	黏聚力/kPa	内摩擦角/(°)
基岩	1000	45
弱面	0	3
弱面上地质体	20	8
表面松散物	20	8

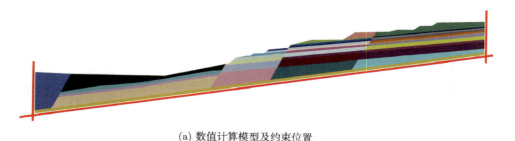

(a) 数值计算模型及约束位置

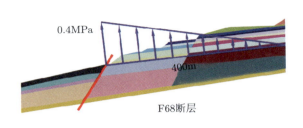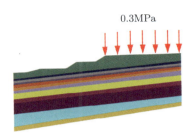

(b) F68断层附近水压力施加位置及方式　　　(c) 南排土场施加的位置及方式

图 14.65　计算模型及边界条件

　　计算得到的南帮坡体破坏的全过程如图 14.66 所示，数值模拟可以直观地再现胜利东二矿软岩边坡灾害形成和发展的过程。分析可知，承压水在 F68 聚集，导致附近岩层破碎下滑，剪断 F68 以北的煤层，剪断的煤层和破碎岩体一起运动至 F68 以北形成松散体，临空面南退，岩层继续破碎和剥落。

图 14.66　南帮坡体破坏的全过程

14.5.4　结论

利用本书所述的数值方法再现了锡林浩特胜利东二矿南帮边坡的失稳成灾全过程，对其滑坡机理进行分析可知：滑坡发生的主要外因是水，内因是泥岩砂岩互层的地层结构和 F68 断层。在内外因的共同作用下，形成承压水层及淤泥层，承压水引起坡脚的崩解、垮落，淤泥层带动物质向北移动，形成大范围的近乎水平但仍然快速运动的松散滑体，而物质的不断运移更加速了上部滑体的崩塌、垮落和滑动过程。

14.6　强震作用下唐家山顺层滑坡失稳过程再现

14.6.1　工程地质概况

汶川地震后，距北川县城上游 3.2km 处的唐家山发生了特大型滑坡，滑坡冲入河谷，堵塞湔江河道，形成唐家山堰塞湖。地震前后的唐家山边坡对比如图 14.67 所示。

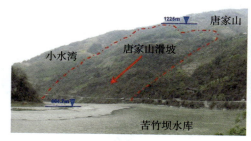

(a) 地震前　　　　　　　　　　　　(b) 地震后

图 14.67　地震前后唐家山边坡的对比

唐家山滑坡堰塞体长 803m，宽 611m，厚 82.65~124.4 m，方量约 $2.037\times10^{7}\mathrm{m}^3$，滑坡堰塞体坝顶最低部位 752m，最高部位 790m。滑体呈前缘高，后缘低；中部高，两侧低的几何形态，滑坡主滑方向 340°，后缘高程 781.94m。滑体滑到对岸后呈反翘态势，前缘反翘倾角达到 59°；滑体厚约 70m。后缘滑距为 696.30m，垂直滑距为 444.28 m，水平滑距为 536.14 m。

唐家山滑坡滑体结构从上至下分别为：强 ~ 中风化灰岩，厚 4~10m；弱风化灰岩，厚 3~10m；新鲜灰岩夹灰绿色含绿泥石的细粒状砖块岩、灰色含砖泥灰岩，厚约 50m，间夹层间剪切带和泥化夹层。从岩体结构上分，从上到下分别为散体、层状碎裂岩体、块状岩体。

14.6.2 计算模型及参数

采用本书所述的数值方法对唐家山顺层岩质边坡的渐进破坏过程进行了数值模拟, 建立如图 14.68 所示的数值计算模型, 各岩层自身的力学参数如表 14.15 所示, 岩层间软弱结构面参数如表 14.16 所示。

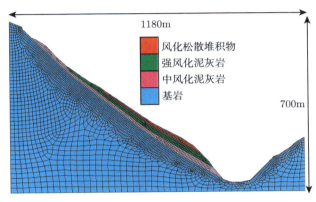

图 14.68 唐家山顺层岩质边坡数值模型

表 14.15 各岩层力学参数

材料号	密度/(kg/m³)	弹性模量/GPa	泊松比	黏聚力/MPa	内摩擦角/(°)	抗拉强度/MPa
风化堆积物	1900	9	0.30	0.06	30	0.06
强风化岩	2100	10	0.30	0.2	32	0.2
中风化岩	2200	20	0.25	4	32	4
基岩	2500	30	0.22	6	36	6

表 14.16 岩层间软弱结构面力学参数

接触面	黏聚力/MPa	内摩擦角/(°)	抗拉强度/MPa
风化堆积物与强风化岩间	0.8	32	0.8
强风化岩与中风化岩间	0.9	34	0.9
中风化岩与基岩间	0.08	30	0.08

计算过程包含三个阶段:

(1) 模型底部及左右两侧法向约束, 弹性场计算稳定;

(2) 模型的块体单元及接触面的本构切换至塑性、破裂本构, 既有破裂场计算稳定;

(3) 解除模型底部及两侧的法向约束, 在模型两侧施加自由场条件, 在模型底部施加无反射条件及汶川地震载荷, 进行地震计算。

14.6.3　计算结果分析

各计算时步下此边坡的破坏状态如图 14.69 所示。由图可得，随着计算时步的增加，顺层岩块沿着软弱结构面逐渐下滑，并最终大量聚集于湔江河道，形成堰塞坝，这与唐家山边坡的实际破坏情况是一致的。

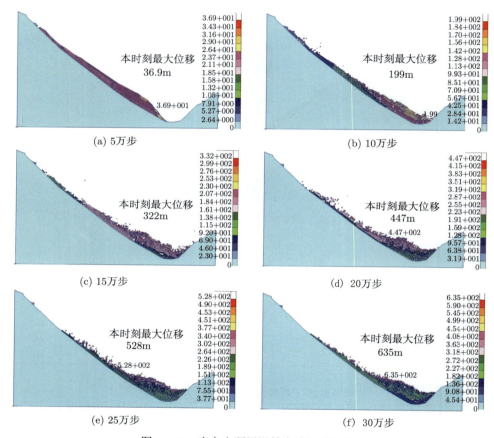

图 14.69　唐家山顺层滑坡启动滑移过程

14.7　地震作用下涪陵五中滑坡的稳定性分析

14.7.1　滑坡概况

重庆涪陵五中滑坡 (图 14.70) 位于涪陵五中西南的迎宾大道内侧，属单斜顺层岩质滑坡。该滑坡前缘位于迎宾大道，高程 250m，迎宾大道外侧 (东侧) 为涪陵五中高切坡，高切坡下即为涪陵五中。滑坡发生前挡墙已经有开裂现象，滑坡发生后,位于北区的抗滑桩和挡墙被推倒,混凝土体破坏;后缘位于坡体西侧最高处,高程为 359m,拉张裂缝发育,拉裂带宽度约 8~20m,北侧拉裂带宽度比南侧大;南北两侧边界均为冲沟,北侧边界靠近坡体中下部有 40m×40m×1.5m 的水塘,在滑坡发生后,其靠滑体一侧围堰已随滑体一起滑移破坏,只剩下三面围堰,塘中已无水。滑体坡面较陡,由第四系堆积物、灰黄色泥质砂岩、紫红色泥岩等组成,节理发育,结构面倾角大于 70°,岩体受层面及构造裂隙面切割,呈层状碎裂结构。滑体表面房倒树歪,裂缝交错,裂缝宽度从几十厘米到几米不等,可见最大深度可达 3m。

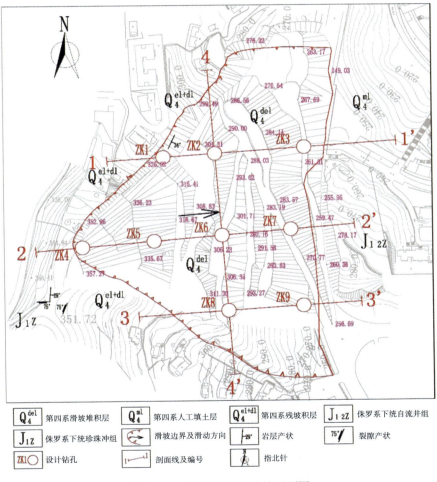

图 14.70 涪陵五中滑坡总平面图

该滑坡滑动后,立即采取上部局部清方以临时稳定滑体,并开展地质勘察工作。根据地勘结论，该滑坡分为南北两条、上下两级，设计对该滑坡上级进行了清方处理，并在清方后的坡脚设置锚杆框架进行坡面防护，下级滑坡局部清方后采用锚索框架、锚索抗滑桩等进行支挡，已于 2009 年 6 月竣工 (图 14.71)。

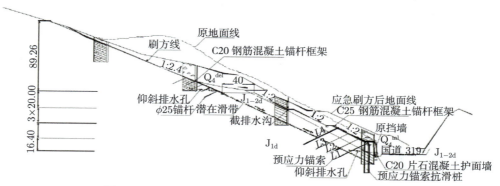

图 14.71　涪陵五中滑坡治理工程剖面图[9](单位：m)

14.7.2　数值分析内容

本次数值模拟主要分析以下三方面的内容：

(1) 再现涪陵五中滑坡的滑移全过程，给出失稳成灾的范围；

(2) 分析涪陵五中滑坡工程治理后自然状态及饱和状态下的安全状态；

(3) 分析地震作用下涪陵五中滑坡工程治理后的地震稳定性。

14.7.3　滑移过程再现

建立如图 14.72 所示数值模型，共计 14555 个三角形单元。数值模型长 525m，高 191m，由挡墙、滑体及滑床三部分组成。

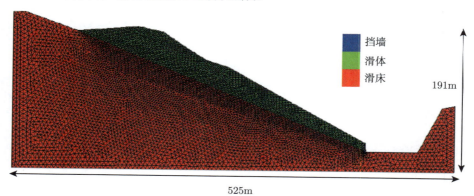

图 14.72　涪陵五中滑坡失稳滑移过程分析数值模型

数值计算时模型的左侧、右侧及底面均法向约束，重力方向竖直向下。模拟涪陵五中滑坡的失稳滑移过程共分三个步骤：①弹性场计算稳定；②放开破坏条件计算初始破裂场，计算稳定后位移清零；③降雨诱发滑体强度降低，计算失稳滑移过程。

块体内部采用线弹性模型，块体边界采用脆断性质的 Mohr-Coulomb 及最大拉应力耦合模型，挡墙、滑体及滑床的力学参数如表 14.17 所示。

降雨诱发滑体强度降低后，滑体在自重作用下出现滑移失稳，典型计算时步的滑体位移如图 14.73 所示。由图可得，滑体失稳后产生了较大的下错力，剪断挡墙后继续滑动，最大滑移距离约为 135m。

表 14.17 挡墙、滑体、滑床力学参数

类型	单元 (线弹性模型)			界面 (Mohr-Coulomb 模型及最大拉应力模型)		
材料性质	密度 /(kg/m³)	弹性模量 /GPa	泊松比	黏聚力 /MPa	内摩擦角 /(°)	抗拉强度 /MPa
挡墙	2550	50	0.25	8	40	4
滑体 (降雨诱发强度降低)	2500	30	0.25	0.1	10	0.05
滑床	2500	30	0.25	3	35	1

总位移: m

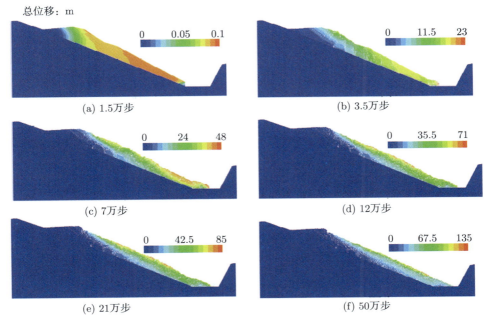

(a) 1.5万步

(b) 3.5万步

(c) 7万步

(d) 12万步

(e) 21万步

(f) 50万步

图 14.73 涪陵五中滑坡失稳滑移过程

涪陵五中滑坡失稳滑移过程中，在滑体表面布设 4 个测点进行水平及竖直位

移的观测 (测点 1~4), 在滑体内部布设 3 个测点进行水平及竖直应力的观测 (测点 5~7)(图 14.74)。测点 1~4 水平及竖直位移随计算时步的变化如图 14.75 所示。由图可得, 测点 2 的位移最大, 测点 1 的位移最小, 且各测点水平位移较竖直位移均大 1 倍左右。

测点 5~7 水平及竖直方向应力如图 14.76 所示。由图可得, 在失稳滑移过程中, 各测点应力在初期变化较大, 后期随着松散体的逐渐稳定, 应力变化逐渐减小。测点离坡脚越近, 应力变化范围越大, 测点 7 的变化为 −20MPa 到 10MPa。

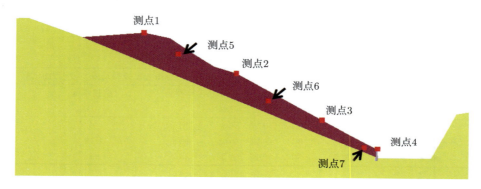

图 14.74　滑体中监测点的布设

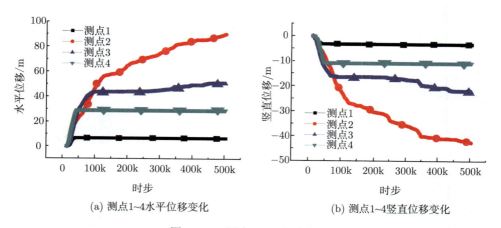

(a) 测点 1~4 水平位移变化　　　　　　(b) 测点 1~4 竖直位移变化

图 14.75　测点 1~4 位移变化

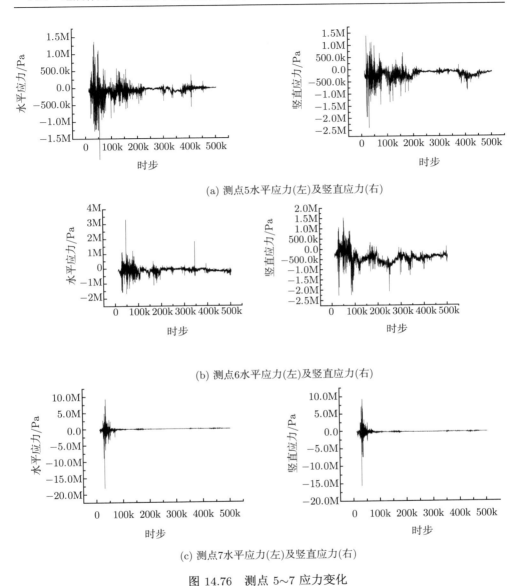

(a) 测点5水平应力(左)及竖直应力(右)

(b) 测点6水平应力(左)及竖直应力(右)

(c) 测点7水平应力(左)及竖直应力(右)

图 14.76   测点 5~7 应力变化

14.7.4   治理后边坡的静力稳定性分析

根据 11.7.1 节中的工程治理措施,建立图 14.77 所示的数值模型,模型共包含 2905 个四边形单元。模型长 210m,左侧高 79m,右侧高 38m。潜在滑动体共分 3 个平台,平台宽度从下到上分别为 4m、4m 及 20m;三个斜坡的坡率均为 1:2,每个斜坡坡高 10m。

抗滑桩断面宽 2.6m，高 20m，出露地表 8.2m；预应力锚索 L1、L2、L3、L4 的长度分别为 24m、22m、23m、24m，预应力张拉值为 800kN；滑体上部布设 5 排锚杆，锚杆的长度分别为 9m、6m、9m、6m、9m。

坡体及抗滑结构材料参数如表 14.18 所示。

表 14.18　坡体及抗滑结构参数

类型	密度 /(kg/m³)	弹性模量 /GPa	泊松比	黏聚力 /MPa	内摩擦角 /(°)	抗拉强度 /MPa	剪胀角 /(°)
抗滑桩、锚索框架	2550	30	0.23	4.16	45	2.01	15
滑体（自然）	2110	1	0.25	0.0094	20	0.005	10
滑体（饱和）	2240	1	0.3	0.009	15	0.004	5
滑床	2500	30	0.25	3	35	1	15

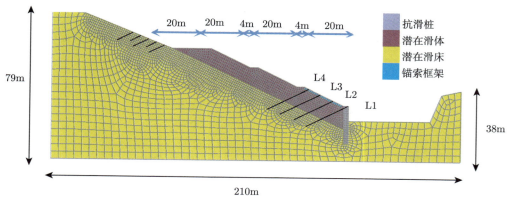

图 14.77　工程治理后边坡数值模型

基于上述计算模型，进行静力状态下坡体稳定性的分析，包括自然及饱和两种工况。计算过程中模型底部及左右两侧法向固定，重力方向竖直向下。计算步骤为：①弹性计算稳定；②塑性计算稳定；③施加锚索及锚杆，并对锚索进行预张拉；④锚索预应力锁定 (将有部分预应力损失)；⑤二分法求解安全系数。

自然状态下边坡的塑性应变分布及应力分布云图如图 14.78 所示。由图可得，滑体与滑床的交界面处存在较为贯通的塑性应变区，但由于受抗滑桩及预应力锚索的影响，中下部的塑性应变较小；竖向应力的分布基本呈现上小下大的规律，但在锚索施加区域，出现了局部应力的突变。饱和状态下边坡的应力分布、塑性应变分布与自然状态下的基本一致，仅数值上有微小差别，在此处不再赘述。

采用二分法进行安全系数的求解，自然状态下的安全系数为 1.39，饱和状态下的安全系数为 1.07。静力作用下，边坡的潜在破坏模式如图 14.79 所示。由图可得，随着强度的降低, 潜在滑体的中上部出现了滑动失稳, 剪出口位于第二个斜坡的坡脚处。

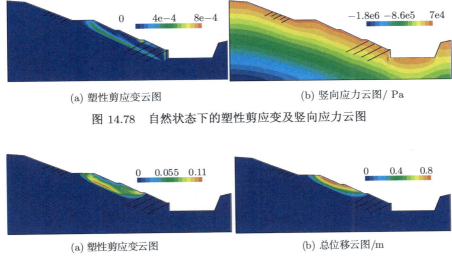

(a) 塑性剪应变云图　　　　　　　　(b) 竖向应力云图/ Pa

图 14.78　自然状态下的塑性剪应变及竖向应力云图

(a) 塑性剪应变云图　　　　　　　　(b) 总位移云图/m

图 14.79　边坡的潜在破坏模式

14.7.5　治理后边坡的地震稳定性分析

根据《中国地震参数区划图》(1990 年版), 该地区地震基本烈度为Ⅵ度。根据 "小震不坏、中震可修、大震不倒" 的原则, 采用Ⅶ度的地震波进行动力时程分析。采用 El-Centro 波作为地震输入波 (主震持续时间 10s), 将波的幅值调制至 0.125g, 在模型底部输入水平及竖直的 El-Centro 地震波 (速度形式), 竖直地震波的幅值是水平地震波的 0.7 倍。El-Centro 波的加速度及速度表现形式如图 14.80 所示。

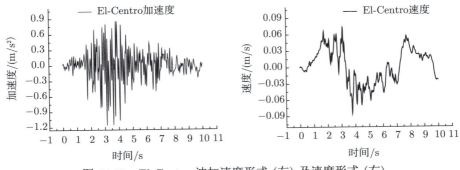

图 14.80　El-Centro 波加速度形式 (左) 及速度形式 (右)

为了消除应力波在人工截断边界处的虚假反射, 在模型的左右边界施加自由

场边界条件 (free field boundary)，在模型的底部施加黏性边界条件 (viscous boundary)，同时在模型底部输入水平及竖直的地震应力波。

为了评价边坡在地震作用下的安全状态，以 14.7.4 节中自然状态下边坡的静力结果为基础，在其上施加地震载荷。

不同地震时刻坡体的塑性剪应变云图如图 14.81 所示。由图可得，地震过程中塑性剪应变逐渐增大，并逐渐形成从三级斜坡到二级斜坡的滑移贯通带，表明地震作用下该边坡存在滑移的趋势。

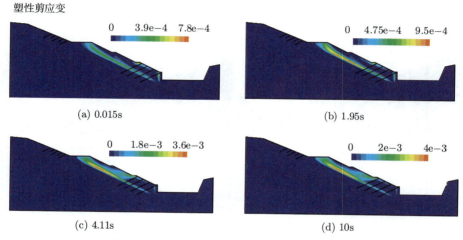

图 14.81　不同地震时刻坡体的塑性剪应变云图

对滑体表面及抗滑桩顶部典型位置的水平位移及竖直位移进行监测，监测点布设如图 14.82 所示，水平及竖直方向位移时程曲线如图 14.83 所示。由图可得，水平位移及竖直位移的变化规律基本一致，在 3s 左右达到正向最大 (17cm)，在 7s 左右达到负向最大 (−6cm)。

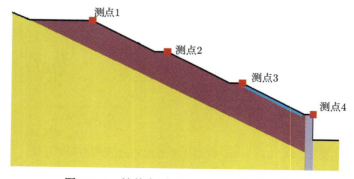

图 14.82　坡体表面及抗滑桩顶部位移测点

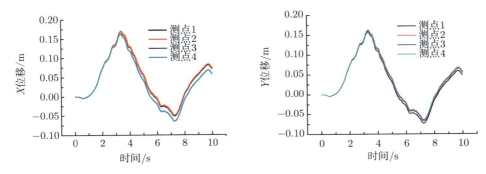

图 14.83 典型测点水平位移 (左) 及竖直位移 (右)

为了研究抗滑桩后侧土压力 (水平应力 SXX) 的变化规律, 在桩后侧布设了 5 个监测点 (从上到下编号为: 测点 5~ 测点 9, 图 14.84), 地震时各测点土压力的变化规律如图 14.85 所示, 各测点初始土压力及地震结束后土压力随着测点到坡面距离的变化规律如图 14.86 所示。

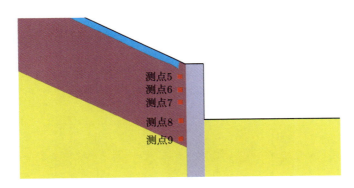

图 14.84 抗滑桩后侧土压力监测点

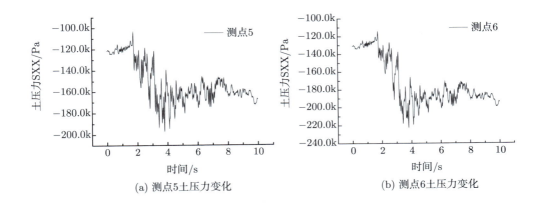

(a) 测点5土压力变化

(b) 测点6土压力变化

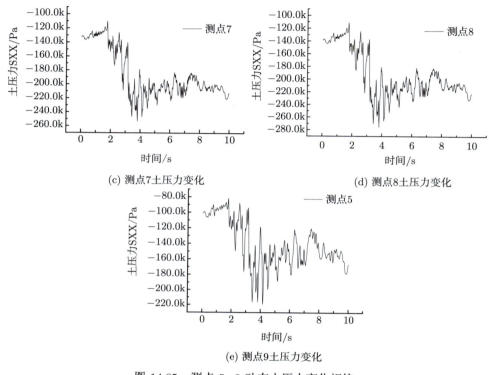

(c) 测点7土压力变化　　　　　　　　　　　　(d) 测点8土压力变化

(e) 测点9土压力变化

图 14.85　测点 5~9 动态土压力变化规律

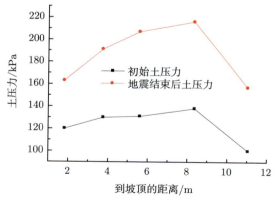

图 14.86　初始土压力及地震结束后土压力

　　由图 14.85、图 14.86 可得，地震初始时刻土压力平均值为 124kPa，地震结束后土压力平均值约为 187kPa，增加了近 63kPa，表明地震结束后坡体应力发生了较大的调整，坡体的下滑力增大；初始时刻土压力及地震结束后土压力在坡体内部均呈现中部较大，两侧较小的钟形分布；地震 2s 左右土压力值开始出现较大变化，到 4s 左右土压力值在新的平衡位置附近来回振动。

地震结束后，抗滑桩上的水平位移、水平及竖直应力随桩长的变化如图 14.87、图 14.88 所示。由图可得，地震结束后，桩体水平位移呈现上部大、下部小的规律，且桩体出露地表部分位移的变化较入土部分的变化大，桩顶的水平位移较桩底的大 1.05mm。地震结束后水平应力及竖直应力均呈现 M 形分布，均在桩体入土点附近达到应力的最大值，水平应力最大值约为 550kPa，竖直应力约为 700kPa。

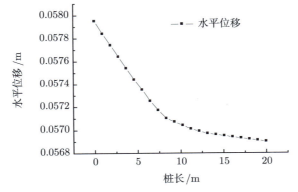

图 14.87 地震后水平位移 VS 桩长

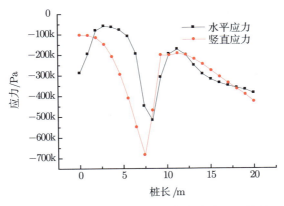

图 14.88 地震结束后水平及竖直应力 VS 桩长

为了分析地震过程中，预应力锚索的锚固性能，对 L1~L4 自由段的预应力值进行了监测，监测曲线如图 14.89 所示。由图可得，地震结束后，4 根预应力锚索自由段的轴力均出现了不同程度的减小，表明滑体的变形已经对施加的预应力产生了影响；其中，L1 的轴力由 479kN 减小至 477kN，L2 的轴力由 436kN 减小至 428kN，L3 的轴力由 454kN 减小至 449kN，L4 的轴力由 472kN 减小至 471kN。从

图 14.89 还可以看出，4 根锚杆的轴力均在地震 2s 时出现较大变化，并快速过渡至新的平衡点 (L2、L3 的变化规律尤其明显)。

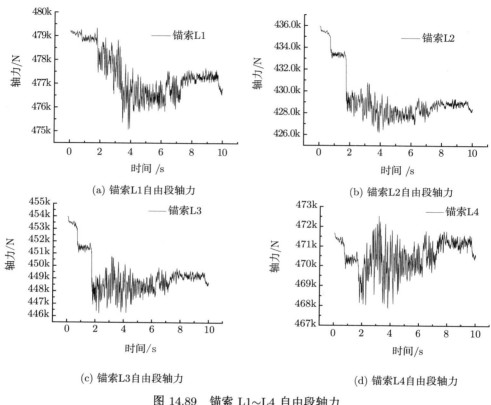

(a) 锚索L1自由段轴力

(b) 锚索L2自由段轴力

(c) 锚索L3自由段轴力

(d) 锚索L4自由段轴力

图 14.89　锚索 L1~L4 自由段轴力

14.7.6　结论

(1) 利用本书所述的数值方法再现了涪陵五中滑坡的失稳滑移全过程。该滑坡的滑体强度降低后沿着顺层面出现了滑动，巨大的下滑力导致前缘挡土墙的倾倒甚至剪断，最大滑移距离约为 135m，计算获得的堆积形态与现场的形态基本一致。

(2) 工程治理后，自然状态下的安全系数为 1.4，饱和状态下的安全系数为 1.1，自然及饱和状态下的边坡破坏模式基本一致，均为沿着岩土交界面的弧形滑动，潜在滑动区域位于二级及三级斜坡，剪出口位于二级斜坡的坡脚处。

(3) 工程治理后，Ⅶ度地震作用下，坡体表面的永久位移仅为 7.5cm，虽然出现了较为明显的塑性滑移带，且震后抗滑桩后侧土压力普遍增大，但由于地震是动态载荷，地震结束后地震力即宣告消失，因此可以认为该边坡在地震结束后仍处于稳定状态。

14.8 本 章 小 结

本章通过对重庆武隆鸡尾山滑坡、重庆云阳凉水井滑坡、重庆涪陵五中滑坡、四川北川唐家山滑坡、湖北清江茅坪滑坡、内蒙古白音华露天矿边坡、内蒙古胜利东二矿露天边坡等 7 个典型滑坡的数值分析，探讨了地震、降雨、库水涨落、开挖等因素控制下，边坡的稳定性状态、潜在的失稳模式及成灾范围。

这些案例都是当今我国滑坡研究的特殊案例，又有代表性；以上的案例分析，是我们在不同阶段研究的结果，并非全部采用最新的数值分析方法，也并非全部应用了新的理论体系。以此可以体会工程科学在解决实际工程问题的奥妙，用最新的研究成果解决问题，反过来促进工程科学的发展。

参 考 文 献

[1] Xu Q, Fan X M, Huang R Q, et al. A catastrophic rockslide-debris flow in Wulong, Chongqing, China in 2009: background, characterization, and causes. Landslides, 2010, 7(1): 75-87.

[2] 许强, 黄润秋, 殷跃平, 等. 2009 年 6.5 重庆武隆鸡尾山崩滑灾害基本特征与成因机理初步研究. 工程地质学报, 2009, 17(4): 433-444.

[3] 殷跃平. 斜倾厚层山体滑坡视向滑动机制研究 — 以重庆武隆鸡尾滑坡为例. 岩石力学与工程学报, 2010, 29(2): 217-226.

[4] 刘传正. 重庆武隆鸡尾山危岩体形成与崩塌成因分析. 工程地质学报, 2010, 18(3): 297-304.

[5] 刘洋. 库水涨落及降雨作用下滑坡数值分析方法及预测预报理论研究. 中国科学院力学研究所学位论文. 2011.

[6] 肖诗荣, 卢树盛, 管宏飞, 等. 三峡库区凉水井滑坡地质力学模型研究. 岩土力学, 2013, 34(12):3534-3542.

[7] 郭景忠. 白音华一号露天煤矿南帮软岩边坡稳定性研究. 辽宁工程技术大学, 2012.

[8] 李守定, 李晓, 张军, 等. 唐家山滑坡成因机制与堰塞坝整体稳定性研究. 岩石力学与工程学报, 2010, 29(S1): 2908-2915.

[9] 张俊德, 张志强. 涪陵五中后山滑坡成因分析及工程治理. 路基工程, 2010, 5: 192-194.

[10] 成国文, 李晓, 许家美, 等. 重庆涪陵五中滑坡特征及成因分析. 工程地质学报, 2009, 17(2): 220-227.

[11] 黄波林, 刘广宁, 彭轩明. 重庆市涪陵区厚层软硬相间岩体失稳模式. 工程地质学报, 2009, 17(4): 516-521.

[12] 张青宇. 三峡库区典型顺层岸坡变形破坏机制及稳定性研究. 成都理工大学学位论文, 2011.

附录　组成无量纲量的方法

对于选定的物理量如何组成无量纲量一直是量纲分析中的一个比较棘手的问题。早期的量纲分析教科书基本上是经验的方法 (谢道夫)，Szirtes 提出了一种借用线性代数，求解一组线性相关方程组的方法，组合无量纲量，其推导的过程比较复杂，使用也不方便。本书根据量纲分析的基本原理推导了一种新的组成无量纲量的表述方法和相关的基本的概念。

1. 选取与研究问题相关的物理量

对于特定的研究问题，首先要找出相关的影响因素并给出和这些影响影响因素有关的物理参量。在选取的物理量中必须有一个而且只有一个是因变量，也就是未知的物理量。例如，在研究的问题中，选定 $n+1$ 个物理量，$V_1, V_2, V_3, \cdots, V_n, V_d$，其中，前 n 个变量可以是与研究问题有关的影响因素，而 V_d 为因变量，该变量是研究问题中需要确定的物理量。

2. 给出选取物理量的基本量纲

在选取的物理量中包括有量纲量和无量纲量两种，将其中的有量纲量 $V_1, V_2, V_3, \cdots, V_n, V_d$ 用量纲表示，其中的一些导出量纲用基本量纲表示，即

$$[V_i] = [D_1]^{d_{i1}} [D_2]^{d_{i2}} [D_3]^{d_{i3}} \cdots [D_N]^{d_{iN}}, \quad i = 1, \cdots, n+1 \tag{5.37}$$

如果所有的物理量均可以用 $D_1, D_2, D_3, \cdots, D_N$ 表示，那么，则称 $D_1, D_2, D_3, \cdots, D_N$ 为 $V_1, V_2, V_3, \cdots, V_n, V_d$ 的基本量纲。在通常研究的问题中，基本量纲一般只有 2~3 个。

3. 选取基本物理量

已经选定的 n 个物理量 $V_1, V_2, V_3, \cdots, V_n$ 的量纲通常是线性相关的，而其中必有 N 个物理量的量纲是线性无关的。从 n 个物理量中选出 N 个线性无关的物理量为基本物理量，记为 $P_1, P_2, P_3, \cdots, P_N$。

4. 基本物理量量纲的矩阵表示

不失一般性，假设有三个基本量纲，则有三个基本物理量，且有如下的量纲公式：

$$[P_1] = [D_1]^{a_{i1}} [D_2]^{a_{i2}} [D_3]^{a_{i3}} \tag{5.38}$$

$$[P_2] = [D_1]^{a_{21}} [D_2]^{a_{22}} [D_3]^{a_{23}} \tag{5.39}$$

$$[P_3] = [D_1]^{a_{31}} [D_2]^{a_{32}} [D_3]^{a_{33}} \tag{5.40}$$

上述三式两边取对数，可以得到

$$\begin{bmatrix} \ln[P_1] \\ \ln[P_2] \\ \ln[P_3] \end{bmatrix} = \begin{bmatrix} a_{11} & a_{12} & a_{13} \\ a_{21} & a_{22} & a_{23} \\ a_{31} & a_{32} & a_{33} \end{bmatrix} \begin{bmatrix} \ln[D_1] \\ \ln[D_2] \\ \ln[D_3] \end{bmatrix} \tag{5.41}$$

可以简单记为

$$
\begin{bmatrix} P_1 \\ P_2 \\ P_3 \end{bmatrix} = \begin{bmatrix} a_{11} & a_{12} & a_{13} \\ a_{21} & a_{22} & a_{23} \\ a_{31} & a_{32} & a_{33} \end{bmatrix} \begin{bmatrix} D_1 \\ D_2 \\ D_3 \end{bmatrix} \tag{5.42}
$$

由于基本物理量的量纲矩阵是线性无关的，因此，上式中的量纲矩阵是满秩的。

5. 基本量纲的基本物理量表示

满秩矩阵存在着逆矩阵，对式 (5.42) 两边左乘矩阵 $[A]$ 的逆矩阵，得到

$$
\begin{bmatrix} D_1 \\ D_2 \\ D_3 \end{bmatrix} = \begin{bmatrix} a_{11} & a_{12} & a_{13} \\ a_{21} & a_{22} & a_{23} \\ a_{31} & a_{32} & a_{33} \end{bmatrix}^{-1} \begin{bmatrix} P_1 \\ P_2 \\ P_3 \end{bmatrix} = \begin{bmatrix} b_{11} & b_{12} & b_{13} \\ b_{21} & b_{22} & b_{23} \\ b_{31} & b_{32} & b_{33} \end{bmatrix} \begin{bmatrix} P_1 \\ P_2 \\ P_3 \end{bmatrix} \tag{5.43}
$$

其中

$$
\begin{bmatrix} b_{11} & b_{12} & b_{13} \\ b_{21} & b_{22} & b_{23} \\ b_{31} & b_{32} & b_{33} \end{bmatrix} = \begin{bmatrix} a_{11} & a_{12} & a_{13} \\ a_{21} & a_{22} & a_{23} \\ a_{31} & a_{32} & a_{33} \end{bmatrix}^{-1} \tag{5.44}
$$

6. 物理参量的基本物理量表示

由式 (3.1)，式 (3.8) 可以直接得到

$$
[V_i] = \begin{bmatrix} d_{i1} & d_{i2} & d_{i3} \end{bmatrix} \begin{bmatrix} D_1 \\ D_2 \\ D_3 \end{bmatrix}
$$

$$
= \begin{bmatrix} d_{i1} & d_{i2} & d_{i3} \end{bmatrix} \begin{bmatrix} b_{11} & b_{12} & b_{13} \\ b_{21} & b_{22} & b_{23} \\ b_{31} & b_{32} & b_{33} \end{bmatrix} \begin{bmatrix} P_1 \\ P_2 \\ P_3 \end{bmatrix} \quad (i = n-3) \tag{5.45}
$$

$$
\begin{bmatrix} p_{i1} & p_{i2} & p_{i3} \end{bmatrix} = \begin{bmatrix} d_{i1} & d_{i2} & d_{i3} \end{bmatrix} \begin{bmatrix} b_{11} & b_{12} & b_{13} \\ b_{21} & b_{22} & b_{23} \\ b_{31} & b_{32} & b_{33} \end{bmatrix} \tag{5.46}
$$

$$
[V_i] = \begin{bmatrix} p_{i1} & p_{i2} & p_{i3} \end{bmatrix} \begin{bmatrix} P_1 \\ P_2 \\ P_3 \end{bmatrix} \tag{5.47}
$$

写成一般的表达式，则有

$$
[V_i]_{n-N} = [p_{ij}]_{(n-N) \times N} [P]_{N \times 1} \tag{5.48}
$$

7. 无量纲量及其求解方法简表

式 (5.48) 给出的基本关系式，表明等式左边的物理参量和由基本物理量按照不同的方次乘积得到的物理量有相同的量纲。那么，它们的比自然就是我们所求得无量纲量。写成物理表达式，则有

$$\pi_i = \frac{V_i}{\prod\limits_{j=1}^{N} P_j^{ij}} \quad (i = 1, n - N) \tag{5.49}$$

不失一般性，设有 n 个物理量其中含有三种量纲，则有三个基本物理量，可以组成 $n-3$ 个无量纲量。求解方法如式 (5.50) 所示。

	D_1	D_2	D_3		P_1	P_2	P_3	$\prod$
P_1	a_{11}	a_{12}	a_{13}	D_1	b_{11}	b_{12}	b_{13}	
P_2	a_{21}	a_{22}	a_{23}	D_2	b_{21}	b_{22}	b_{23}	
P_3	a_{31}	a_{32}	a_{33}	D_3	b_{31}	b_{32}	b_{33}	
V_1	d_{11}	d_{12}	d_{13}		p_{11}	p_{12}	p_{13}	$V_1 P_1^{-p_{11}} P_2^{-p_{12}} P_3^{-p_{13}}$
V_2	d_{21}	d_{22}	d_{23}		p_{21}	p_{22}	p_{23}	$V_2 P_1^{-p_{21}} P_2^{-p_{22}} P_3^{-p_{23}}$
$\vdots$	$\vdots$	$\vdots$	$\vdots$		$\vdots$	$\vdots$	$\vdots$	$\vdots$
V_i	d_{i1}	d_{i2}	d_{i3}		p_{i1}	p_{i2}	p_{i3}	$V_i P_1^{-p_{i1}} P_2^{-p_{i2}} P_3^{-p_{i3}}$
$\vdots$	$\vdots$	$\vdots$	$\vdots$		$\vdots$	$\vdots$	$\vdots$	$\vdots$
V_{n-3}	$d_{(n-3)1}$	$d_{(n-3)2}$	$d_{(n-3)3}$		$p_{(n-3)1}$	$p_{(n-3)2}$	$p_{(n-3)3}$	$V_1 P_1^{-p_{(n-3)1}} P_2^{-p_{(n-3)2}} P_3^{-p_{(n-3)3}}$

$$\tag{5.50}$$

简表的使用方法举例。

注意，$\{b_{ij}\}$ 矩阵不是满阵的情况。

索　引